Aluminium
Electrolysis

"十二五"国家重点出版物出版规划项目

国家科学技术学术著作出版基金资助出版

现代铝电解
——理论与技术

冯乃祥　编著

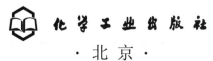 化学工业出版社

·北京·

内 容 提 要

《现代铝电解——理论与技术》主要介绍了现代铝电解基础理论与技术，内容涉及电解质结构与物理化学性质、电极过程与阳极效应、槽电压与电流效率、炭阳极与炭阴极、电解槽焙烧启动与控制、电解槽物理场、烟气治理、固废资源化、深度节能理论与技术等诸方面。本书既反映了国内外最新研究成果，也融入了作者五十余年从事铝电解研究与实践工作的丰富经验，具有很强的理论指导性与实践操作性。

《现代铝电解——理论与技术》可供高等院校冶金相关专业的老师和学生、电解铝厂的工程技术人员以及从事铝电解基础理论和技术研究的工作人员阅读和参考。

图书在版编目（CIP）数据

现代铝电解：理论与技术/冯乃祥编著. —北京：
化学工业出版社，2019.11
国家科学技术学术著作出版基金资助出版
ISBN 978-7-122-35249-1

Ⅰ.①现… Ⅱ.①冯… Ⅲ.①氧化铝电解
Ⅳ.①TF821.032.7

中国版本图书馆 CIP 数据核字（2019）第 206361 号

责任编辑：窦　臻　刘心怡　　　　　　　　装帧设计：王晓宇
责任校对：王　静

出版发行：化学工业出版社（北京市东城区青年湖南街13号　邮政编码100011）
印　　装：凯德印刷（天津）有限公司
787mm×1092mm　1/16　印张29¼　字数723千字　2020年9月北京第1版第1次印刷

购书咨询：010-64518888　　　　　　　　售后服务：010-64518899
网　　址：http://www.cip.com.cn
凡购买本书，如有缺损质量问题，本社销售中心负责调换。

定　价：168.00元　　　　　　　　　　　　　　版权所有　违者必究

前　言

我的《铝电解》一书于 2006 年 7 月出版，此书刚一面世就得到了贵阳铝镁设计研究院总工程师姚世焕大师的高度评价，同时也得到我的诸多同事和铝冶金工作者的喜爱，这使我感到愉悦。 铝电解和其他的冶金工程一样，其技术进步和创新应该是建立在牢固而正确的理论基础之上的。 近十几年来，世界的铝冶金技术有了非常大的进步，铝电解生产的电耗大幅度地降低了 800kW·h/t Al 左右。 近十几年来，电解槽的电流强度由 300kA 升高到 500～600kA，最高的达到了 660kA，实现了在此高电流强度下的电解槽的稳定运行，这都是建立在人们对大型预焙阳极电解槽磁场、流场和热场的正确认识和研究基础上的。 但是大型预焙槽的电能消耗指标却没有因此而得到明显的改进与提高。 对于铝电解生产来说，降低电能消耗仍是铝电解生产的主旋律。 人们对铝电解的深度节能技术的需求仍很迫切，环保也更是提到议事日程。 在电解铝厂，人们不再担心气体氟化物排放不达标问题。 含氟化合物气体可以通过电解槽的密闭和操作以及干法净化得以去除；碳氟化物的处理可以通过改进计算机的控制技术和电解槽工艺技术，减少阳极效应系数，或无效应的操作来实现；而 CO_2 气体中气体硫化物的减排可以通过用碱性化合物的干法或湿法净化技术来实现。 唯独电解铝厂产生的固体废料的处理目前还是一个难题，虽然国内外都做了大量的研究和工程化的试验，但尚未找到一种非常有效的处理方法。其目前所提出和试验的各种技术方案都存在着某些缺陷。

本书是一本阐述现代铝电解理论与技术的著作。 在内容方面，本书力求在《铝电解》一书的基础上增加近十年铝电解基本原理方面的研究成果，深入探讨了现代铝电解更加深度节能的理论与技术，其中一些成果源于国家自然科学基金重点项目（50934005，51434005）的研究。 同时也将笔者最近就铝电解产生的固体废料分离与回收的研究成果（国家重点研发计划项目，2018YFC1901905）融入此书，尽己所能，满足现代铝电解对深度节能与铝电解固体废料回收和处理理论及技术的需求。 希望广大铝冶金工作者喜欢这本书，并从中受益。

本书完稿后，东北大学的彭建平、王耀武和狄跃忠花费了大量时间对文字和图表进行了校对以及其他辅助工作，在此表示感谢。 也感谢化学工业出版社对本书的约稿，以及对本书的出版工作所给予的支持和辛勤劳作。

谨以此书献给一向关心和支持笔者的同事和朋友们，以及科研和生产战线的广大铝冶金工作者。

由于时间仓促，书中定有不当之处，敬请读者给予批评和指正。

冯乃祥
2020 年 3 月

目　　录

第 12 章　铝电解槽电流的强化　/ 252

第 13 章　氧化铝及其在电解槽中的行为　/ 259

第 18 章　电解槽阴极铝液面的波动　/ 348

第 19 章　铝电解生产中的氟化盐消耗与烟气治理　/ 368

第**1**章 | 铝电解槽

1.1 世界铝电解槽发展简史

冰晶石-氧化铝熔盐电解制取金属铝的方法是 1886 年由美国的霍尔（Hall）和法国的埃鲁特（Héroult）发明的。他们所发明的冰晶石-氧化铝熔盐电解炼铝的方法，仍然是当代工业上生产金属铝的唯一方法。霍尔、埃鲁特对铝电解的贡献是他们发明了氧化铝溶解在冰晶石熔液的电解质熔体里，使氧化铝电离成含氧的络离子，在直流电作用下铝离子在阴极上被还原成金属铝的技术，以及为实现这种电化学反应而发明的电解槽。霍尔-埃鲁特铝电解槽的技术原理是冰晶石-氧化铝熔盐电解工艺与装置的结合。可以看出，图 1-1、图 1-2 是一种结构原理图，这种电解槽并不适于商业上金属铝的生产，早期商业上依霍尔-埃鲁特铝电解槽的技术原理而构建的电解槽如图 1-3～图 1-5 所示。

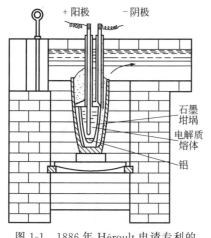

图 1-1　1886 年 Héroult 申请专利的
铝电解槽简图（1886 年 4 月 23 日）

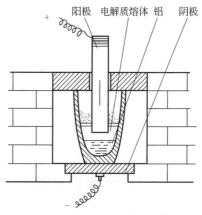

图 1-2　1887 年的 Héroult 专利书
附加电解槽简图

早期的电解槽槽壳体结构为碗形，后发展为槽体结构，一直使用到现在，见图 1-6～图 1-8。这种槽体结构的电解槽，其内衬为炭质材料，在炭质内衬与槽壳之间构筑有耐火材料和保温材料，槽底炭质内衬兼作铝电解槽的阴极。阴极钢棒嵌入槽底炭质内衬中。这种槽体结构在一百余年来，没有发生根本性的改变，不过在 20 世纪 30～50 年代，一些小型的

30～40kA 的自焙阳极电解槽也使用过无底钢壳的电解槽结构，即这种电解槽只有侧部，而无底部的钢制槽壳结构，称为无底电解槽，如图 1-9 所示。

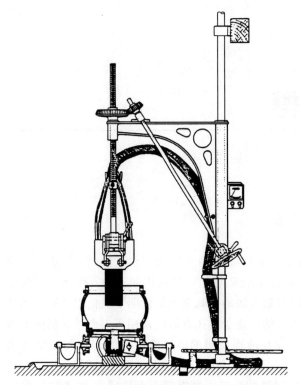

图 1-3　1889 年 Héroult 设计使用的 4000A
电解生产纯铝的电解槽
槽电压 10V，电耗 40000kW·h/t Al

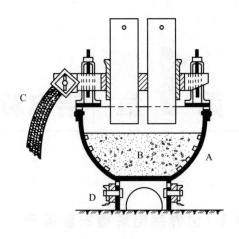

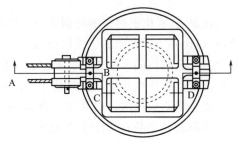

图 1-4　1892 年 Héroult 的 4000A 电解槽
槽电压 9V，电耗 35000kW·h/t Al
A—槽壳；B—炭阴极；C—阳极母线；
D—阴极母线

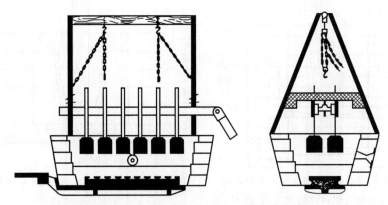

图 1-5　1912 年 Héroult 的 12000A 电解槽
电耗 25000kW·h/t Al，阳极电流密度 1.0～1.2A/cm²

　　霍尔-埃鲁特工艺技术早期的电解槽使用石墨质炭阳极或预焙炭质炭阳极，其阳极是由石墨或焙烧后的固体炭质材料制成的。早期的石墨阳极电解槽或预焙阳极电解槽电流强度小、槽电压高、电耗高。

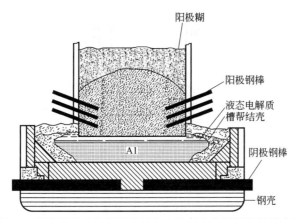

图 1-6　20 世纪 80 年代以前广为使用现仍有少量存在的侧插阳极棒自焙阳极电解槽

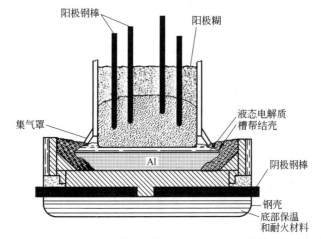

图 1-7　20 世纪 80 年代前广为使用的上插阳极棒自焙阳极电解槽

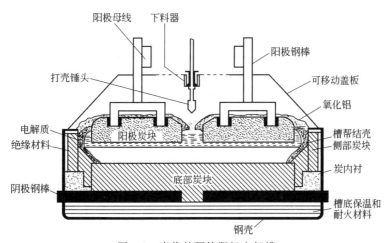

图 1-8　当代的预焙阳极电解槽

自焙槽（上插阳极棒自焙阳极电解槽和侧插阳极棒自焙阳极电解槽，二者统称为自焙阳极电解槽，常简称为自焙槽）在铝电解槽结构的发展过程中，曾在很长一段时间内被广泛使

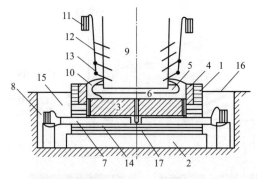

图 1-9　无底电解槽

1—槽壳；2—槽基；3—槽底炭块；4—侧部炭块；5—电解质；6—铝液；7—阴极棒；8—阴极母线；9—阳极；10—电解质结壳；11—阳极母线；12—阳极棒；13—阳极铜带；14—炭素底垫；15—地沟；16—地沟盖板；17—耐火砖内衬

用。自焙槽起始于 1923 年，是由挪威人在生产铁合金电炉时使用的连续自焙电极的基础上发展起来的（图 1-10），挪威有丰富的水电资源，电价便宜，铁合金和铝工业在挪威都有很大发展。1927 年美国开始使用的自焙阳极为圆柱形（电解槽也为圆形），直径为 2.1m，电流强度为 30kA。之后，自焙阳极电解槽在世界各国得到推广，并逐渐地取代预焙阳极电解槽，到第二次世界大战时，电解槽的电流强度达到了 60kA。在 20 世纪 60 年代，侧插阳极棒自焙槽的最大电流强度达到 100kA 以上。侧插阳极棒自焙槽的阳极棒从阳极侧部插入，因此阳极电流也从阳极侧部导入。

图 1-10　挪威人最初专利构建的自焙槽（1923 年）

上插阳极棒连续自焙阳极电解槽的使用起始于第二次世界大战初期，这种电解槽与侧插阳极棒自焙槽的区别在于电流和阳极棒从阳极的上部导入和插入。阳极钢棒有两组，每一组阳极钢棒的底端分布在同一水平高度上。阳极棒不仅能导电，而且承担着阳极的重量。

在 20 世纪 50～70 年代，上插阳极棒自焙槽在世界范围内得到了很大发展，其电解槽的最大电流达到了 170～180kA。

现在多数自焙槽已经被淘汰了，取而代之的是较大型的和大型预焙阳极电解槽（常简称为预焙槽），但是直到现在世界上仍然存在着少量的自焙阳极电解槽，它之所以在很长时间存在，并能在这段时间得到发展，是因为自焙槽本身具有很多优点。

① 自焙槽的阳极使用煅烧后石油焦和沥青组成的糊料，这种糊料加入到电解槽上面的阳极箱中，靠电解槽自身的热量使电解槽阳极箱内的阳极糊焙烧成密度较大的炭阳极，因而使电解槽的上部散热得到了合理的利用。

② 由于电解槽直接使用糊料（阳极糊），因此节省了预制阳极过程中的成型、焙烧、加工、阳极组装等工艺与工序过程，以及该过程所需要的燃料和各种消耗及劳动费用，大大地降低了阳极的制造成本。

但这种电解槽也存在着很大的缺点：

① 阳极的焙烧温度低（940~980℃），没有像预焙阳极那么高的焙烧温度（1100℃以上），因此自焙阳极的电阻高于预焙阳极的电阻，表现在自焙阳极电压降大大高于预焙阳极的电压降。

② 自焙槽阳极中心与边部之间的温差高于预焙阳极电解槽阳极中心与边部之间的温差，从而造成自焙槽内由温差而引起的电解质的对流强度较大。

③ 阳极糊自焙过程中生成的大量烃类气体，不容易回收，对环境的污染较大，即使使用湿法或干法净化回收技术，其成本也很大，且净化效率也不是很高，烟气中的沥青挥发分很难处理。

④ 电解工和阳极工劳动强度大，劳动条件差。

⑤ 自焙槽阳极上的电化学选择性氧化程度大，故此，自焙槽炭渣多。

⑥ 由于自焙槽阳极糊的焙烧温度低，被焙烧过的自焙阳极中所含的且吸附在阳极上的碳氢化合物和氢比预焙槽阳极多，它们进入电解质中会增加铝的二次反应，影响电解槽的电流效率。

⑦ 自焙槽的机械化和自动化操作程度低。

⑧ 自焙槽只能实施边部打壳下料，加工面大，非电解的铝液面大，严重影响电流效率。

⑨ 自焙槽很难大型化，只适用于 30~150kA 的小型电解槽，因而劳动生产率低。

由于自焙槽的上述种种不可克服的缺点，故在 20 世纪 70 年代后逐步被淘汰，取而代之的是现代的预焙阳极电解槽。

相对于自焙阳极电解槽而言，现代的预焙阳极电解槽无疑是铝电解技术的一个重大转折和技术进步。预焙阳极电解槽虽然在工业和技术上，增加了阳极的预先制作，这无形中增加了电解铝厂的投资，但阳极和电解槽槽电压大幅度地降低，以及可实现的大型化，烟气实现净化和环境的改善，以及自动化程度的提高，都是自焙槽不可实现的。

早期的预焙阳极电解槽实施边部打壳和下料制度，致使电解槽不得不像自焙槽一样具有较大的边部加工面，它无形中增加了槽膛阴极中非阳极投影面的铝液面积，并使铝溶解损失增加，电流效率损失增加。而且，也使电解槽槽面热损失增加，同时，也不利于槽罩的密闭与烟气的净化，不利于电解槽自动化氧化铝加料技术的实施。因此，在 20 世纪 60~70 年代后，中间打壳下料预焙槽技术得到开发。自 20 世纪 70 年代以来，电解槽结构并没有发生改变，但随着电解槽电解质物理化学性质和电解槽物理场的深入研究以及电解槽打壳下料系统自动化技术的进步和电解槽设计技术的进步，电解槽容量不断地增加，使电解槽的生产率大大增加，能耗和物耗进一步降低。

在预焙阳极电解槽的发展过程中，为了减少阳极消耗，以及为了使阳极电流分布均匀，德国 Elberwerk 铝厂研究并构建了一个电流强度为 129kA 的连续预焙阳极电解槽生产系列。该槽的结构示意图如图 1-11 所示。此种电解槽单个阳极高度达 900mm，电解过程中阳极正常消耗 415kg/t Al；

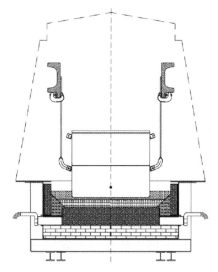

图 1-11　德国 Elbewerk 连续预焙槽示意图

每隔 60 天在旧阳极上叠加一块新阳极，上下阳极之间有黏结糊，电解过程中不必取出旧阳极；该电解槽槽电压 4.70V，电流效率 92％。

连续预焙阳极电解槽的缺点是，阳极电压降高，这是因为，在新老预焙阳极炭块之间需铺设一层电阻较高的炭质胶泥或炭糊，且操作上也比较麻烦，电解槽上部结构（包括阳极导电结构）变得复杂。也许是由于这种连续预焙阳极电解槽的阳极电压降较高，或阳极更换与操作的不方便，它并没有被其他电解铝厂所接受和采纳。

1.2 中国铝电解槽发展简史

中国电解铝工业起始于东北的"伪满洲国"于 1938 年 10 月在抚顺建成并投入生产的 24kA 侧插自焙阳极电解槽，该系列有 80 台槽，生产能力为 4000 吨/年。1939 年在该系列上，又增建 20 台槽，生产能力达到 5000 吨/年。

该电解系列采用挪威的自焙阳极电解槽技术，并由挪威专家指导建设，1941 年，紧靠第一电解系列，又建了同样电解槽的电解系列，形成 10000 吨/年的生产能力，直到 1945 年日本投降。其主要技术经济指标如表 1-1 所示。直到 1948 年 10 月，抚顺解放时，电解铝厂才回到人民手中。

表 1-1 1938—1945 年间中国铝电解指标

年度	产铝量/t	平均生产槽数	槽平均日产量/kg	槽电压/V	电流效率/%	电耗/(kW·h/t Al)
1938 年	967			5.1～5.2		
1939 年	3258			5.1～5.2		
1940 年	5026	74	152	5.1～5.2	79	
1941 年	8030	127	161	5.1～5.2	83	23500
1942 年	7438	145	156	5.1～5.2	80.6	22800
1943 年	8556	146	152	5.1～5.2	78.5	24950
1944 年	7618	138	146	5.1～5.2	77	24800
1945 年	5008	—		5.1～5.2		

中华人民共和国成立后，党和人民政府积极采取措施，着手组建领导班子，进行电解铝厂的恢复与建设工作。在原有的 24kA 电解系列上进行的改建和扩建工程，是当时苏联援建我国的 156 工程项目之一，后又被列入我国第一个五年计划。新中国的第一个 45kA 的侧插自焙阳极电解槽系列于 1952 年动工兴建，1954 年 10 月投产，其后的第二个铝电解系列 51kA 侧插自焙阳极电解槽于 1955 年动工兴建，1957 年投产。之后，由我国自己设计和建造的 60kA 侧插自焙阳极电解槽于 1959 年投产。在自焙电解槽炼铝的年代，我国铝冶金工作者相继对自焙电解槽做出了加宽、加长阳极，强化电流，无底槽改有底槽，母线加宽等重大的技术改造，从而使侧插自焙阳极电解槽的技术得到提升和改进，并以这种技术相继建造了山东铝厂、兰溪铝厂、包头铝厂、兰州铝厂、白银铝厂等。从而形成了具有我国自主研发的 60kA 侧插自焙阳极电解槽铝电解技术，其有代表性的技术经济指标为槽电压在 4.5V 左右，电流效率在 87％～88％之间，直流电耗在 16000kW·h/t Al 左右。

1.2.1 上插自焙阳极电解槽技术

首台 72kA 上插自焙阳极电解槽，是由沈阳铝镁设计研究院和贵阳铝镁设计研究院共同负责设计的，并于 1964 年底在抚顺铝厂建成并投入试验研究工作。电解槽设计电流强度 70kA，阳极电流密度 $0.72A/cm^2$，阳极尺寸 4.8m×2.0m，阳极钢棒数 40 根，阳极钢棒为 $\phi120/100$（mm），长 2.0m。阳极钢棒总截面面积占整个阳极面积的 4.71%。根据一年的生产试验，实现全年的平均电流效率达到 86.6%（注：这在当时自焙槽中是较为一般的电流效率指标）。之后，参考上述设计参数和试验槽的工艺技术条件，以及管理经验，沈阳铝镁设计院设计出青铜峡上插自焙阳极电解槽电解铝厂，于 1967 年建成投产，而贵阳铝镁院根据这一试验槽的试验参数和工艺技术参数设计的上插阳极棒自焙阳极电解槽系列于 1970 年在贵州铝厂建成投产。

1.2.2 预焙阳极电解槽技术

我国最早研发的预焙槽是 72kA 的边部加工预焙槽，是靠我国自己的技术力量在抚顺铝厂研发成功的。电解槽的设计电流强度 72kA，阳极电流密度 $1.0A/cm^2$，阴极电流密度 $0.51A/cm^2$，阳极炭块尺寸 400mm×1000mm×400mm，阴极尺寸 4480mm×3165mm，于 1965 年 11 月通电采用铝液焙烧，焙烧电压 20V，6h 后降为 8V，焙烧 3 天后降至 5V，试验进行到 1966 年 6 月，因"文化大革命"而中止，试验电解槽的技术经济指标为电流强度 70.6kA，电流效率 88.5%，槽电压 4.208V，平均槽电压 4.327V，直流电耗 14573kW·h/t Al。72kA 预焙阳极电解槽试验时间虽短，但为我国预焙槽的设计、工艺操作与技术管理积累了经验，后来这种技术被移植到郑州铝厂，建成了一个 72kA 的预焙阳极电解槽生产系列，这也是我国第一个预焙阳极电解槽生产系列。

1.2.3 135kA 较大型边部加工下料预焙阳极电解槽技术

有了 72kA 预焙阳极电解槽的设计经验和工艺技术和生产管理经验，按照冶金工业部的重点科技项目，我国的铝冶金工作者通力合作，于 1975 年 3 月在抚顺铝厂设计并安装了 3 台边部加工的 135kA 预焙阳极电解槽（在当时被称为大型预焙阳极电解槽），标志着我国较大型预焙阳极电解槽技术的研制和试验进入了一个新阶段。电解槽在抚顺铝厂的大型试验场安装，利用当时抚顺铝厂两个侧插自焙电解槽系列汇合而成的 135kA 电流送电，试验获得成功。该 135kA 试验槽送电方式的成功经验，也为后来我国铝冶金工作者在河南沁阳 280kA 电解槽的送电方案的制定提供了技术支撑和设计经验，试验槽经过近三年的试验运行，获得如下的技术经济指标（表 1-2）。

表 1-2 三台试验槽技术经济指标

槽号	1	2	3
平均槽电压/V	4.16	4.063	3.93
电流效率/%	87.63	87.93	87.5
直流电耗/(kW·h/t Al)	14150	13760	13418
冰晶石单耗/(kg/t Al)	20	20	20
氟化铝单耗/(kg/t Al)	22.4	22.4	22.4
阳极净耗/(kg/t Al)	463	463	463

该项目研究成果于 1978 年通过了冶金工业部的验收和鉴定，并获得冶金工业部的科技进步二等奖，该研究成果被推广应用到抚顺铝厂四期第七电解厂房的南跨，建设了 23 台

135kA 边部加工的铝电解系列，取得了如表 1-3 所示的技术经济指标。

表 1-3　23 台边部加工 135kA 预焙阳极电解槽的技术经济指标

指标		电流/kA	平均槽电压/V	电流效率/%	冰晶石单耗/(kg/t Al)	氟化铝单耗/(kg/t Al)	阳极炭块毛耗/(kg/t Al)
设计指标		135	3.95~4.0	87.5	15	20	590
实际指标	1980 年	132	4.023	87.03	27.2	10.9	591
	1981 年	126	3.978	89.05	27.2	18.7	587
	1982 年	125	3.945	89.4	—	12.7	589

1.2.4　135kA 中间点式下料预焙阳极电解槽技术

135kA 边部下料预焙阳极铝电解槽技术获得成功后，我国铝冶金工作者又在此基础上马不停蹄地于 1978 年开展了中间点式下料（或称中间打壳下料）预焙阳极电解槽的设计与试验研究工作，并取得成功。此项目于 1983 年获得了中国有色金属工业总公司科技攻关一等奖，并将试验成果推广到了抚顺铝厂四期第七厂房北跨半个系列建成了 18 台 135kA 中间点式下料预焙阳极电解槽，在包头铝厂建成了 5 万吨/年的 135kA 中间打壳下料预焙阳极电解槽电解系列。

其典型的抚顺铝厂四期的 135kA 中间点式下料预焙阳极电解槽的技术经济指标如表 1-4 所示。

表 1-4　典型的抚顺铝厂 135kA 中间下料预焙阳极电解槽的技术经济指标

槽号	平均槽电压/V	电流效率/%	直流电耗/(kW·h/t Al)	冰晶石单耗/(kg/t Al)	氟化铝单耗/(kg/t Al)	阳极炭块毛耗/(kg/t Al)
725	4.055	90.526	13348	45.1	13.1	587
726	4.126	92.342	13315	45.1	13.1	587

从表 1-3 和表 1-4 的电解槽运行数据可以看出，中间点式下料预焙槽与边部加工的预焙阳极电解槽相比，电解槽打壳下料技术的改变使电流效率有了很大提高。

1.2.5　自焙槽改预焙槽技术

在我国铝电解技术的发展史上，不能不提一下曾经的自焙槽改预焙槽技术的历史。20世纪 90 年代，我国电解铝厂除了少数几个 160~200kA 的较大型预焙槽之外，大都是以 60kA 侧插自焙槽为主的电解槽，不仅能耗高，而且环境和劳动条件差，从投资、节能降耗和改善环境入手，我国铝冶金科技工作者和设计工作者，在保留原自焙槽槽体结构的基础上，将其改造成为小型的预焙槽，改建成的小型预焙槽电流强度由 60kA 提高到了 75~80kA，电流强度提高了 25%~30%，这不仅大大地改善了电解槽系列的工作环境，而且也使电流效率由原来的不到 88%，提高到了 90%~92%。直流电耗指标达到了同期的大型预焙阳极电解槽的电耗指标，这种由自焙槽改预焙槽的技术为我国铝冶金设计工作者的技术创新，是我国铝电解槽技术的发展史上一个重要的历史过程和阶段。

1.2.6　大型预焙阳极电解槽技术的发展

直到 20 世纪末，世界上大多数电解铝厂还都采用挪威人研发的自焙阳极电解槽技术，自焙槽最大的缺点是沥青烟气的环保问题不能有效地解决和阳极电压降高，电解槽大型化受到限制，此外，自动化下料和控制问题很难解决。因此，早在 20 世纪 60～70 年代预焙阳极电解槽技术就开始复活，160kA 和 220kA 的大型预焙阳极电解槽开始出现。到 20 世纪 80 年代，180kA 以上的大型预焙阳极电解槽就已经大量出现，到 80 年代末，已经出现了 275～285kA 的大型预焙阳极电解槽。大型预焙阳极电解槽不仅投资减少，劳动生产率高，而且电解槽内非阳极投影下的铝液面积与阳极投影面积的比率大大减少，有利于提高电流效率。另外，单位电流强度的电解槽的散热面积可减小，因此有利于提高电解槽热效率，提高电解槽热稳定性。但是，电解槽随着电流强度和大型化要求的提高，对电解槽电磁场和热平衡的设计、操作和计算机控制等方面的要求也随之提高。

为了加快中国铝工业的发展，在当时我国工业铝电解槽自动化控制技术相对比较落后的情况下，贵州铝厂于 1978 年从日本引进了由欧美配套设备的 160kA 预焙槽技术，经消化吸收后，推广应用到青海铝厂和平果铝厂，之后我国冶金设计工作者和研究工作者在此基础上又相继开发了 190kA、200kA、230kA、240kA、280kA、320kA、350kA、400kA、500kA 和 660kA 的电解槽技术，使中国的铝电解技术大大提高，达到了世界先进水平。

参 考 文 献

［1］　Scholemann B，Wilkening S. Light Metals，2001：167.

［2］　Pedersen T B. The 20th international course on process metallurgy of alumimium. Trondheim：［s. n.］，2001.

［3］　东北工学院有色系轻金属冶炼教研室. 专业轻金属冶金学. 北京：冶金工业出版社，1960.

第**2**章 | 电解质晶体和熔体结构

Hall-Héroult 铝电解技术的重要特征之一，是使用冰晶石作为氧化铝的熔剂，因此了解冰晶石熔体的结构、氧化铝在冰晶石熔体中溶解的机理、溶解产物的粒子形式、电解质熔体的物理化学性质，对于了解铝电解过程中的电极反应机理是非常重要的。

2.1 冰晶石熔体的成分

目前世界上发现的天然矿物冰晶石只存在于丹麦的格陵兰岛，除此之外，国内外铝电解生产所用的冰晶石大都是人工合成的，称为人造冰晶石，其分子式为 Na_3AlF_6。冰晶石也是一种复盐，其分子式也可写成 $3NaF \cdot AlF_3$，这是一个纯冰晶石的分子组成，其中 NaF 和 AlF_3 的物质的量之比为 3。冰晶石中 NaF、AlF_3 的物质的量之比通常用 CR（Cryolite Ratio）表示，铝电解工业通常将其称为分子比。

$$CR = \frac{\text{电解质中 NaF 的物质的量}}{\text{电解质中 } AlF_3 \text{ 的物质的量}} \tag{2-1}$$

对纯冰晶石 Na_3AlF_6 来说，CR＝3，但工业上大都为 CR 小于 3 的酸性冰晶石，并且在电解槽的电解质熔体中还常使用 CaF_2、MgF_2 和 LiF 添加剂。用湿法生产的冰晶石实际上是 NaF 与 AlF_3 的混合物，写成分子式便是 $xNaF \cdot yAlF_3$，其中，$x/y < 3$。电解槽电解质熔体冷却后的产物是化合态的冰晶石 Na_3AlF_6 与 $Na_5Al_3F_{14}$ 的混合物。这可以从 $NaF\text{-}AlF_3$ 二元系相图（图 3-1）明显地看出来。在 $NaF\text{-}AlF_3$ 二元系相图中，化合物状态的冰晶石 Na_3AlF_6 不仅在固态是稳定的，而且在熔融状态也是较为稳定的，只有部分 Na_3AlF_6 会分解成 NaF、$NaAlF_4$ 和 Na_2AlF_6 等组分，这将在本章后面介绍。国外铝厂也常常用电解质比 BR（Bath Ratio）来表征电解质熔体中 NaF 和 AlF_3 的组成。

$$BR = \frac{\text{电解质中 NaF 质量}}{\text{电解质中 } AlF_3 \text{ 质量}} \tag{2-2}$$

BR 与 CR 的关系是 BR＝0.5CR

在工业电解槽酸性电解质熔体中的冰晶石电解质熔体的组成也可以用相对纯冰晶石组成的过剩 AlF_3 含量或游离的 AlF_3 含量（质量比）来表示，欧美等国家常用此来表示冰晶石电解质熔体的组成。

2.2　冰晶石的晶体结构

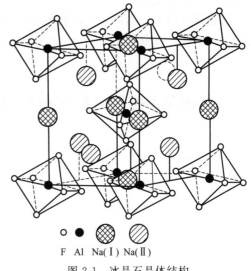

　　固体冰晶石可以用图 2-1 所示的晶体结构来表示。

　　由图 2-1 可以看出，冰晶石的晶体结构为 6 个氟离子围绕一个铝离子构成的八面体，形成一个 AlF_6^{3-} 的铝-氟离子团，氟离子处于晶格的顶点上。AlF_6^{3-} 八面体离子团稍有倾斜。在这种晶格结构中，其远程规律是每一个八面体与 3 个钠离子处于连续间隔的排列中，而近程规律则是每一个铝离子周围有 6 个氟离子，这 6 个氟离子中有 4 个处于一个平面中，并与铝离子距离较近，另外两个氟离子与铝离子相对距离较远，而如果把与铝最近的且处于同一平面的 4 个氟离子与铝离子组合写成一个离子团，则为 AlF_4^-。

　　　○　　●　　◍　　◍

　　　F　Al　Na(Ⅰ)　Na(Ⅱ)

图 2-1　冰晶石晶体结构

2.3　含 Li_3AlF_6、K_3AlF_6 添加剂的冰晶石晶体结构

　　钾冰晶石 K_3AlF_6 和锂冰晶石 Li_3AlF_6 具有与钠冰晶石 Na_3AlF_6 相同的晶体结构，所不同的是在 K_3AlF_6 和 Li_3AlF_6 中，其八面体离子团 AlF_6^{3-} 之间的碱金属离子被相应的 K^+ 和 Li^+ 所替换。工业铝电解槽电解质通常为分子比小于 3 的酸性电解质，因此，LiF 和 KF 添加入电解质熔体中一般都以 Li_3AlF_6、K_3AlF_6 的化合物形式存在，当这种冰晶石熔体冷却后，Na_3AlF_6 晶体结构中的 Na^+ 可以被 Li^+ 和 K^+ 置换，形成诸如 $LiNa_2AlF_6$、KNa_2AlF_6、$LiKNaAlF_6$、KNa_2AlF_6、Li_2NaAlF_6、K_2NaAlF_6 之类的化合物。图 2-2 是高

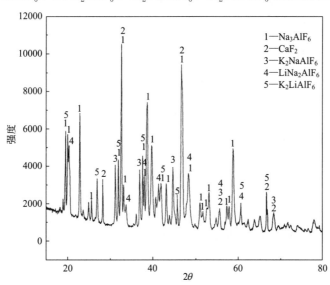

图 2-2　含 KF 和 LiF 的电解质的 X 射线衍射图（分子比 2.4，LiF＝4%，KF＝3%）

炳亮等人对分子比为 2.4、含 4%（质量分数）[1] LiF 和 3%KF 的电解质熔体冷却后 X 射线衍射物相分析结果。由图 2-2 的物相分析结果可以看出，上述关于含有 Li_3AlF_6、K_3AlF_6 的冰晶石熔体，或分子比小于 3，添加 LiF 和 KF 后的电解质熔体在其冷却后的晶体结构的分析是正确的。

2.4 电解质中各组分的晶体结构

2.4.1 冰晶石（Na_3AlF_6）

冰晶石，既是一个可以人工合成的化合物，也可以在自然界中以矿物形式存在。其化学组分为 Na_3AlF_6，冰晶石在低温时，为 α 型多晶化合物，在高温时为 β 型多晶化合物。冰晶石的天然低温多晶体为单斜多晶体，其晶格常数为 $a_0=0.54nm$，$b_0=0.56nm$，$c_0=0.778nm$。在 $560\sim570℃$ 时，会可逆地从 α 型单斜冰晶石转变成高温的 β 型立方多晶体冰晶石，其晶格常数 $a_0=0.7962nm$，相变热为 $2.238kcal/mol$（$1kcal=4185.85J$）。Landon 和 Ubbelohde 曾根据电导和热阻数据推断出，在 881℃ 温度时还存在一个从 β 型冰晶石向 γ 型冰晶石的相变，其相变热为 $0.2kcal/mol$。Foster 试图利用电导数据和 X 射线衍射来证实 γ 型冰晶石的存在，及其从 $\beta\rightarrow\gamma$ 的相变过程，但未能实现。以后他人的研究也未能证实有 γ 型多晶体冰晶石的存在。

对于天然冰晶石的熔点，早期研究者的测定结果在 $977\sim1027℃$ 之间。Foster 将天然冰晶石试样置于铂金属管内，小心地控制各种实验条件，用差热分析的方法，测定了格陵兰岛天然冰晶石的熔点为 1009.2℃，人工合成纯冰晶石的熔点为（1012±2）℃。高温下 α 多晶体冰晶石的折射率为 1.3376、1.3377 和 1.3387。

2.4.2 氟化铝（AlF_3）

AlF_3 为菱形六面体结构，晶格常数为 $a_{rh}=0.5016nm$，$\alpha=58°32'$，单轴晶系折射率为 1.3765 和 1.3767。AlF_3 在低温时为 α 型多晶体，在 453℃ 时发生相变，转变成 β 型多晶体，其相变热很小，为 $0.63kJ/mol$。没有熔化温度，只有升华温度。

2.4.3 氟化钙（CaF_2）

CaF_2 只存在一种晶型，为面心立方结构。其晶格常数为 $a_0=0.54626nm$，没有水分的非常纯的 CaF_2 的熔点为 1423℃，其折射率为 1.434。

2.4.4 氧化铝（Al_2O_3）

氧化铝至少可以有 7 种晶型，人为地命名为 α 型、β 型、δ 型、η 型、θ 型、κ 型和 χ 型，但最常见的还是 α-Al_2O_3，又称刚玉型 Al_2O_3。在结构上属于空间群 $R\bar{3}C$，其晶格常数为 $a_{hex}=0.4758nm$，$c_{hex}=1.2991nm$，折射率为 1.768 和 1.760。

η(eta)-氧化铝是一种具有尖晶石型的立方晶体结构，其晶格常数 $a_0=0.794nm$，折射率为 1.670。

---

[1] 全书中如无特殊说明，物质的浓度均为质量分数。

此外，还有一种亚稳态的氧化铝，称之为 Tan 型氧化铝，在加热过程中它首先会转化成 η-氧化铝，最后转化成 α-Al_2O_3，其 X 射线衍射结构形式类似于高铝红柱石。

2.4.5　氟化钾（KF）

在工业电解槽的电解质熔体中，一般不添加 KF，这是因为，KF 与 NaF 的性质类似，其在电解质中的存在可能导致在阴极产物中出现金属钾，并且这种金属钾会比钠更容易渗入到阴极炭块的炭素晶格中与炭结合，生成炭和钾的炭晶间化合物。因此在含有 KF 组分的电解槽中，其镶嵌入炭阴极中的不仅有钠的炭晶间化合物，而且还有钾的炭晶间化合物。目前，我国许多铝厂的电解槽中含有的 KF，主要是由氧化铝原料的 K_2O 杂质带入的。K_2O 与熔体中的 AlF_3 组分反应，生成 KF：

$$3K_2O+2AlF_3 \longrightarrow 6KF+Al_2O_3 \tag{2-3}$$

上述反应生成的 KF 富集在电解质中，可使电解质熔体中的 KF 含量高达 $3\%\sim5\%$。某些电解铝厂长期使用这种高钾氧化铝，其电解质熔体中的 KF 含量可能超过 5%。

KF 的熔点为 1131℃，熔化热为 27.20kJ/mol。KF 只有一种晶型，即为无色立方晶体结构，易潮解，易溶于水，氟化钾有 $KF \cdot 2H_2O$ 和 $KF \cdot 4H_2O$ 两种水合物。在低于 40℃ 时，在水溶液中结晶可得 $KF \cdot 2H_2O$ 的单斜晶体，因此高锂杂质含量的氧化铝可能比不含 K_2O 的氧化铝更容易潮解。

2.4.6　氟化锂（LiF）

LiF 是一种能显著地改善电解质导电性的添加剂，通常以 Li_2CO_3 的形式加入到电解槽中，但其会消耗电解质中的 AlF_3：

$$Li_2CO_3 \longrightarrow Li_2O+CO_2 \tag{2-4}$$

$$3Li_2O+2AlF_3 \longrightarrow 6LiF+Al_2O_3 \tag{2-5}$$

我国某些电解铝厂的电解槽中，所存在的高含量的 LiF 组分，并不是人为加入的，而是高 Li_2O 杂质含量的氧化铝原料带入的。LiF 的熔点为 1121℃，熔化热为 27.09kJ/mol。

氟化锂是白色非吸潮的立方晶体结构，微溶于水。

2.4.7　氟化镁（MgF_2）

MgF_2 为无色四方晶系的晶体或粉末，不溶于水，熔点为 1248℃。在工业铝电解生产中，常被电解铝厂作为一种添加剂添加在冰晶石-氧化铝的电解质熔体中。MgF_2 是一种酸性添加剂，在实际的工业铝电解生产中，MgF_2 通常以轻烧氧化镁或菱镁石矿粉的形式加入到电解槽中，并消耗电解质中的 AlF_3。

$$3MgO+2AlF_3 \longrightarrow 3MgF_2+Al_2O_3 \tag{2-6}$$

2.5　冰晶石的熔体结构

关于冰晶石在熔融状态下的结构，也可以用晶体在其熔化时，液体与晶体的相似性所建立起来的远程规律与近程规律的理论来理解。根据这种理论，晶体固体在向液体转化时，首先远程规律消失，而近程规律则在不同程度上仍然保持着。所谓远程规律就是质点相对比较远的一种排列秩序，而近程规律就是质点相对较近的一种围绕铝离子的排列形式。

以冰晶石来说，如图 2-1 所示，其远程规律就是 Na^+ 围绕 AlF_6^{3+} 的排列规律。近程规律就是 6 个氟离子围绕着一个铝离子所构成的八面体，即 AlF_6^{3-}。这个八面体稍有倾斜，其中在一个平面内的 4 个氟离子与铝离子具有离子间距更近的、更为近程的排列规律，即 AlF_4^-。由于 AlF_6^{3-} 八面体近程规律中的上下两个离子与铝离子的距离相对远一些，因此，当冰晶石熔化后，其远程规律消失，而近程规律基本保持不变，但仍会有部分的近程规律排列的 AlF_6^{3-} 的上下两个相对于八面体不太紧密的氟离子中的一个或两个脱离开这个八面体，形成 AlF_5^{2-} 或 AlF_4^- 的近程规律结构。

远程规律就是八面体近程规律周围的 Na^+ 的排列规律，冰晶石从固体转向液体时，即冰晶石熔化后，Na^+ 变成了在八面体 AlF_6^{3-} 之间可以自由流动的离子，这就是冰晶石熔体中，由自由活动的金属 Na^+（冰晶石熔体中唯一的正电荷离子）、AlF_6^{3-}、AlF_4^-、AlF_5^{2-} 组成的熔体的离子结构，这与用冰点下降法，通过测定密度以及蒸气压计算得出的冰晶石熔体的离子结构相一致，也与用拉曼光谱的测定结果相一致。

2.6 冰晶石熔体的离解反应

利用 NaF-AlF_3 二元相图中冰晶石组分的冰点下降数据，以及 NaF-AlF_3 二元化合物的密度数据、电导数据可以计算出冰晶石的离解反应。这里介绍的是根据 NaF-AlF_3 二元系中冰晶石冰点下降的数据计算冰晶石的离解反应。

冰晶石熔体的离解反应的模型为：

$$Na_3AlF_6(液) \longrightarrow a\,NaF(液) + b\,NaAlF_4(液) + c\,Na_2AlF_5(液) \tag{2-7}$$

对式（2-7）中的系数 a、b、c 按其质量平衡原理，可以建立起式（2-8）～式（2-10）的关系式。

$$对于\ Na \qquad\qquad\qquad a+b+2c=3 \tag{2-8}$$

$$对于\ Al \qquad\qquad\qquad b+c=1 \tag{2-9}$$

$$对于\ F \qquad\qquad\qquad a+4b+5c=6 \tag{2-10}$$

对于冰晶石离解反应方程式（2-7），其平衡常数 k_0 为：

$$k_0 = \frac{a_{NaF}^a \cdot a_{NaAlF_4}^b \cdot a_{Na_2AlF_5}^c}{a_{Na_3AlF_6}} \tag{2-11}$$

a_{NaF}、a_{NaAlF_4}、$a_{Na_2AlF_5}$ 和 $a_{Na_3AlF_6}$ 为冰晶石熔体中各组分的活度，假定冰晶石熔液是由 NaF、$NaAlF_4$、Na_2AlF_5 和 Na_3AlF_6 组成的理想熔体混合物，则活度可以用其摩尔分数 N 来表示，因此式（2-11）可以写成：

$$k_0 = \frac{N_{NaF}^a \cdot N_{NaAlF_4}^b \cdot N_{Na_2AlF_5}^c}{N_{Na_3AlF_6}} \tag{2-12}$$

同样，对于 Na_2AlF_5 分解成 NaF 和 $NaAlF_4$ 的反应：

$$Na_2AlF_5(液) \longrightarrow NaF(液) + NaAlF_4(液) \tag{2-13}$$

该反应的平衡常数 k_{01} 可以写成：

$$k_{01} = \frac{N_{NaF} \cdot N_{NaAlF_4}}{N_{Na_2AlF_5}} \tag{2-14}$$

令 x 为 NaF-AlF_3 二元系中 AlF_3 的摩尔分数，$1-x$ 为 NaF 的摩尔分数，Na_3AlF_6 离

解反应[式(2-7)]的离解率为 r_0，Na_2AlF_5 分解反应［式(2-13)］的离解率为 r_1，则可以在 $NaF\text{-}AlF_3$ 二元相图 $0 \leqslant x \leqslant 0.25$ 和 $0.25 < x \leqslant 0.5$ 的范围内计算摩尔分数 $N_{Na_3AlF_6}$、N_{NaF}、N_{NaAlF_4} 和 $N_{Na_2AlF_5}$。

（1）在 $0 \leqslant x \leqslant 0.25$ 范围　在这个组分范围内，假定刚开始时所有的 AlF_3 都与 NaF 生成冰晶石 Na_3AlF_6，生成的冰晶石量为 x，引入一个中间变量 y 表示熔体中尚未按式(2-13)开始离解之前的 Na_2AlF_5 的物质的量，则分解的 Na_2AlF_5 量就等于 yr_1，未分解的 Na_2AlF_5 为 $y(1-r_1)$，由冰晶石离解反应方程式(2-7)可以得出，离解的冰晶石为 $\dfrac{yr_1}{c}$，因此式(2-15)成立：

$$\left(x-\frac{yr_1}{c}\right)r_0c = y(1-r_1) \tag{2-15}$$

由式(2-15)可以得出：

$$y = \frac{xcr_0}{1+r_0r_1-r_1} \tag{2-16}$$

离解达到平衡后，熔体中 $NaAlF_4$ 的物质的量为：

$$\eta_1 = \left(x-\frac{yr_1}{c}\right)br_0 + yr_1 + \frac{byr_1}{c} \tag{2-17}$$

Na_2AlF_5 的物质的量为：

$$\eta_2 = \left(x-\frac{yr_1}{c}\right)cr_0 \tag{2-18}$$

Na_3AlF_6 的物质的量为：

$$\eta_3 = \left(x-\frac{yr_1}{c}\right)(1-r_0) \tag{2-19}$$

NaF 的物质的量为：

$$\eta_4 = (1-x) - 3\left(x-\frac{yr_1}{c}\right)(1-r_0) - 2\left(x-\frac{yr_1}{c}\right)cr_0 - \left[\left(x-\frac{yr_1}{c}\right)br_0 + \frac{byr_1}{c} + yr_1\right] \tag{2-20}$$

熔体中 NaF、$NaAlF_4$、Na_2AlF_5 和 Na_3AlF_6 物质的量的总和 η_0 为：

$$\eta_0 = (1-x) - 2\left(x-\frac{yr_1}{c}\right)(1-r_0) - \left(x-\frac{yr_1}{c}\right)cr_0 \tag{2-21}$$

从上述各关系式，可以得出熔体中各组分的摩尔系数为：

$$N_{Na_3AlF_6} = \frac{\eta_3}{\eta_0} \tag{2-22}$$

$$N_{Na_2AlF_5} = \frac{\eta_2}{\eta_0} \tag{2-23}$$

$$N_{NaAlF_4} = \frac{\eta_1}{\eta_0} \tag{2-24}$$

$$N_{NaF} = \frac{\eta_4}{\eta_0} \tag{2-25}$$

$$k_0 = \frac{\eta_4^a \cdot \eta_1^b \cdot \eta_2^c}{\eta_3 \cdot \eta_0^{a+b+c-1}} \tag{2-26}$$

$$k_{01} = \frac{\eta_4 \eta_1}{\eta_2 \eta_0} \tag{2-27}$$

（2）在 $0.25 < x \leq 0.5$ 范围　　在这个 $NaF\text{-}AlF_3$ 的组分范围是酸性电解质，因此，两种化合物混合熔化时，所有的 NaF 都会和 AlF_3 反应生成 $\dfrac{1-x}{3}$ 的冰晶石，AlF_3 的物质的量为 $x - \dfrac{1-x}{3} = \dfrac{4x-1}{3}$，这个量也称为过剩的 AlF_3 物质的量，但是这过剩的 AlF_3 又会同冰晶石的离解产物 NaF 反应，其所消耗的 NaF 物质的量为 $3 \times \dfrac{4x-1}{3} = 4x-1$。因此由这个反应而导致的冰晶石离解量为 $(4x-1)/a$，由这个冰晶石的离解而生成的 $NaAlF_4$ 和 Na_2AlF_5 分别是 $b(4x-1)/a$ 和 $c(4x-1)/a$。

令 y 具有和上述相同的意义，则离解的 Na_2AlF_5 物质的量为 yr_1，未离解的 Na_2AlF_5 物质的量为 $y(1-r_1)$，而由于 Na_2AlF_5 离解而导致的冰晶石离解的物质的量为 yr_1/c，生成的 $NaAlF_4$ 物质的量为 byr_1/c，此时方程式（2-28）成立：

$$y = \frac{xr_0c - \dfrac{r_0c(4x-1)}{a} + \dfrac{c}{a}(4x-1)}{1 + r_0r_1 - r_0} \tag{2-28}$$

熔体中 $NaAlF_4$ 物质的量为：

$$\eta_1 = \left[x - \frac{yr_1}{c} - \frac{1}{a}(4x-1) \right] r_0b + \frac{b}{a}(4x-1) + \frac{b}{c}yr_1 + yr_1 \tag{2-29}$$

熔体中 Na_2AlF_5 物质的量为：

$$\eta_2 = \left[x - \frac{yr_1}{c} - \frac{1}{a}(4x-1) \right] r_0c + \frac{c}{a}(4x-1) \tag{2-30}$$

熔体中 Na_3AlF_6 物质的量为：

$$\eta_3 = \left[x - \frac{yr_1}{c} - \frac{1}{a}(4x-1) \right] (1 - r_0) \tag{2-31}$$

熔体中 NaF 物质的量为：

$$\eta_4 = \left[x - \frac{yr_1}{c} - \frac{1}{a}(4x-1) \right] r_0a + \frac{a}{c}yr_1 + yr_1 \tag{2-32}$$

令

$$\eta_0 = \eta_1 + \eta_2 + \eta_3 + \eta_4 \tag{2-33}$$

则在熔体中 $NaAlF_4$、Na_2AlF_5、Na_3AlF_6 和 NaF 摩尔分数为：

$$N_{Na_3AlF_6} = \frac{\eta_3}{\eta_0} \tag{2-34}$$

$$N_{Na_2AlF_5} = \frac{\eta_2}{\eta_0} \tag{2-35}$$

$$N_{NaAlF_4} = \frac{\eta_1}{\eta_0} \tag{2-36}$$

$$N_{NaF} = \frac{\eta_4}{\eta_0} \tag{2-37}$$

$$k_0 = \frac{\eta_4^a \cdot \eta_1^b \cdot \eta_2^c}{\eta_3 \cdot \eta_0^{a+b+c-1}} \tag{2-38}$$

$$k_{01} = \frac{\eta_4 \eta_1}{\eta_2 \eta_0} \tag{2-39}$$

根据相图理论，并将冰晶石熔液看成是理想溶液，则冰晶石活度可以用方程式（2-40）来表示：

$$\ln a_{Na_3AlF_6} = \frac{\Delta H_{m \cdot hypo}^0}{R}\left(\frac{1}{T} - \frac{1}{T_0}\right) \tag{2-40}$$

在式（2-40）中，$\Delta H_{m \cdot hypo}^0$ 是假定未离解的冰晶石熔点 T_0 时的熔化热，T 是冰晶石的液相线温度，R 是通用气体常数。将冰晶石熔液看成是理想溶液，方程式（2-40）又可写成式（2-41）：

$$\frac{1}{T_0} = \frac{1}{T_C} + \frac{R}{\Delta H_{m \cdot hypo}^0} \times \ln N_{Na_3AlF_6} \tag{2-41}$$

在式（2-41）中 T_C 为纯冰晶石的真正熔点（$T_C = 1284K$），因此方程式（2-41）在 $N_{Na_3AlF_6}$ 为已知时可以用来计算假定未离解的冰晶石熔点 T_0。

另外，如果已知温度 T_1 时的冰晶石的离解平衡常数 k_1，则可以利用式（2-42）计算其他温度 T_2 时的平衡常数 k_2：

$$\ln \frac{k_2}{k_1} = \frac{\Delta H_d^0}{R}\left(\frac{1}{T_1} - \frac{1}{T_2}\right) \tag{2-42}$$

式中　ΔH_d^0——纯冰晶石的离解热。

在利用实测相图数据与上面推导的公式计算 NaF-AlF$_3$ 二元系冰晶石的离解反应时，还用到了纯冰晶石的熔化热 $\Delta H_m^0 = 107kJ/mol$，此值可以用方程式（2-43）来表示：

$$\Delta H_m^0 = \Delta H_{m \cdot hypo}^0 + r_0 \cdot \Delta H_d^0(Na_3AlF_6) + r_0 \cdot r_1 \cdot \Delta H_d^0(Na_2AlF_5) \tag{2-43}$$

计算时，首先任意给出一组 a、b、c 值，再给出一组 k_0 和 k_{01} 值，利用方程式（2-11）和方程式（2-14）计算出 r_0、r_1 和 Na$_3$AlF$_6$ 的摩尔分数，并计算出 T_0。

然后选择一组 Na$_3$AlF$_6$ 和 Na$_2$AlF$_5$ 的离解热，利用式（2-42）计算出另一个温度 T_2 时的平衡常数，然后借助式（2-11）和式（2-14）计算出另一温度下的 r_0、r_1 和 Na$_3$AlF$_6$ 的摩尔分数，最后有了 Na$_3$AlF$_6$ 的摩尔分数，即可利用式（2-40）计算出该组分的液相线温度。这样反复计算使计算的液相线温度与实测液相线温度吻合得最好，从而确定出 Na$_3$AlF$_6$ 的最合理的离解反应。

① 在 NaF-AlF$_3$ 熔体中，Na$_3$AlF$_6$ 的离解反应为：

$$Na_3AlF_6 \longrightarrow 1.8NaF + 0.8NaAlF_4 + 0.2Na_2AlF_5 \tag{2-44}$$

在 1280K 时，此 Na$_3$AlF$_6$ 的离解反应的平衡常数 $k_0 = 0.045$。

Na$_2$AlF$_5$ 的离解反应为：

$$Na_2AlF_5 \longrightarrow NaF + NaAlF_4 \tag{2-45}$$

在 1280K 时，此 Na$_2$AlF$_5$ 的离解反应的平衡常数 $k_0 = 0.81$。

在冰晶石熔体中，由于冰晶石的离解，熔体中存在着 Na$^+$、F$^-$、AlF$_5^{2-}$、AlF$_6^{3-}$，同时也可能存在着非常少的其他形式的离子，如 Al$_2$F$_8^{2-}$ 等，但这些离子是非常少的，熔体中存在的主要是前面几种离子。

② 在 NaF-AlF$_3$ 熔体中，各粒子组分的摩尔分数示于图 2-3。

假设活度为摩尔分数，由图 2-3 可以看出，在 NaF-AlF$_3$ 二元熔体中，冰晶石组分处

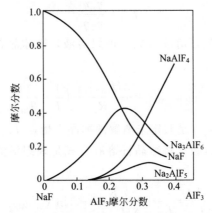

图 2-3　NaF-AlF$_3$ 熔体中各粒子组分的摩尔分数 （1273K）

Na$_3$AlF$_6$ 的活度有最大值，在分子比 2.0 处，Na$_2$AlF$_5$ 的活度有最大值，NaF 的活度随着分子比的降低而降低，而 NaAlF$_4$ 的活度随着分子比的降低而升高。在温度为 1280K 和分子比等于 3.0 的冰晶石熔体中，Na$_3$AlF$_6$ 的活度为 0.42，NaF 的活度为 0.36，NaAlF$_4$ 的活度 0.14，Na$_2$AlF$_5$ 的活度 0.08，见表 2-1。

表 2-1　1280K、分子比等于 3.0 的冰晶石熔体中各粒子组分的活度

粒子形式	冯乃祥、Kvande	Kvande	Sterten
Na$_3$AlF$_6$	0.42	1[①]	1[①]
NaF	0.36	0.38	0.35
NaAlF$_4$	0.14	0.15	0.12
Na$_2$AlF$_5$	0.08	—	—

① 在这些研究中，将纯冰晶石熔体 Na$_3$AlF$_6$ 的活度定义为 1。

③ 熔体中 Na$_3$AlF$_6 \longrightarrow 1.8NaF + 0.8NaAlF_4 + 0.2Na_2AlF_5$ 的离解反应也可以写成式(2-46)：

$$5Na_3AlF_6 \longrightarrow 9NaF + 4NaAlF_4 + Na_2AlF_5 \qquad (2-46)$$

此反应又可分解成式(2-47)、式(2-48) 两个反应：

$$4Na_3AlF_6 \longrightarrow 8NaF + 4NaAlF_4 \qquad (2-47)$$

$$Na_3AlF_6 \longrightarrow NaF + Na_2AlF_5 \qquad (2-48)$$

这意味着在部分离解的冰晶石中，有 80% 被离解的冰晶石按生成 NaAlF$_4$ 的式(2-47) 进行分解，有 20% 被分解的冰晶石按反应式(2-48) 进行分解。不同离解反应的反应热或称离解热见表 2-2。

表 2-2　不同离解反应的反应热 ΔH_d^0 （1285K）

反　应	$\Delta H_d^0/(kJ/mol)$				
	冯乃祥	Kvande	Sterten	Rokin	Holm
Na$_3$AlF$_6 \longrightarrow 1.8NaF + 0.8NaAlF_4 + 0.2Na_2AlF_5$	64.0	—	—	—	—
Na$_3$AlF$_6 \longrightarrow 2NaF + NaAlF_4$	70.4	45.8	71.1	64.0	75.3
Na$_3$AlF$_6 \longrightarrow NaF + Na_2AlF_5$	38.2	—	—	—	—
Na$_2$AlF$_5 \longrightarrow NaF + NaAlF_4$	32.2	—	—	—	—

2.7　CaF₂ 在 Na₃AlF₆ 熔体中的离解反应和离子结构

当 CaF_2 溶解在冰晶石熔体中时，可能的溶解反应有 5 种：

$$\text{I} \qquad CaF_2 \longrightarrow Ca^{2+} + 2F^- \qquad\qquad (2\text{-}49)$$

$$\text{II} \qquad CaF_2 \longrightarrow CaF^+ + F^- \qquad\qquad (2\text{-}50)$$

$$\text{III} \qquad CaF_2 + F^- \longrightarrow CaF_3^- \qquad\qquad (2\text{-}51)$$

$$\text{IV} \qquad CaF_2 + 2F^- \longrightarrow CaF_4^{2-} \qquad\qquad (2\text{-}52)$$

$$\text{V} \qquad 2CaF_2 \longrightarrow CaF^+ + CaF_3^- \qquad\qquad (2\text{-}53)$$

但是这 5 个溶解反应，哪一个是最符合实际，是最有可能发生的呢？我们可以利用这 5 个模型对冰晶石熔体 Na_3AlF_6 活度的影响进行计算，然后利用 Na_3AlF_6 活度的数据和方程式(2-40)，计算出 Na_3AlF_6 中加入 CaF_2 的液相线数据，并与实际测定值进行对比，计算值与实测值最为吻合的那种溶解反应和离子结构的模型，即为最有可能发生的溶解反应及其所生成的离子结构。

冯乃祥和 Kvande 用这种方法，按这 5 种不同的溶解反应模型，计算了 Na_3AlF_6 添加 CaF_2 的液相线，其计算结果如图 2-4 所示。

由图 2-4 的计算结果可以看出 CaF_2 按式(2-53)溶解在 Na_3AlF_6 中的液相线计算值与实测液相线值具有非常好的一致性，因此，可以确信，CaF_2 在冰晶石熔体中生成了 CaF^+ 和 CaF_3^- 两种新离子，在 $Na_3AlF_6\text{-}CaF_2$ 二元系熔体中，至少存在 Na^+、AlF_6^{3-}、AlF_4^-、AlF_5^{2-}、F^-、CaF^+ 和 CaF^{3-} 几种结构的离子。在熔体中，NaF、Na_3AlF_6、$NaAlF_4$、Na_2AlF_5 和 CaF_2 组分的活度如图 2-5 所示。

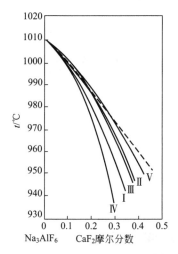

图 2-4　$Na_3AlF_6\text{-}CaF_2$ 二元系液相线
计算值与实测液相线之比较
图中虚线为实测值

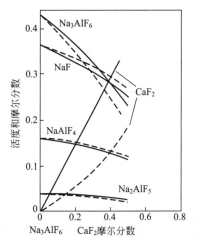

图 2-5　$Na_3AlF_6\text{-}CaF_2$ 二元系各组分的
活度和摩尔分数（1284K）
图中虚线为组分的活度，实线为摩尔分数

由图 2-5 可以看出，$Na_3AlF_6\text{-}CaF_2$ 熔体中，NaF 和 Na_3AlF_6 的活度随着 CaF_2 浓度的增加而减小，$NaAlF_4$ 和 Na_2AlF_5 的活度随着 CaF_2 浓度的增加而降低，但降低的幅度并没

有像 NaF 和 Na_3AlF_6 增加的幅度那样大。

2. 8　LiF 在 Na_3AlF_6 熔体中的离解反应和离子结构

LiF 是一种碱性金属氟化物，它与 NaF 的性质一样，加入到熔融的冰晶石中时，它有唯一的离解反应：

$$LiF \longrightarrow Li^+ + F^- \tag{2-54}$$

按这个离解反应模型，用其对冰晶石活度影响的计算得出的 Na_3AlF_6-LiF 二元系液相线与实测液相线相图如图 2-6 所示。

由图 2-6 的计算结果可以看出，计算得出的 Na_3AlF_6-LiF 二元液相线与实测值具有非常好的吻合，这就表明 $LiF \longrightarrow Li^+ + F^-$ 的离解反应是完全正确的。Na_3AlF_6 熔体中加 LiF 后使电解质熔体中各种化合物组分的活度发生变化如图 2-7 所示。

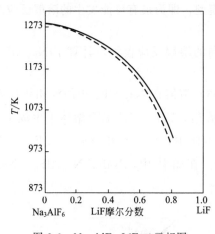

图 2-6　Na_3AlF_6-LiF 二元相图
计算值与实测值之比较
图中虚线为计算值

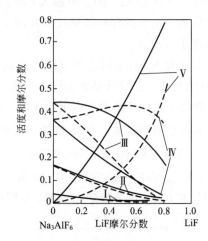

图 2-7　Na_3AlF_6-LiF 二元系中各组分的
活度和摩尔分数（1284K）
Ⅰ—Na_2AlF_5；Ⅱ—$NaAlF_4$；Ⅲ—Na_3AlF_6；
Ⅳ—NaF；Ⅴ—LiF
图中虚线为组分的活度，实线为摩尔分数

由图 2-7 可以看出，Na_3AlF_6 熔体中加入 LiF 后，熔体中 Na_3AlF_6、$NaAlF_4$ 和 Na_2AlF_5 的活度都随着 LiF 含量的增加而降低，LiF 的活度随着 LiF 含量的增加而增加，而 NaF 的活度却随着 LiF 加入量的增加也增加。

2. 9　Al_2O_3 在 Na_3AlF_6 熔体中的离解反应和离子结构

关于 Al_2O_3 溶解在冰晶石熔体中所生成氧离子或含氧的络离子的结构问题，已有很多研究提出过很多离子结构模型。众所周知，Al_2O_3 并非是一个盐类化合物，Al_2O_3 有很高的熔点（2050℃），因此 Al_2O_3 能溶解到冰晶石熔体中，并非是物理溶解过程，而是化学溶解过程，这已被 Al_2O_3 溶解在冰晶石熔体中产生巨大热效应这一事实所佐证。

Holm 测定了在无限稀释的情况下，加热的氧化铝所引起的冰点降低值。用冰点降低法对数据进行分析得出，在无限稀释情况下，溶解在冰晶石熔体中的氧化铝产生 3 个新离子，而每个新离子有 1 个氧原子。由于氧离子和氟离子大小相近（F^- 半径为 0.133nm，O^{2-} 半径为 0.14nm），因此这两种离子在结构上可彼此置换位置，于是提出了 Al_2O_3 溶解在冰晶石熔体中，生成铝氧氟络离子的概念，这一论点现在已被广泛认同。

根据这种分析，在较低的氧化铝浓度时，Al_2O_3 溶解在冰晶石熔体中的可能溶解反应有如下几种，即：

$$4AlF_6^{3-} + Al_2O_3 \longrightarrow 3AlOF_5^{4-} + 3AlF_3 \tag{2-55}$$

$$2AlF_6^{3-} + Al_2O_3 \longrightarrow 3AlOF_3^{2-} + AlF_3 \tag{2-56}$$

Holm 认为 $AlOF_5^{4-}$ 比 $AlOF_3^{2-}$ 更稳定。

然而还应该提到的是：

$$4AlF_6^{3-} + Al_2O_3 \longrightarrow 3Al_2OF_8^{4-} \tag{2-57}$$

溶解反应，也满足生成 3 个含氧新离子的条件。

在高氧化铝浓度时，上述含 1 个氧的铝氧氟络离子可能会发生缔合生成含氧离子络合物如 $Al_2OF_{2x}^{4-2x}$ 和 $Al_3O_2F_{2x}^{5-2x}$。

Φye 的文章指出，在低氧化铝浓度和低分子比时，氧化铝的主要溶解反应为：

$$Al_2O_3 + 4AlF_6^{3-} \longrightarrow 3Al_2OF_6^{2-} + 6F^- \tag{2-58}$$

$Al_2OF_6^{2-}$ 的结构模式为：

$$\left[\begin{array}{ccc} & F & \quad F \\ F-&Al-O-Al&-F \\ & F & \quad F \end{array}\right]^{2-}$$

在高氧化铝浓度和高分子比时，氧化铝的主要溶解反应为：

$$2Al_2O_3 + 2AlF_6^{3-} \longrightarrow 3Al_2O_2F_4^{2-} \tag{2-59}$$

$Al_2O_2F_4^{2-}$ 的结构模式为：

$$\left[\begin{array}{ccc} F & O & F \\ & Al \quad Al & \\ F & O & F \end{array}\right]^{2-}$$

根据 Haupin 给出的研究结果，冰晶石-氧化铝熔体中除了上述含氧络离子外，还存在少量的 $Al_2O_2F_6^{4-}$ 和 $Al_2OF_{10}^{6-}$ 络离子，如图 2-8 所示。由图 2-8 可以看出，在工业电解槽电解质分子比的组成范围内，冰晶石-氧化铝电解质熔体中的含氧阴离子，主要是 $Al_2OF_6^{2-}$ 和 $Al_2O_2F_4^{2-}$。

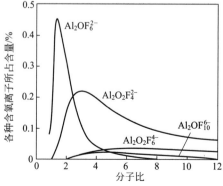

图 2-8　电解质分子比对各种含氧络离子浓度的影响

参 考 文 献

［1］ Gjotheim K，et al. Aluminium Electrolysis，Fundamentals of the Hall-Héroult Process. Düsseldorf：Aluminum Verlag GmbH，1982.

［2］ Kvande H. Introduction to Aluminium Electrolysis. Düsseldorf：Aluminium Verlag GmbH，1986.

［3］ Feng Naixiang，Kvande H. Acta. Chem. Scand. ，1986，A40：622.

［4］ Frank B，Foster M. J. Phys. Chem. ，1960，64：310.

［5］ Sterten A，Land M. Acta. Chem. Scand. ，1985，A39：241.

［6］ Holm J L. High Temp. Sci. 1974，6：16.

［7］ Kvande H，Feng Naixiang. Acta. Chem. Scand. ，1987，A41：245.

［8］ Kvande H，Feng Naixiang. Acta. Chem. Scand. ，1987，A41：146.

［9］ Phan-Xuan D，Castanet R，Laffitte M. Light Metals，1975：159.

［10］ Holm L. Thermodyn Prop of Molten Cryolite and Other Fluorides Mixture. Trondheim：University of Trondheim，1971.

［11］ Фуе H. The 21st International Course on Process Metallurgy of Aluminium. Trondheim：[s. n.]，2002

［12］ Haupin E. The 5th International Course on Process Metallurgy of Aluminium. Trondheim：[s. n.]，1986.

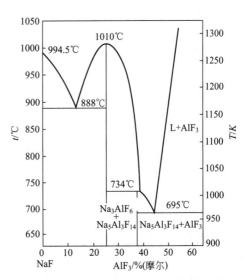

第3章 | 电解质的物理化学性质

工业铝电解槽的电解质主要成分是冰晶石与氧化铝组成的熔融混合物。除此之外，还使用 AlF_3、LiF、CaF_2 和 MgF_2 添加剂，这些添加剂会改变电解质的熔点（初晶温度）、密度、电导、黏度等物理化学性质。

3.1 相图与电解质的初晶温度

在铝电解理论与技术的研究中，冰晶石与各种添加剂组分组成的电解质体系的相图可展现最基本的物理化学性质。从组成电解质熔体的各种相图中可以获得如下信息：不同组分时的电解质熔体初晶温度；组成电解质熔体的各组分是否有化合物形成；熔体组分之间形成的化合物在熔体中是否稳定以及稳定程度；电解质熔体在凝固后的物相组成，这对借助于仪器分析确定电解质的分子比是非常有用的。

早期关于相图的测定与研究中，大多使用了敞开式的容器盛放电解质熔体，这样的测定方法存在着电解质的挥发，导致电解质成分在测量过程中的改变，因此所测数据相对来说精度较差。而近些年来，其测量技术已经标准化，是将试样封闭在一个惰性金属铂的容器中，采用淬冷和差热分析法测定电解质中的物相组成和初晶温度，以及熔体中各组分之间的反应。

3.1.1 NaF-AlF₃ 二元系

NaF-AlF₃ 二元系相图示于图 3-1，这个相图在任何铝冶金的教科书中都能看到，而且几乎得到了研究者的公认。

由图 3-1 NaF-AlF₃ 二元系的相图可以得出如下结论。

① 在 NaF 与 AlF_3 摩尔比为 3 的地方，生成一个化合物，这个化合物就是冰晶石，冰晶石的熔点为 1010℃。但生成冰晶石化合物的相图的峰并不是一个尖峰，这表明该化合物在熔化时，有部分离解，其离解反应为：

图 3-1　NaF-AlF₃ 二元系相图

L 指熔体

$$5Na_3AlF_6 \longrightarrow 9NaF + 4NaAlF_4 + Na_2AlF_5 \qquad (3\text{-}1)$$

该离解反应在 1000℃ 的离解率为 0.33，离解反应的平衡常数为 0.045，离解热为 64.0kJ/mol。与此同时，冯乃祥和 H. Kvande 还根据理想溶液的理论，对相图进行分析与计算得出，假定冰晶石在熔化时完全不分解，其熔点应为 1573℃。

② 相图中的另一个化合物在 AlF_3 摩尔分数为 37.5% 处，此化合物的成分为 $Na_5Al_3F_{14}$，我们称其为亚冰晶石，其熔点为 734℃，亚冰晶石是一个在固态稳定，但在液态不稳定，熔化时完全离解的组分，其离解反应为

$$Na_5Al_3F_{14}(液) \longrightarrow Na_3AlF_6(液) + 2NaF(液) + 2AlF_3(液) \qquad (3\text{-}2)$$

③ 此相图有两个共晶。一个是在分子比大于 3.0 一侧，即在 AlF_3 摩尔分数为 0.14 左右的地方，共晶温度为 888℃，这就意味着，当电解质处于分子比大于 3.0 的碱性状态时，温度降低，其沉淀物为冰晶石（AlF_3 的摩尔分数在 0.14～0.25）或 NaF（AlF_3 摩尔分数小于 0.14）。而降低到在 888℃ 以下时，为 NaF 和 Na_3AlF_6 两种化合物的共晶体。

另外一个共晶点在 AlF_3 的摩尔分数为 0.46 左右的地方，共晶温度为 695℃。在共晶点的左侧，即当 AlF_3 的摩尔分数大于 0.25、小于 0.375 和电解质的温度低于液相线温度时，电解质熔体中的沉淀析出产物为冰晶石 Na_3AlF_6，继续降低温度到 734℃ 以下时，其凝固产物为冰晶石 Na_3AlF_6 与亚冰晶石 $Na_5Al_3F_{14}$ 的混合物。当 AlF_3 的摩尔分数为 0.375～0.46 和电解质温度降低到液相线温度时，电解质熔体中析出的固相产物为亚冰晶石 $Na_5Al_3F_{14}$。当 AlF_3 的摩尔分数大于 0.375，电解质熔体的温度降低到 695℃ 共晶温度时，其固相产物为亚冰晶石 $Na_5Al_3F_{14}$ 与 AlF_3 的共晶体。

④ 在 AlF_3 的摩尔分数为 0.25～0.46 时，电解质的初晶温度随着 AlF_3 含量的增加而降低，但是 AlF_3 的摩尔分数在 0.25～0.33，即分子比为 3.0～2.0 时，电解质初晶温度随 AlF_3 的摩尔分数的变化率（斜率）相对较小，这意味着电解质分子比的变化对电解质的初晶温度变化的影响相对较小。而分子比在 2.0～1.5 时，电解质初晶温度随分子比变化较大，意味着电解质分子比的微小变化将会使电解质初晶温度发生很大的改变，这对铝电解生产是极其不利的，故应努力避免之。

⑤ 分子比在 1.5～1.2 时，电解质的分子比变化对初晶温度变化的影响较小，即电解质初晶温度的稳定性较好，这有可能是低温电解时的最佳电解质成分选择范围。如果能解决氧化铝的溶解速率问题和改进电解质的导电性能，至少低温电解在理论上是可行的。

⑥ 当 AlF_3 的摩尔分数大于 0.46 时，电解质的初晶温度以非常陡峭的速率上升，在这种电解质成分下电解，要想维护工艺上的稳定性将是非常困难的。

3.1.2 LiF-AlF_3 二元系

因为工业电解槽中，也常使用 LiF 添加剂，因此也有必要了解一下 LiF-AlF_3 二元系相图。LiF-AlF_3 二元系相图如图 3-2 所示。从这个二元系相图可以看到，在 AlF_3 摩尔分数 0.25 处，有一个化合物 3LiF·AlF_3，或写成 Li_3AlF_6，人们也常称这个化合物为锂冰晶石。

此二元系相图可以分成两部分，一部分为 LiF-Li_3AlF_6 组成的二元系，一部分为 Li_3AlF_6-AlF_3 组成的二元系。Li_3AlF_6 的熔点在 780℃ 左右。在这个二元系中，没有发现 $Li_5Al_3F_{14}$ 化合物在熔体凝固时出现。而同类的 $Na_5Al_3F_{14}$ 在 NaF-AlF_3 二元系中是一个液态不稳定、固态稳定的化合物。从 LiF-AlF_3 二元系相图可以推断，在分子比小于 3 的工业铝电解质中，LiF 的加入必然会发生 LiF 与电解质熔体中 AlF_3 的反应，生成锂冰晶石 Li_3AlF_6。锂冰晶石在熔化

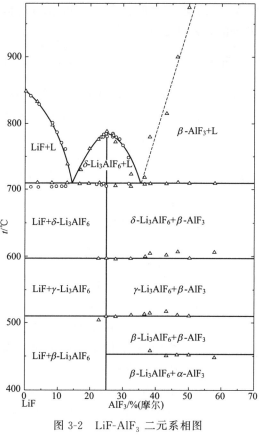

图 3-2　LiF-AlF$_3$ 二元系相图

○—TA 测量；△—DTA 测量

时，或在液相中，也会发生部分离解，生成 LiF、LiAlF$_4$、Li$_2$AlF$_5$。

3.1.3　KF-AlF$_3$ 二元系

　　KF-AlF$_3$ 二元系不应该被铝电解所重视，但中国诸多工业电解槽中，由于氧化铝原料所带入的 K$_2$O 杂质含量较高，致使电解质熔体中的 KF 可能达到 5％以上，另外也有文献提出了低温电解使用钾冰晶石作为电解质主要组分的概念，为此对 KF-AlF$_3$ 二元系相图知识的了解是有必要的。KF-AlF$_3$ 二元系相图如图 3-3 所示。

　　由图 3-3 可以看出，在这个二元系中，也存在着一个类似于 3NaF·AlF$_3$ 和 3LiF·AlF$_3$ 的 K$_3$AlF$_6$（3KF·AlF$_3$）化合物，称为钾冰晶石。钾冰晶石熔点为 1025℃，比锂冰晶石熔点高 245℃，比钠冰晶石的熔点（1010℃）高 15℃，在这个相图未显示出有亚钾冰晶石 K$_5$Al$_3$F$_{14}$ 化合物的存在。由该相图可知，在分子比小于 3 的工业

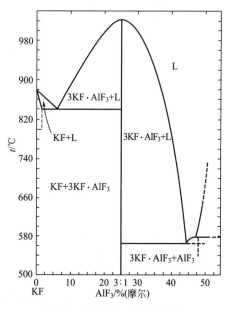

图 3-3　KF-AlF$_3$ 二元系相图

铝电解质中时，KF 以 K_3AlF_6 的化合物形式存在于电解质熔体中。而 K_3AlF_6 也会像 Na_3AlF_6、Li_3AlF_6 一样发生部分离解反应。

3.1.4 Na_3AlF_6-Al_2O_3 二元系

现在已被公认的 Na_3AlF_6-Al_2O_3 是一个简单的二元共晶系，早期的关于 Na_3AlF_6-Al_2O_3 二元共晶系的研究中，对于液相线特别是 Al_2O_3 一侧的液相线和共晶点的测定结果有很大差别，甚至还有的得出了有固熔体存在的测定结果。实验时，所用坩埚材料、实验条件的差别可能对实验结果产生影响。现在人们经过仔细的研究，通过对淬冷和缓慢冷却的固相产物的 X 衍射分析以及微观结构的仪器分析，都没有发现有固熔体的存在。

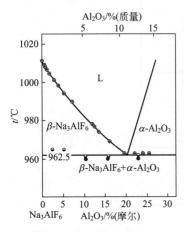

图 3-4　Na_3AlF_6-Al_2O_3
二元系相图
不同符号为不同研究者的测量结果

众多的研究者所测得的 Na_3AlF_6-Al_2O_3 二元系相图中，比较典型的如图 3-4 所示。图 3-5 和图 3-6 所示的是两种不同 CaF_2 含量和不同 AlF_3 含量条件下，冰晶石-氧化铝二元系相图液相线的测定结果。

由图 3-4、图 3-5 和图 3-6 可以看出如下内容。

① Na_3AlF_6-Al_2O_3 为简单二元共晶系，共晶点在 11% 氧化铝浓度处，共晶温度为 962.5℃。

② 冰晶石中添加 AlF_3 和 CaF_2 后共晶点处的 Al_2O_3 浓度和共晶温度随着 CaF_2 含量的增加以及分子比的降低而降低。

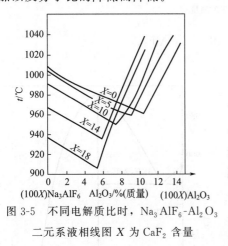

图 3-5　不同电解质比时，Na_3AlF_6-Al_2O_3
二元系液相线图 X 为 CaF_2 含量

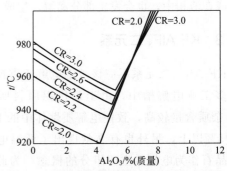

图 3-6　不同电解质比时，Na_3AlF_6-Al_2O_3
二元系液相线图（10% CaF_2）

③ 冰晶石-氧化铝二元系相图共晶点右侧的液相线为氧化铝从熔体中析出 α-Al_2O_3 的初晶温度，在该液相线上，任何一点所对应的温度和氧化铝浓度，就是该温度下的电解质熔体中 Al_2O_3 的饱和浓度，或称电解质熔体在该温度下的 Al_2O_3 溶解度。由图 3-4 和图 3-5 可以看出，在分子比相同的电解质熔体中，氧化铝的溶解度随着温度的升高而升高；在不同的电解质分子比时，Al_2O_3 的溶解度随着分子比的降低而降低。

④ Al_2O_3 浓度对冰晶石熔体的初晶温度有很大影响，平均氧化铝浓度增加 1%，冰晶石电解质熔体的初晶温度下降 4.3℃左右。

3.1.5 Na₃AlF₆-AlF₃-Al₂O₃ 三元系

图 3-5 中的冰晶石电解质熔体中添加 AlF₃ 对冰晶石-氧化铝二元系初晶温度的影响，也可从图 3-7 的 Na₃AlF₆-AlF₃-Al₂O₃ 三元系的相图反映出来。

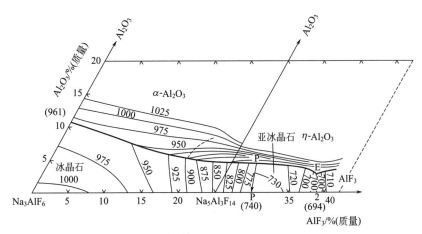

图 3-7   Na₃AlF₆-AlF₃-Al₂O₃ 三元系相图

P 为包晶点，E 为共晶点

由图 3-7 的 Na₃AlF₆-AlF₃-Al₂O₃ 三元系相图可以看出，电解质熔体中 Na₃AlF₆、AlF₃、Al₂O₃ 的三元共晶点在 Al₂O₃ 浓度 3.2%（质量）、AlF₃ 浓度 37.3%（质量）、Na₃AlF₆ 浓度 59.5%（质量）处，共晶点温度为 684℃。三元包晶点是在 Al₂O₃ 浓度 4.4%（质量）、AlF₃ 浓度 28.3%（质量）、Na₃AlF₆ 浓度 67.3%（质量）处，包晶温度为 723℃。

在三元共晶点的液相 L_e 与固相的平衡为：

$$L_e \longrightarrow Na_5Al_3F_{14}（固）+Al_2O_3（固）+AlF_3（固） \tag{3-3}$$

在三元包晶点的液相 L_p 与固相的平衡为：

$$L_p + Na_3AlF_6（固）\longrightarrow Na_5Al_3F_{14}（固）+Al_2O_3（固） \tag{3-4}$$

3.1.6 Na₃AlF₆-AlF₃-CaF₂ 三元系

工业电解槽电解质各种原料中总是含有钙杂质，因此电解质中有 3%～5%CaF₂，为此许多人对 Na₃AlF₆-AlF₃-CaF₂ 进行研究。比较典型的且被学者引用较多的是由 Brown 所给出的研究结果，如图 3-8 所示。

由图 3-8 可以看出，虽然 CaF₂ 和 AlF₃ 在熔体中没有化合物生成，但在凝固过程中，有 7 个包晶点和 1 个共晶点，它们的组成和位置见表 3-1。

表 3-1   Na₃AlF₆-AlF₃-CaF₂ 三元系中各包晶点和共晶点的组成和位置

组成/%（摩尔）			包晶或共晶	温度/℃	相平衡成分
CaF₂	AlF₃	Na₃AlF₆			
49.0	33.5	17.5	包晶	731	CaF₂、NaCaAlF₆、Na₃AlF₆
49.5	35.0	15.5	包晶	718	CaF₂、NaCaAlF₆、Ca₂AlF₇
48.5	37.5	14.0	包晶	713	Ca₂AlF₇、CaAlF₅、NaCaAlF₆

组成/%（摩尔）			包晶或共晶	温度/℃	相平衡成分
CaF_2	AlF_3	Na_3AlF_6			
43.0	46.0	11.0	包晶	710	$CaAlF_5$、$NaCaAl_2F_9$、AlF_3
38.0	44.0	18.0	包晶	709	$CaAlF_5$、$NaCaAl_2F_9$、$NaCaAlF_6$
25.0	45.0	30.0	包晶	688	Na_3AlF_6、$Na_5Al_3F_{14}$、$NaCaAlF_6$
18.0	52.0	30.0	包晶	683	$NaCaAl_2F_9$、$Na_5Al_3F_{14}$、$NaCaAlF_6$
15.0	55.0	30.0	共晶	680	AlF_3、$Na_5Al_3F_{14}$、$NaCaAl_2F_9$

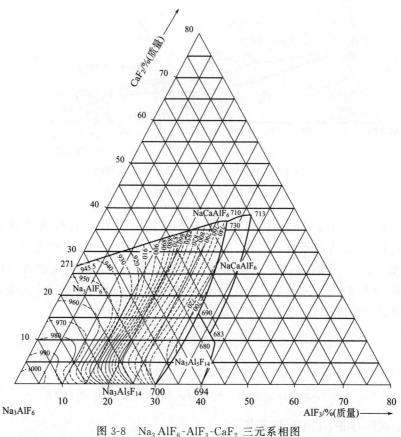

图 3-8　Na_3AlF_6-AlF_3-CaF_2 三元系相图

3.1.7　Na_3AlF_6-Al_2O_3-MgF_2 三元系

在工业铝电解槽中也常使用 MgF_2 添加剂，MgF_2 的含量一般不超过 5%，因此，Na_3AlF_6-Al_2O_3-MgF_2 三元相图也被人们所研究。Na_3AlF_6-Al_2O_3-MgF_2 三元系液相线图如图 3-9 所示。

从图 3-9 的三元系相图可以看到，在一定范围内冰晶石电解质熔体的初晶温度随 MgF_2 含量和 Al_2O_3 浓度的增加而降低。在 909℃ 处有一个三元共晶点，其电解质组成为 80% 的 Na_3AlF_6 与 4.5% 的 Al_2O_3、15.5% 的 MgF_2。

3.1.8　MgF_2 对不同分子比冰晶石熔体初晶温度的影响

在这里选用别略耶夫的 MgF_2 添加剂含量对不同分子比电解质熔体初晶温度的影响的研

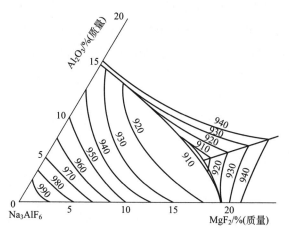

图 3-9　Na_3AlF_6-Al_2O_3-MgF_2 三元系初晶温度图

究结果（如图 3-10 所示）。由图 3-10 可以看出，在工业铝电解槽通常电解质分子比 2.3～2.8 范围内，添加 5%（摩尔）的 MgF_2 可使电解质初晶温度降低 30℃左右。

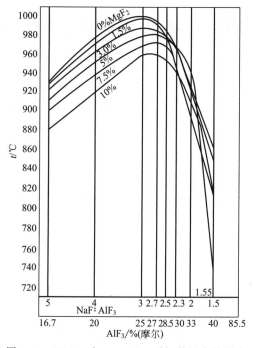

图 3-10　MgF_2 对 NaF-AlF_3 系初晶温度的影响

3.1.9　Na_3AlF_6-CaF_2-AlF_3-Al_2O_3 四元系

这是工业电解槽通常采用的电解质体系，正因为如此，吸引了很多学者对其相图及相平衡进行研究。在关于相图中化合物的组成上仍存在分歧。对于 Na_3AlF_6-CaF_2-AlF_3-Al_2O_3 这个电解铝厂通用的电解质体系的初晶温度 T_1，Lee 等研究得出数学式(3-5)❶。

---

❶　式中分子式与百分号联用表示该物质的质量分数。

$$T_1(℃) = 1009.4 + 4.059CaF_2\% - 1.167(CaF_2\%)^2 + 0.968CaF_2\% \cdot AlF_3\% -$$
$$0.105CaF_2\% \cdot (AlF_3\%)^2 + 0.073(CaF_2\%)^2 \cdot AlF_3\% + 0.002(CaF_2\%)^2 \cdot$$
$$(AlF_3\%)^2 - 4.165AlF_3\% - 0.054(AlF_3\%)^2 - 5.33Al_2O_3\% \qquad (3\text{-}5)$$

式(3-5)的适用范围为CaF_2 3.8%～11.25%，AlF_3 5%～20%。

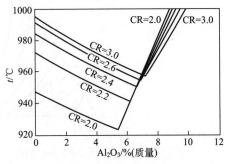

一般说来，工业电解槽电解质中CaF_2的平衡浓度在5%左右。对此 Verskreken 和 White 给出了在CaF_2浓度为5%时，Al_2O_3含量和AlF_3含量对电解质初晶温度的影响的研究结果，如图3-11所示。

由图3-11可以看出，当电解质中的CaF_2浓度为5%（质量）、Al_2O_3浓度为2%、分子比为2.1时，电解质初晶温度为960℃左右；而当Al_2O_3浓度为3%、分子比为2.4稍多一点（AlF_3浓度8%）时，其电解质初晶温度在970℃左右。上述测定结果比起式(3-5)得出的计算结果偏高。

图 3-11 CaF_2浓度为5%（质量）时，Al_2O_3浓度和AlF_3浓度对电解质初晶温度的影响

3.1.10 在分子比2.5、MgF_2与CaF_2为5%条件下，Al_2O_3含量对初晶温度的影响

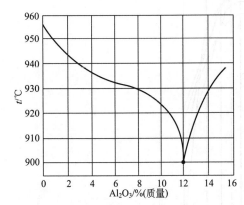

图 3-12 分子比2.5、CaF_2含量5%、MgF_2含量5%电解质-Al_2O_3二元系相图

分子比为2.5，含有5%的CaF_2、5%的MgF_2也是工业铝电解槽常用的电解质体系之一，因此，研究在这样的电解质组分下氧化铝对电解质初晶温度的影响是有意义的。氧化铝含量对这样的电解质初晶温度的影响，被苏联学者所研究，其研究结果如图3-12所示。由图3-12可以看出，在这种电解质组成下，当电解质中的Al_2O_3浓度在2%时，其初晶温度为943℃。如果电解质的过热度为8～12℃，则电解槽电解质温度在951～955℃范围内。此时，如果氧化铝浓度由2%提高到3%，则可使电解质的初晶温度降低4℃左右，电解温度可以降低到945～950℃。

3.1.11 Na_3AlF_6-AlF_3-CaF_2-Al_2O_3-LiF-MgF_2六元系

在工业电解槽中，通常也会添加 LiF 和 MgF_2 添加剂（LiF 通常以 Li_2CO_3 的形式加入），这是由于 MgF_2 和 LiF 具有良好的改善电解质的物理化学性质的作用。对这个六元系来说，用相图的形式来表达相组成及其相的平衡状态是较为困难的。

对该六元系，电解质初晶温度与电解质各组分浓度之间的关系为 Solheim 等人以及 Skybakmoen 等人所研究，并给出计算式(3-6)和式(3-7)。

$$T_1(℃) = 1011 + 0.50AlF_3\% - 0.13(AlF_3\%)^{2.2} - \frac{3.45CaF_2\%}{1 + 0.0173CaF_2\%} + 0.124CaF_2\% \cdot AlF_3\% -$$

$$\frac{7.93Al_2O_3\%}{1+0.0936Al_2O_3\%-0.0017(Al_2O_3\%)^2-0.0023AlF_3\%\cdot Al_2O_3\%}-$$

$$0.00542(CaF_2\%\cdot AlF_3\%)^{1.5}-\frac{8.90LiF\%}{1+0.0047LiF\%+0.0010(AlF_3\%)^2}-3.95MgF_2\%$$

$$(3-6)$$

$$T_1(℃)=1011+0.14AlF_3\%-0.072(AlF_3\%)^{2.5}+0.0051(AlF_3\%)^3-10LiF\%+$$

$$0.736(LiF\%)^{1.3}+0.063(AlF_3\%\cdot LiF\%)^{1.1}-3.19CaF_2\%+0.03(CaF_2\%)^2+$$

$$0.27(AlF_3\%\cdot CaF_2\%)^{0.7}-12.2Al_2O_3\%+4.75(Al_2O_3\%)^{1.2}\qquad(3-7)$$

上述六种元系电解质也曾在我国某些早期自焙阳极电解槽上使用过，苏联学者给出该六元系以下几种组分的初晶温度，如表 3-2 所示。

表 3-2　几种组分的初晶温度

电解质	添加剂		
	8%LiF	8%MgF$_2$	8%LiF+8%MgF$_2$
Na$_3$AlF$_6$	940℃	940℃	905℃
2.7NaF·AlF$_3$	935℃	965℃	885℃
2.7NaF·AlF$_3$+5% Al$_2$O$_3$	919℃	915℃	876℃
2.7NaF·AlF$_3$+5% Al$_2$O$_3$+3% CaF$_2$	912℃	≈900℃	855℃

3.2　LiF 对冰晶石电解质初晶温度的影响

在工业电解槽中有限的 LiF 添加剂范围内，LiF 对于分子比为 3 的冰晶石熔体初晶温度的影响可以从图 3-13 中看出，LiF 添加剂对降低冰晶石熔体的初晶温度是很显著的，这种初晶温度的降低近似于与 LiF 的添加量成正比。冰晶石熔体中平均每添加 1% 的 LiF 可使冰晶石熔体的温度降低 10℃左右。

但从理论上去分析，对于分子比小于 3 的酸性电解质而言，LiF 添加剂对电解质初晶温度的影响与分子比等于 3 或大于 3 的情况是不一样的。当电解质分子比小于 3 时，即电解质中相对于冰晶石组分而言有过量的 AlF$_3$ 存在，此时 LiF 加入后首先是与 AlF$_3$ 反应生成锂冰晶石。

$$3LiF+AlF_3\longrightarrow Li_3AlF_6\qquad(3-8)$$

上述反应的发生使得电解质分子比增加，其最终效果是新生成的 Li$_3$AlF$_6$ 对电解质初晶温度的影响。随着 LiF 添加量增加，电解质的分子比会逐渐升高，但电解质中 Li$_3$AlF$_6$ 含量也在增加。因此，其最终的电解质初晶温度的改变取决于二者的综合作用。

3.3　KF 对分子比小于 3 电解质初晶温度的影响

KF 对电解质初晶温度的影响具有与上文所述的 LiF 添加剂对电解质初晶温度的影响具有相似的规律。所不同的是，由于 KF 的分子量（58）比 LiF 的分子量（26）大很多。因此，在具有相同质量分数的情况下，KF 比 LiF 的摩尔分数少得多。因此，对相同的分子比的酸性电解质熔体来说，要想使熔体中相对于 Na$_3$AlF$_6$ 过量的 AlF$_3$ 全部转变成冰晶石化合物的形式，让电解质熔体成为中性，则需要加入 KF 的质量要比 LiF 大得多。

张跃宏在实验室测量了 NaF/AlF₃ 摩尔比为 2.3 的酸性电解质熔体添加不同质量分数的 LiF 和 KF 电解质初晶温度变化，测量结果如图 3-13 所示。由图 3-13 可以看出，在相同质量分数的情况下，其 LiF 对电解质初晶温度降低的影响大于 KF 对初晶温度降低的影响。

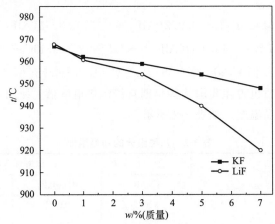

图 3-13　添加 LiF、KF 对电解质熔体初晶温度的影响（NaF/AlF₃ 摩尔比为 2.3）

3.4　LiF 和 KF 同时存在对电解质初晶温度的影响

我国某些氧化铝厂家生产出来的氧化铝中同时存在较高含量的 K_2O 和 Li_2O 杂质，导致部分电解铝厂的电解槽的电解质熔体中有较高浓度的 LiF 和 KF。因此，其对电解质初晶温度的影响已经明显地显现出来。这种影响已被高炳亮等人和彭建平等人进行过系统的测定和研究，他们在大量测量数据的基础上进行了统计分析。

彭建平等对分子比 2.2～3.0，Al_2O_3 含量在 2％～4％范围，LiF、KF 与 CaF_2 小于 7％的电解质的初晶温度进行测量，给出如下的结果：

$$
\begin{aligned}
T_1(℃) = {} & 1011 + 0.7\text{AlF}_3\% - 0.232(\text{AlF}_3\%)^2 - 7.65\text{Al}_2\text{O}_3\% + 0.523(\text{Al}_2\text{O}_3\%)^2 - \\
& 8.96\text{LiF}\% + 0.043(\text{LiF}\%)^2 - 3.32\text{KF}\% - 0.12(\text{KF}\%)^2 - 3.28\text{CaF}_2\% + \\
& 0.037(\text{CaF}_2\%)^2 + 0.091\text{AlF}_3\% \cdot \text{LiF}\% + 0.074\text{AlF}_3\% \cdot \text{KF}\% + \\
& 0.084\text{AlF}_3\% \cdot \text{CaF}_2\% - 0.27\text{Al}_2\text{O}_3\% \cdot \text{LiF}\%
\end{aligned}
$$

$$(3\text{-}9)$$

运用这一研究结果可以对工业槽电解质的初晶温度进行计算。

3.5　各种氧化物杂质对电解质初晶温度的影响

铝电解生产是以氧化铝为原料的，原料中总是含有一定的氧化物杂质，此外，铝电解槽使用的各种添加剂，如 MgF_2 等也常常是以氧化物的形态加入的，因此，了解原料中各种杂质对冰晶石电解质初晶温度的影响是必要的。其测定和研究结果如图 3-14 所示。

由图 3-14 可以看出，几乎所有氧化物都对冰晶石电解质初晶温度有影响，都会使冰晶

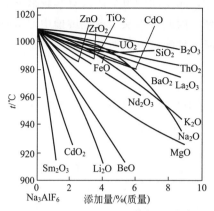

图 3-14　各种氧化物对冰晶石电解质初晶温度的影响

石电解的初晶温度降低，这也表明，所有氧化物溶解到冰晶石熔体中的溶解过程都为化学溶解过程。反过来说，对电解质化学稳定的物质如炭等，在电解质中属于物理溶解，因此它们的存在并不会使电解质初晶温度降低。

3.6　铝的存在对电解质初晶温度的影响

人们研究的结果表明，金属可以溶解在它自身的盐类熔体中，因此，铝可以溶解在冰晶石熔体中。Grjotheim 和 Geriach 等人研究过 Na_3AlF_6-Al 二元系的相图，其研究和测定结果如图 3-15 所示。

由图 3-15 可以看出，尽管两个不同的研究者得出的数据有差别，但得出的趋势和规律是一样的，即电解质中有铝存在时，冰晶石电解质的初晶温度降低。这个相图还可以说明，在有铝存在时，溶解在电解质中的金属铝，存在着与电解质的化学反应，其可能的化学反应为：

$$2Al+Al^{3+}\longrightarrow 3Al^+ \tag{3-10}$$

$$Al+3NaF\longrightarrow AlF_3+3Na \tag{3-11}$$

金属铝也能以原子的形态溶解到电解质熔体中（物理溶解），但这种溶解并不会使电解质的初晶温度降低。

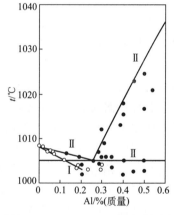

图 3-15　Na_3AlF_6-Al 二元系相图
Ⅰ—Grjotheim 测量结果；
Ⅱ—Geriach 测量结果

3.7　电解质初晶温度的测量方法

正像前文所述，几个不同研究者得出的电解质初晶温度的数学模型计算公式给出的计算结果可能存在着偏差，而且其计算结果往往与电解槽的实际值也有偏差。一般情况下，电解槽的实际初晶温度要低于由上述公式计算出来的初晶温度 5～10℃，甚至更多。这种偏差除了与上文所述的工业电解质中存在的较大的杂质浓度和有金属铝存在的原因外，测量方法上的误差也是很重要的原因。

从工业电解槽中取出电解质时，可能由于其量的多少和冷却速率的不同，各个部分的电解质组分会出现较大的差别。量大而冷凝速率小的取样，其成分上的偏差会更大。一般是外层的电解质具有较大的分子比，而中间的电解质成分有较低的分子比。这种现象可从用电解质熔盐混合物的相图进行解释。因此，当从工业电解槽中取电解质样到实验室去分析时，如果取样不科学，那么采用任何一种测量方法所获得的结果都会与实际情况有偏差。

3.7.1　目测法

关于电解质初晶温度的测量方法，最早采用的是目测法。这种方法的基本原理是将电解质置于铂坩埚内熔化，在铂坩埚内熔化的电解质是清澈透明的，电解质熔体内插入热电偶，然后降温使电解质缓慢冷却。当电解质熔体达到初晶温度时，电解质熔体中有冰晶石固体颗粒析出，使熔体混浊而变得不太透明，此时热电偶的指示温度即为电解质的初晶温度，其测量方法如图 3-16 所示。

这种方法的最大缺点是铂坩埚内的温度分布并不是均匀的，在电解质熔体的冷却过程中靠近坩埚内壁的温度总是低于熔体内部的温度，凝固也是要从坩埚内壁开始，因此热电偶在坩埚熔体内部的定位对数据的准确性就显得非常重要，如果热电偶不靠近坩埚内壁电解质开始出现结晶的位置，则所测得的结果就会偏高。

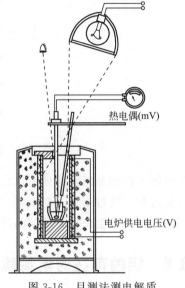

热电偶(mV)

电炉供电电压(V)

图 3-16　目测法测电解质
初晶温度

3.7.2　冷却曲线法

冷却曲线法是实验室和工业铝电解槽现场利用仪器测量电解质初晶温度的最主要的方法之一。该方法的基本原理是当熔化的电解质逐渐降温冷却，达到初晶温度，由液态转变为固态时，会产生一个放热效应。在比较缓慢的冷却速率下，此放热效应会在温度对时间的冷却曲线上出现一个拐点。由于固体电解质的热导率不同于其熔体的热导率，因此在此拐点以后，其冷却曲线的斜率也不同于拐点之前的熔体冷却曲线的斜率。于是就可以很准确地根据冷却曲线出现拐点来测出初晶温度。

在实验室测定工业电解槽电解质的初晶温度时，有一点需要提及的是，若盛装电解质熔体的坩埚是铂坩埚，务必要事先消除掉电解质内黏附的炭渣和炭粒，防止铂坩埚被炭化腐蚀。在工业电解槽上，利用冷却曲线法能测定出电解质的初晶温度，同时也可测出电解质温度，因此通过电解质温度和初晶温度可计算出电解质的过热度。然而，利用该方法测量分子比较低的电解质初晶温度时，冷却曲线上的拐点并不明显，这是分子比较低的电解质具有较小的凝固放热效应所致。

3.7.3　差热曲线法

传统的差热分析（DTA）是在程序控制的温度下，测量被测物质和参比物质之间的温差与温度变化之间关系的一种技术，其原理如图 3-17 所示。

将两支材质相同的热电偶分别插入被测物和参比物或盛装被测物和参比物的坩埚内，并将两支热电偶冷端的同一极相连，两支热电偶的另一端接入测量仪表，给出被测物和参比物之间的电势差或温差。被测物热电偶和参比物热电偶冷端的同一极相连端与被测物热电偶的另一端连接到测温仪表上，由此给出被测物的温度。在测温过程中，对参比物的要求是在测温过程中，没有发生热效应（放热或吸热）的任何物理化学变化。在加热过程中，被测物试样和参比物同步加热，当被测物在升温过程中发生化学反应，或熔化、相变等产生热效应的物理化学变化时，就会导致被测物和参比物之间产生温度差。假如被测物质在加热过程中发生吸热的物理化学过程，被测物试样温度降低，如图 3-17（b）中上面那种类型的 ΔT-T 的 DTA 曲线类型；假如被测物质在加热过程中发生一个放热的物理化学变化过程，则 ΔT-T 差热分析曲线出现如图 3-17（b）中下面那种类型的 DTA 曲线。

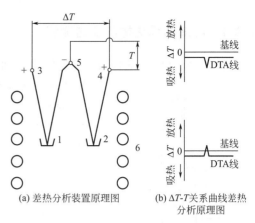

(a) 差热分析装置原理图 (b) ΔT-T关系曲线差热
分析原理图

图 3-17 差热曲线法测试初晶温度

1—参比物；2—待测物；3—参比物测温热电偶；
4—待测物测温热电偶；5—差热电偶；6—加热源

当被测物质为冰晶石-氧化铝的电解质固体粉末时，由于以冰晶石为主要成分的固体电解质在熔化过程中会吸收热量，因此，达到电解质熔点时，电解质试样就会在 DTA 的差热分析曲线上出现类似图 3-17（b）中上面所示的 DTA 分析曲线。差热曲线的基线漂移与试样和参比物有关，因此要求参比物与试样的热导率和比热容尽可能地接近。

升温速率对差热曲线峰的形状、位置和相邻峰的分辨率有很大影响。因此，升温速率是实验室差热曲线测量电解质初晶温度的重要条件之一。

此外，试样的用量也很重要。样品用量越多，总热效应也越大，差热曲线峰面积也越大，有利于提高检测灵敏度。但是试样用量增大，使热传导和扩散阻力也增加，导致差热曲线加宽，和相邻反应峰的重叠，使相邻峰之间的分辨率降低。而冰晶石电解质在开始熔化到完全成为熔体的过程中，不存在相邻的反应，因此，不会有相邻峰的出现。

如果在差热分析中，选择的参比物与被测的电解质具有不同的比热容，在发生电解质熔化的热效应之前，DTA 曲线的基线不会完全在 $\Delta T = 0$ 的零线上，而表现出一定的基线偏离。

差热分析法也是测定电解质初晶温度的最基本方法，这一方法特别适用于具有较高蒸气压的电解质初晶温度的测定。对于蒸气压较低的冰晶石-氧化铝电解质熔体和其他的盐类和盐类混合物的初晶温度，也可以采用从高温向低温进行降温的冷却曲线的差热分析法进行测定。此时，当电解质熔体出现凝固时，其温差显出放热峰，在缓慢降温的冷却曲线上，出现放热峰的温度即为电解质的初晶温度。

3.8 工业铝电解质初晶温度的槽前实时测量

在铝电解槽前测量电解质的初晶温度目前有两种方法：一是利用冷却曲线法测量电解质的初晶温度，另一种是利用差热曲线热分析法，简称差热曲线法。但不论是冷却曲线法还是差热曲线法都是基于电解质在由液态转变成固态的凝固过程中，或者是由固态转变成液态的熔化过程中有热效应产生的原理，因此，在电解槽前对电解质初晶温度进行实时测量的装置必须包括三个基本组成部分：取样器、温度传感器和测量仪表。在实际的测量装置中，通常将温度传感器和取样器装在一起，称为探头。

3.8.1 冷却曲线法槽前实时测量

沃斯科姆（Verstrekem）最先发明了利用冷却曲线法在槽前实时测定电解质初晶温度的装置，该装置的核心部分是用于获取电解质试样冷却曲线信息的探头，它由一个筒式取样器和一支热电偶传感器组成。探头中的热电偶接近于杯底表面，图 3-18 为 Cry-O-Therm 探头的结构简图。

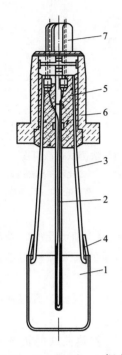

图 3-18　Cry-O-Therm 探头的
结构简图
1—取样杯；2—热电偶；3—支架；
4—开孔；5—黏合剂；6—护套；
7—连接件

该探头悬挂在一个测量人员手持的横杆上。横杆上安装一个小型的能连续记录和显示取样器中温度变化曲线的测量仪表。在利用这种装置对铝电解槽中电解质初晶温度进行测量时，先将探头插入到电解槽的电解质熔体中，使电解质熔体灌入到取样器中，观察测量仪表中显示的温度-时间变化曲线。待取样器中的电解质温度达到稳定后，即电解质中的温度不再变化时，此温度即为电解槽中的电解质实际温度。然后将探头移出槽外，取样器中的温度开始下降，在电解质的温度-时间曲线上出现拐点，此时的温度即是电解质的初晶温度。利用这种装置所测出的不仅仅是电解质的初晶温度，还有电解槽的电解质温度，以及由电解质温度与初晶温度所获得的过热度。利用这种装置测量电解槽电解质初晶温度给出的比较有代表性的温度-时间曲线如图 3-19 所示。

后来的应用实践经验表明，当电解质熔体分子比较低时，其所测得的温度-时间关系曲线上的拐点并不是很明显。这是由于在分子比较低时，电解质凝固时具有较小的热效应。上述测量方法与测量装置的另一个缺点是每测量一次，要消耗一个探头，因此测量成本较高，尽管后来波尼尔（Bohner）等人对这种装置进行了改进，采用了耐腐蚀的取样杯和热电偶，使探头使用次数有所增加，降低了成本，但每次测量前后，都要对探头进行清理。因此，也未能使这一技术得到推广和应用。利用冷却曲线法的槽前电解质初晶温度的测量装置和方法，能否得到推广应用，关键在于测量低分子比时的精度和成本。如果探头能重复多次使用，操作简便，灵敏度高，便能使这一方法得到发展，其核心的技术还是在于测量探头的改进，为了提高冷却曲线出现拐点的灵敏度，可以在手持横杆上加振动装置以消除取样器中的电解质凝固过程中出现过冷现象。

3.8.2 差热曲线法槽前实时测量

美国铝业公司王向文等人首次将差热曲线分析用于槽前电解质初晶温度的实时测量，并利用差热曲线中由于不同电解质分子比的电解质在冷却凝结过程中具有不同的放热效应的原理，实现了电解质分子比和氧化铝浓度的同步测定。其所发明的利用差热曲线法测量电解质初晶温度的探头由一个取样杯和一个参比块组成，两根 K 型铠装热电偶分别插入到取样杯和参比块中，这种探头被美国铝业公司命名为 Alcoa Star 探头。

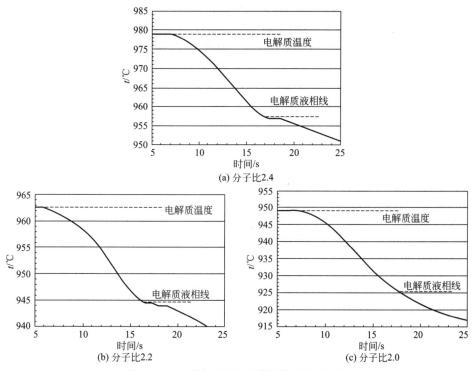

(a) 分子比2.4

(b) 分子比2.2

(c) 分子比2.0

图 3-19 不同分子比电解质温度随时间变化

王向文等人利用工业铝电解槽电解质试样冷却过程的差热曲线测量电解质的初晶温度、分子比和氧化铝浓度是建立在对电解质在从液态转变成固态的冷却过程中所出现的物相转变及其所产生的热效应分析之上的。

从图 3-20 的 NaF-AlF$_3$ 二元系相图可以看出，在现行的工业电解槽电解质分子比的范围内，电解质熔体在从液态变成固态的冷却过程中，要经历几个物相演变过程，比如图 3-20 中的 B 点电解质熔体在冷却降温到液相线的初晶温度时，开始有固体的冰晶石（Na$_3$AlF$_6$）从熔体中析出，

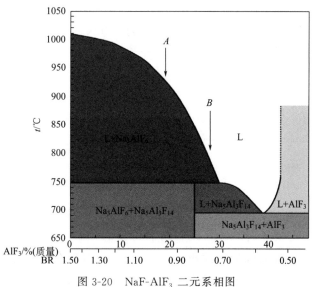

图 3-20 NaF-AlF$_3$ 二元系相图

从而使剩余熔体中的 Na_3AlF_6 组分减少，而相对于 Na_3AlF_6 的 AlF_3 含量增大，这一过程将会沿着液相线连续变化，当温度进一步降低到生成 $Na_5Al_3F_{14}$ 的包晶温度时，原先熔体中析出的 Na_3AlF_6 会与熔体中的组分反应生成 $Na_5Al_3F_{14}$。此时，剩余的电解质熔体中，AlF_3 含量相对 $Na_5Al_3F_{14}$ 而言还是过剩的。当温度进一步降低达到 $Na_5Al_3F_{14}$ 与 AlF_3 的共晶温度时，试样中的电解质不再有液体成分，最后凝固的固体组成为 $Na_5Al_3F_{14}$ 与 AlF_3 的共晶体。

假如所取的电解质试样不是 B 点的电解质熔体组成，而是分子比为 3.0 与 1.667 之间如 A 点所示的电解质组成，则试样中的电解质熔体在冷却过程中也是首先析出 Na_3AlF_6 组分，但进一步冷却到 $Na_5Al_3F_{14}$ 的包晶温度后，所剩余的熔体中的 Na_3AlF_6 与 AlF_3 会形成亚冰晶石，其最终的凝固电解质由 Na_3AlF_6 和 $Na_5Al_3F_{14}$ 两种化合物组成。

然而工业铝电解槽电解质分子比一般在 2.2～2.8，因此，电解质试样在冷却过程中有 Na_3AlF_6 和 $Na_5Al_3F_{14}$ 两种固体化合物的生成，以及所伴随的热量 ΔH 放出，其放热量与 Na_3AlF_6 和 $Na_5Al_3F_{14}$ 的含量成正比。

利用差热曲线实现对电解质初晶温度和电解质分子比的测量，就是建立在这一基础理论之上的。由于工业电解槽中电解质熔体在变成固体的冷却过程中，仅出现 Na_3AlF_6 和 $Na_5Al_3F_{14}$ 两种固体化合物，这两种化合物的结晶和形成都释放出热量。因此，可以很容易地利用冷却曲线上出现这两种化合物的结晶和形成过程所放出的热量大小以及它们之间的相对比率来实现对电解质中 AlF_3 量（可换算成分子比）的定量分析和判断。

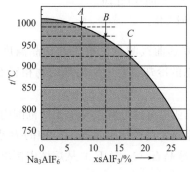

图 3-21　分子比低于 3 的三种
电解质熔体组成

以 NaF-AlF_3 二元系中 3 个不同 AlF_3 含量的电解质熔体的 DTA 分析曲线为例对这一方法的原理进一步说明，如图 3-21 所示。图中 A、B、C 代表 3 个不同 AlF_3 含量电解质熔体试样，且这三个熔体试样的电解质分子比都在工业电解槽电解质的分子比 2.0～3.0 之间，分子比从大到小依次为 A、B、C，相应地，电解质熔体中相对于 Na_3AlF_6 组分过剩的 AlF_3 含量（xsAlF_3）从多到少依次为 C、B、A。这 3 种电解质熔体在冷却过程中，按其所释放出的热量大小所表现出来的 DTA 分析曲线理论上会有如图 3-22 所示的形式。图中 DT1 为 Na_3AlF_6 的 DTA 峰，DT2 为 $Na_5Al_3F_{14}$ 的 DTA 峰。

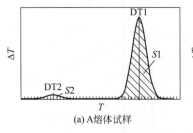

(a) A熔体试样

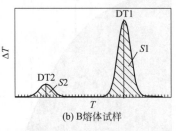

(b) B熔体试样

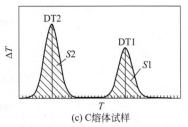

(c) C熔体试样

图 3-22　三种不同电解质分子比差热分析原理图

由图中的 A、B、C 三种不同电解质分子比的差热分析原理图可以看出：

在电解质分子比比较高时，Na_3AlF_6 结晶析出的 DTA 的峰面积 $S_{Na_3AlF_6(S_1)}$ 远大于 $Na_5Al_3F_{14}$ 的 DTA 热量释放峰的峰面积 $S_{Na_5Al_3F_{14}(S_2)}$，但随着电解质分子比的降低，即熔体中相对于 Na_3AlF_6 的过剩的 AlF_3 含量增加，$Na_5Al_3F_{14}$ 相对于 Na_3AlF_6 的 DTA 峰面积

的比率逐渐增加，直到电解质的分子比非常低时，$Na_5Al_3F_{14}$ 的 DTA 峰的峰面积可以和 Na_3AlF_6 的 DTA 峰的峰面积相同，或大于 Na_3AlF_6 的 DTA 峰的峰面积。依此电解质熔体中的相对于 Na_3AlF_6 的过剩 AlF_3 含量的大小可以用式(3-12) 来表示：

$$xsAlF_3\% = \Delta H_{Na_5Al_3F_{14}}/(\Delta H_{Na_5Al_3F_{14}} + \Delta H_{Na_3AlF_6}) \tag{3-12}$$

$$= S_{Na_5Al_3F_{14}}/(S_{Na_5Al_3F_{14}} + S_{Na_3AlF_6})$$

式中，$\Delta H_{Na_3AlF_6}$ 为冷却过程析出 Na_3AlF_6 所释放的热量；$\Delta H_{Na_5Al_3F_{14}}$ 为冷却过程析出 $Na_5Al_3F_{14}$ 所释放的热量。

依据这一技术原理，王向文等人发明了如图 3-23(a) 所示的探头，探头的结构如图 3-23(b) 所示。该探头也被称为 Alcoa Star 探头。探头安装在一个测枪上，测枪放在一个电解厂房内可以移动小车的支架上，测量时，将测枪从小车的支架上取下，移动的小车上放置有测量仪表，如图 3-23(c) 所示。

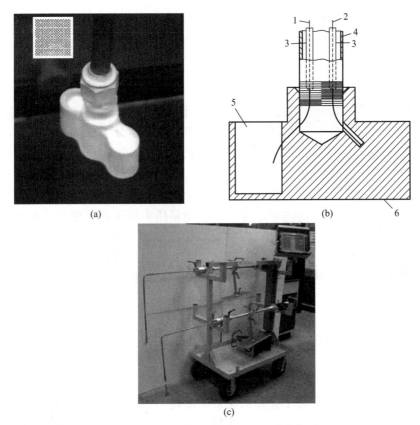

图 3-23 Alcoa Star 探头及测量系统

1—样品热电偶；2—参比热电偶；3—热电偶保护外壳；4—不锈钢保护管；5—取样杯；6—参比块

利用这套装置测量电解质初晶温度和电解质成分的步骤与方法如下：

① 从小车上取下测枪，将探头插入到电解槽内电解质熔体中，并使之达到电解质温度；

② 将探头从电解槽的电解质熔体中提出，使其冷却，小车上的测量仪器记录下冷却曲线；

③ Alcoa Star 探头测温仪表中的软件分析冷却曲线，并报告测量结果。

利用这种装置和方法所测得的工业铝电解槽不同分子比电解质熔体的 DTA 曲线如图 3-24 所示。图中峰 1 是 Na_3AlF_6 的 DTA 峰，峰 2 是 $Na_5Al_3F_{14}$ 的 DTA 峰，峰 1 所对应的横坐标上的温度即为铝电解质熔体的初晶温度。

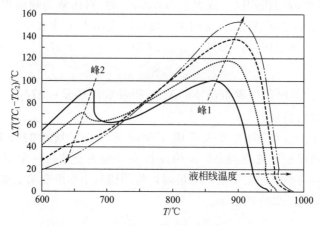

图 3-24 不同分子比电解质熔体的 DTA 曲线
—— Ra 1.00；…… Ra 1.10；--- Ra 1.20；-·- Ra 1.30
Ra 为电解质质量比，Ra＝1/2CR

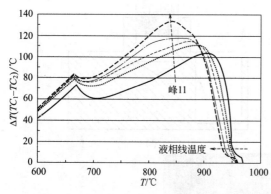

图 3-25 不同氧化铝浓度的电解质 DTA 曲线
氧化铝浓度—— 2.5%；…… 3.2%；--- 3.7%；
—·- 4.7%；--- 5.7%

从图 3-24 可以看出，在分子比较低时（图中分子比 2.0 时），$Na_5Al_3F_{14}$ 的峰是很高的，而当分子比等于 2.6 时，$Na_5Al_3F_{14}$ 的峰就大大降低了。

由于电解质中的氧化铝浓度大小对电解质的初晶温度也有显著的影响，并且当电解质中的氧化铝浓度不同时，其电解质在冷却结晶过程中，具有不同的放热量，因此利用这种技术，也可以测量电解质熔体中氧化铝浓度的变化量，比较典型的在不同氧化铝浓度下 DTA 曲线如图 3-25 所示。

需要说明的一点是，利用这种方法所实施的电解质分子比和氧化铝浓度变化的测量只限于对不含锂盐与钾盐的电解质熔体的测量。对于像我国某些电解铝厂的高锂、高钾电解质熔体的分子比和氧化铝浓度的测量，还需要对这种电解质在冷却过程中冷凝物相组分的变化、相演变规律进行更多的基础研究。

与利用电解质熔体从液态到固态的差热曲线，进行电解质初晶温度测量的方法不同，东北大学高炳亮发明了一种利用电解质从固态到液态相对于参比物的差热曲线测量电解质初晶温度的方法。其探头（试样熔化差热曲线法探头）如图 3-26 所示。

该方法是以运行的铝电解槽中的高温熔盐为热源，对已经从电解槽中采集出来的电解质试样进行加

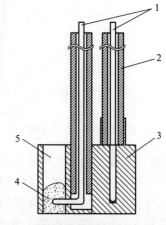

图 3-26 试样熔化差热曲线法探头原理图
1—热电偶；2—保护套管；3—参比块
凝结熔体；4—凝固的电解质；5—采样器

热，通过分析采样器中电解质试样对参比物的差热曲线的熔化峰来判定电解质的初晶温度的。测量所用的探头由两部分组成，分别为测量探头和参比探头。其中，测量探头由作为温度采集器的热电偶、保护套管以及采样器组成，参比探头由与测量探头中相同的热电偶以及保护套管和参比块组成，其作用是在采样探头的升温过程中提供一个参考温度，以供分析仪器根据测量探头和参比探头所采集的温度制作差热曲线，在实际应用中，通常将测量探头与参比探头组装在一起，统称为测量探头。

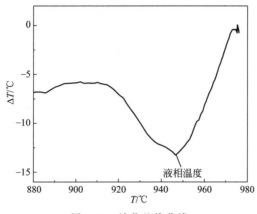

图 3-27　熔化差热曲线

测量时，将测量探头插入电解槽中，电解槽中的熔体因为温度差凝结在采样器中，热电偶通过采样器中的小孔直接与凝结的熔体接触，采集这部分熔体从凝固到完全熔化的温度变化。在探头插入熔体后，熔体除了会在采样器的热电偶处凝结，还会在采样器和参比块的外表面凝结，为了避免这部分凝结熔体所带来的影响，采样器和参比块的外表面积需一致。通过分析差热曲线就可以得到所测熔体的初晶温度和熔体温度，并计算出过热度。对于探头所测定的熔体初晶温度的判定点，是温差-温度曲线中熔化峰的温度，如图 3-27 所示。与前面所述的几种实时测量初晶温度的方法相比，该方法由于采用升温曲线来测量初晶温度，测量完毕后，探头上的熔体就已经完全熔化，不需要重新加热探头来熔化采样器中的熔体，大大增加了探头的使用寿命，节省了成本，一个完整的在工业电解槽上利用该方法进行电解质初晶温度的测量的差热曲线如图 3-28 所示，图 3-29 是该方法的整套装置的照片。

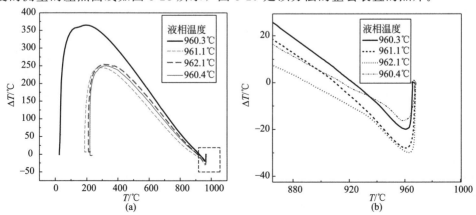

图 3-28　设备在工业现场的熔化差热曲线法测量结果

（b）为（a）中虚线部分的放大图

图 3-29　工业铝电解质熔化差热曲线法测量装置

3.9　电解质的酸碱度

3.9.1　电解质酸碱度的表示方法

铝电解槽中电解质的酸碱性通常以 BR 和 CR 来表示。

电解质的酸碱性可以从 BR 或 CR 的大小得到确认：当 BR 大于 1.5，或 CR 大于 3.0时，电解质为碱性；当 BR 小于 1.5，或 CR 小于 3.0 时，电解质为酸性；当 BR 等于 1.5，或 CR 等于 3.0 时，电解质为中性。

3.9.2　工业电解槽中各种添加剂对电解质酸碱性的影响

在工业电解槽中，为改善电解质的物理化学性质，常常添加一些诸如 LiF、MgF_2 的添加剂。为了降低成本，它们往往以 Li_2CO_3、MgO 或 $MgCO_3$ 的形式加入。当这些物质加入到电解槽中后，其碳酸盐 Li_2CO_3、$MgCO_3$ 会在电解温度下，分解生成 Li_2O 和 MgO 氧化物，然后这些金属氧化物会与电解质熔体中的氟化物组分发生反应，生成该种金属氟化物，最终它们会以氟化物的形式存在于电解质熔体中。

进入到电解质熔体中的氟化物一部分被电解还原进入到阴极铝液中，另一部分渗入到电解槽的阴极内衬中。最后达到平衡，使工业铝电解槽在给定的工艺技术条件下使用这种氧化铝原料时，在电解质熔体中就含有了比较稳定的该种碱金属和碱土金属的氟化物。在现代的工业铝电解槽中，很少使用人工的添加剂。工业电解槽中，除了 LiF 和 MgF_2 之外，CaF_2大都是非人工添加的。研究这些添加剂对铝电解电解质熔体物理化学性质及其对电极过程的影响，弄清楚其影响的机理，是铝电解生产基础理论研究的重要内容之一。这种基础理论研究的成果，对铝电解生产实现高效和节能具有重要意义。

3.9.2.1　含有 LiF 和 KF 组分的电解质酸碱度

在理论研究和生产实践上，在研究和确立添加剂对电解质酸碱性的影响时，就必须给电解质的酸碱度大小确定一个可以量化的指标，这个量化的指标就是电解质的分子比。传统的电解质分子比以 NaF 与 AlF_3 的摩尔比来表征。而电解质中 LiF 和 KF 的存在对电解质的酸碱性产生影响，那么就有必要对传统的电解质分子比加以修正，建立起一个广义的电解质分子比的概念。LiF 和 KF 对电解质酸碱性和分子比影响的定义是建立在如下的基本理论之上的：

① LiF、KF 与 NaF 一样，都属于碱性金属氟化物，其含量在电解质熔体中的增加或减少都会使电解质的碱性随之增加或减小；

② AlF_3 是酸性金属氟化物，其在电解质熔体中的增加或减少会使电解质的酸性增加或减小；

③ K_3AlF_6（钾冰晶石）和 Li_3AlF_6（锂冰晶石）以及 Na_3AlF_6（钠冰晶石）都有相似的晶体结构和熔体离子结构。在 K_3AlF_6 和 Li_3AlF_6 的化合物组分处，KF/AlF_3 和 LiF/AlF_3 的摩尔比皆为 3，即 3mol KF 与 1mol AlF_3、3mol LiF 与 1mol AlF_3 形成 1mol 钾冰晶石和 1mol 锂冰晶石。

因此，广义的电解质分子比定义可以用如下公式表示：

$$CR = \frac{NaF\ 物质的量 + LiF\ 物质的量 + KF\ 物质的量}{AlF_3\ 物质的量}$$

$$= \frac{\dfrac{NaF\ 质量}{42} + \dfrac{LiF\ 质量}{26} + \dfrac{KF\ 质量}{58}}{\dfrac{AlF_3\ 质量}{84}} \tag{3-13}$$

根据这一定义，从式(3-13) 可以看出：

① 电解质中只有当 NaF、KF 和 LiF 三种碱金属氟化物的物质的量之和与 AlF_3 的物质的量之比等于 3 时，电解质才呈中性；

② 当电解质中的 NaF 与 AlF_3 的摩尔比等于 3，且还有 KF 和 LiF 电解质组分时，这一电解质属于碱性电解质；

③ 当电解质的 NaF/AlF_3 摩尔比小于 3，例如 2.6 时，如果所加入的 LiF 和 KF 能使全部相对于 Na_3AlF_6 过量的 AlF_3 生成 Li_3AlF_6 和 K_3AlF_6，那么这一电解质才属于中性电解质；如果所加入的 LiF 和 KF 只能使部分的相对于 Na_3AlF_6 过量的 AlF_3 生成 Li_3AlF_6 和 K_3AlF_6，那么这种电解质仍属于酸性电解质。

这一定义，对我国许多使用国产高锂高钾氧化铝的电解铝厂来说，是非常重要的。这是因为使用这种高锂高钾氧化铝，已经使电解槽中的电解质富集了很高含量的 LiF 和 KF，而这些铝厂仍在使用传统的电解质酸碱性和分子比的概念与定义。

【例 3-1】　一个 NaF/AlF_3 分子比为 2.6 的电解质熔体中，其 Al_2O_3 浓度为 5%，若向电解质熔体中添加 LiF 和 KF，使电解质熔体中的 LiF 浓度达到 5%，KF 浓度达到 5% 后，求此酸性电解质熔体分子比的变化。

解：依据电解质组分，按 100g 电解质进行计算，电解质中 NaF、AlF_3、LiF 和 KF 的质量分别为：

$m(KF) = 100 \times 5\% = 5.0(g)$

$m(LiF) = 100 \times 5\% = 5.0(g)$

电解质中 NaF 质量为 48.04g，电解质中 AlF_3 质量为 36.96g，电解质中 Al_2O_3 质量为 5.0g。

代入式(3-13) 得：

$$CR = \frac{\dfrac{48.04}{42} + \dfrac{5}{26} + \dfrac{5}{58}}{\dfrac{36.96}{84}} = \frac{1.144 + 0.192 + 0.086}{0.46} \approx 3.23$$

由本例的计算结果可以看出，一个原来 NaF/AlF_3 分子比为 2.6 的酸性冰晶石-氧化铝电解质熔体，当其变成含有 5% 的 LiF 和 5% 的 KF 电解质熔体后，其电解质熔体已变为分子比等于 3.23 的碱性电解质。

【例 3-2】 一个 NaF/AlF_3 分子比为 2.4、氧化铝含量为 5% 的电解质熔体，当向该熔体中添加 1%、3%、5%、7% 和 9% 的 KF 时，求此电解质分子比的变化。

解： 计算方法与实例计算 1 相同，计算结果示于表 3-3，并绘于图 3-30 中。

表 3-3　NaF/AlF_3 分子比为 2.4，不同 KF 含量下电解质广义分子比变化

KF/%（质量）	NaF/AlF_3 分子比	修正后的广义电解质分子比
0	2.4	2.4
1	2.4	2.43
3	2.4	2.50
5	2.4	2.58
7	2.4	2.65
9	2.4	2.73

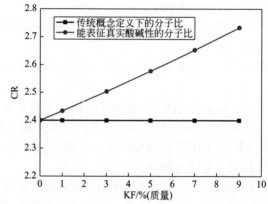

图 3-30　NaF/AlF_3 分子比等于 2.4 的电解质熔体中不同 KF 浓度下广义电解质分子比

【例 3-3】 两个 Al_2O_3 含量为 3%、CaF_2 含量为 5% 的电解质熔体，其 NaF/AlF_3 分子比分别为 2.4 和 2.6，当电解质中 LiF 含量分别为 1%、3%、5%、7% 和 9% 时，求代表真实的酸碱性的此电解质分子比的变化。

解： 计算方法与例 3-2 相同，计算结果示于表 3-4，并绘于图 3-31 中。

表 3-4　不同 NaF/AlF_3 分子比下不同 LiF 含量下电解质广义分子比变化

LiF/%（质量）	NaF/AlF_3 分子比	广义分子比	NaF/AlF_3 分子比	广义分子比
0	2.4	2.400	2.6	2.600
1	2.4	2.478	2.6	2.682
3	2.4	2.640	2.6	2.850
5	2.4	2.808	2.6	3.027
7	2.4	2.985	2.6	3.212
9	2.4	3.171	2.6	3.406

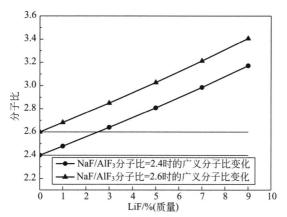

图 3-31　NaF/AlF$_3$ 分子比分别为 2.4、2.6 的电解质熔体中在不同 LiF 浓度下的广义电解质分子比

由图 3-31 可以看出，当一个传统概念的 NaF/AlF$_3$ 分子比为 2.6 的电解质熔体，当电解质中的 LiF 含量超过 5.0% 后，电解质已不再是酸性，而是碱性电解质了。如果要想使该碱性电解质恢复到酸性，则必须使 NaF/AlF$_3$ 分子比降低到 2.6 以下。

3.9.2.2　MgF$_2$ 添加剂对电解质酸碱度影响

工业电解槽中也常使用 MgF$_2$ 添加剂，MgF$_2$ 添加剂加入到电解槽的电解质中后，是否对电解质的分子比产生影响，主要是看 MgF$_2$ 添加到电解质熔体中之后是否会与熔体的组分发生化学反应，使游离的 AlF$_3$ 或 NaF 组分含量发生改变。在 NaF-MgF$_2$ 二元系相图中，可以看到化合物 NaMgF$_3$（NaF·MgF$_2$）存在于电解质熔体中，此化合物的熔点为 1030℃。该化合物不仅在固态稳定，而且在熔融状态下也是稳定的。因此有理由可以确信 MgF$_2$ 在电解质熔体中存在如下反应：

$$NaF + MgF_2 \longrightarrow NaMgF_3（NaF·MgF_2） \tag{3-14}$$

由式（3-14）可以看出，在冰晶石电解质熔体中，MgF$_2$ 的加入会消耗电解质熔体中的 NaF。1mol 的 NaF 与 1mol 的 MgF$_2$ 反应生成稳定的 1mol NaF·MgF$_2$ 化合物，从而使得电解质的 NaF/AlF$_3$ 分子比降低。这就是称 MgF$_2$ 为电解质的酸性添加剂的原因。此时，电解质熔体的真实酸碱度以分子比进行判定时，可用下式来表示：

$$CR = \frac{\dfrac{NaF \text{ 质量}}{42} + \dfrac{LiF \text{ 质量}}{26} + \dfrac{KF \text{ 质量}}{58} - \dfrac{MgF_2 \text{ 质量}}{62.3}}{\dfrac{AlF_3 \text{ 质量}}{84}} \tag{3-15}$$

当电解质熔体中存在着 LiF 添加剂时，从 LiF-MgF$_2$ 的二元相图中可以看出，不存在类似 NaF·MgF$_2$ 的那种 LiF·MgF$_2$ 的化合物。因此，MgF$_2$ 加入到含有 LiF 的冰晶石熔体中时，MgF$_2$ 只与熔体中的 NaF 反应，使其对电解质熔体的分子比产生影响。

当冰晶石熔体中存在 KF 添加剂时，由于 KF 的碱性更强，因此 KF 也更容易与 MgF$_2$ 发生反应生成一种熔点为 1070℃、液态稳定的 KF·MgF$_2$ 化合物。根据这一化学反应原理可以推断，当电解质熔体中由于原料氧化铝中钾元素杂质的存在，而累积了较高含量的 KF 时，KF 使电解质的碱性升高，并对电解槽产生影响时，MgF$_2$ 添加剂的加入可能会降低 KF 对铝电解生产产生的负面影响。

下面以实例计算阐述 MgF_2 添加剂对电解槽电解质分子比的影响。

该计算实例以我国电解铝厂广泛使用的 NaF/AlF_3 分子比为 2.4，含有不同的 KF、LiF 和 MgF_2 添加剂为例：

① Al_2O_3 浓度 3%；

② Al_2O_3 浓度 3%，LiF 为 5%；

③ Al_2O_3 浓度 3%，KF 为 5%；

④ Al_2O_3 浓度 3%，MgF_2 为 5%；

⑤ Al_2O_3 浓度 3%，LiF 为 5%，MgF_2 为 5%；

⑥ Al_2O_3 浓度 3%，KF 为 5%，MgF_2 为 5%；

⑦ Al_2O_3 浓度 3%，LiF 为 5%，KF 为 5%，MgF_2 为 5%。

计算结果示于表 3-5。

表 3-5　MgF_2 添加剂对电解质分子比的影响（NaF/AlF_3 分子比＝2.4）

组分	组分①	组分②	组分③	组分④	组分⑤	组分⑥	组分⑦
广义分子比	2.4	2.79	2.57	2.24	2.64	2.42	2.65

由表 3-5 的计算结果可以看出，无论原来的电解质中有没有 LiF 和 KF 的存在，MgF_2 的加入对电解质分子比的降低都是非常有效的，5% 的 MgF_2 约使电解质分子比降低 0.15 左右。

3.9.2.3　CaF_2 添加剂对电解质酸碱度影响

在不存在氟化锂和氟化镁添加剂而只有氟化钙添加剂的情况下，电解质分子比与过量氟化铝的关系可用式(3-16)计算。

$$CR = \frac{1.2 \times (1 - CaF_2\% - Al_2O_3\% - AlF_3\%)}{0.4 \times (1 - CaF_2\% - Al_2O_3\% - AlF_3\%) + AlF_3\%} \tag{3-16}$$

式中化学式代表该化合物在熔体中的质量分数。

表 3-6 是根据式(3-16)计算的电解质分子比与过量氟化铝含量的变化结果。

表 3-6　电解质分子比与氟化铝含量对照表

xsAlF₃（过量）/%（质量）	$Al_2O_3\% + CaF_2\%$					
	8		10		12	
	CR	BR	CR	BR	CR	BR
0	3.000	1.500	3.000	1.500	3.000	1.500
1	2.920	1.460	2.918	1.459	2.916	1.458
2	2.842	1.421	2.839	1.419	2.835	1.418
3	2.767	1.383	2.762	1.381	2.757	1.378
4	2.694	1.347	2.688	1.344	2.681	1.340
5	2.623	1.312	2.615	1.308	2.607	1.304
6	2.554	1.277	2.545	1.273	2.536	1.268
7	2.488	1.244	2.478	1.239	2.467	1.234
8	2.423	1.212	2.412	1.206	2.400	1.200
9	2.360	1.180	2.348	1.174	2.335	1.167

xsAlF₃（过量）/%（质量）	Al₂O₃%+CaF₂%					
	8		10		12	
	CR	BR	CR	BR	CR	BR
10	2.299	1.150	2.286	1.143	2.272	1.136
11	2.240	1.120	2.225	1.113	2.211	1.105
12	2.182	1.091	2.167	1.083	2.151	1.075
13	2.126	1.063	2.110	1.055	2.093	1.047
14	2.071	1.035	2.054	1.027	2.037	1.018
15	2.017	1.009	2.000	1.000	1.982	0.991

由表 3-6 中的数据可以看出，CaF_2 和 Al_2O_3 含量的变化对分子比的影响并不是很大，特别是在分子比比较大、过剩的氟化铝含量比较低的熔体中，其 CaF_2 和 Al_2O_3 的总量对分子比的影响更小。

3.9.3　电解质分子比的测量方法

实验室和工业上有多种电解质分子比的测量方法，如化学法、晶形法、热滴定法、X 射线衍射法、氟离子选择电极法、X 射线荧光光谱法。

3.9.3.1　化学法

化学法是一个最为准确测定电解质分子比的方法。它是在用化学方法准确测出电解质中各种添加剂含量的基础上，用式(2-1) 和式(2-2) 计算出电解质分子比。但是传统的用化学分析法测定电解质的分子比只对电解质中的 Na、Al、F 的元素含量进行测定，然后按照 Na、Al、F 生成的 NaF、AlF_3 的平衡对电解质的分子比进行计算。这一方法无疑对传统的电解质只含有 NaF、AlF_3 和 Al_2O_3 的组分是完全正确的。然而正像前文所讲到的，当电解质中含有 LiF、KF、MgF_2 等添加剂后，其分析元素已不可能再局限于 Na、Al、F 元素，也要分析所添加的氟化物的金属元素的化学含量，并按照其相应的计算式对电解质的分子比进行确立。

虽然化学分析法分析准确，但由于化学分析过程复杂、费时费力，且消耗大量分析试剂，因此不适宜工业上大量的测定。

3.9.3.2　晶形法

晶形法测定电解质分子比的基本原理是，在其凝固的电解质试样中，各组分含量的多少可以用显微镜观察并记录。用特定的取样器，把缓慢冷凝的电解质试样研磨成粉末，粉末加上浸润剂，在偏光显微镜上观察确定出冰晶石和亚冰晶石的量（分子比小于 3.0 的电解质熔体）、冰晶石与冰晶石-氟化钠共晶的量（分子比大于 3.0 的碱性电解质）、冰晶石（分子比等于 3.0），然后根据它们比率来确定电解质的分子比。

晶形法曾是电解铝厂最为广泛使用的一种分析电解质分子比的方法，虽然这一方法现在逐渐地被 X 射线衍射法所取代，但有些电解铝厂特别是俄罗斯的有些电解铝厂现在仍然在使用这一方法。晶形法分析电解质分子比最大的优点是方法简单，仪器设备简单，且价格便宜、投资小，这一方法对不含 MgF_2、LiF 和 KF 的电解质分子比的分析还是比较准确的，是一种比较成熟的电解质分子比分析方法。当电解质中含有 MgF_2、LiF 和 KF 添加剂成分时，用晶形分析法测定的结果往往有偏差，其原因就是当电解质中存在这些组分时，会使电解质组分中的冰晶石和亚冰晶石组分发生改变。

3.9.3.3　X射线衍射法（XRD法）

工业铝电解是在小于3.0的酸性电解质条件下进行的，从NaF-AlF$_3$二元系相图中，在Na$_3$AlF$_6$（分子比3.0）和亚冰晶石Na$_5$Al$_3$F$_{14}$（分子比1.67）的范围内，其凝固后的电解组分中只有Na$_3$AlF$_6$和Na$_5$Al$_3$F$_{14}$二个固体相。在这个范围内，随着分子比降低，Na$_3$AlF$_6$相逐渐减小，Na$_5$Al$_3$F$_{14}$相逐渐增多。

XRD法即X射线衍射法，是通过电解质的XRD图谱上冰晶石与亚冰晶石的主峰强度比计算分子比的方法，其测定电解质分子比的技术原理与晶形法基本上是一样的，只不过晶形法用显微镜观察凝固电解质中的Na$_3$AlF$_6$和Na$_5$Al$_3$F$_{14}$含量的比率大小。XRD法自1976年被Balashova等人提出后逐渐被完善，现在已经被成功地应用在工业电解槽电解质分子比的分析中。然而当电解质中含有MgF$_2$、LiF和KF等电解质添加剂时，由于这些添加剂或与电解质中AlF$_3$反应，或与NaF反应，而生成新的化合物，会使电解质中的亚冰晶石Na$_5$Al$_3$F$_{14}$组分减少或消失，或使组分Na$_3$AlF$_6$与Na$_5$Al$_3$F$_{14}$之比增加。如果不对计算方法加以修正，计算的含有复杂成分的电解质体系的分子比将与实际值有很大的偏差。

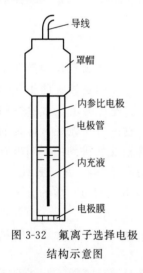

图3-32　氟离子选择电极
结构示意图

3.9.3.4　氟离子选择电极法

氟离子选择电极法是一种电化学分析方法，该方法是借助于一个氟离子选择电极实现的。氟离子选择电极是一种利用膜电势测定溶液中的氟离子浓度的电化学传感器，它的结构如图3-32所示。

由图3-32可以看出，该氟离子电极是一个内置有参比电极和内充液的电极管，在该电极管的底部设置电极膜（LaF$_3$＋EuF$_2$膜），参比电极为Ag。实际上，氟离子电极是一个半电池，而内充液的作用在于保持膜内表面和参比电极电势稳定。由于氟离子选择电极是一个半电池，因此在用氟离子选择电极测定电解质分子比时，就需要与一个由饱和的甘汞电极和两电极之间的被测的氟化物溶液组成一个完整的电池才能使用。

在用氟离子电极测定冰晶石-氧化铝电解质分子比的方法中，其被测的对象就是溶液中的NaF浓度，该氟化钠溶液是用如下方法制取的：将给定的被测电解质试样磨细，然后与给定的NaF混合在一起，置入坩埚中进行烧结或熔融，使加入的NaF与电解质组分中的AlF$_3$反应生成Na$_3$AlF$_6$，然后用水浸出被测电解质试样中剩余的NaF，之后将这种氟化物溶液置换成上述电极中的待测溶液，最后由所测得的待测溶液中的NaF浓度计算出反应后剩余的NaF，由此来推断出电解质中相对于冰晶石组分的过剩AlF$_3$含量和电解质的分子比。

用氟离子选择电极法测定电解质的分子比最初是由K. Nagy于1984年提出的，之后，邱竹贤在该法的基础上加入烧结过程，解决了加入的过量NaF与电解质的AlF$_3$反应不完全的问题。在此之后的多年里，高炳亮分别又对电解质中含有MgF$_2$、CaF$_2$、LiF和KF的分子比测定问题进行了研究。应该说，氟离子选择电极法对传统的电解质分子比的测定是可以达到工业电解槽对分子比测定的要求的，但是对于含有LiF、KF和MgF$_2$添加剂成分的电解质，用氟离子选择电极法测量其电解质的分子比还需要进行进一步的研究。

3.9.3.5 X射线荧光光谱法

如果说 X 衍射（XRD）法是以化合物的分析为基础的一种测定分子比的方法，那么 X 射线荧光光谱法的测量则是以元素的质量分析为基础，然后根据电解质中元素的含量来计算电解质中各组分的含量，最后根据电解质中各组分的含量计算出电解质分子比。该方法是目前速度最快，也是较为准确的测量电解质分子比和添加剂组分含量的方法。这种方法不仅能测出电解质不含 LiF、KF 和 MgF_2 的电解质分子比的大小，也能准确地测量出含有 KF 和 MgF_2 电解质分子比的大小。这一方法的缺点是不能准确地测出电解质的 LiF 含量，原因是锂元素太轻。其 LiF 的含量只能靠电解质试样中被测出的 Na、F、Al、O、K、Mg 和 Ca 等元素的含量，并对相应的 NaF、AlF_3、Al_2O_3、KF、MgF_2 和 CaF_2 进行平衡后所剩余氟元素的含量的大小推算出来。因此，LiF 的分析结果可能会有一些误差。

3.10 电导

铝电解槽中电解质的电导是一个具有非常重要意义的性质。高的电导意味着电解质的电阻小，从而可以在增加电解槽保温情况下，降低槽电压，节省电能，降低电耗；或者在不增加电解质电压降的情况下，提高电解槽的电流，增加铝的产量；或者对极距较低的电解槽，当电解质的电导提高后，在保持槽电压不变的情况下，使极距增加，达到提高电解槽的稳定性和提高电流效率的目的。

3.10.1 冰晶石电解质熔体导电的本质

铝电解所用冰晶石更确切地应该叫钠冰晶石，其分子式为 Na_3AlF_6，也可以写成由 3 个 NaF 和 1 个 AlF_3 组成的复合化合物 $3NaF \cdot AlF_3$，因此也有人将其称为由氟化钠和氟化铝组成的复盐。但从熔体结构上看，正像我们在前面所讲的那样，将冰晶石说成是由 NaF 和 AlF_3 两个化合物组成复盐并不是很科学。冰晶石在熔化后，钠离子是唯一存在于电解质熔体中带正电荷的离子。铝离子虽然是一个可以带正电荷的离子，但它并不以独立的带正电荷的离子存在，而是以与 F^- 组成的离子团的形式存在，这些离子团都是带有负电荷的，即使氧化铝溶解到冰晶石熔体中之后，氧化铝中的铝离子也是以 Al—O—F 的离子团形式存在，这些 Al—O—F 离子团也同样带有负电荷。在冰晶石-氧化铝电解质熔体中，除了存在 Al—F、Al—O—F 络合阴离子外，与盐类的水溶液导电机理一样，熔融盐的导电也是由熔体中的离子的定向移动产生的。

通常地，人们使用电导率（S/cm）或电阻率（$\Omega \cdot cm$）来表征电解质熔体的导电性能。电阻率与电导率互为倒数关系。如果在两根平行的相距 1cm 的电极之间放置 1mol 的熔盐，则此层电解液的电导即为摩尔电导率。

$$\lambda = \frac{k}{c} \tag{3-17}$$

式中　λ——摩尔电导率，$S \cdot cm^2/mol$；

　　　k——电导率，S/cm；

　　　c——熔盐浓度，mol/cm^3。

3.10.2　NaF-AlF$_3$ 二元系熔体的电导

NaF-AlF$_3$ 二元系熔体的电导率如图 3-33 所示。

由图 3-33 可以看到，诸多的研究者得出的 NaF-AlF$_3$ 熔体的电导率数据是比较一致的。图中实线是冯乃祥和 H. Kvande 利用 NaF-AlF$_3$ 二元系熔体组分的活度数据计算的电导率，计算结果与实际测得结果比较一致。

我们知道，电解质熔体的导电是离子导电，当冰晶石电解质熔体中有电流通过时，电流的大部分是由钠离子携带的，其余部分是由氟离子携带的。具有较大体积的 AlF$_6^{3-}$、AlF$_5^{2-}$ 和 AlF$_4^-$ 等阴离子并不是电流的携带者，因此 NaF-AlF$_3$ 熔体电导率 κ 可以用方程式(3-18) 计算。

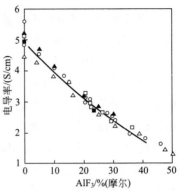

图 3-33　NaF-AlF$_3$ 二元系
熔体的电导率（1000℃）
▲—Sate 等人；○—Matiasovsky 与 Danek；
□—Yim 与 Feinlieb；△—Abramov

$$\kappa=\frac{1}{V_0}\left[(\beta \cdot N_{\mathrm{NaF}}+3N_{\mathrm{Na_3AlF_6}}+2N_{\mathrm{Na_2AlF_5}}+N_{\mathrm{NaAlF_4}}) \cdot \lambda_{\mathrm{Na^+}}+\beta \cdot N_{\mathrm{NaF}} \cdot \lambda_{\mathrm{F^-}}\right] \tag{3-18}$$

式中　β——熔体中 NaF 的离解度；

V_0——熔体的真实摩尔体积；

N——熔体中各组分的摩尔分数；

$\lambda_{\mathrm{Na^+}}$——Na$^+$ 的当量离子电导率，S/cm；

$\lambda_{\mathrm{F^-}}$——F$^-$ 的当量离子电导率，S/cm。

NaF-AlF$_3$ 熔体的真实摩尔体积可以用式(3-19) 计算。

$$V_0=N_{\mathrm{NaF}} \cdot V_{\mathrm{NaF}}+N_{\mathrm{Na_3AlF_6}} \cdot V_{\mathrm{Na_3AlF_6}}+N_{\mathrm{Na_2AlF_5}} \cdot V_{\mathrm{Na_2AlF_5}}+N_{\mathrm{NaAlF_4}} \cdot V_{\mathrm{NaAlF_4}} \tag{3-19}$$

式中　V——熔体中各组分的摩尔体积。

3.10.3　冰晶石熔体中 NaF 的离解度与导电离子的迁移数

关于熔体中 NaF 离解度的概念最早是由 Frank 和 Foster 研究和提出的。他们研究了 NaF 熔体的电导率，发现如果假定 NaF 在熔体中完全离解成钠离子和氟离子，计算所得的电导率并不能与实验结果相吻合。恰恰相反，如果假定 NaF 在熔体中部分离解，则理论计算与实验数据吻合得相当好，这可以用一种"缺陷"的熔体结构进行解释。在 1000℃ 时熔融氟化钠的离解度为 68%。未离解的氟化钠可以看成是 Na$^+$ 和 F$^-$ 的离子对，这种离子对通过阴阳离子空位进行扩散。NaF-AlF$_3$ 熔体中 NaF 离解度与 AlF$_3$ 含量的关系示于图 3-34。

由图 3-34 可以看出，氟化钠熔体在 1000℃ 时的离解度为 0.75，该值比 Frank 和 Foster 的研究结果 0.68 稍大一些。如果将这一项研究结果放入式(3-18) 中，则可计算出 NaF-AlF$_3$ 二元系熔体电导率数据，图 3-33 中的实线即是由该数据绘制的。由该图可以看出，理论计算所得的电导率数据与实测非常一致。在 NaF-AlF$_3$ 熔体中，Na$^+$ 和 F$^-$ 的迁移数 $t_{\mathrm{Na^+}}$ 和 $t_{\mathrm{F^-}}$ 可以用式(3-20) 和式(3-21) 计算。

$$t_{\mathrm{Na^+}}=\frac{(\beta \cdot N_{\mathrm{NaF}}+3N_{\mathrm{Na_3AlF_6}}+2N_{\mathrm{Na_2AlF_5}}+N_{\mathrm{NaAlF_4}}) \cdot \lambda_{\mathrm{Na^+}}}{(\beta \cdot N_{\mathrm{NaF}}+3N_{\mathrm{Na_3AlF_6}}+2N_{\mathrm{Na_2AlF_5}}+N_{\mathrm{NaAlF_4}}) \cdot \lambda_{\mathrm{Na^+}}+\beta \cdot N_{\mathrm{NaF}} \cdot \lambda_{\mathrm{F^-}}} \tag{3-20}$$

$$t_{\mathrm{F^-}}=\frac{\beta \cdot N_{\mathrm{NaF}} \cdot \lambda_{\mathrm{F^-}}}{(\beta \cdot N_{\mathrm{NaF}}+3N_{\mathrm{Na_3AlF_6}}+2N_{\mathrm{Na_2AlF_5}}+N_{\mathrm{NaAlF_4}}) \cdot \lambda_{\mathrm{Na^+}}+\beta \cdot N_{\mathrm{NaF}} \cdot \lambda_{\mathrm{F^-}}} \tag{3-21}$$

冯乃祥和 H. Kvande 利用上述计算式计算了冰晶石熔体中 Na^+ 和 F^- 迁移数随 AlF_3 浓度的变化。计算结果示于图 3-35。

由图 3-35 的计算可以看出，在 1000℃的冰晶石组分的熔体中，Na^+ 的迁移数为 0.93，F^- 的迁移数为 0.07，就是说在电解过程中，当电流通过冰晶石熔体时，93% 以上的电流是由 Na^+ 携带的。

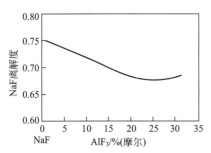

图 3-34　NaF-AlF_3 二元系熔体中 NaF 的
离解度与 AlF_3 含量的关系

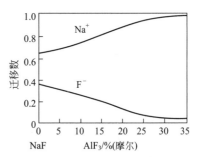

图 3-35　NaF-AlF_3 熔体中 Na^+ 和 F^- 的
迁移数与 AlF_3 含量的关系

3.10.4　温度对电解质熔体电导率的影响

提高电解质熔体的温度可以提高电解质熔体中导电离子运动的动能和电迁移速度，此外，还可提高电解质熔体中 NaF 的离解度，因此可有效提高电解质熔体的电导率。K. Grjotheim 等汇总了一些研究者给出的温度对电解质熔体电导率的影响，如图 3-36 所示。

由图 3-36 可以看出不同研究者得出的结果是一致的，即冰晶石电解质熔体的电导率都是随着温度的增高而增高的，但在相同温度下，所给出的电导率数值有较大差别。这可能是研究的电解质组分不同所致。在实际的工业铝电解槽中，电解质熔体温度增高，也会改变电解质熔体对阴极铝液、炭阳极以及阳极气体之间的界面张力，从而使铝在电解质熔体中的溶解度、电解质含炭量以及阳极气体的体积发生改变，从而会间接地影响电解质的导电性能。因此，工业铝电解槽的温度对电解质熔体导电性能的影响会与实验室的测定结果有所不同。

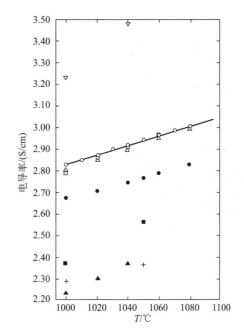

图 3-36　温度对冰晶石电解质熔体电导率的影响
▽—Batashev；+—Belyaev；▲—Arndt 与 Kalass；
■—Vajna；●—Abramov 等；△—Edvards 等；
□—Yim 与 Feinlieb；○—Matiašovský 等

3.10.5　CaF_2、MgF_2、LiF、KF 对电解质熔体导电性能的影响

CaF_2、MgF_2、LiF 是现代工业铝电解槽中常用的添加剂，这些添加剂对电解质熔体导电性能的影响在诸多有关铝电解的著作与论文中都有所介绍。尽管大家所给出的电导率数据不完

全相同，但其影响的规律性是一致的。即添加 CaF_2 和 MgF_2 使电解质熔体的导电性能降低，添加 LiF 能提高熔体的导电性能。比较有代表性的这些氟盐添加剂对电解质熔体导电性能影响的研究结果示于图 3-37～图 3-40。

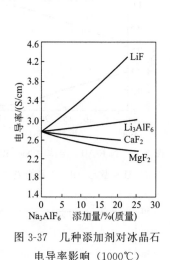

图 3-37　几种添加剂对冰晶石
电导率影响（1000℃）

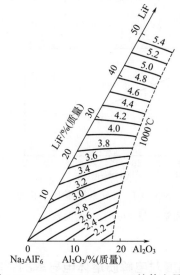

图 3-38　Na_3AlF_6-Al_2O_3-LiF 熔体电导率
（1000℃）（单位：S/cm）

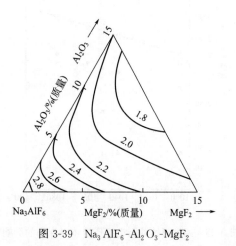

图 3-39　Na_3AlF_6-Al_2O_3-MgF_2
熔体电导率（1000℃）（单位：S/cm）

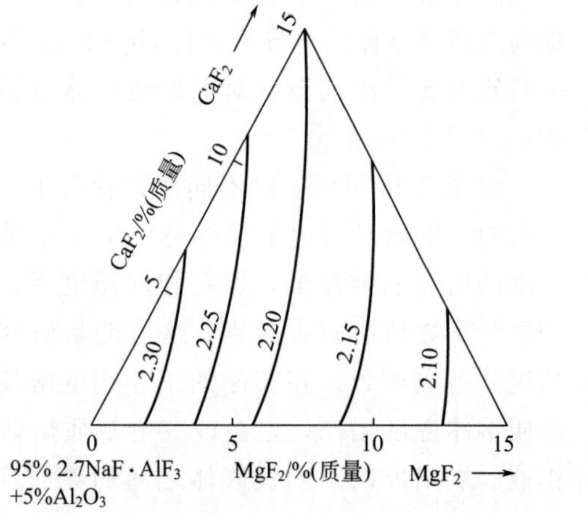

图 3-40　MgF_2、CaF_2 添加剂对〔95% 2.7NaF·AlF_3 +
5%Al_2O_3〕电解质熔体导电性能的影响
（1000℃）（单位：S/cm）

在图 3-37 中也列出了 Li_3AlF_6 添加剂对电解质熔体电导率的影响。可以看出，Li_3AlF_6 添加剂能提高电解质导电性能，但这种提高是有限的，提高程度不如相同含量的 LiF 添加剂。

现代工业电解槽的电解质分子比一般在 2.3～2.5，电解质熔体中相对于 Na_3AlF_6 过剩的 AlF_3 含量为 7%～10%。在这样的电解质体系，如果添加少量的 LiF，并不会以单独的 LiF 形式存在于熔体中，而要与过剩的 AlF_3 反应生成 Li_3AlF_6。因此，形式上是以 LiF 添加的、实为 Li_3AlF_6 形式出现的添加剂对电解质熔体的导电性能的影响是有限的。电解质熔体中添加 LiF 后，会引起电解温度降低，这势必会降低电解质熔体的导电性能，所以就目前我国工业铝电解槽而言，添加少量的 LiF 未必会对提高电解槽电解质熔体的导电性能产生很大的效果。

目前，我国某些高锂、高钾的铝电解槽中 LiF 和 KF 的含量都高达 5％以上，电解温度降到 920℃以下。在这样的电解槽上所测得的电解槽极距与没有锂盐钾盐的电解槽的极距并没有明显的变化。这种情况佐证了上述的推断。

目前还没有报道称哪家铝厂有意地向电解槽中单独添加 KF。由于国内许多铝厂使用了高钾杂质含量的氧化铝原料，致使电解槽中富集的 KF 高达 3％～7％。这种电解槽中就可能出现三种碱金属氟化物，有 Na^+、Li^+、K^+ 三种独立的碱金属阳离子存在。即便向电解质中单独添加 7％的 KF，这些 KF 也会与电解质熔体中相对 Na_3AlF_6 过剩的 AlF_3 反应，生成钾冰晶石 K_3AlF_6。对于在电解质熔体中出现的 NaF、LiF、KF 和 Na_3AlF_6、Li_3AlF_6、K_3AlF_6，其导电性由高向低排序为 LiF＞NaF＞KF，Li_3AlF_6＞Na_3AlF_6＞K_3AlF_6，这已被实验室的研究所证实，如图 3-41、图 3-42 所示。

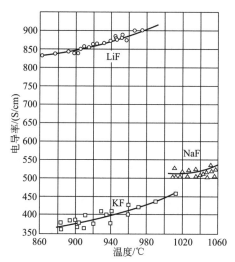
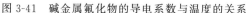

图 3-41　碱金属氟化物的导电系数与温度的关系

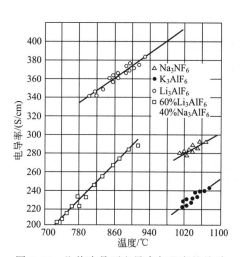

图 3-42　几种冰晶石电导率与温度的关系

图 3-41 和图 3-42 给出的数据显示，锂、钠、钾三种氟化物熔体的导电性能符合随金属离子半径增加而降低的规律。因此，当 LiF 加入到以 Na_3AlF_6 为主要成分的电解质熔体中时，即便 LiF 会与电解质中的 AlF_3 反应生成 Li_3AlF_6，也会提高电解质熔体的导电性能。而 KF 却相反，会降低电解质熔体的导电性能。

如果将相对于 Na_3AlF_6 过量的 AlF_3 也看成是一种添加剂，Híveš 和 Thonstand 等人给出了一个关于 AlF_3、Al_2O_3、CaF_2、MgF_2、LiF、KF 和温度对电解质熔体导电性能影响的数理统计式：

$$\ln\kappa = 1.977 - 0.0200Al_2O_3\% - 0.0131AlF_3\% - 0.0060CaF_2\% - 0.0106MgF_2\%$$
$$- 0.0019KF\% + 0.0121LiF\% - 1204.3/T \tag{3-22}$$

式中，κ 为电导率，S/cm；T 为电解质温度，K。由式(3-22)可以看出，在现行工业电解槽中，除了 LiF 以外几乎所有的添加剂都对电解质熔体的导电性能产生负面影响。在相同的电解质温度下，添加 LiF 能提高电解质导电性，但实际应用时添加 LiF 后应降低电解质温度，这又会使导电性降低。

3.10.6　氧化铝对冰晶石熔体导电性能的影响

在早期的铝电解文献中，给出了氧化铝在 4%～6% 的范围，电解槽电流效率有最大值，在低于 4% 时，电流效率随氧化铝浓度降低而降低。但是现代的铝电解技术，却得出了相反结果，即氧化铝浓度在低于 4%～6% 时，铝电解槽电流效率会随着氧化铝浓度降低而提高。这也成为当代铝电解槽实施计算机控制，把氧化铝浓度控制在尽可能低的浓度范围，以期获得尽可能高的电流效率的原因所在。铝电解实现计算机控制氧化铝浓度使用如第 14 章图 14-4 所示的槽电阻-氧化铝浓度关系曲线。在工业铝电解槽上，当氧化铝低于 4% 时，其所实测的槽电阻随氧化铝浓度的降低而升高，因此，让人们很容易错认为是电解质熔体的电阻是随氧化铝浓度降低而提高的。实际上，在工业铝电解槽中，电解质熔体的电阻是随着氧化铝浓度的降低而降低的，即电解质熔体的导电性能是随着氧化铝浓度降低而提高的，这可从诸多实验室所测数据得到证实，如图 3-43 和图 3-44 所示。

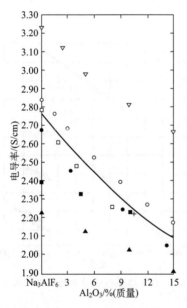

图 3-43　Na_3AlF_6-Al_2O_3 熔体电导率（1000℃）

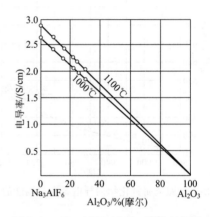

图 3-44　Na_3AlF_6-Al_2O_3 熔体电导率

▽—Batashev；+—Belyaev；▲—Arndt 与 Kalass；■—Vajna；
●—Abramov 等；□—Yim 与 Feinleib；○—Matiašovský 等

氧化铝浓度对电解质熔体电导率的负面影响也显示在 Híveš 和 Thonstad 等的研究结果中，如式(3-22)。

所有这些研究结果都表明，计算机控制所依据的图 14-4 的槽电阻随氧化铝浓度降低而增加并非是来自电解质熔体电阻的增加，而是由阳极表面阳极过程的极化以及由阳极极化所引起的阳极产物的成分改变、阳极气泡与气膜对阳极表面的覆盖率等改变引起的。

3.10.7　含炭和溶解金属粒子的电解质熔体的导电性能

工业铝电解槽中，电解质熔体的导电性能与实验室所测得相同组分的电解质熔体导电性能会有差别，这种差别也可以从如下的实验室电解槽的电解实验中观察到。

实验中所用电解槽及其实验装置示于图 3-45，使用的电解质由冰晶石（化学纯）、氟化铝（工业纯）、氟化钙（化学纯）和氧化铝（工业纯）配制而成。电解质总重 186g，分子比 2.6，CaF_2 含量 4.0%，饱和氧化铝浓度。实验时，电解槽的电解温度控制在 960℃ 左右，为避免电解槽中的石墨坩埚和阳极氧化，在电解时让氮气不断地从炉底部通入，从上部导出。电解时电流强度为 10A，阴极电流密度 0.75A/cm²，电解时间 1h。电解槽用 Power Current/47A 装置进行恒电流电解。

研究人员借助于上述实验装置，通过测量在恒电流情况下不同电解质熔体高度下的槽电压，研究电解质熔体的电阻率的变化。为防止电解过程中逸出的阳极气体贯穿到阳极下面的电解质熔体中，故把阳极做成锥状，使阳极气体沿锥体表面逸出，从而使电解过程中阳极上产生的气体不对极间电解质的电阻产生影响。

待电解槽达到给定的电解温度，并稳定在这个电解温度约 20min 后，将锥形石墨阳极插入电解质熔体中，并控制电解电流 10A，极距 4cm 左右，然后逐渐降低阳极，并记录下不同极距时的槽电压，直至阳极和阴极短路为止。然后再将阳极升到原来位置，在给定的电流强度下继续进行电解，待电解进行 1h 后，再重复进行上面的测定。测定结束后取出阳极和电解槽，并且让带有电解质的电解槽急速冷却至室温，纵向剖开电解槽，观察冷凝后的电解槽内电解质。

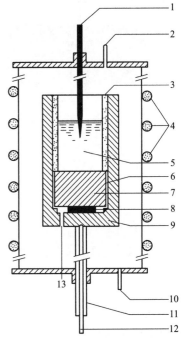

图 3-45　实验装置示意图

1—阳极；2—N₂ 气出口；3—固体氧化铝管；
4—加热元件；5—电解质；6—氮化硼层；
7—石墨阳极；8—石墨阴极导电体；
9—石墨坩埚；10—N₂ 气入口；
11—不锈钢管；12—热电偶；13—气孔

按照上述的电解实验方法和实验装置所测得的电解前后不同极距时的槽电压变化，如图 3-46 所示。

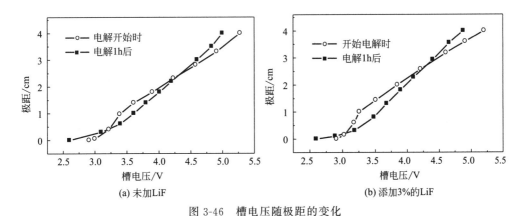

图 3-46　槽电压随极距的变化

由图 3-46 可以看出，对比电解前与电解后，电解质熔体的导电性能是不一样的，在电解之前，电解质的导电性能在极距大于 0.5cm 时所测得的槽电压与极距基本上呈线性规律变化，其槽电压与极距之比在 0.4V/cm 左右。而当电解槽在 10A 的电流强度下电解 1h 后，电解槽的槽电压随极距的变化发生了很大的改变，这种改变表现在从 0.5cm 的极距开始到

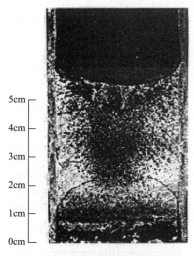

0.9cm 范围，电压随极距变化为 0.2V/cm，即电导率比刚开始电解时提高了近一倍。而当极距大于 1cm 后，电压随极距变化为 0.55V/cm，电解质的电阻比刚开始电解时变大。电解质熔体的电导率在刚开始电解时与电解 1h 后有如此大的变化，显然是电解 1h 后，在距离阴极表面 1cm 范围内，存在着比较多的溶解在电解质熔体中的金属导电粒子所致。金属导电粒子有可能是金属钠离子或者是金属铝离子，或者是钠和铝的低价粒子，也可能几种情况兼有。在距阴极表面超过 1cm 外的电解质熔体内之所以导电性能低于电解刚开始时，唯一的解释是在电解之后的电解质熔体内溶进了较多的炭渣所致，这也可以从实验后的电解质断面看出（见图 3-47）。

图 3-47 电解 1h 后的电解槽冷
却后的电解质断面

3.10.8 工业电解槽电解质熔体的导电性能

应该指出的是，目前所有关于冰晶石电解质电导数据的测量结果都是在实验室得出的，这与工业电解槽中冰晶石电解质熔体电导的实际值是有差别的，但有多大差别，还无从比较。因为在线检测工业电解槽电解质熔体的电导是困难的，即使从工业电解槽中取出试样送到实验室测量，由于测量过程中电解质成分发生变化，其测量结果与实际也会有很大差别。工业电解槽与实验室所测得的冰晶石电解质熔体电导的差别在于：

① 在工业电解槽中，存在着溶解的金属离子和低价的金属粒子，如 Al^{3+}、Na、Al 等，它们的存在会使电解质熔体的电导增加；

② 在工业电解质熔体中，存在着来自阳极气体的气泡和溶解的少量 CO_2 气体，它们会降低电解质熔体的电导率；

③ 在工业电解槽中，使用工业纯的电解质组分原料，因此比实验室化学纯试剂具有较多的杂质，这些杂质都会影响电解质熔体的电导率；

④ 在工业电解槽中，存在熔体中的微细炭渣，会使电解质熔体的电导率降低。

在铝电解槽的电解质熔体中炭渣的存在，对电解质的导电起到了几乎绝缘的作用，这是因为在炭/电解质的界面上存在着极化电位，因此炭渣的存在使电解质熔体的导电面积降低，一般说来，电解质熔体中炭渣在 0.04% 左右，炭渣颗粒的大小在 1~10μm。

维特尤科夫及其合作者从理论和实验两个方面研究了炭渣对电解质电导率的影响，其研究结果见表 3-7。

表 3-7 工业电解槽中炭渣对电解质电导率的影响

炭含量/%	实测电导率/(S/cm)	降低率(实验)/%	降低率(理论)/%
0	2.05	—	—
0.04	—	—	0.07
0.55	1.92	6.4	4.1
1.15	1.77	13.6	6.7

炭含量/%	实测电导率/(S/cm)	降低率(实验)/%	降低率(理论)/%
2.05	1.68	18.0	9.6
2.96	1.51	26.4	12.6
4.90	1.32	35.7	17.8

从表 3-7 的数据可以看出，实验测定值总是要大于理论计算值。除了炭渣外，电解质熔体中悬浮的未被溶解的氧化铝也会降低电解质的电导率，但这种影响大大小于炭渣的影响，除非是电解质熔体中悬浮的 Al_2O_3 太多。

某些添加剂如 MgF_2 尽管在实验室的测量中会使冰晶石电解质熔体的电导率降低，但在工业电解槽中 MgF_2 的加入会使电解质中熔混的炭渣很好地分离出来，从而改善电解质的导电性能。

3.10.9 工业电解槽电解质熔体电导率的测定

工业电解槽电解质熔体的电导率或电阻率通常是通过在电解槽中取样，然后送往实验室，用通用的电解质熔体电导率的测定方法测定。然而这种测定方法的最大缺点是当从工业电解槽中取出的电解质熔体在实验室的容器中进行熔化时，不仅会使炭渣从电解质熔体中分离出并被空气氧化，也会使溶解在电解质中的金属粒子氧化，同时，在电解质熔化过程中，有部分以 $NaAlF_4$ 为主要物相组成的电解质组分挥发，因而使电解质的组成与性质发生一定程度的变化，导致所测出的电解质电导率与实际有差别。

理论上，工业电解槽中电解质的电导率也可以通过电解质电压降和电解槽的极距计算出来。然而，现行测定工业电解槽电解质电压降和电解槽极距的方法非常粗糙，操作起来很困难，很少被采用。

最近，沈阳鑫博公司开发了一种能在线精确测量工业铝电解槽阳极横母线上下位移量的方法，并用这种方法实现了工业电解槽在出铝后的铝水平下降高度 h_{Al} 的精确测定，因此再结合出铝量 W_{Al} 可推算出电解槽阴极铝液面面积 S_{Al} 的大小。

$$S_{Al} = \frac{W_{Al}}{h_{Al}\rho_{Al}} \tag{3-23}$$

式中，ρ_{Al} 为铝液密度，可取 $2.3g/cm^3$。

严格地说，用上述方法和式(3-23)计算出来的阴极铝液面面积 S_{Al} 是阴极铝液面在出铝前后面积的平均值。出铝前，利用降低或提高极距的方法测出极距变化 Δl 后槽电压的改变值 ΔV，并同步记录系列电流 I。则可以利用 Δl、ΔV 和系列电流 I 计算出 Δl 极距内的电解质电阻 R、电阻率 ρ_{Ba} 和电导率 κ_{Ba}：

$$R = \frac{\Delta V}{I} = \rho_{Ba} \times \frac{\Delta l}{S_{Al}} \tag{3-24}$$

$$\rho_{Ba} = \frac{\Delta V}{I} \times \frac{S_{Al}}{\Delta l} \tag{3-25}$$

$$\kappa_{Ba} = \frac{\Delta V \cdot \Delta l}{I S_{Al}} \tag{3-26}$$

3.11 电解质熔体的密度

在冰晶石-氧化铝熔盐电解的工业铝电解槽中，冰晶石-氧化铝电解熔液在阴极铝液的上面，阴极上电解生成的铝液达到一定高度后，要定期地从槽中抽出，这是铝电解生产的基本原理之一。按照这一基本原理，要求电解质熔体的密度必须小于铝液的密度。电解质熔体和阴极铝液的密度差越大，铝电解槽中阴极铝液与电解质溶液接触的界面受外界影响所引起的扰动越小。外界的影响包括电磁力、阳极气泡从电解质中逸出所引起的铝液界面的扰动等等。因此，降低冰晶石电解质熔体的密度、增大阴极铝液和电解质熔体之间的密度差，在铝电解生产中具有非常重要的意义。

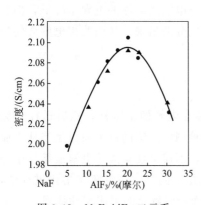

图 3-48 NaF-AlF₃ 二元系

熔体的密度 （1284K）

图中实线为计算值

▲—M. Paucirova 等人；●—Z. Ran 等人

3.11.1 NaF-AlF₃ 二元系熔体密度

NaF-AlF₃ 二元系熔体的密度如图 3-48 所示。

由图 3-48 可以看出，在 NaF-AlF₃ 二元系中，熔体密度的最大值不在 Na_3AlF_6（即分子比为 3.0）处，而是在 AlF₃ 的摩尔分数为 0.2 左右的地方。

冰晶石电解质熔体的密度在铝电解生产中除了它的上述实际意义外，还有其理论意义，那就是在冰晶石熔体中熔体内粒子结构和性质的信息。Holm 根据 NaF-AlF₃ 熔体的密度研究了电解质熔体中的粒子结构。冯乃祥和 Kvande 的研究结果给出 NaF-AlF₃ 电解质熔体的密度 d 可以用式（3-27）表示。

$$d = \frac{N_{NaF} \cdot M_{NaF} + N_{Na_3AlF_6} \cdot M_{Na_3AlF_6} + N_{Na_2AlF_5} \cdot M_{Na_2AlF_5} + N_{NaAlF_4} \cdot M_{NaAlF_4}}{N_{NaF} \cdot V_{NaF} + N_{Na_3AlF_6} \cdot V_{Na_3AlF_6} + N_{Na_2AlF_5} \cdot V_{Na_2AlF_5} + N_{NaAlF_4} \cdot V_{NaAlF_4}}$$

$$(3-27)$$

式中 V——熔体中相应组分的摩尔体积，cm^3/mol；

M——熔体中相应组分的摩尔质量，g/mol。

1000℃时，NaF-AlF₃ 熔体中各组分的摩尔体积为：

$$V_{NaF} = 21.5 cm^3/mol$$

$$V_{Na_3AlF_6} = 95.7 cm^3/mol$$

$$V_{Na_2AlF_5} = 81.2 cm^3/mol$$

$$V_{NaAlF_4} = 69.6 cm^3/mol$$

NaF-AlF₃ 二元系熔体的摩尔体积 V 和当量摩尔体积 V_{equ} 可以用方程式（3-28）和方程式（3-29）计算。

$$V = N_{NaF} \cdot V_{NaF} + N_{Na_3AlF_6} \cdot V_{Na_3AlF_6} + N_{Na_2AlF_5} \cdot V_{Na_2AlF_5} + N_{NaAlF_4} \cdot V_{NaAlF_4} \quad (3-28)$$

$$V_{equ} = N_{NaF} \cdot V_{NaF} + \frac{1}{3} N_{Na_3AlF_6} \cdot V_{Na_3AlF_6} + \frac{1}{2} N_{Na_2AlF_5} \cdot V_{Na_2AlF_5} + N_{NaAlF_4} \cdot V_{NaAlF_4}$$

$$(3-29)$$

图 3-49 所示是根据式（3-28）和式（3-29）计算得到的 $NaF-AlF_3$ 二元系熔体的摩尔体积和当量摩尔体积。

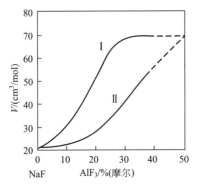

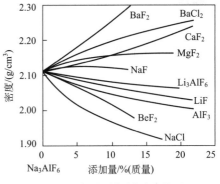

图 3-49　1284K 时 $NaF-AlF_3$ 二元系
熔体的摩尔体积和当量摩尔体积
Ⅰ—摩尔体积；Ⅱ—当量摩尔体积

图 3-50　各种添加剂对冰晶石
密度的影响（1000℃）

3.11.2　各种添加剂对冰晶石熔体密度的影响

图 3-50 所示是各种添加剂在 1000℃时对冰晶石密度的影响。

由图 3-50 可以看出，氟化钙和氟化镁添加剂具有使冰晶石熔体密度增大的性质，因此，从这个角度看，铝电解槽中加入过多的氟化钙和氟化镁，对增大铝液和电解质熔体之间的密度差是不利的。铝电解槽中加入氟化铝（即使用酸性较大的电解质）和氯化钠对降低电解质熔体的密度是非常有效的，因此从这一点上看，铝电解槽使用酸性电解质也是有好处的。铝电解槽中添加氯化钠对降低电解质的密度非常有效，但由于氯化钠的挥发产物对设备和周围的建筑腐蚀性较大，因此往往不被铝工业采用。

工业电解槽中，电解质熔体的密度可以用经验公式（3-30）表示，该公式是众多研究中的一个。在大多情况下，经验公式对于工业电解槽来说是十分精确的。

$$d_{电解质}=2.64-0.0008t+0.16BR-0.008Al_2O_3\%+0.005CaF_2\%-0.004LiF\% \quad （3-30）$$

式中　t——电解质温度，℃；

　　　BR——NaF/AlF_3 的质量比。

3.11.3　氧化铝浓度和温度对冰晶石电解质熔体密度的影响

比较典型的不同温度下的氧化铝浓度对冰晶石熔体密度的影响的测定结果示于图 3-51。

由图 3-51 可以看到，提高温度会使电解质熔体的密度降低，这是可以预料到的。对于氧化铝浓度对熔体密度的影响，从图 3-51 得出的结果是，冰晶石熔体中加入 Al_2O_3 后，熔体密度降低。我们知道，纯冰晶石熔体的密度在 1000℃为 2.10g/cm³ 左右，Al_2O_3 的密度为 3.9～4.0g/cm³，因此可以判断，氧化铝之所以溶解到冰晶石熔体能使冰晶石熔体

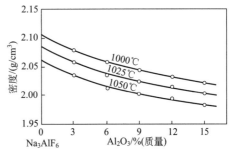

图 3-51　不同温度下的氧化铝浓度对
冰晶石熔体密度的影响

密度降低，显然是由于溶解到冰晶石熔体中后，生成了体积比较大的铝-氧-氟络离子。

3.12 黏度

3.12.1 电解质熔体的黏度

冰晶石电解质熔体的黏度性质在铝电解中所起的重要作用在于黏度影响电解质和铝液在电解槽中的流体动力学过程。黏度的大小也影响到阳极气体气泡的逸出速率和氧化铝在电解质中的溶解速率。铝电解过程中有些过程需要电解质具有较高的黏度，如为了使电解槽中加入的氧化铝在电解质中有较长停留时间，减少氧化铝在槽底的沉淀，增加氧化铝在电解质中的溶解，电解质就要有较高的黏度。而对于在铝电解过程中，为了减少阳极气泡在电解质中的停留时间，加快阳极气泡从电解质中逸出速率，减少阳极气体与电解质中溶解的金属铝的反应，提高电解槽的电流效率，则需要采用较低的电解质黏度。应该说到目前为止，人们对铝电解过程黏度影响的研究还是不够的，因此确定最佳的电解质黏度也是困难的。

冰晶石电解质熔体的黏度数据并不是很多，由于测量上的困难，因此比较早期的一些测量结果误差相当大。比较近期的并被公认比较准确的测量结果示于图 3-52 和图 3-53 中。这两个图给出了在给定温度下氧化铝浓度、分子比、CaF_2、LiF 对冰晶石熔体黏度的影响。

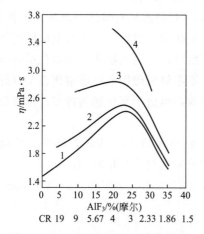

图 3-52　NaF-AlF$_3$-Al$_2$O$_3$ 混合熔体的
黏度（1000℃）
1—0%Al$_2$O$_3$；2—4%Al$_2$O$_3$；
3—8%Al$_2$O$_3$；4—12%Al$_2$O$_3$

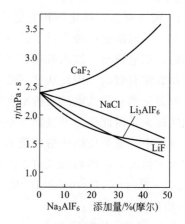

图 3-53　某些添加剂对冰晶石
熔体黏度的影响（1000℃）

实验室研究给出了工业电解质浓度范围的电解质黏度方程式。

$$\eta = 11.557 - [-0.002049 + 0.1853 \times 10^{-4}(t-1000)](\text{AlF}_3\%)^2 +$$
$$0.009158t - 0.001587\text{AlF}_3\% - 0.002168\text{Al}_2\text{O}_3\% +$$
$$[0.005925 - 0.1938 \times 10^{-4}(t-1000)](\text{Al}_2\text{O}_3\%)^2 \tag{3-31}$$

式中　t——电解质温度，℃；

　　　η——黏度，mPa·s。

该公式的适用范围为：温度 950～1050℃、AlF_3 和 Al_2O_3 的浓度范围 0～12%，在上述参数范围内，由该公式计算出来的黏度值相对精度为 1.0%～1.5%。

在工业电解槽中，由于各种杂质和炭渣的存在，实际的电解质的黏度与实验室测定值有所差别。

通过式(3-31)可以获得氧化铝浓度对电解质黏度影响的一些信息。关于黏度对铝电解过程影响研究的重要意义在于电解质的黏度很高时，会使铝电解过程中从阳极脱落到电解质中的炭渣不能很好地从电解质中分离出来，造成电解质含炭量增加。在这种情况下，电解质的温度会很高，并使电解质对氧化铝的溶解能力变差，电解质中常常含有未溶解的氧化铝颗粒，此时电解槽会出现我们通常所说的"热行程"，当电解槽出现因此种情况引起的"热行程"时，向电解槽中加入氟化铝，或氯化钠、氟化锂添加剂，可以使电解质的黏度降低，逐渐地将炭渣从电解质中分离出来。

对于氧化铝浓度对电解质黏度的影响，不同研究者给出的数据绘制于图 3-54 中。由图 3-54 可以看出，尽管不同研究者给出的结果有所差异，但总的趋势是冰晶石电解质熔体的黏度随着氧化铝浓度增加而增加。其中三个研究结果显示在较低的氧化铝浓度范围内，氧化铝浓度提高使电解质黏度略微增加。只有当氧化铝浓度超过 5% 后，氧化铝浓度的增加才使电解质的黏度大幅度提高。电解质黏度的降低，有利于阳极气体从电解质熔体中排出，对铝电解溶解损失的减少和铝电解槽电流效率的提高有正面作用。

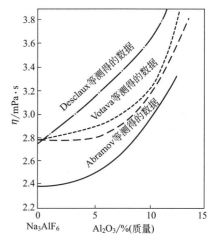

图 3-54　不同研究者所测得 Na_3AlF_6-Al_2O_3 熔体在 1000℃ 时的黏度（实线为 Tørklep 和 Øye 的数据）

3.12.2　铝液的黏度

纯铝液的黏度只与温度有关，即提高铝液的温度会降低铝液的黏度。铝液黏度 η 与温度 T 之间的关系可用式(3-32)表示。

$$\eta(mPa \cdot s) = 0.2567\exp(1572/T) \qquad (3-32)$$

式中，T 的单位为 K。

在铝液黏度的研究中，不同的研究者得出的结果虽有所不同，但差别不大，其偏差在 0.2mPa·s 内。

3.13　表面性质

众所周知，在一般情况下，任何物质的表面层都有压缩物体内部的能力，或者说有力图收缩其表面的能力，这种能力即是表面张力，表面张力还通常以单位表面积的收缩能（mJ/m^2）来表示。

表面张力的产生是由于物质表面层的质点（分子、原子或离子）和它内部的质点具有不同的特点所引起的。这种特点首先表现在这些处于物质表面的质点受到不对称力场的作用，当它与力场弱的物质接触时（比如固体或液体与气体接触时），则在表面层的质点具有向内的一种压缩力，此力使液体表面收缩，这种力即是表面的张力，确切一些说是界面张力。因此，表面张力（或界面张力）的大小，必然与该物质本身的性质以及与它相接触的物质的性质有关。表面张力（或界面张力）的作用明显地表现在熔体上。

表面张力（或界面张力）在铝电解中占有特殊和重要的地位，铝电解槽中许多现象和过程，如阳极效应、铝的溶解、炭渣的分离和氧化铝溶解等都与之有关。

3.13.1 电解质熔体对炭的湿润性

电解质熔体与炭之间界面张力大小与电解槽中炭渣分离、阳极效应以及钠和电解质熔体对炭阴极的渗透有密切关系。

3.13.1.1 理论基础

在铝电解中电解质熔体与炭之间的界面张力 $\gamma_{E/C}$ 通常以测量电解质熔体在炭板上的湿润性来代替。一个固体表面被液体的湿润性，可以用湿润角 θ 来表示，如图 3-55 所示。

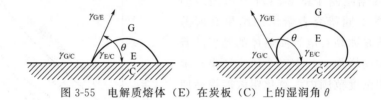

图 3-55　电解质熔体（E）在炭板（C）上的湿润角 θ

图 3-55 中，$\gamma_{G/E}$ 为电解质熔体与气体之间的界面张力（电解质熔体的表面张力）；$\gamma_{G/C}$ 为炭与气体之间的界面张力（炭的表面张力）；$\gamma_{E/C}$ 为电解质熔体与炭板之间的界面张力。

当电解质熔体在炭板上的熔滴静止下来，3 个界面张力达到平衡时，式(3-33)成立。

$$\cos\theta = \frac{\gamma_{G/C} - \gamma_{E/C}}{\gamma_{G/E}} \tag{3-33}$$

式(3-33)中，炭的表面张力，即炭与气体之间的界面张力 $\gamma_{G/C}$ 是很难测出的，但是对给定的炭材料和在一定的气氛下，其值应该是个定值。

由式(3-33)可以看出，当电解质与炭之间的界面张力 $\gamma_{E/C}$ 小于炭的表面张力 $\gamma_{G/C}$ 时，$\cos\theta > 0$，$\theta < 90°$，这表明炭对电解质的湿润性良好；当 $\gamma_{E/C} > \gamma_{G/C}$ 时，$\cos\theta < 0$，$\theta > 90°$，这表明炭对电解质的湿润性差。

3.13.1.2 单一熔体组分对炭材料的湿润性

苏联学者别列耶夫与其同事用测量熔体在固体材料上所形成的液球的湿润角的方法，对电解质熔体对炭素材料的湿润性进行过系统研究，其中包括碱金属和碱土金属的氯化物和氟化物在炭和石墨上的湿润性的研究，其研究结果见表 3-8。

表 3-8　某些碱金属和碱土金属的氯化物和氟化物在炭和石墨上的湿润性

盐类	温度/℃	湿润角 θ/(°)		阳离子半径/0.1nm	阴离子半径/0.1nm
		在炭上	在石墨上		
LiF	1050	134	—	0.78	1.33
NaF	1050	75	—	0.98	1.33
KF	1050	49	—	1.33	1.33
LiCl	850	—	—	0.78	1.81
NaCl	850	78	132	0.98	1.81
KCl	800	28	36	1.33	1.81

盐类	温度/℃	湿润角 θ/(°)		阳离子半径/0.1nm	阴离子半径/0.1nm
		在炭上	在石墨上		
MgCl$_2$	800	—	—	0.78	1.81
CaCl$_2$	850	119	133	1.06	1.81
BaCl$_2$	1000	116	124	1.43	1.81
MgF$_2$	1400	—	—	0.78	1.33
CaF$_2$[①]	1400	155	—	1.06	1.33
BaF$_2$[①]	1400	148	—	1.43	1.33
Na$_3$AlF$_6$	1000	134	144	—	—

① CaF$_2$ 与 BaF$_2$ 的 θ 是用外推法求得的。

由表 3-8 可以看出，熔融卤化物对炭与石墨的湿润性与其中阳离子半径的关系呈有规律的变化，阳离子半径增加，湿润性即加强，也就是说湿润角减少。这对氯化物或氟化物都一样。但仅对氟化物或仅对氯化物来说，碱土金属的湿润性不如碱金属的，这显然是两价的碱土金属离子 Mg^{2+}、Ca^{2+} 与 Ba^{2+} 比一价碱金属离子 Li$^+$、Na$^+$ 与 K$^+$ 的极化作用强的缘故，因为它们相对应的离子半径 Li$^+$～Mg^{2+}（约 0.078nm）、Na$^+$～Ca^{2+}（0.098～0.106nm）与 K$^+$～Ba^{2+}（0.133～0.143nm）十分接近，而价数则不同。

3.13.1.3　NaF-AlF$_3$ 熔体对炭板的湿润性

表 3-9 和图 3-56 所示是 NaF-AlF$_3$ 二元系熔体在炭板上所形成的湿润角的测定结果。

表 3-9　NaF-AlF$_3$ 二元系熔体在炭板上所形成的湿润角

熔体成分/%（摩尔）		湿润角 θ/(°)		熔滴存在时间/s
NaF	AlF$_3$	在熔点时	在 1000℃	
100	—	75	45	60
95	5	125	124	150
90	10	127	125	330
85	15	29	127	450
80	20	133	130	630
75	25	140	140	720
70	30	137	137	—
65	35	133	140	—
60	40	141	142	凝结

由表 3-9 及图 3-56 可以得出以下几点。

① 随着 NaF-AlF$_3$ 二元系电解质分子比的降低，湿润角增加，电解质对炭湿润性变差。但当电解质的分子比降到 3.0 以下时，即在酸性电解质组分时，电解质熔体对炭的湿润性改变不大。这也表明在工业电解槽酸性电解质组分的范围内，电解质分子比的大小对电解质中炭渣的分离和阳极效应的发生没有影响（按阳极效应的湿润学说）。

② 对冰晶石电解质熔体而言，NaF 是电解质熔体的表面活性物质，其活性作用在分子比大于 3.0 的碱性电解质中尤为明显，因此在炭阴极表面，电解质熔体中的 NaF 会被阴极的炭材料所选择吸收。

3.13.1.4　冰晶石电解质熔体中的氧化铝浓度对炭素材料湿润性的影响

冰晶石电解质熔体中的氧化铝浓度对炭素材料湿润性影响的测定结果示于图 3-57。

由图 3-57 可以得出以下几点。

① 氧化铝对冰晶石电解质熔体来说，是一种表面活性物质，氧化铝浓度的增加，可使冰晶石熔体对炭的湿润性增加，因此电解质熔体中氧化铝浓度的增加不利于电解质熔体炭渣的分离。

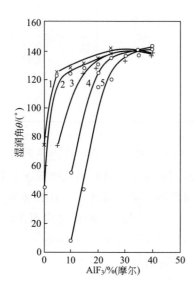

图 3-56　NaF-AlF₃ 二元系熔体在
炭板上所形成的湿润角
1—在熔点时；2—1000℃时；3—保持 1min 后；
4—保持 3min 后；5—保持 5min 后

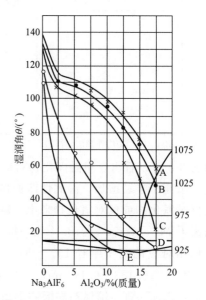

图 3-57　Na₃AlF₆-Al₂O₃ 二元系在
炭板上的湿润角
A—在熔点时；B—1000℃时；C—保持 1min 后；
D—保持 3min 后；E—保持 5min 后

② 电解质中氧化铝浓度很低时，湿润角增加，电解质熔体对炭的湿润性变差，这是临界电流密度降低和诱发阳极效应的主要原因。铝电解槽在出现阳极效应时，由于电解质对炭的湿润性最差，因此对电解质熔体中炭渣的分离效果是最好的。

3.13.1.5　炭材料的性质对冰晶石熔体湿润性的影响

实验研究表明，冰晶石电解质熔体在不同的炭材料上，具有不同的湿润性能，这可能与炭素材料的晶格结构和性质有关，其湿润性好坏为：煅后无烟煤最好、湿润角最小；其次是石油焦和沥青焦；再次是石墨质和半石墨化炭质材料；湿润性最差、湿润角最大的是完全石墨化的材料。

3.13.1.6　熔融铝对炭素材料的湿润性

熔融铝在各种炭材料的润湿性能，恰恰与熔融冰晶石电解质相反。石墨炭材料对铝的湿润性最好、湿润角最小；其次是石墨质和半石墨化质炭材料；再次是石油焦炭材料；湿润角最大、湿润性最差的是煅后无烟煤炭材料。

目前国内外铝电解槽使用煅后无烟煤、石墨质、半石墨化和石墨化几种不同炭材料的阴极炭块。随着电解槽的大型化，石墨质、半石墨化和石墨化阴极炭块越来越多地得到使用。从电解质熔体和熔融铝液对不同炭材料的这种完全相反的湿润特性上去分析，铝电解槽使用石墨质、半石墨化和完全石墨化的阴极炭块，可能更有利于电解槽减少沉淀、减小伸腿和使槽膛更规整。

3.13.1.7　有铝存在时，电解质熔体对炭材料的湿润性

需要指出的是，上述关于冰晶石电解质熔体对炭材料湿润性的研究结果都是在没有铝存

在时得出的。在实际铝电解的生产中，电解槽中电解质熔体下面是铝液。实验研究表明，当有铝存在时，电解质熔体对炭材料的湿润性大大增加，这种增加可能是由于铝与电解质熔体的 NaF 组分反应生成了表现活性很强的金属钠。

$$Al(溶解的) + NaF \longrightarrow AlF_3 + Na \tag{3-34}$$

$$Na + nC \longrightarrow C_n \cdot Na \tag{3-35}$$

3.13.1.8 添加剂对冰晶石熔体对炭湿润性的影响

目前工业电解槽上使用 CaF_2、MgF_2 和 LiF 3 种添加剂。关于 CaF_2 和 MgF_2 两种添加剂对电解质熔体在炭板表面上湿润角的测定，虽然不同的学者所得到的研究结果基本上是一致的，但邱竹贤等人给出的测定结果，更符合铝电解槽的实际，其测定结果示于图 3-58。

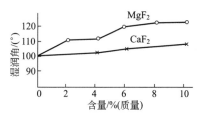

图 3-58　$2.5NaF \cdot AlF_3\text{-}Al_2O_3$ 电解质熔体中添加 MgF_2 和 CaF_2 对炭的湿润角的影响（1273K）

电解质熔体中添加 LiF 对炭的湿润性的影响示于图 3-59。

由图 3-58 可以看出，CaF_2 和 MgF_2 两种添加剂都会使电解质熔体对炭的湿润角变大，湿润性变差，都会有增加电解质炭渣的分离效果，但 MgF_2 的作用要比 CaF_2 的作用更大一些。从图 3-59 可以看出 LiF 添加剂对电解质熔体对炭的湿润性几乎没有什么影响。

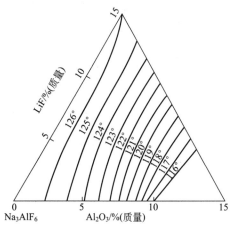

图 3-59　$Na_3AlF_6\text{-}LiF\text{-}Al_2O_3$ 三元熔体混合物的组成对炭湿润性的影响

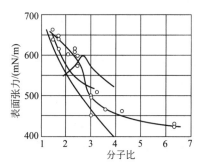

图 3-60　在 1000℃时 $NaF\text{-}AlF_3$ 二元系熔体与熔融铝之间的界面张力

3.13.2　熔融铝与熔融电解质之间的界面张力

3.13.2.1　铝与 $NaF\text{-}AlF_3$ 熔体之间的界面张力

图 3-60 所示是不同的研究者给出的 $NaF\text{-}AlF_3$ 二元系熔体与熔融铝之间界面张力的测定结果。

由图 3-60 可以看出，虽然不同的研究者给出的测定结果有很大差别，其中个别研究者给出了在分子比为 2.6 左右时，$\gamma_{Al/E}$ 有最大值的研究结果，但大多数学者给出了比较一致的研究结果，即铝与电解质熔体之间的界面张力 $\gamma_{Al/E}$ 随着电解质分子比的增加而降低。这一研究结果表明，铝电解槽使用较低分子比的电解质，对提高铝-电解质熔体之间的界面张力，减少铝的溶解损失，提高电流效率是有利的。

3.13.2.2 氧化铝浓度对 Al-电解质熔体界面张力的影响

别列耶夫研究了两种不同电解质组分、两种不同温度下 Al_2O_3 浓度对铝-电解质熔体之间界面张力的影响，第 1 种电解质组分是分子比为 2.66，温度 1000℃；第 2 种电解质组分是分子比为 1.67，温度 900℃。其测定结果示于图 3-61。

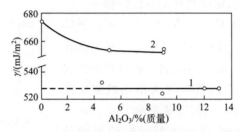

图 3-61　氧化铝浓度对铝-电解质熔体界面张力的影响

1—电解质分子比为 2.66（1000℃）；2—电解质分子比为 1.67（900℃）

由图 3-61 可以看出：在前一种电解质成分下（曲线 1），即在较高的电解质分子比时，氧化铝浓度的大小几乎对铝的电解质熔体的界面张力没有任何影响；在后一种电解质成分时（曲线 2），当氧化铝浓度较大，大于 4%～5% 时，氧化铝浓度的变化对这种界面张力也没有什么影响，但在较低的氧化铝浓度范围时，随着氧化铝浓度的降低，铝与电解质熔体之间的界面张力会逐渐提高。这种变化与目前工业铝电解槽人们广为认同的当电解质中的氧化铝浓度较低时电流效率较高这一现象是一致的。或者说，这是对目前所说的低氧化铝浓度、高电流效率的一种理论上的支持。

3.13.2.3 各种添加剂对 Al-电解质熔体界面张力的影响

各种添加剂对铝-电解质熔体界面张力 $\gamma_{Al/E}$ 影响的测定结果示于图 3-62。

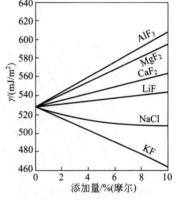

图 3-62　各种添加剂对铝-电解质熔体界面张力的影响

由图 3-62 可以看出：AlF_3、MgF_2、CaF_2 和 LiF 添加剂具有使冰晶石电解质熔体-熔融金属铝界面张力增加的效果，其增加的程度从小到大依次是 LiF、CaF_2、MgF_2 和 AlF_3，因此从 $\gamma_{Al/E}$ 界面张力的大小分析和判断这 4 种添加剂都有提高 Al-电解质界面张力、减少阴极铝液溶解速率、提高电流效率的作用，但 AlF_3 和 MgF_2 添加剂的效果大于 CaF_2 和 LiF 添加剂的效果；而 NaCl 和 KF 具有相反的效果。

参 考 文 献

[1] Landon J，Ubbelohde R. Proc. Rog. Soc. 1957，A240：160.

[2] Foster A. J. Am. Cer. Soc. 1960，43（2）：66.

[3] Foster A. J. Am. Cer. Soc. 1968，51（2）：107.

[4] Holm L，Holm B. Thermochemical Acta. 1973，6：4.

[5] Feng Naixiang，Kvande H. Acta. Chem. Scand. 1986，A40：622.

[6] K Gjotheim et al. Aluminium Electrolysis，Fundamentals of the Hall-Héroult Process. Düsseldorf：Aluminum Verlag GmbH，1982.

［7］　Brown J. Light Metals. 1984.

［8］　Haupin. The 5th International Course Process Metallurgy of Aluminium. Trondheim：［s. n.］，1986.

［9］　邱竹贤. 预焙槽炼铝. 第 3 版. 北京：冶金工业出版社，2005.

［10］　Verstrekem P，White P. Proc 6th Australasian Aluminium Smelting Workshop. Geraldton：［s. n.］，1998，105.

［11］　Rostum A et al. Light Metals. 1990：311.

［12］　邱竹贤. 铝冶金物理化学. 上海：上海科学技术出版社，1985.

［13］　G Choudhuiri G. J. Electrochem. Soc. 1973，120：381.

［14］　Holm J L. High Temp. Sci. 1974，6：16 .

［15］　东北工学院有色系轻金属冶炼教研室. 专业轻金属冶金学. 北京：冶金工业出版社，1960.

［16］　Ultigard. Aluminium. 1987，63：608.

［17］　Dewing W. Met. Trans. 1977，8B：555.

［18］　佐藤让. 国外轻金属. 1979.

［19］　Paucirova M et al. Rev. Roum. Chim. 1970，15：33.

［20］　Kvande H，Feng Naixiang. Acta. Chem. Scand. 1987，A41：146.

［21］　邱竹贤. 铝电解原理与应用. 徐州：中国矿业大学出版社，1997.

［22］　Frank B，Foster M. J. Phys. Chem. 1960，64：95.

［23］　Xiangwen W，Hosler Bob，Tarcy Gary. Light Metals. 2011：483.

第4章 铝电解槽中的电极过程与电极反应

4.1 阴极过程与阴极反应

4.1.1 铝电解槽阴极上的一次电解产物

在工业铝电解槽中人们常把槽底炭块看成是铝电解槽的阴极，实际上真正的阴极为槽内铝液。电解槽内的阴极反应通常可由式(4-1)表示。

$$Al^{3+} + 3e \longrightarrow Al(液) \tag{4-1}$$

但是，正像我们在冰晶石电解质熔体离子结构一节中所讲到的那样，在铝电解槽的电解质熔体中并没有单体的 Al^{3+} 存在。电解质熔体中的 Al^{3+} 是以各种铝氟阴离子络合物的形式存在的。另外一个事实是在电解质熔体中钠离子是电解质中电解电流的主要携带者，这一事实使早期的研究者误认为钠是阴极的一次电解产物，而铝是由金属钠还原出来的。阴极上一次电解产物为金属铝和金属钠时的电解槽反应可分别用式(4-2)和式(4-3)表示。

$$Al_2O_3(溶解的) + \frac{3}{2}C(固) \longrightarrow Al(液) + \frac{3}{2}CO_2(气) \tag{4-2}$$

$$6NaF(溶解的) + Al_2O_3(溶解的) + \frac{3}{2}C(固) \longrightarrow 2AlF_3(溶解的) + \frac{3}{2}CO_2(气) + 6Na(气) \tag{4-3}$$

在正常的铝电解生产条件下，反应式(4-2)一次产物为铝时的分解电位比反应式(4-3)电解一次产物为钠时的分解电位低 0.24V 左右，这表明电解反应(4-2)优先于电解反应(4-3)。反应式(4-2)和反应式(4-3)的分解电位差 ΔE 是可用式(4-4)计算的。

$$\Delta E = E_3 - E_2 = \left[\Delta G_2^{\ominus} - \Delta G_3^{\ominus} - RT\ln\left(\frac{a_{Na}^6 \cdot a_{AlF_3}^2}{a_{NaF}^6}\right) \right] \Big/ 6F \tag{4-4}$$

式中，$\Delta G_2^{\ominus}$ 和 $\Delta G_3^{\ominus}$ 分别是反应式(4-2)和式(4-3)的标准自由能变化；F 是法拉第常数。计算时可取二氧化碳、铝和炭的活度为 1，钠的活度按在 1 大气压（101.325kPa）和操作温度下纯钠的蒸气压进行计算。电位差 ΔE 随温度升高和分子比的增加而减小。在正常的铝电解生产过程中，由于阴极过电压在 0.1V 以下，ΔE 值小于 0.24V。这也表明，即使在工业电解槽阴极极化状态下，铝电解的一次阴极产物是铝，而不是钠。

关于电解槽阴极的一次电解产物是铝而不是钠，除了上述方面的论据外，还可以从阴极上电解反应过程中电子转移数进一步加以论证。Bowman 用循环伏安法、稳态固体电极极谱法、脉冲极谱法和计时电位法，在钨电极和玻璃炭电极上测量阴极反应电子转移数发现，在阴极电解过程中只有一个可逆的 3 个电子转移过程，并没有证据证明在其随后的过程中有化学反应存在。由于 ΔE 随着温度和分子比的升高而减少，因此在较高的电解温度和较高的电解质分子比时，也不排除会出现钠离子的放电。另外当阴极电流密度较高时，阴极表面出现 Al^{3+} 短缺时，也不排除 Na^+ 的放电。

方程式(4-4) 也可简写成式(4-5)。

$$\Delta E = \Delta G_1 - \frac{RT}{3F}\ln\frac{a_{Na}^3 \cdot a_{AlF_3}}{a_{NaF}^3} \tag{4-5}$$

由此也可以看出，ΔE 也是反应 (4-6) 的电位。

$$3NaF + Al(液) \longrightarrow 3Na(气) + AlF_3 \tag{4-6}$$

由这个方程式可以看出，降低分子比有利于反应向左进行；另外由炭化学可以知道，金属钠在高温下可以和炭生成稳定的晶间化合物 Na（C），因此当阴极没有铝液，阴极电解过程直接在炭阴极表面进行时，反应方程式(4-4) 会向右进行，反应生成的 Na 会渗入到阴极碳的晶格中，与碳生成晶间化合物 Na（C）。

$$3NaF + Al(液) \longrightarrow 3Na(C) + AlF_3 \tag{4-7}$$

4.1.2　阴极电解反应

通过对上文的分析，我们对铝电解槽阴极电解反应可以给出如下结论。

① 在正常的电解温度和酸性电解质分子比的条件下，其液体铝阴极表面的电解反应为：

$$AlF_6^{3-} + 3e \longrightarrow Al + 6F^- \tag{4-8}$$

$$AlF_5^{2-} + 3e \longrightarrow Al + 5F^- \tag{4-9}$$

$$AlF_4^- + 3e \longrightarrow Al + 4F^- \tag{4-10}$$

当电解质的分子比较高，特别是接近冰晶石 Na_3AlF_6 时，阴极表面的电解反应主要是按式(4-8) 进行。随着电解质分子比的降低，电解反应 (4-10) 所占比例会越来越大，直到电解质的分子比非常低时，阴极表面的电解反应主要按式(4-10) 进行。由于 AlF_5^{2-} 在电解质熔体中浓度较小，所以式(4-9) 的电解反应所占比例不大。

最近在阴极表面的生成铝的电解反应中，又有了如下两步电解反应说：

$$Al_2OF_4 + 2e \longrightarrow AlF_2^- + AlOF_2^- \tag{4-11}$$

$$AlF_2^+ + 3e \longrightarrow Al + 2F^- \tag{4-12}$$

但这一阴极反应说尚未得到公认。

② 当分子比较高，即电解质碱性较大，或温度较高时，除上述铝阴极表面的电解反应外，还存在着钠离子的电解反应，即：

$$Na^+ + e \longrightarrow Na \tag{4-13}$$

电解生成的金属钠，可以溶解入阴极金属铝液中，也可以上升到电解质的表面，并被空气中的氧气所氧化燃烧，此外还可以与电解质熔体中 AlF_3 反应生成金属铝。

$$AlF_3 + 3Na(气) \longrightarrow 3NaF + Al(液) \tag{4-14}$$

此反应为反应 (4-6) 的逆反应。

③ 当阴极表面没有铝，电解反应直接在炭阴极表面进行时，其主要的电解反应为：

$$Na^+ + e \longrightarrow Na \tag{4-15}$$

$$Na + C \longrightarrow Na(C) \tag{4-16}$$

只有当阴极中的 Na 渗入到一定程度时，才开始有 $Al^{3+} + 3e \longrightarrow Al$ 出现。

4.1.3 阴极过电压

阴极过电压的产生涉及阴极电极反应过程的动力学问题。几乎近期所有的对阴极过程动力学的测量和研究都发现，在工业电解槽的阴极电流密度范围内，阴极过电压与阴极电流密度的关系都遵循塔菲尔方程。

$$\eta = a + b \lg I_C \tag{4-17}$$

式中　a、b——塔菲尔常数；

　　　I_C——阴极电流密度。

在没有搅动的情况下，a 值在 $0.15 \sim 0.25$ 之间，b 值在 $0.2 \sim 0.3$ 之间，其值大小与电解质的分子比有关（如图 4-1 所示），也与电极材料的性质有关。图 4-2 是 Grjotherim、Kvande 和冯乃祥在实验室电解槽上测得的一组当铝电解槽使用几种不同组分的 Al-Cu 合金阴极时，其阴极过电压与阴极电流密度和阴极合金组分的关系。由图 4-2 可以看出，电流密度之间存在着比较好的对数关系。当铝电解槽为纯铝时，其阴极过电压较 Al-Cu 合金作为阴极时的过电压要低一些，这可能是在电解槽的阴极为纯铝时可能存在着比较大的 $Al + 3NaF \longrightarrow AlF_3 + 3Na$ 副反应所致，关于铝电解槽阴极过电压的机理将在后文加以论述。

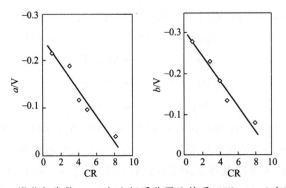

图 4-1　塔菲尔常数 a、b 与电解质分子比关系（Thonstad 实验室）

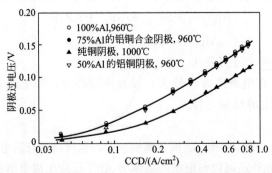

图 4-2　实验电解槽阴极过电压与阴极电流密度和阴极成分的关系图

一般说来，实验室测量的阴极过电压大于工业电解槽的实际过电压。根据 Thonstad 和 Rolseth 以及美国 Alcoa 铝业公司的数据，工业电解槽的阴极过电压在 0.1V 左右。当阴极

电流密度大于 $0.1 \mathrm{A/cm^2}$ 时，工业铝电解槽的阴极过电压可用的经验方程式（4-18）计算。

$$\eta_{CC} = \frac{(2.732 - 0.248CR)T}{34590} \ln \frac{i_C}{0.257} \tag{4-18}$$

式中　CR——电解质分子比；

　　　T——热力学温度，K；

　　　i_C——阴极电流密度，$\mathrm{A/cm^2}$。

当电解槽中的阴极过电压达到稳定时，阴极铝液中钠的含量是一定的，其金属钠是由式（4-19）所表明的化学反应生成的。

$$3NaF（溶解的）+ Al（液）\longrightarrow 3Na（溶解在铝中）+ AlF_3（溶解的）\tag{4-19}$$

因此，铝中钠的活度可用式（4-20）计算。

$$a_{Na} = (a'_{NaF} / a'^{1/3}_{AlF_3}) \exp(-\Delta G^{\ominus} / 3RT) \tag{4-20}$$

式中　a'_{NaF}、a'_{AlF_3}——扩散层内与阴极铝液表面相接触的电解质熔体中 NaF 和 AlF_3 的
　　　　　　　　　　活度；

　　　$\Delta G^{\ominus}$——化学反应式（4-19）的标准自由能变化。

其他符号意义同上。

铝电解过程中，当电解使用酸性电解质成分时，由于阴极表面电解质成分的变化、分子比的升高，会引发该表面层电解质初晶温度的提高，因此不可避免地要在阴极铝液表面有固体的冰晶石出现。Thonstad 和 Rolseth 还观察到颗粒状的氧化铝能够存在于冰晶石电解质熔体和阴极铝液表面的界面上。然而在阴极铝液表面产生的这些冰晶石和氧化铝的固体颗粒由于铝液表面张力的作用并不会通过铝液沉降到槽底部。阴极铝液表面这种电解质膜的存在有助于减少铝的溶解损失，因此有利于电流效率的提高。铝电解生产过程中要尽量避免人为地机械搅动铝液界面，并从设计上、母线配置上要尽量减少磁场力对铝液界面不稳定性的影响。但也有人认为铝电解槽铝液阴极表面电解质分子比的升高增加了铝的饱和溶解度，这会使铝的溶解损失增加，电流效率降低。上述这两个方面对电流效率的作用究竟哪个大、哪个小，还需要进行深入研究。

4.1.4　阴极过电压的机理

正像在上节所讲到的，在实验室电解槽上，其实测的阴极过电压要高于相同工艺技术条件下工业电解槽的阴极过电压，这是因为实验室电解槽中的电解质流动速度非常低，几乎在铝液表面没有流动的缘故。一旦对电解质给予搅动，阴极过电压马上降低 $40\% \sim 50\%$ 左右。这表明铝电解槽阴极表面的过电压是浓度过电压。也正是如此，在实验室电解槽上测的阴极过电压在刚开始电解的一段时间内是随着时间的增加而逐渐增加的，经过一段时间后才达到稳定。达到稳定后的阴极过电压才是定义下的电解槽给定阴极电流密度时的过电压。图 4-3 所示是在实验室测得的比较典型的阴极过电压随时间变化的曲线。

铝电解槽阴极过电压产生的机理是：在电解过程中，其电解电流大部分是由 Na^+ 携带的，小部分是由 F^- 携带的。Na^+ 在电场的作

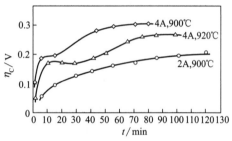

图 4-3　较低温度时阴极过电压 η_C
随时间 t 变化曲线

用下趋向阴极表面，但在阴极表面放电的不是 Na^+，而是 AlF_6^{3-} 和 AlF_4^- 络离子按反应式(4-8) 和式(4-10) 生成金属铝和 F^-，因此在阴极表面富集了 NaF，使阴极表面的电解质分子比高于电解质熔体内部的分子比，从而形成一种浓差过电压，因此，阴极过电压也可用式(4-21) 表示。

$$\eta_C = \frac{RT}{F} \ln \left[\frac{a_{NaF(II)}}{a_{NaF(I)}} \times \frac{a_{AlF_3(I)}^{\frac{1}{3}}}{a_{AlF_3(II)}^{\frac{1}{3}}} \right] \tag{4-21}$$

式中　$a_{NaF(I)}$、$a_{AlF_3(I)}$——电解质熔体中 NaF 和 AlF_3 的活度；

　　　$a_{NaF(II)}$、$a_{AlF_3(II)}$——阴极表面电解质熔体 NaF 和 AlF_3 的活度。

4.1.5　阴极表面层电解质的成分

电解过程中，阴极铝液表面层电解质的分子比会升高，这种升高是由电解过程中阴极表面的电解反应和电解质中离子的传质过程引起的，因而产生浓差过电压 η_a。这种浓差过电压实际上就是阴极表面电解质熔体与其内部的 NaF 与 AlF_3 浓度之差而产生的浓差电池电势。Yoshida、Dewing 和 Thonstad 在实验室测得了这种浓差电池电势，他们所设计的浓差电池如下：

$$\text{Al} \left| \begin{array}{c} NaF(I) \ AlF_3(I) \\ Al_2O_3(饱和) \end{array} \right| \begin{array}{c} Al_2O_3 \\ (隔膜) \end{array} \left| \begin{array}{c} NaF(II) \ AlF_3(II) \\ Al_2O_3(饱和) \end{array} \right| \text{Al}$$

所测得的浓差电池电势如图 4-4 所示。

借助于图 4-4 所示的 NaF-AlF_3 浓差电池电势的数据，以及电解质熔体内部的电解质分子比和所测得的阴极过电压，可以推算出电解槽阴极表面层的电解质分子比。

例如已知电解槽电解质熔体的分子比为 2.0，所测得的阴极过电压数据为 0.2V，则从图 4-4 就可以估算此时电解槽阴极表面的电解质分子比在 3.0 左右。

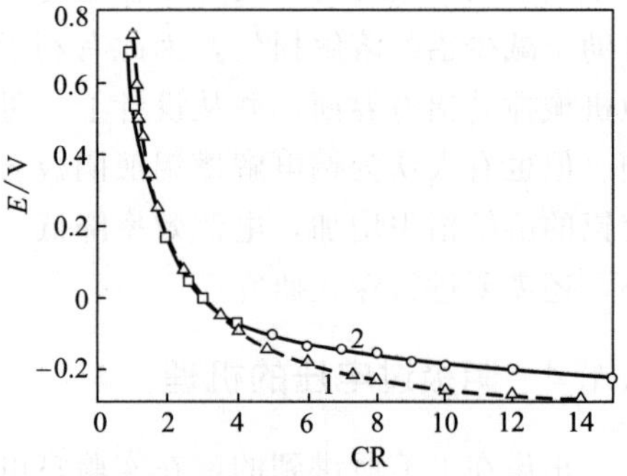

4.1.6　阴极表面的电场强度

阴极表面的电场强度 E 可以用公式(4-22)计算。

图 4-4　NaF-AlF_3 浓差电池电势

1—Yoshida and Dewing，Thonstad and Rolseth；
2—Sterten, et al.

$$E = \frac{I_C}{K} \tag{4-22}$$

式中　I_C——阴极电流密度，A/cm^2；

　　　K——熔体的电导，$\Omega/(m \cdot cm)$。

用公式(4-22) 可以计算电解过程中阴极表面电解质熔体的电场强度，其所需要的关键数据是电解质熔体表面熔体电导，由于电解过程中阴极表面电解质的成分不同于电解质熔体内部的电解成分，为此需要用阴极过电压的数据和图 4-4 所示的 NaF-AlF_3 浓差势的数据，求出电解质熔体表面的电解质成分后，再根据电解质组成与电导的关系求出阴极表面电

解质的电导 K。

冯乃祥等人应用式(4-22)，并通过对分子比为 2.8、Al_2O_3 浓度 5%，CaF_2 浓度 5% 的电解质熔体阴极过电压的测定，计算了不同阴极电流密度时的阴极表面的电场强度，如图 4-5 所示。为了便于比较，图 4-5 中还示出了阴极表面没有过电压时的电场强度（即熔体内部的电场强度）。

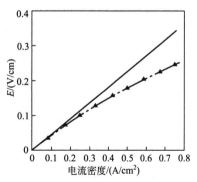

图 4-5 中实线为阴极表面没有过电压时的电场强度随电流密度的变化，点划线为存在过电压时阴极表面的电场强度随电流密度的变化。由图 4-5 可以看出，由于阴极过电压的存在，阴极表面的电场强度小于电解质熔体内部的电场强度。阴极表面的电场强度与阴极电流密度并非线性关系。

图 4-5　阴极表面电场强度（E）随阴极电流密度的变化情况（960℃）

4.1.7　阴极表面导电离子的传质

4.1.7.1　阴极表面导电离子扩散层的厚度

正像我们在前面所讲到的，在电解过程中 Na^+ 是电解电流的主要携带者，在阴极过电压达到稳定后，阴极扩散层界面上，由电迁移到达阴极表面的 Na^+ 通量 $J_{Na^+}^M$ 应该等于由浓差扩散离开阴极表面 Na^+ 的通量 $J_{Na^+}^D$，即：

$$J_{Na^+}^M = J_{Na^+}^D \tag{4-23}$$

由于

$$J_{Na^+}^D = \frac{D_{Na^+}(C_{Na^+} - C_{Na^+}^0)}{\delta} \tag{4-24}$$

$$J_{Na^+}^M = \frac{D_{Na^+} \cdot e \cdot E \cdot C_{Na^+} \cdot Z_{Na^+}}{kT} \tag{4-25}$$

因此

$$\frac{D_{Na^+}(C_{Na^+} - C_{Na^+}^0)}{\delta} = \frac{D_{Na^+} \cdot e \cdot E \cdot C_{Na^+} \cdot Z_{Na^+}}{kT} \tag{4-26}$$

式中　D_{Na^+}——Na^+ 的扩散系数；

$\quad\quad C_{Na^+}$——阴极表面电解质熔体中 Na^+ 浓度；

$\quad\quad C_{Na^+}^0$——熔体内部 Na^+ 浓度；

$\quad\quad \delta$——扩散层厚度；

$\quad\quad e$——元素的电荷数（1.6×10^{-19} C）；

$\quad\quad Z_{Na^+}$——Na^+ 的电荷数（1）；

$\quad\quad k$——波尔兹曼常数；

$\quad\quad T$——热力学温度。

式(4-26)等号左右两边消去 D_{Na^+}，可变换为：

$$\delta = \frac{C_{Na^+} - C_{Na^+}^0}{C_{Na^+}} \times \frac{kT}{eE} \tag{4-27}$$

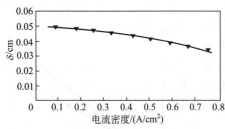

图 4-6 不同阴极电流密度时阴极表面
层 Na$^+$ 扩散层的厚度 (δ)（960℃）

方程式（4-27）可用于计算不同阴极过电压时阴极表面 Na$^+$ 扩散层的厚度。K. Grjotheim、冯乃祥和 H. Kvande 利用上述电场强度的计算结果和图 4-2 中所示过电压的测量数据，得出了分子比为 2.8、CaF$_2$ 和 Al$_2$O$_3$ 浓度均为 5％的不同阴极电流密度时的阴极表面 Na$^+$ 扩散层厚度与电流密度的关系，计算结果如图 4-6 所示。

由图 4-6 可以看出，随着阴极电流密度的增加，扩散层厚度是有所减小的，其原因可能是当阴极电流密度增加时，阳极电流密度也增加，来自阳极气体对电解质熔体的搅动，导致了阴极表面扩散层厚度的减小。

4.1.7.2　导电离子的扩散系数

由于冰晶石-氧化铝熔盐电解时，电解电流主要是由 Na$^+$ 携带，少部分是由 F$^-$ 携带的。设 Na$^+$ 迁移数为 t_{Na^+}，F$^-$ 的迁移数为 t_{F^-}，则 $t_{Na^+} + t_{F^-} = 1$。电解过程中，在阴极表面 Na$^+$ 和 F$^-$ 的迁移量可以用式（4-28）和式（4-29）表示。

$$J_{Na^+}^{M} = \frac{D_{Na^+} \cdot e \cdot E \cdot C_{Na^+} \cdot Z_{Na^+}}{kT} = \frac{I_C \cdot t_{Na^+}}{96500} \tag{4-28}$$

$$J_{F^-}^{M} = \frac{D_{F^-} \cdot e \cdot E \cdot C_{F^-} \cdot Z_{F^-}}{kT} = \frac{I_C \cdot (1 - t_{Na^+})}{96500} \tag{4-29}$$

式（4-28）和式（4-29）中各符号的意义同上。由这两式可以推导出 Na$^+$ 和 F$^-$ 的扩散系数 D_{Na^+} 和 D_{F^-}。

$$D_{Na^+} = \frac{I_C \cdot t_{Na^+} \cdot kT}{96500 \cdot e \cdot E \cdot C_{Na^+} \cdot Z_{Na^+}} \tag{4-30}$$

$$D_{F^-} = \frac{I_C \cdot (1 - t_{Na^+}) \cdot kT}{96500 \cdot e \cdot E \cdot C_{F^-} \cdot Z_{F^-}} \tag{4-31}$$

由式（4-30）和式（4-31）可以看出，只要知道电解质熔体的分子比，即熔体中 Na$^+$ 和 F$^-$ 的浓度，以及在这个电解质分子比时的 Na$^+$ 和 F$^-$ 的迁移数，就可以计算出该电解质分子比时 Na$^+$ 和 F$^-$ 的扩散系数 D_{Na^+} 和 D_{F^-}。K. Grjotheim 等用这种方法研究和计算了 1000℃和分子比为 3.0 时冰晶石熔体中 Na$^+$ 和 F$^-$ 的扩散系数分别为 9.4×10^{-5} cm^2/s 和 5.1×10^{-5} cm^2/s，这两个值与他人测定和计算的结果 $D_{Na^+} = 9.28 \times 10^{-5}$ cm^2/s 和 $D_{F^-} = 5.65 \times 10^{-5}$ cm^2/s 非常一致。

4.1.8　铝电解的各种工艺条件对阴极过电压的影响

正如 4.1.4 节中所讲到的，铝电解槽阴极上所产生的过电压的机理，是由于在电解过程中 Na$^+$ 携带了 95％以上的电流，是电迁移的主体，在阴极放电由金属离子变成金属原子的是铝离子，即：

$$AlF_4^- + 3e \longrightarrow Al + 4F^- \tag{4-32}$$

因而造成阴极表面的分子比高于电解质熔体中的分子比，这种浓度差所产生的浓差电池电势就是铝电解槽阴极的过电压。因此，对这种浓度差产生影响的铝电解工艺和操作都会对阴极过电压产生影响，如电解温度的提高会增加阴极表面新生的 F^- 和 Na^+ 向电解质熔体中的扩散速率，也会熔化槽底沉淀和槽帮结壳，使电解质熔体的分子比升高，这些变化都会使电解槽的阴极过电压降低。

电解质分子比对阴极过电压的影响，可从图 4-4 的浓差电池电势与分子比之间的关系曲线看出，电解槽阴极由于分子比的变化所产生的浓差过电压会随着电解质熔体中分子比的升高而降低，这也就是说，在相同的工艺和技术条件下，分子比较低的电解槽，会有较高的阴极过电压，而分子比较高的电解槽，会有较低的阴极过电压。

关于 LiF 和 KF 添加剂，或对电解槽阴极过电压有影响的添加剂的研究并不多。LiF 和 KF 对电解槽阴极过电压的影响的机理与 NaF 对阴极过电压的影响机理是一样的。除此之外，还要考虑这两种添加剂加入电解槽中之后，所引起的电解质熔体黏度的变化，以及这种黏度变化对离子扩散迁移性能的影响。

4.2　阳极过程及阳极反应

4.2.1　阳极反应

通常把铝电解槽中的阳极反应写成：

$$C+2O^{2-}-4e \longrightarrow CO_2 \tag{4-33}$$

但是电解质熔体中不存在这种简单的氧离子。随着对冰晶石-氧化铝熔体结构的深入研究，人们开始认识到电解质熔体中的主要含氧粒子形式为 $Al_2OF_6^{2-}$ 和 $Al_2O_2F_4^{2-}$。根据原子间键能的计算，从 $Al_2O_2F_4^{2-}$ 中移出第 1 个氧比移出第 2 个氧或比从 $Al_2OF_6^{2-}$ 中移出氧所需要的能量小得多。因此可以判断，正常情况下铝电解的阳极反应可以写成式(4-34)。

$$2Al_2O_2F_4^{2-}+C-4e \longrightarrow CO_2+2Al_2OF_4 \tag{4-34}$$

电解消耗掉的 $Al_2O_2F_4^{2-}$ 可通过电解质中发生的反应（4-35）补充。

$$Al_2OF_4+Al_2OF_6^{2-} \longrightarrow Al_2O_2F_4^{2-}+2AlF_3 \tag{4-35}$$

就式(4-34)而言，一般说来，在电极上一次转移 4 个电子而实现阳极反应（4-34）是不大可能的，因此阳极反应（4-34）是分步实现的，并要比热力学计算所需要的更多的能量才能完成这一总体阳极反应。

4.2.2　阳极一次气体产物

人们通过大量的实际测量和阳极过程热力学和动力学的研究确认，在正常的冰晶石-氧化铝熔盐电解中，当用炭作阳极时，阳极上的一次气体产物为 100% 的 CO_2，只有在阳极电流非常低、极化电压小于 1.1V 或阳极过电压小于 0.1V 时，才有可能在炭阳极上有 CO 生成，如图 4-7 所示。

除此之外，阳极炭表面 CO 的生成率也与炭阳极对 CO_2 的反应性能有关，如图 4-8 所示。由图 4-8 可以看出，提高炭阳极的抗氧化性能可以大大地降低阳极气体中的 CO/CO_2 比率。在工业铝电解槽中，由于阳极的侧面（浸入到电解质部分）具有较低的电流密度，底角边成弧形，阳极电流呈扇形分布，因此，在这些部位电解生成的 CO 的比例会大大增加。因此，在工业铝电解槽上一次电解生成的 CO 约占一次阳极气体的 10%。其阳极气体中

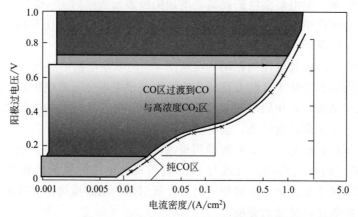

图 4-7　电流密度对阳极过电压的影响

CO/CO_2 气体比例的大小也与阳极的质量，即 CO_2 的反应活性和阳极电流密度有关。而炭阳极的活性即对 CO_2 反应活性与原料的煅烧温度、阳极的焙烧条件有关。高的预焙阳极焙烧温度和较高的阳极电流密度，有利于减少 CO 的生成，因此也有利于降低炭阳极的消耗。

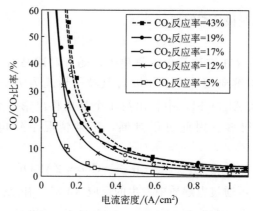

图 4-8　炭阳极性能对 CO 生成量影响

　　Calandra 等人用三角波电位扫描了相对于铝参比电极的石墨电极上的阳极过程，发现在电压为 1.1V、1.8V、2.55V 和 3.6V 时出现 4 个峰值，这几个峰值可以与如下几个反应的热力学电位进行比较。

$$Al_2O_3 + 3C \longrightarrow 2Al + 3CO \qquad E_0 = 1.02V \qquad (4\text{-}36)$$

$$2Al_2O_3 + 3C \longrightarrow 4Al + 3CO_2 \qquad E_0 = 1.16V \qquad (4\text{-}37)$$

$$2Na_3AlF_6 + Al_2O_3 + 3C \longrightarrow 4Al + 6NaF + 3COF_2 \qquad E_0 = 1.80V \qquad (4\text{-}38)$$

$$4Na_3AlF_6 + 3C \longrightarrow 3CF_4 + 12NaF + 4Al \qquad E_0 = 2.55V \qquad (4\text{-}39)$$

$$2Na_3AlF_6 + C \longrightarrow CF_4 + 6NaF + 2Al + F_2 \qquad E_0 = 3.48V \qquad (4\text{-}40)$$

　　由电位扫描和热力学计算结果的比较可以看出，在扫描电位上没有发现有在阳极上生成 CO 峰值的出现，扫描曲线上出现的 4 个峰值与式(4-37)、式(4-38)、式(4-39) 和式(4-40) 4 个电解反应的平衡电位相吻合。在正常的铝电解生产过程中，阳极极化后的电压（平衡电压＋阳极过电压）约在 1.6～1.65V 之间，因此电解反应只能是阳极气体产物为 CO_2 的反应(4-37)。当阳极附近的电解质中缺乏氧化铝，阳极极化后的电位超过 2.6V，小于 3.6V

时，阳极气体产物为 CF_4；极化电压超过 3.6V 时，阳极气体产物为 F_2 和 CF_4 的气体混合物。当阳极附近电解质中氧化铝浓度很低，阳极极化后的电位大于 1.8V，小于 3.6V 时，阳极气体产物为 COF_2。应该说，在工业电解槽正常电解时的极化电压一般在 1.65V 左右，很少超过 1.75V。1.8～3.6V 的极化电压是非常不稳定的，一旦电解槽出现这个极化电位，便是阳极效应的前兆，并随着阳极表面的变化使极化电压迅速上升到 3.6V 以上，出现阳极效应的极化电位。

因此，在阳极效应时阳极上的一次气体产物为 CF_4 和 C_2F_6 是确定无疑的。此外，在阳极效应时，CO 气体的存在也是不争的事实，其生成 CO 的电解反应可以用如下化学反应表示：

$$2Al_2O_3 + 9C + 4Na_3AlF_6 \longrightarrow 8Al + 6CO + 3CF_4 + 12NaF \tag{4-41}$$

此电解反应的当量电压为 1.813V。

4.2.3　阳极过电压

由于阳极过电压涉及到铝电解的能量消耗，因此引起了众多研究者对阳极过电压进行研究。比较一致的研究结果是，阳极过电压 η_{CA} 与阳极电流密度 I_a 的关系遵循塔菲尔方程式。

$$\eta_{CA} = a + b\lg I_a \tag{4-42}$$

式中　η_{CA}——阳极过电压，V；

　　　　a——塔菲尔常数；

　　　　b——塔菲尔斜率。

尽管众多研究者对过电压研究得出了相似的塔菲尔曲线形式，但是由于测量上的误差和实验条件的不同，所测得的塔菲尔常数和斜率有很大的差别。阳极电流密度在 0.1～2.0A/cm^2 的范围内，常数 a 值在 0.2～0.7 之间，b 值在 0.13～0.6 之间，但多数测量结果是 a 值等于 0.5、b 值等于 0.25 左右。一般认为，实验困难和材料上的差别以及电流密度计量的不准确是造成常数变化的主要原因。对工业电解槽来说，Haupin 的研究得出，工业电解槽的阳极过电压主要是反应过电压，并给出阳极上的反应过电压 η_{RA} 的计算式（式中负号表征阳极过电压的方向与槽电压方向相反）：

$$\eta_{RA} = -\frac{RT}{\alpha nF}\ln\frac{i_A}{i_O} \tag{4-43}$$

式中　T——绝对温度，K；

　　　　R——气体常数；

　　　　F——法拉第常数；

　　　　n——电极反应中转移的电子数，在这里 $n=2$；

　　　　α——电荷传递系数，有时也称其为电荷传递从初态到活性态到最终产物的位能场对

　　　　　　　称性的一个参数，其值在 0.4～0.6 之间，这与炭电极的活性和孔隙度有关，

　　　　　　　在现行的工业电解槽中，α 值一般为 0.52～0.56；

　　　　i_O——交换电流密度，其值在 0.0039～0.0085A/cm^2 之间。

i_O 是浓度的函数，它随氧化铝浓度变化，可用式（4-44）表示。

$$i_O = 0.002367 + 0.000767Al_2O_3\% \tag{4-44}$$

式（4-44）适用于氧化铝浓度在 2%～8%（质量）之间。

由式（4-43）计算出来的阳极过电压为反应过电压。当电解质中的氧化铝浓度较低时，

阳极表面还存在一种扩散过电压 η_{CA}，此时的阳极扩散过电压可用式(4-45) 计算（η_{CA} 过电压的方向与槽电压的方向相反）：

$$\eta_{CA} = -\frac{RT}{2F} \ln \frac{i_{cr}}{i_{cr} - i_A} \tag{4-45}$$

$$i_{cr} = -nFD \cdot C_b / \delta \tag{4-46}$$

式中　i_A——阳极电流密度，A/cm^2；

$\quad\quad$ i_{cr}——浓度极限电流密度，A/cm^2；

$\quad\quad$ D——参加电解反应的 Al-O-F 络离子的扩散系数；

$\quad\quad$ C_b——参加电解反应的 Al-O-F 络离子的浓度；

$\quad\quad$ δ——扩散层厚度。

i_{cr} 可以用经验式(4-47) 计算：

$$i_{cr} = [5.5 + 0.018(T - 1323)] A^{-0.1} [(Al_2O_3\%)^{0.5} - 0.4] \tag{4-47}$$

式中　T——热力学温度，K；

$\quad\quad$ A——单块阳极面积，cm^2。

提高电解质中的氧化铝浓度可降低阳极过电压。实验室的研究数据给出：

$$d\eta_{CA}/d/g(Al_2O_3\%) = -0.14 \tag{4-48}$$

在铝电解过程中，阳极表面附近的气泡会提高这部分电解质的电阻，并且增加了阳极表面没有被气泡覆盖的那部分区域的阳极电流密度，而使阳极过电压升高。由气泡影响而引起的那部分欧姆电压降的升高有时也称为欧姆过电压。根据 Haupin 的测量结果，气泡对电解质电阻的影响在 $0.09 \sim 0.35V$ 之间，其大小与电解质组成和电解质的流体动力学状态有关。

4.2.4　阳极过电压的机理

已有文献报道了关于铝电解阳极反应机理的研究，绝大多数研究者都认为铝-氧-氟络离子 $Al_2O_2F_6^{2-}$ 穿过双电层，按反应式(4-34) 和反应式(4-35) 在阳极表面放电，这个过程几乎不产生过电压，即它不是反应的控制步骤。

现在人们通过对大量铝电解阳极反应机理的深入研究，对阳极反应历程和反应机理取得了比较一致的认识。

① 首先，铝-氧-氟络离子 $Al_2O_2F_6^{2-}$ 穿过双电层并在阳极表面放电，这个过程几乎不产生过电压。

② $Al_2O_2F_6^{2-}$ 放电后产生的氧被化学吸附在炭阳极表面。

$$Al_2O_2F_4^{2-} - e + xC(表面) \longrightarrow C_x^* O^-(表面) + Al_2OF_4 \tag{4-49}$$

$$C_x^* O^-(表面) - e \longrightarrow C_x^* O(表面吸附) \tag{4-50}$$

在这一步，氧只电解沉积在阳极表面最活性的位置上，与炭化学吸附在一起的氧写成 $C_x^* O$ 形式。该表面化合物是比较稳定的，C—C 之间键不会断裂生成 CO。这一过程也不产生过电压。

③ 已被一个氧占有的炭不太容易再让一个氧在此位置放电，后续的氧的放电只能发生在活性较小的炭的位置上，这需要增加一些能量即过电压。

④ 一旦阳极的有效表面都被 $C_x^* O$（表面）化合物所覆盖，那么下一步的氧就必须在已经键合了一个氧的炭上放电。

$$C_x^* O(\text{表面}) + Al_2O_2F_4^{2-} - e \longrightarrow C_x^* O_2^-(\text{表面}) + Al_2OF_4 \tag{4-51}$$

$$C_x^* O_2^-(\text{表面}) - e \longrightarrow C_x^* O_2 \tag{4-52}$$

这一步需要较高的能量——过电压，这是造成阳极过电压的主要原因，也是阳极电解反应的控速步骤。

⑤ $C_x^* O_2$ 表面化合物炭-炭之间的结合很容易分裂，形成解吸的 CO_2 和新的炭表面。

$$C_x^* O_2(\text{表面}) \longrightarrow CO_2(\text{气}) + (x-1)C(\text{表面}) \tag{4-53}$$

新的阳极表面提供了 $Al_2O_2F_4^{2-}$ 放电的新位置。阳极过电压在铝电解中是很重要的，因为它不仅有助于我们了解阳极反应的机理，而且还在于它是槽电压的一部分。

4.2.5　铝电解工艺操作对阳极过电压的影响

前文讨论了铝电解槽阳极过电压中的阳极反应过电压，以及阳极表面上的铝-氧-氟络离子浓度与电解质本体中的铝-氧-氟络离子的浓度差所造成的浓差扩散阳极过电压。除此之外，还存在着如上一节所谈及的阳极过电压。

在正常生产的工业铝电解槽中，由于阳极表面不断释放出阳极气体，因此，Al-O-F 离子浓度差造成的浓差过电压是非常低的，其值要小于 0.1V。然而在氧化铝浓度非常低时，其扩散过电压也会大于 0.1V，甚至更高。当氧化铝浓度很低，阳极表面的 Al-O-F 浓差扩散过电压增加到一定程度时，有可能会出现氟离子在阳极表面的放电，生成炭的氟化物，使阳极表面对电解质湿润性发生改变，导致阳极和电解质熔体之间产生气膜，最后导致阳极效应的发生。因此，也有人将阳极效应电压看作是一种阳极极化过电压。

工业铝电解槽中，通常的阳极反应的过电压在 0.5V 左右，而实验室的研究给出的测量值差别很大，如表 5-2 所示，这可能是实验室研究使用不同结构的炭素材料和不同的电极形状与尺寸，造成其电流分布的不一样和阳极电流计算有较大的偏差所致。

铝电解槽的阳极反应过电压可以用式(4-42)来表征和计算，这种过电压与阳极电流密度的关系遵循塔菲尔方程式。在工业铝电解槽中当阳极的质量很差时，所测得的电解槽的反电动势非常低。这表明，铝电解槽的阳极过电压也与炭阳极材料的结构与性质有关。焙烧温度较高、电阻小、密度大、强度高的炭阳极在相同的电解温度条件下，可能会有较高的阳极反应过电压。相反，骨料和炭块煅烧和焙烧温度很低，反应活性非常好，容易掉渣，很不结实的炭阳极会有较低的阳极反应过电压，这种阳极会使阳极的电阻电压降升高，电解质中的炭渣增多，造成电解质的电阻也增加。而且由于阳极过电压的降低，导致电解槽在相同的槽电压情况下极距增加，同时，由于炭渣的增多，也导致电解质电阻和黏度增加，这些因素导致电解槽出现热行程。

参 考 文 献

[1] K Gjotheim et al. Aluminium Electrolysis，Fundamentals of the Hall-Héroult Process. Düsseldorf：Aluminium Verlag GmbH，1982.

[2] Yoshida，Dewing. Metal Trans. 1972，3：683.

[3] Thonstad J. Electrochim. Acta. 1978，23：223.

[4] Calandra A J et al. Electrochim. Acta. 1979，24：425.

[5] Calandra A J et al. Electrochim. Acta. 1980，25：201.

[6] Haupin. The 6th International Course on Process Metallurgy of Aluminium. Trondheim：[s. n.]，1986.

[7] Haupin. J. Electrochem. Soc. 1973，120（1）：85.

［8］ Grjotheim K，Feng Naixiang，Kvande H. Can. Meta. Q. 1986，25：293.

［9］ Feng Naixiang，Kvande H. Acta. Chem. Scand. 1986，A40：622.

［10］ Yoshida K，Dewing E W. Met. Trans. 1972，3：683.

［11］ Thonstad J，Rolseth S. Electrochem. Acta. 1978，23：223.

［12］ Sterlen et al. The Principles of Applied Electrochemistry，2nd Edition. London：Amold and Co.，1924.

［13］ Feng Naixiang，Kvande H. Can. Meta. Q. 1986，25（4）：287.

［14］ Welch B. TMS 2016 Industrial Aluminum Electrolysis Course. 烟台：［s. n. I，2016.］.

第 **5** 章 | 槽电压

5.1 槽电压的组成和性质

铝电解槽的槽电压 $V_{槽}$ 组成可由式(5-1) 表示。

$$V_{槽} = E_0 + \eta_{SA} + \eta_{CA} + \eta_{CC} + I(R_A + R_B + R_C + R_X) \qquad (5-1)$$

式中　E_0——电解质熔体中 Al_2O_3 的理论分解电压，V；

$\quad \eta_{SA}$——阳极反应过电压，V；

$\quad \eta_{CA}$——阳极表面的浓度扩散过电压，V；

$\quad \eta_{CC}$——阴极过电压，V；

$\quad R_A$——阳极电阻，Ω；

$\quad R_B$——电解质熔体的电阻，Ω；

$\quad R_C$——阴极电阻，Ω；

$\quad R_X$——热平衡体系之外母线电阻，Ω；

$\quad I$——电流，A。

下面对式(5-1) 中的各项内容分别加以叙述。

5.2 电解质中 Al_2O_3 的理论分解电压

在电化学上电解质中 Al_2O_3 的理论分解电压 E^0 是如下电池的可逆电势 V_{rer}。

$$Al \left|\left| NaF + AlF_3 + Al_2O_3 \right|\right| CO_2 \cdot C$$

上述电池的可逆电势是可以进行测量的，然而由于高温冰晶石-氧化铝熔体对电极材料有较强的腐蚀性，致使测量数据不稳定，因而重现性较差。此外，这种测量较难操作，工艺技术参数和电池参数也难保持，也是造成误差大和重现性不好的原因，因此人们很少用这种办法测量冰晶石-氧化铝的分解电压或可逆电势。

电解槽中氧化铝的电解反应用式(5-2) 表示。

$$Al_2O_3(溶解的) + 1.5C(固) \longrightarrow 2Al(液) + 1.5CO_2(气) \qquad (5-2)$$

根据电解反应式(5-2)，氧化铝的理论分解电压可使用式(5-3) 表示。

$$E^0 = -\frac{\Delta G^{\ominus}}{6F} - \frac{RT}{6F} \ln \frac{a_{Al}^2 \cdot a_{CO_2}^{1.5}}{a_{Al_2O_3} \cdot a_C^{1.5}} \tag{5-3}$$

式中，$\Delta G^{\ominus}$ 是在给定的电解温度下，反应式(5-2)的标准自由能变化；a_{Al}、$a_{Al_2O_3}$、a_{CO_2} 和 a_C 分别为电解反应式(5-2)中各反应物和生成物的活度。在这里，$a_{Al}=1$，$a_{CO_2}=1$，$a_C=1$，因此式(5-3)可写成：

$$E^0 = -\frac{\Delta G^{\ominus}}{6F} + \frac{RT}{6F} \ln a_{Al_2O_3} \tag{5-4}$$

电解质熔体中，Al_2O_3 的活度 $a_{Al_2O_3}$ 可用式(5-5)计算：

$$a_{Al_2O_3} = \left[\frac{N_{Al_2O_3}}{N_{Al_2O_3(饱和)}} \right]^{2.77} \tag{5-5}$$

式中 $N_{Al_2O_3(饱和)}$——Al_2O_3 在电解质熔体中的饱和浓度（摩尔分数），%；

$\qquad\quad N_{Al_2O_3}$——Al_2O_3 在电解质熔体中的浓度（摩尔分数），%。

5.3   阳极反应过电压、阳极浓度扩散过电压和阴极过电压

阳极反应过电压 η_{SA}、阳极浓度扩散过电压 η_{CA} 和阴极过电压 η_{CC} 的计算在前一章做了介绍，这里不再叙述。

5.4   电解质的电压降

铝电解槽电解质的电压降 E_B 可以用式(5-6)进行计算。

$$E_B = IR_B \tag{5-6}$$

工业铝电解槽中电解质的电阻 R_B 可以依据文献上给出的电解质的电导数据和电解槽的几何尺寸大小计算出来，但这样计算出来的电解质的电阻要低于电解槽电解质的实际电阻，这是因为电解槽中有由阳极表面生成的 CO_2 气泡影响的缘故。

如果要用数学方法计算电解质的电压降还必须考虑电流在电解质中的分布。

5.4.1   阳极侧部的扇形形状及扇形电流分布

当一个新的预焙阳极炭块安放到电解槽上的时候，底部上的棱角就会逐渐消失，而变得圆滑起来，大约经过 $6\sim9d$ 后，浸入到电解质中的阳极炭块底部形态基本上就定型了。

此时，阳极到电解质熔体的扇形电流分布，与该阳极及其临近阳极间隙大小、阳极与槽内衬或槽帮结壳之间距离大小有关，其阳极间隙越大，阳极与槽帮之间的距离越大，通过阳极边部的电流越多，如图5-1和图5-2所示。

5.4.2   工业电解槽电解质电阻 R_B 的计算

工业电解槽电解质的电阻 R_B 的计算包含两个内容：一是用电解质的电导数据计算的未对 CO_2 气泡影响加以校正的电阻 R_{Bu}；另一个是阳极表面层 CO_2 气体的气泡引起的电阻增加 R_{Ba}。工业电解槽电解质的电阻 R_B 计算方法如下。

（1）电解质的电导率   工业电解槽电解质的电导率可以用式(5-7)计算。

$$\kappa = \exp(2.0156 - 0.0207Al_2O_3\% - 0.005CaF_2\% - 0.0166MgF_2\% +$$
$$0.0178LiF\% + 0.0063NaCl\% + 0.2175CR - 2068.4/T) \tag{5-7}$$

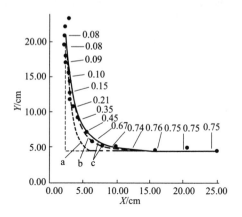

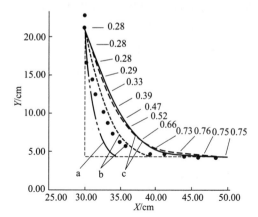

图 5-1　阳极与阳极之间间隙为 5cm 时，浸入电解质熔体中相邻阳极侧面的扇形形状及扇形电流分布（电流密度情况）

a—浸入电解质熔体中的新阳极第 5 天后的形状；

b—浸入电解质熔体中的新阳极第 8 天的形状；

c—浸入电解质熔体中的新阳极第 8 天后的形状

图 5-2　阳极炭块与槽边部绝缘内衬的距离为 30cm 时（加工面 30cm），浸入到电解质熔体中的阳极侧面扇形形状及扇形电流分布（电流密度情况）

a—浸入电解质熔体中的新阳极第 5 天后的形状；

b—浸入电解质熔体中的新阳极第 8 天的形状；

c—浸入电解质熔体中的新阳极 8 天后的形状

而 Thonstad 推荐了电导率计算式：

$$\ln\kappa = 1.9105 + 0.1620CR - 0.01738Al_2O_3\% - 0.003955CaF_2\% -$$
$$0.009227MgF_2\% + 0.02155LiF\% - 1745.7/T \tag{5-8}$$

（2）未对阳极表面气泡进行校正的电解质电阻 R_{Bu}　其计算式见式(5-9)。

$$R_{Bu} = \frac{d - \delta}{A_B\kappa} + \frac{\delta - t_a}{A_B\kappa(1 - \varepsilon)^{1.5}} \tag{5-9}$$

式中　d——极距；

　　　t_a——附着在阳极表面的单层气泡的厚度；

　　　δ——气泡层的总厚度；

　　　A_B——电解质的有效面积；

　　　κ——电解质的电导率；

　　　ε——自由气泡层内的气体分数，其值为：

$$\varepsilon = 0.02Al_2O_3\% \tag{5-10}$$

（3）由阳极气泡所引起的电解质电阻增加 R_{Ba} 其计算式见式(5-11)。

$$R_{Ba} = \frac{t_a}{\kappa(1 - 1.26f_C)A_A} \tag{5-11}$$

$$f_C = \frac{100}{1 + 0.75Al_2O_3\%} \tag{5-12}$$

式中　f_C——阳极表面气泡覆盖率；

　　　A_A——阳极有效面积。

该方程适用范围为 f_C 不大于 0.65。

（4）阳极有效面积、有效电解质截面积和有效阴极面积　在实际计算铝电解槽内的电解质电阻时，由于阴极面积大于阳极投影面积，且阳极表面电流为扇形分布，因此需要知道阳极的有效导电面积、电解质的有效导电面积和阴极铝液的有效导电面积。为此，可用 Haupin 的扇形参数 F 加以修正，用此扇形参数加以修正的阳极有效面积 A_A、电解质有效面积 A_B 和阴极有效面积 A_C 计算式分别为式(5-13) 和式(5-14)。

$$A_A = A_B = (L_A + 2F)(W_A + 2F)N_A \tag{5-13}$$

$$A_C = (L_A + 3F)(W_A + 3F)N_A \tag{5-14}$$

式中，L_A 为新阳极和残极长度的平均值；N_A 为阳极数；F 为扇形参数。

令新阳极的长度为 L_{A1}，残极长度为 L_{A2}，则：

$$L_A = \frac{L_{A1} + L_{A2}}{2} \tag{5-15}$$

W_A 为新阳极和残极宽度的平均值，令新阳极的宽度为 W_{A1}，残极宽度为 W_{A2}，则：

$$W_A = \frac{W_{A1} + W_{A2}}{2} \tag{5-16}$$

F 的值可用经验式(5-17) 计算：

$$F = 1.27(\text{cm}) + 0.6D_{AC} \tag{5-17}$$

式中　D_{AC}——极距，cm。

（5）电解质电阻　电解质电阻 R_B 等于 R_{Bu} 与 R_{Ba} 之和，即：

$$R_B = R_{Bu} + R_{Ba} \tag{5-18}$$

5.5　阴极电压降

精确计算铝电解槽的阴极电压降是困难的。铝电解槽的阴极电压降不仅与阴极的设计以及所选用的阴极内衬材料有关，而且也与电解槽的焙烧、启动和电解槽的操作管理有关系。更重要的是电解槽的阴极电压降会随槽龄的变化而改变。铝电解槽的阴极电压降是由以下几个部分组成的。

5.5.1　由阴极炭块本身的电阻引起的电压降

由阴极炭块自身的电阻产生的电压降有如下特点：

① 阴极炭块的电压降会随着温度的升高而降低；

② 阴极炭块的电压降与炭块自身的电阻率有关，电阻率越大则电压降就越大，按电压降从大到小的顺序，炭块排列为 100％骨料为无烟煤的炭块、骨料中有无烟煤和石墨碎两种组分的炭块、全石墨碎骨料炭块和半石墨化炭块、石墨化炭块；

③ 炭块的电压降会随着其在电解槽上服务时间延长而逐渐降低。

这是在电解过程中，阴极碳晶格中渗入了金属钠，并与钠生成了晶间化合物所致。正是由于这种作用，由烟煤制成的阴极炭块的电阻在电解槽工作 1a 以后，即可达到或接近由 70％无烟煤和 30％石墨粉制成的阴极炭块的电阻率，如图 5-3 所示。

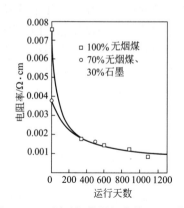

图 5-3　100％无烟煤阴极炭块和 70％无烟煤、30％石墨碎无烟煤炭块在电解槽上的电阻率随时间的变化（800℃）

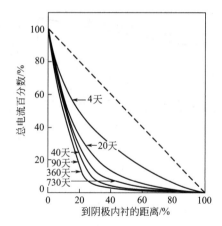

图 5-4　阴极钢棒内的电流分布随时间的变化以及对电压降的影响
———— 实际电流分配
- - - - - 理想情况下阴极钢棒中的电流分配

5.5.2　阴极钢棒的电压降

阴极钢棒为金属导电体，因此其电压降具有如下特征。

① 电压降的大小只取决于阴极钢棒的几何尺寸和温度，温度升高电压降会有所升高，在恒定的温度下，当阴极钢棒的尺寸确定后，阴极钢棒上的电压降大小基本上是不变的。

② 随着在电解槽上服务时间的延长，阴极钢棒被腐蚀而导电面积减小，使得阴极钢棒的电压降会增大。

③ 当阴极钢棒被漏入的金属铝所腐蚀，生成 Fe-Al 合金后，钢棒本身的电阻会变小，但是当这种合金的熔点低于槽底温度而熔化后，电阻增大，故阴极钢棒的电压降会增加。

除此之外，阴极钢棒内的电流分布是随时间而改变的（如图 5-4 所示），因此阴极钢棒内电流分布的变化也可能对阴极钢棒的电压降产生影响。

5.5.3　阴极炭块与阴极钢棒之间的接触电压降

阴极炭块与阴极钢棒之间的接触电压降具有如下的特点。

① 在相同的接触压力、安装和使用条件下，钢炭之间的接触电压降与阴极炭块电阻率的大小，即阴极炭块导电性的好坏有关。导电性好、电阻率低的阴极炭块，如石墨化阴极炭块具有较小的钢-炭（或称 Fe-C）接触电压降；而电阻率大、导电性较差的无烟煤炭块，具有较大的钢-炭接触电压降。

② 随着电解槽电解时间的增长，槽底逐渐隆起，阴极钢棒变形，或由于阴极钢棒被腐蚀，炭块与阴极钢棒之间的缝隙会增大，因此它们之间的接触电压降会随着槽龄的增加而增大。电解槽槽底过冷或电解槽开动初期使用酸性较强的电解质，使其在钢棒与阴极炭块之间产生电阻较大的固体电解质也会使阴极 Fe-C 接触电压降升高。

Haupin 在工业电解槽上对阴极炭块电压降、阴极钢棒电压降、钢-炭接触电压降和总体阴极电压降进行了连续跟踪测量，其测量结果如图 5-5 所示。

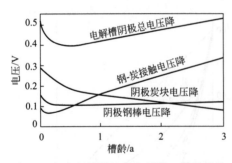

图 5-5　铝电解槽阴极总电压降、阴极炭块
电压降、阴极钢棒压降和钢-炭接触
电压降随时间的变化

由图 5-5 可以看出，阴极钢棒电压降正像预想的那样，在电解槽的运行过程中，几乎没有什么变化。因为金属导体的电阻是比较稳定的。随着在电解槽上服役时间的延长，其电压降的少量增加正是钢棒被电解质少量腐蚀所致。这种腐蚀，也增加了钢棒和阴极炭块之间的接触电阻，使钢棒和炭块之间的接触电压降增加。至于电解槽开动后 1 个月左右时间内，钢棒与炭块之间接触电压降的短时间下降，则是由于阴极炭块在电解槽达到热平衡之前，阴极炭块和钢棒的热膨胀作用使二者的接触压力增大，缝隙缩小，电阻减小。待电解槽达到热平衡之后，这种作用消失。而钢棒本身电压降在电解初期短暂时间降低，可能是阴极钢棒表面的铁锈（氧化铁）被渗入阴极的金属钠还原成金属铁，使电阻降低所致。

同时从图 5-5 也可以看出，电解槽的整体阴极电压降在电解槽开动后的 2～3 月，即很短的一段时间内是降低的，之后随着时间的增加，阴极电压降开始逐渐升高，这种升高主要来自钢棒和阴极炭块之间的接触电压降的升高。因此对铝电解槽来说，减少钢棒和炭块之间的电阻是降低阴极电压降的重要措施之一。

5.6　阳极电压降

铝电解槽阳极电压降同样由 3 部分组成：①由炭阳极（自焙槽）或阳极炭块（预焙槽）自身的电阻引起的电压降；②阳极钢棒或阳极钢爪金属导体的电阻引起的电压降；③阳极钢棒或钢爪（预焙槽）与阳极炭块之间的接触电阻产生的电压降。一般说来，阳极钢棒或钢爪组成的电压降在给定的温度下是恒定不变的，炭质阳极和钢-炭之间的接触电压降在很大程度上取决于阳极的质量、温度和使二者相连接的安装质量。在上述这些给定的条件下，铝电解槽的阳极电压降不会有较大改变，比较典型的预焙槽的阳极电压降在 0.25～0.30V。炭质阳极中钢-炭之间的接触电压降是阳极电压降的重要组成，其值在 100～200mV，占整个阳极压降的 1/3～1/2。它们都是很容易测量的。如果阳极电压降高于 0.35V（预焙槽），就应该查找阳极的质量或阳极的工作质量。阳极质量的变坏会导致阳极的工作状态变坏，如阳极长包、阳极掉角、断层和阳极断裂等。铝电解槽出现热槽也常常是由于阳极质量的变坏引起的。

5.7　电解槽热平衡体系之外的母线电压降

这部分电压降取决于母线设计、阳极母线的电流密度和母线长度，焊接质量会对金属之间的接点电压降有影响，在此不多叙述。

5.8　槽电压计算举例

【例 5-1】　根据下述已知条件计算中间下料预焙阳极电解槽的槽电压。

电流：160kA

槽膛：900cm×305cm

阳极：24组，每组 122cm×66cm×35cm

每组阳极电阻（包括钢爪）：35.1×10^{-6}Ω

阴极电阻（包括阴极钢棒）：2.6×10^{-6}Ω

槽外母线：1.0×10^{-6}Ω

电解质温度：975℃

极距：4.4cm

电解质成分：Al_2O_3 4％，CaF_2 6％，LiF 0.04％

分子比：2.5

饱和氧化铝浓度：9.20％

阳极表面气泡覆盖率：0.25

附着在阳极表面单层气泡层的厚度：0.5cm

阳极气泡深入到电解质中的深度：1.5cm

阳极气泡深入到电解质中的分数：0.02 Al_2O_3％

解：（1）理论分解电压 E^0　根据铝电解反应

$$Al_2O_3(溶解的)+1.5C(固)\longrightarrow 2Al(液)+1.5CO_2(气)$$
$$\Delta G_{1248}^{\ominus}=1.5\times(-94.6906)-(-305.7578)=163.722(kcal)$$

由式(5-4) 和式(5-5) 得

$$E^0=\frac{-163.722}{6\times23.062}-\frac{1.987\times1248}{6\times23.062}\times\ln\frac{1}{(4/9.2)^{2.77}}$$
$$=-1.183-0.0413$$
$$=-1.225 \ (V)$$

（2）阳极过电压、阴极过电压和电解质电压降的计算　在计算阳极过电压、阴极过电压和电解质电压降之前，需要对阳极、阴极和电解质的有效面积和电流密度进行计算。

① 有效阳极面积、有效阴极面积和有效电解质面积的计算

阳极氧化：

新阳极 0；残极 7.6cm；平均氧化 3.8cm。

每个阳极实际尺寸：

长　122−2×3.8＝114.4 （cm）

宽　66−2×3.8＝58.4 （cm）

扇形参数：

$$F=1.27+0.6\times4.4=3.91 \ (cm)$$

阳极面积：

$$A_A=电解质导电面积 A_B$$
$$=(114.4+2\times3.91)\times(58.4+2\times3.91)\times24$$
$$=194240(cm^2)$$

阴极面积：

$$A_C=(114.4+3\times3.91)\times(58.4+3\times3.91)\times24$$
$$=212290(cm^2)$$

② 阳极电流密度 i_A、阴极电流密度 i_C 和电解质电流密度 i_B 的计算

$$i_A = i_B = 160000/194240 = 0.8237(A/cm^2)$$

$$i_C = I/A_C = 160000/212290 = 0.7537(A/cm^2)$$

③ 阳极反应过电压 η_{RA}、阳极浓度过电压 η_{CA} 和阴极浓度过电压 η_{CC} 及电解质电压降 IR_B 的计算过程如下。

阳极反应过电压，由式(4-43)

$$\eta_{RA} = \frac{RT}{2nF}\ln\frac{i_A}{i_O}$$

$$= \frac{1.987\times1248}{0.54\times2\times23.062}\times\ln\frac{0.8237}{0.002367+0.000767Al_2O_3\%}$$

$$= 0.500(V)$$

阳极浓度扩散过电压，由式(4-45)

$$\eta_{CA} = \frac{RT}{2F}\ln\frac{i_{cr}}{i_{cr}-i_A} = \frac{1.987\times1248}{2\times23.062}\times\ln\frac{i_{cr}}{i_{cr}-0.8237}$$

由式(4-47)

$$i_{cr} = [5.5+0.018(T-1323)]A^{-0.1}[(Al_2O_3\%)^{0.5}-0.4]$$

$$= [5.5+0.018\times(1248-1323)]\times(114.4\times58.4)^{-0.1}\times(4.5-0.4)$$

$$= 2.752(A/cm^2)$$

则

$$\eta_{CA} = \frac{1.987\times1248}{2\times23.062}\times\ln\frac{2.752}{2.752-0.8237} = 0.019(V)$$

阴极浓度过电压，由式(4-18)

$$\eta_{CC} = \frac{(2.732-0.248CR)T}{34590}\ln\frac{i_C}{0.257}$$

$$= \frac{(2.732-0.248\times2.5)\times1248}{34590}\times\ln\frac{0.7537}{0.257}$$

$$= 0.082(V)$$

在计算电解质的电压降 IR_B 之前，需要用式(5-7)计算电解质的电导率，然后根据电解质电导率 κ，按式(5-9)、式(5-11)和式(5-18)分别计算 R_{Bu}、R_{Ba} 和 R_B，最后计算出电解质电压降 IR_B。

$$\kappa = \exp(2.0156-0.0207Al_2O_3\%-0.005CaF_2\%-0.0166MgF_2\%+$$

$$0.0178LiF\%+0.0063NaCl\%+0.2175CR-2068.4/T)$$

$$= \exp(2.0156-0.0207\times4-0.005\times6+0.0178\times0.04+$$

$$0.2175\times2.5-2068.4/1248)$$

$$= 2.203(\Omega^{-1}\cdot cm^{-1})$$

$$R_{Bu} = \frac{d-\delta}{A_B\kappa}+\frac{\delta-t_A}{A_B\kappa(1-\varepsilon)^{1.5}}$$

$$= \frac{4.4-1.5}{194240\times2.203}+\frac{1.5-0.5}{194240\times2.203\times(1-0.080)^{1.5}}$$

$$= 9.212\times10^{-6}(\Omega)$$

$$R_{Ba} = \frac{t_A}{\kappa(1-1.26f_c)A_A} = \frac{0.5}{2.203 \times (1-1.26 \times 0.25) \times 194240}$$
$$= 1.706 \times 10^{-6}(\Omega)$$
$$R_B = R_{Bu} + R_{Ba} = (9.212 + 1.706) \times 10^{-6}$$
$$= 1.0918 \times 10^{-5}(\Omega)$$

则电解质电压降 IR_B：

$$IR_B = 160 \times 10^3 \times 1.0918 \times 10^{-5} = 1.781(V)$$

（3）阳极电压降 IR_A、阴极电压降 IR_C 和热平衡体系之外金属导体电压降 IR_O 的计算　此 3 部分电压降可根据题中给定的阳极电阻 R_A、阴极电阻 R_C 和热平衡体系之外金属导体的电阻 R_O 按欧姆定律计算。

$$IR_A = 160 \times 10^3 \times 35.1 \times 10^{-6}/24 = 0.234(V)$$
$$IR_C = 160 \times 10^3 \times 2.6 \times 10^{-6} = 0.416(V)$$
$$IR_O = 160 \times 10^3 \times 1.0 \times 10^{-6} = 0.160(V)$$

将上述计算结果记于表 5-1。

表 5-1　槽电压的计算结果

项　目	电压值/V	项　目	电压值/V	项　目	电压值/V
E^0	1.225	η_{CA}	0.019	IR_C	0.416
η_{CC}	0.082	IR_B	1.781	IR_O	0.160
η_{RA}	0.500	IR_A	0.234	合计	4.417

由上述计算可以得出电解槽的槽电压为 4.417V。

5.9　铝电解槽槽电压、阳极过电压、阴极过电压与氧化铝浓度的关系

可以按照上述的计算方法对不同氧化铝浓度和不同温度时铝电解槽的槽电压、阳极过电压和阴极过电压进行计算，并将计算结果绘成图，即可以明显地看出铝电解槽氧化铝浓度对阳极过电压、阴极过电压和槽电压的影响。

【例 5-2】　按例 5-1 给出的条件，计算 960℃、965℃ 和 970℃ 时，不同氧化铝浓度下阳极过电压、阴极过电压和槽电压，并将槽电压与氧化铝浓度的关系绘制成图。

解：计算结果列于表 5-2。不同温度和不同氧化铝浓度对槽电压的影响计算结果示于图 5-6。可以看出：温度升高会使槽电压降低，平均每升高 10℃，槽电压降低 25mV，这主要是电解质电阻降低对槽电压的贡献；在电流和温度不变的情况下，电解槽的槽电压在氧化铝浓度为 3% 左右时，有一个最低值，低于此浓度，槽电压急剧上升，这是阳极效应的前奏。该曲线是铝电解槽阳极效应预报的基础。

表 5-2 的计算结果，也直观地给出了氧化铝的理论分解电压、阳极反应过电压、临界电流密度、阳极浓度过电压、电解质中阳极气体分数、阳极表面被气体覆盖的分数、电解质电导率、有气泡的电解质电阻、阳极上气泡的电阻以及电解质的电压降这些物理量随氧化铝浓度和电解质温度改变而变化的信息。

表 5-2　不同温度与不同氧化铝浓度时，铝电解槽阳极过电压，铝电解槽阴极过电压及电解质电压降和槽电压的计算结果

Al₂O₃浓度/%	电解质温度/K	氧化铝理论分解电压/V	极限效应电流密度/(A/cm²)	阳极反应过电压/V	临界电流密度/(A/cm²)	阳极浓度扩散过电压/V	阴极过电压/V	电解质中的阳极气体分数	阳极表面被气泡覆盖体分数	电解质电导率/(S/cm)	有气泡的电解质电阻/(×10⁻⁶ Ω)	阳极上气泡产生的电阻/(×10⁻⁶ Ω)	电解质电压降/V	槽总电压/V
1	1243	1.2952	0.003134	0.5525	1.0097	0.0903	0.0817	0.02	0.5714	2.3284	8.6814	3.9484	2.022	4.848
1.5	1243	1.2752	0.003518	0.5411	1.3879	0.0481	0.0817	0.03	0.4706	2.3044	8.8175	2.7442	1.850	4.602
2	1243	1.2610	0.003901	0.5308	1.7067	0.0352	0.0817	0.04	0.4000	2.2807	8.9463	2.2756	1.795	4.510
3	1243	1.2409	0.004668	0.5130	2.2416	0.0245	0.0817	0.06	0.3077	2.2339	9.2120	1.8819	1.775	4.441
4	1243	1.2267	0.005435	0.4979	2.6925	0.0195	0.0817	0.08	0.2500	2.1882	9.4893	1.7174	1.793	4.425
5	1243	1.2157	0.006202	0.4848	3.0898	0.0166	0.0817	0.10	0.2105	2.1433	9.7790	1.6346	1.826	4.431
6	1243	1.2067	0.006969	0.4733	3.4489	0.0146	0.0817	0.12	0.1818	2.0994	1.0082	1.5905	1.868	4.450
7	1243	1.1990	0.007736	0.4629	3.7792	0.0131	0.0817	0.14	0.1600	2.0564	1.0399	1.5678	1.915	4.477
1	1248	1.2934	0.003134	0.5547	1.0321	0.0858	0.0820	0.02	0.5714	2.3439	8.6337	3.9222	2.009	4.831
1.5	1248	1.2732	0.003518	0.5432	1.4187	0.0466	0.0820	0.03	0.4706	2.3198	8.7589	2.7260	1.838	4.589
2	1248	1.2590	0.003901	0.5329	1.7446	0.0343	0.0820	0.04	0.4000	2.2959	8.8868	2.2605	1.784	4.498
3	1248	1.2388	0.004668	0.5151	2.2913	0.0239	0.0820	0.06	0.3077	2.2489	9.1508	1.8694	1.763	4.429
4	1248	1.2246	0.005435	0.4999	2.7522	0.0191	0.0820	0.08	0.2500	2.2028	9.4263	1.7059	1.781	4.413
5	1248	1.2135	0.006202	0.4868	3.1583	0.0162	0.0820	0.10	0.2105	2.1577	9.7141	1.6237	1.814	4.419
6	1248	1.2044	0.006969	0.4752	3.5254	0.0143	0.0820	0.12	0.1818	2.1135	1.0015	1.5799	1.855	4.437
7	1248	1.1968	0.007736	0.4648	3.8630	0.0129	0.0820	0.14	0.1600	2.0702	1.0330	1.5574	1.902	4.464
1	1253	1.2915	0.003134	0.5570	1.0545	0.0818	0.0823	0.02	0.5714	2.3595	8.5767	3.8963	1.996	4.814
1.5	1253	1.2713	0.003518	0.5454	1.4494	0.0453	0.0823	0.03	0.4706	2.3352	8.7012	2.7080	1.825	4.576
2	1253	1.2570	0.003901	0.5351	1.7824	0.0334	0.0823	0.04	0.4000	2.3111	8.8283	2.2456	1.772	4.486
3	1253	1.2368	0.004668	0.5171	2.3410	0.0234	0.0823	0.06	0.3077	2.2638	9.0905	1.8571	1.752	4.417
4	1253	1.2224	0.005435	0.5019	2.8119	0.0187	0.0823	0.08	0.2500	2.2174	9.3641	1.6947	1.769	4.401
5	1253	1.2113	0.006202	0.4887	3.2268	0.0159	0.0823	0.10	0.2105	2.1720	9.6500	1.6130	1.802	4.406
6	1253	1.2022	0.006969	0.4771	3.6019	0.0140	0.0823	0.12	0.1818	2.1275	9.9490	1.5695	1.843	4.425
7	1253	1.1945	0.007736	0.4666	3.9468	0.0126	0.0823	0.14	0.1600	2.0839	1.0262	1.5472	1.889	4.452

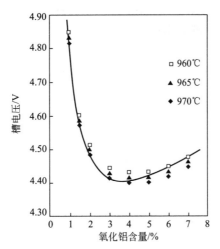

图 5-6　不同温度时，铝电解槽槽电压随氧化铝浓度的改变（计算结果）

5.10　过电压的实验室测定

5.10.1　利用参比电极测量和记录铝电解槽的阳极过电压和阴极过电压

利用参比电极测量铝电解槽两极上的过电压，其参比电极的选择是非常重要的，在实验室铝电解槽上，可用的参比电极有 $C \cdot CO_2$ 参比电极、铝参比电极、石墨参比电极和 $Pt \cdot O_2$ 参比电极。

其中 $Pt \cdot O_2$ 参比电极适于研究和测定惰性阳极电解槽的阳极过电压和阴极过电压，而石墨参比电极是一种多孔的炭素材料，这种多孔的炭材料在常温下，通常都吸附有氧气和空气中的其他气体，而在置入高温的电解质熔体前，又被环境中的氧和孔隙中吸附的氧所氧化，生成 CO_2 和 CO，并吸附在石墨参比电极的孔隙中。由于石墨参比电极上被吸附的 CO，CO_2 气体成分比例是未确定的，也不是稳定的，特别是当电解槽的阴极为液体铝时，溶解到电解质熔体中的金属铝与熔体中的 NaF 反应生成的金属钠非常容易渗入到炭素石墨的晶格中，从而生成碳的晶间化合物，由此导致参比电极性质改变，因此用这种参比电极测量电解槽的阳极和阴极极化电位时，也很不稳定，重现性也差，因此一般不被人们所采用。对冰晶石-氧化铝熔盐电解而言，较为稳定并被人们选用的参比电极，只有 $C \cdot CO_2$ 参比电极、铝参比电极和 $Pt \cdot O_2$ 参比电极，如图 5-7 所示。

下面，分别对用这 3 种参比电极测量铝电解槽阳极和阴极过电压的方法加以介绍。

5.10.1.1　借助于铝参比电极测量铝电解槽的阳极和阴极过电压

比较典型的铝参比电极测量电解槽阳极和阴极过电压的电解槽装置如图 5-8 所示。

由图 5-8 可以看出，当把铝参比电极插入电解质熔体中，另一端分别接到阳极和阴极上测量电解槽的阳极过程和阴极过程时，得到的测量数据是阳极和参比电极之间的电压 V_A、参比电极与阴极之间的电压 V_C，它们分别被称为阳极和阴极相对于参比电极的极化电压，其值可以用式（5-19）和式（5-20）表示。

$$V_A = E^0 + \eta_A + I'R' + IR_A \tag{5-19}$$

$$V_C = \eta_{CC} + I''R'' + IR_C \qquad (5\text{-}20)$$

式中　E^0——氧化铝的理论分解电压；

　　　R_A——阳极电阻；

　　　R'——阳极与参比电极之间的电阻；

　　　R_C——阴极电阻；

　　　R''——参比电极与阴极之间的电阻；

　　　I'——阳极与参比电极之间的电流分量；

　　　I''——参比电极与阴极之间的电流分量；

　　　I——槽电流；

　　η_{CC}——阴极过电压；

　　　η_A——阳极过电压，是阳极反应过电压 η_{SA} 与浓度扩散过电压 η_{CA} 之和。

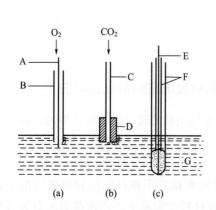

图 5-7　研究冰晶石-氧化铝熔盐电解
电极过程的 3 种参比电极

（a）Pt·O_2 参比电极：A 为 Pt 丝，
B 为氧化铝管；（b）C·CO_2 参比电极：
C 为不锈钢管，D 为炭电极；（c）铝参比电极：
E 为 Mo 丝，F 为氧化铝管，G 为铝

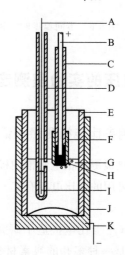

图 5-8　用铝参比电极测量铝电解槽阳极和
阴极过电压的实验电解槽装置原理图

A—Mo 线；B—铜管；C—氧化铝管；D—氧化铝管；
E—氧化铝或氮化硼内衬；F—氧化铝或氮化硼保护管；
G—冰晶石-氧化铝熔体；H—炭阳极；I—金属铝（参比
电极）；J—石墨坩埚；K—连接阴极的导线

在式(5-19) 和式(5-20) 中，I'、I''、R' 和 R'' 的大小与参比电极相对于阳极和阴极在电解槽中的位置和极距大小有关，因此，在每次电解试验的测量中，如果不能保证电解槽中阳极、参比电极和阴极的位置和极距都不变，那么可以肯定，每次测量的 V_A 和 V_C 的大小都不会一样，因此不能根据 V_A 和 V_C 的测量值的大小来评判阳极和阴极过电压的大小。如果将参比电极紧密靠近阳极或阴极，可以使 $I'R'$ 和 $I''R''$ 数值减小，在水溶液电解的测量中，可以实现 $I'R'$、IR_A 或 $I''R''$、IR_C 的值接近为 0，但是在熔盐电解中，由于熔盐电解质的电阻比较大，电极材料的电阻也比较大，因此，无论如何我们都很难实现 $I'R'$、IR_A、$I''R''$、IR_C 为 0。

因此，要想用这种方法和装置，获得 η_A 和 η_{CC} 的准确数据，应采取瞬时停电技术，达到使 $I'R'$、IR_A、$I''R''$、IR_C 等于 0 的目的。这样，瞬时停电时的 V_A 和 V_C 就等于：

$$V_A = E^0 + \eta_A$$
$$V_C = \eta_{CC}$$

即
$$\eta_A = V_A - E^0$$
$$\eta_{CC} = V_C$$

5.10.1.2　利用 C·CO₂ 参比电极测量铝电解槽的阳极过电压和阴极过电压

利用 $C \cdot CO_2$ 参比电极测量铝电解槽的阳极和阴极过电压的实验电解槽装置,与利用铝参比电极测量铝电解槽的阳极和阴极过电压的实验装置基本是一样的,只不过将参比电极改换成了 $C \cdot CO_2$ 参比电极,如图 5-9 所示。

由图 5-9 可以看出,由于参比电极不一样,因此,阳极和阴极相对于参比电极的极化电压 V_A 与 V_B 的表达式和计算不一样。

当使用 CO_2 参比电极代替铝参比电极时

$$V_A = \eta_A + I'R' + IR_A \tag{5-21}$$
$$V_B = E^0 + \eta_{CC} + I''R'' + IR_C \tag{5-22}$$

若采用瞬时断电技术,使 $I'R'$、IR_A 和 $I''R''$、IR_C 等于 0,则

$$V_A = \eta_A \tag{5-23}$$
$$V_B = E^0 + \eta_{CC} \tag{5-24}$$

即
$$\eta_A = V_A \tag{5-25}$$
$$\eta_{CC} = V_B - E^0 \tag{5-26}$$

5.10.1.3　利用 Pt·O₂ 参比电极测定惰性阳极电解槽的阳极过电压和阴极过电压

由于惰性金属 Pt 无论是对电解质熔体还是对 O_2 都是非常稳定的,因此非常适用于测定惰性阳极电解槽阳极过电压。用 $Pt \cdot O_2$ 参比电极测量惰性阳极电解槽的阳极过电压时其电解槽的实验装置原理图如图 5-10 所示。

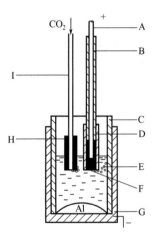

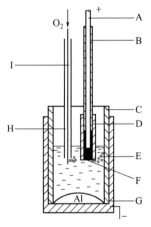

图 5-9　利用 C·CO₂ 参比电极测量铝
电解槽的阳极过电压和阴极过
电压的实验装置原理图
A—铜管;B—氧化铝管;C—氧化铝或氮化硼内衬;
D—氧化铝或氮化硼保护管;E—冰晶石-氧化铝熔体;
F—炭阳极;G—石墨坩埚;H—炭;I—钢管

图 5-10　利用 Pt·O₂ 参比电极测定
惰性阳极过电压和阴极过电压的
电解槽实验装置原理图
A—铜管;B—氧化铝管;C—氧化铝或氮化硼内衬;
D—氧化铝或氮化硼保护管;E—冰晶石-氧化铝熔体;
F—炭阳极;G—石墨坩埚;H—氧化铝管;I—Pt 丝

此时阳极和阴极相对于参比电极的极化电压 V_A 和 V_B 分别为

$$V_A = \eta_A + I'R' + IR_A \tag{5-27}$$

$$V_B = E^0 + \eta_{CC} + I''R'' + IR_C \tag{5-28}$$

若采用瞬时断电技术，使 $I'R'$、IR_A 和 $I''R''$、IR_C 等于 0，则

$$V_A = \eta_A \tag{5-29}$$

$$V_B = E^0 + \eta_{CC} \tag{5-30}$$

即

$$\eta_A = V_A \tag{5-31}$$

$$\eta_{CC} = V_B - E^0 \tag{5-32}$$

在这里，式(5-28)、式(5-30) 和式(5-32) 中的 E^0 为如下电解反应的理论分解电压。

$$Al_2O_3 \longrightarrow 2Al + \frac{3}{2}O_2 \tag{5-33}$$

5.10.2 利用反电动势的测量数据测量与计算电解槽的阳极过电压

所谓反电动势，就是在电解过程中，电解槽中存在一种与施加于电解槽的直流电压相反的电势，其大小与电解槽的电解温度、阳极和阴极的电流密度、电解质的分子比以及氧化铝浓度有关。电解槽的反电动势 $E_反$ 是电解槽中 Al_2O_3 的理论分解电压 E^0、阳极过电压 η_A 和阴极过电压 η_{CC} 之和。

$$E_反 = E^0 + \eta_A + \eta_{CC} \tag{5-34}$$

上文中，我们已经介绍了铝电解槽的阴极过电压具有这样的性质：

① 铝电解槽的阴极过电压是浓差过电压，是电解过程中 Na^+ 向阴极表面电迁移，铝-氟络离子在阴极放电而产生 NaF 的浓度极化，使阴极表面的分子比大于熔体内部的分子比所致；

② 阴极过电压的形成达到稳定（就是阴极表面新生成的 NaF 浓度增加与 NaF 向熔体内部扩散达到平衡，此时阴极过电压不再随电解时间的增加而变化）需要一定的时间。

因此，根据阴极过电压的这种性质，就可以利用电解槽阴极过电压尚未建立起来之前快速断电，借助测量电解槽的反电动势，测量电解槽的阳极过电压。由于这时的阴极过电压尚未建立起来，可视为阴极过电压为零，故有

$$V_反 = E^0 + \eta_A \tag{5-35}$$

$$\eta_A = V_反 - E^0 \tag{5-36}$$

由于 E^0 可以根据电解温度和氧化铝浓度用热力学公式计算得出，因此有了 $E_反$ 和 E^0，就可以根据式(5-36) 计算得出阳极过电压 η_A。

此外，由于阴极过电压要比阳极过电压小，因此在实验室电解槽上，如果把阴极设计成阴极铝液表面比阳极导电面积大很多，极距比较大，让阴极电流密度非常小，也可近似忽略阴极过电压，此时，仍可以直接利用电解槽反电动势的测量数据和式(5-36) 测量和计算阳极过电压。

对于用这种方法测量和计算阳极过电压，主要仪器设备应该能较为准确地记录出电解槽瞬时停电后，槽电压变化的曲线。过去常用的仪器多为函数记录仪，现在可通过计算机来实现，由于通过编制的计算机软件可以对千分之一秒内电解槽停电的电压变化进行扫描记录，因此，利用这种方法测量和计算电解槽反电动势是很精确的。

5.11　工业电解槽过电压的测定

Haupin 发明了一种工业铝电解槽电压的测量方法，这种方法也可同时测量阳极过电压、阴极过电压和阳极气泡电阻所引起的电压降（又称气泡电阻过电压或欧姆极化过电压），该法使用了如图 5-11 所示的一种铝参比电极。

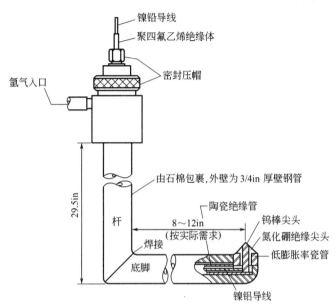

图 5-11　用于工业铝电解槽过电压测定的铝参比电极

1in＝2.54cm

由图可以看出，作为铝参比电极的金属铝是将一个带尖的金属钨探头，浸入到电解槽中的铝液，使铝覆盖在钨探头上而形成的。钨是一种导电性好、熔点高、硬度大、易被铝湿润且在铝和电解质中化学性稳定、抗电解质和铝液腐蚀性能强的金属。尖部覆盖金属铝的参比电极探头的另一端接到金属镍线上，并引出参比电极套管外。探头用一个对铝和冰晶石熔体的绝缘性能非常好的氮化硼进行绝缘保护。为了防止因参比电极外面保护钢管热膨胀而引起的电解质渗漏，在氮化硼绝缘周围有一个焊接在外钢管上的铸铁合金件。此外在测定过程中，有氩气通入此参比电极的管内，并稍微保持正压，以进一步防止铝和电解质渗漏管内。此参比电极安装在一个可上下移动的升降架的悬臂上，升降架悬臂的上下移动带动参比电极的上下移动，上下移动的距离和参比电极相对于铝阴极电位变化的信号输入到一个函数记录仪上。实验过程中，函数记录仪记录出的是一条参比电极相对铝阴极的电位随着参比电极向上移动至参比电极探头的尖部顶触到阳极底掌面而变化的曲线。图 5-12 所示是参比电极安装在悬臂上的升降架装置图，图 5-13 所示是用这种方法测出的参比电极相对于阴极铝液的电位随参比电极-铝阴极距离变化而变化的曲线。

从图 5-13 上可以很容易得出如下结果：

① 铝阴极表面有一个很大的电位梯度，表现出明显的阴极过电压特征，此阴极过电压在 0.1V 左右；

② 电解质电压降梯度为 0.88V/in（1in＝2.54cm）；

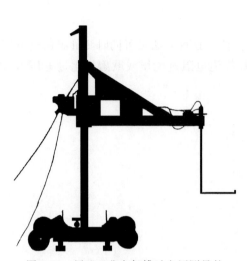

图 5-12　用于工业电解槽过电压测量的
安装有参比电极的升降架

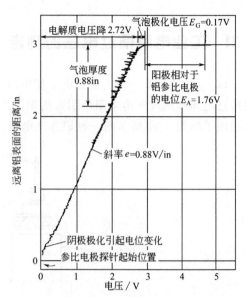

图 5-13　铝参比电极相对阳极铝液电极电位随
参比电极与阴极之间距离的变化而变化的曲线

1in＝2.54cm

③ 在阳极表面存着一个由气泡电阻所引起的电压降（有的人称之为电阻极化过电压）为 0.17V；

④ 阳极相对铝参比电极的电位 V_A，当参比电极与阳极之间的距离趋近于 0 时为 1.76V，设电解槽的可逆平衡电位 E^0 为 1.2V，可以算出电解槽的阳极过电压为

$$\eta_A = V_A - E^0 = 1.76 - 1.2 = 0.56(V)$$

Haupin 用这种方法和实验技术在 10000A 的小型预焙工业电解槽上测定了不同氧化铝浓度、不同电解质分子比和不同阳极电流密度下的阳极气泡电阻过电压和阳极过电压。测定结果见表 5-3。

表 5-3　10000A 小型工业电解槽阳极电阻极化过电压和阳极反应过电压

Al_2O_3 浓度 /%（质量）	分子比	阳极电流密度 /(A/cm²)	阳极气泡电阻电压/V	铝参比电极阴极极化电压/V	理论分解电压/V	阳极过电压/V
3.1	2.62	0.93	0.35	1.93	1.203	0.73
3.1	2.62	0.62	0.24	1.84	1.203	0.64
3.1	2.62	0.31	0.17	1.74	1.203	0.54
4.0	2.62	0.93	0.24	1.86	1.198	0.66
4.0	2.62	0.62	0.17	1.79	1.198	0.59
4.0	2.62	0.31	0.11	1.70	1.198	0.50
4.9	2.62	0.93	0.20	1.79	1.195	0.60
4.9	2.62	0.62	0.15	1.74	1.195	0.54
6.0	2.62	0.93	0.19	1.75	1.191	0.56
6.0	2.62	0.62	0.14	1.70	1.191	0.51
6.0	2.62	0.31	0.09	1.63	1.191	0.44
5.1	2.80	0.93	0.22	1.76	1.194	0.57
5.1	2.80	0.62	0.16	1.71	1.194	0.52
5.0	2.60	0.78	0.17	1.76	1.195	0.56

由表 5-3 的测定结果可以看出：

① 增加阳极电流密度会提高阳极气泡电阻过电压和阳极过电压；

②　在分子比和电流密度不变的情况下，增加氧化铝浓度会使阳极电阻过电压和阳极过电压降低；

③　分子比对阳极气泡电阻过电压和阳极过电压影响不明显。

5.12　实验室利用全波脉冲直流电压电解进行电解槽反电动势的测定

该方法由张明杰发明和使用，其关键技术是使用全波脉冲直流电压作为实验室电解槽的直流电源，如图 5-14 所示。

在非电解的情况下，其全波脉冲直流电压的波形如图 5-14(a) 所示。在电解的情况下，当电解槽的工艺条件与参数给定时，会有一个恒定、平稳的反电动势 $V_{反}$ 出现在电解槽中。$V_{反}$ 的方向与施于电解槽上的直流全波脉冲电压相反，致使施于电解槽上的直流全波脉冲电压出现如图 5-14(b) 的形式。由图 5-14(b) 可以看出，当直流全波脉冲电压施加到电解槽上，进行电解后，在全波脉冲曲线上出现了高度等于 $V_{反}$ 的平台，此平台的电位高度 $V_{反}$ 即为电

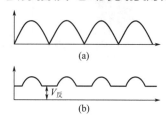

图 5-14　全波脉冲直流电压法测量电解槽反电动势的原理图

(a) 非电解时，全波脉冲直流电压波形；(b) 电解时，全波脉冲直流电压波形的改变

解槽的反电动势。用这种方法测量电解槽反电动势的实验室装置如图 5-15 所示。

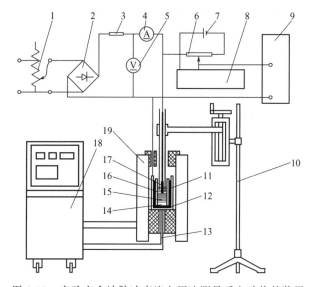

图 5-15　实验室全波脉冲直流电压法测量反电动势的装置

1—自耦调压器；2—单相全波整流电桥；3—限制电阻；4—直流电流表；5—直流电压表；6—精密电位器；
7—工作电池；8—数字电位表；9—双线示波器；10—阳极升降支架；11—石墨坩埚；12—铁阴极座；
13—热电偶；14—铝；15—电解质；16—刚玉衬管；17—炭阳极；18—温控仪；19—加热电炉

参 考 文 献

[1]　Haupin E. The 5th International Course on Process Metallurgy of Aluminium. Thandheim：[s. n.]，1986.7.

[2]　Thonstad J. The 21st International Course on Process Metallurgy of Aluminium. Thandheim：[s. n.]，2002；426.

[3]　Thonstad J. Electrochim. Acta. 1970，15：1569.

[4]　Haupin E. JOM. 1971，10：46.

第**6**章 | 阳极效应

6.1 阳极效应的特征和现象

　　阳极效应可以出现在所有卤化物的熔盐电解中，其阳极效应的特征与特点都是相似的。然而由于各种电解质熔盐体系物理化学性质和电解质组成有很大差别，因此各种熔盐体系的熔盐电解所出现的阳极效应的机理并非完全相同。本章阳极效应的介绍只限于以炭为阳极的冰晶石-氧化铝熔盐电解。

　　以炭为阳极的冰晶石-氧化铝熔盐电解的阳极效应有如下特点或特征：

　　① 在阳极效应发生时，电解质停止沸腾；

　　② 阴极表面层出现电子放电，产生电火花；

　　③ 槽电压突然升高，增幅从几伏到几十伏，其大小不仅与电解质成分、温度有关，而且与阳极电流密度的大小有关；

　　④ 发生阳极效应时，槽电压的噪声频率增大；

　　⑤ 在较高的效应电压下，时常听到噼啪声，偶尔也可发现阳极底部局部碎裂（自焙阳极发生得较多）；

　　⑥ 阳极上有 CF_4 和 C_2F_6 碳氟化合物气体生成；

　　⑦ 在阳极效应时，电解质熔体和阳极被加热，温度升高并有大量的氟化盐气体挥发出来；

　　⑧ 阳极效应的发生与电解质中的氧化铝浓度和电流密度有关，在预焙阳极铝电解槽中，由于各处的氧化铝浓度和每个阳极块的电流密度不一样，因此阳极效应首先在阳极的局部或个别阳极电流密度较大的阳极炭块上发生，人们称之为局部阳极效应；

　　⑨ 电解槽上一旦出现上述局部阳极效应，此处阳极气泡电阻增大，这就会使其他阳极炭块电流密度增加，从而诱发电流密度较高的阳极炭块阳极效应的出现，直至整个电解槽都发生阳极效应，因此局部阳极效应和个别阳极炭块阳极效应的出现往往是整个电解槽阳极效应出现的前奏，在整个电解槽发生阳极效应之前，槽电压有一个稍微缓慢的上升过程，如图 6-1 所示；

　　⑩ 向电解质中添加氧化铝或向阳极底部鼓入空气，可使阳极效应熄灭，如图 6-2 和图 6-3 所示。

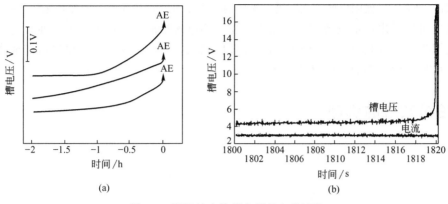

图 6-1　阳极效应前槽电压的上升过程

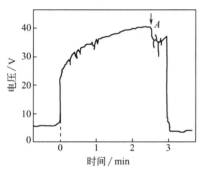

图 6-2　效应电压随时间的变化
（在 A 点加入氧化铝的熄灭效应）

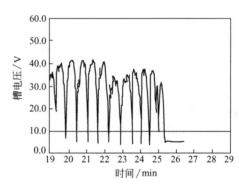

图 6-3　鼓入空气熄灭阳极效应时
槽电压的变化情况

6.2　阳极效应对电解槽的影响

阳极效应是铝电解生产过程中阳极上发生的现象，阳极效应对铝电解生产既有正面影响，也有负面影响。

6.2.1　阳极效应的正面影响

① 有利于电解质中炭渣的分离。
② 可以使黏附在阳极表面上的炭渣得到清理。
③ 有利于熔化槽底的沉淀。

6.2.2　阳极效应的负面影响

① 发生阳极效应时，阳极上会产生碳氟化合物气体 CF_4 和 C_2F_6，它们进入大气，虽不对大气的臭氧层产生破坏作用，但它们是很强的温室效应气体。
② 阳极效应会熔化槽帮结壳，使电解质分子比增加。
③ 阳极效应会增加电能消耗，使电解质的温度增加。
④ 阳极效应会增加铝的损失（特别是当使用鼓入空气或插入木棒的方法熄灭阳极效应时）。

⑤ 阳极效应时，使阳极底表面附近电解质温度大幅升高，从而大大增加氟化盐的挥发损失。

由以上可以看出，铝电解槽发生阳极效应对铝电解槽的负面影响大于正面影响，因此当代的铝电解生产技术是努力减少电解槽阳极效应系数，一旦效应发生，要尽可能地降低效应时间。这里所谓效应系数，定义为每天（24h）发生阳极效应的频率（次数）。

6.3 阳极效应的机理

阳极效应并非只是以炭素材料为阳极的冰晶石-氧化铝熔盐电解制取金属铝过程中所单独存在的一种现象。实际上，在许多以炭素材料为阳极的卤化物熔盐电解中，都可以出现阳极效应。只不过在其他的卤化物熔盐电解中比较少见，只有在阳极电极电位非常高、电极电位大于卤素阴离子的放电电位时才能出现。而在冰晶石-氧化铝的熔盐电解槽中，这一现象会经常出现。并且在早期的工业铝电解槽的铝电解生产中，人们将其视为槽中缺少氧化铝的判据，而进行即时添加氧化铝的作业，即等效应氧化铝加料方式。

由于阳极效应对铝电解生产有着重要的影响，因此人们从未停止对阳极效应的研究。其中大部分都是关于阳极效应机理的研究，这些研究给出不同的铝电解槽阳极效应机理。但是，尽管不同的研究者给出不同的效应机理，但阳极效应的出现都与下列铝电解生产过程出现的变化有关：

① 与电解槽某个阳极上电流密度的变化有关；
② 与电解质的组成成分的变化和温度的变化有关；
③ 与电解质熔体中的氧化铝浓度有关，与氧化铝的加料模式有关；
④ 与所用的阳极的质量有关；
⑤ 与电解质熔体的流体动力学状态有关；
⑥ 与系列电流的变化有关。

而上述的所有变化，都关系到阳极表面与电解质熔体之间的电极电位的变化。电化学的理论告诉我们，电极表面的每一个电化学反应的发生，都是由其电极电位的改变而产生的。一旦电极电位超过一个临界值，其电极表面就会有一个新的电化学反应出现。研究表明，阳极表面单一的氧离子放电生成 CO 或 CO_2 的反应，到氧离子与氟离子共同放电，阳极相对于铝参比电极的电极电位值为 1.75～1.95V。

在较高的电极电位情况下，铝电解槽的炭阳极表面可能发生更为复杂的电化学反应。

表 6-1 所示为阳极表面可能发生的电化学反应，以及由这些电化学反应的标准自由能变化计算出来的炭阳极（石墨）相对于铝参比电极在 960℃条件下的能斯特（Nernst）电位值。

表 6-1 电解槽阳极表面可能的电极反应能斯特电位值

电极反应	电极反应能斯特电位值(960℃)/V
$Al_2O_3 + 3C \longrightarrow 2Al + 3CO(气)$	1.074
$1.5S_2(气) + 3C + Al_2O_3 \longrightarrow 3COS(气) + 2Al$	1.807
$Al_2O_3 + 1.5C \longrightarrow 2Al + 1.5CO_2(气)$	1.191
$Al_2O_3 + 2AlF_3 + 3C \longrightarrow 4Al + 3COF_2(气)$	1.685
$Al_2O_3 + 2Na_3AlF_6(液) + 3C \longrightarrow 4Al + 3COF_2(气) + 6NaF(液)$	1.863
$4/3AlF_3 + C \longrightarrow CF_4(气) + 4/3Al$	2.175
$2AlF_3 + 2C \longrightarrow C_2F_6(气) + 2Al$	2.394

借助于铝参比电极，Frazer 和 Welch 在实验室以 20V/s 的速率快速对炭阳极的电极电位进行扫描，其所测得的结果如图 6-4 所示。

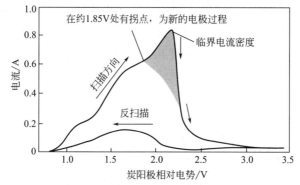

图 6-4　Frazer 和 Welch 利用铝参比电极对炭阳极测得的循环伏安快速扫描

由图可以看出，在低于 1.85V 处出现的电极过程与表 6-1 中的第五个电极过程是比较一致的。这也就是说，在 1.85V 的极化电位时，炭阳极表面开始有氧离子与氟离子共同放电。但是引发阳极效应的临界电流与生成 COF_2 电流和电位并不一致。如果将图 6-4 中的阴影部分看作是阳极表面的钝化区域，那么可以断定，电解槽中的氧离子与氟离子的共同放电出现在阳极表面被钝化和阳极效应发生之前。

在恒电流技术条件下，即在系列电流不变的情况下，当电解槽中的氧化铝浓度降低时，阳极的极化电压升高，槽电压增加，这一点已被众多的研究者所证实，并成为现代工业铝电解槽氧化铝下料控制技术的理论基础。

Richards 和 Welch 仔细地测定了铝电解槽中在不同的氧化铝浓度条件下的阳极电流密度对阳极过电压的影响，其测量结果见图 6-5。

Doreen 在实验室的一个 75A 电解槽上，在 970℃ 和 0.856A/cm² 的恒阳极电流密度条件下，测量了不同氧化铝浓度的极化电压（相对于铝参比电极），结果列于表 6-2。

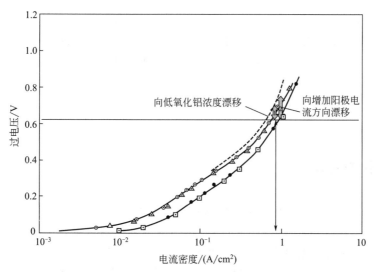

图 6-5　不同氧化铝浓度条件下的阳极过电压与电流密度关系

图中◎△代表 Al_2O_3 摩尔分数为 4.1%，▫代表 Al_2O_3 摩尔分数为 17.1%

表 6-2 不同氧化铝浓度时相对铝参比电极的极化电压（970℃，0.856A/cm^2）

氧化铝浓度/%	6.5	6.0	6.0	5.5	3.5	3.0
极化电压/V	1.641	1.699	1.713	1.724	1.802	1.899

由表 6-2 中的测定结果可以看出，随着氧化铝浓度的降低，阳极的极化电压升高。

通过研究上述铝电解槽阳极电位随氧化铝浓度的降低和阳极电流密度的升高而升高的过程，以及对阳极表面可能发生的化学反应的电化学热力学分析，可以对阳极效应发生的过程和机理作如下描述。

工业铝电解槽中，随着氧化铝浓度的降低，阳极的极化电压逐渐升高。在一定的极化电压情况下，阳极表面是单一的氧离子放电，生成 CO_2 气体。但当电解质中的氧化铝浓度低到一定浓度时，就会出现氟离子与氧离子共同放电，生成 COF_2 化合物，此时，炭阳极相对于阴极铝参比电极（在工业铝电解槽中，如果忽略了阴极表面电解质分子比相对于电解质熔体的分子比而产生的浓度过电压，则可将电解槽阴极铝液看作是相对于阳极的铝参比电极）在 1.85V 左右。COF_2 化合物的生成，使电解槽阳极表面对电解质的湿润性变差，阳极气体不能排除，而在阳极表面生成气膜，最终大部分电流不得不从电阻很大的气膜中穿过，产生弧光，火花放电，槽电压升高，发生阳极效应。

发生阳极效应时，并非是所有的阳极面积都被 COF_2 气膜所覆盖，未被 COF_2 气膜覆盖的阳极表面仍可与电解质熔体接触，参与电解质熔体的电化学反应，不过由于此时非存在气膜处的阳极表面的电流密度升高，极化电压远大于 3V。因此，便有如式（6-1）和式（6-2）所示的阳极上生成 CF_4 和 C_2F_6 氟化物阳极气体的电解反应发生。

$$Na_3AlF_6 + 3/4C \longrightarrow Al + 3/4CF_4 + 3NaF \tag{6-1}$$

$$Na_3AlF_6 + C \longrightarrow Al + 1/2C_2F_6 + 3NaF \tag{6-2}$$

当电解质分子比比较高，或在分子比等于 3 时，也会有上述的电解反应过程发生。

根据热力学计算，反应（6-1）在 1000℃的可逆平衡电位为 $E^0 = 2.42V$，反应（6-2）在 1000℃时的可逆平衡电位 $E^0 = 2.68V$。

工业电解槽的实测结果给出，在阳极效应期间，阳极气体组成：

CF_4：5%～20%；C_2F_6：约 1%；CO_2：10%～20%；CO：60%～70%。

由上述工业电解槽阳极效应时的阳极气体组分的测定结果可以看出，在阳极效应气体的组成中，并没有发现有 COF_2 气体的存在，这是由于在阳极效应时，在阳极表面较高温度下，COF_2 被 C 还原生成了 CO 和 CF_4：

$$2COF_2(气) + C \longrightarrow 2CO(气) + CF_4(气) \tag{6-3}$$

此反应的 $\Delta G = -45.8kJ$。

6.4 临界电流密度

人们在长期的生产实践与科学实验中观察到，阳极效应的发生与电解槽中缺少氧化铝有关。在正常的生产条件下，当电解质中的氧化铝浓度降低到一定程度时，阳极效应肯定到来。发生阳极效应时的氧化铝浓度与阳极电流密度有关，阳极电流密度大时，阳极效应就在较高的氧化铝浓度时到来；阳极电流密度较小时，阳极效应就在氧化铝浓度较低时到来。当铝电解槽的临界电流密度小于阳极电流密度时，电解槽便会出现阳极效应。

为了便于更深入地认识和研究阳极效应，人们引入了临界（阳极）电流密度的概念，临界（阳极）电流密度定义为在给定的电解条件下，电解槽上发生阳极效应时的阳极电流密度。从另外一个角度上看，也可把临界电流密度看成是铝电解槽电解质熔体发生阳极效应的能力。

临界电流密度的测定，通常是通过逐步提高阳极电位，使电解电流逐步增加，直到出现阳极效应时那一刻的电流，即临界电流。临界电流时阳极电流密度即为临界电流密度 ccd（A/cm^2）。这从实验室电解槽的 $E\text{-}I$ 曲线图看得更清楚，图 6-6 所示即是一个较为典型的实验电解槽阳极效应的 $E\text{-}I$ 曲线图。

如图 6-6 所示，从 a 点起，在增加电流密度时，电压升高，一直到 b 点，在 b 点电压突然升高，电流突然下降到 c 点，b 点处的电流即为临界电流 I_{ac}，临界电流密度 ccd 为

$$ccd = \frac{I_{ac}}{S_a} \tag{6-4}$$

式中　I_{ac}——临界电流，A；

　　　S_a——阳极工作面积，cm^2。

因为在测临界电流密度时，阳极周围使用 BN 或 Al_2O_3 绝缘管保护，因此阳极工作面积为阳极的底表面面积。在图 6-6 中，当从 c 点继续加大电压到 d 点时，这段时间电解也随着进行，但阳极不再是含氧的离子放电，而是 F^- 或含 F^- 络离子放电。阳极表面出现浓度极化过电压，如从 d 点开始，逐渐降低槽电压（电流也随之降低），但 $E\text{-}I$ 曲线并不能按原路返回，而是按 dd' 返回，这显然表明在阳极表面具有与前不同的吸附产物，是阳极表面电解质的成分发生变化所致。

实验发生阳极效应的 $E\text{-}I$ 曲线，也与实验电解槽直流电源的选择有关，如果实验室选择直流电压不是很大的直流电解电源，则阳极效应的 $E\text{-}I$ 曲线具有另外一种形式，如图 6-7 所示。

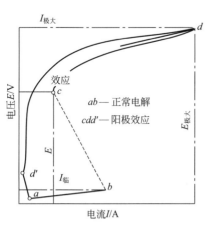

图 6-6　发生阳极效应的 $E\text{-}I$ 曲线图

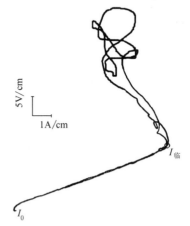

图 6-7　直流电源电压有限的阳极效应 $E\text{-}I$ 曲线

由图 6-7 可以看出，当阳极效应出现后，电压快速升高，电流也不稳定。降低电压，电流逐步回到 $I_{临}$，阳极效应停止。继续降低电压时，$E\text{-}I$ 曲线按原路返回，这是由于阳极表面基本未发生变化，或由于阳极尖细，阳极效应时，只在一个位置放电，使阳极表面没有任何碳氟气体吸附物。

6.5　各种因素对临界电流密度的影响

6.5.1　临界电流密度与氧化铝浓度的关系

对于临界电流密度与氧化铝浓度的关系，有很多学者进行过研究，发现在工业电解槽 Al_2O_3 浓度的可能范围内，即在中、低程度的氧化铝浓度范围内，临界电流密度与氧化铝浓度近似成线性关系，如图 6-8 所示。

在图 6-8 中，Ⅰ、Ⅱ、Ⅲ和Ⅳ曲线是不同学者在相同条件下得出的不同实验结果，由此可以看出，不同学者给出的实验结果虽然不一样，但总的趋势一致。

邱竹贤等人研究得出，在 10% 左右的氧化铝浓度的范围内，临界电流密度有最大值。实验室研究同时发现，电解槽使用旧阳极（阳极效应 5min 之后的阳极）或电解槽中加铝以后的临界电流密度要比新阳极的临界电流密度低，如图 6-9 所示。

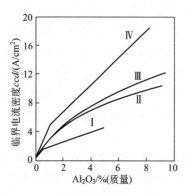

图 6-8　临界电流密度 ccd 与
氧化铝浓度的关系

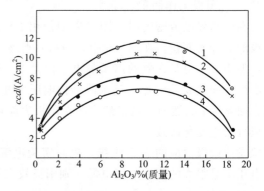

图 6-9　冰晶石-氧化铝熔液中的临界电流密度
1—未加铝，新阳极；2—未加铝，阳极效应
5min 后的阳极；3—加铝，新阳极；
4—加铝，阳极效应 5min 后的阳极

此外还有一些学者研究发现，当电解质中的氧化铝浓度达到饱和浓度以后，临界电流密度会随着电解质中饱和氧化铝浓度的增加而降低，这与邱竹贤的研究结果是一致的。因为，通常的电解条件下电解质中的饱和氧化铝浓度一般在 10%～12%，这也可能是当电解质中的氧化铝浓度超过饱和浓度后，有氧化铝以悬浮状存在于电解质中，这种悬浮状的氧化铝虽不能参加电解反应，但有可能会改变电解质熔体与炭阳极相接触的界面性质。

对正常工业电解槽来说，电解质中氧化铝浓度在 1%～6%，大大远离其饱和状态，因此在工业电解槽中一般不会考虑电解质中出现氧化铝浓度大于 10% 那种情况的发生，除非是电解槽出现特殊的病槽情况。

正像前文所讲到的，阳极效应的过程是阳极表面氧离子浓度极化造成的，其传质速率是过程的控制步骤，因此临界电流密率的大小，理应与扫描过程中电位的增加速率有关。Thonstad 经过大量的实验发现，阳极效应的临界电流密度与电位增加速率的平方根成正比。Thonstad 在 0.4V/s 的电位速率下对大量的临界电流密度测量的研究中，给出了如式（6-5）所示的氧化铝浓度与临界电流密度的关系式。

$$ccd = 0.43\mathrm{Al_2O_3}\% \tag{6-5}$$

　　显然，由式(6-5)得出的临界电流密度测定值比图 6-8 所示的测定结果要低得多。在
图 6-8 中，由不同研究者所测得的临界电流密度与浓度的关系中，所测结果有很大的差别，
这种差别可能是不同研究者在测量时，使用了不同的电
位增加速率（电位扫描速率）或不同的电极条件等原因
引起的。也许是阳极的形状和几何尺寸对所测临界电流
密度有很大影响，因为，阳极形状和几何尺寸不一样，
阳极表面离子的传质过程发生了改变，因此必然会引起
所测临界电流密度的变化。比如在工业电解槽上，虽然
所测的临界电流密度与氧化铝之间也呈线性关系，如
图 6-10 所示，但相同氧化铝浓度下的临界电流密度要比
实验室的测定结果要小得多。

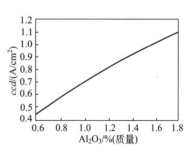

图 6-10　工业电解槽临界电流密度与
氧化铝浓度的关系

　　就一般情况而言，在相同实验条件下，如果电解质
成分和其中的杂质成分与浓度都一样，氧化铝与杂质之间无交互反应，其临界电流密度也必
然是一样的。Richards 等人给出工业铝电解槽氧化铝浓度与临界电流密度 ccd（$\mathrm{A/cm^2}$）的
关系：

$$\mathrm{Al_2O_3}\% = 0.53ccd - 0.82 \tag{6-6}$$

6.5.2　温度对临界电流密度的影响

　　一般说来，电解质熔体温度升高，会使临界电流密度提高，这是因为温度升高会提高阳
极表面含氧络离子的传质速率。电解质熔体临界电流密度随着温度升高而增大，这个观点现
在来看并不十分确切。准确的应该是，在不同的电解质组分和浓度情况下，临界电流密度随
电解质的过热度增加而增加。Piontelli 等人在研究了温度和氧化铝浓度对临界电流密度的影
响后得出如下结果

$$ccd = \phi[5.5 + 0.018(T - 1323)]A^{-0.1} \cdot [(\mathrm{Al_2O_3}\%)^{0.5} - 0.4] \tag{6-7}$$

式中　ϕ——与电极的形状有关的参数，对平面水平电极 $\phi = 1.4$；

　　　T——电解质的绝对温度。

6.5.3　电极材料对临界电流密度的影响

　　对各种炭素材料阳极来说，其影响不是很大，图 6-11 所示是以各种不同炭素材料制成
的阳极临界电流密度的测量结果。

　　由图 6-11 所示的测定结果可以看出，对于各种炭材料做成的阳极，其临界电流密度与
氧化铝浓度关系的曲线靠得非常近。

6.5.4　分子比大小和添加剂对临界电流密度的影响

　　电解质成分的变化，如分子比、CaF、$\mathrm{MgF_2}$ 和 LiF 添加剂等理应对电解质熔体的临界
电流密度有影响，因为这些电解质成分的变化会影响电解质熔体的黏度，影响电解质熔体与
阳极和阳极气泡之间的表面张力，这些都对电解质熔体中氧离子（络合形式）的传质、阳极

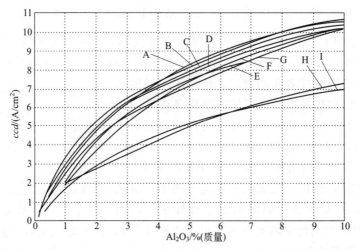

图 6-11　不同炭阳极材料的临界电流密度（ccd）与氧化铝浓度的关系

A—电弧炭棒；B—天然石墨；C—沥青焦；D—石油焦；E—铸造焦；

F—压缩的烟煤；G—人造石墨；H—压缩的火炭；I—天然木炭

气泡的大小与阳极气体的逸出有影响。很多学者对此都曾有过研究，但是这些研究结果却有相当大的差异，甚至有相反的研究结果。

6.6　工业铝电解槽的效应电压

通常情况下，工业电解槽的效应电压一般为 $25\sim45V$，也就是说，当铝电解槽的效应电压在此范围时，我们至少可以判定这个电解槽的工作状态是很正常的。但有时效应电压很低，当铝电解槽阳极效应电压低于 $15V$ 时，一般认为这种电解槽的效应电压不正常，这表明电解槽的工作状况有毛病，需要对电解槽的工作情况进行检查。

非正常效应电压低的原因可能有如下几种：

① 阳极质量不好，阳极表面粗糙；

② 阳极长包，或电流短路；

③ 电解质水平过高；

④ 炭渣过多；

⑤ 温度太高。

图 6-12 所示是工业电解槽效应电压与电解质水平高低的关系。

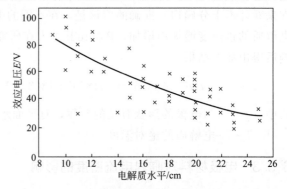

图 6-12　工业电解槽效应电压与电解质水平的关系

6.7　工业铝电解槽阳极效应发生的规律、预测与预报

前文已经讲到引起铝电解槽阳极效应的临界电流密度不仅与电解槽中的氧化铝浓度有关，也与阳极质量、电解质温度、电解质组成有关，甚至与电解质水平和电解质中炭渣情况等都有关。因此，仅凭氧化铝浓度与槽电阻之间的变化规律所建立起来的阳极效应预测与控

制技术，还不能完全有效地控制阳极效应的发生，而只能说现行的氧化铝浓度控制技术仅仅是降低了阳极效应发生的概率。

对于预焙阳极铝电解槽来说，大面积阳极效应发生前首先在一个或几个阳极上出现。有时人们可以观察到局部阳极或个别阳极上有火花放电现象，此时槽电压并没有发生显著的变化。在多数的大型预焙阳极铝电解槽上，个别阳极上或局部阳极工作面上出现的阳极效应偶尔也会自灭。但通常这种现象出现是整体电解槽阳极效应的前兆，整体阳极效应的出现表现在槽电压突然升高。阳极效应电压的高低在某种程度上与发生阳极效应的阴极面积的大小有关，发生阳极效应的阳极面积越大，效应电压越高。

这种情况的发生与各阳极在电解槽上所具有的不同的工作状态有关。不同炭阳极所具有的不同的工作状态表现在：①每个阳极的阳极电流密度有差异；②由于电流密度不等导致各阳极底掌下面的电解质温度不同；③各阳极底掌下的电解质中氧化铝浓度也不同。

在工业铝电解槽中，特别是在中间点式下料的预焙阳极电解槽中，氧化铝的下料点是有限的；电解质与铝液受电磁力和阳极气体逸出的作用而有规律地循环、流动。点式下料时加入到电解槽中的氧化铝就靠这种电解质的流动而传质到槽内不同位置的电解质中。因此，电解质熔体中的氧化铝浓度具有非均一性。除此之外，由于各阳极的电流密度不一样，导致电极反应速率和氧化铝的消耗速率也不一样，容易造成各阳极下面的电解质中氧化铝浓度有更大差别。此时，如果将每个阳极导杆连接的阳极与其相对应的铝液阴极看成是一个独立的电解槽，那么阳极效应必然率先在阳极电流密度较高、阳极底掌下氧化铝浓度较低的炭阳极上发生。一旦阳极效应在某阳极上发生，那么原来通入这块阳极的电流就会被分配到其他的炭阳极上，使其他炭阳极的电流密度升高，氧化铝消耗加快，氧化铝浓度下降加快，如此连锁反应迅速诱发出更多的单个阳极效应的发生。这一阳极效应发生的机理已被王紫千等人利用同步测量一个 168kA 电解槽阳极导杆上的等距离电压降的变化所证实，如图 6-13 所示。

图 6-13 中，阳极效应的发生是在电解槽停止加料后第 23min 发生的。由图可以看出，该电解槽阳极效应首先出现在 A11 阳极上，此时通过该阳极导杆的电流迅速下降到零，数秒后又有 A4、B9 等阳极发生阳极效应；而 B1、A12、B12 等阳极先出现电流突然升高，二十多秒后，才发生阳极效应。从图 6-13 中还可以看出，在整个阳极效应期间，有些阳极并未发生效应，仅仅出现电流大幅度振动，这显然是由于其他阳极发生阳极效应导致的。这表明，在预焙阳极电解槽中发生大面积阳极效应那一刻，并非所有阳极上都发生阳极效应，仍有个别阳极没有出现效应。在经过一段时间后，如果不及时添加氧化铝，则可能导致整个电解槽出现阳极效应。

阳极效应时槽电压大小不仅与电解质组成、温度和阳极质量有关，还与电解槽同时发生阳极效应的个数，以及炭阳极底掌下发生阳极效应的阳极底表面积所占整个炭阳极底表面积的比例有关。除此之外，阳极效应电压的大小还与阳极效应时阳极底掌下气膜的厚度有关。而气膜的厚度无疑取决于阳极气体成分、电解质成分、炭阳极的质量和温度等综合因素。

对于工业预焙阳极铝电解槽而言，每个阳极导杆下的炭阳极及其相对应的阴极都可看作是一个独立的电解槽。电解槽阳极效应的发生，首先出现在某一个或某几个炭阳极上，因此，可以借助于同步测量在每个炭阳极铝导杆上的等距离电压降的变化，来预测和预报铝电解槽的阳极效应。这样可以早期预报大面积阳极效应的发生。

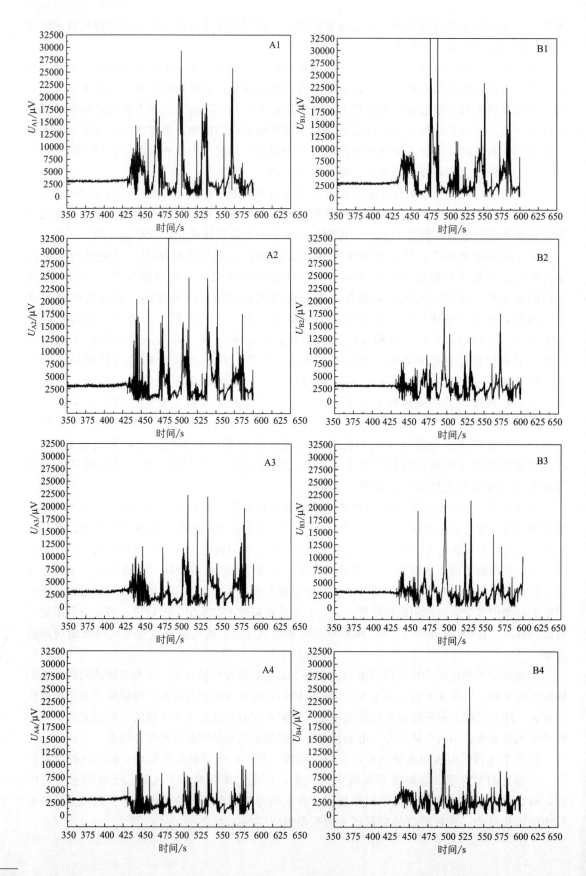

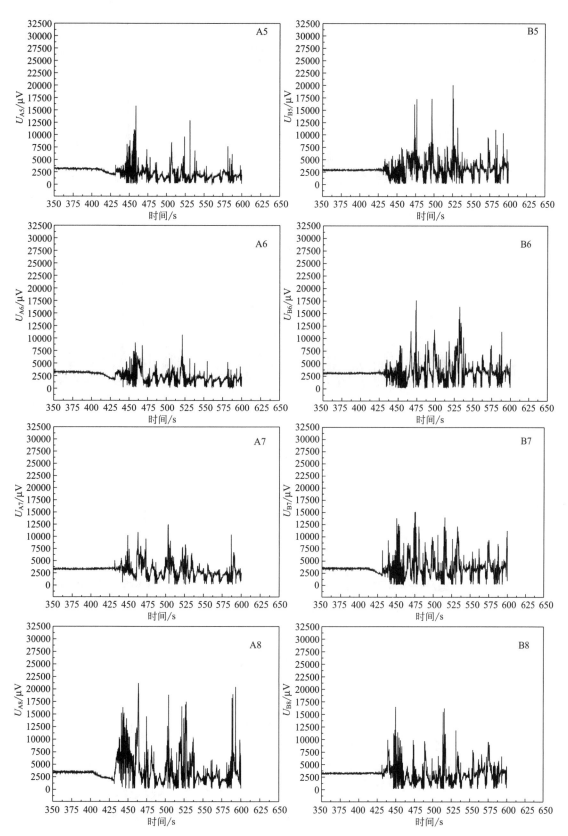

图 6-13

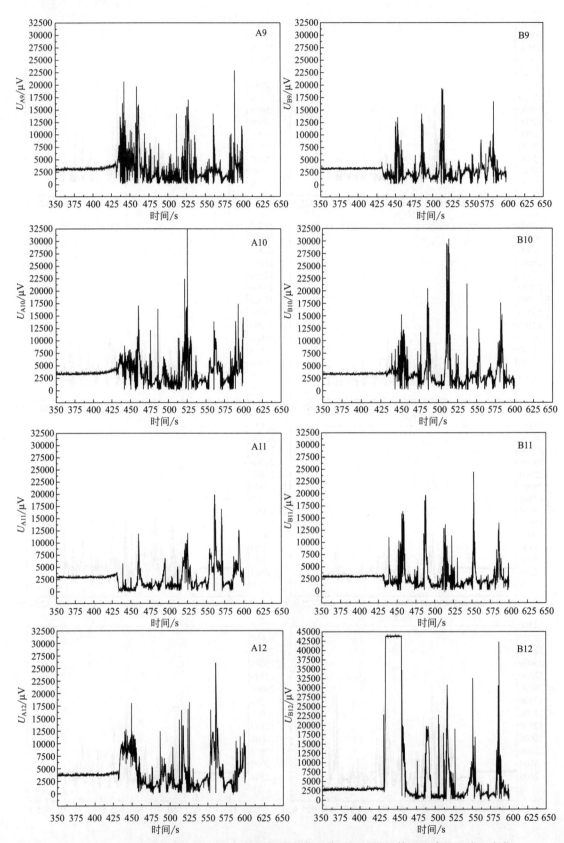

图 6-13 24 个炭阳极的 168kA 电解槽阳极效应发生前后阳极导杆等距压降（电流）变化

6.8　阳极效应的熄灭

（1）向电解槽中添加氧化铝　当电解槽来效应时，只向电解槽中添加氧化铝，而不辅助其他方法和措施，阳极效应并不能很快地被熄灭，这是因为按正常加料的方法加入到电解槽中的氧化铝，需要有一个溶解过程。

（2）在阳极底部搅动电解质　常用方法是向电解槽的阳极下部插入木条或木棒，利用木条或木棒在高温下炭化过程中产生的大量碳氢化合物气体，使电解质"沸腾"，达到快速溶解氧化铝消除阳极的浓度极化扩散过电压和"吹除"黏附于阳极表面的气泡，实现熄灭阳极效应的目的。其熄灭阳极效应的原理与向阳极底部鼓入空气的原理是一样的。

（3）上下提高和降低阳极　用上下提高阳极和降低阳极的反复动作来达到熄灭阳极效应的目的，其基本原理是通过阳极的上下运动，搅动电解质，加快氧化铝的溶解，消除阳极底表面电解质浓度极化扩散过电压，改善阳极表面电解质对阳极的湿润性能，达到熄灭阳极效应的目的。

（4）让阳极和阴极短路　这种熄灭阳极效应的方法简单、快捷，可在最短的时间熄灭阳极效应。其基本原理是下降阳极使阳极与阴极铝水接触，可使阳极上的所有极化的电压瞬间完全消失，使阳极效应快速熄灭。

在这几种方法中，向阳极底下插入木条或木棒方法最简单，但增加工人的劳动强度，阳极效应一般不会马上被熄灭。而采用阳极和阴极短路的方法最便捷，其最大优点是可以利用计算机自动控制去实现熄灭阳极效应，既减轻工人的劳动强度，又减少效应时间。

6.9　阳极效应对环境的影响

在铝电解生产过程中，阳极效应发生时，会产生大量的全氟化碳（PFC，perfluorocarbons 的缩写）温室效应气体——CF_4 和 C_2F_6。这些 PFC 气体进入大气产生严重的温室效应。与 CO_2 和 CO 气体比较，虽然阳极效应产生的 CF_4 和 C_2F_6 并不多，但研究表明，CF_4 气体的温室效应是 CO_2 的 6500 倍，C_2F_6 气体的温室效应是 CO_2 的 9200 倍，因此世界各产铝国家对本国铝工业均要求逐渐降低 PFC 释放量，并初步取得了成果，见表 6-3。

表 6-3　某些产铝国家 PFC 释放量降低情况

国　家	释放量/(t CO_2/t Al)		释放量降低		释放量计算方法
	1990 年	1997 年	总降低/%	平均每年降低/%	
澳大利亚	3.9	0.9	78	19	Slope 模型
巴林	1.5	0.8	47	19	彼施涅过电压模型
巴西	1.9	1.3	31	17	法拉第定律模型
加拿大	5.4	2.7	49	13	现场测定
法国	7.0	1.9	73	17	彼施涅过电压模型
德国	3.3	1.9	43	8	现场测定
新西兰	2.5	0.8	69	21	
挪威	3.0	2.0	34	13	现场测定
英国	9.0	2.8	69	18	按效应频率和时间计算
美国	4.5	3.0	33	7	不详

注：1. 表中 PFC 是以与 PFC 相当的每吨 CO_2 释放量表示的，PFC 包括了 CF_4 和 C_2F_6 释放量，且 CF_4 和 C_2F_6 释放量分别按 6500 倍和 9200 倍 CO_2 量计算。

2. 各种计算方法中，C_2F_6 量是按 CF_4 释放量的 10% 进行计算的。

从表 6-1 可以看到世界铝工业在改进工艺与技术、降低 PFC 释放量以减少对环境的影响方面已经取得了很大的成绩。但是当我们评价各个国家的 PFC 释放量时，其计算方法存在着差别。

（1）法拉第模型计算法　这一模型计算法是由 Tabereaux 提出来的，这个模型的计算方法假定电解槽中生成的 CF_4 遵循法拉第定律，CF_4 气体的生成是与电流（电量）有关，因此 PFC 的生成量可以按式(6-8)计算。

$$CF_4(kg/t\ Al) = 1.698(P/CE) \cdot AEF \cdot AED \tag{6-8}$$

式中　P——阳极效应时阳极气体中 CF_4 所占份数，%；

　　CE——电流效率；

　AEF——效应系数，次/天；

　AED——效应持续时间。

用式(6-8)计算 CF_4 释放量［式(6-8)～式(6-12)中其单位为 kg］的最大局限性是 P 值的不确定，因为 P 值的大小与电解槽工艺操作与技术条件有关。

（2）彼施涅过电压数学模型计算方法　该计算法用阳极过电压作为过程的参数，对阳极效应过程波动的电压进行积分，然后用在彼施涅所属的不同电解铝厂所采集的大量 PFC 数据进行修正，得到数学模型计算式(6-9)。

$$CF_4(kg/t\ Al) = 1.9AEO/CE \tag{6-9}$$

式中　AEO——阳极效应过电压，mV/d。

该计算方法的缺点是，大多数铝厂没有能力去收集阳极过电压的数据，因此这一方法在大多数铝厂都用不上。

（3）Slope 数学模型计算方法　这一数学模型计算方法提出，阳极效应时间［min/(槽・d)］与 CF_4 的生成量成线性关系，即

$$CF_4(kg/t\ Al) = S \cdot AE[min/(槽・d)] \tag{6-10}$$

式中　S——斜率（系数）；

　AE——每槽每天效应持续时间。

海德鲁和美铝（Alcoa）研究者第 1 次提出这一线性关系时，是基于他们在自己所属电解铝厂的现场测量数据。这两个公司各自独立地得出了其斜率 Slope 值为 0.12。

（4）现场测量法　最准确地给出 PFC 值的方法是直接在电解铝厂对正常生产过程中 PFC 释放量进行现场测定，这种方法曾在加拿大、德国、挪威和美国等许多国家的电解铝厂得到应用。该方法的主要缺点是现场测量需要消耗大量的时间和精力，费用较高。

为了便于比较，并能对各国在降低 PFC 方面所做出的努力和取得的成果进行公正地评价，国际政府间对于环境变化的小组委员会［the Intergovernmental Panel on Climate Change（IPCC）］推荐各国使用如下统一的计算公式

$$CF_4(kg/t\ Al) = S \cdot AEF \cdot AED \tag{6-11}$$

式中　S——系数。

AEF 和 AED 意义同上。

式(6-11)也可写成

$$CF_4(kg/t\ Al) = S \cdot AE[min/(槽・d)] \tag{6-12}$$

式(6-11)和式(6-12)中的系数 S 也是一个技术参数，它与电解槽的工艺技术好坏、效应持续时间的长短有关，其大小范围为预焙槽 $S=0.14\sim0.16$；自焙槽 $S=0.07\sim0.11$。

应该说明的是即使对于相同的电解槽，各个不同的阳极效应的 S 值可能并不一样，最大值与最小值的偏差在 30％左右。由式（6-11）可以看出降低电解槽 CF_4 温室气体的排放量（PFC），一是要减少阳极效应的系数，二是要缩短阳极效应的持续时间，将二者合而为一的概念就是减少每天阳极效应的时间。

目前我国和世界其他各国都在使用阳极效应系数作为工艺技术和参数指标，实际上从环保和节能角度看，这一个指标是不完善的。使用每天效应时间这一参数，即使用效应系数和效应持续的平均时间，并对铝厂电解槽的技术操作进行考核更有科学意义。就效应系数和效应时间而言，我国电解铝厂的阳极效应系数一般为 $0.05 \sim 0.1$，视电解槽铝厂的技术操作和计算机控制水平好坏有所差异。对处理和熄灭阳极效应一般要求在阳极效应出现 5min 之内熄灭，但大多数熄灭阳极效应的时间都超过 5min。这使得 PFC 的排放量大大地增加。表 6-4 是根据铝电解槽几种不同阳极效应系数和效应时间，按式（6-12）计算的电解铝厂PFC 排放量。

表 6-4　电解铝厂按不同阳极效应系数和效应时间计算得出的 PFC 排放量

效应系数 /（次/天）	效应时间 /min	PFC /（t CO_2/t Al）	效应系数 /（次/天）	效应时间 /min	PFC /（t CO_2/t Al）
0.5	8	4.45	0.3	2	0.668
0.5	5	2.78	0.1	5	0.557
0.5	3	1.67	0.1	3	0.334
0.4	8	3.56	0.1	2	0.223
0.4	5	2.23	0.05	5	0.278
0.4	3	1.34	0.05	3	0.167
0.4	2	0.89	0.05	2	0.111
0.3	8	2.67	0.03	5	0.167
0.3	5	1.67	0.03	3	0.100
0.3	3	1.00	0.03	2	0.067

注：1.表中 PFC 是以与 PFC 相当的每吨 CO_2 释放量表示的，PFC 包括了 CF_4 和 C_2F_6 释放量，且 CF_4 和 C_2F_6 释放量分别按 6500 倍和 9200 倍 CO_2 量计算。

2.各种计算方法中，C_2F_6 量是按 CF_4 释放量的 10％进行计算的。

3.计算中，$S=0.15$。

一些减少阳极效应系数和效应时间的方法和措施如下：

① 改进和提高氧化铝下料的计算机控制技术；

② 改进氧化铝在电解槽中的分布；

③ 改进阳极效应的熄灭方法，缩短效应持续时间；

④ 改进铝电解工艺技术，降低阳极效应发生的频率，比如采用适当提高电解温度，但降低过热度，使电解槽的电流效率既不降低，又能提高氧化铝溶解速率，从而实现降低阳极效应系数的目的。

参 考 文 献

[1]　Homsi，Reverdy. Proc. 6th Australasian Aluminium Smelting Workshop. Geraldton：[s. n.]，1998.

[2]　东北工学院有色系，轻金属教研室.专业轻金属冶金学.北京：冶金工业出版社，1960.

[3]　K Gjotheim et al. Aluminium Electrolysis，Fundamentals of the Hall-Héroult Process. Düsseldorf：Aluminium Verlag GmbH，1982.

[4]　邱竹贤.铝冶金物理化学.上海：上海科学出版社，1985.

[5]　Thountad J. Electrochim. Acta. 1967，12：1219.

［6］ Piontelli R et al. Metallurgia ital. 1965，57（2）：1.

［7］ Thonstad J. The 21st International Course on Process of Aluminium Electrolysis. Trondheim：［s. n.］，2002.

［8］ Dolin J. Light Metal Age. 1999.

［9］ Tabereaux. Light Metal Age. 2002.

［10］ Barry J Welch. Quantifying PFC emissions from smelter cells. Proc. 10th Australasian Aluminium Smelting Technology Conference. Launceston：［s. n.］，2011.

［11］ 王紫千. 系列新型阴极结构电解槽的工业试验研究. 沈阳：东北大学，2010.

第7章 | 冰晶石-氧化铝熔盐电解电化学反应的热力学

7.1 冰晶石氧化铝熔盐电解的能量消耗

工业上氧化铝熔盐电解的能量消耗通常是按每电解生产 1t 铝或 1kg 铝所消耗的电能（kW·h）表示的。其电耗（kW·h/t Al）又可分为直流电耗和交流电耗。直流电耗表示电解槽在时间 t 内及给定的电流（I）条件下，电解生产 1t 金属铝所消耗的能量，即

$$直流电耗 = \frac{IV_{平}\, t \times 10^{-3}}{0.3356 It \cdot CE \times 10^{-6}} = 2980 \times \frac{V_{平}}{CE} \tag{7-1}$$

式中　0.3356——铝的电化学常数，g/(A·h)；

　　　　CE——电流效率，%；

　　　　I——电流，A；

　　　　$V_{平}$——槽平均电压，V；

　　　　t——电解时间，h。

由式(7-1) 可以看出，铝电解生产的直流电耗与槽平均电压成正比，与电流效率成反比。

铝电解生产的吨铝交流电耗可以用给定时间内电解槽系列电解生产的金属铝量除以电解槽系列整流供电所消耗的交流电量计算出来，但这样计算出来的吨铝交流电耗是一个系列电解槽交流电耗的平均值。对于单个电解槽的交流电耗（我国电解铝厂常称其为原铝可比交流电耗）可以用直流电耗除以整流效率来表示，即

$$交流电耗 = 2980 \times \frac{V_{平}}{CE \cdot RE} \tag{7-2}$$

式中　RE——整流效率。

由式(7-1) 和式(7-2) 可以看出，铝电解生产的吨铝电耗，无论是直流电耗还是交流电耗都与电解槽的平均电压成正比，与电流效率成反比。提高铝电解槽生产系列直流供电系统的整流效率，可有效地降低铝电解生产的交流电耗。铝电解槽生产系列直流供电系统的整流效率除了与供电电气设计及其主体电气设备参数的选择有关之外，还与电解槽生产系列电解槽的负荷有关。提高电解槽系列直流供电系统电解槽的负荷率，将有利于整流效率的提高和改善。

式(7-1) 和式(7-2) 中，$V_{平}$ 为电解槽的平均电压。电解槽的平均电压的主要部分为电解槽的工作电压，除此之外，还包括电解槽效应分摊电压和直流系统部分除电解槽之外各部

分母线电压降分摊到每个槽的平均电压。

在铝电解正常生产中，决定电解槽热状态的因素主要是电解槽的工作电压，人们通常称其为槽电压 $V_{槽}$。槽电压 $V_{槽}$ 是由电解槽的反电动势 $E_{反}$、电解质的欧姆电压降 $E_{电解质}$、阳极气泡所引起的电解质电阻电压降的增加 $E_{气}$、阳极电压降 $E_{阳}$、阴极电压降 $E_{阴}$、阳极和阴极之外金属导体电压降 $E_{导}$，以及导电体连接点的接触电压降 $E_{接}$ 组成的，写成公式即是：

$$V_{槽} = E_{反} + E_{电解质} + E_{气} + E_{阳} + E_{阴} + E_{导} + E_{接} \tag{7-3}$$

在电解槽热平衡的计算中，一般只考虑热平衡体系边界之内的电压，而对于平衡体系之外的电压降不予考虑。

电解槽的反电动势是由电解槽的可逆电势、阳极和阴极上的过电压组成的，即：

$$E_{反} = E_{rev} + \eta_{SA} + \eta_{CA} + \eta_{CC} \tag{7-4}$$

式中　E_{rev}——铝电解槽的可逆平衡电位（无极化），V；

　　　η_{SA}——阳极表面反应过电压，V；

　　　η_{CA}——阴极表面浓差过电压，V；

　　　η_{CC}——阴极表面浓差过电压，V。

E_{rev} 的物理意义是使电解槽反应处于可逆平衡状态时的电压。E_{rev} 可根据电解反应的标准吉布斯自由能和反应物、产物的活度值计算得出。然而要在冰晶石-氧化铝的熔盐电解过程中得到电解产物则需要额外的电压，即两极电解反应的过电压，这属于电极反应过程的动力学问题。在铝电解槽两极电解反应过程中，有两种形式的过电压，一种是反应过电压，一种是浓差极化过电压，它们都随着电解质的组成、电流密度和电解温度的变化而变化。对工业电解槽来说，阳极表面的反应过电压值在 0.47V 左右；阳极表面的浓差过电压和阴极表面的浓差过电压在 0.03V 左右。

7.2　氧化铝的可逆分解电压 E_{rev}

在确立铝电解槽的可逆电势 E_{rev} 之前，应首先计算其标准电势 $E^{\ominus}$。标准电势是根据电解槽电解反应的标准自由能变化 $\Delta G^{\ominus}$ 计算出来的。所谓的标准电势 $E^{\ominus}$，是根据在给定的电解温度下，电解槽电解反应的反应物和产物的活度都等于 1 时的电解反应自由能变化计算得出的，即：

$$E^{\ominus} = -\Delta G^{\ominus}/(nF) \tag{7-5}$$

其电解反应为：

$$Al_2O_3(\alpha, T) + 1.5C(s, T) \longrightarrow 2Al(l, T) + 1.5CO_2(g, T) \tag{7-6}$$

式中　α——α-氧化铝；

　　　s——固态；

　　　l——液态；

　　　g——气态；

　　　T——电解温度，℃。

如果电解槽使用惰性阳极，阳极产物是氧气，则电解槽反应可写成：

$$Al_2O_3(\alpha, T) \longrightarrow 2Al(l, T) + 1.5O_2(g, T) \tag{7-7}$$

在式（7-6）和式（7-7）的电解反应式中，反应物之所以用 α-氧化铝，是因为 α 态氧化铝

和其他非 α 态氧化铝在它们溶解到电解质熔体中时，都转变成 α 态氧化铝。

由于 $\Delta G^{\ominus}$ 只是温度的函数，因此 $E^{\ominus}$ 也只是温度的函数，由热力学计算得出（计算过程略），对于炭阳极

$$E^{\ominus} = 1.898 - 0.0005733T \tag{7-8}$$

对于惰性阳极

$$E^{\ominus} = 2.922 - 0.0005713T \tag{7-9}$$

由式(7-8) 和式(7-9) 可以看出，如果使用惰性阳极和使用炭阳极的过电压和电解温度是一样的，则使用惰性阳极其槽电压要比目前使用炭阳极高 1.03V 左右。然而测量结果表明，惰性阳极上的过电压要比炭阳极上的过电压低 0.4V 左右，因此，如果极距和电流密度都一样，使用惰性阳极的效果是其槽电压要比使用炭阳极时高 0.63V 左右，从这一点来看，使用惰性阳极电解槽并不比目前的炭阳极电解槽省电。

在铝电解槽中，铝电解反应的可逆电势并不等于标准电势，可逆电势可用式(7-10) 计算：

$$E_{\text{rev}} = E^{\ominus} - \frac{RT}{nF} \ln \frac{a_{\text{Al}}^2 \cdot a_{\text{CO}_2}^{1.5}}{a_{\text{Al}_2\text{O}_3} \cdot a_{\text{C}}^{1.5}} \tag{7-10}$$

在铝电解槽中，由于 Al、CO_2 和 C 都可以看成是标准态，活度等于 1，因此式(7-10) 又可以写成：

$$E_{\text{rev}} = E^{\ominus} - \frac{RT}{nF} \ln \frac{1}{a_{\text{Al}_2\text{O}_3}} \tag{7-11}$$

式中　R——气体常数；

　　　F——法拉第常数。

7.3　氧化铝的活度

由式(7-10) 和式(7-11) 可以知道，电解槽反应的可逆电势 E_{rev} 的大小除了与温度有关外，还与氧化铝在电解质中的活度有关，因此在计算电解槽的可逆电位时，要尽量选择可靠的氧化铝活度数据。比较新的氧化铝活度数据是由 Dewing、Thonstad 和 Solheim 用冰降低法和冰晶石-氧化铝的浓差电池电势的数据得出的。如果将这些数据加以统计分析，可以得到如下相关方程式：

$$a_{\text{Al}_2\text{O}_3} = -0.0379\text{RO} + 2.364(\text{RO})^2 - 2.194(\text{RO})^3 + 0.868(\text{RO})^4 \tag{7-12}$$

在式(7-12) 中

$$\text{RO} = \frac{\text{氧化铝浓度（质量分数）}}{\text{氧化铝饱和浓度（质量分数）}} \tag{7-13}$$

从上述一些计算式可以算出，在 960℃的电解温度下，当电解质中的 Al_2O_3 浓度处于饱和浓度时，其电解反应的可逆电压为 1.191V，当电解质中的氧化铝浓度为 1/3 的饱和氧化铝浓度时，其电解反应的可逆电压为 1.222V。

7.4　铝电解实际能量需求

对铝电解生产来说，当阳极为炭，阳极产物为 CO_2，阴极产物为铝时，铝电解槽中的电解反应可写成：

$$(1-y)Al_2O_3(\gamma,T)+yAl_2O_3(\alpha,T)+1.5C(s,T)\longrightarrow 2Al(l,T)+1.5CO_2(g,T)$$
$$(7\text{-}14)$$

式(7-14) 中，y 为 Al_2O_3 原料中 α-氧化铝在原料中所占的比率（分数），其他符号定义同前。

当氧化铝溶解到电解质中时，γ-氧化铝会转变成 α-氧化铝，即：

$$(1-y)Al_2O_3(\gamma,T)\longrightarrow(1-y)Al_2O_3(\alpha,T)$$
$$(7\text{-}15)$$

反应（7-15）是自发进行的，且反应时放出一定的热量，在计算 ΔH^0 时必须加以考虑。

在铝电解槽中，阴极上电解出来的部分铝，会通过多种形式溶解到电解质中，并与阳极气体 CO_2 反应，生成 CO 和 Al_2O_3，使电流效率降低，即：

$$2(1-x)Al(l,T)+3(1-x)CO_2(g,T)\longrightarrow(1-x)Al_2O_3(\alpha,T)+3(1-x)CO(g,T)$$
$$(7\text{-}16)$$

式中，x 为电流效率。

除了 CO_2 与电解质中溶解的金属铝反应外，少量的 CO_2 也会与炭反应生成 CO（布达反应），即

$$bCO_2(g,T)+bC(s,T)\longrightarrow 2bCO(g,T)$$
$$(7\text{-}17)$$

将式(7-14)、式(7-16)、式(7-17) 相加，就可以得到式(7-18)：

$$(x-xy)Al_2O_3(\gamma,T)+xyAl_2O_3(\alpha,T)+(1.5+b)C(s,T)\longrightarrow$$
$$2xAl(l,T)+(3x-1.5-b)CO_2(g,T)+(3-3x+2b)CO(g,T) \quad (7\text{-}18)$$

对这个反应而言，当反应产物有一个以上的气体，而反应物为固体或（和）液体时，其反应的熵变为正值，因此反应热焓的变化，即反应所需要的能量 ΔH^0，大于反应自由能 ΔG^0 的变化。

$$\Delta H^0 = \Delta G^0 + T\Delta S^0$$
$$(7\text{-}19)$$

利用式(7-19)，按下述热力学反应过程的循环图，计算铝电解反应对能量的总需求 ΔH^0。

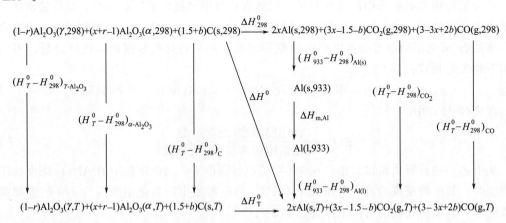

在上述反应循环图中，各符号的意义为

α——α-氧化铝；

γ——γ-氧化铝；

s——固相；

l——液相；

　　g——气相；

　　T——反应温度，℃；

　　H_T^0——反应物和产物各组分在给定温度下的热焓；

$\Delta H_{m,Al}$——铝的熔化热。

　　根据盖斯定律，反应方程式(7-19)，即铝电解所需要的能量 ΔH^0 为：

$$\Delta H^0 = \Delta H_T^0 + (1-r)(H_T^0 - H_{298}^0)_{\gamma\text{-}Al_2O_3} + (x+r-1)(H_T^0 - H_{298}^0)_{\alpha\text{-}Al_2O_3} +$$
$$(1.5-b)(H_T^0 - H_{298}^0)_C \tag{7-20}$$

或

$$\Delta H^0 = \Delta H_{298}^0 + 2x(H_{933}^0 - H_{298}^0)_{Al(s)} + 2x\Delta H_{m,Al}^0 + 2x(H_T^0 - H_{933}^0)_{Al(l)} +$$
$$(3x-1.5-b)(H_T^0 - H_{298}^0)_{CO_2(g)} + (3-3x+2b)(H_T^0 - H_{298}^0)_{CO(g)} \tag{7-21}$$

对生产每吨铝所需的能量 W 而言

$$W = \frac{2\times10^3 x}{27}\Delta H^0 \tag{7-22}$$

　　但是用电解反应方程式(7-19) 计算 ΔH^0，需要知道 b 值，然而如果我们知道 CO/CO_2 的比率 R_g 和电解槽的电流效率，我们可以用下列计算式，解出 b 值。

$$R_g = \frac{3-3x+2b}{3x-1.5-b} = \frac{CO\%}{CO_2\%} \tag{7-23}$$

$$b = \frac{3xR_g - 1.5R_g + 3x - 3}{2+R_g} \tag{7-24}$$

R_g 中 CO 和 CO_2 的摩尔分数可用下述方程式计算：

$$CO(\%) = \frac{200G - 2x - 8}{G} \tag{7-25}$$

$$CO_2(\%) = 100 - CO(\%) \tag{7-26}$$

$$G \approx 1.05(\text{预焙槽}) \tag{7-27}$$

$$G \approx 1.19(\text{自焙槽}) \tag{7-28}$$

　　对于自焙槽，如果按 CO_2 的摩尔分数计算电流效率，也可以用邱竹贤给出的式(7-29) 进行修正：

$$CO_2(\%) = \frac{1}{2}\left[100 + \frac{1}{2}CO(\%)\right] + 3.5 \tag{7-29}$$

7.5　铝电解的当量电压 $E_{\Delta H^0}$

　　铝电解的当量电压 $E_{\Delta H^0}$ 可按式(7-30) 定义和计算。

$$E_{\Delta H^0} = -\frac{\Delta H^0}{nF} \tag{7-30}$$

　　式中，ΔH^0 为按公式(7-20) 或式(7-21) 所计算出来的完成电解反应 (7-18) 所需的能量，因此计算出了 ΔH^0，即可按公式(7-30) 计算出铝电解的当量电压 $E_{\Delta H^0}$。

　　根据上述诸公式和 JANAF 热力学数据，Hauping 和 Kvande 给出了计算 $E_{\Delta H^0}$ 的方程式：

$$E_{\Delta H^0} = 0.23706 + 4.6757 \times 10^{-4}T + b(0.3086 - 1.97 \times 10^{-5}T) -$$
$$2.25 \times 10^{-7}T^2 + x(1.4024 + 0.03253y + 2.23 \times 10^{-4}T) +$$
$$(25 - T)[0.000145(x - xy) + 0.000138xy + 0.000015(b + 1.5)] \qquad (7-31)$$

$E_{\Delta H^0}$ 的物理意义，在于 $E_{\Delta H^0}$ 是铝电解槽（炭阳极）电解氧化铝所需的最低电压，称之为当量电压。当量电压 $E_{\Delta H^0}$ 与电解槽电流 I 的乘积，即为单位时间内电解槽对能量的实际需求 ΔH^0。

7.6　铝电解槽电压及其电能分配

典型的铝电解槽电压组成及其电能分配示于图 7-1 和图 7-2。图 7-1 和图 7-2 所示的都是具有代表性的现代化大型电解槽的工艺特性。

由图 7-1 和图 7-2 可以看出：由 ΔH^0 计算出来的当量电压 $E_{\Delta H^0}$，既不等于电解槽的反电动势，也不等于电解槽的可逆电势，它比电解槽的可逆电势和反电动势都高。

图 7-1 和图 7-2 也有不合理的地方，图 7-1 给出的是槽电压 4.19V，电流效率 96%，而图 7-2 给出的是槽电压 4.20V，电流效率 90%。尽管二者的温度与氧化铝浓度相同，但这两台电解槽的工作状态有差异，表现在阳极过电压、阴极过电压和反电动势不一样。

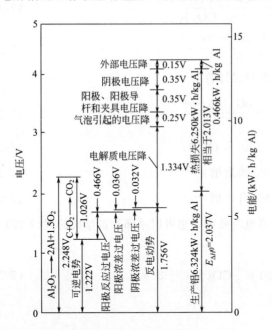

图 7-1　槽电压及其电压和电能分配（一）

（CE＝96%，槽电压 4.19V，960℃，

氧化铝浓度为 1/3 氧化铝饱和浓度，

其中 α-Al_2O_3 占 10%）

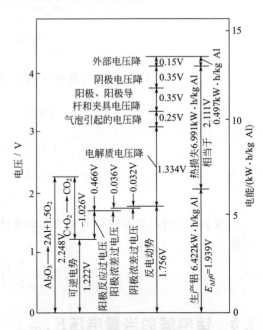

图 7-2　槽电压及其电压和电能分配（二）

（CE＝90%，槽电压 4.20V，960℃，

氧化铝浓度为 1/3 氧化铝饱和浓度，

其中 α-Al_2O_3 占 10%）

7.7　铝电解槽的热损失和能量平衡

若电解槽的槽电压为 $E_{槽}$，则电解槽在单位时间的热损失 $h(kW)$ 为：

$$h = I(E_{槽} - E_{\Delta H^0}) \tag{7-32}$$

式中　I——电解槽的电流，A；

　　　$E_{槽}$——槽平均电压降包括了电解槽阳极和阴极母线的电压降以及效应分摊电压降，V。

若在计算电解槽的能量平衡时，我们经常考虑的是所计算的能量平衡体系边界以内的电解槽的电压降 E_b，则电解槽在能量平衡体系之内单位时间的热损失 h_b（kW）为：

$$h_b = I(E_b - E_{\Delta H^0}) \tag{7-33}$$

则此时，电解槽的能量平衡方程式为：

$$IE_b - IE_{\Delta H^0} - h_b = 0 \tag{7-34}$$

式（7-34）中，E_b 包括效应分摊电压降。

由式（7-34）可以看出，如果式（7-34）不等于零，而是大于零，则电解槽出现过热，槽帮结壳将会熔化，槽膛增大；如果式（7-34）小于零，槽温下降，槽帮结壳和槽底沉淀增加，槽膛变小。

在能量平衡方程式中，单位时间内输入热平衡体系内的能量可以用热平衡体系内的电压降乘以系列电解槽的电流来表示。而电解槽对周围环境的热损失是通过测量电解槽热平衡体系表面温度及与其临近的环境温度，并使用相关传热学公式计算出来的。电解槽对周围环境的散热损失也可以借助于热流计进行直接测量。关于铝电解槽对周围环境散热损失的测量和计算问题，已在诸多的著作中有所介绍，本书在此不做过多介绍。这里只介绍一个由 Hauping 等人对一个典型的预焙阳极电解槽对周围环境热损失分布情况的测量结果，如图 7-3 所示。

由图 7-3 可以看出，典型预焙阳极电解槽热损失的分布是上部占 50%，侧部占 43%，底部占 7%。电解槽的热损失分布主要与电解槽的热设计有关。改变

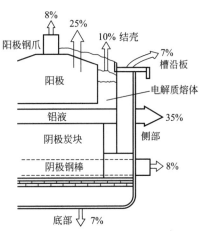

图 7-3　典型预焙阳极电解槽
热损失分布测量结果

上部氧化铝保温层的厚度，改变电解槽侧部材料结构设计，改变槽底保温材料及其结构设计，使用不同种类的阴极炭块，都会改变电解槽热损失的分布。除此之外，电解槽的工艺技术操作对电解槽热损失的分布也有影响，如提高或降低槽电压，提高或降低分子比，会使电解温度发生变化，并改变电解质槽帮结壳的厚度，减少或增加槽底沉淀，从而使电解槽侧部和底部的散热量增加或减少。提高或降低电解槽中的铝水平和电解质水平，会增加或减少电解槽侧部的热损失，从而使电解槽热损失的分布发生变化。

7.8　铝电解槽的能量利用率

铝电解槽的能量利用率 EE 定义为铝电解生产的理论能耗与实际能耗之比，EE 可以用式（7-35）表征和计算：

$$EE = \frac{\Delta H^0}{IE_{槽}} \tag{7-35}$$

$$EE = \frac{E_{\Delta H^0}}{E_{槽}} \qquad\qquad (7\text{-}36)$$

由式（7-31）可以知道，$E_{\Delta H^0}$ 是温度、电流效率、α-氧化铝含量以及布达反应量大小的函数，由此可以得出：

① 温度升高，电流效率降低，会使电解槽的能量利用率下降；

② 槽平均电压增高，会使电耗利用率降低；

③ 较低槽平均电压所取得的高电流效率会有较高的电解槽能量利用率。

参 考 文 献

［1］ Haupin E，Kvande H. Light Metals. 2000：379.

［2］ Dewing E W，Thonstad J. Metallurgical and Meterials Transactions. 1997，28B（12）：1089.

［3］ Solheim，Sterten A. Light Metals. 1999：445.

第 **8** 章 | 铝电解的电流效率

8.1 熔盐电解中的法拉第定律

　　熔盐电解与水溶液电解和有机溶液电解一样，其电解反应是借助电流的作用而进行的化学反应，在电解过程中阳极和阴极反应所获产物的数量都遵循法拉第定律。

　　法拉第第一定律：电解时，在电极上所析出的物质的质量与通过溶液（或熔液）的电量成正比。

　　法拉第第二定律：当通过的电量一定时，析出物质的质量与物质的当量成正比。

　　法拉第定律是自然科学中最准确的定律之一。

　　根据法拉第定律，当冰晶石-氧化铝熔盐电解时，在阴极上从电解质熔体中析出金属铝，是由于每个铝离子 Al^{3+} 从阴极上得到 3 个电子变成金属铝原子 Al。与此同时，有 1.5 个氧离子 O^{2-} 把自己多余的电子给了阳极，而转变成氧原子。如果阳极是惰性阳极，则两个氧原子结合成一个氧分子，从阳极表面逸出。如果阳极是炭阳极，则氧原子与阳极炭反应，最终产生 CO_2，从阳极表面逸出。这就伴随着发生一个铝原子和 1.5 个氧原子的析出，而析出的铝原子的数目永远是析出氧原子数目的 2/3。

8.2 铝的电化学当量

　　铝的电化学当量定义是电流为 1A、电解时间为 1h 时，阴极上所应析出的铝量。它是根据法拉第定律推导出来的，其推导过程如下。

　　已知：1mol 的铝为 26.98154g，电解质熔体中的铝为 Al^{3+}，则电解时在阴极上析出 1mol 的铝所需要的电荷为：

$$96487 \times 3 = 289461(C) \tag{8-1}$$

　　又知：电流为 1A（1C/s），通 1h 的电量为：

$$1 \times 3600 = 3600(C) \tag{8-2}$$

　　所以，通入电解槽 1A 的电流，通入时间（电解时间）1h，则在阴极上析出铝的质量 x 应为：

$$26.98154 : 289461 = x : 3600$$

$$x = \frac{26.98154 \times 3600}{289461} = 0.3356 \text{(g)} \tag{8-3}$$

由式(8-3)计算得出 Al 的电化学当量为 0.3356g/3600C＝0.3356g/(A·h)。用同样的方法，可求得阳极上氧的电化学当量为 0.2985g/(A·h)。

在现在的工业铝电解槽中，阳极为炭，阳极上析出的氧会与炭阳极反应生成 CO_2：

$$2O + C \longrightarrow CO_2 \tag{8-4}$$

在铝电解槽中，我们也可以给阳极炭定义出一个电化学当量：电解槽中通入 1A 的电流，电解时间为 1h，理论上由式(8-4)可以推导出炭阳极的电化学当量为 0.112g/(A·h)。

根据炭的电化学当量和铝的电化学当量，我们可以得出铝电解生产出 1t 铝的理论炭耗为：

$$\frac{0.112}{0.3356} = 0.334 \text{(kg/kg Al)} = 334 \text{(kg/t Al)} \tag{8-5}$$

8.3 铝电解槽电流效率的定义

在电解铝厂中，每个电解槽都是一个电化学反应器，电解槽与电解槽串联在一起。在比较现代化的大型铝厂中，一个电解槽系列可以有 300 台以上的电解槽，因此，在一个电解槽系列上，如果没有漏电损失，每台电解槽上通过的电流都是一样的。在相同的电解时间内，每台电解槽都有相同的产铝量 q（kg）出现在电解槽中。

$$q = 0.3356It \times 10^{-3} \tag{8-6}$$

式中 I——系列电流，A；

t——电解时间，h。

通常，人们将根据式(8-6)计算出的产铝量，称为理论产铝量，也可以称 q 为已经电解出来的产铝量。但实际上，在 t 时间内，从电解槽中得到的产铝量，并非是 q 量，而是比 q 小的 q'，因此我们将 q' 称为实际产铝量。在一个电解槽系列上，各个电解槽的实际产铝量可能不尽相同，那么为什么从每个电解槽得到的实际铝量不相同呢？就是因为每个电解槽电解得出的铝量中有一部分又物理溶解或化学溶解到电解质熔体中，并被阳极气体氧化。这部分铝，我们称其为在时间 t 内铝的溶解损失 R，因此电解槽得到的实际铝量 $q' = q - R$。

铝电解槽电流效率 CE 定义为在给定电流 I 和给定的时间 t 内，电解槽实际得到的铝量 q' 与电解槽理论产铝量 q 之比。

$$\text{CE} = \frac{q'}{q} = \frac{q-R}{q} = 1 - \frac{R}{q} \tag{8-7}$$

式中 q、q' 和 R 单位要相同，即皆为 g（克）或 kg（千克）或 t（吨）。

电流效率按此定义也可以写成

$$\text{CE} = \frac{q'}{0.3356It} = \frac{q-R}{0.3356It} = 1 - \frac{R}{0.3356It} \tag{8-8}$$

由式(8-7)和式(8-8)得到的 CE 值皆为分数，如果电流效率 CE 按百分数表示，则可在分数后面再乘以 100%。

8.4　铝电解槽电流效率降低的原因

就工业铝电解槽而言，引起电解槽电流效率降低的原因主要有以下几个方面：

① 电解槽漏电，或局部极间短路；

② 铝的不完全放电所引起的电流空耗损失；

③ 其他离子放电所引起的电流效率损失；

④ 钠离子电解生成金属钠；

⑤ 铝的物理或化学的溶解，并被阳极气体氧化。

一般说来，在正常的电解情况下，阴极铝溶解之后被阳极气体二次氧化是电解槽电流效率损失的主要原因，其他方面造成的电流效率降低是非常少的，并被认为是可以忽略不计的。只有当电解槽处于不正常状态时，上述各种原因中的某些原因才对电解槽的电流效率的降低产生很大的影响，下面分别简单介绍之。

8.4.1　电解槽漏电或局部极间短路造成电流损失

铝电解与其他熔盐电解和水溶液电解一样，只从电解槽的两极和电解质熔体流过的电流才能使电解质熔体的相关离子在两极上发生电化学反应，生成电解产物——铝和 CO_2，这部分电流我们常称其为法拉第电流，或电解电流。如果电解槽系列出现对地漏电，或某个电解槽极间局部短路或漏电，就会使电解电流减小。铝电解槽的漏电和局部极间短路造成的电流损失可能出现如下几个方面：

① 电解槽系列整体或局部对地漏电，这种情况极少发生；

② 电解槽内炭渣过多，槽子过热，槽帮结壳又没有很好地形成，此时电解槽部分电解电流会从阳极到炭渣，再到侧部炭块，发生漏电损失；

③ 阳极长包，如果阳极长包伸入到铝液中，则会造成阳极与阴极的局部极间短路。

8.4.2　铝的不完全放电引起电流空耗

一般说来，溶解在冰晶石熔体中的氧化铝是以生成铝氟络离子的形式存在的。铝离子 Al^{3+} 不完全放电造成电流空耗，是基于 Al^{3+} 在阴极表面可能存在的分步放电：

$$Al^{3+} + 2e \longrightarrow Al^+ \tag{8-9}$$

$$Al^+ + e \longrightarrow Al^0 \tag{8-10}$$

在上述分步电解反应中，阴极表面部分生成的 Al^+，在尚未被电解生成 Al^0 前，有可能被阴极表面电解质的流动带入到电解质熔体内部，并被阳极气体氧化；或传输到阳极表面，在阳极表面发生电化学氧化，重新变成 Al^{3+}，由此而造成电流空耗。

$$3AlF + 3CO_2 \longrightarrow AlF_3 + Al_2O_3 + 3CO \tag{8-11}$$

$$Al^+ - 2e \longrightarrow Al^{3+} \tag{8-12}$$

8.4.3　其他离子放电所引起的电流效率损失

这主要指原料中，包括阳极中某些杂质粒子溶解到电解质熔体中，在阴极表面放电，或被金属铝还原可能给电解槽的电流效率带来的损失，对这个问题可分几种情况进行说明。

① 比铝析出电位高的杂质金属离子如 Li、Na、Mg 和 Ca 等，在阴极表面放电极少，基

本上不对电流效率构成影响，但是当这些离子的化合物的杂质在原料氧化铝和炭阳极中含量较多时，由它们所形成的氟化物汇集在电解质熔体中会改变电解质的成分，有可能会对电解槽的电流效率有影响，但大多数是正面的影响，比如原料氧化铝中 CaO 杂质汇集在电解槽中所形成的 CaF_2，一般可达到 3%～6% 左右，这相当于电解槽中添加了 CaF_2 添加剂，这些 CaF_2 对电流效率有正面影响。而原料中过多的 Na_2O 杂质在电解槽中的富集所消耗的 AlF_3，以及所形成的 NaF，会使电解槽中的分子比升高，有可能对电流效率有负面影响。以一个 200kA 电解槽每天消耗 3000kg 的 Al_2O_3 为例，如果电解槽使用含 Na_2O 为 0.7% 的氧化铝，则电解槽中每天从原料中添加的 Na_2O 为 21kg，此 21kg 的 Na_2O 按式（8-13）与 AlF_3 反应，则电解槽每天要消耗掉的 AlF_3 约为 19kg，而生成的 NaF 约为 28kg。

$$3Na_2O + 2AlF_3 \longrightarrow 6NaF + Al_2O_3 \tag{8-13}$$

② 比铝的析出电位低的某些高价金属离子的不完全放电，造成电流空耗。这些金属离子有 Ti^{4+}、Si^{4+}、P^{5+} 等，以 Ti^{4+} 和 P^{5+} 为例进行说明。

在阴极：

$$Ti^{4+} + e \longrightarrow Ti^{3+} \tag{8-14}$$

$$Ti^{3+} + e \longrightarrow Ti^{2+} \tag{8-15}$$

$$P^{5+} + 2e \longrightarrow P^{3+} \tag{8-16}$$

在阳极，这些低价的 Ti^{3+}、Ti^{2+} 和 P^{3+} 等离子被传输到阳极后，在阳极上又被氧化成 Ti^{4+} 和 P^{5+}。

$$Ti^{3+} - e \longrightarrow Ti^{4+} \tag{8-17}$$

$$Ti^{2+} - 2e \longrightarrow Ti^{4+} \tag{8-18}$$

$$P^{3+} - 2e \longrightarrow P^{5+} \tag{8-19}$$

由此会引起电流空耗，造成电流效率损失。

③ 某些过渡性金属氧化物杂质在阴极放电，引起铝液成分和界面性质的变化，使电流效率降低。这些金属化合物杂质主要有钛、硅、硼、锆等，它们之中有的存在有多价化合物，因而在冰晶石熔体中可形成多价离子。部分高价离子在阴极不完全放电，造成电流空耗，部分可被铝还原进入阴极铝液中。原料中这类杂质含量较高时，阴极铝液中这类杂质浓度将会大大提高，一旦铝液中这种金属杂质的浓度增加到一定程度，将会大大地提高铝液的黏度以及铝对炭的湿润性，使阴极侧部不容易形成伸腿和槽帮结壳，电解槽温度升高，致使电解槽的电流效率下降。在实验室研究中观察到湿润良好者，多为含这些金属杂质量较大的铝液，可沿坩埚壁向上爬行，甚至溢出坩埚之内壁。图 8-1 所示是实验室电解槽加入 TiO_2 和 B_2O_3 制取 Al-Ti-B 合金时所看到的 Al-Ti-B 合金对电解槽的湿润性情况与电解槽中没有加入 TiO_2 和 B_2O_3 时，纯铝对电解槽的湿润性情况的对比。

由图 8-1 的结果可以看出，当电解槽中的阴极为纯铝时，阴极坩埚内的纯铝几乎为球形，就表明阴极铝对炭阳极的湿润性非常差。正是由于阴极铝液与炭阴极的这种湿润与表面张力特性，使得工业铝电解槽炭阴极槽底周围有伸腿和槽帮结壳形成。合理的伸腿和槽帮结壳是铝电解生产必不可少的，它对电解槽有如下益处。

① 可减少阴极铝液的水平电流分量，防止电流从加工面部位流入阴极钢棒。

② 阴极炭块的周围为捣固糊以及由这种糊捣固而成的斜坡，这些炭素糊在电解槽焙烧过程中，容易出现糊与阴极炭块之间、糊与炭块侧衬之间的裂纹，以及阴极炭块周围环形糊的横向断裂裂纹。而电解槽周边形成的结壳和伸腿具有防止阴极铝液从阴极周边缝隙流入槽

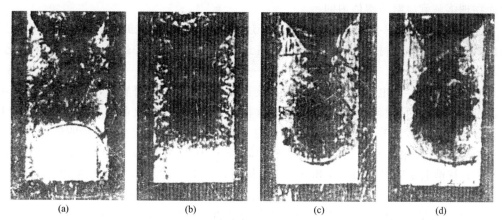

图 8-1　阴极为 Al-Ti-B 合金和阴极为纯铝时，阴极金属对炭阴极的湿润情况

(a) 纯铝；(b) 含 1.8%Ti 和 0.18%B 的 Al-Ti 合金；(c) 含 2.3%Ti 和 0.44%B 的 Al-Ti 合金；

(d) 含 3.07%Ti 和 0.68%B 的 Al-Ti 合金

底，熔化阴极钢棒，提高电解槽寿命的作用。

③ 合理的槽帮结壳和伸腿，将阴极铝液面积减小到阳极投影面积稍大一些的范围内，可使阴极铝液的溶解面积和水平电流降低。

8.4.4　电子导电

有关冰晶石-氧化铝熔液中的电子导电问题尚未有定论。较早的有关熔盐电解和熔盐电化学的著作中，都谈到了在熔盐电解中存在电子导电的问题，但 Ginsberg 和 Wrigge 在将阳极区隔离的电解槽上测定 O_2 的电流效率时，发现电流效率为 99%～100%，多次达到 100%，所以他们认为不存在电子导电。

为了研究冰晶石-氧化铝熔体的电子导电问题，冯乃祥和 K. Grjotheim、H. Kvande 用不同组分的 Al-Cu 合金作为阴极进行电解，测定电解槽的电流效率。测得的结果如图 8-2 所示。他们按照这个测定结果将不同电流和不同 Al-Cu 合金组分时的电流效率曲线外推到电解槽阴极为纯铜时的电流效率为 100%，由此，他们得出结论，冰晶石-氧化铝熔盐电解不存在电子导电的问题。

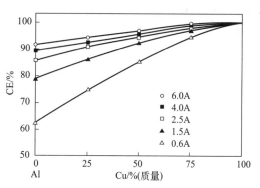

图 8-2　不同 Al-Cu 合金组分时的电流效率

8.4.5　阴极上生成金属钠

理论和实验研究表明，在铝电解生产过程中，阴极表面可以生成金属钠，这些金属钠可以是化学反应形成的，

$$NaF(液)+Al(液)\longrightarrow AlF_3+Na \tag{8-20}$$

也可以是电化学反应形成的。

$$Na^++e\longrightarrow Na \tag{8-21}$$

化学反应式(8-20)也可以在电解质熔体内部进行，这时参加反应的金属铝是从阴极铝

液表面物理溶解到电解质熔体内的。

无论是化学反应（8-20）生成的金属钠，还是电化学反应生成的金属钠，有一部分经由铝液渗入到阴极炭块内衬中，另一部分会溶解到电解质熔体中，并被阳极气体 CO_2 氧化。

$$Na+CO_2 \longrightarrow Na_2O+CO \tag{8-22}$$

还有一部分会浮到电解质熔体的表面，被氧化、燃烧。当电解质的分子比非常高或电解质的温度较高时，可直接在电解槽上观察到这种燃烧时产生黄色火苗的现象。这是因为电解质熔体分子比和温度的升高，有利于化学反应（8-20）和化学反应（8-21）的进行。在通常的工业铝电解过程中，Na^+ 在阴极上的放电电位和 Al^{3+} 在阴极上的放电电位之差约为 0.24V，电解槽电解质温度的提高和分子比的提高，会使 Na^+ 和 Al^{3+} 的放电电位之差减少。

Tingle 等人研究过不同电解质比和不同温度条件下，与电解质熔体相接触并达到平衡后，铝中钠的含量和钠的分压，其测定和研究结果如图 8-3 和图 8-4 所示。

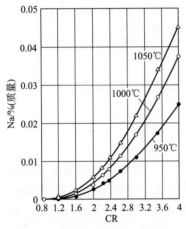

图 8-3　与 NaF-AlF$_3$ 二元系熔体
相平衡的铝中钠含量

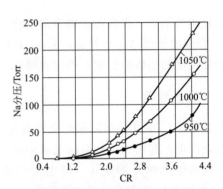

图 8-4　与 NaF-AlF$_3$ 二元系熔体
达到平衡后铝中钠的分压

1Torr=133.3224Pa

对工业电解槽来说，不同温度和不同分子比条件下，阴极铝中的钠含量和钠的分压稍大于上述实验室测定结果，但对新开动的电解槽来说，在相同条件下测出来的阴极铝液中的钠含量和钠分压要稍低于上述实验室的测定结果。这也正好证明了在电解过程中，在阴极上存在着电化学反应（8-21）所生成的金属钠，同时也证明了在新开动的电解槽中，阴极炭块中大量渗入金属钠。

根据铝电解槽中铝中钠含量的测定与研究结果，人们也看到了这样一个事实，即电解槽中阴极沉积出来的不是纯的金属铝，而是与钠共沉积出来而形成的一种含有少量钠的 Al-Na 合金。当电解温度升高和分子比增加时，阴极上的钠含量增加，并影响铝电解槽的电流效率。同时实验研究表明，电解质中添加 Al_2O_3、MgF_2 和 CaF_2 不会对阴极铝中的钠含量产生直接影响。

8.4.6　阴极铝的溶解损失

阴极铝的溶解损失，既有化学溶解损失，也有物理溶解损失。所谓物理溶解损失，即是阴极金属铝以原子态溶解到电解质熔体中；而化学溶解，即是阴极金属铝与电解质熔体组分发生化学反应，生成低价离子化合物和以金属钠的形式溶解到熔体中。

物理溶解：

$$Al(\text{阴极}) \longrightarrow Al(\text{电解质熔体中}) \tag{8-23}$$

化学溶解：

$$2Al + AlF_6^{3-} \longrightarrow 3Al^+ + 6F^- \tag{8-24}$$

或

$$2Al + AlF_3 \longrightarrow 3AlF \tag{8-25}$$

在铝的阴极表面，金属铝还会与 NaF 反应生成金属钠或低价金属钠的氟化物。

$$Al + NaF \longrightarrow AlF_3 + Na \tag{8-26}$$

$$Al + 6Na^+ \longrightarrow Al^{3+} + 3Na_2^+ \tag{8-27}$$

另外，Na^+ 在阴极上放电生成的金属钠，由于其有较高的蒸气压，当金属钠在阴极铝液内达到平衡以后，还会溶解到电解质熔体中，因此，在讨论铝电解槽电流效率的降低，阴极金属铝的溶解损失时，也包括阴极上生成的金属钠的溶解损失。

8.4.7　关于阴极铝的电化学溶解问题

除了物理损失和化学损失，铝电解槽已经电解出来的金属铝还存在着电化学溶解损失的可能性。对于正常的工业铝电解槽来说，这种电化学溶解的可能性是非常少的，这是电解质的电阻非常大以及电解槽系列供电整流机组中的硅整流元件具有很大的反向电阻所致。只有在个别情况下，如阳极质量极差，电解槽内炭渣过多，槽帮结壳不能形成，槽膛内聚结的炭渣使阳极和边部炭块形成短路时，或者电解槽的上下金属结构绝缘不好，出现短路时，这种情况才有可能出现。在这种情况下，电解槽形成一个从阳极→炭渣→炭侧衬→铝液→电解质熔体→阳极的闭合电路。给这个闭合电路供电的是电解槽的反电动势，反电动势所形成的与电解电流相反的电流，即是阴极铝电化学溶解损失的电流。

此时阴极铝发生如下的电化学溶解：

$$Al - 3e \longrightarrow Al^{3+} \tag{8-28}$$

在电解槽炭阳极上的反应为：

$$2Al^{3+} + 6e + 3CO_2 \longrightarrow Al_2O_3 + 3CO \tag{8-29}$$

8.4.8　阴极铝溶解损失的本质

冰晶石熔体是一个清澈、透明，具有高度流动性的液体，当把金属铝加入到冰晶石熔体中时，就会在形成的熔融的金属铝表面生成"雾"状的东西，并扩散到熔体中，马上使电解质熔体变得混浊。因为这种"雾"是从金属表面生成的，因此人们通常将这种"雾"称为金属雾。

由于金属在某种程度上是可以熔解到它本身的盐类熔体中，因此人们一直将金属雾看成是低价金属离子在冰晶石熔体中的弥散。也有人将金属雾看成是生成的低价离子和金属钠的气泡。也有人认为，金属雾中的气泡主要是由氢气组成的，这种氢气是由溶解在电解质熔体中的微量水或者是氢氧化物与金属铝之间的反应形成的。

Haupin 观察到，当把有金属铝的冰晶石熔体封闭在一个容器中保持 72h 后，这种金属雾消失了，由此他认为，所谓的金属雾是 H_2 气泡组成的。

在谈到铝在冰晶石熔体中的溶解现象和溶解本质时，我们不能不谈一谈邱竹贤的创造性研究对此所做的贡献。他用石英制透明电解槽观察铝在冰晶石熔体的溶解现象。实验用的盛装冰晶石-氧化铝熔液的容器用电熔高纯石英制作，为长方形（40mm×40mm×80mm），壁厚3mm，用低熔点电解质在800℃下进行电解时，石英坩埚并无明显的腐蚀。入射光源为一盏聚光反射灯，通过电压调节以控制其亮度。用摄像机拍摄铝的熔解过程。实验时，电解液用氩气保护。

图8-5所示为一种透明电解槽的形式。

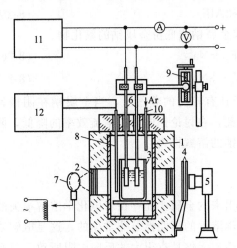

图8-5　透明电解槽装置

1—加热炉；2—石英窗口；3—石英坩埚；4—滤光板；

5—摄像机；6—电极；7—可调节光源（0～30V）；

8—热电偶；9—电极升降结构；10—氩气导管；

11—x-y函数记录仪；12—控温仪

实验发现，温度为800～900℃的冰晶石-氧化铝熔液在透射光中呈白色，清澈透明。当盛置固体铝（8g）的高纯石墨盘插入此熔液中时，铝的表面上立即冒出许多细小的气泡，熔液仿佛在"沸腾"。经过1～2min之后，开始从金属表面上发出一缕缕金属雾，夹杂在气泡中，在灯光照射下，金属雾呈紫蓝色，在入射光的垂直方向上，观测到丁达尔效应（Tyndall effect）。

邱竹贤通过透明电解槽得到了金属雾的特征，并对这种金属雾作出如下的解释。

① 当金属铝浸入冰晶石熔液中时，立即发生强烈的化学反应，生成无色的液流，随后则产生金属雾。

② 金属雾在强光照射下，呈紫蓝色，它仿佛是由许多细微的、像金属那样反光的粒子所组成。当大量金属雾存在时，熔液甚至变得不透明。铝雾生成一种亲液溶胶。

③ 大量的金属雾在冰晶石熔液中能够停留一定的时间，这是由于金属雾带有同性的电荷，互相排斥，但它们在重力场中运动时，逐渐聚合和沉降成团。这些现象表示含有金属雾的高温熔液具有胶体熔体的典型特征。

④ 金属雾具有还原性质，它容易被空气氧化，或者被阳极气体氧化，像晨雾在空气中消失那样。

⑤ 金属雾的运动方向因环境而异。把铝加入到冰晶石-氧化铝熔液中时，金属雾向上喷发，夹带着许多细小的气泡，这种运动方向是由熔液的对流作用引起的。

在双室透明电解槽中，金属雾在阴极室中生成。金属雾由于扩散逐渐向阳极室移动，达到距阳极底掌面大约5mm处停滞不前。金属雾停滞不前的原因可能是：一是阳极气体对金属雾的氧化；二是带正电荷的原子簇离子受到阳极的排斥作用。此时金属雾的生成量与氧化消耗平衡。

⑥ 在电解过程中，当金属为阴极时，金属雾的生成量明显减少，这与金属受到阴极保护有关。

⑦ 在入射光的照射下，各种金属雾具有特定的颜色。在电解时铝雾呈紫罗兰色，钠雾呈蓝色，镁、铅、锌雾呈灰色。氯气使熔液呈红色。

然而应该说明的是，金属雾不仅仅是在Na_3AlF_6-Al熔体中出现，金属雾也在其他诸如Ca-CaCl$_2$熔体中出现。

通过分析与铝接触的冰晶石熔体的冷凝物发现，与铝接触的冰晶石熔体中不仅有各种氟化物，而且还有金属铝和钠微粒，它们很可能是以单价铝的氟化物和钠蒸气的形式挥发到电解质熔体内部去的。在 Na_3AlF_6-Al 熔体的蒸气相中，人们已用光谱分析法观察到了金属钠的存在。

关于铝在冰晶石熔体中溶解的本质，也可以从铝溶解到冰晶石熔体中所引起的冰晶石熔点降低，即 Na_3AlF_6-Al 二元系相图的测定结果得到解释。如果铝在冰晶石熔体中存在化学溶解，则当铝加入到冰晶石熔体中时，会引起冰晶石熔体的冰点下降，如图 8-6 所示。

Grjotheim 根据冰晶石熔体中加入金属铝所测出的冰点降低结果（图 8-6 中所示的曲线 I），推算出铝在冰晶石熔体中是按化学反应式（8-30）溶解的。

$$2Al + AlF_6^{3-} \longrightarrow 3Al^+ + 6F^- \qquad (8\text{-}30)$$

而 Gerlach 等人的测定结果（曲线 II）给出与铝接触的冰晶石熔体中还存在着中性的原子态铝粒子，化学溶解出现在共晶点之前，在铝的浓度大于 Na_3AlF_6 和 Al 的共晶点时，存在铝的胶体弥散物。人们对铝在冰晶石熔体中的溶解热的测定结果高达 $210\sim250kJ/mol$，这一数据也再一次表明，铝在电解质中的化学溶解的确存在。现在人们比较统一的看法是，铝的化学溶解和物理溶解在铝电解槽中同时存在。

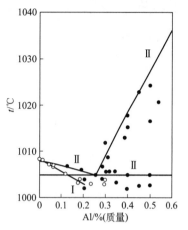

图 8-6 铝加入到冰晶石
熔体中的二元相图
I—Grjotheim 测量结果；
II—Geriach 测量结果

8.4.9 铝在电解质中的溶解度与铝损失

铝在电解质中的溶解度通常以质量分数来表示，铝在电解质中的溶解度所描述的并非是铝的动力学溶解过程，它与溶解速率无关，它所表征的是铝在电解质熔体中的溶解限度。如果测定是在一个带盖的且电解质与其不发生化学反应的容器中进行的，则在该温度下达到平衡时，电解质熔体中铝的含量不再随着时间变化。因此溶解度的定义是铝在电解质熔体中的溶解达到饱和时，铝在电解质熔体中的质量分数。

铝在电解质熔体中溶解度的大小，表征了电解质熔体对铝的溶解能力的大小。

铝损失（weight loss of aluminum in cryolite）也是在实验室所进行的一种常见的研究内容，是在论文、教科书和有关铝电解的书籍中常见的名词术语和数据。铝的溶解度和铝损失意义的不同点在于，前者是指在给定温度下铝在电解质中的饱和浓度；后者是在给定时间测得的铝在电解质熔体中损失的大小，而不考虑在这个时间铝的损失达没达到平衡、是否达到饱和。

8.4.10 铝溶解度的测定方法

铝溶解度的测量方法和装置与铝溶解损失的测量方法和装置应该是一样的。在铝的溶解损失与时间的关系曲线上，在初始一段时间，铝溶解损失会随着时间的延长而增加。但铝的溶解损失可能会由于实验所用坩埚材料的不同和容器是不是带盖而有所不同。图 8-7 所示是相同尺寸和相同电解质量时，使用不同材料坩埚以及坩埚上有盖和没有盖时，铝溶解损失与时间变化关系曲线。

由图 8-7 可以得出如下一些内容。

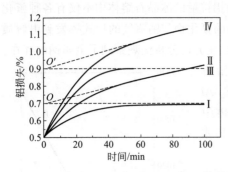

图 8-7　980℃几种不同情况下铝损失与
时间变化的测定结果

Ⅰ—氮化硅结合碳化硅坩埚；Ⅱ—氮化硅结合
碳化硅坩埚（敞口）；Ⅲ—石墨坩埚；
Ⅳ—石墨坩埚（敞口）

① 在达到饱和浓度之前，铝损失速率较大，然后铝损失速率变得缓慢。当实验对容器加盖时，铝损失到后来就比较恒定，不再随时间变化，而当容器口为敞开时，铝损失以一个小于初期铝损失速率的固定速率增加，这时铝的溶解速率等于熔体表面金属的氧化速率。图 8-7 中，O 点、O' 点的铝损失为两种不同材料容器中铝在电解质中的溶解度。

② 在敞口的容器中，溶解到电解质熔体中的铝达到熔体表面时，会被空气中的氧气所氧化，这种铝损失会随着时间的增加而增加，除此之外，在敞口容器的实验中，铝损失大小还与坩埚容器的大小有关。如果是电解质熔体与空气接触的表面积大，则铝损失自然会大。

③ 在测量铝的溶解损失时，一般所用方法是将过量的铝置于内有电解质熔体的坩埚内，当坩埚为炭素材料制造时，由于铝与电解质熔体中的组分反应生成的金属钠会渗透入炭素材料的晶格孔隙内部，这样也会使铝损失随着时间的增加而增加。早期的研究者所测铝损失数据，大都用石墨坩埚测定的，因此所测数据可能会偏高。

由于钠对炭素材料内衬的渗透除了与电解质熔体的温度和电解质成分有关外，还与电解质熔体同炭素内衬接触面积的大小有关。

铝损失的测量与计算方法是将相对过量的一块金属铝投入到给定温度和电解质组分的电解质熔体中，相隔一段时间 t 后，从炉中取出坩埚，将坩埚内部的电解质熔体连同熔体内的金属铝倒入冷模中，待熔体充分冷却后，从破碎的电解质块中取出金属铝，试验前后的金属铝质量之差即为给定试验条件下的铝损失，其铝损失以 100g 电解质铝损失的质量计算。

试验前的金属铝也可以在给坩埚装料时，埋入到坩埚的底部。

也可以不用上述方法计算铝损失，而用盐酸溶解上述试验结束时的电解质，此时，溶解在电解质熔体内的，不论是原子状态的金属粒子，还是低价金属粒子，都会与盐酸反应生成 H_2，然后用测量 H_2 量的方法来推算金属量。

表 8-1 是由不同研究者测得的电解质熔体中铝的溶解度。

表 8-1　不同研究者测得的电解质熔体中的溶解度

研究者	熔体成分	温度/℃	溶解度/%（质量）	实验方法
Thonstad	$Na_3AlF_6 + Al_2O_3$（饱和）	1000	0.1	测量淬冷试样中 H_2 量
Yoshida and Dewing	$Na_3AlF_6 + Al_2O_3$（饱和）	1000	0.05	用电解生成的 O_2 计算出试样的金属量
Arthur	$Na_3AlF_6 + Al_2O_3$（饱和）	1020	0.073	测量淬冷试样中 H_2 量
Haupin	$Na_3AlF_6 + 5\% Al_2O_3 + 5\% CaF_2$	980	0.10	测量淬冷试样中 H_2 量
Yoshida，et al.	$Na_3AlF_6 + Al_2O_3$（饱和）	1050	1.50	测量实验前后铝的质量差
Gerlach，et al	$Na_3AlF_6 + Al_2O_3$（饱和）	1000	0.80	测量实验前后铝的质量差
邱竹贤等	$2.7NaF \cdot AlF_3 + 5\% Al_2O_3$	1000	0.38（300min）	测量实验前后铝的质量差
冯乃祥	$Na_3AlF_6 + Al_2O_3$（饱和）$+ 5\% CaF_2$	980	0.30	测量实验前后铝的质量差

由表 8-1 可以看出，不同研究者给出的铝在电解质熔体中溶解度的测量数据还是有较大的差异的。现在为大家所接受的铝在电解质熔体中的溶解度是 Yoshida 和 Dewing 给出的测量数据。对于用 Al_2O_3 饱和的电解质熔体，其 Al 的溶解度（%）为：

$$Al 的溶解度（\%）＝-0.2877+2.992×10^{-4}t(℃)+0.0268CR-$$
$$0.00192CaF_2\%-0.00174Li_3AlF_6\% \tag{8-31}$$

由式（8-31）可以看出，铝的溶解度随着电解质温度和分子比的增加而增加，随 CaF_2 含量和 Li_3AlF_6 含量的增加而减小。

8.5　铝溶解损失的机理

铝电解生产过程中，铝的溶解损失机理可以用铝溶解损失的动力学过程加以阐述。

在铝电解生产过程中，阴极铝的溶解损失可以分为如下的几个连续步骤：

① 在与电解质接触的表面，铝进行溶解（物理的和化学的溶解）；

② 溶解的金属粒子（原子状态的金属铝和钠，以及它们的低价化合物）从界面层扩散出来；

③ 从界面层扩散出来的金属粒子，传质到熔体内部；

④ 阳极上生成的 CO_2 气体，传输到熔体内部，少量的 CO_2 溶解在电解质熔体中，其 CO_2 在电解质熔体中的溶解度在 $10^{-7}\sim10^{-5}$ 数量级之间，其量大小与电解质温度和电解质成分有关；

⑤ 在电解质熔体内部，溶解的金属粒子 M 与阳极 CO_2 气体产物发生反应：

$$M(溶解的)＋CO_2(气态的或溶解的)\longrightarrow CO＋MO(溶解的) \tag{8-32}$$

式中 M 代表从铝阴极表面溶解到电解质熔体内部的金属粒子，该金属粒子可以是金属铝粒子和钠粒子（物理或化学地溶解到电解质熔体内部的），也可以是铝和钠的低价化合物离子（化学地溶解到熔体内部）。

但通常人们都把溶解到电解质熔体内的金属粒子说成或写成金属铝，故将反应式（8-32）写成：

$$Al(溶解的)＋CO_2(气态的或溶解的)\longrightarrow CO＋Al_2O_3(溶解的) \tag{8-33}$$

在讨论电解槽的电流效率时，这一写法也比较正确，因为，毕竟溶解到电解质熔体内部的不论是原子态的金属铝、金属钠，还是它们与电解质化学反应形成的低价化合物，都是来自于金属铝的溶解产物，或是金属铝与电解质组分进行化学反应的产物。

图 8-8 所示是铝溶解损失的原理。

对我们来说，研究铝溶解损失或电流效率损失的机理，是为了找出并确定上述各反应步骤中的最慢的步骤，即反应的控速步骤，或称决定铝的二次反应（溶解反应）速率大小的控制步骤。

目前，关于铝溶解损失的控速步骤有 3

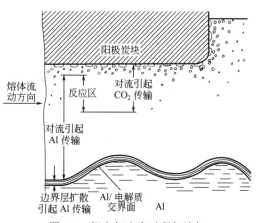

图 8-8　铝电解生产过程铝溶解损失（电流效率损失）的原理图

种观点，即

① 铝从阴极表面溶解为铝溶解损失的控速步骤；

② 溶解的金属通过扩散层扩散传质是铝损失的控速步骤；

③ 铝从阴极表面溶解和溶解的金属从阴极表面层扩散出来，具有相同或相近的速率，二者皆为铝溶解损失的控速步骤。

铝溶解损失的控速步骤是可以通过实验来进行判定的。

① 假定铝从阴极表面溶解出来的过程是这个溶解反应的控速步骤，对铝电解槽来说，最明显的特征应是当对电解质进行搅动时，不会对电解槽的电流效率产生影响。

② 与此相反，如果从阴极表面溶解出来的金属通过表面扩散层的扩散传质是铝溶解损失的控速步骤，其最明显的特征是搅动电解质会使扩散层厚度减小，铝通过扩散层的传质速率加快，电流效率降低。

来自实验室和工业电解槽的生产实践都可以提供这样的证据，即搅动电解质，会降低电解槽的电流效率；降低极距到某个程度，使阳极气体对阴极表面的电解质流动产生影响，也会使阴极铝的溶解损失增加，电流效率降低。这些证据有力地证明，从阴极表面溶解出来的铝通过扩散层以缓慢速率扩散是铝溶解损失和电流效率损失的控速步骤。

也有人举证，工业电解槽和实验电解槽中铝从阴极表面溶解出来的过程为铝溶解损失控速步骤，证据是，铝电解槽电解质中加一些提高 Al/电解质之间界面张力的添加剂，如添加 MgF_2 和 AlF_3 等，可抑制铝从阴极表面溶解，提高铝电解槽的电流效率。

但对这种情况，也可以另有解释，即使铝电解槽 Al/电解质界面张力增加的电解质，同时也是使铝溶解度降低的电解质，因此，这种现象也可以用第 2 种观点，即用溶解的金属通过扩散层扩散传质是铝溶解损失的控速步骤来解释。

根据铝溶解损失的这一机理，对铝在电解质熔体中的浓度分布给出如下的勾画。

① 由于铝从阴极表面溶解出来的速率是很快的，而溶解出的铝从扩散层传质出来是很慢的，因此，在阴极表面与铝接触的电解质熔体中，铝的浓度达到饱和浓度（溶解度），我们一般用 C^* 表示。

② 如果电解槽中的电解质熔体没有对流和其他扰动，则单位时间、单位阴极面积铝溶解损失可用菲克第一扩散定律来表示：

$$J = -D \frac{C^* - C_f}{\delta} \tag{8-34}$$

式中　J——单位时间垂直于铝液表面单位面积上的铝溶解损失量，$mol/(cm^2 \cdot s)$；

　　　D——铝在电解质中的扩散系数，cm^2/s；

　　C^*——铝电解质熔体中的饱和浓度（溶解度），mol/cm^3；

　　C_f——电解质熔体内部铝的浓度，mol/cm^3；

　　　δ——扩散层厚度，cm。

一般认为，在没有对流和扰动的情况下，电解槽阴极铝液表面是平静的。令铝阴极表面积为 A_0，则单位时间内阴极铝液表面铝的溶解损失为：

$$J_0 = A_0 D_{Al} \frac{C^* - C}{\delta_0} \tag{8-35}$$

③ 事实上，在工业铝电解槽中，由于受到阳极气体逸出所驱动的电解质流动的影响和阴极铝液内电磁场和热场的影响，其阴极铝液面是波动的，因此实际的阴极铝液面积 A_1 要

大于平静的阴极铝液面积 A_0。此外，由于电解槽铝阴极表面受到阳极气体逸出和电磁力的扰动，其阴极表面扩散层的厚度被减小，铝的溶解速率会增加。如此时铝阴极表面扩散层厚度以 δ_1 表示，则单位时间阴极表面铝的溶解损失 J_1 可写成：

$$J_1 = A_1 D_{Al} \frac{C^* - C}{\delta_1} \tag{8-36}$$

或写成：

$$J_1 = A_1 K_{Al}(C^* - C) \tag{8-37}$$

式中　　K_{Al}——铝在阴极表面层中的传质系数，cm/s。

显然 $J_1 > J_0$。

8.6　铝二次反应的机理

由于铝电解电流效率是铝电解生产过程中最重要的技术经济指标，在某种程度上，可以说铝电解生产的一切技术活动几乎都在以提高电流效率为其主要目标，因此，人们也一直在探讨电流效率的理论与计算问题。在关于铝电解槽的电流效率损失的理论研究有一点是清楚的，即造成电流效率损失的主要原因是阴极上已经电解出来的部分金属铝溶解到电解质熔体中，并被阳极气体氧化，其二次氧化反应为：

$$2Al(溶解的) + 3CO_2 \longrightarrow Al_2O_3(溶解的) + 3CO \tag{8-38}$$

目前，人们在关于铝和 CO_2 化学反应的机理有如下两种观点：机理 A，溶解的 CO_2 与溶解的金属反应；机理 B，溶解的金属与阳极气泡反应。

这两个反应机理都涉及溶解金属和阳极气体传质的问题，对第 2 个反应机理而言，Al 与 CO_2 的反应过程可以分为 4 个步骤：

① 金属从阴极表面溶解；
② 溶解的金属通过阴极表面扩散层扩散出来；
③ 通过扩散层扩散出来的金属传输到电解质熔体内部；
④ 溶解在电解质熔体中的金属铝与 CO_2 气体反应。

对第 1 个反应机理 A 而言，由于是溶解的 CO_2 气体参加反应，因此 Al 和 CO_2 气体的反应除了上述 4 个步骤外，还必须增加几个步骤：

⑤ CO_2 气体的溶解；
⑥ 溶解的 CO_2 气体，从 CO_2 气泡表面的边界层扩散到电解质熔体中；
⑦ 从 CO_2 气泡表面层扩散出来后向电解质熔体内部进行传质；
⑧ 在电解质中溶解的金属铝与溶解的 CO_2 反应。

在如上所示的逐个步骤中，步骤④或⑧是化学反应，其反应活化能远远高于步骤①～③、⑤～⑦的活化能，因此，在温度很高的电解槽中，化学反应步骤④或⑧是不可能成为反应的控速步骤的。如果铝的二次反应机理是 A，则电解槽中 CO_2 气体的浓度情况和铝的浓度情况如图 8-9 所示。

在这种反应机理中，溶解的 CO_2 在扩散层 δ_{CO_2} 和溶解的金属在反应层 δ_{Al} 的扩散被看成反应的控速步骤，如图 8-10 所示。

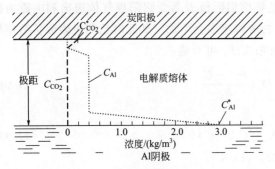

图 8-9　铝电解槽中溶解的金属与
溶解的 CO_2 的浓度情况示意图

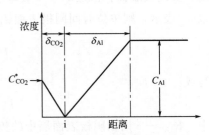

图 8-10　溶解的金属与溶解的 CO_2
气体反应时，阳极气泡周围溶解的
CO_2 气体与溶解的金属铝的
浓度变化情况示意图

此时

$$r_{Al} = A_{Al} k_{Al} \left(1 + \frac{k_{CO_2} C_{CO_2}}{k_{Al} C_{Al}^*}\right)(C_{Al}^* - C_{Al}) \tag{8-39}$$

$$r_{CO_2} = A_{CO_2} k_{CO_2} \left(1 + \frac{k_{Al} C_{Al}^*}{k_{CO_2} C_{CO_2}}\right)(C_{CO_2}^* - C_{CO_2}) \tag{8-40}$$

式中　r_{Al}——单位时间在反应层内 Al 的传质速率；

　　A_{Al}——反应层内金属 Al 界面面积；

　　k_{Al}——溶解的金属 Al 在界面上的传质系数；

　　k_{CO_2}——溶解的 CO_2 在界面上的传质系数；

　　C_{CO_2}——反应层内溶解的 CO_2 的浓度；

　　C_{Al}^*——Al 在电解质中的浓度；

　　C_{Al}——反应层内 Al 的浓度；

　　r_{CO_2}——单位时间在反应层内 CO_2 的溶解速率；

　　A_{CO_2}——反应层内 CO_2 的界面面积；

　　$C_{CO_2}^*$——CO_2 在电解质熔体中的饱和浓度。

根据式(8-39)、式(8-40) 和化学方程式(8-38)，可以得到方程式(8-41)。

$$\frac{r_{Al}}{r_{CO_2}} = \frac{A_{Al}}{A_{CO_2}} \times \frac{k_{Al}}{k_{CO_2}} \times \left(1 + \frac{k_{CO_2} C_{CO_2}}{k_{Al} C_{Al}^*}\right)(C_{Al}^* - C_{Al}) \times$$
$$\left[\left(1 + \frac{k_{Al} C_{Al}}{k_{CO_2} C_{CO_2}^*}\right)(C_{CO_2}^* - C_{CO_2})\right]^{-1} = \frac{2}{3} \tag{8-41}$$

此式即为按照二次反应机理 A 推导出来的铝的二次反应的速率方程式。正如前文所谈到的，由于 CO_2 在电解质熔体中的溶解速率是很低的，铝的二次反应主要还是溶解的金属与 CO_2 气体之间的反应，而且速率很快，因此，人们公认的二次反应机理还是机理 B，而不是机理 A。

8.7　电流效率的数学模型

如果将从阴极表面溶解出来的金属铝通过边界层扩散出来，看成是铝的二次反应（8-38）的控速步骤，则电解槽内单位时间铝的溶解损失 R 满足式(8-42)。

$$R = A_{Al} k_{Al} (C^* - C_f) \tag{8-42}$$

式中　A_{Al}——阴极铝液面积，cm^2。

其他符号意义同前。

如果将电解质熔体中铝的浓度 C_f 写成：

$$C_f = fC^* \tag{8-43}$$

则式(8-42) 可写成：

$$R = A_{Al} k_{Al} C^* (1 - f) \tag{8-44}$$

根据对电解槽流体力学的模拟实验研究得知，铝电解槽中阴极边界层中铝的传质系数 k_{Al} 为：

$$k_{Al} = 0.23 \frac{D_{Al}}{2l} \times Re^{0.83} Sc^{0.33} \tag{8-45}$$

式中 Re 和 Sc 为雷诺数和施密特数，其值为：

$$Re = \frac{2\rho Vl}{\mu} \tag{8-46}$$

$$Sc = \frac{\mu}{\rho D_{Al}} \tag{8-47}$$

式中　ρ——电解质密度，kg/m^3；

μ——电解质的黏度，$Pa \cdot s$；

D_{Al}——铝在电解质熔体中的扩散系数，m^2/s；

l——极距，m；

V——界面上铝的流速，m/s。

将雷诺数和施密特数代入式(8-45)，便可以得到：

$$K_{Al} = 219 D_{Al}^{0.67} \cdot \mu^{-0.5} \cdot V^{0.83} \cdot \rho^{0.5} \cdot l^{-0.17} \tag{8-48}$$

将 K_{Al} 值代入式(8-44) 中，得：

$$R = 219 A_{Al} \cdot D_{Al}^{0.67} \cdot \mu^{-0.5} \cdot V^{0.83} \cdot \rho^{0.5} \cdot l^{-0.17} \cdot C^* (1 - f) \tag{8-49}$$

将式(8-49) 代入式(8-7)，便得到电流效率的理论计算式：

$$CE(\%) = 100 - \frac{219 A_{Al} \cdot D_{Al}^{0.67} \cdot \mu^{-0.5} \cdot V^{0.83} \cdot \rho^{0.5} \cdot l^{-0.17} \cdot C^* (1 - f)}{r_0} \tag{8-50}$$

式中 r_0 是按法拉第定律计算得出的，即当电流效率为 100％时，电解槽阴极得到的产铝量，mol/s。

从电流效率的计算公式(8-49) 可以看出工业铝电解槽的电流效率与电解槽的阴极面积（电流密度）、电解质黏度、电解质密度、界面熔体流速、极距、铝在电解质中的溶解度等诸多因素有关。这一公式几乎包含了铝电解槽所有的工艺技术参数、电解槽的设计和电解质组分的变化对电流效率的影响。只要我们能够在实验上确定出某一工艺技术参数、电解槽设计参数、电解质成分变化，甚至是电解槽电热平衡的变化，磁场、热场等各因素对电解槽内铝的扩散系数、阴极面积、电解质黏度、铝的溶解度、界面流速、极距、电解质密度的影响的定量关系，代入式（8-49）中，都可以定量地得出这些因素对电流效率的影响。Lillebuen 利用方程式(8-49)计算了极距、铝在电解质中饱和浓度（溶解度）、阴极面积和界面上铝的流速对电流效率的影响，其计算结果如图 8-11～图 8-14 所示。

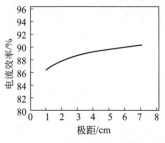

图 8-11　极距对电流效率的影响

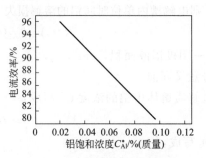

图 8-12　电解质熔体中铝饱和
浓度对电流效率的影响

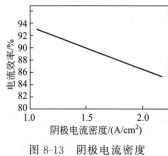

图 8-13　阴极电流密度
对电流效率的影响

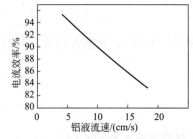

图 8-14　界面上铝液流速
对电流效率的影响（计算值）

8.8　工艺参数和操作对电流效率的影响

上节我们介绍了电解槽电流效率损失和电流效率的数学模型，这个数学模型是根据铝溶解损失（即电流效率损失）的机理推导出来的，因此有人将式(8-50)称为电流效率的理论模型，但是按照这种模型对电流效率的计算，并不能涉及对电解槽电流效率造成影响的所有因素，特别是工艺操作方面的各种因素。

现有文献中已经有了非常多的各种因素对铝电解槽电流效率影响的研究，这些研究包括实验室的研究和工业电解槽的研究。应该说这些研究结果都是在很多特定的条件下得出的，由于影响电流效率的因素是复杂的，因此所得研究结果很少具有完全的重现性，有的甚至出现相反的研究结果。在过去近二十年左右的时间里，工业铝电解槽的电流效率有了很大的提高，电流效率从过去的不足 90%，提高到了现在的 95%～96% 左右，这不能不说是铝电解理论和技术上的重大进步。

8.8.1　温度对电流效率的影响

铝电解槽温度的高低通常是由电解槽的内衬结构设计、母线设计、槽电压和系列电流决定的，除此之外，电解质的组成也对电解温度产生影响。

温度作为动力学参数对铝电解槽电流效率产生如下的影响。

① 温度升高会增加铝在电解质熔体中的饱和浓度 C^*。

② 温度升高会提高铝在电解质熔体中扩散系数 D_{Al}，这意味着 C^* 和 D_{Al} 的增加会使铝通过阴极表面界面层扩散传质速率增加。

③ 对工业电解槽来说，如果电解质温度高于正常值，则会使槽帮结壳熔化，电解质分子比升高，氧化铝浓度和电解质水平上升，铝水平下降，阴极铝液面积增加，阴极平均电流密度降低，铝溶解损失增加。

其中电解质分子比增大对铝损失增加的影响，是通过使铝的饱和溶解度的增加、铝与电解质熔体之间界面张力的降低来实现的。

因此温度的提高会降低电解槽的电流效率确定无疑，许多文献给出的是电解质温度每降低 10℃，电流效率提高 0.8%～2%，但这只有在电解质成分不变的情况下（即电解质初晶温度不变）才是可能的。

电解槽电解质温度提高后，也有好的一方面，那就是电解质温度提高就会提高电解质的导电性能，并使阳极和阴极炭质导电体的电阻降低，因此，在具有相同的槽电压时，会使极距增加，这又有利于电流效率的提高。

这意味着，电解槽的温度降低不会永远使电解槽的电流效率提高，只是对于一个电解温度偏高，或者热行程的电解槽来说，降低电解温度〔采用降低分子比或（和）降低较高的槽电压实现温度降低〕才会取得提高电流效率的良好效果。对于一个运行良好的电解槽来说，降低槽温，有可能使电解槽处于过冷的行程，出现槽底大量沉淀，槽膛不规整，氧化铝溶解速率低，效应系数增加，极距降低，槽电压噪声增大，铝液面不稳定，铝损失增加。若电解槽长期在这个条件下运行，电流效率不会很高。

因此，对于一个给定的电解槽来说，应该有一个最佳的电解温度。最佳的电解温度应该视电解槽的情况而定，而且与电解质成分的选择有关，按最近 Utigard 的研究结果，铝电解槽的电解质温度不宜低于 955℃，而对于添加锂盐的电解质，电解温度不宜低于 945℃。图 8-15 所示是国外某铝厂 180kA 电解槽系列不同电解温度时的电流效率。

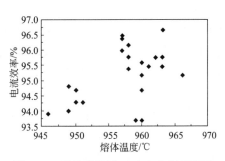

图 8-15　国外某铝厂 180kA 电解槽系列不同电解温度时的电流效率

由图 8-15 可以看出，该电解槽较高的电流效率是在 960℃ 的电解温度下取得的，而不是在 950℃ 的电解温度下取得的。

8.8.2　电解质分子比对电流效率的影响

电解质分子比对铝电解生产的影响是最为重要的，是影响电流效率的主要因素之一。目前工业铝电解槽电解质的分子比一般在 2.0～2.8 之间，对自焙阳极电解槽来说，电解质的分子比较高一些，一般在 2.6～2.8 之间。

一般说来，降低电解质的分子比，对提高电流效率的效果是很明显的，铝电解槽电流效率随分子比的降低而提高，是基于如下机理。

① 分子比降低会降低铝的溶解度，如图 8-16 所示。

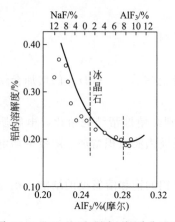

图 8-16　1020℃下不同电解质分子比时铝在电解质熔体中的溶解度

② 分子比降低会增加铝/电解质熔体之间界面张力。

③ 分子比降低会提高电解质熔体与炭阳极之间的表面张力，使阳极产生较大的阳极气泡并使阳极气体 CO_2 表面积减少，从而会减少阳极气体 CO_2 与铝的二次反应。

④ 在较低的分子比下，很容易在铝和电解质熔体的界面上生成一个分子比较高一些的半凝固状的电解质膜（薄层），这对减少铝的溶解损失、提高电流效率是有益的。

然而任何事情都有一个限度，铝电解槽电解质的分子比对电流效率的影响也是这样，电解质分子比过低会对铝电解生产产生不利的影响：

① 使氧化铝的溶解速率和溶解度（饱和氧化铝浓度）降低；

② 使发生阳极效应的临界电流密度升高，或在相同的阳极电流密度下使发生阳极效应的氧化铝浓度增加，从而导致阳极效应的频率增加；

③ 电解质熔体的电导降低、电阻增加，因而在相同的槽电压情况下，与导电性较好的高电解质分子比相比，具有较小的极距；

④ 电解质成分受外界环境温度和操作的影响较大，容易在槽底形成沉淀。

上述这些情况发展到一定程度，不仅影响到电解槽原有的热电平衡，而且所造成的槽底大量沉淀、槽膛不规整、边部不结壳会严重地使槽电压不稳定。电解槽在这种情况下长期运行，不但不会使电流效率增加，反而会使电流效率下降。

为了改进和提高电解槽的电流效率，适当降低电解质的分子比是可行的，但对一个电解铝厂来说，最佳的电解质分子比为多少，这需要取决于电解槽的设计、电解槽的管理水平和计算机的控制技术。较好的母线磁场设计、较好的电解槽管理水平、较好的电解槽热电平衡和物料平衡控制技术，可以使电解槽在较低一些的电解质分子比下稳定运行，并取得较好的电流效率指标。图 8-17 所示是国外某铝厂 280kA 和 180kA 电解槽上所测得的不同分子比条件下电解槽电流效率。

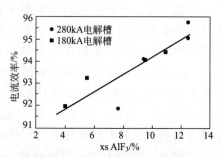

图 8-17　280kA 和 180kA 电解槽不同过量 AlF_3 时的电流效率

8.8.3　氧化铝浓度对电流效率的影响

在比较早的一些文献资料中，关于氧化铝浓度对电流效率影响的实验室和工业研究并不少，但研究给出的结果却存在着很大的差别。某些实验室研究给出的研究结果是 Al_2O_3 浓度在 5%～8%范围内出现电流效率的最小值，Φstvold 也给出了相似的研究结果，然而他给出的电流效率的最低点是在较低的氧化铝浓度（4%）处，如图 8-18 所示。

近代的工业电解槽的电流效率的测定也证明了，在较低的 Al_2O_3 浓度时，电解槽具有较高的电流效率，因此，这也成了现代电解槽实施低 Al_2O_3 浓度控制的理论依据（如图 8-19 所示）。

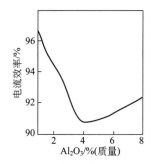

图 8-18　氧化铝浓度

对电流效率的影响

（AlF_3 浓度过量 8.5%，5%CaF_2，

电解温度 965℃）

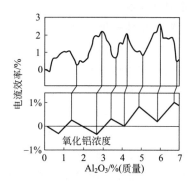

图 8-19　电解槽 Al_2O_3 下料

控制过程中电流效率

随氧化铝浓度的变化

在较低的氧化铝浓度时，铝电解槽之所以有较高的电流效率，可以用低 Al_2O_3 浓度时电解质熔体与铝液之间界面张力的变化和其他电解质熔体物理化学性质的变化特征来解释：

① 电解质与阴极铝液之间的表面张力，随着氧化铝浓度的降低而提高，因此这有利于减少铝的溶解损失和提高电流效率；

② 电解质的电导率会随着 Al_2O_3 浓度的降低而大幅度地提高，因此在相同的槽电压时，较低的氧化铝浓度会有较高的极距；

③ 在较低的氧化铝浓度时，电解质熔体与炭阳极之间的表面张力提高，致使阳极形成的气泡大，气泡与电解质的接触面积小（如图 8-20 所示），因而会减少铝的二次反应。

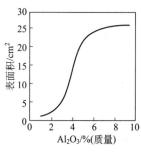

图 8-20　阳极气体气泡面积

与 Al_2O_3 浓度的关系

8.8.4　各种添加剂对电流效率的影响

目前工业电解槽使用各种添加剂，其目的无非是为了降低电解温度和使电解槽的电流效率得到改善，常用的添加剂有 LiF、CaF_2 和 MgF_2。NaCl 也曾作为一种添加剂被加以研究和使用，NaCl 添加剂虽然有显著地降低电解质温度和提高电解质的导电性的作用，但对电解槽提高电流效率的效果并不明显，更主要的是这种添加剂挥发后的凝聚产物易吸潮，容易对电解厂房内的设备和电器绝缘造成毁坏，所以人们不会对这种添加剂的使用感兴趣。

BaF_2 添加剂也可能是一种较好的添加剂，因为它在电解质中也有很好的化学与电化学的稳定性，且有降低电解质温度和改善一些电解质物理化学性质的作用，但由于价格和成本原因，一般也不会被人们所考虑。

目前在工业电解槽上，被人们所接受使用的添加剂只有 LiF、CaF_2 和 MgF_2 3 种（有时人们也将 AlF_3 看作是一种添加剂）。下面分别就这 3 种添加剂对电流效率的影响，加以简单叙述和介绍。

8.8.4.1　LiF 添加剂

LiF 添加到电解质熔体中以后，会引起电解质熔体的物理化学性质发生改变：

① 初晶温度降低；

② 使电解质熔体密度降低；

③ 使铝在电解质熔体中的溶解度降低；

④ 提高电解质熔体的导电性能；

⑤ 提高阴极铝和电解质熔体之间的界面张力，降低铝的溶解度。

上述这些电解质物理化学性质的变化，会使电解槽取得提高电流效率的明显效果，但是这种效果对电解质分子比较低、电流效率已经很高的电解槽，效果并不那么显著。对于稳定性较差、槽龄较大的电解槽来说，效果可能大些。

添加锂盐的缺点是使阴极金属铝中的 Li 含量增加。电解槽中添加锂盐的另一个缺点是其价格贵，因此电解槽是否使用锂盐添加剂，需要在若干电解槽上进行试验取得经验，从效益和成本上权衡考虑。

8.8.4.2　CaF$_2$ 添加剂

CaF$_2$ 作为一种添加剂，大部分是以 Al$_2$O$_3$ 原料中的 CaO 杂质的形式进入到电解质熔体中的：

$$3CaO + 2AlF_3 \longrightarrow 3CaF_2 + Al_2O_3 \tag{8-51}$$

为此，电解质中氟化钙的浓度依原料中 CaO 杂质含量的多少而定。一般情况下，电解槽中的 CaF$_2$ 浓度在 3%～6% 之间。在个别的电解槽中当 CaF$_2$ 的浓度较低时，也可向电解槽中添加一些化学级的萤石粉，以保证电解槽中有 5% 左右的 CaF$_2$ 浓度。

铝电解槽中添加氟化钙会改进电解质的一些物理化学性质，从而达到提高电解槽电流效率的目的：

① 能降低电解质的初晶温度；

② 能增加阴极铝液与电解质熔体之间的界面张力；

③ 能降低铝在电解质熔体中的溶解度；

④ 能增加炭和电解质熔体之间的界面张力，提高炭渣的分离效果；

⑤ 能增大阳极气泡尺寸，减少阳极气体的表面积，减少铝的二次反应。

CaF$_2$ 添加剂的缺点是它会降低电解质的电导率，降低氧化铝的溶解度，增加电解质熔体的密度，因此，一般情况下，CaF$_2$ 在电解质中的浓度一般不超过 6%。

CaF$_2$ 添加剂的加入不会对电解质熔体的分子比产生影响，属中性添加剂。

8.8.4.3　MgF$_2$ 添加剂

由于氧化铝原料中镁元素杂质含量极低，因此它不会像钙元素杂质那样，会在电解质熔体中富集到很高的浓度，因此 MgF$_2$ 必须从槽外加入。一般多以氧化物的形式加入，加入到电解槽的 MgO 与电解质熔体中的组分反应，生成 MgF$_2$。

$$3MgO + 2AlF_3 \longrightarrow 3MgF_2 + Al_2O_3 \tag{8-52}$$

MgF$_2$ 添加剂具有与 CaF$_2$ 添加剂相似的改善电解质物理化学性质、提高电流效率的功能。

这种添加剂在电解槽中具有很好的分离电解质中炭渣的效果，因此，可弥补电解质中由于加入 MgF$_2$ 而引起的电导率的降低。一些文献认为，MgF$_2$ 与 LiF 一起使用提高电解槽的电流效率，比单独添加 MgF$_2$ 的效果好。

MgF_2 添加剂的缺点与 CaF_2 添加剂的缺点是一样的，如使电解质的电导率和 Al_2O_3 溶解度降低等，因此 MgF_2 添加剂和其他添加剂一样都不能添加太多，也要有个度。比较合理的电解质中 MgF_2 添加量应该根据电解质熔体中的 CaF_2 含量而确定。一般说来，MgF_2 和 CaF_2 两种添加剂的总量不宜超过 7%。

MgF_2 与 CaF_2 添加剂的另一个不同点是 MgF_2 属于酸性添加剂，也就是说，MgF_2 加入到电解槽中后，可使电解质分子比降低，酸性增加。

8.8.4.4 AlF_3、CaF_2、MgF_2 和 LiF 多元添加剂

在这一节中，将相对于冰晶石组分过量的 AlF_3 作为一种添加剂进行讨论，因此，工业电解槽上使用的是两种或两种以上添加剂。

表 8-2 是国外两个电流 180kA 和 280kA 工业电解槽使用不同电解质组分和添加剂时，电解槽的电流效率和其他技术经济指标。

表 8-2 工业电解槽使用不同电解质组分和添加剂时，电解槽的电流效率和其他技术经济指标

工艺参数	180kA 电解槽				280kA 电解槽			
过量 AlF_3/%	10.9	9.4	5.5	4	12.5	11.2	9.5	7.7
LiF/%	0.3	1.0	2.2	3.2	0.4	2.1	3.0	2.6
MgF_2/%	0.3	1.0	2.6	2.6	—	—	—	—
CaF_2/%	4.5	4.2	3.9	3.8	—	—	—	—
电解温度/℃	956	958	953	947	952	937	942	953
过热度/℃	2	10	15	10				
电流/kA	181.1	181.6	180.3	179.3	281.7	285.6	284.3	281.0
电流效率/%	94.47	94.15	93.24	91.96	95.8	95.1	94.1	91.9
能耗/(kW·h/kg Al)	13.28	13.15	12.75	12.99	12.84	13.03	13.06	13.32
槽电压/V	4.21	4.15	3.99	4.01	4.13	4.16	4.12	4.11

由表 8-2 中的数据可直观地看出，铝电解槽使用较高的 AlF_3 含量（较低的分子比）和 CaF_2 添加剂对提高电解槽的电流效率有明显的效果，电流效率随着 AlF_3 含量和 CaF_2 含量的增加而提高。然而电解质中 MgF_2 和 LiF 添加剂对提高电流效率的效果是不明显的，表中的数据给出了电流效率随着 LiF 和 MgF_2 含量增加而降低的表观数据，我们尚不能对这些数据和结果给出解释。本书作者认为，这一现象最有可能是 AlF_3 和 CaF_2 的综合作用对降低铝的溶解损失、提高铝电解槽的电流效率比 LiF 和 MgF_2 添加剂具有更大的效果所致，因此掩盖了 LiF 和 MgF_2 对降低铝的溶解损失和提高电流效率的作用。

应该说在表 8-2 中，关于 LiF 和 MgF_2 添加剂对含有较高 AlF_3 和 CaF_2 含量的工业电解槽的实际效果，并不是特例。上述类似的数据和效果，也经常出现在其他一些铝厂的试验结果中。应该说，人们对工业电解槽使用多种添加剂的研究还是不多的，因此有必要对工业电解槽使用多种添加剂对电流效率的影响的问题进行深入的探讨和研究。

8.8.5 极距对电流效率的影响

极距是铝电解槽的最主要工艺技术参数之一，其大小会对电解槽的电流效率产生直接影响。对于正常生产的工业电解槽来说，其电解槽的极距一般在 3.8～5.0cm 之间；自焙阳极电解槽的极距稍高一些，一般在 4.5cm 以上。我国电解槽电流密度较低，因此具有较大一些的极距。

文献中，可以看到很多有关极距大小对电流效率影响的研究结果，其结论差不多是一样的，即在较小的极距范围，电解槽的电流效率会随着极距的增加而增加，在超过一定的极距大小后电解槽电流效率就没有大的变化了。比较典型的电解槽电流效率与极距之间关系的研究结果如图 8-21 所示。

在工业电解槽上，由于阴极铝液受电解槽内电磁场力的作用，以及阴极铝液面受到来自阳极气体逸出、电解槽内温差所引发的电解质流动的影响，使阴极铝液产生波动，如图 8-22 所示。

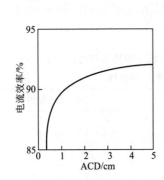

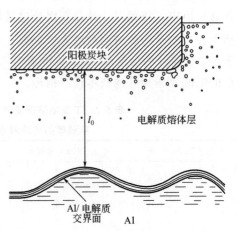

图 8-21　电解槽的极距大小
变化对电流效率的影响

（温度：981℃；分子比：2.5；CaF_2 质量分数：5%；

MgF_2 质量分数：0.1%；Al_2O_3 质量分数：5%；阳极

电流密度：$0.82A/cm^2$；阴极界面铝液流速：6.8cm/s）

图 8-22　工业铝电解槽阴极铝液面
波动情况及有效极距

因此工业电解槽的有效极距 l 应该为：

$$l = l_0 + \frac{1}{2}h \tag{8-53}$$

式中　l_0——铝液最高波峰与阳极底掌之间的距离；

　　　h——电解槽中铝液波峰与波谷之间的平均高度。

由图 8-22 可以看出，目前在工业铝电解槽中用插入钢棒的方法测得的铝液高度 l_0 并非电解槽的铝液面实际有效高度 l，而是小于 l。工业电解槽中，阴极铝液的波峰高度在 2～4cm 之间，甚至更高。其波峰高度的大小，与电解槽的母线设计和铝电解槽的操作有关。一般说来，自焙阳极电解槽内的铝液波动可能更大些。以至于我们可以经常地能听到槽内铝液波动时周期性地拍打槽帮的声音和观察到边部火眼处火苗与炭渣喷溅强弱的周期性变化。

8.8.6　电流密度对电流效率的影响

由前文式(8-8)的电流效率公式，可以给出如下的电流效率与阴极电流密度之间的关系式：

$$CE = 1 - \frac{R}{0.3356I_C} \tag{8-54}$$

式中　R——单位时间单位阴极面积上铝的溶解损失速率，$g/(cm^2 \cdot s)$；

0.3356——铝的电化当量，g/(A·h)；

I_C——阴极电流密度，A/cm^2。

由式(8-54)可以看出，提高阴极电流密度，可以提高电解槽的电流效率。

冯乃祥曾在实验室电解槽进行电解，使用相同尺寸的阳极和阴极，在950℃和4cm的极距条件下，用改变电流的方法，研究不同阴极电流密度时电解槽的电流效率（用气相色谱法分析阳极气体成分，确定电流效率），研究结果示于图8-23。

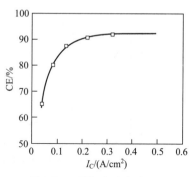

图8-23　阴极电流密度 I_C
对电流效率 CE 的影响

由图8-23可以看出，在较低的阴极电流密度时，电解槽的电流效率是很低的，随着阴极电流密度的增加，电流效率逐渐增加。在 0.2A/cm^2 以上的电流密度时，电流效率的增加，变得比较缓慢，这可以解释为：随着阴极电流密度的提高，阳极电流密度也相应提高，且阳极气体排放量增大，使电解质的循环和流动速度增强，铝损失速率增加。

工业电解槽与这种实验室电解槽的过程相似，因此在这种情况下，其他条件相同时，电解槽阴极表面铝的溶解速率 R 是阳极电流密度的函数，它与阳极电流密度 I_A 成正比。

$$R = \phi(I_A) \tag{8-55}$$

此时，电流效率可用式(8-56)来表示：

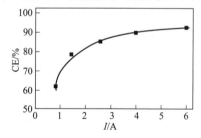

图8-24　实验室电解槽电流效率
与电流之间的关系

$$CE = 1 - \frac{\phi(I_A)}{0.3356 I_A} \tag{8-56}$$

冯乃祥根据在相同的阳极和阴极的情况下，不同电流时电流效率的测定结果（如图8-24所示），计算了不同阳极电流密度和阴极电流密度下铝的溶解损失速率，并根据这些数据计算了实验室950℃、极距4cm时电流效率 CE 与阳极电流密度 I_A 和阴极电流密度 I_C 的关系式，即：

$$CE = 1 - 13.4 \times 10^{-2} \times \frac{1}{I_C} - 1.04 \times 10^{-2} \times \frac{I_A}{I_C} \tag{8-57}$$

8.8.7　非阳极投影面积之外的阴极铝液面积大小对电流效率的影响

在工业铝电解槽中，电解质熔体的电阻率是很大的，其值在 $0.5 \times 10^2 \Omega \cdot m$ 左右，与液铝的电阻率 $2.5 \times 10^{-7} \Omega \cdot m$ 相比，其电阻率是液体铝电阻率的 2×10^8 倍。电解槽中近80%的热量都是电解质电阻产生的。

正因为工业铝电解槽的电解质有很高的电阻率，因此，两极之间从阳极到阴极的电流绝大部分都是从阳极流入到阳极在阴极的投影面上。只有非常少量的阳极电流，流入到阳极投影以外的阴极铝液表面，随着远离阳极投影面的距离的增加，其电流越来越少，阴极电流密度也越来越低。其电流分布如图8-25所示。

可以计算出，对通常极距为4cm的电解槽来说，在远离阳极投影区以外的7cm处的阴极铝液面上的电流密度为阳极投影面上阴极电流密度的50%。

假定电解槽在阳极投影面积上的阴极电流效率为 93%，且阴极表面上铝的溶解损失速率与电流密度大小无关，可以算出阳极投影面积以外的阴极铝液面上的阴极电流效率，其计算结果如图 8-26 所示。

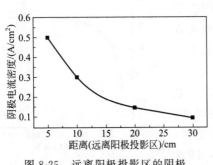

图 8-25　远离阳极投影区的阴极
铝液面上的电流密度

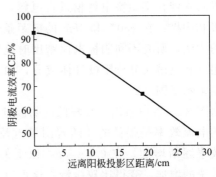

图 8-26　远离阳极投影区的阴极
铝液面上的电流效率

由图 8-26 可以看出，随着远离阳极投影区距离的增加，阴极铝液面上的电流效率迅速降低，在远离阳极投影区 20cm 处的阴极电流效率只有 67%，而在远离阳极投影区 30cm 处的阴极电流效率只有 50%。实际上阴极表面铝的溶解，特别是阴极金属与电解质熔体反应造成的化学溶解，会由于阴极电流密度的降低和电场强度的降低而增加，因此，阳极投影之外阴极表面的电流效率比上述计算值可能还要低得多。非阳极投影阴极铝液面积越大，电解槽阴极表面的平均电流效率越低，因此，对工业铝电解槽来说，从设计上，应尽可能减少加工面宽度和中缝的宽度，从工艺操作上，应有尽可能大的槽膛结壳厚度，减少非阳极投影以外的阴极铝液面积，对提高铝电解槽的电流效率是非常重要的。

8.8.8　阳极电流分布对电流效率的影响

铝电解的生产实践表明，铝电解槽阳极电流分布的好坏对电流效率是有影响的。为了定量地研究阳极电流分布对电流效率的影响，人们引入了阳极电流分布偏差 ADN，ADN 定义为每根阳极导杆上所测得的等距离（200mm）电压降 V_i（mV），与各导杆等距离电压降平均值 $\overline{V}$ 之差的绝对值之和。在数学上，它是一个很直观的变量分散性程度的表示方法，用数学公式表示为：

$$\mathrm{ADN} = \sum_{i=1}^{N} |V_i - \overline{V}| \tag{8-58}$$

$$\overline{V} = \frac{1}{N} \sum_i^N V_i \tag{8-59}$$

式中　N——电解槽阳极导杆数；
　　　$\overline{V}$——各导杆等距离电压降平均值。

冯乃祥、王世琛和邱竹贤等在边部加工和中部下料的预焙阳极电解槽上，对 226 组的阳极电流分布和瞬时电流效率（用 CO_2 气体分析法测定）进行统计分析，得出电解槽的电流效率随

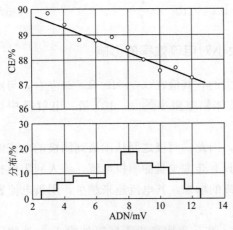

图 8-27　阳极电流分布偏差
（ADN）对电流效率的影响

ADN 的增加而降低（如图 8-27 所示）。阳极电流分布偏差 ADN 每提高 1mV 电解槽的电流效率降低 0.25％左右。

铝电解槽阳极电流分布偏差，是铝电解槽一个很重要的技术参数。影响阳极电流分布的因素可能是多方面的，如电解槽母线设计、电解槽内磁场、铝液流体动力学、电解槽内槽膛形状、槽底沉淀、水平电流的大小以及阳极更换作业质量的好坏等。

8.8.9　阳极换块对电流效率的影响

目前的预焙阳极电解槽最大的缺点是阳极电流分布的不均匀性，这主要是阳极的周期更换引起的。阳极换块作业时，最重要的技术要求就是要确定新换阳极底掌面相对于原残极的底掌面位置的合理性以便于使阳极电流分布更均衡，图 8-28 所示的是阳极换块作业前后，残极和新阳极在电解槽中相对位置示意图。

如图所示，新换阳极通常有两种技术方案：①新阳极底掌面较比原残极底掌面高一些；②新阳极底掌面和原残极底掌面一样高。此外，还可以有一种技术方案是新阳极底掌面要比原残极底掌面低一些，但这种方案一般不可取，这是因为当一个新阳极被更换到电解槽中时，一定会在阳极底掌面上形成一个很厚的凝固电解质层，由于炭阳极的体积和质量很大，它在电解槽中要想达到热平衡，是需要较长时间的，因此，在这段时间内，阳极并不会电解消耗，等到黏附在阳极底掌下的固体电解质熔化时，新阳极底掌面比其他阳极底掌面要

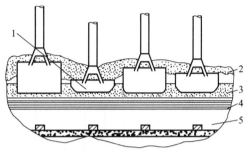

(a) 残极被置换前位置示意图

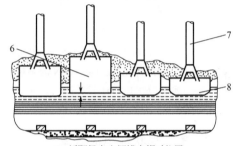

(b) 新阳极在电解槽中相对位置

图 8-28　阳极换块作业前后，残极和
新阳极在电解槽中相对位置示意图
1—残极；2—氧化铝；3—电解质熔体；4—铝液；
5—阴极；6—新阳极；7—阳极导杆；8—阳极

低，这样会使新阳极与阴极的极距非常短，其结果是电解槽的局部电流效率很低。对于新换阳极底掌面的高度与原残极底掌面高度一样的阳极换块技术方案来说，也会出现这种情况，只不过其程度稍小一些而已。因此，合理的阳极换块技术方案应该使新换阳极底掌面的高度要比原残极底掌面的高度要高一些。

冯乃祥、王世琛和邱竹贤等人在 135kA 的预焙阳极电解槽上研究了阳极更换时，新阳极底掌面高度相对原残极底掌面高 1.0cm 和 2.0cm 两种不同技术方案时的阳极电流曲线（如图 8-29 所示）及其对阳极电流分布变化的影响（如图 8-30 所示）。

由图 8-30 可以看出，新阳极比残极底掌高 2.0cm 时，阳极电流分布偏差 ADN 为 8mV，而

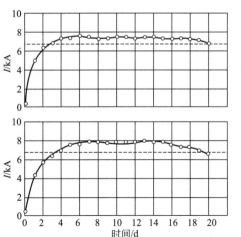

图 8-29　两种不同换块方案时的阳极电流曲线

新阳极比残极底掌高 1.0cm 时的 ADN 值为 7.0mV，这意味着前者的阳极换块技术方案较比后者的阳极换块技术方案电流效率可降低 0.25%。

冯乃祥、王世琛、邱竹贤等人还研究了阳极换块的最佳技术方案，他们根据阳极换块后阳极钢角处的温度和 Fe-C 电压降的变化曲线（如图 8-31 所示）所确定的换块后新阳极达到的热平衡时间，研究得出了阳极换块时，新阳极相对原残极底掌面的最佳合理高度为 0.5cm。

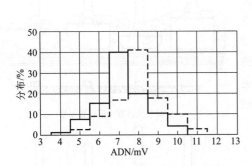

图 8-30　两种不同技术方案的阳极换块
作业对阳极电流分布 ADN 的影响
（实线：h＝1.0cm；虚线：h＝2.0cm）

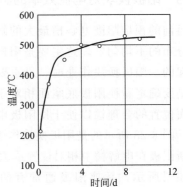

图 8-31　新换阳极钢角处
的温度随时间的变化

8.8.10　槽膛形状与电流效率

工业电解槽的槽膛形状大体上可以分为 3 种，如图 8-32 所示。

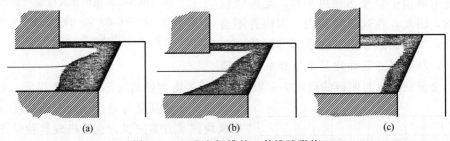

图 8-32　工业电解槽的 3 种槽膛形状

图 8-32 中所示的（a）型槽膛是合理的槽膛形状。理论和实践证明，具有这种槽膛形状的电解槽可以获得较高的电流效率，这种槽膛形状不仅具有较小的非阳极投影铝液面积，而且具有非常小的阴极铝液内的水平电流分布，因此具有非常好的平稳铝液镜面。

当电解槽的槽膛形状为（b）型时，即使其非阳极投影铝液面积没有很大的增加，但由于其电解槽伸腿过大，槽帮结壳的伸腿伸到了阴极底部，造成电解槽内的水平电流很大，这种水平电流在电解槽内的垂直磁场的影响下，会使槽内铝液面变得很不稳定，槽内铝液的流速会很大，致使铝溶解损失增加，电流效率下降。

当电解槽的槽膛形状为（c）型时，槽内非阳极投影铝液面积大大增加，并且电解槽向外的水平电流增加。在这种槽膛形状下，其对电流效率损失的影响，大大高于（b）型槽膛形状对电流效率的影响。

8.8.11　铝水平对电流效率的影响

铝水平（铝液高度）是铝电解的一个很重要的工艺和技术参数，铝电解槽想要取得好的技术经济指标，合理的铝液高度是必不可少的技术条件。任何一个电解槽都有一个最佳的铝液高度，但这个最佳的铝液高度并不是对所有电解槽都是一样的。不同电解槽的结构设计、母线设计（母线设计不同，槽内磁场及电场分布不同，槽内铝液的磁流体动力学的稳定性不同），不同的电解工艺技术条件，不同槽龄都应该有其与之相适应的槽内铝水平。

铝具有良好的导热、导电性能，其比热容也较大，因此槽内较高的铝水平，具有较好较快地储存阳极效应期间所产生的大量热能，并将这部分热量很快地传到槽底而熔化槽底沉淀和槽帮结壳的作用。较高的铝水平能储存较大的热量，因此使得电解槽有较大的热稳定性。故在偶然发生的阳极效应、槽电压升高和电流增大时，不会给电解槽的热稳定性带来很大的影响，这对改进和提高电解槽的电流效率是有好处的。另外较高的铝水平对形成较好的槽帮结壳和减少铝液内的水平电流分布是有好处的。但是过高的铝水平可能会使这个问题走向反面，过高的铝水平使槽侧部通过铝液层的散热量增大，容易导致在槽底生成沉淀，并有可能增加槽帮结壳伸腿的长度。

一般情况是：

① 自焙槽一般需要较高的铝水平，以便于能够较快地将槽中心部位较高的温度和较大的热量传输出来；

② 电流较小的电解槽可以有较高一些的铝水平，以提高电解槽的热稳定性；

③ 槽龄较大、炉底阴极压降较高的电解槽，应该有较高一些的铝水平；

④ 对那些母线设计较差、垂直磁场和磁场梯度较大并对槽内铝液的磁流体动力学影响较大的电解槽，可适当提高电解槽的铝水平，以减少槽电压噪声，提高电解槽的稳定性。

8.8.12　电解质过热度对电流效率的影响

过热度并不是一个新概念，只不过我们以前对它没有很好地认识。所谓的过热度就是电解质温度与电解质初晶温度之差。一般认为，最好的电流效率是在不失去电解槽稳定性的情况，用尽可能低的电解温度实现的。然而过低的电解温度容易在槽底产生沉淀和造成槽膛不规整，因而会引发电解槽操作不稳定。除此之外，过低的电解温度也使氧化铝的溶解速率降低，电解质中各种离子的传质速率降低容易导致发生阳极效应。当保持槽电压不变时，由电解温度降低而引起电解质导电性能的降低，也会使电解槽的极距减小，从而导致电流效率下降。

有些文献报道，电解温度每降低 $10℃$，可使电流效率提高 $2\%\sim3\%$。实验室的研究也表明，降低电解温度会使电流效率连续升高，但这种研究一般都是在给定的电解质成分下进行的。在给定的电解质组成下，不同温度对电流效率影响的测定结果，实际上是过热度对电流效率影响的测定结果。有人认为，在工业电解槽上当过热度恒定时，电解温度的高低对电流效率几乎是没有什么影响的。国际著名的铝冶金专家豪平（Haupin）对大量的电流效率数据的统计分析表明，电解槽的电流效率更依赖于过热度（如图 8-33 所示），而不是电解质温度，其原因现在尚未搞清。

最初，人们把较低过热度对电流效率提高所取的效益归结于适当的过热度会使电解槽形成较好的槽帮结壳。而之后 Solheim 研究指出，较低的过热度可以在铝阴极表面沉积一层冰

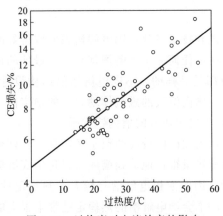

图 8-33　过热度对电流效率的影响

晶石壳膜，因而可阻止铝的溶解损失，提高电解槽的电流效率。Haupin 也同意这种观点。然而过热度太低也会引起过多的冰晶石沉积和沉淀，而导致电解槽的不稳定。因此，最佳的电解质过热度必须由实践加以确定。最佳的过热度的大小应与电解质的分子比、电解质初晶温度有关。分子比较低时，需要适当提高一点过热度，因为在此时，电解质的初晶温度的变化受电解质分子比变化的影响较大。另外过热度的选择也应与电解槽热稳定性的好坏、电解槽的控制技术和水平有关。热稳定性较好的大型电解槽可选择较低的过热度，而电流较小的自焙槽可选择较大一些的过热度，而电解槽控制技术水平较高的电解槽也可选择较低的过热度，这样可使电解槽获得较高的电流效率。目前国外大型预焙阳极电解槽的过热度一般在 6～10℃，法国彼施涅 AP50 电解槽的电解质过热度为 9.7℃，电解质的初晶温度 953℃，电解质的分子比 2.15，电流效率 95.9%；AP35（350kA）电解槽，电解质分子比 2.1～2.2，平均电解质初晶温度 953.7℃，过热度 7.8℃，电流效率 96.0%。由此可见，国外大型预焙阳极电解槽电解质的过热度一般都在 8～10℃，并将这一数值作为电解槽的重要工艺技术参数和控制指标。我国电解铝厂目前也开始对这一技术问题加以重视。冯乃祥和他的学生对抚顺铝厂 200kA 系列电解槽电解质初晶温度、电解温度和过热度进行测量得出，电解质熔体的过热度在 9～20℃ 之间，各电解槽电解质初晶温度和过热度的差别较大。总的来说，我国电解铝厂电解质的初晶温度较低，而过热度较大，系列电解槽的平均电流效率在 93% 左右，因此还有改进和提高的空间。

8.8.13　电解质黏度与电流效率

黏度是对电解质流体动力学有重要影响的一个参数，其大小不仅对电解质的流速有影响，对阴极铝液面和电解质熔体之间的流体动力学状态有影响，而且对氧化铝颗粒的沉降、阳极气体从阳极上分离、溶解金属铝的传输过程也都有影响。较高的电解质黏度会降低溶解金属铝的扩散和传输过程，这对提高电解槽的电流效率有好处。但是情况也并不完全如此，根据电解质熔体的黏度与电解质分子比的关系可以知道，电解质熔体中 AlF_3 含量的增加，会使电解质的黏度迅速下降，但是电流效率不但不下降，反而提高，因此，我们可以得出结论，电解质熔体的其他物理化学性质比黏度性质对电流效率的影响可能更大。

8.8.14　界面张力与电流效率

在工业铝电解槽中，要想获得较高的电流效率，铝/电解质熔体界面的稳定性是非常重要的。当然，这种界面的稳定性只是相对的，而电解槽中的熔融铝与熔融电解质的流动和波动是永恒的。有几种力使阴极铝液和电解质熔体产生运动，而电磁力被认为是主要的驱动力，其次是阳极气体逸出的驱动力。温度梯度引起的密度差也可以引起铝和电解质熔体的流动。除此之外，在铝电解槽中，铝和电解质熔体之间的界面张力也会使铝和电解质熔体界面的液体铝和电解质熔体产生运动，这种运动会对界面上铝的溶解损失和电流效率产生影响。

就一般情况而言，与固体表面具有很好湿润性的液体，具有从盛装液体的容器中，沿容器内壁表面垂直向上爬的能力，这一现象是我们所熟悉的。这一液体的流动（运动）是由该界面处的张力梯度引起的，其流动方向，总是从液体的低界面张力移向高界面张力区。

在铝电解槽中，铝和电解质熔体之间的界面张力，随着电解质熔体中 AlF_3 含量的增加（分子比的降低）而增加。1000℃时，在冰晶石组分处，其界面张力约为 481m·N/m，而当电解质的分子比为 1.5 时，其界面张力为 650m·N/m，这种界面张力的变化应归于界面上钠含量的变化所起的作用。钠是表面活性物质，这种金属钠是金属铝和电解质熔体化学反应的产物。铝在电解质熔体中的溶解本质将在有关章节中阐述。

在电解槽中，由于阳极投影下的铝阴极表面的电流密度大于阳极投影面以外的阴极铝液面的电流密度，因此阳极投影下的铝阴极表面的电解质分子比受阴极极化的影响，大于阳极投影以外的铝阴极表面的电解质分子比，致使阳极投影下的铝阴极表面的界面张力小于其阳极投影面以外阴极铝液面的界面张力。这样，在铝/电解质界面上产生一种界面层内铝液和电解质熔体从槽中心向边部的流动，如图 8-34 所示。

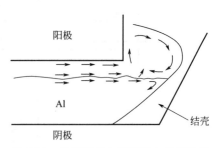

图 8-34　界面层内由界面张力差所引起的电解质和铝液的流动情况

Utigard 根据界面张力理论和若干流体动力学参数，推导并计算出了在通常的工业电解槽中，铝/电解质熔体界面上 0.26cm 铝液层内和 0.4cm 电解质熔体层内，由界面张力差而产生的铝和电解质熔体的平均流速为 2～3cm/s。这样阴极表面被金属所饱和的电解质，在表面张力的作用下沿阴极表面传输到电解槽的边部区域，在这里与从阳极底部出来，并循环到此的溶解有较多阳极气体的电解质相遇，如图 8-34 所示。

此外，从力学角度去分析，表面张力总是有力图使液面面积最小的能力，因此在某种程度上，铝液阴极界面上张力可减弱阴极铝液的波动，从而可减少铝在阴极表面的溶解损失。对于界面张力对铝的溶解速率的影响，Evans 等人给出了理论计算式(8-60)。

$$J = (D\rho/\gamma)^{0.5} \cdot C^* \cdot K^{0.75} \tag{8-60}$$

式中　J——单位时间单位阴极表面铝的溶解量；

D——铝在电解质熔体中的扩散系数；

ρ——界面上两熔体的密度差；

γ——界面张力；

C^*——铝在电解质熔体中的饱和浓度（溶解度）；

K——熔体扰动动能。

由式(8-60) 可以看出，提高阴极表面熔体的界面张力可降低铝的溶解损失，提高铝电解槽的电流效率。

8.8.15　电解槽的稳定性与电流效率

电解槽的稳定性是电解槽高电流效率和低电能消耗的基本条件。一个稳定的电解槽，其基本特征是阴极铝液面是平稳的，它具有较小的铝液流速和液面波动，电解槽没有大的温度波动，电解质成分稳定，槽电压稳定。

在铝电解发展的历史进程中，当系列电流超过 100kA 时，电磁力引起的阴极铝液的不稳定性问题开始受到人们的重视。改进母线设计对电解槽内的磁场进行补偿，可实现电解槽阴极铝液面的稳定。母线的设计重点在于减少阴极铝液内的垂直磁场强度。在 20 世纪 70 年代以后，引入了电子计算机在进行电解槽的设计时对磁场进行计算。这种计算，可以对母线的位置和铁磁体部件进行调整，使得像 500kA 这样大容量的电解槽也能实现槽内铝液的稳定。

不同槽帮结壳情况时铝液层和槽底炭阴极的电流方向见图 8-35。

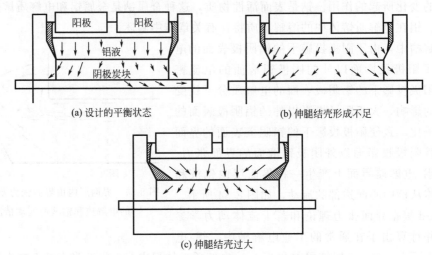

(a) 设计的平衡状态　　　　(b) 伸腿结壳形成不足

(c) 伸腿结壳过大

图 8-35　不同槽帮结壳情况时铝液层和槽底炭阴极的电流方向

8.9　工业铝电解槽上阴极铝的溶解损失

文献中有关铝损失测量数据和机理，大都是在非电解的情况下得出的。按照这种溶解机理，铝的溶解损失既有物理溶解，也有化学溶解。

其物理溶解为：

① 金属铝以原子粒子或胶体粒子的形式溶解到电解质熔体中；

② 金属铝与电解质熔体反应生成的金属钠以原子粒子的形式溶解到电解质熔体中；

③ 阴极电解生成的金属钠以原子粒子的形式溶解到电解质熔体中。

其化学溶解为：

① 阴极金属铝与电解质反应生成的低价铝离子，溶解到电解质熔体中；

② 阴极金属铝与电解质反应生成的低价钠离子溶解在电解质熔体中；

③ 阴极表面生成的金属钠与电解质的 Na^+ 反应生成的低价离子 Na_2^+ 溶解到电解质熔体中。

然而由于在电解过程中，阴极表面存在着与电解电流方向相一致的电场，阴极表面铝的化学溶解会被抑制或减少。邱竹贤在研究金属雾的特征现象时所观察到的在电解过程中，当金属铝为阴极时，金属雾的生成量明显减少，也许可以佐证这种观点。如果这种被抑制或被减少的是阴极表面生成的低价金属离子，那么电解槽电流效率损失就不一定完全是铝的二次反应，电流效率的损失也应包括低价金属离子的二次电解所消耗的电流。假若在电场的作用下，铝的化学溶解被抑制，那么电解电流消耗在铝和钠的低价化合物被电解还原所造成的电流效率损失是非常小的。至于多大的阴极电流密度，多高的电场强度能完全抑制电解过程中阴极金属的化学溶解，则是一个需要进一步探讨的问题。

8.10　铝电解槽的极限电流效率

关于工业铝电解槽的极限电流效率，人们对它研究得很少，然而这并不意味着，对这一问题的研究不重要。恰恰相反，从事铝电解的人们非常希望知道，目前工业铝电解槽的极限电流效率到底是多少，因为这可以为人们改进铝电解槽的设计，提高铝电解的工艺技术和管理水平，指出方向和目标。

那么什么是工业铝电解槽的极限电流效率呢？工业铝电解槽的极限电流效率 CE_{lim} 应该是在铝阴极表面和界面非常稳定，没有流动、没有波动、没有对流传质，只有扩散传质时，铝在阴极表面有溶解损失。这时铝的溶解损失 $R_0[g/(cm^2 \cdot s)]$ 按菲克第一扩散定律为：

$$R_0 = D \times \frac{C^* - C}{\delta} \tag{8-61}$$

故此铝电解槽的极限电流效率 CE_{lim} 为：

$$CE_{lim} = 1 - \frac{D(C^* - C)}{\delta q I_C} \tag{8-62}$$

式中　q——铝的电化学当量。

在工业铝电解槽中，一般说来，CO_2（溶解的，或非溶解的）与电解质中溶解的金属所进行的二次反应是非常快的，因此可近似地认为 $C=0$，式(8-62) 变成：

$$CE_{lim} = 1 - \frac{DC^*}{\delta q I_C} \tag{8-63}$$

从式(8-63) 可以看出，工业铝电解槽的极限电流效率只取决于 D、C^* 和 I_C，而 D 和 C^* 只与电解质温度和电解质组成有关，它们都随着电解质温度的升高与分子比的增加而增加。

设工业铝电解槽的阴极电流密度为 $0.7A/cm^2$，温度为 $960℃$，电解质分子比为 2.8 时的扩散系数 $D=8.42 \times 10^{-5}$，$\delta=0.05cm$，由式(8-63) 可以计算得出此时的极限电流效率为 99.6%。

8.11　工业铝电解槽电流效率的测量与计算

对工业铝电解槽来说，精确地确定短期内电解槽的电流效率是非常困难的，用加入惰性金属，如银、铜或放射性金属等稀释技术，所获得的 12h 的电流效率，精确度可以达到 $\pm 1\%$。

8.11.1　工业电解槽电流效率的测定

对工业铝电解槽来说，精确地测定电解槽短时期内的电流效率是困难的，一般铝厂只是根据一段时间内的出铝量和槽内铝量的多少来计算出电解槽的电流效率，其计算公式为：

$$CE = \frac{\sum\limits_{i=1}^{n} M_i - M_0 + M_t}{0.3356 \times 10^{-3} \cdot I \cdot \Delta t} \times 100\% \tag{8-64}$$

式中　n——电流效率计量期内出铝的次数；

$\sum\limits_{i=1}^{n} M_i$——电流效率计量期内出铝量的总和，kg；

M_0——开始计量电流效率时所盘存的槽内铝量，kg；

Δt——电流效率计量期，h；

M_t——Δt 时间后的槽内盘存铝量，kg；

I——电流，A。

由式（8-64）可以看出，电流 I、时间 Δt 和 $\sum\limits_{i=1}^{n} M_i$ 都是可以计量的，只有槽内铝量 M_0 和 M_t 需要盘存测量，因此测量出了 M_0、M_t 和出铝量，就可以用式（8-64）计算电解槽在 Δt 时间内的电流效率了。

目前，测量（盘存）槽内铝液量的方法有多种，这些方法各有优缺点。

8.11.1.1　简易盘存

该方法是利用在槽周边选择多个部位测出槽帮结壳厚度和伸腿长短及其不同槽帮结壳上的铝水平，用这些数据简易勾画出整个电解槽的槽膛中阴极铝液几何形状，以此计算出槽内铝的体积和质量。在这种方法中，还要测出槽底沉淀厚度，在计量槽内铝量时要减去该槽底沉淀所占据的铝量。

目前，在现代化的预焙阳极电解槽中，铝电解理论与技术的完善，电解槽母线设计技术的提高，供电技术和计算机控制技术的进步，加上电解槽容量的增加，热稳定性的提高，槽膛形状和槽帮结壳的厚度已经变得更为稳定了，因此在现在的铝电解槽电流效率的测量中，常把槽膛形状和槽帮结壳的厚度看成是不变的，因此在对电流效率测量期前后槽内铝液的盘存时，只用电流效率测量期前后电解槽内的铝水平变化 $h_t - h_0$，就可以对 $M_t - M_0$ 进行推算了。

$$M_t - M_0 = 2.3 \times (h_t - h_0) S \times 10^{-3} \tag{8-65}$$

式中　2.3——铝液密度，g/cm^3；

h_0——测量期前槽内铝水平高度，cm；

h_t——测量期后槽内铝水平高度，cm；

S——槽内阴极铝液面积，cm^2。

此时，将式（8-65）代入式（8-64），得出电流效率的计算公式：

$$CE(\%) = \frac{\sum\limits_{i=1}^{n} M_i + 2.3 \times (h_t - h_0) S \times 10^{-3}}{0.3356 \times 10^{-3} \times I \Delta t} \times 100\% \tag{8-66}$$

但要注意的是，在用式（8-66）测量和计算电流效率时，对于铝水平高度的前后两次测量点应相同，但不宜选择出铝口为测量点，因为出铝口长期出铝，该处炭阴极表面被撞击，腐蚀，而形成坑穴。

简易盘存法测得的电流效率的误差应从如下几个方面加以考虑。

① 盘存铝量 M_0 和 M_t 的误差。M_0 和 M_t 的误差来自于槽膛、阴极铝液面积、铝水平高度和沉淀等测量数据的误差。比如，铝水平高度，用目前工业电解槽上使用的方法，其可允许的误差在 ±1cm 左右，再加上槽底沉淀厚度测量上的误差，h_0 和 h_t 存在 ±2cm 的误差都是可能的，因此，电流效率核实期前后两次铝水平高度的误差可达到 4cm。以一个 200kA

的电解槽槽膛尺寸 $10600mm \times 3800mm \times 500mm$、阴极铝液界面处的槽帮结壳厚度为 $100mm$ 作为例子，其前后两次铝水平测量误差为 $3cm$ 时，盘存铝量 $|M_t - M_0|$ 误差可达到 $2359kg$，则由此而产生的一年期电流效率误差在 0.4% 左右，如果电流效率考核期为半年，则电流效率误差为 0.8%，如果电流效率考核期为 3 个月，电流效率盘存误差为 1.6%。

② 出铝偏差。若称量仪器和装置的称量误差为千分之一，则由此而产生的电流效率计量误差为 0.1%。

③ 电流计量的误差。目前许多电解铝厂用于计算电流效率的系列电流，仍是按整个电解系列电解槽的交流电耗和整流效率换算而来的，即：

$$I = \frac{W_A \eta}{V t} \tag{8-67}$$

式中　W_A——全系列电解槽在给定时间 t 内的交流电耗，$kW \cdot h$；

　　　η——电解槽系列直流供电系统的整流效率，$\%$；

　　　V——直流供电系统在时间 t 内输给电解槽系列的平均直流电压，V。

电解槽系列供电系统的整流效率大小是衡量整流供电系统设备好坏的主要指标之一，它对铝电解生产的意义是非常大的。因为，整流效率哪怕能提高 0.1%，也意味着电解槽多产的铝量，折合成的电流效率可以提高约 0.1%、电耗约降低 $15kW \cdot h/t\ Al$ 左右。以 1 个年产 $20 \times 10^4 t$ 的电解铝厂为例，仅此一项节电可达 $300 \times 10^4 kW \cdot h/a$，电费节省可达 100 万元/年左右。

8.11.1.2　惰性金属稀释法盘存技术

所谓的惰性金属是指在铝电解槽中，它能完全且很均匀地溶解在阴极铝液中，并不与电解质发生反应，它的蒸气压很低，在电解温度下没有蒸发损失，它的化合物在电极材料和原料中非常低，其在阴极铝液中的浓度非常低，且含量稳定。

常用的惰性金属有铜和银，但银很贵，所以实际上可用的惰性金属也只有铜。阴极铝液中加铜稀释，会增加 Cu 杂质含量，降低铝的品位，而且一旦阴极铝液中有了较大铜杂质含量后，需要经过数十天才能使电解槽中阴极铝液中的 Cu 达到正常品位。

加铜盘存时，有以下几点需要注意：

① 所加的铜最好以铝-铜合金的形式加入；

② 在加铜盘存前，要对阴极铝液中的本底铜进行跟踪测量，以确定阴极铝液中铜杂质的浓度是稳定的，没有其他的 Cu 杂质来源；

③ 在出铝后，要从多处将铜加入到电解槽中，以便使其尽快、尽可能均匀地溶解到阴极铝液中；

④ 在保证精度的情况下，尽量选择较低的加铜浓度；

⑤ 在加 Cu 及 Cu 合金的位置，要消除槽底沉淀，防止加入的 Cu 及 Cu 合金沉埋入沉淀中。

用加铜稀释法盘存槽内铝量，可用公式(8-68) 计算。

$$M = \frac{Q(1 - C_0)}{C_0 - C_1} \tag{8-68}$$

式中　M——所要盘存的槽内金属铝量，kg；

　　　Q——加入到电解槽内的稀释剂 Cu 的量，kg；

C_1——槽内铝液本底铜的浓度，%（质量）；

C_0——加入铜后，槽内铝液中铜的浓度，%（质量）。

例如，用加铜盘存法盘存槽内铝液量，测得槽内铝液本底 Cu 浓度 C_1 为 0.001%，向槽中加入 9.00kg 铜后，测得槽内铝液中的 Cu 浓度为 0.1810%，利用式（8-68）计算槽内铝量 M 为：

$$M = \frac{9.00 \times (1 - 0.1810\%)}{0.1810\% - 0.001\%} = 9.00 \times \frac{99.819\%}{0.180\%} = 4991 \text{（kg）}$$

由上述计算结果，以及由式（8-67）可以看出，要想精确地盘存出槽内金属铝的量 M，对铜浓度 C_0 的选择和对 Cu 量的选择是十分重要的。为了尽量减低加铜对铝的质量影响应在保证盘存铝量精度的情况下，尽可能降低 Cu 浓度 C_0。

8.11.1.3　一次加铜回归法测定电解槽中短期内的电流效率

一般说来，利用式（8-64）和加铜盘存法考核较长时间内的铝电解槽的电流效率，需要对电解槽内的铝量 M_0 和 M_t 进行两次加铜盘存。

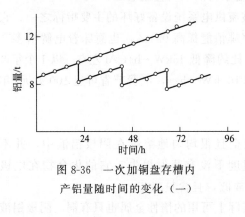

图 8-36　一次加铜盘存槽内
产铝量随时间的变化（一）

利用一次加铜稀释后槽内铝液铜浓度递减的规律、数据，可得出一个以时间（h）为横坐标，槽内铝增量和出铝量之和为纵坐标的线性曲线图（如图 8-36 所示），此线性曲线回归方程为：

$$y = a + bt \tag{8-69}$$

式中　y——槽内铝量（包括出铝量），kg；

t——时间，h；

a——常数，kg；

b——系数，kg/h。

此时，电解槽的电流效率 CE 为：

$$CE = \frac{b \times 10^3}{0.3356I} \tag{8-70}$$

关于加铜回归法测定电流效率，在邱竹贤的多本著作中，已有详细介绍，本书在此不多述。

应该说明的是，用式（8-64）、式（8-68）加铜盘存得出的电流效率是给定时间内的平均电流效率，它只取决于 M_0、M_t 和 $\sum\limits_{i=1}^{n} M_i$ 值。对于一次性加铜，用 t_0 和 t_1 两个时间盘存的槽内铝量和在此期间的出铝量，用式（8-64）计算电解槽在时间 $t_0 \rightarrow t_1$ 内的平均电流效率，但是这与用回归法和公式（8-69）和式（8-70）给出的电流效率并不一定是相等的。

如果在时间 $t_0 \rightarrow t_1$ 内的电流效率有很大的波动和变化，电流效率与时间的关系出现非常大的非线性变化时，计算出的电流效率值可能会有很大的差别，如图 8-37 所示。

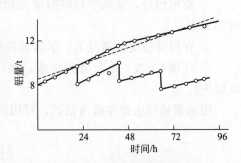

图 8-37　一次加铜盘存槽内
产铝量随时间的变化（二）

虚线为线性回归方程的线

8.11.1.4　放射性同位素法

放射性同位素法也是基于稀释技术的一种对槽内铝液进行盘存的方法，该法是利用放射性同位素加入到阴极铝液中，其放射性强度随浓度的降低而降低的原理实现的。由于放射性同位素操作不当，会对人们的身体有伤害，因此，不被现在的人们所采用，这里也不作详细介绍。

8.11.1.5　气体分析法测定铝电解槽中的瞬时电流效率

许多研究者不论从理论上，还是从实验的研究上确认，阳极气体中的 CO_2 含量与电流效率有确定的关系，并将这种关系应用于工业电解槽和实验室电解槽电流效率的测量之中。

电解槽阳极气体中的 CO_2 浓度与电流效率之间的关系，最早由 Pearson 与 Waddington 于 1947 年发表，即电流效率：

$$CE = \frac{1}{2}(100\% + CO_2\%) \tag{8-71}$$

式中，$CO_2\%$ 为阳极气体中 CO_2 的体积分数（本节中，如无特殊说明，均表示体积分数）。当阳极气体被其他气体稀释，即还含有其他气体时，则

$$CO_2\% = \frac{n(CO_2)}{n(CO_2) + n(CO)} \times 100\% \tag{8-72}$$

式中，$n(CO_2)$、$n(CO)$ 分别为阳极气体中 CO_2、CO 的物质的量。

式(8-71)被人们称为 Pearson-Waddington 方程式。作者在当时报道过一些取自工业电解槽的数据，它与所测得的长期电流效率的数值相当一致。后来的一些研究者陆续地发现，这种理论和实际的情况有些偏差，还有一些副反应应该考虑在内。因此又相继提出了一些对 Pearson-Waddington 方程式进行修正或完善了的半经验半理论的计算公式，如表 8-3 所示。

表 8-3　阳极气体成分与电流效率之间的关系式

作　者	年份	关　系　式
Pearson、Waddington	1947 年	$CE = \frac{1}{2}CO_2\% + 50\%$
Beek	1959 年	$CE = g\left(\frac{1}{2}CO_2\% + 50\%\right) - z$ g——考虑了布达反应而取的系数 z——与 CO_2 无关的电流效率损失
Саакян	1963 年	$CE = 0.73 + 0.22CO_2\%$
Костюков	1963 年	$CE = \left(\frac{1}{2}CO_2\% + 50\%\right)(1 - k + 4a)$ a——消耗于布达反应的 CO_2 体积分数 k——除了铝的二次反应之外的电流损失
Королов	1963 年	$CE = (2 - x)(n + 1.5)/3$ x——阳极气体中的 CO_2 体积分数（$CO_2\%$） n——布达反应所消耗的炭量
Cammarate	1970 年	$CE = 0.45CO_2\% + 47.6\%$
邱竹贤	1979 年	$CE = \frac{(1 + CO_2\%)(1.5 + x)}{3} - r_2$ x——由于布达反应损失的 CO_2 体积分数，% r_2——由于其他原因而损失的电流效率

作　者	年份	关　系　式
邱竹贤	1980 年	$CE=\dfrac{(1+CO_2\%)(1+x)}{2}-r_2$ x——由于布达反应损失的 CO_2 体积分数，% r_2——由于其他原因而损失的电流效率
冯乃祥	1981 年	$CE=0.51CO_2\%+50\%$

Pearson-Waddingtion 方程式是建立在如下的基本假设之上的，即电解槽电解反应是：

$$\frac{2}{3}Al_2O_3+C \longrightarrow \frac{4}{3}Al+CO_2 \tag{8-73}$$

此外，在 Pearson-Waddington 方程中还假定电流效率的降低，是由于 CO_2 对铝的氧化反应所致，即：

$$2Al+3CO_2 \longrightarrow Al_2O_3+3CO \tag{8-74}$$

现在来推证一下电流效率是阳极气体中 CO_2 含量的线性函数。

设 k 为表征与铝的逆反应无关的电流损失（其中包括电子导电），又设 x 为在电化学过程中，在阳极上生成 CO 气体所消耗的电流量（实际上是很少的），则在通过 1F 电量的情况下，一次阳极气体产物为 $\frac{1}{4}(1-x-k)$ 摩尔的 CO_2 和 $\frac{1}{2}x$ 摩尔的 CO 气体。

生成的 CO_2 气体按反应（8-74）同铝作用生成 CO 的量 m 为：

$$m=\frac{1}{2}(1-\eta-k) \tag{8-75}$$

此外，令还有 a mol/F 的 CO_2 同时与碳反应，生成 $2a$ mol/F 的 CO：

$$CO_2+C \longrightarrow 2CO \tag{8-76}$$

因此，产生的总气体（CO_2+CO）的量为：

$$\frac{1}{4}(1-x-k)+\frac{1}{2}x+(-a+2a)=\frac{1}{4}(1+x-k+4a)\text{mol/F} \tag{8-77}$$

其中，CO_2 气体的含量为

$$\frac{1}{4}(1-x-k)-\frac{1}{2}(1-\eta-k)-a=\frac{1}{4}[1-x-k-2(1-\eta-k)-4a] \tag{8-78}$$

阳极气体的最终成分为

$$N_{CO_2}=\frac{1-x-k-2+2\eta+2k-4a}{1+x-k+4a}=\frac{2\eta-1+k-x-4a}{1+x-k+4a} \tag{8-79}$$

$$N_{CO}=1-N_{CO_2} \tag{8-80}$$

式中　N_{CO_2}——阳极气体中 CO_2 体积分数；

　　　N_{CO}——阳极气体中 CO 体积分数。

由此得出：

$$CE=\frac{1+x-k+4a}{2}(1+N_{CO_2}) \tag{8-81}$$

式(8-81)即为在考虑了阳极副反应、布达反应以及除铝的二次氧化损失以外的电流损失等诸多因素在内的阳极气体的 CO_2 含量与电流效率之间的理论关系式。由式可以看出，当忽略了布达反应，并且不存在除铝的二次氧化损失以外的电流损失，以及阳极一次气体产物为 100% 的 CO_2 情况下，即 $x=0$、$k=0$ 且 $a=0$ 时，此式就变成了 Pearson-Waddington 的理论方程式。

另外，从上述方程式还可以看出，当忽略了铝的二次氧化以外的电流损失时，计算结果会使电流效率偏高；而当忽略了布达反应以及在阳极生成 CO 的副反应时，会使计算出来的电流效率偏低。这些结论与实际情况是完全符合的，因此，如能准确地测得上述公式中 x、k 和 a 值的大小，就能够精确地根据阳极气体中的 CO_2 含量计算电解槽的电流效率。但是从目前已有的文献来看，人们还未能在工业电解槽上准确地测量出它们的数值。况且，其数值在不同类型、不同阳极电流密度以及不同工作状态下的电解槽上又可能是不完全一样的。但是，就同一类型的工业电解槽来说，由于阳极电流密度和它的工作状态变化不大，因此在正常的情况下，完全可以把它们当成一个不变的常数。于是方程式(8-81)便可简化成式(8-82)。

$$CE=\frac{C}{2}(1+N_{CO_2}) \tag{8-82}$$

对于这个方程式中的常数 K，可以根据对工业电解槽阳极气体中的 CO_2 含量和电流效率的长期测定结果估算出来。确定出了常数 K，就可以根据式(8-82)，用阳极气体中的 CO_2 含量来计算铝电解槽的瞬时电流效率。

此式的数学意义是：对给定正常状态的电解槽来说，电流效率是阳极气体 CO_2 含量的线性函数。

在 135kA 中间下料预焙阳极电解槽上，我们连续采集和分析阳极气体中的 CO_2 含量。按照从开槽到停槽期间所连续测量的 CO_2 气体含量的平均值以及在此期间所核实的实际电流效率，求得了实际电流效率相对于按 Pearson-Waddington 方程式理论计算数值的偏差（表8-4）。

表 8-4　按 Pearson-Waddington 理论方程式计算与实际电流效率偏差

从开动到停槽实际 核实电流效率/%	CO_2 含量的平均值(947 次) /%	按 $\eta=\frac{1}{2}(1+N_{CO_2})$ 计算 出来的电流效率/%
89.89	76.4	88.2

注：CO_2 由式(8-72)换算。

从表8-4中的结果看出，按照 Pearson-Waddington 理论方程式所计算出来的电流效率与实际电流效率偏低 1.69%。如果按照本文所推导的式(8-82)，则需要在 Pearson-Waddington 理论方程式，$CE=\frac{1}{2}(CO_2\%+1)$ 的前面再乘以一个系数 1.02，即：

$$CE=1.02\times\frac{1}{2}(CO_2\%+1)=0.51\times(CO_2\%+1) \tag{8-83}$$

8.11.2　实验室电解槽电流效率的测定

一般说来，实验室电解槽的电流在 20A 以下，多采用带绝缘材料内衬的石墨坩埚作电解槽。对于这种实验室电解槽，在电解时间内存在着较多的化学和电化学生成的金属钠向阴极石墨坩埚底部的渗透，并且到目前为止，人们尚不能对这种渗透作出定量的测定，因此传

　　统的用称量电解前后铝的质量的方法测定电解槽的电流效率就很不准确了。为此，现在的实验室电解槽电流效率的测定，一般都是采用 CO_2 气体分析法和氧平衡法。这两种方法，就是基于电流效率的损失源自于阴极表面溶解的金属被阳极气体的二次氧化。

　　其典型的实验室 CO_2 气体分析法测量电流效率的装置如图 8-38 所示。而图 8-39 所示是常用的电解槽装置的结构，图 8-40 所示是实验室电解槽气体分析法的气体流程图。

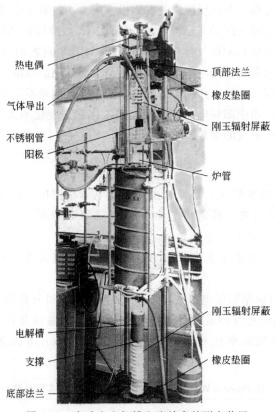

图 8-38　实验室电解槽电流效率的测定装置

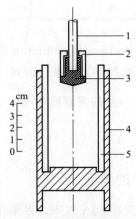

图 8-39　常用实验室电解槽结构简图
1—阳极导电杆；2—氮化硼层；3—石墨阳极；4—石墨坩埚；5—氧化铝内衬

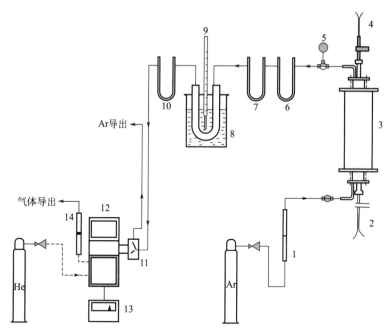

图 8-40 实验室电解槽气体分析法测定电流效率流程图

1—转子流速计；2,4—铂铑热电偶；3—炉体；5—真空计；6,10—玻璃棉滤尘器；7—高氯酸镁干燥器；8—可吸收 HF 和 SiF_4 的 U 形管；9—温度计；11—采样阀；12—气相色谱仪；13—记录仪；14—浮子流量计

8.11.3 工业电解槽瞬时电流效率的测定

工业电解槽瞬时电流效率的测定也是基于阳极气体分析法，其关键技术是要设计和制造一个取气装置使其能及时地从电解槽中取出气体试样。然后将这个气体试样，用气体分析仪定量地分析出其中的 CO_2 和 CO 的体积，按式（8-72）计算出 $CO_2\%$。

$$电流效率 CE = \frac{1}{2}CO_2\% + 50\% \tag{8-84}$$

工业电解槽中一种适用的从电解槽的火眼中采集阳极气体试样的方法和装置是将一个用薄铁制成的喇叭筒型金属罩扣在火眼上，并用氧化铝将罩底部边缘封闭，使阳极气体不从罩底部漏出，而只从喇叭口顶部的细管口流出。相隔一段时间，待阳极气体将罩内的空气赶出得差不多时，用一个类似篮球内胆的取样器进行取气，然后用气体分析仪对取样器中的 CO_2 和 CO 进行定量分析。

8.11.4 CO_2 气体分析法测定电流效率的局限性

正像前文所讲到的，CO_2 气体分析法测量电流效率是基于 Pearson-Waddington 公式，以及对该公式的修正，但这都是建立在铝的电流效率损失是铝的二次氧化的假定基础之上。就一般的实验室和工业电解槽而言，这种假定无疑是正确的，但在非正常情况下，如电解槽出现病槽、极间短路、漏电、阳极长包等情况，以及阳极效应出现和阳极副反应增大时，会导致用 CO_2 气体分析法测量出的电流效率必然会出现很大的误差。

参 考 文 献

［1］ 邱竹贤. 预焙槽炼铝. 第 3 版. 北京：冶金工业出版社，2005.

［2］ Tingle H et al. Aluminium. 1981，57（4）：286-288.

［3］ Grjotheim K. Contribution to the Theory of Aluminium Electrolysis. Trondheim：University of Trondheim，1956.

［4］ Haupin E. J. Electrochem. Soc. 1960，107：232.

［5］ Stokes J，Frank B. Extractive Metallurgy of Aluminium，Vol. Ⅱ. New York：Interscience Publishers，1963.

［6］ K Gjotheim et al. Aluminium Electrolysis，Fundamentals of the Hall-Héroult Process. Düsseldorf：Aluminium Verlag GmbH，1982.

［7］ Thonstad. Can. J. Chem. 1965，43：3429.

［8］ Yoshida，Dewing. Met. Trans. 1972，3：1817.

［9］ Muftuogln. Current Efficiency Measurement in Laboratory Aluminium Cells. Trondheim：University of Trondheim，1978.

［10］ Yoshida et al. Trans. Met. 1968，242：231.

［11］ Lillebuen B et al. Electrochemical Acta. 1980，25：131.

［12］ Arebrot E et al. Metal. 1978，32：41.

［13］ 邱竹贤. 铝电解原理与应用. 徐州：中国矿冶大学出版社，1998.

［14］ Leroy J et al. Light Metals. 1978：291.

［15］ Kvande H. The 20th International Course on Process Metallurgy of Aluminium. Trondheim：[s. n.]，2001.

［16］ 冯乃祥，王世琛. 轻金属. 1984：23.

［17］ Qiu Zhuxian，Feng Naixiang，Grjotheim K，Kvande H. Aluminium. 1986，62：524.

［18］ Haupin E，Frank W. Light Metal Age. 2002.

［19］ Feng Naixiang et al. Can. Metall. Q. 1986，25（4）：287.

［20］ 冯乃祥等. 轻金属. 1988，(7).

［21］ 冯乃祥. 铝电解槽的电流效率. 沈阳：东北工学院，1988.

［22］ Smart R. Extractive Metallurgy of Aluminium，Vol. Ⅱ，New York：Interscience Publishers，1963：249.

［23］ Beek T R. J. Electrochem. Soc. 1959：710.

［24］ Саакян С. Цветные Металлы. 1963，12.

［25］ Kopolof A A. Цветные Металлы. 1963，3.

［26］ Cammarate V A. J. Electrochem. Soc. 1970，2：282.

［27］ 邱竹贤. 有色金属. 1977，5：17.

［28］ 邱竹贤. 有色金属. 1980，2：68.

第 **9** 章 | 预焙阳极

人们常说阳极是铝电解槽的心脏，可见阳极的质量对铝电解生产有多么重要的意义。

从表面上看，阳极质量不好，对铝电解生产的直接影响不仅是阳极消耗增加，更重要的是使阳极电压降升高，阳极氧化和脱落的炭渣增多，电解质碳含量增加，电解槽温度升高，电流效率下降，电耗增加，由此使铝电解生产成本的增加要比因阳极质量差所造成的阳极消耗而造成的生产成本增加 10 多倍，因此，提高阳极质量、降低阳极消耗是阳极制造厂家和电解铝厂的宗旨。

9.1 预焙阳极的制造流程

预焙阳极的制造流程如图 9-1 和图 9-2 所示。图 9-1 所示是流程简图，图 9-2 所示是一个年产 30×10^4 t 预焙阳极的实际生产流程图。预焙阳极生产所需的原料有石油焦，从电解铝厂返回的阳极残极和胶黏剂沥青，生产流程包括石油焦煅烧、粉碎、粒度分级配料、混捏、成型、焙烧、阳极组装等过程。

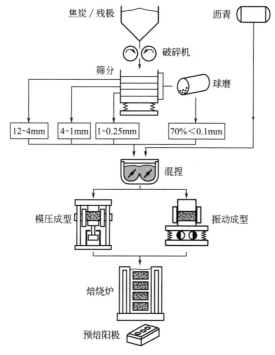

图 9-1 预焙阳极制造流程简图

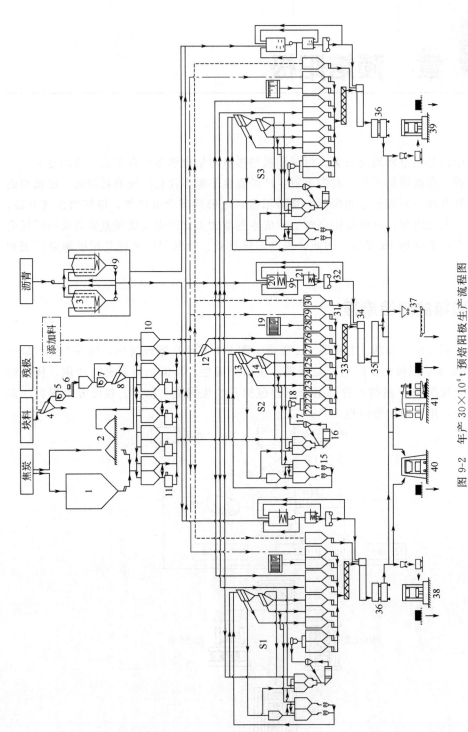

图 9-2 年产 30×10⁴ t 预焙阳极生产流程图

1,10—贮料仓;2—料场;3—沥青贮仓;4—残极筛分;5—初级粉碎;6—除铁;7—二级粉碎;8—筛分;9—循环泵;11—干燥;12—残极筛分 2;13—焦炭筛分 1;14—焦炭筛分 2;15—粗磨机;16—球磨机;17—分级器;18—旋风分离器;19—过滤机;20—当日用沥青;21—沥青配料仓;22—球磨粉尘;23—粗粒;24—中粒;25—细粒;26—残极粗粒;27—残极细粉;28—残极粉尘;29—添加剂;30—生废料;31—按配比加料;32—沥青配量泵;33—预热;34—初级混捏;35—二级混捏;36—冷却;37—产品;38—模压成型 1;39—模压成型 2;40—振动成型 1;41—振动成型 2

9.2 预焙阳极制造所用原料

9.2.1 石油焦

9.2.1.1 生焦

现代电解铝厂大都为预焙阳极电解槽。自焙阳极电解槽所剩无几。从环境和规模上，自焙阳极电解槽都不符合我国产业政策，属于被淘汰之列。

制造预焙阳极所用原料为石油焦（沥青焦丰富的国家和地区也可使用沥青焦或添加部分沥青焦）和胶黏剂沥青。从石油冶炼厂购进的石油焦为生焦，它是石油冶炼厂渣油在延迟焦化炉中经过裂解焦化后的产物，也称延迟焦，它是电解铝厂制造阳极的主要原料。铝电解槽的炭阳极制作之所以以石油焦为原料，是因为石油焦具有非常高的纯度和强度、较好的导电性能和较好的电化学氧化性能。除了延迟焦外，石油冶炼厂还有一种流化焦，这种焦是低品位重油在流态化过程进行焦化的产物。这种焦的特点是焦粒呈球状，表面光滑，很少有裂纹和孔隙，因此这种焦对沥青的黏结性不好，一般不适于作炭阳极的原料，即使应用，也只能用于阳极原料中的磨细粉料。

除了石油焦外，沥青裂解、焦化的产物沥青焦也可以是制造阳极的原料。沥青焦相对石油焦来说，挥发分少。

由于地球上石油的储量是有限的，因此作为对石油焦需求量很大的铝冶金工业来说（1t铝需求大约 0.6～0.7t 石油焦），未来的铝工业必将面临石油焦资源的短缺，因此"以煤代焦"战略研究也开始被人们所重视。以煤代焦（石油焦），首要的是解决煤中杂质的去除问题，也曾有人作过这方面的研究。现在看来，要想经济地解决煤中杂质问题，达到铝电解生产所要求的纯度，还是有很大的技术难度的，成本也很高。

9.2.1.2 煅后焦

从石油冶炼厂购进的生石油焦，不仅含有很高的水分，而且也含有很高的挥发分。生石油焦中还含有极少量的金属杂质和非金属杂质（见表 9-1）。另外这种生石油焦真密度也较小，强度低，电阻大，因此在用于制造阳极之前，需要经过高温煅烧，一般的煅烧温度在 1250～1350℃。通常将经过高温煅烧后的石油焦称为煅后焦。石油焦经过高温煅烧后，其强度、真密度和导电性能都会提高。其质量情况及其检测方法见表 9-2 和图 9-3。

表 9-1 生石油焦的质量

成　　分	含量/%	成　　分	含量/%
结焦炭	70～80	硫	1～3
挥发分	10～12	金属杂质总和	<0.1
水分	5～15		

表 9-2 煅后焦的理化性能与检测方法

性　　质		检测方法	单　位	范　　围
水分		ISO 11412	%	0.0～0.2
挥发分		ISO 8723	%	0.0～0.3
粒度	>8mm	ISO 12984	%	10～20
	8～4mm	ISO 12984	%	15～25

性　　质		检测方法	单　位	范　围
	4~2mm	ISO 12984	%	15~25
	2~1mm	ISO 12984	%	10~20
	1~0.5mm	ISO 12984	%	5~15
	0.5~0.25mm	ISO 12984	%	5~15
	<0.25mm	ISO 12984	%	2~8
体积密度	8~4mm	ISO 10236	kg/dm³	0.64~0.70
	4~2mm	ISO 10236	kg/dm³	0.73~0.79
	2~1mm	ISO 10236	kg/dm³	0.80~0.86
	1~0.5mm	ISO 10236	kg/dm³	0.86~0.92
	0.5~0.25mm	ISO 10236	kg/dm³	0.88~0.93
平均体积密度		—	kg/dm³	0.78~0.84
颗粒稳定性		ISO 10142	%	75~90
真密度		ISO 8004	kg/dm³	2.05~2.10
比电阻		ISO 10143	$\mu\Omega \cdot m$	460~540
CO_2 反应损失	1000℃	ISO 12981-1	%	3~15
空气氧化率	525℃	ISO 12982-1	%/min	0.05~0.3
晶格尺寸 L_c		—	nm	2.5~3.2
灰分		DIN 51903	%	0.1~0.2
杂质含量	S	ISO 12980	%	0.5~3.5
	V	ISO 12980	mg/kg	30~350
	Ni	ISO 12980	mg/kg	50~220
	Si	ISO 12980	mg/kg	50~250
	Fe	ISO 12980	mg/kg	50~400
	Al	ISO 12980	mg/kg	50~250
	Na	ISO 12980	mg/kg	30~120
	Ca	ISO 12980	mg/kg	20~100
	Mg	ISO 12980	mg/kg	10~30

9.2.1.3　煅后焦的体积密度

煅后焦的体积密度是在如图 9-4 所示的装置上测定的。由图可以看出，它是将 100g 煅后焦装入一个 250mL 的量筒中，在底部装有偏心轮的振动下所形成的振实密度。

煅后焦的体积密度越大，其所制造出来的阳极质量越好，这已为大家所共识。体积密度的大小与焦的结构、粒度及粒度组成有关。如果焦体的孔隙结构不一样，即使是真密度较高也不一定具有较高的体积密度。表 9-3 是 Belitakus 测定的几种不同石油焦原料在同样的煅烧条件下煅烧后的真密度和用这些原料进行配料时所获得的最大体积密度，图 9-5 所示是这几种焦在不同粒度大小时的体积密度。

表 9-3　不同原料煅后焦的真密度和最大体积密度

原料代号	炼焦原料	真密度 /(g/cm³)	最大体积密度 /(g/cm³)	原料代号	炼焦原料	真密度 /(g/cm³)	最大体积密度 /(g/cm³)
A	天然黑沥青	1.96	1.342	G	石油渣油	2.05	1.286
B	石油渣油	2.03	1.333	H	石油渣油	2.07	1.247
C	天然沥青+石油渣油	1.97	1.319	I	石油渣油	2.06	1.226
D	石油渣油	2.07	1.311	J	石油渣油	2.06	1.222
E	煤沥青	2.02	1.306	K	石油渣油	2.04	1.194
F	煤沥青	2.07	1.300	L	石油渣油	2.10	1.189

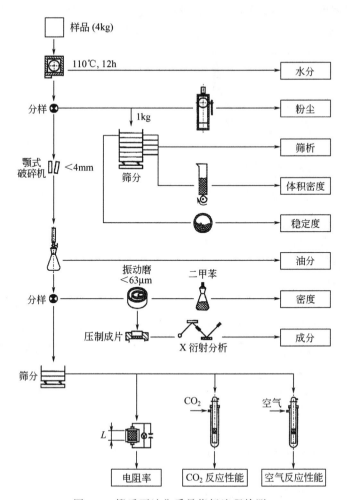

图 9-3　煅后石油焦质量指标流程检测

图 9-4　测定煅后焦体积密度的方法和装置简图

由表 9-3 和图 9-5 可以明显地看出：

① 煅烧焦即使有较高的真密度但未必有较大的体积密度，因此最大体积密度的大小，在很大程度上取决于煅后焦的孔隙结构；

② 焦粒体积密度，随着煅后焦粒度的减小而提高，在非常细的焦粉粒度时，各种焦粉的体积密度趋于一致。

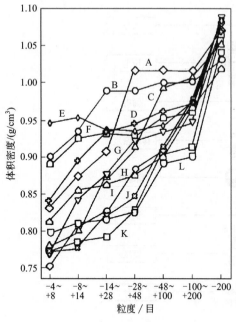

图 9-5　不同原料、不同粒度大小
的煅后焦粉的体积密度
不同符号及字母代表不同原料。

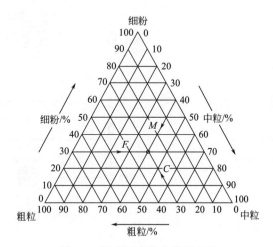

图 9-6　用于寻求最大体积密度
配比的三角坐标图

为了试验得出各种粒度配比对煅后焦的最大体积密度的影响，一般用粗粒、中粒和球磨细粉3种粒度料进行组合配比试验。试验得出的3种粒度的混合料的体积密度示于三角坐标纸上，如图 9-6 所示，然后给出3种料不同组分配比时的等密度线，这样就可以找出体积密度最大的配比。一种典型的等密度线与粗粒、中粒、细粉配比之间关系的三角坐标系图如图 9-7 所示。

由于不同原料的石油焦具有不同的孔隙结构，因此其煅后焦的体积密度是不一样的，因此，为了获得阳极的最大密度，干料的粒度配比不应该是一样的。Belitshus 通过对不同煅后焦干料体积密度的研究，给出了如图 9-8 所示的，利用−14～+28 目、−28～+48 目、−48～+100 目 3 种粒度的平均体积密度，计算最大干料的体积密度时的各种粒度的配比。

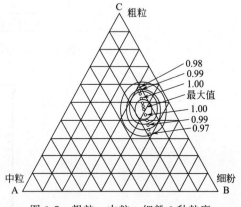

图 9-7　粗粒、中粒、细粉 3 种粒度
配比的三角坐标等密度线图

由图 9-8 可以看出，当煅后焦的体积密度较低、孔隙度较大时，其对−200 目细粉的需求量是较大的，这种研究结果比较符合实际。

在给定的沥青料、沥青配比以及给定的成型条件下，炭阳极的密度取决于干料的体积密度，如图 9-9 所示。由图 9-9 可以看出，煅后焦的体积密度对阳极密度的大小有重要影响，

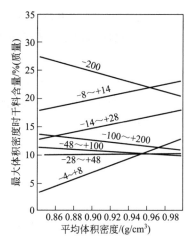

图 9-8　−14～＋28 目、−28～＋48 目、−48～＋100 目 3 种粒度组分的平均体积密度数据求算最大体积密度时的各种粒度配比

阳极密度的大小随着干料体积密度的增加而增加。此外，干混料密度的增加，也可以使阳极的透气率大大降低（如图 9-10 所示），从而可降低阳极的抗氧化性能。

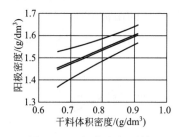

图 9-9　阳极密度与干料
体积密度之间的关系

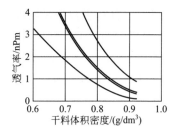

图 9-10　阳极的透气率与干混料体积密度的关系

$1nPm = 10^{-13}m^2$，黏度为 $10^{-5}Pa \cdot s$ 的气体以 $1cm^3/s$ 的流速渗透高为 1cm、横截面 $1cm^2$、压差为 10^4Pa 的样品，试样的透气率即为 1nPm

9.2.1.4　煅后焦的稳定性

煅后焦的颗粒的稳定性是抗磨性的一种表征，它是在一个小球磨机上测定的。球磨机的圆管直径为 125mm，长为 84mm，筒内钢球直径为 10mm，钢球总质量为 1000g，被测焦粉的粒度为 4～8mm，总质量为 100g。球磨机转速为 1470r/min，试验时间为 3～5min，焦粒的稳定性 GS 可用式（9-1）计算：

$$GS = \frac{m_2}{m_1} \times 100\%　\qquad (9-1)$$

式中　m_1——试验前焦粒的质量，g；

m_2——试验后粒度大于 4mm 的焦粒的质量，g。

实验证明，焦粒的稳定性对焙烧阳极的抗挠性有很大的影响，焙烧阳极的抗挠性会随着煅后焦颗粒稳定性的提高而提高，如图 9-11 所示。

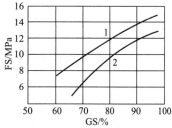

图 9-11　煅后焦颗粒的稳定性（GS）
对焙烧阳极抗挠性（FS）的影响
1—振动成型制作的阳极；2—压制的阳极

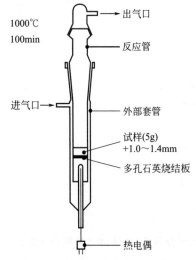

1000℃
100min

出气口

反应管

进气口 →

外部套管

试样(5g)
+1.0~1.4mm

多孔石英烧结板

热电偶

图 9-12 测定煅后焦与 CO_2 反应
性能大小的实验装置原理图

9.2.1.5 煅后焦与 CO_2 的反应性能对阳极质量的影响

煅后焦对 CO_2 的反应性能是用如图 9-12 所示的装置测定的。

试验测定所用试样为 5g，粒度为 1.0~1.4mm，实验温度为 1000℃，反应时间为 100min。在 1000℃ 温度条件下：

$$C + CO_2 \longrightarrow 2CO \tag{9-2}$$

此反应是一种氧化反应，也有人称其为气化反应，煅后焦的抗 CO_2 反应性用 R_{CO_2} 表示。

$$R_{CO_2} = \frac{\text{反应前试样质量} - \text{反应后试样质量}}{\text{反应前试样质量}} \times 100\% \tag{9-3}$$

由式(9-3)可以看出，R_{CO_2} 是表征煅后焦抗 CO_2 氧化反应的一种能力，R_{CO_2} 越大，炭的抗 CO_2 氧化反应的能力越强。在铝电解槽中，阳极气体主要为 CO_2，CO_2 气体从电解质中逸出后，与阳极表面接触，会发生如式(9-2)那样的氧化反应，造成阳极消耗，因此提高 R_{CO_2} 有利于减少炭阳极被 CO_2 氧化所造成的阳极消耗。

图 9-13 所示是煅后焦的抗 CO_2 氧化性能指标 R_{CO_2} 与焙烧阳极的抗 CO_2 氧化性能指标之间的关系。由图 9-13 可以看出，提高煅后焦的抗 CO_2 氧化性能是可以提高炭阳极的抗 CO_2 氧化性能的。

9.2.2 煤沥青

煤沥青具有很高的碳含量以及非常好的黏结性质，再加上高温炭化后，具有非常高的纯度和非常低的生产成本，因此特别适用于作为黑色和有色冶金工业生产炭和石墨制品的胶黏剂（在个别情况下也使用热固性树脂作胶黏剂）。胶黏剂的性能对炭阳极质量有重要的影响。

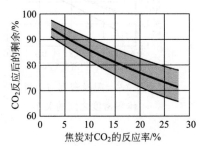

图 9-13 煅后焦的抗 CO_2 氧化性能
R_{CO_2} 与焙烧阳极的抗 CO_2 氧
化性能之间的关系

因此，必须对煤沥青的物理化学性质、组成和结构，以及热化学转换的特征有一个大概的了解。

9.2.2.1 煤沥青的组成与性质

由于沥青是一种由很多种高分子碳氢化合物组成的混合物，按目前的技术很难将其一一分离，因此，多少年来一直用溶剂溶出分离的办法研究沥青的组成。苏联、东欧及我国通常将溶剂处理后的各种不同组分分成高分子组分、中分子组分和低分子组分，有时也称为 α 组分、β 组分和 γ 组分，按这种办法对沥青组分可进行如下分类：

① α 树脂——喹啉不溶物 QI；

② β 树脂——甲苯不溶物 TI－喹啉不溶物 QI；

③ γ 树脂——甲苯可溶物 TS。

一般认为，高分子组分和中分子组分是阳极焙烧时形成焦化残炭的主要部分，对炭和石墨制品孔度的大小及强度有一定影响。高分子组分仍有黏结性，沥青中高分子组分过量会影响沥青的黏结性能。沥青中起黏结作用的组分是中分子组分，因此中分子含量的多少对沥青的性能有重要影响，为了满足炭素制品的生产对沥青的要求，沥青中的中分子含量应达到 20%～35%。对于低分子组分，一般认为，它既不是起黏结作用的主要部分，也不是形成焦炭的主要组分，它的主要作用是能降低沥青的软化点，有利于改进沥青对炭粒的湿润作用，增加糊料的可塑性。

沥青中 α 组分和 γ 组分对沥青的软化点是有很大贡献的，一般说来，随着沥青软化点的升高，沥青中 α 组分增加，γ 组分减少，见表 9-4。

表 9-4　沥青软化点与组分的关系

软化点/℃	沥青中各组分含量/%		
	α 组分	β 组分	γ 组分
75	23.6	38.4	38.0
150	49.5	29.4	20.1
300	64.0	18.7	17.3

9.2.2.2　沥青中的原生喹啉不溶物和次生喹啉不溶物

沥青中的 α 树脂即喹啉不溶物，包含着原生喹啉不溶物和次生喹啉不溶物，它们可按其中的氢含量加以区分：

α' 树脂，即原生 α 树脂，或称原生喹啉不溶物，其氢含量约为 1.5%（质量）；

α'' 树脂，即次生 α 树脂，或称次生喹啉不溶物，其氢含量约为 3.5%（质量）。

可以用式(9-4) 和式(9-5) 计算原生 α' 树脂和次生 α'' 树脂。

$$\alpha' = \frac{\alpha}{2}(3.5 - H\%) \tag{9-4}$$

$$\alpha'' = \alpha - \alpha' \tag{9-5}$$

原生喹啉不溶物具有半焦和类似炭黑颗粒一样的性质，它是炼焦过程中释放出来的挥发分热解和不完全燃烧生成的，其直径一般小于 $2\mu m$，碳氢比 C/H 大于 3.5。

次生喹啉不溶物是沥青中芳烃化合物分子在给定温度下进行聚合反应的产物，其碳氢比 C/H 小于 3。沥青中的中间相物质并不都是次生喹啉不溶物，因为它们当中有些是可以溶解到喹啉中的。次生喹啉不溶物与原生喹啉不溶物的最大区别是在次生喹啉不溶物中间相粒子形成的早期阶段，一次喹啉不溶物起到了成核粒子的作用。一般说来，次生喹啉不溶物的球体颗粒大于原生喹啉不溶物的球体颗粒，如图 9-14 和图 9-15 所示。

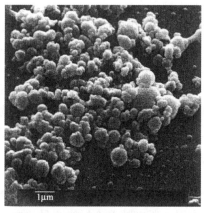

图 9-14　沥青中原生喹啉不溶物的
全景摄影电子显微镜照片

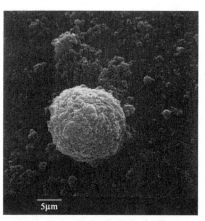

图 9-15　沥青中次生喹啉不溶物的
电子显微镜照片

9.2.2.3 炭黑

炭黑是低分子碳氢化合物热分解产物，当它存在于沥青中时具有原生喹啉不溶物的特性，因此，炭黑在阳极和电极的生产中常用来作为提高喹啉不溶物的添加剂。

9.2.2.4 喹啉不溶物对电极性质的影响

从发表的文献资料看，有很多学者对喹啉不溶物 QI 对阳极性能的影响进行过研究，但得出了相互矛盾的研究结果。

Alscher 等人和 Rolf 等人研究指出：沥青具有较高的焦化值，在实际的炭和石墨制品的生产中，当使用低喹啉不溶物含量的沥青时，沥青的用量较少，这样阳极生坯制品在焙烧过程中所释放的挥发分量会减少，因此可以获得较高密度的炭和石墨制品。

但是另外一些研究得出，优良的炭电极性质来自于高 QI 的沥青；而还有一部分研究者得出，煤沥青中 QI 的含量的最佳值在 6%～8% 之间的范围。这些互相矛盾的观点和研究结果可以解释不同的沥青用户对 QI 的要求是不一样的，但在日本和欧洲，用户对沥青中 QI 的要求量是呈下降的趋势。

电极的质量要求一般是高密度、高抗压强度和高的抗空气和 CO_2 氧化反应的能力。

QI 作为非常细小的炭的颗粒，可以起到干料的作用。它使沥青的碳氢比增加，因此会增加电极的密度，它们也可以减少沥青黏结剂在焙烧过程中的收缩所引起的裂纹。沥青中的 QI 也可以增加电极的抗压强度，然而如果 QI 是焦尘和炭黑之类的固体颗粒，它们就会有相反的影响。大的中间相颗粒会阻碍沥青在炭粒之间的渗透。

QI 对电极性质的这些相互矛盾的影响，可以解释文献上相互矛盾的研究结果。

喹啉不溶物 QI 对沥青性能的影响表现在两个方面：

① 喹啉不溶物的增加会使沥青的黏度和软化点升高；

② 喹啉不溶物含量的高低会改变黏度-温度曲线。喹啉不溶物含量低的沥青，其黏度-温度曲线的斜率较低，这意味着具有相同软化点的沥青，当它们处于相同的工作温度时，喹啉不溶物含量低的沥青比起喹啉不溶物含量高的沥青具有较低的黏度。

沥青中的喹啉不溶物也包括诸如微细的焦粒、炭黑之类的固体颗粒，它们的存在会降低沥青的黏结能力，这是由于下列的原因造成的。

① 这些物质对黏结性能并不作出贡献，反而降低了沥青中有效的黏结剂组分的浓度。

② 沥青中的焦尘微粒需要消耗更多的沥青中的黏结剂组分实现自身的湿润，这是因为与炭黑物质的球形体相比，焦尘微粒的固体表面是非规则形态的。

许多研究者对沥青中次生喹啉不溶物对电极性能的影响进行了研究。Mason 研究了沥青中次生喹啉不溶物对铝电解槽阳极糊的影响，研究结果指出，随着沥青中间相次生喹啉不溶物的增加，阳极糊沥青需求量增加了。

Anguite 等人的研究工作，用很多实验数据证实了沥青中大量中间相次生喹啉不溶物对电极制品的生产是有害的。他们发现，在混捏过程中，沥青中的这些次生喹啉不溶物的中间相的结构被破坏，并导致在炭粒周围生产一层硬壳，这些硬壳会降低炭粒被沥青的湿润性，从而使阳极的性能降低。

9.2.2.5 沥青中 β 树脂对阳极性能的影响

β 树脂为沥青中苯不溶物去掉喹啉不溶物的部分，它相当于沥青中的中分子组分，它在黏结剂沥青中起主要的黏结及填充干料中的孔隙的作用，所以随着 β 树脂含量的增加，炭阳极的抗压强度会增大。但沥青中 β 树脂含量过高时，其抗压强度反而会下降，这是因为沥青这时黏度过大，混捏时，不能保证沥青在干料颗粒间均匀分布，也妨碍黏结剂向干料的孔隙中渗透。在焙烧过程中，阳极的膨胀不能从黏结剂的收缩中得到平衡，造成电极变形，产生裂纹，强度下降。根据大量的实验室研究结果和生产实践经验，沥青中 β 树脂的含量控制在 $20\%\sim25\%$，苯不溶物控制在 $26\%\sim35\%$，QI 控制在 $6\%\sim10\%$ 为宜。当沥青中的 QI 过高时，苯不溶物 TI 应适当提高些。

目前铝工业所用的制造预焙阳极的煤沥青的理化性质的范围见表 9-5。

表 9-5　制造预焙阳极的煤沥青的理化性质的范围

性　质		测试方法	单　位	范　围
水分		ISO 5939	%	0.0～0.2
馏分	0～270℃	AKK 109	%	0.1～0.6
	0～360℃	AKK 109	%	3～8
软化点		DIN 51920	℃	110～115
黏度	140℃	ISO 8003	cP	3000～12000
	160℃	ISO 8003	cP	1000～2000
	180℃	ISO 8003	cP	200～500
水中密度		ISO 6999	kg/dm³	1.30～1.33
焦化值		ISO 6998	%	56～60
TI		ISO 6376	%	26～34
灰分		RDC	%	0.1～0.2
杂质含量	S	ISO 12980	%	0.3～0.6
	Na	ISO 12980	mg/kg	10～400
	K	ISO 12980	mg/kg	10～50
	Mg	ISO 12980	mg/kg	5～30
	Ca	ISO 12980	mg/kg	20～80
	Cl	ISO 12980	mg/kg	100～300
	Al	ISO 12980	mg/kg	50～200
	Si	ISO 12980	mg/kg	50～200
	Fe	ISO 12980	mg/kg	50～300
	Zn	ISO 12980	mg/kg	100～500
	Pb	ISO 12980	mg/kg	100～300

9.2.2.6　沥青的炭化

沥青主要是用作炭素制品的胶黏剂，高温时热解，残炭成为焙烧炭素制品的一个组成部分，因此沥青在高温时的炭化性质的研究对炭素制品尤为重要。

在炭素制品的生产过程中，干料炭粒是靠沥青黏结剂物理的和化学的黏合力结合在一起的。之所以能够产生这种黏合力，是由于干料颗粒具有无规则的棱角形状和黏结剂能够渗入到这些干料颗粒内部的空隙中的结果。化学黏合力能够发生在组成炭素干料颗粒的石墨微晶结构的边缘的突出部分和沥青黏结剂之间。

在炭的生产过程中，由煅后焦配料和黏结剂混捏并成型的生坯需要焙烧，热处理到1100～1250℃，在缓慢热处理期间，当温度超过 200℃ 时，黏结剂沥青首先要湿润干料焦粒，同时某些黏结剂会渗透到多孔的焦粒中，大约在 400℃，由沥青裂解而生产的气体开始逸出，与此同时，液体沥青中间相发生变化。当液体的中间相固化的时候，这时的炭是由各向同性的状态转变成各向异性的炭的前驱体。黏结剂炭的结构与黏结剂的组分和沥青裂解的方式有关，尤其是在中间相进行转变阶段更是如此。沥青焦化生成的焦炭总是含有孔洞以及由分解气体挥发形成的孔隙，并且生成的这些炭的聚合物向一起收缩，同时黏结力的应力在干料焦粒之间建立起来。如果这个应力很大便会产生收缩裂纹。胶黏剂沥青结焦炭空洞的结构与结焦炭的组织结构有关，而沥青结焦炭的组织结构又与沥青的特性，以及结焦过程的操作情况有关。沥青结焦炭的组织结构可以在高度各向异性的石墨质炭和高度各向同性的玻璃炭之间的广泛范围内发生变化。通常我们遇到的最为普通的一种组织结构是在各向同性的基体中的微晶粒为各向异性的晶体排列。

9.2.3 阳极残极

残极是制造铝电解槽预焙阳极的又一种炭源，但是当残极被用作制造阳极的原料时，首先要把黏附于残极上的电解质清除干净。一般情况下，从电解槽上回收过来的残极与煅后焦一起使用，以较粗的颗粒成为新阳极干料颗粒中的一部分，因此残极的质量对阳极质量会有很大的影响。

质量好的残极应是硬的，具有低钠含量、高燃火温度，对 CO_2 或空气具有较低反应性能，称为硬残极。质量差的残极不是很硬、体积密度低、孔隙度大、着火温度低，这样就会使新阳极机械强度低，并对 CO_2 或空气具有很高的反应性能，称为软残极，这两种残极理化性质的差别见表 9-6。

表 9-6　硬残极和软残极性质的差别

性　　质	平　均　值		
	阳极	硬残极	软残极
体积密度/(kg/dm^3)	1.57	1.54	1.45
抗压强度/MPa	42	37	16
杨氏模数/GPa	4.5	4	1.5
热导率/[$W/(m \cdot K)$]	3.8	3.7	3.2
空气透气率/nPm	1	2	8
CO_2 反应残余/%	90	87	81
空气氧化残余/%	82	78	65
着火温度/℃	620	610	560
杂质含量　S/%	1.45	1.45	1.45
V/(mg/kg)	110	110	115
Fe/(mg/kg)	220	230	270
Na/(mg/kg)	300	600	500
Ca/(mg/kg)	50	80	70
F/(mg/kg)	100	900	750

通常残极是以破碎成的粗颗粒组分配入到制造阳极的干料中的。由于残极中的炭已被胶黏剂沥青浸透过，因此残极炭具有较高的密度，生产阳极的配料中加入的残极越多，用其制造出来的阳极密度越大，如图 9-16 所示。由图 9-16 可以看出，随着较硬残极加入量的增多，阳极的密度增大，而软残极的加入对阳极密度的提高并不明显。

残极质量的好坏及其加入量的多少对阳极空气透气率和抗挠强度的影响如图 9-17 与图 9-18 所示。由图 9-17 和图 9-18 可以看出，所有残极都可以提高阳极抗挠强度，降低阳极的空气透气率，只不过质量较差的软残极的效果比质量好的硬残极稍差一些而已。

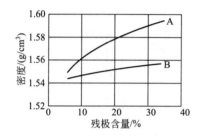

图 9-16　不同质量残极及其在阳极
中的加入量对阳极密度的影响
A—硬残极；B—软残极

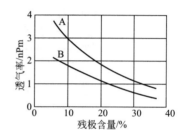

图 9-17　两种不同残极及其加入量
对阳极空气透气率的影响
A—小密度焦所制阳极的残极；
B—大密度焦所制阳极的残极

残极中的钠主要来自黏附于残极上的电解质，残极中的钠对阳极与 CO_2 之间的反应性能有很大影响。CO_2 与炭阳极的反应性能会随着残极中钠含量的增加而提高，并且这种反应性能的大小，还与阳极中的硫含量有很大关系。当阳极中的硫含量很高时，即使阳极中的钠含量较低，也会使 CO_2 的反应性能升高，如图 9-19 所示。这意味着硫是 C 与 CO_2 反应的催化剂。这一点对炭阳极的制造是重要的，因此残极在投入使用之前，务必要把黏附于其上的电解质消除干净，同时也要尽量降低制造阳极所需原料中的硫含量。

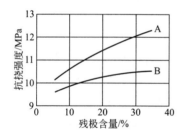

图 9-18　两种不同残极及其加入量
对阳极抗挠强度的影响
A—硬残极；B—软残极

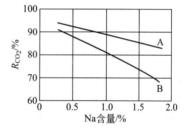

图 9-19　残极钠含量和阳极中硫含量
对阳极抗 CO_2 氧化性能 R_{CO_2} 的影响
A—高 S、低 Na；B—低 S、高 Na

9.3　成型

9.3.1　配料

在预焙阳极的成型过程中，干料的配料是很重要的步骤。在糊料车间，通常的干料配料使用 3～4 个粒度等级，图 9-20 所示是按照混料后体积密度最大给出的各种粒度干料的配料范围和方法。

一般说来，干料配料粒度等级越细分，阳极的质量越好，但划分很多的粒度等级不便于操作。

对预焙阳极的配料来说，一般要求干料中的粗粒料主要应由残极组成，中粒度和细粉料由煅后的石油焦组成。如果配料中磨细粉的配比为 40%，而细粉粒度在 250 目以下，那么

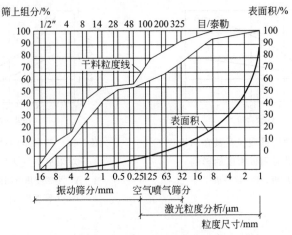

图 9-20 预焙阳极生坯干料配料范围和比表面积

细粉的表面积将要占到整个配料表面积的 90％。

就干料粒度组分的筛分而言，一般说来，当粒度小于 $125\mu m$ 时，不适于用机械振动筛筛分，而空气喷气流"筛"分也仅限制到 $32\mu m$。细粉的粒度分布或称纯度可用激光粒度测定仪进行测定，激光粒度测定仪可以给出较为精确的测定结果。但是用这种方法监测球磨粉的粒度，可能是不适用的，其原因不仅是费用高、费时，而且仪器对环境条件要求苛刻。

9.3.2 沥青需求量

一般说来，可以使焙烧阳极的体积密度最大的煤沥青配比，并不是唯一的，其值可在 $13％\sim18％$ 之间。这与沥青的性质、焦的种类与结构、细粉的粒度分布和细粉量有关。

在阳极制造中，传统的沥青的配料主要是通过对细粉的含量大小和粒度分布（纯度）进行控制和调整的，而细粉粒度的大小和纯度（粒度分布）是用筛分的方法分析的。但是根据这种细粉含量的大小和粒度分布来确定沥青的配料，并不是很科学的，这是因为沥青的需求量应该与细粉的比表面积有关，而不是与粒度的分布有关。

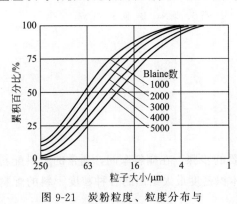

图 9-21 炭粉粒度、粒度分布与
Blaine 数之间的关系

已经知道，一种粉状料的透气率是与这种料的孔隙度和比表面积有关，瑞士 R&D 炭素有限公司发明了一种用测量空气透气率的方法（ASTM C204-84）测量和计算炭粉的比表面积值，并将其作为 Blaine 数表征炭粉的粒度纯度大小。Blaine 是一个无量纲的指数，实际上，Blaine 表征的是炭粉的比表面积的相对大小，按照这个意义，当炭粉的 Blaine 数越高，则炭粉的比表面积越大，粒度越细，如图 9-21 所示。一般的球磨粉的 Blaine 数为 3000，其标准偏差为 300Blaine 数。

由于 Blaine 数高低表征的是细粉颗粒的比表面积大小，因此这对阳极配料是非常有用的，这是因为阳极生坯糊料配料中沥青的大部分都覆盖在干料配料的磨细粉上。图 9-22 所示为配料中细粉 Blaine 数大小与混捏温度和沥青配比之间的关系。

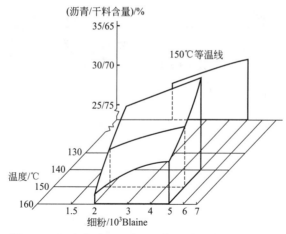

图 9-22　沥青含量、温度和细粉粒度三者之间的关系

由图 9-22 可以看出：磨细粉粒度变细，比表面积增加，沥青含量要增加；提高混捏温度可以降低沥青的含量；同样石油焦的结构发生变化，孔隙增加，比表面积增大，沥青含量也增加。

根据瑞士 RD 炭公司的经验，当干料中磨细粉配料是在 35% 时，比表面积每增加 1000Blaine 时，沥青的配入量需要增加 1%。

配料中，沥青含量的多少对阳极质量具有如下的影响。

（1）配料中沥青含量不足

① 在成型的阳极生坯中，容易产生裂纹；

② 阳极欠焙烧（焙烧得不够火候），这是因为沥青挥发分少，提供给阳极焙烧的热能不够；

③ 阳极的机械性能差；

④ 阳极具有较高的空气透气率，因而具有较低的抗氧化性能。

（2）配料中沥青含量过大

① 阳极生坯易坍塌；

② 焙烧制品收缩性大；

③ 制品在焙烧过程中容易产生裂纹；

④ 制品在焙烧过程中，其表面容易黏结填充料；

⑤ 空气透气率高，抗氧化性能差。

9.3.3　Blaine 数配料应用实例

巴西圣路易斯美铝公司从 1996 年开始对配料中的炭粉粒度及粒度分布按照 Blaine 数的大小进行改进。开始研究时细粉的 Blaine 数为 3000，焙烧电极的假密度为 $1.544g/cm^3$；在 1996—1997 年，将细粉的 Blaine 数提高到 3500，焙烧阳极的密度提高到了 $1.57g/cm^3$；到 2000 年，又将 Blaine 数提高到了 4400，此后，由于客观操作条件的限制，Blaine 数又回到 4000。在这期间，生焦、煅后焦和沥青的性质没有改变，但是生阳极和焙烧阳极的体积密度、空气透气率、电阻率、机械强度等性质在相应的沥青含量提高后，都得到了提高和改进，如图 9-23 和图 9-24 所示。

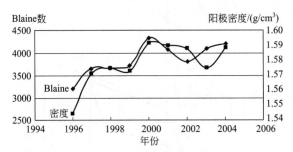

图 9-23 巴西圣路易斯美铝 1996—2004 年阳极密度（BAD）随 Blaine 数的变化

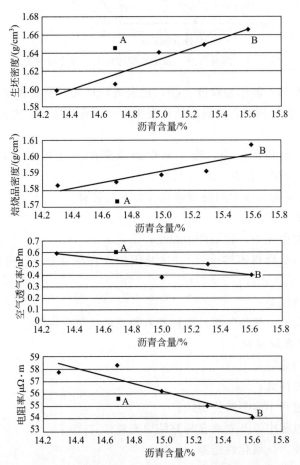

图 9-24 焙烧阳极在不同 Blaine 时，各种性质随沥青含量的变化

A—Blaine 数 4000；B—Blaine 数 4400

9.3.4 干料的预热、糊料的混捏和冷却

各种粒度搭配好的干料在与沥青混合之前一般需要预先加热，然后加入沥青进行混捏，混捏好的糊料在进行成型前还要待其温度降一些。这些过程都在专用的设备中进行，这些设备有间歇式的，有连续式的。

（1）间歇式电热预加热 其方法是使交流电通过干料混合料，达到加热的目的。其优点是生产率高、效率高和能耗低；其缺点是只适用于间歇式加热，而每台混捏机上都需要一台电加热器，所以投资高。

（2）通过螺旋管输送的热油进行热交换的连续加热　优点是可连续生产；缺点是较低的传热效率、热损失大、投资大、能耗高。

混捏的目的是使各种粒度的干料分布均匀，胶黏剂沥青均匀地覆盖在干粒料的表面并浸入到干颗粒的孔隙中去，其混捏温度一般比沥青的软化点温度高 50～60℃。

就一般情况而言，糊料的流变性对阳极的质量有重要影响，为此，在混捏中，必须要保证混捏料有适当的流变性。这种流变性一般以黏度特性体现出来。糊料的黏度会随着细粉 Blaine 数的增加而降低，因此，当干料的 Blaine 数增加时，为了使糊料流变性能不变，除适当增加沥青的配量外，还应适当提高混捏温度。

电阻率是炭阳极比较有代表性的一个质量指标，由图 9-25 可以看出当粉料 Blaine 数超过 3000 后，是需要提高混捏温度的，这样才能保障阳极有较好的质量指标。

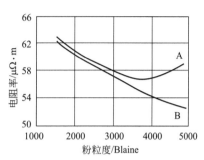

图 9-25　粉料 Blaine 对炭
阳极电阻率的影响

A—混捏温度 170℃；B—混捏温度 180℃

9.3.5　阳极成型

铝电解槽预焙阳极的生坯有两种成型方法，一种是模压成型法，另一种是振动成型法，应该说两种成型方法所制造出来的阳极质量没有本质上的差别。

模压成型法的成型温度在沥青的软化点附近，而振动成型的成型温度一般比沥青的软化点高 40℃左右。当阳极在真空的条件下成型时，两种成型法的成型温度都可以提高 10～30℃。当糊料的混捏温度和成型温度提高后，沥青的添加量可减少 3%，也不会使阳极的机械性能降低。

对于模压成型的阳极来说，成型压力是决定阳极质量的一个很重要的参数之一。太高的压力可能会导致对干料颗粒的破坏，使阳极生坯出现较大的回胀，最终导致强度降低。而太低的成型压力，会使阳极的体积密度达不到要求，这样的阳极空气透气率大。在保证最佳阳极质量和阳极整体体积不变的情况下，增加模压面积，降低坯体高度，阳极的成型压力可以从 $400kg/cm^2$，降低到 $100kg/cm^2$（如图 9-26 所示）。这是因为，当阳极断面尺寸加大、高度与体积之比降低后，压模内壁的摩擦力对压型的影响被降低。

阳极成型的生产率与阳极的质量、每块阳极成型的生产周期有关，对模压阳极来说，使用现代模压成型技术，其生产一块生阳极的周期时间约为 60～80s；而对于振动成型来说，其阳极生坯的生产周期为 150～180s。这就意味着，模压成型具有很高的生产能力，就单台设备而言，模压成型是振动成型生产能力的 2 倍还多，如图 9-27 所示。

比较两种成型方法，振动成型对糊料的黏度要求是很高的。在模具内糊料的频繁振动产生的运动是剪移运动，因而糊料的黏度对这种剪移速度产生影响。相反模压成型对糊料的塑性是敏感的，而糊料的塑性与干料的配料有关，配料中细粉含量越多，其糊料的塑性越大，阳极生坯的回涨性增加。为了减少压型坯体的回涨，那么当配料中磨细粉的粒度降低时，就应该适当减少细粉的量。

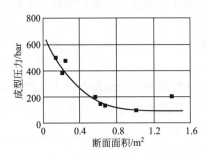

图 9-26　阳极模压成型压力与
阳极断面尺寸之间的关系
1bar＝0.1MPa

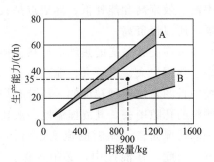

图 9-27　模压成型（A）与振动
成型（B）生产能力之比较

9.3.6　成型阳极的冷却

模压成型和振动成型生产出的阳极为生制品，内部的温度尚未完全降下来，因此阳极坯体尚是软的，机械强度极低，也不稳定，故需要进行冷却。当阳极坯体冷却的强度太大时，则坯体中配入的较大颗粒的干料的收缩就容易使表面产生龟裂；相反，如果冷却强度过低，就会使后续的吊装和运输作业时间延长。

在生产实践中，可以有 3 种冷却方式对成型后的坯体进行冷却：①喷水冷却；②水浴冷却；③空气自然冷却。振动成型的阳极由于成型温度较高一些，可以用水冷却；而模压成型的阳极由于成型温度低，可以在空气中自然冷却。

为了保证阳极坯体的冷却质量，人们引入了一个回升温度 T_1 的概念：当阳极坯体在冷却过程中，在某时刻冷却突然中止，并假定阳极在这时与外界完全隔热（实际上这是将阳极生坯堆成垛时，其表面的一种散热情况），那么阳极表面温度就会达到温度 T_1。

当阳极坯体的冷却过程突然停止时，由于阳极内部尚存有很高的温度和热量，阳极内部的温度高于其外表面的温度，阳极坯体外表面会重新被内部传出的热量加热而升温到一个温度 T_1。如果 T_1 太高，用夹具吊装时，可能会由于阳极表面的强度不够而夹不住或使阳极表面被夹坏，因此，要求阳极表面的温度 T_1 不能大于某个值，那么这个所能允许的最大的 T_1 值记为 T_{max}。

$$T_{max}＝T_{沥青}-10℃ \qquad (9-6)$$

式中　$T_{沥青}$——沥青软化点温度，℃。

假定质量为 1000kg（1.6m×0.7m×0.6m）的振动成型阳极坯体在 50℃ 的水浴中冷却 1h，随后又在空气中（25℃）自然冷却，在无空气对流情况下，温度 T_1 随时间的变化会如图 9-28 所示。图中还给出了阳极坯体表面以下 5mm 处的温度变化过程。

事实上，当尚未完全冷却下来的阳极生坯垛放在一起时，由于散热条件极差，因此，它应在 T_1 低于 T_{max} 时才最为安全。由图 9-28 所示可以

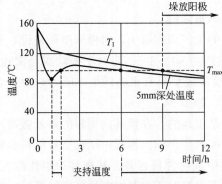

图 9-28　振动成型阳极在冷却过程中
阳极表面温度 T_1 与距表面
5mm 处温度随时间的变化

看出，对阳极可以进行堆放的时间应是从阳极成型后在水浴中冷却 1h，然后在空气中自然冷却 8h 之后；而对于模压成型的阳极生坯来说，其可堆放的时间应是在空气中自然冷却 4.5h 后。

9.3.7 阳极焙烧

成型后的阳极生坯含有较大比例的胶黏剂沥青，一旦温度上升到沥青的软化点时，整个阳极坯体会变得具有可塑性，而没有了强度，因此成型后的阳极需要焙烧。焙烧目的是：

① 使阳极具有足够的强度；

② 使阳极具有较高的导电性能；

③ 使阳极能获得具有较高的抗 CO_2 氧化反应的能力。

焙烧在整个阳极制造过程中占有极其重要的位置，是阳极制造过程中成本最高的一个环节。焙烧加热所用燃料为天然气、煤气或重油，占焙烧所需热量的 50% 左右，而另 50% 的热源来自阳极焙烧过程中的沥青挥发的、裂解产物的燃烧。

目前，用于铝工业的阳极焙烧炉有两种：一种是敞开式的水平火焰烟道环式焙烧炉，其结构简图如图 9-29 所示；另一种是带盖的竖直火焰烟道环式焙烧炉，其结构简图如图 9-30 所示。

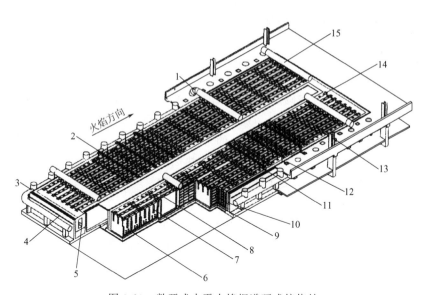

图 9-29　敞开式水平火焰烟道环式焙烧炉

1—烟气排出管道；2—燃烧器支架；3—环形烟道；4—环形燃料管道；5—跨接烟道；
6—火道；7—隔板；8—电极箱；9—阳极；10—混凝土外壳；11—填充粉料；
12—接线盒（燃料、电源、电偶）；13—端墙；14—燃气孔；15—空气进气管道

对于一个现代化的敞开式环式焙烧炉而言，应具有一套非常好的火焰燃烧焙烧工艺制度和过程控制系统，下面所列为其比较有代表性的工艺参数：

① 最高焙烧温度　1100~1150℃

② 火焰周期　24~48h

③ 匀热时间　48~72h

④ 火焰烟道壁面最高温度（距离顶部 1.5m 处）　1250~1300℃

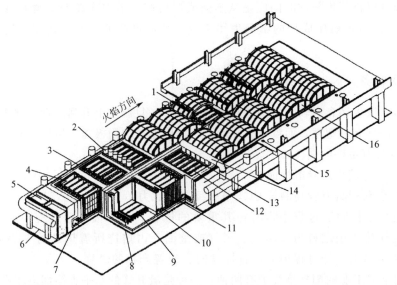

图 9-30 带盖竖直火焰烟道环式焙烧炉

1—燃烧器支架；2—空气进气管；3—环式烟道；4—电极箱；5—填充料坑；6—环形燃料管道；
7—过渡烟道；8—混凝土外壳；9—料坑底部结构；10—燃烧室；11—端墙；12—填充粉料；
13—电极箱侧墙盖板；14—烟气排放管道；15—接线盒（燃料、电源、热电偶）；16—炉盖

⑤ 阳极焙烧能耗　2.4～2.8GJ/t

在用环式炉焙烧电极时，对焙烧成本影响最大的除了燃料的消耗外，就是焙烧炉的寿命。而环式炉的寿命主要表现在砌炉耐火材料的寿命，其寿命长短与环式炉的设计、耐火材料的质量、工艺操作参数、阳极配料、残极中氟化盐杂质含量等因素有关。就一般情况而言，环式炉中各部分的耐火材料应具有如下的寿命值：

① 火焰烟道的耐火材料　　大于 130 点火加热周期
② 烟道端墙　　　　　　　大于 250 点火加热周期
③ 边墙隔热耐火材料　　　大于 400 点火加热周期
④ 底部隔热耐火材料　　　大于 400 点火加热周期

在环式炉中，阳极的焙烧过程基本上可以分为如下几个阶段，即：

① 100～300℃　阳极生坯体失去了它原来的机械稳定性，进入塑性状态；
② 300～600℃　阳极生坯体中的沥青裂解，产生的挥发分从阳极中进入烟道中；
③ 600～900℃　沥青转变成沥青焦；
④ 1050～1150℃　阳极得到较好的焙烧，各项质量指标得到更进一步的提高。

图 9-31 所示是目前阳极在环式炉中进行焙烧的一个全程的升温和降温曲线及其在焙烧过程中与其相对应的烟道内烟气和燃气的温度曲线。

由图 9-31 可以看出，阳极焙烧曲线是由如下 3 个特征参数决定的：

① 升温速度，特别是 200～600℃时的升温速度；
② 最高焙烧温度；
③ 均热时间。

为了取得最好阳极焙烧质量，需要对这 3 个特性参数进行优化。在对阳极质量非常敏感的 200～600℃范围内，沥青挥发分在烟道中的燃烧对烟道的温度有重要影响，因此对阳极

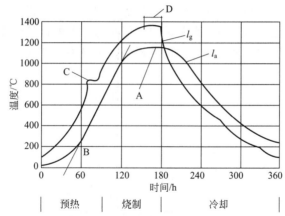

图 9-31　阳极焙烧温度曲线（l_a）与烟道内的烟气温度曲线（l_g）

A—最高焙烧温度；B—最大升温速度；C—沥青燃烧；D—均热阶段

箱内阳极的温度梯度也必然产生影响。对于现代化的大型焙烧炉而言，需具备计算机控制系统使焙烧升温速度得到有效的控制。

9.3.8　焙烧对阳极质量的影响

9.3.8.1　炉子结构老化对阳极质量的影响

炉子结构老化会严重地影响阳极质量，这是因为炉子长时期运行，耐火砖毁坏、漏气，火焰和燃气在烟道的某些部位的流动受到阻挡，燃气和火焰在烟道内的流体力学状态发生严重改变，都会使烟道和阳极箱内的温度分布发生变化，导致阳极焙烧温度不均，部分阳极过烧，部分阳极欠烧。

9.3.8.2　升温速度对阳极质量的影响

阳极焙烧过程中对阳极质量影响最敏感的温度区间是 $200\sim600℃$。在这个温度区间，阳极坯体中的胶黏剂沥青开始了复杂的分解和裂解反应，生成大量的碳氢化合物气体，并在阳极坯体内形成压力，如果升温速度过快，坯体内形成的压力过大，那么就会对外表已经固化和炭化了的表面层产生破坏，产生裂纹。此外，这种过大的内部压力也会使内部在烧结过程中产生微裂纹，从而使炭阳极的机械性能大大降低，如图 9-32 所示。

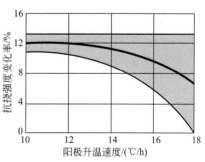

图 9-32　阳极焙烧升温速度对阳极抗挠强度变化的影响

阳极焙烧升温速度的大小，可以根据原料的性质、配比和阳极尺寸的大小加以确定，其升温速度一般为 $10\sim14℃/h$。

9.3.8.3　焙烧温度对阳极质量的影响

由于阳极生坯是由煅后焦和胶黏剂沥青组成的，在焙烧过程中沥青变成了沥青焦，因此最终焙烧温度的大小，决定了胶黏剂沥青焦的晶体结构。随着温度的提高，沥青焦的晶体结构从无定形向有序的结构方面逐渐转变。随着焙烧温度的提高，炭晶格 L_C 尺寸逐渐长大，如图 9-33 所示，其电阻逐渐降低，热导率随之提高，对 CO_2 和空气的抗氧化性能随之增强，如图 9-34～图 9-39 所示。当焙烧温度高于干料配料的煅烧温度时，干料的上述理化性也随着焙烧温度的提高而提高，此时，空气对炭阳极和在电解过程中两种焦由于热处理温度不同而导致的选择性电化学氧化也逐渐被减弱。但是对空气的抗氧化性能而言，阳极原料中的硫含量对其影响是很大的，随着焙烧温度的提高，阳极中的硫含量会逐渐降低，因而余留下来的阳极的孔隙度会增加，这将导致空气的氧化性增加，因而对高硫的阳极来说，其抗空气的氧化性能可能会随着焙烧温度的提高而出现一个最大值。

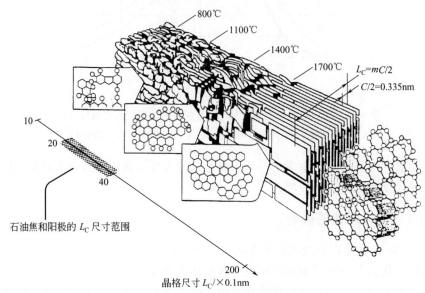

图 9-33　炭结构随温度的变化

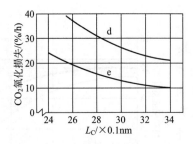

图 9-34　晶体尺寸 L_C 大小与 CO_2
氧化损失之间的关系（1100℃）

d—气孔率较大的煅后焦；e—一般煅后焦

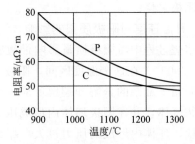

图 9-35　焙烧温度对阳极
电阻率的影响

P—大孔隙度干料；C—低孔隙度干料

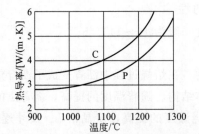

图 9-36　焙烧温度对导热性能的影响

P—大孔隙度干料；C—低孔隙度干料

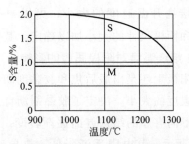

图 9-37　阳极中硫含量随焙烧温度的变化

S—高硫阳极；M—低硫阳极

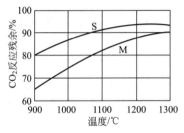

图 9-38　焙烧温度对阳极

CO_2 氧化性能的影响

S—高硫阳极；M—低硫阳极

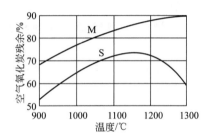

图 9-39　空气氧化后的残余量

随焙烧温度的变化

S—高硫阳极；M—低硫阳极

9.3.9　环式焙烧炉焙烧技术的改进

目前国内外在预焙阳极的焙烧上大都采用敞开式的水平烟道环式焙烧炉焙烧技术。采用敞开式环式焙烧炉的优点是结构简单、容量大、产能高、维修和操作比较方便，但是这种焙烧炉结构庞大、焙烧周期长、耗能高。能耗指标在 2.4～2.8GJ/t 之间，但这一指标未考虑电极生坯挥发分有效燃烧所产生的热量，如果把这部分热量计算在内，则目前国际上最好的能耗指标的环式焙烧炉，其热效率也只有 40% 左右，因此仍有许多节能技术的开发研究工作要做。

国外开展的环式焙烧炉节能技术研究早在二十世纪六七十年代就已开始，成功试验出了一些行之有效的节能措施。节能技术的研究与开发带动了整个焙烧工艺、筑炉材料以及计算机模型软件和控制技术的开发与进步，本书仅就有代表性的几项技术给予简要介绍。

9.3.9.1　在保证焙烧质量的前提下尽量缩短焙烧周期

缩短焙烧周期是提高生产能力，降低生产成本和大幅度降低能耗的行之有效的方法，在这方面，意大利铝业公司做出了卓有成效的工作。

位于意大利维斯默的这家铝业公司拥有两台环式焙烧炉，是 20 世纪 70 年代建造的，阳极炭块在环式焙烧炉中的焙烧周期为 288h，火焰周期为 32h。在多年的长期运行之后，对其焙烧工艺操作进行了改进，焙烧周期由原来的 288h 缩为 223h，火焰周期缩为 24h，其火焰烟道升温曲线如图 9-40 所示。

焙烧周期缩短后，阳极炭块的焙烧温度没有降低，同时也没有使产品质量下降，而环式炉设备的生产能力则提高了 30%，燃料消耗降低了 15%。

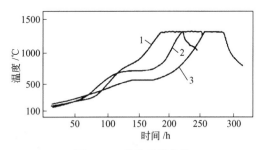

图 9-40　烟道升温曲线

1—24h 火焰周期；2—28h

火焰周期；3—32h 火焰周期

9.3.9.2　改善炉顶封闭性能，减少外部空气渗漏

增强炉顶封闭性能，减少外部空气渗漏是环式焙烧炉节能的有效方法，在此介绍加拿大铝业公司在这方面所进行的工作。

这家铝业公司拥有两台敞开环式焙烧炉，每台都采用双火焰系统，每个火焰系统由 7 个炉室组成（3个预热室、4个燃烧室）。

首先确定燃烧室的燃烧情况、漏风程度和分布状况。漏风情况是根据对局部烟道气体分析确定的。

为了分析研究的方便，把焙烧炉和排气系统分成3个部分：燃料燃烧室、预热室、炉外管道系统（包括废气排放管道和侧部管道等）。对三部分的漏风进行测试结果表明：

① 在燃料燃烧室，空气渗漏量占整个漏风量的10%，这部分空气足以维持燃料燃烧和沥青挥发分的完全燃烧；

② 3个预热室的漏风量极大，占30%～40%，这部分空气一方面提供了足够的氧气，另一方面却又降低了烟道气体的温度，从而使得燃料消耗增加；

③ 炉外的排气管道系统的漏风是整个漏风量的主要部分，但这并不直接影响燃料消耗，而仅是降低了排放废气的温度。

人们根据所测得的数据，对其火焰系统的稳态热平衡情况作出了估计，表明所排放烟气的热含量相当于燃料燃烧所放出热量的50%～60%。该公司对各种减少漏风的可行方法作了比较，最好的办法是对炉室进行彻底的封密。该公司研制了一种炉盖，罩在最后一个预热室上，并测试了它对减少漏风的效果。结果表明预热室漏风量减少近90%，把最后3个预热室全部封盖，根据热平衡计算，燃料消耗从 $(4.73～5.27)×10^5 kJ/t$ 降到 $(2.68～3.69)×10^5 kJ/t$。

9.3.9.3 变顺流火焰喷射燃料为逆流火焰喷射燃料

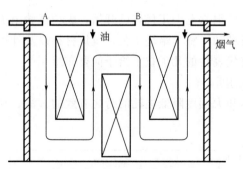

图 9-41 逆流火焰喷射燃料
（A、B为观察孔）

所谓顺流火焰喷射燃料是指燃料的喷射燃烧方向与烟气走向一致，都朝向底部；而逆流火焰喷射燃料则恰好与此相反（如图9-41所示）。

西部非洲加纳的芙尔塔铝业有限公司（VALCO）对这种新工艺作了尝试，他们以 6# 油作为燃料。在传统的顺流火焰焙烧操作下，存在的问题是热量分布效果很差，他们认为这是由于油滴喷出了以后要经过一段时间才能汽化，在接近烟道底部时才能够被点燃。改为逆流火焰喷射燃料工艺后，烟道温度分布变得均匀了（如图9-42所示），而能耗在原有基础上也降低了19%。

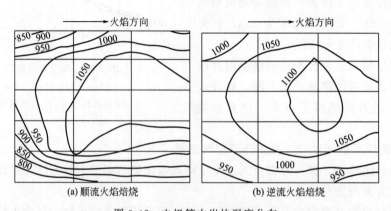

(a) 顺流火焰焙烧　　　　(b) 逆流火焰焙烧

图 9-42 电极箱中炭块温度分布

9.3.9.4 改进燃烧器

美国的国家南方线材铝业公司对燃烧器进行了改进，原先他们使用的燃烧器是用喷枪把燃料气射入炉内，其缺点如下：

① 燃烧气氛控制不精确，无法实现以稳定的空气、燃气比燃烧；

② 火焰长而明亮，使局部耐火砖过热，缩短了烟道中耐火砖的使用寿命；

③ 有些烟道部位温度不够高，热传导不充分，阳极不能得到良好焙烧；

④ 燃烧情况难以控制，沥青挥发分的燃烧不完全，造成排气管道脏污严重。

为了克服上述缺点，该公司改用了一种预混合内部燃烧器，也称"高速燃烧器"，其结构如图 9-43 所示。

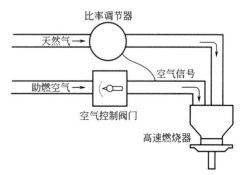

图 9-43 预混合内部燃烧器

所采用的新型燃烧器系统具有如下特点：

① 空气与天然气经过预先混合后在燃烧器内部发生燃烧；

② 燃烧后产物（N_2、CO_2、H_2O 和过量 O_2）以很高的速度（200m/h）进入烟道；

③ 没有明亮火焰，烟道气体与烟道砖的传热是对流传热；

④ 烟道墙上的温度分布比较均匀，没有过热部位；

⑤ 空气与天然气交叉调节维持预定的比例，操作员工只是控制燃烧气流的大小达到所需要的热量输入，这使得系统操作很简便；

⑥ 对燃烧气氛控制更加精确，使沥青挥发分得以充分燃烧。

9.3.9.5 采用燃油乳化技术

位于澳大利亚贝尔湾的澳大利亚联邦铝业公司使用乳化燃料油在节省油耗方面取得了很好的结果，不仅如此，还使烟道内的火焰温度分布更加均匀，减轻了耐火砖承受高温的状况。

这种乳化燃料油是用表面活性剂二聚水分子和水制取的。重油、水、二聚水分子按一定的比例通过一静态混合器压入到乳液磨（如图 9-44 所示）。水滴的大小和形态对乳化燃料油的使用好坏有重要影响，其最佳粒径为 $5\sim10\mu m$。当乳化油中的水受热时会发生第 2 次雾化，这是由于小水珠爆炸使油料喷散生成的，这样，可使油料燃烧时产生的火焰热量密集程度很高。实验证明乳化加水 10%，火焰温度提高近 50℃，辐射温度提高大约 90℃。燃料改用乳化油后，火井内的火焰温度峰值降低，热场更均匀，如图 9-45 所示。

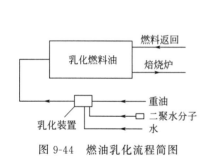

图 9-44 燃油乳化流程简图

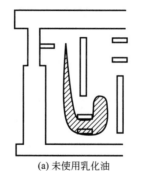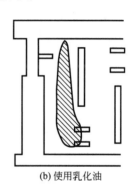

(a) 未使用乳化油　(b) 使用乳化油

图 9-45 火焰轮廓图

9.3.9.6　采用新型耐火砖提高烟道使用寿命

延长焙烧炉烟道的使用寿命一直是炭素厂家追求的主要目标，耐火砖的性能直接影响着焙烧炉的使用寿命和维修费用。目前关于环式焙烧炉的节能、增产、提高产品质量、自动化控制技术等方面都有了很大的进展，提高耐火砖性能的技术研究也与之同步进行。使用性能优良的耐火砖将会延长焙烧炉的使用寿命，降低维修费用。位于美国匹兹堡市的哈必逊-沃尔克耐火砖厂在耐火砖研究方面取得了一定的进展。

他们对纯度很高的氧化铝耐火砖在焙烧炉上进行了测试，结果表明，这种材料制成的耐火砖在每一项指标上都优于传统上使用的高温耐火砖，能够承受更高的温度。其抗蠕变、抗碱侵蚀、抗化学和矿物蚀变的性能也好于传统的耐火砖。此外这种砖还有一个优点，那就是它比传统的耐火砖有更好的导热性能，其高温热导率是传统砖的 1.5 倍，这种砖是由纯度很高的高岭土制成的，其化学成分见表 9-7。

表 9-7　新型耐火砖的化学成分　　　　　　　　　　　　单位：%

SiO_2	Al_2O_3	TiO_2	Fe_2O_3	CaO	MaO	碱金属
48.5	47.6	2.2	1.3	0.1	0.1	0.2

从化学成分上看出，新型耐火砖比传统耐火砖有更低的碱金属和碱土金属含量。

9.3.9.7　使用计算机控制进行优化操作

对环式焙烧炉使用计算机控制进行优化操作是当今环式焙烧炉工艺操作与技术进步的主要标志，众多文献上都介绍了以降低能耗，提高电极质量为目的的各种过程控制系统，尽管各厂家控制系统不完全相同，但都具备如下特征：

① 温度和风量的测量数据连同燃烧控制及风量控制装置构成一个整体系统；

② 要获得最佳的控制性能，不仅要考虑某一时刻的温度值，还要考虑该时刻的温度梯度；

③ 几组火焰的数据一起收集到中央计算机；

④ 焙烧炉上的单元控制全部安装到燃烧架或排气管道上。

下面以瑞士铝业公司的焙烧过程控制为例介绍环式焙烧炉的自动控制系统。

瑞士铝业公司研制的焙烧过程控制系统包括了上述几个特征。

在整个烟道内，对每一火焰系统在短暂的时间间隔内要测量出某一位置的风量和 4 个水平的温度及温度梯度。温度、温度梯度、风量的目标值与实际值经过系统的比较得出的结果生成指令，控制各处阀门（燃气及风量的控制）。

数据的获得是由现场的微处理机（微机）完成的，在这里数据被采集起来，进行初步处理，然后传送给通信站。从中央计算机发出的指令则发送给控制阀门或者显示给操作人员。现场微机与通信站是相互联系的，通信站把数据传给中央计算机，根据控制模型由中央计算机决定控制步骤，这些控制步骤要经由通信站传给现场微机实施操作，如图 9-46 所示。假如数据链、通信站以及中央计算机出了差错，焙烧炉可由现场微机暂时控制。

每台焙烧炉的中央计算机共同连接到数据处理机，数据处理机有显示终端，显示出炉子的控制情况，有打印机记录炉子的状态，还有可以长期存储数据的存储单元。

要对诸如有关阳极质量、挥发分等的数据进行有关计算处理时，所需的数据可通过数据载体送到数据处理机。

在此系统控制下运行着 6 台焙烧炉、12 个火焰系统，如图 9-47 所示。监视 6 台炉的显

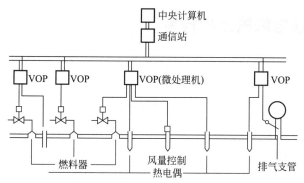

图 9-46　焙烧炉过程控制原理图

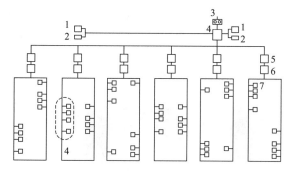

图 9-47　6 台焙烧炉的过程控制系统

1—显示终端；2—打印机；3—磁盘驱动器；4—大存储容量的数据处理机；

5—中央计算机；6—通信站；7—微处理机

示终端配置在两间控制室内，每间控制室负责 3 台炉和烟气净化装置。气流与温度的控制是通过把每个火焰系统分成 4 部分来达到控制目的的（如图 9-48 所示）。

在 1 区控制风量，在 4 区控制燃料量，在 2、3 区联合控制风量和燃料用量。对每条烟道的控制都是自动进行的。参数改变和修正操作能够通过控制室的终端提供给系统，干扰情况也可显示在控制室的显示终端上。操作员使用一种仪器可以在任何时间得到炉子的有关情况，既可用表格形式也可用图形方式显示出来。

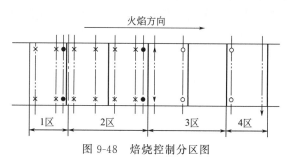

图 9-48　焙烧控制分区图

在这一系统控制下，焙烧炉的生产情况有了显著的改善。燃料消耗降低了 15%，产品质量得到了极大的提高，比如在引进系统控制以前阳极电阻率偏离范围为 $10\mu\Omega$，而现在只有 $5\mu\Omega$，耐火材料的寿命延长了近 10%。

系统内的永久数据存储使得焙烧曲线能够与阳极质量互相联系起来，这意味着阳极质量能够达到最好的指标。

同样，焙烧曲线也能跟挥发分数据联系起来，这样就能够使其焙烧更加充分，节省能耗，而且还降低了挥发分带来的环境污染。

9.4 预焙阳极在电解槽上的行为

9.4.1 热震（热冲击）

对于预焙阳极电解槽来说，由于阳极是消耗的，因此需要经常地用新阳极块更换残极块。当冷的阳极炭块进入到 $950\sim980℃$ 的熔融电解质中时，会由于热冲击而产生断裂和裂纹，如图 9-49 所示。此种断裂如早期发现可以及时更换，但这无形中会增加劳动强度和使阳极消耗增加。如果由于热冲击而产生裂纹，那么这种阳极炭块工作在电解槽上时，会使局部不导电，或电流分布不均，并导致阴极铝液内电流分布不均，这会影响电解槽的操作和使电流效率降低。根据文献资料的报道，由一般的热冲击问题给电解槽造成的电流效率损失可以达到 1.5%。阳极炭块上的裂纹在电解过程中继续延伸，有可能会在阳极工作一段时间后出现断裂和掉块，因此铝电解工厂要求生产厂家应尽可能地生产出抗热冲击性能良好的预焙阳极炭块，这意味着炭素工厂应能够测量出预焙阳极炭块对热冲击的敏感性，并能用数据表征出这种敏感性，建立起相应的标准，这对铝电解生产是非常重要的。

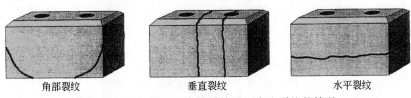

角部裂纹　　　　　　垂直裂纹　　　　　　水平裂纹

图 9-49　电解槽阳极炭块受热震而产生裂纹的情况

由热冲击引起的预焙阳极炭块的破坏，通常是热穿透阳极炭块时的温差产生的机械应力引起的，这些应力原则上可以用三维差分或有限元模型计算出来。在国外的一些文献中对对热冲击的敏感性的研究，常用几个参变量的数值大小来描述，但是这些参变量数值的大小，在没有给出一些限定条件时是不能使用的。应该说，人们对阳极炭块对热冲击敏感性的认识和研究时间不长，尽管也发表了一些论文，做了一些试验和研究工作，但是在目前来说，对阳极炭块的抗热冲击性能还没有建立起标准和相应的测试和试验方法。

在 1989 年和 1990 年的 TMS 年会上 Kummer 给出了一个表征阳极炭块热冲击特性值的表达式，即：

$$QTS = \frac{\dfrac{\lambda}{\lambda_0}}{\dfrac{\alpha}{\alpha_0} \times \dfrac{E}{E_0} \times \dfrac{\gamma}{\gamma_0} \times \dfrac{\delta_B}{\delta_{B0}}} \tag{9-7}$$

式中　QTS——热冲击特性值（无量纲）；

λ——热导率，$W/(m \cdot K)$；

α——热膨胀系数，K^{-1}；

E——杨氏模数，Pa；

γ——体积密度，kg/dm^3；

δ_B——抗挠强度，Pa。

为了能标定出炭块抗热冲击性能的大小，该文献还给出了式(9-7)中各变量在炭块无热震裂纹时的特征值。

$$\alpha_0 = 4.0 \times 10^{-6} \text{K}^{-1}$$

$$E_0 = 7000 \times 10^{-6} \text{Pa}$$

$$\gamma_0 = 1.6 \text{kg/dm}^3$$

$$\delta_{B0} = 140 \times 10^5 \text{Pa （振动成型阳极块）}$$

$$\delta_{B0} = 125 \times 10^5 \text{Pa （模压成型阳极块）}$$

$$\lambda_0 = 2.8 \text{W/(m \cdot K)}$$

此外，对方程式（9-7）作如下限定：

$$\lambda/\lambda_0 \leqslant 1；\alpha/\alpha_0 \geqslant 1；E/E_0 \geqslant 1；\gamma/\gamma_0 \geqslant 1；\delta_B/\delta_{B0} \geqslant 1$$

这样就可以从式（9-7）中得出，QTS 值只能是等于 1 或小于 1，如果 QTS 值小于 0.9，那么阳极炭块就有可能由于热冲击而产生裂纹。

式（9-7）中包括了有关阳极炭块抗热特性的几个重要参数，因此具有一定程度的实用性，但该式没有包括几个重要的参数，如阳极的尺寸大小、温差和结构能（fracture energy）。

最近 Meier 根据陶瓷材料破裂的基础理论，提出了对铝电解槽炭阳极的抗热震性大小可以以 TSR 指数进行表征，TSR 越大则说明阳极的抗震性越大，TSR 值可根据式（9-8）计算。

$$\text{TSR} = \sqrt{\frac{2G \left(\dfrac{V_S}{V_A}\right)^{1/m}}{\pi a E}} \cdot \frac{2\lambda(1-\gamma)}{\alpha L Y h \cdot \Delta T} \tag{9-8}$$

式中　G——断裂能，J/m^2；

　　　V_S——试样体积，m^3；

　　　V_A——阳极体积，m^3；

　　　m——维泊尔模数（Weibull modulus）；

　　　a——临界裂缝长度，m；

　　　E——弹性模数，Pa；

　　　λ——热导率，$\text{W/(m \cdot K)}$；

　　　γ——泊松比；

　　　α——热膨胀系数，K^{-1}；

　　　L——阳极浸入电解质中的深度，m；

　　　Y——阳极的几何形状参数；

　　　h——传热速率，$\text{W/(m}^2 \cdot \text{K)}$；

　　ΔT——电解质熔体与冷阳极之间的温度差，K。

实际上 TSR 是一个无量纲的参数，如果 TSR>1（或 TSR>100%），表征阳极不会由于受到热震而断裂；如果 TSR<1（或 TSR<100%），表征阳极会受到高温电解质熔体的热冲击而出现断裂。

由式（9-8）可以看出，炭阳极的抗热震指数，是受多种互相独立的因素影响的。

① 阳极糊料混合的质量决定了阳极的密度均匀程度，这决定了阳极结构的均匀性，因此它对阳极的机械性能特别是抗挠强度有影响，这表现在阳极糊料混捏所消耗的能量的大小对 TSR 的影响，如图 9-50 所示。

② 阳极生坯在焙烧时，在其敏感的 200～600℃ 温度区间时，阳极的升温速度过快，会导致阳极内部过大的内部气体压力，这会引起阳极内部微裂纹的形成，因此导致阳极的抗热震性变差（如图 9-51 所示）。

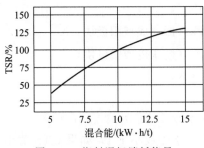

图 9-50　糊料混捏消耗能量
与 TSR 的关系

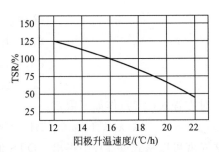

图 9-51　阳极焙烧升温速度
对 TSR 的影响

③ 阳极炭块的抗热冲击性 TSR，随着温度的升高以及伸入到电解质熔体深度的增加和阳极体积的增大而降低，如图 9-52 和图 9-53 所示。

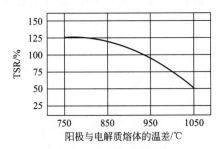

图 9-52　温差对阳极抗热
冲击性能的影响

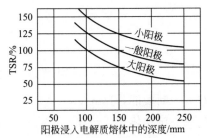

图 9-53　阳极浸入电解质中的深度（H）和阳极
大小与抗热震性 TSR 之间的关系

9.4.2　阳极消耗

9.4.2.1　铝电解炭阳极消耗的机理

（1）电化学氧化（理论消耗）　在铝电解生产中，电解槽的炭阳极相当于如下化学反应的还原剂：

$$Al_2O_3 + 1.5C \longrightarrow 2Al + 1.5CO_2 \tag{9-9}$$

从热力学角度去分析，在高温下用碳还原金属氧化物，产物以二氧化碳的形式出现是不可能的，而上述反应的发生是通过电解槽两极的电化学反应进行的。在电解槽中，溶解于冰晶石熔体中的氧化铝以铝氧氟络离子的形式存在于冰晶石熔体中，在电解过程中，含氧络离子在炭阳极上放电，在工业电解槽阳极电流密度范围之内，阳极产物是 CO_2。

$$3O^{2-}（络合的）+ 1.5C - 6e \longrightarrow 1.5CO_2 \tag{9-10}$$

在液体铝阴极上，是络合的铝离子在阴极上参加电化学反应：

$$2Al^{3+}（络合的）+ 6e \longrightarrow 2Al \tag{9-11}$$

合并反应式（9-10）和反应式（9-11）便可以得到反应方程式（9-9）。根据法拉第定律，按上述电化学反应方程式计算，铝电解炭阳极的理论消耗为 334kg/t Al 或 0.112g/(A·h)。

（2）电解消耗　电解消耗 W 定义为理论消耗 W_0 与电流效率 CE 之比。

$$W = W_0/CE = 334/CE \tag{9-12}$$

从本质上讲，铝电解时的炭阳极消耗与电解槽的阴极电流效率（习惯上称为电解槽的电流效率）无关，但由于阴极铝的二次氧化损失，电流效率降低，因此会使按单位质量铝产量所计算出来的电化学氧化消耗增加，按方程（9-12）计算，当电解槽的电流效率为 95％ 时，此时的电解消耗为 353kg/t Al，它比电化学氧化消耗多出 17kg/t Al。此值与电流效率损失的铝所造成的炭电化学氧化相当。

（3）过量阳极消耗　早期的一些文献资料通常将过量阳极消耗定义为铝电解的实际阳极消耗与理论电化学消耗之差，但最新的文献资料将过量阳极消耗定义为铝电解实际阳极消耗与电解消耗量之差，即：

$$W_K = W_P - \frac{W_0}{CE} \quad (kg/t\ Al) \tag{9-13}$$

式中　W_K——过量阳极消耗；

　　　W_P——实际电解阳极消耗。

W_P 值包括残极消耗，因此工业上常称 W_P 为毛耗，这一分类与国际分类一致。按照这种分法，测阳极净耗 W_N 应该等于毛耗减去残极消耗 W_B。

$$W_N = W_P - W_B \tag{9-14}$$

上述各种阳极的消耗如图 9-54 所示。

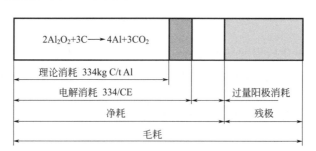

图 9-54　各种阳极消耗

（4）炭阳极工作表面选择性电化学氧化所引起的过量阳极消耗　炭阳极工作表面胶黏剂沥青结焦炭的选择性电化学氧化可以导致部分骨料焦炭和细粉炭粒的脱落。胶黏剂沥青结焦炭的选择性优先氧化可以归于它的较大的化学活性，在电解时较低的阳极过电压和与电解质熔体较大的润湿性，这种机理已被电解之后所观察到的阳极表面干料炭粒凸出于阳极表面的现象所佐证。根据现在的研究结果，高温煅烧骨料炭与沥青结焦炭之间的阳极过电压之差为0.06V。假定电解质的电位梯度为 0.3V/cm，那么在阳极表面具有直径为 2mm 的骨料颗粒由于选择性电化学氧化而有可能脱落下来。随着阳极电流密度的增大，电解质中的电位梯度也增加，因此可能脱落的骨料的大小和比率会降低。这就意味着，选择性电化学氧化所引起的过量阳极消耗与阳极电流密度成反比。另一方面我们也应该注意到阳极气体从表面逸出所引起的电解质熔体的循环和搅动会对阳极消耗有影响。这种电解质熔体的循环和搅动的强度随阳极电流密度的增加而增加，因此对凸出于阳极工作表面干料的冲刷强度也就随着阳极电流密度的增加而增加，也就是说它与阳极电流密度成正比，用数学公式表示就是：

$$\Delta C = a + bI_A + \frac{c}{I_A} \tag{9-15}$$

式中 ΔC——由于选择性电化学氧化所引起的阳极过量消耗，%；

$\quad\quad I_A$——阳极电流密度，A/cm^2；

a，b，c——常数，其值与电解槽的设计、工艺操作参数和阳极的质量有关。

提高阳极的强度，改进阳极原料的质量和适当提高阳极的焙烧温度会使 ΔC 值降低。

冯乃祥等人曾在实验室电解槽上对炭阳极的消耗进行研究，该实验研究是在惰性气体的保护下进行的。在这种实验电解槽上测定了不同阳极电流密度时的阳极消耗，其结果如图 9-55 所示。根据图 9-55 用非线性回归的方法，对预焙阳极消耗与阳极电流密度的关系得出如下的经验公式：

$$\Delta C\%（预焙阳极）= 8.8 + 3.12/I_A + 0.21I_A \tag{9-16}$$

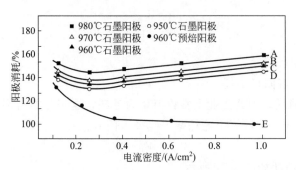

图 9-55 阳极消耗（相对理论）与阳极电流密度的关系

A，B，C，D—石墨阴极；E—预焙阳极

（5）CO_2 和空气氧化所引起的炭阳极过量消耗 CO_2 和空气氧化又可称为化学氧化，炭阳极的化学氧化发生在高温下炭阳极侧面和上表面。由这两个氧化反应所引起的过量阳极消耗在整个过量阳极消耗中占有很大的比例。CO_2 氧化和空气氧化对炭阳极过量消耗贡献的比例在 1∶2 和 1∶1 之间。CO_2 对炭阳极的氧化是按布达反应进行的。

$$CO_2 + C \longrightarrow 2CO \tag{9-17}$$

此反应在 1000℃时，在平衡的气体组成中有 99.3% 的 CO；700℃时，平衡的气体组成中有 50% 的 CO。铝电解槽温度通常在 960℃左右，热力学上非常有利于上述布达反应。但是在浸入到电解质熔体中的阳极表面，上述反应却几乎不发生。唯一的解释是阳极极化的结果，由于阳极极化作用，CO 的析出受到抑制，CO_2 以很大的速率从阳极上逸出，而电解质的湿润作用限制了气体 CO_2 与电极工作面的接触。然而 CO_2 与碳的反应会在电解质界面上方的微孔中进行，CO_2 也可以与浮在电解质表面的炭渣反应，但其量很少，主要是因为炭渣与电解质熔体混在一起。CO_2 与碳的反应主要是在 CO_2 从电解中逸出，经过阳极四周时发生。

空气对炭阳极的氧化主要发生在阳极上部，依电极温度和空气进入量的不同，可能发生的空气氧化反应有两个：

$$2C + O_2 \longrightarrow 2CO \tag{9-18}$$

$$C + O_2 \longrightarrow CO_2 \tag{9-19}$$

在温度较低时，即在阳极的上表面，第 2 个反应是主要的。在高温时，即在接近电解质表面处，第 1 个反应占优势。

炭阳极和其他大多数炭素制品一样是多孔的，其比表面积可达 $6.0 m^2/g$，因此大部分 CO_2 和 O_2 和炭阳极的反应面是在孔隙里。带孔阳极表面的氧化反应基本上包括如下几个步骤：①反应气体向阳极表面传质；②到达阳极表面的反应气体向反应部位扩散；③到达反应部位的气体和碳反应；④反应产物脱离开阳极表面。

在这几个反应步骤中，①步骤主要与阳极周围的环境有关，如加罩、氧化铝覆盖情况等；②步骤与温度、气体静压力有关，除此之外还与阳极的性质，如它的大小、孔的体积等有关；③步骤主要与反应部位的性质如炭的结构、活性大小以及杂质的催化作用有关；④步骤也与反应温度、气体静压力、孔隙大小及几何形状有关。在炭阳极表面的氧化反应中，当其反应速率受控于步骤③时，那么此时反应速率 r 对反应气体浓度 C_{OX} 而言是一级化学反应，可以用式(9-20) 来表示：

$$r = k_0 A C_{OX} \tag{9-20}$$

式中　k_0——反应速率常数；

　　　A——反应的比表面积。

此时反应速率常数可用阿伦尼乌斯方程式表示

$$k_0 = k_0^1 \cdot \exp(-E/RT) \tag{9-21}$$

式中　k_0^1——常数；

　　　E——阿伦尼乌斯活化能；

　　　R——气体常数；

　　　T——绝对温度。

在阳极表面孔隙的内部，当反应气体的浓度非常低时，反应速率 r 受内扩散步骤控制，此时：

$$r = (k_0 \cdot D_e \cdot A)^{\frac{1}{2}} \cdot C_{OX} \tag{9-22}$$

式中　D_e——有效孔内扩散系数。

其他符号意义同上。

大多数文献资料研究证明，反应气体及气体产物 CO 向阳极表面和孔隙内部扩散是氧化反应的控速步骤。不过由于这些扩散物质在扩散过程中和孔隙内壁碰撞，因此在 $<0.1\mu m$ 的孔径范围内，孔的大小对传质起重要作用，当孔内气体的传输由扩散支配时，透气率或孔隙度成为传质的最重要参数。炭阳极的化学氧化速率除了涉及所述各种传质步骤外，还与碳的结晶完整性以及炭阳极中的杂质浓度有关，这样炭阳极化学氧化速率是如下各参数的函数。

$$r = f\left(A, \frac{1}{L_C}, B, C_C, C_{OX}, T\right) \tag{9-23}$$

式中　L_C——描述碳结晶完整程度的参量；

　　　B——炭阳极透气率；

　　　C_C——杂质浓度。

其他符号意义同上。

(6) 阳极侧面粉化和掉渣所引起的过量阳极消耗　阳极过量消耗中有一部分消耗于侧面粉化和掉渣。在阳极侧面，逸出于电解质的阳极气体热流和漏入到结壳下面的热空气流会优先氧化炭阳极胶黏剂沥青的结焦炭和细粉炭，使粗大的骨料炭凸于阳极表面，其中一部分达到一定

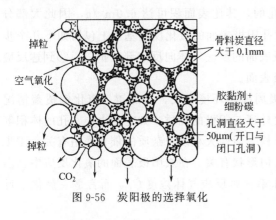

图9-56　炭阳极的选择氧化

程度后会靠自身的质量掉落下来，如图9-56所示。热空气流和CO_2气体流加速了其脱落和掉渣，这部分炭粒或掉落在电解质表面，或随CO_2热气流飞出槽外，阳极侧面粉化和脱落的大小程度与阳极的质量和电解槽的操作参数有关。

9.4.2.2　阳极消耗的数学模型

铝电解生产的阳极消耗通常以生产每吨铝阳极净消耗量W_N表示。国外许多学者和研究者曾对各种因素对阳极净消耗的影响作了很多研究，提出并建立了一些相应的数学模型，其中唯有Fischer等人建立起的数学模型更为接近实际，即：

$$W_N(净耗)=C+334/CE+1.2(BT-960)-1.7CRR+9.3AP+8TC-1.5ARR \quad (9\text{-}24)$$

式(9-24)中各项参数及取值范围如下：

W_N——阳极净耗，400～500；

C——电解槽参数，270～310；

CE——电流效率，0.82～0.95；

BT——电解温度，948～980℃；

CRR——CO_2反应后剩余量，75%～90%；

AP——透气率，0.5～5.0nPm；

TC——热导率，3.0～6.0W/(m·K)；

ARR——空气反应后剩余量，60%～90%。

由式(9-24)可以看出，Fischer建立的阳极净耗数学模型不仅包含了电解槽参数和电流效率、阳极材料的抗CO_2和空气氧化性能指标，而且还包括了透气性、热导率和温度对阳极消耗的影响。电解槽电解温度高，阳极炭块的热导率高，会提高阳极的上表面温度，因而会增加阳极表面氧化，这符合电解槽的实际情况。

在生产中，当使用相同的炭素原料时，阳极制品的热导率总是与阳极的其他特性指标相联系的。密度大、导电性好的阳极，其导热性也必然好。导热性好的阳极有不利于降低阳极消耗的一面，但由于导电性好，可以降低阳极的电压降，因此也有增加极距、提高电流效率使阳极消耗降低的一面。

应该说明的一点是，原料中的杂质对阳极消耗有重大影响，特别是当使用残极作为预焙阳极的部分原料时，残极中的钠（以钠盐的形式存在）对CO_2和空气对碳的化学反应有催化作用，因而会使阳极消耗增加。根据文献的研究结果，阳极中钠杂质的含量增加400mg/kg，阳极消耗将会增加2kg/t Al，因此，回收残极作为预焙阳极炭块生产的部分原料时，必须彻底清除掉残极表面黏结的电解质。

多种添加剂对阳极在空气中的氧化速率的影响也被详细研究过，其研究结果如图9-57所示。

由图9-57可以看出往阳极中加入AlF_3和B_2O_3有抑制阳极化学氧化的作用，但是往阳极中加入B_2O_3对提高电解铝的质量是不利的。

阳极中添加AlF_3和其他氟化盐对阳极炭块的其他理化性质会带来影响，因此，对阳极

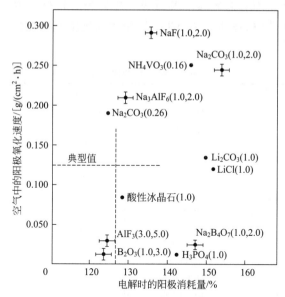

图 9-57　添加剂对阳极消耗的影响

括号内数字表示添加剂的浓度，g/100g 煅后焦

中添加 AlF$_3$ 和其他化合物时需作权衡考虑。

9.4.3　铝电解生产对阳极的质量要求

铝电解生产对阳极的质量有如下要求：

① 密度大、电阻低、机械强度大；

② 对热冲击的敏感性差（抗热冲击性能好），导热性能好；

③ 透气率低；

④ 抗 CO$_2$ 和空气的氧化性能好。

在铝电解生产车间，阳极炭块质量通常用如下指标考核：

① 毛耗；

② 净耗；

③ 残极的质量；

④ 非正常更换阳极的数目。

在相同的铝电解生产工艺和技术条件下，质量好的阳极应该是阳极消耗低、残极扁平、无裂纹。阳极消耗按每吨铝的毛耗和净耗计算，其值大小与电解槽的电流效率有关，但两个指标的大小并不能完全表征阳极质量的好坏。此时可以用百万安培小时电量（MA·h）所消耗的阳极质量来表征，用计算式表示就是：

$$W[\text{kg}/(\text{MA}\cdot\text{h})]=\frac{\text{在给定时间内消耗的炭阳极量（kg）}}{\text{在给定时间内供给电解槽的电量（MA}\cdot\text{h）}} \tag{9-25}$$

在预焙阳极的生产车间对炭阳极的质量做出科学的评价，是通过对每一个生产期（通常为一个星期）生产出来的阳极炭块，进行大量的取样测试得出的。通常每期取试样 30 个或 30 个以上，才能达到 95% 的显著性检验水平。测试时从阳极上钻取的试样为 φ50mm、长为 250mm 的圆柱形，根据不同的测试需要再截成直径相同但长度不同的试样。电解槽炭阳极需要分析测试的质量指标有体积密度、热导率、电阻率、抗挠强度、热膨胀系数、抗压强度、杨氏模数、在二甲苯中的密度、抗 CO_2 氧化性和抗空气氧化性，这些质量指标的范围见表 9-8。

表 9-8 炭阳极的质量指标

性 质		检测方法	单 位	范 围
体积密度		ISO 12985-1	kg/dm^3	1.54～1.60
电阻率		ISO 11713	$\mu\Omega \cdot m$	50～60
抗挠强度		ISO 12986-1	MPa	8～14
抗压强度		ISO 18515	MPa	40～55
弹性模量	静态	—	GPa	3.5～5.5
	动态	—	GPa	6～10
热膨胀系数	20～300℃	ISO 14420	$10^{-6}/K$	3.5～4.5
结构能		—	J/m^2	200～300
热导率		ISO 129857	W/(m·K)	3.0～4.5
真密度		ISO 9088	kg/dm^3	2.05～2.10
空气透气率		ISO 15906	nPm	0.5～2.0
CO_2 反应性能	残余量	ISO 12988-1	%	84～95
	粉尘	ISO 12988-1	%	1～10
	损失	ISO 12988-1	%	4～10
空气氧化性能	残余量	ISO 12989-1	%	65～90
	粉尘	ISO 12989-1	%	2～10
	损失	ISO 12989-1	%	8～30
杂质元素	S	ISO 12980	%	0.5～3.2
	V	ISO 12980	mg/kg	30～320
	Ni	ISO 12980	mg/kg	40～200
	Si	ISO 12980	mg/kg	50～300
	Fe	ISO 12980	mg/kg	100～500
	Al	ISO 12980	mg/kg	150～600
	Na	ISO 12980	mg/kg	150～600
	Ca	ISO 12980	mg/kg	50～200
	K	ISO 12980	mg/kg	5～30
	Mg	ISO 12980	mg/kg	10～50
	F	ISO 12980	mg/kg	150～600
	Cl	ISO 12980	mg/kg	10～50
	Zn	ISO 12980	mg/kg	10～50
	Pb	ISO 12980	mg/kg	10～50

注：在表中，关于杂质硫的质量指标多有争议。硫对阳极质量的影响将在后文加以叙述。

参 考 文 献

[1] Meier W. The 20th International Course on Process Metallurgy of Aluminium. Trondheim：[s. n.]，2001.

[2] Φye H A. The 5th International Course on Process Metallurgy of Aluminium. Trondheim：[s. n.]，1986.

[3] Alscher et al. Light Metals. 1990：583.

[4] David L. Light Metals. 1990：577.

[5] Romain S. Light Metals. 1990：591.

[6] Rhedey P T. Light Metals. 1990：605.

[7] Jones S S，Bart E F. Light Metals. 1990：611.

[8] Bart E F. Light Metals. 1981：479.

[9] Meier. The 21st International Course on Process Metallurgy of Aluminium. Trondheim：[s. n.]，2002.

第 **10** 章 | 铝电解槽的阴极

10.1 电解槽的阴极结构

严格说来，铝电解槽的阴极应该是电解槽内的铝液。电解槽内参加电解生产出金属铝的反应都发生在槽内铝液与电解质之间的界面上，但是在我们日常的谈论中，一般常把槽内铝水以下的部分统称为阴极，这样电解槽的阴极部分就包括铝水、阴极炭块、槽侧部炭块、阴极钢棒以及耐火材料、保温材料和槽壳等部分。

电解槽内阴极炭块有两种不同的砌筑方式：第 1 种是炭块与炭块之间留 3~4cm 的间隙，间隙之间用对抗腐蚀较好的无烟煤和（或）石墨与炭质胶黏剂组成的塑性糊捣固填实；第 2 种砌筑方式，在炭块与炭块之间涂上一层树脂糊或炭胶，然后用千斤顶使这些炭块挤压粘接在一起。在这两种筑炉方法中，侧部炭块除了现在使用的规则型侧部炭块外，也可以使用异型侧部炭块，侧部炭块之间用树脂糊或炭胶泥粘接。

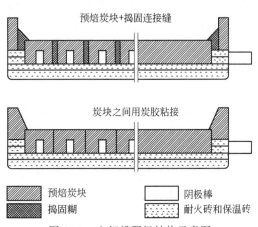

图 10-1 电解槽阴极结构示意图

使用第 2 种筑炉方法时要求安放电解槽阴极炭块的耐火砖表面铺设平坦，炭块与炭砖的侧部要做到精细加工，电解槽阴极结构如图 10-1 所示。

10.2 制造电解槽炭阴极内衬的材料

铝电解槽阴极内衬炭块有两种：一种是底部炭块，另一种是侧部炭块，它们几乎都是用相同炭材料制成的。铝电解生产要求这两种炭块都要具有良好的抗电解质腐蚀的功能，而对底部炭块来说，还要求其具有良好的导电性能，铝电解槽阴极内衬炭块的这些性质在很大程度上取决于其制造这些阴极炭块的原材料，可用作铝电解槽阴极内衬的炭材料（包括捣固糊）有无烟煤、石墨、冶金焦、石油焦等。在现代的大型预焙阳极电解槽上，也使用氮化硅结合的碳化硅作为电解槽的侧部内衬，这种材料具有高温抗电解质腐蚀和抗高温氧化的功能，制作这种阴极内衬材料的原料为碳化硅和硅粉。

10.2.1 无烟煤

无烟煤是一种"硬质"炭，所谓硬就是因为这种炭较比其他炭有较高的硬度，另外在高温下它不像石油焦那样容易被石墨化，即使被石墨化后，它也不如石油焦石墨化后那样具有非常有序的结构和柔软性。未石墨化的无烟煤，其表面光亮平滑，具有像玻璃一样的结构。高度石墨化的无烟煤结构有所改变，但仍能从外观上加以识别。

地壳中无烟煤资源分布很广阔，但并非是所有的无烟煤都可以用来作电解槽内衬炭块（包括捣固糊）的原料。适合于作阴极内衬炭块的无烟煤要求有较低的挥发分，颗粒尺寸稳定（抗磨、不易碎化），在煅烧过程中有较低的膨裂度（degree of puffing），因此，当将一个新产地的无烟煤用作电解槽阴极内衬炭块的原料时，必须事先对材料的各种性能进行测定。

无烟煤在作为制造阴极内衬炭块和捣固糊干料的配料之前是需要进行煅烧的，以达到去除其挥发分、提高密度、降低电阻、提高其抗电解质腐蚀性能的目的。

现在工业上无烟煤的煅烧方法有两种，一种是火焰煅烧法，另一种是电煅烧法。火焰煅烧法使用煤、重油、煤气或天然气为燃料，燃料燃烧时产生的热使无烟煤被加热煅烧。在以液体或燃气为燃料的回转窑煅烧炉里，无烟煤煅烧过程中生产的挥发分燃烧时，放出的热量可以替代一部分燃料，因而可降低燃料的消耗。火焰煅烧时，其煅烧温度在1250℃左右，煅烧后得到的煅后无烟煤产品是均质的，其颗粒较硬，并具有较大的抗磨蚀性能。

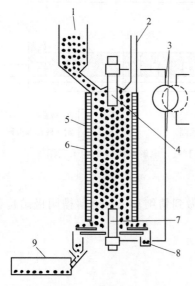

图 10-2　无烟煤电煅烧及
电煅烧炉结构原理图

1—生无烟煤加料罐；2—气体出口；
3—变压器；4—顶部电极；5—炉壳；
6—炉内衬；7—底部电极；8—出料；
9—煅后无烟煤冷却

提高煅烧温度可提高煅后无烟煤以及由无烟煤制成的内衬炭块的导电性能和抗钠、抗电解质腐蚀的性能，降低阴极炭块在电解过程的膨胀率，因此，现在的电解铝厂基本上趋向于使用电煅无烟煤制作的阴极内衬炭块。

电煅无烟煤是在如图 10-2 所示的电煅烧炉中进行的。

由图 10-2 可以看出，在这个电煅烧炉中，无烟煤的煅烧是借助于炉内上下电极间的无烟煤自身的电阻加热而使无烟煤得到煅烧的。在炉中，由于电流大部分集中在两个电极之间，因此炉内温度分布极不均匀，其中，炉中心、电极之间的温度可高达 2000～2300℃，接近无烟煤的半石墨化温度，而边部，其无烟煤的煅烧温度在 1200～1300℃ 之间，因此电煅无烟煤产品是非均质的。就其平均而言，电煅无烟煤的平均煅烧温度大大高于火焰煅烧无烟煤的煅烧温度，因此电煅无烟煤的电阻远远低于火焰煅烧无烟煤的电阻。表 10-1 是相同无烟煤原料使用两种煅烧方法所得两种不同煅后无烟煤产品质量和性质的比较。

表 10-1 相同无烟煤原料火焰煅烧和电煅烧无烟煤质量和性质的比较

性	质	火焰煅烧	电煅烧	性	质		火焰煅烧	电煅烧
浓度	Si/%	2.0	2.1	晶格高度/Å			16.1	115.3
	Al/%	1.53	1.54	电阻率/$\mu\Omega \cdot mm$			1663	871
	Fe/%	0.25	0.024	真密度/(kg/dm^3)			1.782	1.877
	S/%	0.29	0.21	体积密度/(kg/dm^3)			0.96	0.92
	Ca/(mg/kg)	700	580	抗磨蚀稳定度		8/4mm/%	93.0	85.0
	Na/(mg/kg)	280	300			+8mm/%	39.0	18.0
	V/(mg/kg)	53	56			8/4mm/%	39.0	44.0
	Ni/(mg/kg)	14	11			4/2mm/%	14.0	13.0
	Pb/(mg/kg)	3	5			2/1mm/%	5.0	8.0
CO_2 反应率/%		18.6	9.1			−1mm/%	4.0	17.0
空气反应率/%		0.16	0.07					

无烟煤电煅烧所消耗的能量为电能，其电能消耗在 1100kW·h/t 左右。电煅烧过程中，无烟煤高温热解产生的挥发分是可燃的且化学成分很复杂的碳氢化合物气体和氢气的混合物。在传统的电煅烧炉中，这些挥发分在电煅炉的排烟口被燃烧掉了。

法国和日本的研究人员合作开发了一种新的节能型电煅无烟煤技术，该技术是在传统电煅烧炉上，将从电煅烧炉排除的挥发分收集起来，并回收。回收的产物是一种额外的能源，其量相当于 80kg 重油/吨无烟煤。挥发分的一部分又从炉的底部通入炉内，在炉底部被散出炉的煅烧后无烟煤加热。炉内通入这些燃气使炉内的温度分布更均匀，降低了炉芯温度与边壁温度之间的温差，提高了煅后焦的质量。与此同时，被炉内高温炉料加热了的气体，到达炉的上部时又将新炉料加热，从而达到"余热"利用，提高了电煅烧炉的热效率，降低了电耗。这种节能型电煅烧炉及其挥发分回收技术原理图如图 10-3 所示。

使用节能型电煅烧炉和挥发分回收技术后，每 1t 无烟煤可回收相当于 80kg 重油的燃料，并使电煅无烟煤的电耗降低了 50%，见表 10-2。

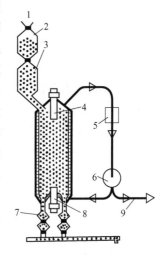

图 10-3 节能型电煅烧炉及其挥发分回收技术原理图
1—加料口；2—上缶；3—下缶；
4—顶部电极；5—挥发分冷却
和水洗；6—风扇；7—出料缶；
8—底部电极；9—排气管

表 10-2 传统电煅烧炉与节能型电煅烧炉的产量和电耗之比较

产量和电耗	传统电煅烧炉		节能型电煅烧炉
电煅炉功率/kV·A	650	1500	650
产量/(kg/h)	550	1000	1100
电耗/(kW·h/t)	1100	1000	550
挥发分回收/%	0	0	90

10.2.2 冶金焦

冶金焦是煤焦化的产物，通常用作高炉炼铁的还原料。在抗钠和抗电解质熔体的侵蚀方面仅次于无烟煤。在 20 世纪 70 年代以前的电解铝厂的阴极内衬砖块的配方中常加入冶金焦，现代的电解铝厂的阴极配料中已不再使用冶金焦。在石墨化电极的生产过程中，冶金焦常用作电极石墨化炉中炉芯电极之间的电阻料。经过石墨化后的冶金焦，是很好的铝电解槽阴极内衬炭块和捣固糊的原料。由于经过石墨化后的冶金焦具有较小的抗腐蚀性，强度也大大降低，因此最好将其用在干料中的细粉料和磨细粉料中。

10.2.3 人造石墨

除了石墨化炉炉芯的冶金焦电阻料、无烟煤电阻料外，用于制造铝电解槽阴极炭块的原料还有人造石墨，这种人造石墨一般为废石墨电极或石墨电极的加工碎和收尘粉。作为石墨化炉炉芯电阻料的冶金焦和无烟煤在石墨化炉中经高温石墨化后，变成了人造石墨。

10.2.4 石油焦

石油焦在高温下易石墨化，在高温石墨化过程中具有较好的稳定性，因此它是制造石墨化和半石墨化阴极炭块的主要原料。为了减少捣固糊在电解过程中的收缩、增加其膨胀性能，也允许在捣固糊的配料中加入少许石油焦。

10.3 氮化硅结合的碳化硅绝缘内衬

在现代化大型工业铝电解槽中，还使用碳化硅-氮化硅复合材料绝缘内衬，有时，人们也称其为氮化硅结合的碳化硅绝缘内衬。这种氮化硅结合的碳化硅砖是以几种不同粒度的碳化硅与工业硅磨细粉为原料，二者按不同的粒度混合、成型后，在 $1350℃$ 左右的温度下进行氮化反应，使成型体中的 Si 和 N_2 反应生成的氮化硅 Si_3N_4 将 SiC 包覆并结合在一起制成的。其氮化反应如下：

$$3Si + 2N_2 \longrightarrow Si_3N_4 \tag{10-1}$$

铝电解槽对氮化硅结合的碳化硅绝缘内衬的质量要求是：

① 高温下，具有尽可能低的导电性能，即具有尽可能高的高温电阻率；

② 具有较好的机械强度；

③ 具有较好的抗高温电解质腐蚀性能。

目前，我国电解铝厂对这种材料尚未建立起相应的质量标准，已有标准是非铝行业的质量标准。如果按照铝电解槽侧部绝缘内衬的质量标准，那么就应该对其高温电阻率、砖中的 Si_3N_4 含量、Si 残留量与密度、杂质、抗铝液和电解质的腐蚀性能、抗电化学腐蚀的性能提出特别要求。砖中 Si_3N_4 的含量、Si 残留量和杂质含量对该内衬材料在电解质和铝液中的化学稳定性有重要影响。

10.4 阴极炭块

10.4.1 阴极炭块的分类及使用性能

阴极炭块是铝电解槽阴极结构的主要部分，它在铝电解槽中既承担着导电的作用，又要承受着电解槽中的高温应力和铝以及冰晶石熔体的化学腐蚀，按照目前国际上通用的分类方法，可将电解槽的阴极炭块（包括侧部炭块）分成如下几类。

（1）石墨化阴极炭块 其所用原料与生产阳极炭块的原料一样，它既可以用振动成型，也可以用模压成型的方法先制成生坯，此生坯在焙烧炉中焙烧后，再置入石墨化炉中，在2500～3000℃的高温下进行石墨化后制成。石墨化阴极炭块所用原料，也可加入部分无烟煤和冶金焦等以降低其生产成本，但原料中加入这些成分会使产品的电阻率增加、体积密度降低、孔隙率增加。这是因为这些原料的杂质含量很高，它们会在高温石墨化过程中与炭反应并分解，另外这些材料的石墨化度低，与石油焦比是属于不易石墨化材料。石墨化阴极炭块的制作流程如图 10-4 所示。

（2）半石墨化阴极炭块 其制作方法和所用原料与石墨化阴极炭块相同，如图 10-4 所示，其唯一区别在于石墨化阴极炭块的石墨化温度为 2500～3000℃，而半石墨化阴极炭块的石墨化温度仅在 2300℃ 左右，在这个温度下炭块没有完全被石墨化，故此称为半石墨化阴极炭块。

（3）石墨质炭块 此种炭块的原料为人造石墨，按各种粒度配料，用沥青作胶黏剂，二者混捏、模压或振动成型后，放入焙烧炉中，在 1200℃ 左右的温度下焙烧而成。其制造过程如图 10-5 所示。

（4）全无烟煤炭块 全无烟煤炭块或称无定形炭质炭块，这种炭块所用原料，完全是煅后无烟煤，各种粒度的骨粒料包括磨细粉，按最佳配比与沥青胶黏剂混合、模压或振动成型后，在环式焙烧炉中，经过 1200℃ 左右的温度焙烧后制成。其制作方法的工艺流程如图 10-6 所示。

根据煅后无烟煤的生产方法，也可再将无烟煤炭块区分成燃气煅烧无烟煤和电煅无烟煤炭块。由于电煅无烟煤能耗低、产品质量高，因此目前国内外的煅后无烟煤炭块一般都是由电煅无烟煤制成的。

（5）无烟煤添加石墨的阴极炭块 这种炭块与全无烟煤炭块的制作方法比较，除了在原料中配入了一定比例的石墨外，其他方面完全相同，比较典型的这类炭块的石墨加入量为30％或50％。

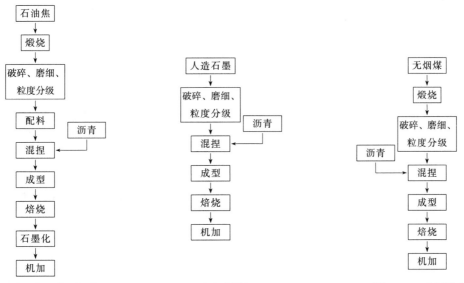

图 10-4 石墨化和半石墨化
阴极炭块的制造流程图

图 10-5 石墨质阴极
炭块制造流程图

图 10-6 无烟煤或无烟煤
加入部分石墨的无定形
炭质炭块制造流程图

这里需要指出的是，在国外和国内也有人将上述的石墨质炭块称为全石墨质炭块，国内还将无烟煤中添加石墨的炭块称为半石墨质炭块，将电煅无烟煤炭块称为半石墨化炭块，叫法很混乱，读者在阅读本书和国内外其他文献时对此需要有所了解。

10.4.2 几种阴极炭块的性能比较

在这几种阴极炭块中，除价格因素外，无定形炭质炭块，即无烟煤和以无烟煤为主要成分的阴极炭块具有最好的抗铝液冲蚀的性能，除此之外，其他所有性能都次于另外几种炭块。其中石墨化阴极炭块除抗铝液冲蚀性能外，各种性能指标最佳；而石墨质和半石墨化阴极炭块居于中间，见表10-3。

表 10-3　几种不同阴极炭块的理化性能指标

炭块类型	无定形			石墨质	半石墨化	石墨化
填充材料成分/%						
无烟煤	100	70~80	50	—	—	—
石墨	—	30~20	50	100	—	—
石油焦	—	—	—	—	100	100
真密度/(g/cm³)	1.84~1.88	1.85~1.93	1.90~1.95	2.00~2.16	2.18~2.20	2.2
体积密度/(g/cm³)	1.52~1.58	1.53~1.60	1.57~1.61	1.60~1.66	1.57~1.68	1.6~1.8
孔隙度/%	15~19	15~19	17~21	20~24	24~28	25
开口气孔率/%	13~16	15~16	16~17	18~20	20~24	—
耐压强度/MPa	18~33	18~32	19~33	19~34	18~27	15
抗弯强度/MPa	6~8	6~10	7~10	8~10	6~12	10~15
电阻率/$\mu\Omega \cdot m$	36~55	29~44	25~34	15~24	10~15	8~14
线性热膨胀系数/[$\mu m/(K \cdot m)$]	2.2~2.6	2.2~2.6	2.2~2.6	1.9~2.6	1.8~3.6	
热导率/[W/(K·m)]	6~14	8~15	12~17	20~45	100~140	80~120
灰分/%	4~6	3~6	2~4	0.5~1.3	0.1~0.6	<0.5
钠膨胀率/%	0.5~1.3	0.3~1.0	0.2~0.7	0.1~0.4	<0.1~0.8	0.05~0.15
抗热冲击	1	1.5	2.5	3.5	25	
磨蚀指数	1	2	4	50	200	—

在谈到铝电解槽阴极炭块的性质时，我们特别要提一下它们的热膨胀性质，应该说所有阴极炭块热膨胀性都是随着温度的升高而升高，但是无烟煤炭块和石墨质炭块的热膨胀曲线还与炭块的焙烧温度有关，在低于焙烧温度时，它们的热膨胀率会随着温度的升高而升高，当温度超过预焙温度之后，阴极炭块表现出收缩性，其收缩率随着温度的升高而增加。

10.4.3 具有开发和应用前景的两种新型阴极底块

（1）梯度阴极炭块　由表10-3可以看出，铝电解槽的石墨质、半石墨化和全石墨化阴极炭块具有较好的理化性能，特别是它的抗热冲击、抗钠蚀、低电阻等性质，有利于降低炉底压降，改善和提高电解槽寿命。但其抗铝液冲蚀的能力差，从技术角度看，这对提高电解槽的寿命有害。可以用增加阴极炭块厚度的方法来补偿这一缺点。它们的高度适当增加后不会对阴极电阻和槽底电压降有很大的影响，但需要增加阴极炭块的成本费用，且使槽壳和槽内衬高度增加，这无形地使建造电解槽的成本增加。为了最合理利用石墨化、半石墨化和石墨质阴极炭块的优点，克服其缺点，最近人们正在开发一种上部表面层为无烟煤，下部为石墨化、半石墨化、石墨质，中间有过渡层的梯度阴极炭块，这种阴极炭块应该说在未来大型工业铝电解槽，特别是高电流密度电解槽上具有非常光明的开发和使用前景。

（2）上表面具有 TiB_2/C 复合材料层的阴极炭块　这种阴极炭块的特点是在传统阴极炭块的上表面复合了一层 TiB_2/C 复合材料，在 TiB_2/C 复合材料层中 TiB_2 含量一般为 $25\%\sim50\%$。阴极炭块上表面的复合层有多种制作方法，如涂层法、熔盐电镀法等。冯乃祥和他的合作者们在 20 世纪 80 年代末在原太原第二炭厂和原山西灵石晋阳电碳厂研发成功用振动成型法复合 TiB_2/C 层的方法，其制作方法首先是将生产阴极炭块的糊料倒入振模中，稍加振动，然后提起重锤，将模内已初步被振平和压平的上表面稍加粗糙化处理后倒入由 TiB_2 粉、细炭粉和胶黏剂沥青混捏而成的糊料，并将其摊平，放下重锤，开动振动成型机，使上表面这层含有 TiB_2 的糊料与基体炭质糊料结结实实地振合在一起，脱模后，冷却的生坯置于焙烧炉中焙烧，便制成了上表层具有 TiB_2/C 复合材料层的阴极炭块。然而这种方法不适于石墨化、半石墨化阴极炭块的 TiB_2/C 复合材料层的制作。对此冯乃祥等人开发了一种新的在半石墨化和石墨化阴极炭块上复合 TiB_2/C 层的方法，该方法是在炭质阴极的上表面加工出很多密的、深度适中的小孔，以增加阴极表面的面积，然后将预先制好的由 TiB_2 粉、炭粉和炭质胶黏剂混合并制成的糊料填实到阴极表面的小孔中，并在其上继续覆盖到一定的厚度，待其固化后，经焙烧便制成了表面具有很牢固的 TiB_2/C 复合材料层的阴极炭块。这种方法可在各种阴极炭块的表面上实施，特别适合于在石墨化、半石墨化和石墨质阴极炭块上实施。冯乃祥和他的同事们将这种方法成功地应用到了 2000A 的靠自热进行电解的泄流式 TiB_2/C 复合材料阴极铝电解槽上。

10.5　捣固糊

10.5.1　捣固糊的分类及质量指标

Hall-Héroult 的早期电解槽的阴极内衬完全是用底糊捣固而成的，现在的电解槽底部和侧部，使用预焙的炭块和炭砖，只在底部炭块与炭块之间、侧部炭砖与底部炭块之间使用炭素糊捣固、填实。经过对电解槽的焙烧后，炭素糊使底块与侧块、底块与底块连接在一起，形成一个整体，这种炭素糊就是我们常说的底糊，也称为捣固糊（ramming pastes），也有人称其为阴极糊。按其施工温度和使用温度划分，这种捣固糊可分热糊、温热糊和冷捣糊 3 种。按应用分，捣固糊又可分为中缝糊、边缝糊和阴极钢棒捣固糊，它们只是由于应用的场合和所起作用不同，在配料的成分和粒度上有所不同。边糊与中缝糊的区别仅在于粒度上，而阴极钢棒糊为了降低钢-炭压降和糊的电阻，一般都加入较多的石墨质材料。

20 世纪 80 年代以前，铝电解槽大部分使用热糊（140～180℃），这种糊的胶黏剂主要是由沥青组成，由于温度高，在使用过程中冒发出大量沥青烟，对环境和施工人员的健康都是有危害的。更主要的是当施工时若气温较低，还要对施工处进行加热，施工速度要快，否则就容易使捣固糊出现分层，或达不到应有的密度。

冷捣糊（10～30℃）和温热糊（30～50℃）施工过程中，挥发分排放量少，糊的塑性受环境温度的影响小，施工简单，不易出现冷糊和分层，因此从 20 世纪 80 年代后在国内外铝厂得到迅速的推广。

底糊是铝电解槽炭质阴极内衬的重要组成部分，其质量好坏对电解槽的寿命是有重要影响的。其主要的性能指标有可成型性、焙烧烧结后的收缩率等。糊中原料和胶黏剂的性质、施工方法和施工质量等都可能对捣固糊和糊的捣固质量有重要影响。

对于电解铝厂来说，捣固糊的选择应从如下几个方面考虑。

（1）捣固糊性质

① 捣固糊中干料的形式和种类；

② 捣固性能；

③ 施工温度；

④ 挥发物；

⑤ 胶黏剂的种类；

⑥ 储存和运输时的稳定性。

（2）焙烧后的性质

① 焙烧损失；

② 膨胀和收缩情况；

③ 强度；

④ 电阻率；

⑤ 热磨性；

⑥ 抗冰晶石熔体腐蚀性能；

⑦ 抗 Al 和 Na 腐蚀性能；

⑧ 孔隙度；

⑨ 对阴极炭块的粘接性能。

目前国内外还没有一个统一而完整的按上述选择所建立起来的捣固糊质量标准体系，表 10-4 是国外一个文献上给出的 3 种不同捣固糊的部分质量指标选择范围，可供参考。

表 10-4　3 种不同捣固糊的部分质量指标选择范围

指标	热糊	冷捣糊或温热糊	
温度/℃	140～180	10～30 或 30～50	10～30 或 30～50
生糊密度/(kg/m³)	1500～1650	1500～1600	1500～1750
真密度/(kg/m³)	1800～1900	1800～1900	2000～2200
体积密度/(kg/m³)	1400～1600	1400～1550	1300～1650
成分/%	15～25	15～30	20～40
耐压强度/MPa	25～40	15～40	5～25
电阻率/$\mu\Omega \cdot m$	60～80	60～90	30～60
灰分/%	4～10	4～10	0.5～2

但是从表 10-4 中也可以看到，对于捣固糊一个很重要的质量指标——焙烧收缩率并没有给出。

通常底糊的干料（骨料），可以是由煅后无烟煤组成，也可以是由石墨或者是由二者的混合物组成。而胶黏剂是由煤沥青和煤焦油组成，高温糊（热糊）完全是由煤沥青组成，而温热糊和冷糊的胶黏剂是由煤沥青和煤焦油组成，外加部分有机溶剂可以降低其黏度。冷捣糊的胶黏剂也可以完全由热固性树脂组成。捣固糊中干料和胶黏剂的性能及它们的配比对捣固糊的性质和它们在电解槽内衬中的行为起主要作用。

一般说来，温热糊（冷捣糊）胶黏剂的配方属于生产厂家的保密技术。胶黏剂配方中可以加入不同量的热固性树脂或热塑性树脂来降低糊的固化温度和减少多环芳香烃（PAH）的挥发。在某些胶黏剂的配方中，还包含糖浆或沥青细粉。由于胶黏剂组分不同，胶黏剂结焦炭的性质可以有很大差别。以煤焦油为主要成分的胶黏剂所形成的炭为软的、各向异性结构结焦炭；而糖浆和某些树脂的结焦炭为硬的、类似玻璃状的各向同性结焦炭。

电解槽筑炉使用捣固糊有两个目的。第 1 个目的是填实阴极炭块之间和阴极炭块与侧部炭块之间的空隙，防止电解槽中的金属铝和电解质漏入到阴极的内部。第 2 个目的是提供一个缓冲层来吸收电解槽焙烧时阴极炭块产生的热膨胀，这个缓冲层在捣固糊尚未固化前是靠糊的塑性来实现的，而当糊固化后，捣固糊会随着焙烧温度的升高而收缩。

10.5.2　捣固糊在焙烧过程中的膨胀与收缩

图 10-7 所示是一个比较有代表性的捣固糊随温度升高而膨胀和收缩的曲线。

由图 10-7 可以看出，在沥青的软化点之前，沥青胶黏剂开始释放其内部应力，捣固糊随温度升高而逐渐膨胀，在达到软化点之后，由于内部有挥发分开始释放，因此捣固糊也是随着温度的升高而膨胀。但由于这时有部分沥青胶黏剂会渗透入干料配料中，对捣固糊的膨胀起到吸收的作用，因此在图 10-7 的曲线上，在 300℃ 左右的温度处，有膨胀率变缓的现象。在 300~500℃ 间，是煤焦油和沥青的焦化过程，糊中有大量的沥青和煤焦油的分解产物和挥发分释出，此时的捣固糊在这个温度范围内产生较大的膨胀率（对于以酚醛型热固性树脂为胶黏剂的捣固糊，其固化温度与沥青和煤焦油的固化温度不同，因此具有与此不同的温度膨胀和收缩曲线）。温度超过 500℃（A 点），糊中的胶黏剂沥青基本上被炭化，从中释放出的气体主要是氢气，其量很少，到 1000℃ 时释放结束（B、C 点），因此从 500~900℃ 的温度区间，捣固糊随着温度的升高而收缩，如图 10-7 中所示的 A 点到 B 点。但是当焙烧后的捣固糊从 B 点温度冷却到室温时，其收缩过程是一条直线。因此，对于捣固糊的热收缩率定义为捣固糊在 A 点和 B 点的热膨胀率之差，此值不应大于 0.2%，最好要在 0.1% 以下。如果收缩率大于 0.2%，电解槽周边糊的裂纹就会大大增加，出现如图 10-8 所示的情况。

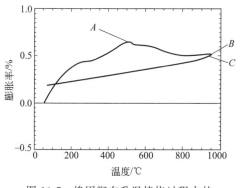

图 10-7　捣固糊在升温焙烧过程中的
膨胀和收缩变化曲线

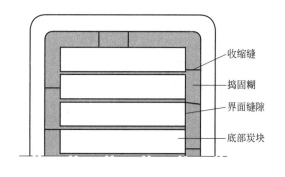

图 10-8　电解槽阴极周边捣固糊的
横向裂纹

10.5.3　捣固糊收缩率的测定

捣固糊的收缩率是一个非常重要的指标，其测定原理和测定方法如图 10-9 所示。

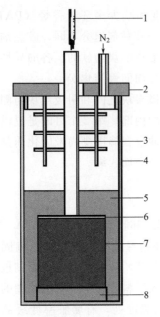

图 10-9　捣固糊收缩率的测
定方法与装置结构原理图
1—传感器；2—盖；3—石英管；
4—石英制容器；5—炭粒；
6—石英片；7—试样；
8—石墨板

测定时，捣固糊首先被做成 $\phi 50mm \times 50mm$ 的试样，放在一个底部有石墨片的石英容器中。试样上表面再放上一个直径大小与试样相同的石英片，石英片上再放上一个石英管，此石英管至少在其上端是封闭的，管壁上有气孔。石英管上端一直伸到炉外，在其顶部安放一个能记录试样和石英管热膨胀的传感器。为了防止试样在升温过程中倾斜，试样周围需用炭粉填实。在试验过程中向石英容器内不断地通入氮气以防止炭粉在高温下被氧化。测定时，试样的升温速度为 $3℃/min$，试样升温到 $960℃$ 时保温 3h，然后降温。

10.5.4　降低收缩率的方法

较低的焙烧收缩率是捣固糊最重要的性质之一，它是保证减少捣固糊焙烧裂缝和提高电解槽寿命必不可少的技术条件之一。降低捣固糊焙烧收缩率可采取如下的方法和措施：

① 降低捣固糊干料配料中的细粉量；

② 提高干料配料中粗粒料（大于 2mm）对中间粒度料（$0.2 \sim 2mm$）的比例；

③ 在干料配料中，提高大颗粒的尺寸；

④ 在干料的配料中适量加入煅后石油焦。

10.6　糊的捣固性能

10.6.1　糊的捣固性能及其试验

对给定的捣固糊而言，糊的温度和干湿程度对良好的施工，对保证筑炉质量和提高电解槽的寿命是非常重要的，因此捣固糊一定要有很好的捣固性能，糊既不能太"湿"，也不能太"干"。太湿的糊，容易在捣固时，出现骨粒料"偏析"，而太干的糊容易使捣固密度达不到要求。现在，我国的电解铝厂捣固糊的干湿程度和其可捣性都是凭经验确定的。这里，我们介绍一下，Sorle 和 Φye 给出的一种测定捣固糊捣固性能的方法，该方法所用的装置如图 10-10 所示。

由图 10-10 可以看出，此装置的主体设备是一个夯实机，它由偏心曲柄带动使一个柱塞上下运动，对钢制铁模内的捣固糊进行夯实。铁模外有循环水，水温可在 $5 \sim 95℃$ 的温度范围内进行调整，因此，此装置可在 $5 \sim 95℃$ 温度范围内对各种不同配方捣固糊的捣固性能进行恒温试验。试验所记录的是模内被夯实的高度与柱塞上下夯实次数之间的关系，并绘于坐标纸上。图 10-11 所示是一个给定的配料组成的冷捣糊，在不同的温度时，其夯实体积密度随夯实次数的变化的测试结果。

由图 10-11 可以看出，3 个不同温度时，显现出了 3 种不同的夯实密度-夯实次数等温线，其中在温度较高（50℃）时，由于糊中的胶黏剂有比较低的黏度，因此，只用少数的夯

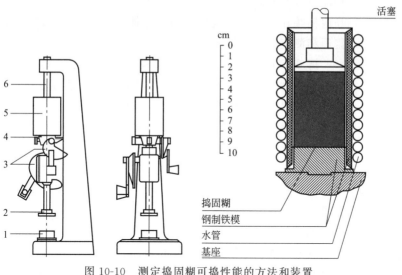

图 10-10　测定捣固糊可捣性能的方法和装置

1—底座；2—柱塞；3—偏心曲柄；4—销；5—配重；6—杆

实次数就可以达到或接近最大夯实密度；而在温度较低的糊（10℃）中胶黏剂的黏度较大，致使糊的塑性降低，因此，需要用较多的夯实次数才能缓慢地达到最大的夯实密度；只有中温糊（20℃），既没有出现上述第 1 种情况，也没有出现第 2 种情况，因此，我们完全有理由认为，此给定配方的冷捣糊，在 20℃的温度条件下施工是合理的。用这种方法和装置进行试验，也可以对同一温度下，不同配方的捣固糊的捣固性能，即糊的干、湿性能作出检验和判定。图 10-12 所示是 Sorle 和 Φye 对 3 种不同的冷捣糊在 22℃的温度下所测得的夯实密度与夯实次数之间的关系曲线，以及由此对糊的干湿性能所作的判断标准。

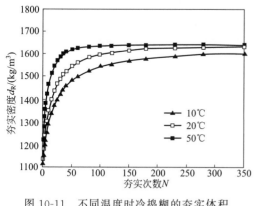

图 10-11　不同温度时冷捣糊的夯实体积
密度随夯实次数的变化

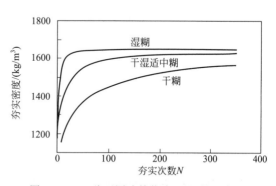

图 10-12　3 种不同冷捣糊在 22℃的温度下
所测得的夯实密度与夯实次数之间的关系
以及由此对糊的干湿性能所作的判断标准

10.6.2　施工中捣固糊密度的测定

对于一个施工完的铝电解槽阴极内衬来说，其最薄弱的地方应该是炭阴极的周边糊和炭块之间的缝隙糊，铝电解槽的早期破损和槽底漏铝往往都发生在这些部位。较好的糊的质量

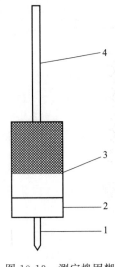

图 10-13　测定捣固糊
捣固密度的方法
和装置

1—探针；2—连接件；
3—重锤；4—滑竿

和性质以及较好的捣固质量可以使阴极炭块与这些捣固糊在焙烧后很好地粘接在一起。在这里本书推荐挪威 Elkem 炭素公司对捣固糊施工监理和测定捣固糊捣固密度的方法。

挪威 Elkem 公司是生产冷捣糊的专业厂家，其销售量占欧洲和北美市场份额的 1/3。其糊的特点是挥发分低，收缩系数小，在 950℃ 范围内，线收缩率小于 0.15％，开口气孔率 ≤20％，抗压强度大于 17MPa。糊的可塑性好，其施工温度为 25～30℃，捣打时，工具不用预热，压缩空气控制压力为 0.5～0.7MPa。

铝电解槽筑炉施工时，测定捣固糊的捣固密度，意在监测捣固糊捣固的质量是否欠扎或过扎，欠扎会使捣固的糊在焙烧后达不到强度要求，孔隙大，在电解过程中，容易在糊中生成炭化铝；过扎容易使糊中的骨料颗粒破碎，并使捣固糊分层。

其所用的捣固糊捣固密度的测定方法和装置如图 10-13 所示。由图可以看出，捣固糊捣固密度的测定是靠装置下部的钢针在给定重力下插入糊中的深度来实现的。如果糊的密度越小，其针插入的深度越大，如果捣固糊捣固的密度越大，其针插入的深度越小。另外针插入的深度大小也与糊的温度有关。

图 10-14 所示为针的插入深度与温度的关系。根据图 10-14 以及不同温度下实测的对糊的插入深度的测定结果，判断捣固糊捣固得是欠扎、过扎、还是处于理想密度区。应该说，图 10-13 所示装置、图 10-14 与 Elkem 糊是配套使用的。

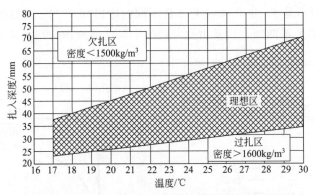

图 10-14　Elkem 冷捣糊扎入深度与温度之间关系对照

10.7　电解过程中钠和电解质熔体在阴极炭块中的渗透

10.7.1　试验研究方法

关于铝电解过程中钠向阴极炭块中进行渗透的机理人们有不同的认识，存在着两种不同的观点。用由粉末压实而获得的密度很高的炭的试样所做的钠的渗透试验表明，阴极表面形成的钠是以扩散的方式通过炭块体内的炭晶格向炭块体内部进行渗透的，而 Tingle 等人通过对普通阴极炭块进行钠渗透的试验研究结果表明，金属钠是以钠蒸气的形式通过炭块内的孔隙结构进行渗透的。不同的人进行了不同的研究，得出了两种完全不同的研究结果。Φye、Sorle 和冯乃祥对此也进行了较为深入的研究，他们的实验研究所用的试验装置如图 10-15 所示。

该实验中，在阴极试样和坩埚之间喷涂了一层氮化硼，这起到绝缘作用，而使阴极电流在阴极炭块中从上往下流出，而不致使电流从试样侧面流出。图 10-15 中，电解槽是由外径为 75mm、内径为 50mm 和高为 150mm 的石墨坩埚制成的，它直接插在作为阴极导体的不锈钢管上。电解槽内衬用外径 49mm 的刚玉管制作，阳极用外径 10mm 的石墨棒制作，并与作为电解槽正极的不锈钢管相连接。实验时，电解槽的控制温度为 1000℃，为避免电解槽在这个温度下的氧化，在电解时有 N_2 不断地从炉底部通入，并从上部导出。电解时的电流为 10A，相当于阴极电流密度为 $0.75A/cm^2$，阳极与阴极之间的距离为 $3.6\sim3.8cm$。

在该试验中，所用的阴极炭块大部分是用电煅无烟煤和石墨两种不同的原材料制成的，胶黏剂使用煤焦油沥青。只有试样 No.1 的骨料是用煅后石油焦制成的，石油焦并不作为铝电解槽无定形炭质阴极炭块的阴极材料，在这里的目的只是更好地理解钠渗透的机理。各种试样的性质示于表 10-5。作为比较，试验中还使用了从原灵石晋阳电碳厂用振动成型法生产的石墨质阴极炭块，这就是试样 No.15。除了 No.15 炭块，其他所有炭块都是用电热加压焙烧法制作的。

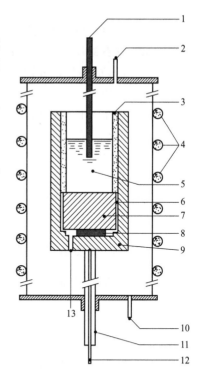

图 10-15　阴极炭块 Na 渗透实验装置

1—阳极；2—出气口；3—刚玉氧化铝管；4—电热体；5—电解槽；6—BN 层；7—阴极试样；8—石墨垫片；9—坩埚；10—保护气体输入口；11—不锈钢管（阴极）；12—热电偶；13—气孔

表 10-5　炭块试样的配料组成与性质

试样	材料组成	成型焙烧方法	灰分/%	密度/(g/cm³)	导热率/[W/(m·K)]	孔隙度/%
No.1	煅后石油焦（89%）+沥青胶黏剂（10.7%）	压焙合一法	0.3	1.6	2.5	21.8
No.2	煅后石油焦（76%）+石墨（13.4%）+沥青胶黏剂（10.7%）	压焙合一法，石油焦热处理温度到 2300~2500℃	0.12	1.66	48.5	24.5
No.3	人造石墨（89.3%）+沥青胶黏剂（10.7%）	压焙合一法	0.20	1.80	—	18.2
No.4	人造石墨（91%）+沥青胶黏剂（9%）	压焙合一法	0.19	1.86	55.26	15.9
No.5	无烟煤（22.3%）（燃气煅烧至 1250℃）+人造石墨（67%）+沥青胶黏剂（10.7%）	压焙合一法	2.1	1.77	—	14.7
No.6	无烟煤（33.5%）（燃气煅烧至 1250℃）+人造石墨（55.8%）+沥青胶黏剂（10.7%）	压焙合一法	3.5	1.59	9.51	17.5
No.15	人造石墨（82%）+沥青胶黏剂（18%）	振动成型、敞开式炉焙烧	0.53	1.60	33.31	27.3

实验结束并冷却后，将电解槽（石墨坩埚）从炉室内取出，并将其剖开，取出试样，然后将试样用金刚石锯片沿轴线切成两半。其中的一半用作钠渗透深度试验，另一半从上到下锯成厚度为 4mm 的小片，分别进行 X 射线衍射分析和灰分分析，该灰分包括炭块内的杂质和被渗透的电解质。

① Na 的分析。用一张酚酞溶液浸润了的试纸贴压在切开的纵向阴极炭块的表面上，通过所显现出来的粉红色宽度而展现钠的渗透所达到的深度。

② X 射线衍射分析用来确定被锯成的 4mm 厚的阴极炭块试片中所渗透的电解质熔体的相组成及其含量。

③ 灰分含量是用称量渗透试样燃烧后所剩灰分减去炭块试样中原有的灰分后，用质量分数表示。

10.7.2 钠在电解质熔体中的渗透速度

根据上述试验装置和试验方法所得到的试验结果见表 10-6。

表 10-6 实验条件与结果

实验	试样	实验条件			实 验 结 果		
		实验前分子比	实验前槽中是否有铝	电解时间/h	熔体渗透/mm	钠渗透/mm	主要相组成
1	No. 1	2.25	无	1.0	—	17	$Na + Na_3AlF_6$
2	No. 2	2.25	无	1.5	1.9	2	$Na + Na_3AlF_6$
3	No. 3	2.25	无	1.5	0.4	5	$Na + Na_3AlF_6$
4	No. 4	2.25	无	1.5	2	3	$Na + Na_3AlF_6$
5	No. 5	2.25	无	1.5	7	12	$Na + Na_3AlF_6$
6	No. 6	2.25	无	1.5	4.6	11	$Na + Na_3AlF_6$
7	No. 15	2.25	无	0.5	—	13	$Na + Na_3AlF_6$
8	No. 15	2.25	无	1.0	—	22～23	$Na + Na_3AlF_6$
9	No. 15	2.25	无	1.5	15	25	$Na + Na_3AlF_6$
10	No. 15	2.25	无	2.0	—	29	$Na + Na_3AlF_6$
11	No. 15	3.0	无	0	无	无	无
12	No. 15	2.25	有	0	1.9	6	$Na + Na_3AlF_6 + Na_5Al_3F_{14}$
13	No. 15	2.60	有	0	—	9～10	$Na + Na_3AlF_6 + Na_5Al_3F_{14}$
14	No. 15	3.0	有	0	9	13	$Na + Na_3AlF_6$
15	No. 15	4.0	有	0	—	22	$Na + Na_3AlF_6$
16	No. 15	3.5	有	0	—	17～18	$Na + Na_3AlF_6$

表 10-6 中，Na 的渗透程度是以 Na 渗入阴极炭块试样内部深度的大小来表示的。由表 10-6 的实验结果可以看出，当电解槽内存在铝液时，电解槽无论进行电解与不进行电解，在阴极炭块内部都存在 Na 和电解质熔体的渗透，而电解时 Na 和电解质熔体的渗透比不电解时 Na 和电解质熔体的渗透深度要深。

从表 10-6 中可以看到的另一个实验结果是，用电热加压焙烧所制得的试样由于具有较高的密度，比通常工业上用的用振动成型法生产的阴极炭块具有的渗透深度小。一般说来，不同电解时间条件下钠和电解质熔体的渗透深度是钠和电解质熔体的渗透速度的一种表示方式，这种表示方式可以给出有关钠和电解质熔体渗透量大小的信息，因此，表 10-6 中，用电热加压焙烧所制得的阴极炭块试样比通常工业上所用阴极炭块具有更小的钠渗透深度表明，密度较高的阴极炭块具有较高的抗钠渗透的性能。对于工业上的石墨质阴极炭块来说

(No.15)，Na 的渗透表现出非稳态的传质性质。用 X 表示钠的渗透深度，其渗透深度与时间 $t^{1/2}$ 成正比：

$$X = kt^{1/2} \tag{10-2}$$

实验结果示于图 10-16。由图 10-16 可以得出，式(10-2) 中 $k = 2.64\text{mm} \cdot \text{min}^{\frac{1}{2}}$，此值比 Dewing 实验得出的 $k = 1.1 \sim 1.6\text{mm} \cdot \text{min}^{\frac{1}{2}}$ 大。由于在 Dewing 的试验中，阴极炭试样的密度是很高的（$>1.8\text{g/cm}^3$），因此这种差别不是别的什么原因，而是由于试验中使用密度不同的阴极炭块试样所致。

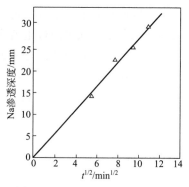

图 10-16　1000℃下钠渗透深度
与 $t^{1/2}$ 的关系

10.7.3　由化学反应所引起的钠的渗透

在讨论电解槽阴极炭块钠的渗透机理时，将化学渗透与电化学渗透区分开来具有重要的意义。化学渗透可以用非电解的实验加以研究，实验条件是石墨坩埚底部放有 3.2g 金属 Al，电解质分子比为 $2.25 \sim 4.00$，实验结果示于图 10-17。

由图 10-17 的实验结果可以看出，即使在非电解条件下，当金属 Al 与电解质熔体在一起时，Na 的渗透依然发生，因此这种渗透被认为是按照化学反应方程式(10-3) 发生的。Na 向阴极炭块中的渗透深度与电解质分子比有着明显的关系，随着电解质分子比的升高而升高。根据 Tingle 等人的研究结果，与冰晶石熔体相平衡的 Al 中 Na 的含量会达到一个平衡浓度，这个浓度与冰晶石熔体的电解质组成有关。他们确定了这些 Na 的平衡浓度以及分压与电解质分子比的关系。利用这些数据以及实验得出的 Na 的渗透数据，可以计算出 Na 向炭块试样中的渗透深度与 Na 的分压的关系。其计算结果示于图 10-18。此结果表明，Na 向炭块的渗透表现出 Na 具有以蒸气形态在炭块中进行等温吸附，并形成层间化合物的传质形式。

$$\text{Al}(液) + 3\text{NaF}(液) \longrightarrow 3\text{Na}(液) + \text{AlF}_3(固) \tag{10-3}$$

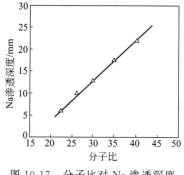

图 10-17　分子比对 Na 渗透深度
的影响（无电解）

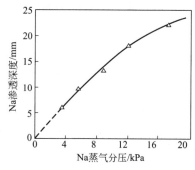

图 10-18　Na 蒸气分压对 Na
渗透深度的影响

10.7.4　由电化学反应所引起的钠的渗透

冰晶石-氧化铝熔盐电解中，电解质中的电流主要是由钠离子 Na^+ 传导的，其他的少量部分是由氟离子 F^- 携带的。钠离子以电迁移的形式趋向于阴极表面，而含 Al 的离子 AlF_6^{3-}、AlF_4^-、AlF_5^{2-} 则以扩散的形式趋向于阴极表面，并在阴极表面放电形成金属 Al 和氟离子，因此随着电解过程的进行，阴极表面将富集 NaF，并导致阴极表面分子比的升高。阴极表面的分子比随着阴极电流密度的升高而升高，并与熔体内部的电解质分子比有关。对于一个给定的电解质熔体组分来说，阴极表面的电解质分子比可以用阴极过电压数据和文献中的铝电极相对冰晶石组分的电池电势与分子比的函数关系计算出来。可以把阴极过电压数完全看成是阴极表面分子比高于电解质熔体分子比的浓差极化引起的。当阴极电流密度为 $0.75A/cm^2$，电解质熔体分子比为 2.25 时，可以计算出达到平衡后，阴极表面电解质熔体的分子比为 3.5。这意味着在电解条件下，由于阴极表面的电解质分子比增加，按反应式(10-3) 进行的 Na 的渗透深度为 17～18cm。此值远小于电解质条件下的实际实验结果 32cm 的渗透深度（图 10-16 外延到电解时间 2.5h），二者的差别应该说是电化学反应(10-4) 的贡献，即钠离子在阴极表面的电化学放电生成金属 Na 的贡献。

$$Na^+ + e \longrightarrow Na \tag{10-4}$$

并且其大小随着电解温度、分子比和阴极电流密度的增加而增加。在一个大气压下，金属 Al 和金属 Na 的放电电压的差别 ΔE（V）可以用式(10-5) 计算：

$$\Delta E = \frac{RT}{F} \ln \frac{a_{Na}}{a_{Na}^{\ominus}} \tag{10-5}$$

式中　R——气体常数，$J/(K \cdot mol)$；

　　　T——热力学温度，K；

　　　F——法拉第常数，C/mol；

　　　$a_{Na}^{\ominus}$——一个大气压下金属 Na 的活度，在标准状态下其值等于 1；

　　　a_{Na}——Al 中 Na 的活度。

ΔE 值随电解质温度和分子比的增加而减小。假定 $a_{Na}^{\ominus}$ 等于 1.0，在本文的试验条件下，根据文献中 a_{Na} 的活度数据可以计算出 Al 和 Na 的放电电位之差 ΔE 为 0.1V。然而，根据 T. Thonstad 等人的数据外推得出来的在阴极电流密度为 $0.75A/cm^2$，电解质熔体分子比为 2.25 时的阴极过电压为 0.175V。这表明，在一般的电解条件下，电解生成金属 Na 是完全可能的。

10.7.5　钠嵌入化合物在阴极中的存在

在工业铝电解槽中，石墨、无烟煤和胶黏剂沥青结焦炭构成铝电解槽的阴极内衬材料。由于金属钠会以化学和电化学的方式在阴极表面生成，阴极炭块吸收这些金属钠原子，并与炭生成嵌入化合物。

根据石墨的结构，无论是卤素还是碱金属，都可以插入炭层内，形成嵌入化合物，但是并不是所有的碱金属或卤素都可以与石墨产生这种效应。在这些碱金属中，只有 K、Rb、Cs 能够与石墨产生这种效应，Na 是不能与纯石墨形成嵌入化合物的，这可以用 Na 具有很高的离子势来解释。然而石墨的这种反应性能毫无疑问与石墨的能级有关，当石墨的 Fermi 能级足够低时，那么石墨与 Na 反应生成嵌入化合物才有可能。Fermi 能级的大小与石墨的结构有关。根据 Robert 等人的研究结果，一个部分石墨化的炭可由 4 种层结构组成，分别用 F_1、F_2、F_3'、F_3'' 表示。石墨化过程是随着温度升高，这 4 种截然不同的层结构进行结构衍变的过程为 $F_1 \rightarrow F_2 \rightarrow F_3' \rightarrow F_3''$。在 1000℃下热处理的可石墨化的炭，可以看成是一种完全

由 F_1 层结构的炭构成的，其 Fermi 能级相对于石墨来说低 0.3eV。这就意味着，较高的 F_1 层结构将给出较低的 Fermi 能级。在可石墨化炭中所能插入的 Na 的量与 F_1 层结构的比例（A_1）是炭的热处理温度的函数，它们的关系示于图 10-19。

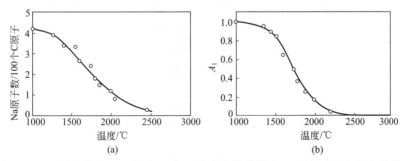

图 10-19　不同的热处理温度下 Na 嵌入化合物的数量和 F_1 层的比例与温度的关系

由图 10-19 可以看出，这两条曲线是完全相似的。F_1 层结构似乎是造成钠与炭反应生成嵌入化合物的主要原因。这些特征也同样出现在钠渗透的电解实验中。

试样 No.1 是由 1250℃ 煅烧后的石油焦制作的，而胶黏剂是在 900℃ 的温度下焙烧的，其体积密度和孔隙度分别为 1.61g/cm³ 和 21.8%。试样 No.4 与 No.1 的不同点仅仅在于，试样 No.2 是在工业石墨化炉中于 2800～3000℃ 的高温下处理过的，试样 No.4 的体积密度为 1.66g/cm³，孔隙度为 24.5%，试样 No.4 实验后 Na 的渗透仅在 3mm 的渗透深度内，有零散的渗透，而试样 No.1 的 Na 的渗透深度为 17～18mm，而且渗透量较大。Na 嵌入化合物的存在伴随着用肉眼可以观察到的炭块的胀裂。在 1.5h 的电解时间之后，由于试样 No.1 生成大量的 Na 嵌入化合物产生的膨胀，试样 NO.1 外的石墨坩埚产生很大的胀裂，并导致大量电解质熔体流出，迫使实验不得不中途停止。根据 Berger 的研究结果，对于 1250℃ 焙烧后的石油焦炭块来说，它生成 Na 嵌入化合物所引起的膨胀率为 4%，用这一数据可以算出，试样 No.1 渗入 Na 以后所引起的直径膨胀大约为 2.0mm，这与本文的实验结果相符，这么大的膨胀足以使石墨坩埚破裂，在距试样 No.1 阴极表面 8～9mm 的厚度范围内，出现膨胀和分层。

10.7.6　钠的渗透机理

一般认为，存在于铝电解槽阴极炭块表面的金属 Na 是按式（10-3）的化学反应和按式（10-4）的电化学反应生成的。上述生成的金属 Na 可以借助于扩散传质或其他传质方式渗透到阴极炭块内部。金属 Na 也有可能以 Na 离子电迁移到炭块孔隙内，然后在孔隙的内壁上电解还原成金属 Na 的形式传质到炭块内部。Dewing 应用 Nernst-Einstein 方程式计算出，在电场力的作用下，Na 通过炭块的电迁移速度只有大约 4×10^{-6}cm/s。尽管 Dewing 的计算方法是有争议的，因为 Nernst-Einstein 的方程给出的扩散系数与当量电导之间的关系对 NaF-AlF₃ 熔体体系有很大偏差，但可以确信，Na 通过电迁移的方式所进行的渗透速度是非常小的。这是因为①炭块的电导率大大地高于所渗到孔隙内部的电解质的电导率，因此，通过孔隙内的电解质的电流密度是非常小的；②驱动钠离子在电解质中进行迁移的电场强度是非常小的，其电场强度可由方程式（10-6）计算：

$$E = I_b / K \tag{10-6}$$

式中　E——电场强度；

　　I_b——渗透到孔隙内熔融电解质中的电流；

　　K——该电解质熔体的电导率。

在现有的文献中，已提出两种不同的渗透机理，即①钠的渗透是以蒸气的形式通过炭块内的微裂纹和孔隙进行的；②钠以扩散的形式通过炭的晶格进行渗透。

冯乃祥认为这两种机理都是可以接受的。这主要与实验研究所用的阴极炭块的组成和孔隙结构有关，对通常工业铝电解槽使用的阴极炭块来说，这两种机理（渗透）都存在，从以下实验可以得到此结论。

① 试样 No.1 和 No.2 具有相同的孔隙结构，即具有比较高的闭孔孔隙结构和比较低的空气透过率。所不同的是试样 No.1 孔隙度为 21.8%，它是由石油焦制作的，而试样 No.2 孔隙度为 24.5%，是由人造石墨材料制作的。试样 No.1 具有 17～18cm 的钠渗透深度，而试样 No.2 具有 1.9cm 的渗透深度。可以认为，对高密度和高度闭孔孔隙度的阴极炭块来说，Na 的渗透是通过炭素晶格的扩散来控制的。

② 试样 No.4 和 No.15 是由相同的材料制作的，但试样 No.4 具有非常高的闭孔孔隙结构、低的空气透过率，即非常高度的微孔孔隙结构，在相同的试验条件下，它给出 3mm 的钠渗透深度。而试样 No.15 具有非常大量的宏观孔隙结构，开口孔隙量较大，空气透过率较大，因此给出高达 25mm 深度的钠渗透。这样就有理由说，比较大的宏观孔隙结构是导致试样 No.15 具有高的钠渗透深度的主要原因，从这个意义上来讲，孔隙结构控制了 Na 的渗透速度。

由于试样 No.15 是取自工业铝电解槽的阴极炭块，因此可以认为，对通常的工业铝电解槽来说，Na 的渗透主要是通过炭块内部的孔隙进行的。这样就可以解释在冯乃祥的研究工作中，为什么得出的方程式中的 k 值为 $2.46\mathrm{mm/min}^{\frac{1}{2}}$，它高于 Dewing 实验得出的 k 值等于 $1.1～1.6\mathrm{mm/min}^{\frac{1}{2}}$。

根据上述讨论，可以得出在工业电解槽中钠向阴极炭块中进行渗透的模型：刚开始时，在阴极炭块表面，以化学或/和电化学反应生成的金属钠以蒸气扩散的方式传输到炭块的孔隙内，与此同时，由于钠能够插入炭素晶格层内形成嵌入化合物因而可以直接进入炭块炭素晶格内部。当炭块具有较高的开口孔隙率和比较高的空气透过率时，Na 通过孔隙和微裂纹的渗透速度大于通过晶格扩散的渗透速度。在孔隙中的部分钠蒸气会与炭孔内壁碰撞，并以晶格扩散的形式进入炭素晶格内部，其他的钠蒸气会比较深度地扩散到孔隙内部。如果渗入到炭块内部的钠遇到活性气体（如空气中的氧）生成具有较低蒸气压的产物（如 Na_2O）就会导致钠渗透速度的增加。炭块中 Na 的存在会使炭块与熔融电解质的湿润性增加，并使电解质熔体随钠渗入之后而渗入炭块中。

10.7.7　电解质熔体在阴极炭块中的渗透

试验研究发现，电解质熔体在阴极炭块中的渗透是在钠渗透之后进行的，且氟化钠的渗透深度大于冰晶石的渗透深度。用一定厚度的阴极炭块试样，在给定的电解实验条件下，电解质熔体在阴极炭块中的渗透量可以用燃烧不同深度锯下的试样薄片，所剩灰分的质量百分数减去原有阴极炭块中杂质灰分的质量百分数得出来的。其试验结果示于图 10-20。由图 10-20 的试验结果可以看出，密度较高的阴极炭块具有较低的电解质渗透深度。电解过程中所渗透的电解质熔体的相组成范围，用 X 射线衍射进行分析，部分测试结果示于图 10-21。由图 10-21 的 X 射线衍射分析和试验结果也可以看出，在渗入到阴极炭块中的电解质熔体组分中，NaF 的浓度远大于电解槽中电解质熔体的 NaF 浓度。

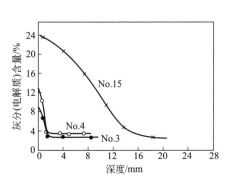

图 10-20　电解后不同深度的炭块
试样内灰分（电解质）含量

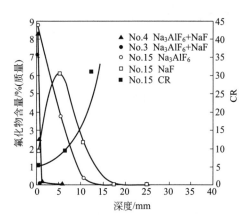

图 10-21　炭块试样不同深度处渗透电解质
的氟化物含量及分子比大小

为了更好地了解电解质熔体在阴极炭块中的渗透机理，提请读者注意表 10-6 中如下几个实验结果可能是有益的。

① 实验 11。试验槽中电解质熔体的分子比为 3.0，槽中没有铝存在，也没有进行电解。电解质熔体与石墨坩埚和阳极试样的平衡温度为 1000℃，平衡时间为 2.5h。实验结束后，对阴极炭块进行 XRD（X 射线衍射）分析，没有发现在阴极试样有任何渗透的电解质和金属存在。凝固后的电解质也不与阴极黏结。

② 实验 14。实验前电解槽中放入 3.2g 金属铝，其他实验条件与实验 11 相同。实验结果是，电解质熔体渗入到阴极炭块试样中 9mm，X 射线衍射分析确认渗入到阴极试样中的电解质成分为 Na_3AlF_6 和 NaF。电解质冷却后，槽中凝固的电解质比较牢固地黏附在炭块试样上表面，在铝与炭块试样表面相接触的地方有碳化铝生成。

③ 实验 12。在这个实验中除了使用较低的电解质分子比 2.25 之外，其他实验条件与实验 14 相同。实验结果是冷却后的电解质试样与炭块试样有较弱的黏结，与金属铝接触的炭块表面有黄色的碳化铝生成，这与实验 14 的结果基本相同。所不同的是用 X 射线衍射分析所确定的电解质的渗透深度为 1.9mm，渗透到炭块内部的电解质的组成为 $Na_5Al_3F_{14}$、Na_3AlF_6 和 NaF，这与实验 14 只存在 Na_3AlF_6 和 NaF 的结果有所不同。

④ 实验 9。该实验为电解实验，电解时间为 1.5h，阴极电流密度为 $0.75A/cm^2$，阴极有金属铝存在，其他实验条件，如温度和电解质分子比与实验 12 完全相同。实验结果与实验 12 不同的是，电解质渗透深度增加到了 14～15mm，渗入的电解质成分为 Na_3AlF_6 和 NaF。

根据以上这些不同的实验条件下得出的不同的实验结果，我们可以对铝电解槽中电解质向阴极炭块中的渗透给出这样一种描述。

① 在非电解情况下，当电解槽中没有金属铝时，电解质不会向阴极炭块中渗透。

② 在有铝存在的情况下，金属铝会与电解质熔体组分中的 NaF 反应，产生金属钠。这种金属钠会以扩散的方式传输到阴极碳晶格内和孔隙内，并与碳形成钠嵌入式化合物 C_nNa。这种化合物是表面活性物质，它可以使电解质熔体与阴极炭块具有很好的湿润性，

从而导致电解质熔体向阴极炭块孔隙内的渗透，这就是为什么电解质渗透滞后于钠渗透的原因。在新槽开动时，电解质熔体滞后于钠渗透的原因还在于钠是以蒸气的形式向阴极炭块内进行扩散渗透的，而电解质是以熔体离子的形式进行扩散渗透的，它的扩散速率要比前者的扩散速率小得多。

③ 在电解质熔体中，NaF 能够渗入到阴极炭块微孔结构的内部，是因为 Na^+ 和 F^- 较小。

④ Na^+ 和 F^- 比熔体中其他离子有较大的渗透速率，是因为 Na^+ 和 F^- 的扩散系数远大于熔体中其他较大离子的扩散系数，见表 10-7。扩散渗入到阴极炭块中的电解质分子比要永远大于电解质熔体中的分子比。

表 10-7　铝和钠以及电解质熔体中各粒子的扩散系数

粒子	扩散系数/(cm^2/s)	粒子	扩散系数/(cm^2/s)
Na^+	$(7.73 \sim 12.97) \times 10^{-5}$	Na	$(2.5 \sim 5.5) \times 10^{-5}$
F^-	$(5.6 \sim 9.6) \times 10^{-5}$	AlF_6^{3-}	$(1.4 \sim 1.8) \times 10^{-5}$
Al	6.9×10^{-5}		

从表 10-7 可以看出，F^- 具有比 Na^+ 较小的扩散系数，然而，由于这两种相反离子之间的静电引力作用，它们可能以离子对的形式以相同的扩散速率渗透到阴极炭块内部。

⑤ 金属铝具有较大的扩散系数，但是铝在渗入的电解质熔体中由于反应（10-7）的存在是不稳定的。这也就是为什么在人们的研究中，始终在实验室或工业电解槽阴极炭块内部（非裂缝）找不到金属铝或碳化铝存在的原因。

$$3NaF + Al \longrightarrow AlF_3 + 3Na \qquad (10-7)$$

⑥ 实验 12 和实验 9 渗入阴极炭块中的电解质组成上的差别可以用实验 9 电解过程中阴极表面电解质分子比的变化进行解释。由于在电解过程中，电流主要是由钠离子携带的，在阴极表面聚集了 NaF，使阴极表面的电解质熔体的分子比升高，阴极表面电解质分子比等于或高于 3.0 时，渗透到阴极炭块内的电解质不存在 $Na_5Al_3F_{14}$。相反，当阴极表面的电解质分子比低于 3.0 时，渗入阴极炭块中的电解质有 $Na_5Al_3F_{14}$ 存在。在工业电解槽中，由于金属铝液和电解质熔体的流动，阴极过电压是非常低的，阴极极化是可以忽略的。工业电解槽中的电解质分子比通常在 2.0~2.5 之间，并有 5% 左右的 CaF_2 和 1%~5% 的 Al_2O_3，因此可以确信，渗透到阴极炭块中的电解质有 $Na_5Al_3F_{14}$ 组分的存在，这已经从人们对开动后 70d 电解槽阴极炭块钻取的试样，经 X 射线衍射物相分析得到确证。但是对于槽龄较长的电解槽来说，由于 NaF 的大量渗入，阴极炭块中的 $Na_5Al_3F_{14}$ 相组成会由于化学反应（10-8）而消失。这也从槽龄较长的电解槽阴极炭块中钻取试样经 X 射线衍射物相分析得到确证。

$$Na_5Al_3F_{14} + 4NaF \longrightarrow 3Na_3AlF_6 \qquad (10-8)$$

10.8　碳化铝在阴极炭块中的生成机理

在电解温度下，铝和碳反应生成碳化铝在热力学上是很容易进行的：

$$4Al(液) + 3C(固) \longrightarrow Al_4C_3(固) \qquad (10-9)$$

该反应在 1000℃时的标准自由能 $\Delta G_{1000}^{\ominus} = -40.5$ kcal/mol。铝电解槽内衬中生成的碳化铝是黄色的，很容易用肉眼识别出来。然而正像我们所知道的，在没有冰晶石熔体存在时，在电解温度下，炭质坩埚中的熔融铝是不与炭质坩埚发生反应生成碳化铝的。冰晶石熔体对加速这个反应的作用可能是冰晶石熔体起到增加铝对炭的湿润作用，也可能是起到溶解铝表面氧化膜的作用。

在工业电解槽的炭内衬中，碳化铝通常只能在与熔融铝相接触的地方，即在炭表面与铝液相接触的地方生成；或者是在有铝漏入的炭缝，以及炭块与炭块之间的缝隙中生成。除此之外，碳化铝也可以在没有金属铝漏入的阴极炭块内部的裂缝和较大的孔隙中生成。在这些裂缝和孔隙中，没有任何金属铝存在的证据，那么碳化铝是怎么生成的呢？Dewing 认为，在这些地方生成的碳化铝化合物中的铝来自于该裂缝和孔隙中的冰晶石。碳化铝的生成反应如下：

$$4Na_3AlF_6 + 12Na + 3C \longrightarrow Al_4C_3 + 24NaF \tag{10-10}$$

事实上，该生成碳化铝的反应可以分解成如下两个化学反应：

$$Na_3AlF_6 + 3Na \longrightarrow Al + 6NaF \tag{10-11}$$

$$4Al + 3C \longrightarrow Al_4C_3 \tag{10-12}$$

可以看出，尽管反应（10-10）在热力学上是很容易进行的，但该反应主要还是反应（10-12）的贡献。生成碳化铝的反应（10-12）要受到反应（10-11）的控制，即只有具备了反应（10-11）进行的条件，生成 Al_4C_3 的反应（10-12）才是可能的。正像前面我们所讲到的，原子状态的金属铝在渗入到阴极炭块中的电解质熔体中是不稳定的，因为在该熔体中，电解质的分子比都较高，原子状态的金属铝在这种冰晶石电解质熔体中一定要被氧化成氟化铝，然后与渗入的氟化钠结合生成冰晶石，这就是为什么金属铝虽然具有较高的扩散系数，却不能在阴极炭块内部寻找到原子态金属铝存在的踪迹。

铝电解槽阴极炭块内碳化铝（Al_4C_3）的生成也与阴极炭块的孔隙度有关。阴极炭块疏松、孔隙度大会使炭块内部 Al_4C_3 的生成量增加，如图 10-22 所示。

在铝电解温度下，Al_4C_3 可以溶解在金属铝中，但在金属铝中的溶解度很小，不大于0.01%，此值要小于 Al_4C_3 在电解质熔体中的溶解度几个数量级。根据 Φdegard 等人的研究结果，1020℃时 Al_4C_3 在电解质中的溶解度与电解质的分子比有关，在分子比为 1.8 时有最大值达到 2.15%（质量），并随氟化铝浓度的增加而降低；而在电解质的分子比大于1.8 时，Al_4C_3 浓度随分子比的增加而降低，如图 10-23 所示。这一研究结果也符合化学反应式（10-10）Al_4C_3 的生成机理，按照方程式（10-10）的反应机理，电解质分子比的增加使反应向着 Al_4C_3 分解的方向进行。

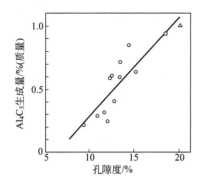

图 10-22　阴极炭块孔隙度与 Al_4C_3
生成量的关系

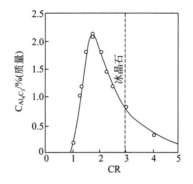

图 10-23　电解质熔体中溶解的碳化铝
浓度与分子比的关系

根据这种研究结果，Φdegard 给出如下的 Al_4C_3 在电解质中的溶解反应方程式：

$$Al_4C_3 + 5AlF_3（液）+ 9NaF（液）\longrightarrow 3Na_3Al_3CF_8 \tag{10-13}$$

按照这个反应可以解释 Al_4C_3 的溶解度为什么会在分子比为 1.8 时有最大值。$Na_3Al_3CF_8$ 是不稳定的，在电解质熔体中会按（10-14）式分解生成炭渣。

$$Al_3CF_8^{3-} + F^- - 4e \longrightarrow C(固) + 3AlF_3(液) \tag{10-14}$$

电解质中存在的碳化铝也可以直接地被阳极气体氧化。

$$Al_4C_3(溶解的) + 9CO_2(气) \longrightarrow 2Al_2O_3(固) + 12CO(气) \tag{10-15}$$

或 $$Al_4C_3(溶解的) + 6CO_2(气) \longrightarrow 2Al_2O_3(固) + 3C + 6CO(气) \tag{10-16}$$

反应（10-16）的存在也是导致电解槽中出现炭渣的原因之一。

10.9 铝电解过程中阴极上出现的 Rapoport 效应

在铝电解过程中，阴极炭块内部会渗入大量的金属钠和电解质，并引起炭块的膨胀，这就是人们常说的 Rapoport 效应。

改进的 Rapoport 实验装置是一种差动式精确测量铝电解过程中阴极炭块试样由于钠的渗透所引起的线性膨胀率的仪器。线性膨胀率的大小已被国内外铝工业界认定为评价铝电解槽阴极炭块质量的一个重要指标。测量铝电解过程中阴极炭块线性膨胀率的方法尚没有统一的标准。一种比较典型的并被铝工业广为使用的测量装置如图 10-24 所示。

图 10-24 中，被测炭块试样是一个 $\phi 25mm \times 50mm$ 的垂直圆柱体，在其轴中心，有一个直径为 8mm 的孔，在电解实验中，它是电解槽的一个阴极。氮化硼棒 B 的直径尺寸比试样阴极中心孔径稍小一点，其下端固定在氮化硼片 H 的中心孔上，该氮化硼底盘的直径为 1in（1in=2.54cm）。氮化硼棒插入圆柱形的阴极炭块试样内，使得阴极炭块试样在电解过程中产生的膨胀力作用于底盘上。氮化硼棒很长，能伸到炉外，并作为一个固定的参比物。上述整个装置被安放在一个刚玉氧化铝底盘上，此刚玉氧化铝底盘放置在石墨坩埚 D 的底部。在电解测量过程中，石墨坩埚是电解槽的阳极，其内有冰晶石熔体 F。氮化硼底盘和刚玉底盘除了作为炭块试样和氮化硼棒的支撑以外，尚起到阴极与阳极之间电绝缘的作用。石墨坩埚安放在一个不锈钢的支体上，阳极电流从其导入。阴极炭块试样之上，围绕氮化硼棒的是一个不锈钢管 C，该不锈钢管有两个作用：一个是作为炭块试样钠膨胀的传导体，另一个是起到阴极电流导体的作用。该管的上部也就是伸出炉子的部分，支撑着一个测针，该测针安到一个可记录膨胀大小的数字指示器上，用以观察不锈钢管和试样相对于氮化硼棒位置的变化，其测量的准确度为 0.01mm。

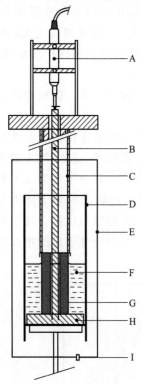

图 10-24 测量电解时阴极炭块试样钠膨胀的实验装置
A—传感器；B—氮化硼棒；C—不锈钢管；D—石墨坩埚（阳极）；E—电炉；F—冰晶石熔体；G—阴极试样；H—氮化硼片；I—保护气体输入口

铝电解过程中，阴极炭块膨胀率的大小与电解质分子比、阴极电流密度等电解参数有关，一般说来，其大小随阴极电流密度的增加而增加。图 10-25 所示是不同电解质分子比和不同材质阴极炭块时钠膨胀率的变化。由该图的试验结果可以看出，铝电解槽使用低电解质分子比可以显著地降低阴极炭块内衬的钠膨胀，除此之外，钠膨胀率的大小还与实验所使用的阴极试样的种类有关，不同材质的阴极炭块有不同的钠膨胀率（图 10-25）。

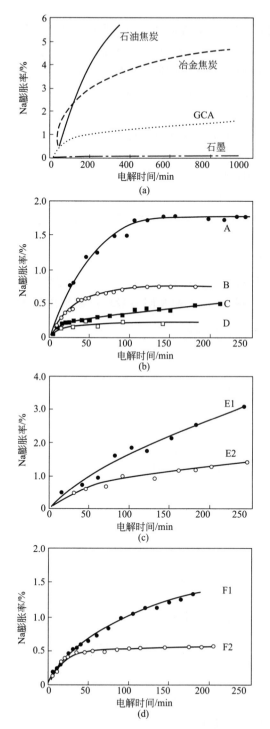

图 10-25　不同性质的阴极炭块和电解质分子比对钠膨胀率的影响

（a）由不同原料制作的阴极炭块的钠膨胀率；（b）CR＝4，t＝960℃，A 为电煅无烟煤炭块，B 为石墨质炭块，

C 为石墨化炭块，D 为石墨化炭块；（c）普通无烟煤炭块，t＝960℃，E1 分子比为 4，E2 的分子比为 2.3；

（d）石墨质炭块，F1 表示垂直于挤压方向，F2 表示平行于挤压方向

10.10　铝电解生产对阴极炭块的质量要求

关于铝电解槽阴极炭块，包括侧部炭块质量指标的检测方法已在 M. Sorlie 和 H. A. Φye 的著作 Cathodes in Alumnium Electrolysis 中有较为全面和详细的介绍。概括起来，铝电解生产对铝电解槽阴极炭块的质量要求不外乎以下主要内容。

① 尽可能低的孔隙率，或者说相同炭素原料制成的阴极炭块有尽可能高的体积密度。

② 具有良好的导电性能。

③ 要有适合于电解槽设计要求的导热性能。

④ 要具有较好的抗热冲击性能。

⑤ 要具有较好的机械强度。

⑥ 要具有较好的抗磨蚀性能。

⑦ 要具有尽可能好的抗钠和电解质熔体渗透的性能，或者说在电解过程中要具有较小的钠膨胀率。

⑧ 要具有较小的热膨胀系数。

⑨ 对侧部阴极炭块来说，还应具有尽可能好的抗氧化性能。

根据这些质量要求，国际上铝工业和阴极炭块厂家常用如下质量指标进行检测。

10.10.1　底块和侧块的标准检测

① 假密度　　　　　生产厂家检测

② 开口孔隙度　　　生产厂家检测

③ 真密度　　　　　生产厂家检测

④ 总气孔率　　　　生产厂家检测

⑤ 空气透气率　　　生产厂家检测

⑥ 电阻率　　　　　生产厂家检测

⑦ 热导率　　　　　生产厂家检测

⑧ 热膨胀系数　　　生产厂家检测

⑨ 抗压强度　　　　生产厂家检测

⑩ 抗伸强度　　　　生产厂家检测

⑪ 抗弯强度　　　　生产厂家检测

⑫ 杨氏模数　　　　生产厂家检测

⑬ 灰分　　　　　　生产厂家检测

10.10.2　用户（电解工厂）对电解槽底块和侧块的检测

① 尺寸偏差大小。

② 体密度，质量和长、宽、高的尺寸。

③ 机械破损，表面裂纹和超声波测定。

10.10.3　底块和侧块的非标准检测

① 膨胀（25～950℃）　　　　　实验室测定

② 对空气和 CO_2 反应性能（只限于侧块）　实验室测定

③ 热导率（25～950℃）　实验室测定

④ 电阻率（25～950℃）　实验室测定

⑤ 机械性能（25～950℃）　实验室测定

⑥ 抗热冲击性能　生产厂家检测

⑦ 钠渗透引起的膨胀率　铝厂或生产厂家

⑧ 钠渗透速率　实验室测定

⑨ X 射线衍射 P_{002} 峰　电解铝厂

⑩ 抗磨蚀性能　实验室测定

10.10.4　捣固糊质量

① 生糊体积密度　生产厂家检测

② 粒度大小分布　生产厂家检测

③ 灰分　生产厂家检测

④ 成型能力和捣固温度　电解铝厂测定

⑤ 焙烧过程中的膨胀与收缩　电解铝厂或生产厂家

⑥ 焙烧损失　电解铝厂或生产厂家

10.11　提高铝电解槽的阴极寿命

对电解铝厂来说影响铝电解生产成本和经济效益的一个重要因素是铝电解槽的寿命。修建一个 400kA 以上的大型电解槽的原材料费用、焙烧与启动所消耗的原料和电能费用总和约在 300 万元。

提高铝电解槽的寿命不仅仅是为了降低铝电解的生产成本，更重要的是从环保方面可以减少由于电解槽的破损，从内衬上拆除的大量含氟化盐的固体废料。这些固体废料很难处理，废料中的氟化盐在水中的溶解度不是很大，但是当这些废料被埋入地下时，废料中氟化盐的缓慢溶解和废料中氰化物的溶解，对环境的影响可能是长远的，危害性是更大的。

铝电解槽的阴极内衬，必须在电解过程中能防止液体铝和电解质熔体的渗漏，必须能有较好的抵抗阴极铝液和电解质熔体的腐蚀、冲蚀，必须能够承受钠和电解质熔体的渗透所引起的 Rapoport 效应。

影响铝电解槽寿命的主要因素有电解槽的设计、电解槽内衬材料的选择、筑炉质量、电解槽的焙烧、启动和电解槽的工艺技术管理。这几个方面的最佳组合可以使电解槽的寿命超过 3000d。

在本书的各有关章节中介绍了所涉及的工艺、焙烧和内衬材料的选择对电解槽的寿命的影响，在本章节里再对与电解槽寿命相关的几个方面作些简单介绍。

10.11.1　合理的电解槽设计

合理的电解槽设计是提高铝电解槽寿命不可缺少的前提条件，电解槽的设计包括电解槽热设计和母线磁场设计、槽壳设计和阴极炭块上阴极钢棒的安装设计。

10.11.1.1 热设计和母线磁场设计

为了提高电解槽的寿命，在电解槽的设计上，必然要建立起电解槽热、磁、电、电磁流体学的数学模型，借助于这些数学模型设计的电解槽，要能够给出下列主要设计参数：

① 电解槽内等温线的位置；

② 电解槽阴极内衬等电位线的位置；

③ 槽帮结壳的形状和位置；

④ 热流及电解槽的热平衡；

⑤ 阴极内衬中的电流分布及铝液中的水平电流；

⑥ 电解槽铝液内的磁场强度，特别是电解槽内的垂直磁场的大小及梯度。

对于现代化的大型预焙阳极电解槽来说，比较理想的电解槽母线设计应该使电解槽内的平均垂直磁场强度不大于4Gs，角部最大垂直磁场强度不大于30Gs（法国AP50电解槽角部最大垂直磁场在25Gs左右）。

合理的电解槽母线设计的最终目的是为了使电解槽内的阴极铝液面平稳和使铝液流速达到最小。电解槽内阴极铝液面平稳可以减少槽电压噪声，使槽电压在较低的工艺条件下运行，而较低的铝液流速对电解槽寿命的最直接影响是可减少对炭阴极表面的冲蚀。

对电解槽的热设计来说，理想的电解槽热设计应该使电解槽阴极炭块底部与耐火材料或防渗料相接触的地方的温度在850～880℃间，如图10-26所示。这是因为电解过程中渗透入阴极炭块和通过阴极炭块渗透到炉底耐火材料和保温材料中的电解质为分子比大于3的碱性电解质。这种碱性电解质的共晶温度为888℃，加上电解质熔体中还有一些其他杂质的存在，其共晶温度可能稍低于888℃。这样，渗入到阴极中的电解质就会在阴极炭块底部下的地方凝固，而所形成的这种凝固态的电解质层可以防止熔融电解质进一步向阴极底部耐火材料和保温材料中渗透，从而达到改进和提高阴极寿命的目的。

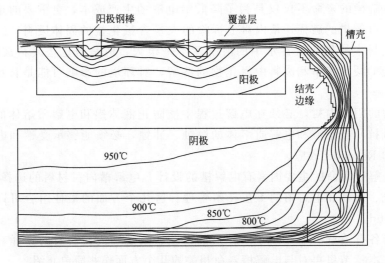

图10-26　理想的电解槽热设计模型

10.11.1.2 槽壳设计

在电解槽的设计上，电解槽的槽壳必须要有足够的刚度，这样才能保证电解槽内的各接触面在电解过程中保持紧密，当然这与电解槽中的各种材料有关。电解槽要有足够的刚度可抵御电解槽内衬材料的热膨胀、钠渗透引起的 Rapoport 效应。在铝电解槽中其应力是由阴极炭块的热膨胀和钠膨胀产生的，这些应力作用在电解槽的槽壳上。如果槽壳有足够的刚度，它又反作用于阴极炭块，使钠膨胀率降低，如图 10-27 和图 10-28 所示。模压成型的阴极炭在其模压方向上有较高的钠膨胀率。

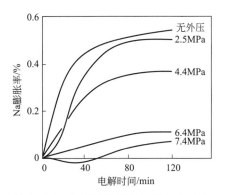

图 10-27　电煅无烟煤炭块阴极在各种
不同的外部压力下的钠膨胀率

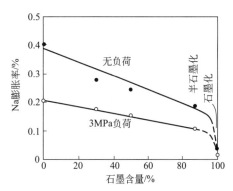

图 10-28　无负荷和有负荷情况下无烟煤炭块
钠膨胀率随炭阴极中石墨含量的变化

电解槽在高温电解情况下的应力分析一般是借助于有限元的数学模型来进行的。这个模型既包括电解槽在高温时的应力分析，也包括电解槽内衬吸收钠以后对槽壳产生的应力。电解槽的设计人员需要借助于这个数学模型对槽壳（包括钢板厚度、肋板）进行应力分析和计算，使电解槽槽壳弯曲变形和塑性变形最小。

电解槽的槽壳基本上有 3 种结构形式：第 1 种是自撑式，如图 10-29 所示；第 2 种是摇篮式，或称外部支撑式，如图 10-30 所示；第 3 种是兼有自撑和外撑特征的混合式槽壳结构形式，如图 10-31 所示。由图 10-29～图 10-31 可以看出，摇篮式槽壳结构与自撑式槽壳结构相比可以使槽壳有更小的变形。在两种摇篮结构中，（b）种槽壳结构优于（a）种槽壳结构。在混合式槽壳结构中，槽壳外部的钢梁垂直地焊到电解槽的外壁上，槽壳向外的挠曲受制于刚性很大的钢梁或槽壳底下的混凝土梁。在（b）种混合式槽壳结构中，加强梁既焊在槽壳的外围上，也焊在槽壳的底部。

图 10-29　自撑式阴极槽壳结构简图

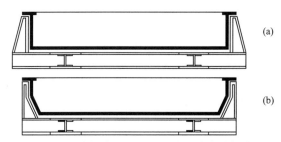

图 10-30　外部支撑式（摇篮式）槽壳结构简图

10.11.1.3　阴极炭块上阴极钢棒的安装设计

铝电解槽阴极钢棒与阴极炭块之间的连接有 3 种方法，第 1 种方法是用浇注铸铁的方法使阴极钢棒安装在阴极炭块底部铣出的槽沟上［如图 10-32（b）所示］；第 2 种方法用

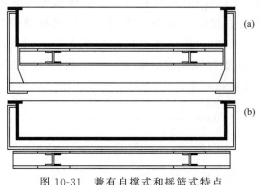

图 10-31　兼有自撑式和摇篮式特点
的混合式槽壳结构简图

炭素糊使阴极钢棒安装在阴极炭块底部铣出的槽沟上［如图 10-32(a) 所示］；第 3 种方法是用细炭粉或高导电性的诸如 TiC 和 TiB$_2$ 粉与热固性树脂混合制成的导电胶使阴极钢棒粘接在阴极底块底部的槽沟内［如图 10-32(c) 所示］。这 3 种阴极钢棒与阴极炭块之间的连接方法如图 10-32 所示。

当电解槽的阴极钢棒与阴极炭块之间使用冷捣糊连接时，此捣固糊必须要有较好的导电性能，糊中干料粒度要小一些。为了提高其导电性能，可以在配料中加入一些石墨质材料。对于炭素材料来说，其导电性与导热性有很大的相关性，其热导率 λ 与电导率 σ 的关系是：

$$\lambda = L\sigma T \tag{10-17}$$

式中　L——Lorenz 函数；

　　　T——热力学温度。

由式(10-17) 可以看出，炭素材料的导电性提高，其必然结果会使热导率提高，这可以使炭素材料承受更大的热震，减少内部裂纹的生成。

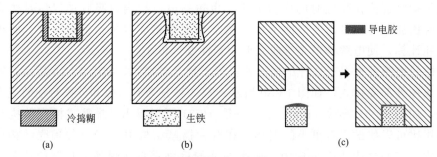

图 10-32　阴极钢棒与阴极炭块的连接方法

使用石墨粉或导电性好、对铝和电解质化学较为稳定的 TiC 粉、TiB$_2$ 粉等与热固性树脂材料或炭质胶黏剂组成的导电胶，用图 10-32(c) 所示的连接方法可能更为简单和可靠。其方法是先把阴极钢棒安放在已经铺设好的阴极炭块下部的耐火砖上，然后在阴极钢棒的上部和两侧涂抹上上述的导电胶，其中上表面的导电胶要多放一些。最后将底部有比阴极钢棒尺寸稍大些的带槽沟的阴极炭块放在阴极钢棒上，如图 10-32(c) 所示。这种结构比较适用于普通的阴极炭块与阴极钢棒之间的安装，特别对于电解槽加工面较小、阴极块较长，当用吊装法不容易将安装有阴极钢棒的阴极炭块安放到电解槽上时，用这种方法可以解决阴极炭块的安装问题。

阴极钢棒按截面的形状，可分为圆柱形阴极钢棒、方柱形阴极钢棒、偏柱形阴极钢棒和上部有弧形的柱形阴极钢棒，因此，阴极炭块底部安装阴极钢棒的槽沟（或孔）也有多种形状，如图 10-33 所示。

图 10-33 中，第 1 种阴极钢棒被做成圆棒插入距底部有一定距离的孔内是最好的一种阴极钢棒与阴极炭块的连接方式。这样的连接方式，钢棒热膨胀引起的对阴极炭块的应

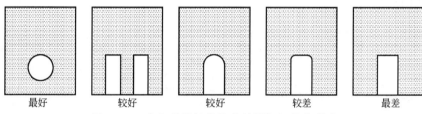

图 10-33　电解槽阴极炭块安放阴极钢棒的形式

力比较均匀和分散，且阴极铝液铝水漏到槽底部时，也不容易与阴极钢棒接触，从而减小了阴极钢棒被铝水熔化的机会，这对提高电解槽的寿命是非常有益的。在这种连接方式中使用导电胶进行连接，且这连接适用于石墨质、半石墨化和石墨化阴极炭块与阴极钢棒的连接，因为这几种炭块质地软，底部的阴极钢棒孔容易加工。

　　最差的一种阴极钢棒与阴极炭块的连接是第 5 种连接，因为这种连接，其阴极钢棒的断面的直角很锐利，这会使得电解槽的阴极钢棒在焙烧、启动和生产过程中热膨胀对角部炭块产生的应力最大，从而使阴极炭块产生翼形裂纹。图 10-34 所示是这种铝电解槽阴极钢棒热膨胀对阴极炭块所产生的张应力和压缩应力。由图 10-34 可以看出，当阴极钢棒热膨胀引起的张力大于炭块材料所允许的张力时，就出现张力破坏，最大剪应力出现在燕尾槽的角部，在这个角度也是张力和钢棒膨胀压力之差为最大的地方，此处也是炭块翼形裂纹的发源地。

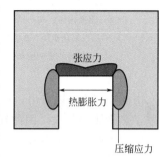

图 10-34　阴极钢棒在电解槽上的热膨胀对阴极炭块的应力情况

　　当阴极钢棒与阴极炭块之间用铸铁连接时，冷凝的铸铁会与阴极钢棒粘在一起，使得阴极钢棒的有效金属导电面积增大。这固然对降低阴极钢棒的阴极电流密度和降低阴极钢棒的电压有好处，但在另一方面增加了钢棒在电解温度或电解槽高温启动时的膨胀，从而增加了阴极钢棒对与其相接触的阴极炭块的膨胀力，使图 10-34 中所示的张力和压力增加并导致出现钢棒顶角处炭块内部的翼形裂纹。这种裂纹方向与阴极炭块的几何形状有关，如图 10-35 所示。如果阴极炭块与阴极钢棒之间使用冷捣糊连接，由于冷捣糊在 500℃ 以前都是塑性的，因此可以大大缓解阴极钢棒的热膨胀对阴极炭块的胀裂，使翼形裂纹出现的可能性大大减小。

　　为了减少或防止上述阴极炭块钢棒槽沟的翼形裂纹，就需要减少阴极钢棒的热膨胀，

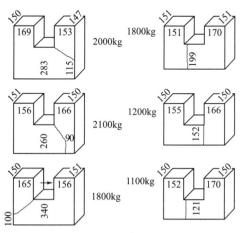

图 10-35　模拟计算出的不同阴极炭块几何尺寸时出现的翼形裂纹（单位：mm）

这与阴极钢棒的断面尺寸大小也有关系。翼状裂纹的出现是阴极炭块、阴极钢棒和捣固糊三者在高温过程中的热压力变化共同引起的。图 10-36 所示是这 3 种材料的热膨胀率随温度变化的曲线，图 10-37 所示是不同厚度阴极钢棒无烟煤炭块和不同厚度捣固糊

的三者的共同热膨胀。

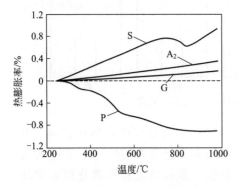

图 10-36　阴极炭块、阴极钢棒和捣固
糊三者热膨胀率随温度变化的曲线
S—阴极钢棒；A_2—无烟煤炭块；
G—石墨化炭块；P—阴极钢棒
与炭块之间的捣固糊

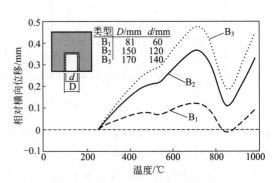

图 10-37　不同厚度阴极钢棒无烟
煤炭块和不同厚度捣固糊的三者
的共同热膨胀

由图 10-37 可以看出，捣固热膨胀行为对整个阴极应力行为的影响是最大的，阴极钢棒越厚，热膨胀率越大，因此在大型铝电解槽中，特别是高电流密度的电解槽中宜将每个阴极炭块中较大断面尺寸的阴极钢棒分成两片，这对减少由阴极钢棒的膨胀而引起的阴极块的应力是有益的，而且也是现代大型高电流密度电解槽所广泛采用的。

10.11.2　合理的电解温度

正像前文所讲述的，提高电解质熔体的分子比会使电解过程中阴极炭块内衬的钠膨胀率升高，从这一点来看，铝电解使用较低的电解质分子比对降低钠膨胀，延长电解槽的阴极使用寿命是有益处的。低电解质分子比也意味着低电解温度，而低电解温度也会使阴极内衬材料的热膨胀率降低，这也对减小槽壳的应力，减小槽壳变形有好处。但是另一方面，根据法国彼施涅在不同电解质分子比，不同的电解温度下 Rapoport 效应的测定结果，降低电解温度会增加电解过程中由于钠的渗透而引起的膨胀，见表 10-8。

表 10-8　相同阴极炭块、不同电解质分子比和不同电解质温度时的钠膨胀率

电解质成分（AlF_3 过量百分数）	电解质温度/℃	钠膨胀率/%
5.28	963	0.90
6.92	963	0.76
5.28	997	0.74
6.92	997	0.71

法国彼施涅的上述研究结果，说明电解温度也不宜太低，因为太低的电解温度反倒使阴极的钠膨胀率增加，此外，太低的电解温度会使渗入到电解槽阴极内衬炭块中的电解质 Na_3AlF_6 与 NaF 的共晶温度线从阴极炭块的下部上移到阴极炭块内部，Na_3AlF_6 和 NaF 的共结晶引起的"晶涨"作用也会造成阴极炭块的破坏。实践证明电解槽在低分子比电解工艺技术条件下寿命并不长。为了从工艺上为电解槽的高寿命创造条件，电解质的分子比和电解温度不能太低，而应在一个适当的数值范围内。

参 考 文 献

［1］　Franke A T，Fischer W K. Light Metals. 1985：615.

［2］　Sorlie M，Фye H. Cathodes in Aluminium Electrolysis. Düsseldorf：Aluminium Verlag GmbH，1994.

［3］　赵无畏，廖贤安. 提高铝电解槽寿命的工业试验研究. 提高铝电解槽使用寿命学术研讨会文集. 焦作：中国有色金属学会. 2004. 131.

［4］　Feng Naixiang，Kvande H，Фye H. Aluminium. 1997，73（4）：265.

［5］　冯乃祥. 金属学报. 1999，35（6）：611.

［6］　Tingle W H，Petit P J，Frank W B. Aluminium. 1981，57：286.

［7］　Dewing D E. Trans. Met. Soc. 1963，227：1328.

［8］　Robert M C. Chem. Phys. Carbon. 1978，10：130.

［9］　Feng Naixiang，Kvande H. Acta. Chem. Scand. 1986，A40：622.

［10］　Grjotheim K et al. Light Metals. 1977：233.

［11］　Odegard R et al. Light Metals. 1987：295.

［12］　Sorlie M，Фye H. Light Metals. 1989：625.

［13］　Guiliatt I F，Chandier R W. Light Metals. 1977：437.

［14］　Reyneau J M et al. Light Metals. 1992：801.

［15］　Фye H. The 5th International Course on Process Metallurgy of Aluminium. Trondheim：［s. n.］，1986.

［16］　Larson B，Sorlie M. Light Metals. 1989：641.

［17］　Sorlie M，Gran H. Light Metals. 1992：779.

［18］　Фye H. Light Metals. 2000：3.

第11章 电解槽的焙烧、启动与技术管理

11.1 焙烧的目的

铝电解槽焙烧目的有如下几个方面：

① 驱散出槽内衬材料中的水分；

② 使槽内衬阴极炭块之间和阴极炭块与侧部内衬之间的捣固糊烧结和炭化，并与内衬炭块形成一个整体；

③ 焙烧使电解槽得到较高的温度，不使启动时加入到槽内的熔融电解质凝固，也不使在炭块阴极表面生成一层凝固的电解质。

11.2 焙烧方法的选择

铝电解槽的焙烧方法有多种，各有优缺点。

11.2.1 铝液焙烧

铝液焙烧是铝电解槽最简单的一种焙烧方法，该方法多在大修后的电解槽上采用。其基本原理和过程是将由其他电解槽中抽出的液体铝灌入到大修后电解槽的阳极与阴极的空间中，然后打开电解槽的短路口，使系列电流通过电解槽。当系列电流通过阳极、阳极与阴极间的金属铝液、阴极时，由这些导电体产生的电阻热就对电解槽进行焙烧。

电解槽铝液焙烧有如下的优点：

① 方法简单，操作容易；

② 阳极母线与阳极导杆之间不需要软连接；

③ 不需要用分流装置对电流进行分流，可直接用系列电流进行全电流焙烧；

④ 阳极、铝液和阴极中的电流分布相对来说比较均匀。

铝液焙烧的缺点：

① 高温铝水瞬间倒入冷槽中，巨大的温差产生的热冲击容易使阴极炭块内衬产生裂纹；

② 电解槽的突然升温使槽内衬中的水分大量蒸发，其膨胀所产生的压力容易从炭块与捣固糊之间的薄弱连接处或处于塑性状态捣固糊的某个薄弱部位拱出，从而使槽底产生孔缝或孔洞；

③ 大修或新建的电解槽内，有数吨捣固糊，它们的焙烧理应遵守严格的焙烧曲线，并且由外向里焙烧才能具有一定的强度和密度，才能不产生裂纹，并与阴极炭块有很好的黏结。而铝液焙烧时，900℃以上的高温铝水倒入冷槽内，使槽内衬的捣固糊在突如其来的高温下焙烧分解，必然导致捣固糊焙烧的强度很低、孔隙大、裂缝多。

在铝液焙烧中，灌入电解槽中的铝液可进入槽底阴极内衬表面的较大裂缝中，但不会流进较小的缝隙中，这是铝液和炭块之间具有较大的界面张力所致。但是当电解槽中灌入了电解质，并进行电解后，由于阴极中有了钠和电解质的渗透，则阴极铝液就可以进入阴极表面炭块较小的缝隙中。

11.2.2　炭粒焙烧

炭粒焙烧与铝液焙烧的不同点，在于阳极与阴极之间的电阻发热体不是灌入的铝液，而是铺设的炭粒层。为了使各组阳极以相同的重力施压在炭粒床上，以便获得较为均衡的电阻，阳极导杆与阳极母线实施软连接，所有阳极都要用新阳极，以便使各阴极的质量尽可能一致，如图 11-1 所示。

炭粒焙烧靠阳极电阻、阴极电阻和炭粒层的电阻发热产生的热量达到使电解槽被加热焙烧的目的，也被称为炭粒电阻焙烧，或炭粒电阻加热焙烧。由于炭粒层的电阻远大于金属铝的电阻，如果采用全电流焙烧，那么电解槽在初期的焙烧升温速度将会很快，因此，在炭粒焙烧时，一般都采用分流技术。所谓分流技术就是为了避免焙烧初期电流太大，升温速度太快而将系列电流分出一部分，让这部分电流从阳极旁路，流入阴极。

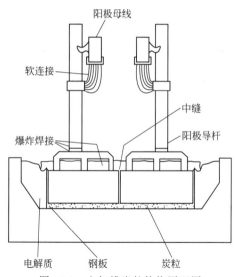

图 11-1　电解槽炭粒焙烧原理图

常用的分流方法有两种，一种是在每组阳极的钢爪与阴极钢棒之间焊若干铁片，铁片的厚度、宽度、长度和片数按电解槽焙烧升温速度、焙烧电流大小进行设计和计算；另一种分流方法是在阳极母线和阴极母线之间加装分流器，这种分流器也是由多组铁片制成的，铁片的数量、厚度、大小也都是根据电解槽焙烧的升温速度、电流分流大小加以设计和确定。为确保电解槽的焙烧质量，应尽可能保持槽内各组阳极电流分布均匀，前者的分流方法好于后者。使用前一种分流技术时，当槽体在焙烧过程中某一组阳极及其底部炭粒层电阻过大、电流过低时，可以部分或全部拆除这组阳极钢爪与阴极钢棒之间的分流片。相反，如果某组阳极及其底部炭粒层的电阻过小、电流过大、温度过高时，可马上多焊接几个分流片，这样可使电解槽焙烧时各组阳极电流分布均匀。

在焙烧过程中影响电流分布和使电解槽焙烧温度不均匀的最大因素为炭粒层的厚度和密度的均匀性。炭粒的配比、炭粒的组成与这两个因素密不可分。

炭粒层的导电特性不同于金属的导电特性，金属的电阻会随着温度的升高而升高，而炭的电阻会随着温度的升高而降低，因此，一旦炭粒层厚薄不均或密度不一样，或炭粒的组成和受压强度不一样时，都会导致它们的电阻不一样。这样，在相同的极间电压下，就会发生电流分布不同，各处温度不同。温度越高的炭粒层电阻就越低，电流就越大，从而加快温度上升速度，导致温差增大。所以在炭粒焙烧时，极个别情况下，炉底局部焙烧温度达到2000℃以上并不为奇。在这种情况下，不可避免地造成阴极炭块出现横向断裂现象。

炭粒焙烧与铝液焙烧相比，其焙烧温度不均容易造成阴极底块的炭质结构、电阻和导热性能不一样，从而在电解槽的正常生产中，阴极铝液中的电流容易分布不很均匀，这不利于阴极铝液液面稳定性和电流效率的提高。炭粒焙烧容易使阴极炭块出现横向断裂裂纹以及底块与扎糊之间较大的缝隙。

炭粒焙烧的缺点还有就是由于炭粒焙烧升温速度快，捣固糊的热导率小，即使在焙烧终了时，其角部和边部也只有500℃左右（如图11-2所示），在此情况下，开动电解槽，倒入高温电解质熔体，较大的温差很难保证边部捣固糊的焙烧质量。炭粒焙烧的电解槽在启动后，炭渣多，需要打捞，这无形中增加了电解质的消耗。

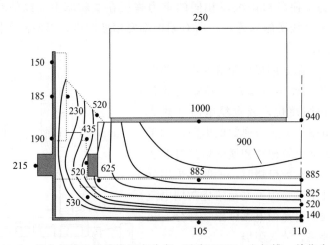

图 11-2　铝电解槽炭粒焙烧温度分布（迪拜 CD200 电解槽，单位为℃）

可用如下方法改善炭粒焙烧的质量：

① 采用较小的炭粒层厚度，一般来说炭粒层的厚度不宜大于 2cm；

② 可选择炭粒不容易偏析的配料组成和配比，配料中禁止配入细粉，同时粒度大小相差不要太大；

③ 配料中可添加电阻较小的人造石墨颗粒，以降低炭粒配料的电阻；

④ 炭粒层厚度要尽可能的均匀，电解槽筑炉施工时，阴极面要尽可能做到平整；

⑤ 炭粒层上阴极的荷重要尽可能一样，要尽可能地全部使用新阳极。

大修电解槽实施炭粒焙烧后，可直接注入从其他电解槽中取出的液体电解质进行启动，新建电解铝厂先期开动的电解槽在结束炭粒焙烧后，可提高槽电压，靠极距间的电阻热熔化电解质，待达到一定的电解质水平后，再加入铝。一般的看法是，电解槽中先有电解质可以使电解槽槽底内衬在焙烧过程中产生的裂缝被电解质熔体填充，从而有减少槽底漏铝、提高电解槽寿命的效果。而另一种看法认为电解槽中先有电解质并不能阻止其后的阴极铝液流入到这些缝隙中，这是因为先前流入到底缝中的电解质并不会永远地待在那里，底缝中的电解质在化学和电化学作用下渗入 NaF 后，其分子比远大于3，它们的熔点低，会继续地向底部渗漏。在较大的底缝中由于铝的密度大于电解质的密度，液体铝会更容易地沉入到底缝中，取代电解质。

11.2.3　铝锭、铝块和铝屑焙烧

该方法可用在大修后电解槽和新建电解槽的焙烧上，其焙烧方法和原理如图 11-3 所示。

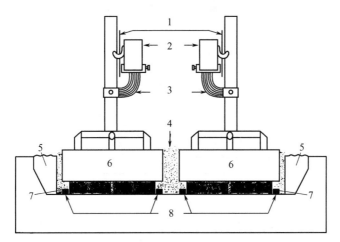

图 11-3　电解槽使用固体铝锭、铝块和铝屑焙烧方法原理图

1—绝缘垫片；2—阳极横母线；3—软连接；4—铝屑；5—电解质块；
6—阳极；7—固体铝（铝板、铝锭或铝屑）；8—粘接在槽底上的小炭块

由图 11-3 可以看出，该焙烧方法与炭粒焙烧和铝液焙烧有些相似，不同点在于阳极与阴极的电阻发热体既不是灌入的液体铝液，也不是铺设的炭粒床，而是由铝锭或铝块与铝屑组成的固体铝。阳极炭块靠其自身的质量压在铝锭或铝块上，阳极导杆与阳极横母线之间的导电在铝锭与铝块没有完全熔化之前实施软连接。铝锭（或铝块）与铝锭（或铝块）之间、炭阴极表面和铝锭之间、铝锭与阳极之间都放置一层铝屑。

该焙烧方法的焙烧电流一开始既可使用系列全电流，也可采用分流技术，焙烧电流从小到大逐渐提高。

焙烧的热量来自于阳极、阴极和阳极与阴极间的铝锭（或铝块）的电阻热。焙烧过程中，由于可能存在的各阳极和阴极的电阻不一样，而产生的电流分布不均，使某组阳极下面的铝锭（或铝块）首先熔化是很正常的。在此情况下，需要向该熔化处续加一些铝屑或铝块，待槽中所有的铝都熔化并达到一定的铝水平后，再将阳极导杆固定在阳极横母线上，使阳极与阴极之间有一定的距离，并继续通电焙烧。

11.2.4　火焰焙烧

火焰焙烧是采用重油、天然气或煤气等液体或气体燃料燃烧产生的火焰对电解槽进行预热焙烧的一种方法，其焙烧方法如图 11-4 所示。图 11-5 所示是 Elken 公司使用的火焰焙烧燃烧器在电解槽中的位置及火焰方向。

火焰焙烧的优点是：

① 阳极表面焙烧温度较为均匀；
② 火焰温度和焙烧温度、升温速度可以得到较好的控制；
③ 内衬中的底糊可以实现由外向里的焙烧，提高底糊的焙烧质量；
④ 与炭粒焙烧相比，电解槽开动后，不用打捞炭渣。

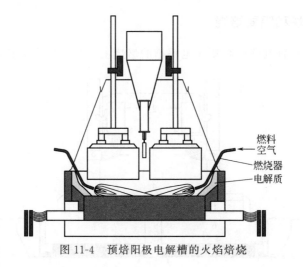

图 11-4　预焙阳极电解槽的火焰焙烧

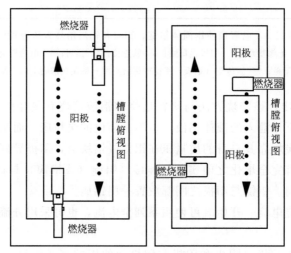

图 11-5　Elken 公司火焰焙烧燃烧器的位置及火焰方向

火焰焙烧缺点有：

① 工艺和设备相对复杂，带有液体或气体燃料的罐车进入电解厂房，其安全性较差；

② 火焰焙烧过程中，对电解槽的密封性要求较高，即使密封得很好，也很难避免阳极和槽内衬的氧化。

11.2.5　焙烧方法的选择

目前国内外大多数铝厂一般都在炭粒焙烧和火焰焙烧两种方法之间进行选择。挪威海德鲁、法国彼施涅以及使用法国彼施涅技术的其他铝业公司，如迪拜铝业公司、德国联合铝业公司、加拿大铝业公司、美国凯撒铝业公司等使用炭粒焙烧技术。美铝公司、挪威埃肯铝业公司、美国雷诺金属公司和南非铝业公司等使用火焰焙烧技术。而俄罗斯的铝厂多使用铝液焙烧技术，我国部分铝厂也仍在使用铝液焙烧技术。

人们普遍认为，电解槽的焙烧方法与焙烧质量对铝电解槽的寿命是有重要影响的，然而文献资料中并没有可靠的数据给出铝电解槽使用不同的焙烧方法与铝电解槽寿命之间的关系。我国电解铝厂以前广泛使用铝液焙烧技术，电解槽的平均寿命在 1500d 左右，20 世纪 90 年代后，焦粒焙烧技术逐渐在我国电解铝厂推广，但电解槽的寿命延长并没有取得重大 的进步。近些年某些铝厂电解槽的寿命得到些提高和改善，但很难判断这些提高和改善是设 计上的进步、电解槽操作上的进步，还是焙烧方法上的改变所取得的。看来电解槽的寿命并 非仅仅是某一两个因素决定的，它是一个系统的工程技术问题。从技术角度上分析，使用固 体铝焙烧和外电阻加热与铝液焙烧相结合的焙烧技术，以及它们的改进技术，可能是未来铝 电解槽焙烧技术的发展方向。

11. 3　铝电解槽焙烧质量的评价

目前尚未有统一的标准和指标对电解槽的焙烧质量进行评价，只是从如下几个方面进行 讨论。

11. 3. 1　升温速度

从技术角度讲，铝电解槽的焙烧升温速度，在各个温度阶段应该是不一样的，在槽 底捣固糊中胶黏剂沥青的热分解和焦化阶段的 $300\sim600℃$ 温度区间，电解槽的焙烧升 温速度应该是最慢的，一般在 $5\sim10℃/h$ 之间。超过 600℃，其焙烧升温速度可以加快 到 $20\sim50℃/h$。

上述升温速度具有较大的数值范围空间，究竟电解槽的焙烧升温速度是快一点好还是慢 一点好，对于这个问题，人们尚未有统一的认识。从技术角度考虑，铝电解槽的焙烧升温速 度缓慢一些比较好，这样可以减少电解槽在焙烧过程中产生的热应力，也使电解槽内衬材料 中的水分和捣固糊中的胶黏剂在热分解过程中产生的挥发分能够缓慢地从内衬中被排放出， 而不对内衬产生很大的气体压力。

11. 3. 2　最终焙烧温度

人们对这一个问题，也没有统一的认识和标准。理想的情况是，电解槽的最终焙烧温度 应该接近电解槽启动时灌入到电解槽中的电解质熔体的温度，以避免在这期间对电解槽内衬 产生热冲击。按照这一观点，电解槽的最后焙烧温度，也就是在启动电解槽之前的焙烧温度 应该在 950℃ 以上。如果铝电解槽在整个焙烧过程中，升温速度较慢，阴极炭块中的温度梯 度较小，电解槽的最终焙烧温度可以低一些。对于用铝液焙烧的电解槽而言，在电解槽启动 前其角部的铝液温度不应低于 900℃。

11. 3. 3　阴极底块中的温度梯度

铝电解槽阴极底块中的温度梯度，是由电解槽的焙烧升温速度和电解槽阴极炭块的热导 率所决定的，如果电解槽是用火焰焙烧、炭粒焙烧或外电阻加热焙烧，其电解槽的焙烧升温 速度越快，阴极炭块的热导率越小，阴极炭块内的温度梯度就越大。如使用低温煅烧无烟煤 炭块，则电解槽阴极具有较大的温度梯度。反之，如果电解槽的焙烧升温速度较慢，阴极炭 块的热导率较大，则电解槽的阴极在焙烧过程中具有较小的温度梯度。一般说来，电解槽在 焙烧过程中，阴极底块中的温度梯度要尽可能低些。

11.3.4　焙烧过程中阴极表面的温度分布

铝电解槽在焙烧过程中，阴极表面的温度分布要尽可能的均匀，无局部过热，这有利于减少电解槽阴极底块内衬由于温差而产生热应力。对于铝液焙烧以及外电阻加热焙烧和火焰焙烧来说，基本上可以做到阴极表面温度均匀，但对于炭粒焙烧来说，局部过热常常是不可避免的。炭粒焙烧过程中，阴极表面的温度分布的偏差一般不大于10%，最小时可达到6%。

11.3.5　阳极电流分布

阳极电流分布好坏，在某种程度上可表征焙烧电解槽的温度分布特征，特别是对炭粒焙烧的电解槽而言，如果某阳极导杆内的电流较大，或电流的上升速度过快时就可以断定，此组阳极底掌下的炭粒层的电阻一定很小，温度一定很高。对于炭粒焙烧的电解槽而言，较好的阳极电流分布的偏差应不大于15%，最好是在10%以下。

11.3.6　阴极电流分布

与阳极电流分布一样，阴极电流分布也是表征电解槽焙烧质量好坏的一个很重要的指标，对于炭粒焙烧的电解槽来说，这个指标就更为重要，其阴极电流分布的偏差应不大于15%，最好是小于10%。

焙烧时阴、阳极电流分布极其不均的电解槽，不仅对提高电解槽的寿命没有保障，而且，这样的电解槽在启动以后的正常生产中，其电流效率也不会很高。

11.4　铝电解槽的炭粒焙烧

目前我国大多数铝厂都使用炭粒电阻焙烧技术，故在本书中对炭粒电阻焙烧技术进行简述。

11.4.1　炭粒粒度的选择

在炭粒焙烧方法中，炭粒粒度的选择是十分重要的。如果炭床厚度较大，炭粒的粒度可以稍大一些；如果炭床的厚度较小，则炭粒粒度可以小一些。但粒度大小、组成范围应该尽可能不要有太大的差别，这样可以避免在铺设炭床时出现粒度的"偏析"情况。一般的炭粒焙烧方法中粒度组成为1～4mm，在炭粒粒度的选择上，要尽量不采用小于1mm的炭粉。但这也不是唯一的要求，迪拜CD200电解槽炭粒焙烧使用的炭粒床的粒度组成就在－4～＋100泰勒目之间。

11.4.2　炭粒床厚度和炭粒种类的选择

电解槽实施炭粒焙烧时，炭粒床的厚度可以在10～25mm之间，这要根据我们对电解槽焙烧升温速度大小的要求而定。如果我们要求电解槽的焙烧升温速度快一点，那么炭粒床的厚度就应该大一些。反之，如果我们要求电解槽的焙烧升温速度慢一些，就应该使炭粒床的厚度小一些。迪拜铝业公司CD200电解槽炭粒焙烧使用25mm厚度炭粒床，焙烧时间仅48h（2d），达到1000℃的焙烧温度，可以说是炭粒床厚度较大，焙烧时间非常短的一个典型案例。

一般说来，从技术角度减少炭粒床的厚度，虽然说是焙烧时间长一些，但对减少和降低局部过热是有益的。

电解槽炭粒焙烧所用炭粒可以是煅后无烟煤，也可以是冶金焦、煅后石油焦和石墨或者是它们中的若干焦的混合物。

为了尽可能地降低局部过热，尽可能使焙烧温度均衡，可以使炭粒床的厚度小一些，并在炭粒床的配料中增加石墨炭粒成分的比例。炭粒配料中加入石墨主要是起到降低炭粒床电阻的作用。

为了减少局部过热，必须使炭粒床的粒度组成、密实度、厚度要尽可能一样，为此在筑炉时要保证电解槽的阴极表面有很好的平整度。除此之外在每个阳极下面铺设炭粒床时，可用一个尺寸大小和高度一样的木框放置于每个阳极下面，然后在木框内填平炭粒，这样可以保证每个阳极下面的炭粒层厚度一致。

11.4.3 升温速度的控制

对用炭粒电阻加热焙烧的电解槽来说，其焙烧升温速度借助于分流器（由给定长度、宽度、厚度的多片铁片制成）的分流大小来加以控制。

分流器按系列电流的 1/2 加以设计，每个分流器由 5 片薄铁片组成。电解槽刚开始通电焙烧时，焙烧电流仅为系列电流的 1/2，之后，用减少分流器铁片数的方法逐渐减少分流电流，增加焙烧电流。24h（1d）之后升至系列全电流，如图 11-6 所示。

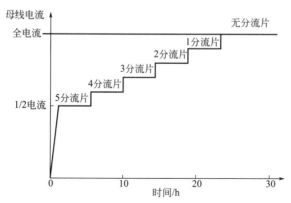

图 11-6　分流片数与焙烧电流的变化

就升温制度而言，各铝厂可能有所不同，文献给出了两种不同的升温曲线，一种是 61h 的升温曲线，其升温制度是：0～10h，30℃/h；11～60h，10℃/h；第 61h 达到 950℃。

另一种是 48h 的升温曲线和升温制度，如图 11-7 所示。在图 11-7 中还给出了电解槽使用铝液进行焙烧的升温曲线进行对比。

正像上一节所讲到的，铝电解槽炭粒焙烧的升温速度也与炭粒床电阻的设计有关，如果炭粒床选用电阻较大的原料和配比，或增加炭粒床的厚度，在相同的焙烧电力制度下，会使焙烧升温速度加快。

焙烧过程中随着温度的升高，炭粒层、阳极、阴极及其与金属导体之间的接触电阻都会下降，槽电压也会逐渐下降，尽管电流是逐渐升高的，如图 11-8 所示。

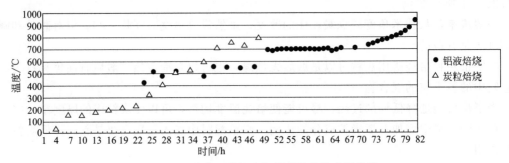

图 11-7 一种典型的铝电解槽炭粒焙烧升温曲线

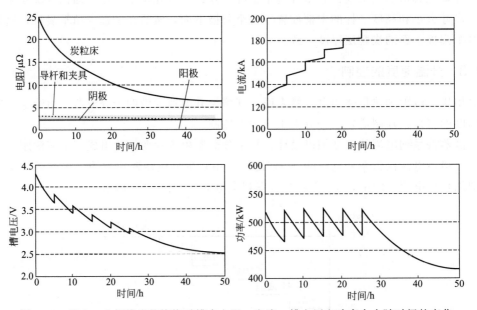

图 11-8 CD200 电解槽炭粒焙烧时槽内电阻、电流、槽电压和功率大小随时间的变化

11.4.4 焙烧过程中电流分布的调节

在整个铝电解槽的焙烧过程中，每组阳极上通过的电流是借助于阳极横母线与阳极导杆之间的软母线的连接实现的。有了这种软连接，可以在焙烧过程中对置于炭粒体上的每块阳极在小范围内单独地进行上下、左右的移动和调整，因此可以借助于软连接这种功能来改进和调节阳极和阴极中的电流分布。

为了能适应这种功能，阳极导杆与阳极横母线之间的软母线的设计也很重要，比较好的软连接不会对阳极在焙烧过程中产生任何施力行为，并且当阳极中电流过高或过低时，能够灵活操作让其在小范围内上下移动或自由转动。

为了提高电解槽的焙烧质量，减少局部过热，使阳极电流分布和阴极电流分布尽可能地均匀，对阳极质量要提出严格的要求：

① 炭粒床上每组阳极的质量要尽可能一样，并且具有较为一致的电阻率；

② 阳极内外无裂纹，用锤子敲击有清脆声；

③ 除了阳极本身外，各组阳极钢爪与阳极炭之间的接触电阻要尽可能一致；

④ 阳极导杆与阳极底掌面要有很好的垂直度。

焙烧结束后，阳极中缝处的阴极表面温度一般要达到 800～900℃。一般情况下，用肉眼去观察中缝阴极表面要达到非常红亮，不出现特亮或特暗红，以此辅助判断电解槽的焙烧质量。

11.5　电解槽的干法启动

电解槽的干法启动只适用于新建电解铝厂头几台电解槽的启动，因为这时电解铝厂无熔融电解质可供使用。干法启动的目的是为了给后续电解槽的启动提供足够容量的液体电解质。干法启动可能会对电解槽的寿命和电解槽内衬的氧化产生影响，但这是不得已而为之。

预焙槽的干法启动已在许多文章和邱竹贤所著的《预焙槽炼铝》中有详细介绍，本书不再多述。干法启动的几个操作要点如下。

① 首先对电解槽用炭粒电阻焙烧法进行预热焙烧，炭粒床的厚度不能太大，不要超过 10mm，炭床较薄，电解槽的焙烧升温速度较慢，底块中的垂直温度较小，有利于提高底缝糊和边糊的焙烧质量、提高阴极底块的焙烧质量，同时也有利于减少干法启动以后电解质中的炭渣量。

② 电解槽经过 72h 或更长一些的焙烧时间后，使电解槽的焙烧温度达到 1000℃，阴极炭块底下的温度达到 880℃左右时，拆掉软连接，使各组阳极导杆紧固在阳极母线上。

③ 缓慢提高槽电压和电功率，使阳极周围的电解质逐渐熔化。由于电解槽在刚开始电解时，要大量吸收 NaF，因此焙烧前电解槽周边的装料以及在干法启动时，阳极周边和中缝处的加料，都要采用分子比较高的碱性电解质，同时，也是为了降低电解质的熔点。为了降低熔点，电解质中添加一些 CaF_2 和 LiF 之类的添加剂也是可行的。

④ 当电解槽内的电解质熔化到足够高度时，可打捞出炭渣，此后的操作按常规的启动方法进行。

11.6　电解槽的常规启动

常规启动适用于大修电解槽和上述新建电解铝厂干法启动以后的诸多电解槽。当电解槽的焙烧结束转入常规启动时，电解槽中的电解质熔体不是靠电解槽自身熔化的，而是从其他电解槽中抽取的，这就是干法启动与常规启动的区别，有时人们也将后者称为湿法启动以示区别。电解槽启动前要对电解槽阳极母线的升降装置、电路绝缘、多功能天车运行的情况、阳极导杆的夹具装置、打壳下料系统、添加剂加料系统等辅助装置进行认真检查，一切都要确认无误。

电解槽启动时，下列几种情况需要注意并认真对待。

① 注入到电解槽中的电解质温度和初晶温度要尽可能高一些，过热度要高一些，或者启动前电解槽的焙烧温度要尽可能高一些，以减少或避免注入到电解槽中的电解质熔体在槽底产生沉淀。

② 注入到电解槽中的电解质要有足够的量，以避免因电解质收缩和电解初期电解槽内衬中大量吸收电解质而造成的电解质不足。

③ 避免从其他槽中将电解质与铝液一起抽入到焙烧启动的电解槽中，这种情况发生时，

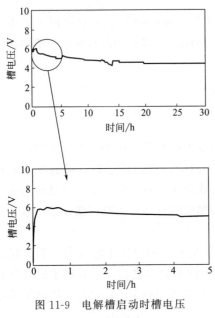

图 11-9 电解槽启动时槽电压
随时间的改变

容易使启动电解槽的槽电压不稳定，阳极和阴极电流分布不均匀。

④ 当液体电解质注入焙烧启动的电解槽中时，要同时提高极距，以便尽快地让电解质填实到电解槽中的各个部位，但极距也不要提得太快，以防极间断路，对电解槽上部结构产生震动性破坏，对此要格外小心。

⑤ 槽电压不要太高，这一点对避免或减少阳极事故是重要的，但槽电压也不能太低，这是因为新启动起来的电解槽，槽帮结壳尚未形成，阳极上部覆盖料也不多，电解槽散热大，因此需要靠适当高的槽电压补充热量，一般情况下，刚启动的电解槽的槽电压应不低于 6V，以后电解槽的槽电压再缓慢下降，如图 11-9 所示。但也有的文献介绍，当电解质注入到电解槽中之后，要将槽电压提高到 20V，保持约 45min，以便于让边部的电解质块熔化，之后，槽电压再降低到 6.5V。

⑥ 电解质组成。法国彼施涅的操作经验是在启动电解槽时使用碱性电解质，NaF 相对冰晶石组成过量 2%，以碳酸钠的形式加入。他们的经验表明，启动电解槽使用碱性电解质对提高电解槽的寿命有好的影响，电解槽使用碱性电解质启动可避免在初期阶段的若干个星期内电解槽的热平衡出现快的变化。

⑦ 添加氧化铝。当完成向启动电解槽中加入液体电解质后，开始人工加入氧化铝，这种氧化铝是用铁锹一点一点地加入到液体电解质中的，所加入的量由经验加以确定，一般以在电解槽启动 2h 后正好出现第 1 个阳极效应为宜。

⑧ 清洁电解质，捞出炭渣。阳极效应发生后，用未干燥的新砍伐的木杆插入到每个阳极下面，最好是用长木杆插到槽的中缝处，借助于新鲜木杆高温隔绝空气炭化时产生的大量气体（水蒸气、氢气和碳氢化合物气体），清理槽底炭粒和阳极底掌黏附的炭渣，使之浮出电解质表面，并聚集在电解槽的边部和端部，然后用漏铲捞出槽外。

⑨ 向电解槽中灌入金属铝。一般认为，采用炭粒电阻焙烧的电解槽不能过早地灌入金属铝，灌入金属铝的时间应该是在电解槽启动 24h 后，对于大型电解槽应该在电解槽启动 32h 后。究竟应该在什么时间往电解槽中灌入铝为最好，很难加以确定，文献中也没有这方面的数据，对此人们的看法也不一样。通常人们认为，新启动的铝电解槽不应过早加入金属铝的目的是为了等待阴极中的微小裂纹能被电解质熔体所充满，边糊被完全焙烧并产生膨胀，这样就可以避免电解槽早期漏铝。但这一说法并未考虑如果槽底没有铝时钠直接在炭阴极表面的放电，有严重的钠渗透，以及电解槽自身电解生成的大量金属铝在电解槽槽底的行为所产生的后果。根据冯乃祥和他的学生的最新研究结果，当铝电解槽内没有铝液而直接在炭阴极上进行电解时，阴极表面的炭会受到钠和电解质的侵蚀而剥落，如图 11-10 所示。

对于往电解槽中灌入金属铝量的多少，应根据电解槽的工艺技术条件加以确定，法国彼施涅的方法是向新启动的电解槽灌入金属铝的量为正常生产时电解槽中铝量的 1/2。

电解质
熔体

从阴极表面
脱落的炭渣

阴极炭

渗入阴极裂缝
中的电解质

图 11-10　实验室观察到的阴极无铝液，阴极表面炭被钠和电解质侵蚀而脱落的情况

11.7　过渡期电解槽的工艺特点与操作要点

电解槽开动起来后，过渡到正常生产阶段大约需要 1 个月的时间，人们把这段时间称为过渡期。在过渡期，电解槽有其特有的特点和规律，它的操作好坏对以后电解槽正常生产的好坏是有重大影响的，必须精细操作和管理。在过渡期，电解槽从开动时的状况转入到正常生产时的工艺技术条件是一个渐进的过程，不允许工艺技术参数大起大落。比较典型的铝电解槽的槽电压、电解质分子比、铝水平和电解质水平的调整与变化情况如图 11-11 所示。

槽帮结壳和槽膛是在过渡期形成的，电解槽在刚开动起来时，电解槽的温度很高，但在过渡时期，要对电解槽的工艺技术参数进行调整，不要使电解槽的温度过早地降下来，不要让电解槽过早地形成槽帮结壳，因为过早形成的槽帮结壳伸腿较长，很难在后期调整回来。

对于边部加工下料的电解槽而言，槽帮结壳形成比较快，且边部的槽帮结壳在很大程度上是人工形成的。

对于中间点式自动下料的预焙阳极电解槽而言，其槽帮结壳应该是靠电解槽的缓慢冷却降温，按照电解槽的热平衡和液-固平衡的原理自然形成的。

（1）铝水平高度　在过渡期，要逐步提高铝水平，按计划达到给定的铝水平，之后按常规的出铝制度进行出铝，当铝水平低于目标值时要停止

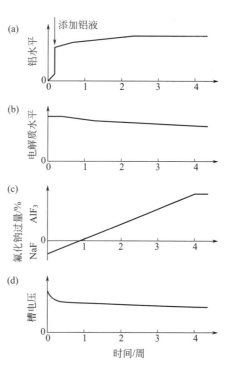

图 11-11　过渡期槽电压、分子比、
铝水平和电解质水平的变化

出铝。

（2）电解质水平　在电解槽开动起来以后的几个星期内，由于槽帮结壳的逐渐形成，以及电解槽阴极内衬对电解质的大量渗透，电解质的水平如不加以人工调整会很快降低，因此必须经常地对槽中的电解质水平进行跟踪测定，为电解槽添加冰晶石或液体电解质操作提供数据和指导。

在1个月左右时间后，电解槽才会达到完全的热平衡，这时应把电解质水平调整到目标值。

（3）电解质成分　在电解槽启动起来后，在过渡期内电解质的酸性会逐渐提高，当原料中的质量不变时，应按时分析电解质熔体中的成分，以便能按时地根据电解质成分的改变来调整电解质的分子比。

这里需要重点强调的一点是，在过渡期内电解质的成分要从 NaF 过量 2% 缓慢地过渡到正常电解生产时的电解质分子比，这大约需要几个月的时间。如果电解质成分过快地从碱性过渡到酸性，炉底压降会升高很快，并容易引起电解槽早期破损。图 11-12 所示是 Leroy 对相同阴极结构的两种电解槽用碱性电解质启动，用两种不同电解质酸化速率所获得的炉底压降上升速率的测定结果。由图 11-12 可以看出，缓慢的 AlF₃ 酸化速率的炉底电压要比较快酸化速率的炉底压降低，并预期可以获得较高的电解槽寿命。

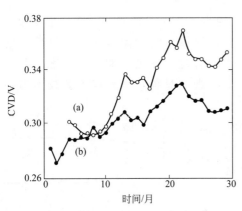

图 11-12　碱性电解质启动，不同电解质酸化
速率下的电解槽炉底压降（CVD）

（a）快速酸化：1个月时间电解质酸化到 10% AlF₃；

（b）慢速酸化：5个月时间电解质酸化到 10% AlF₃

（4）槽电压　电解槽刚启动时，槽电压可设定在 6.0V 左右或稍高一些，两天后可逐渐降低到比设定的正常槽电压高出 10% 左右。例如设定的正常生产时的槽电压为 4.15V，则开动两天后即第 3 天的槽电压应在 4.5～4.6V，然后在 2～3 周时间里，再将此电压缓慢降低到 4.15V。

在头两天，槽电压是手动控制，并且由有经验的人员加以操作，允许在电解槽开动后的 3 个工作班内，槽电压下调的速率大一些。

两天以后，以天为基数，自动地按每天槽电阻的变化由计算机对槽电压进行调整和控制。

（5）加氧化铝　电解槽启动起来后，应尽可能快地对电解质中的炭渣进行清理，清理炭渣的最佳时间是在每次阳极效应后。在启动后的两天时间里，每个工作班来 1～2 个效应是合理的。

按时添加冰晶石有助于在电解质表面形成结壳，然后用锹从边部把氧化铝加入槽中，氧化铝加入量的多少可以控制阳极效应的数量。

当电解质中的炭渣比较好地被清理出来后，即电解槽开动的第 3 天，可以启动计算机控制装置对氧化铝加料实施控制。

由于计算机控制系统的氧化铝自动下料的程序是可变通的，能充分保证电解槽实施过加料和欠加料过程，因此在电解槽开动 1 周后，计算机控制系统就能使电解槽达到标准的氧化铝下料速度。

11.8　铝电解转入正常生产以后的工艺操作与技术管理

11.8.1　温度

11.8.1.1　影响电解质温度的因素

应该说电解温度是冰晶石-氧化铝熔盐电解中一个非常重要的工艺与技术参数。铝电解生产中几乎所有工艺技术参数和操作过程都对铝电解槽的电解质温度产生影响。

(1) 槽电压对电解质温度的影响　槽电压对温度的影响表现在通过对极距、电解质电压降的调整使电解槽电热功率的增加或减少，达到使电解温度升高或降低。电解质温度升高，电流效率下降，铝损失和铝的二次氧化反应增加，又可使电解温度进一步增加。与此同时，也使炭阳极的氧化反应增加，这也会加剧电解温度的进一步升高。

电解质温度升高后会熔化槽帮结壳，使槽帮结壳变薄，导致电解槽侧部的散热量增加，打破了电解槽原有的热平衡，达到一个新的热平衡。在新的电解槽热平衡条件下电解槽的电解质温度会上升到一个新高度。

当槽电压升高后，槽电压与槽电阻之间的关系在短暂的时间内，可看作是线性关系。一旦电解槽的槽帮结壳熔化，氧化铝浓度和分子比提高后，就不再是线性关系。

如果电解槽的槽电压提高值是一定的，瞬间提高槽电压和缓慢地提高槽电压，其电解槽的温度变化曲线是不一样的，如图 11-13 所示。

(2) 电解质组成对电解质温度的影响　生产实践证明电解质的组成、分子比和使用 CaF_2、MgF_2 和 LiF 等添加剂会对电解质的温度有重要影响。电解质分子比的降低，或 CaF_2、MgF_2 和 LiF 含量的增加，均会使电解质的温度降低；相反地电解质分子比升

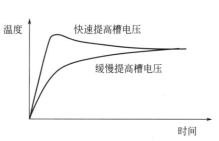

图 11-13　槽电压升高对电解质温度的影响

高，或 CaF_2、MgF_2 和 LiF 含量的减少，均会使电解质的温度升高。这些情况是大家很熟悉和了解的。铝电解槽的电解质温度，之所以会随着电解质分子比的降低和添加剂含量的增加而降低，其原因为电解质分子比的降低和添加剂含量的增加，降低了电解质的初晶温度，使电解质的过热度增加，导致电解槽侧部散热量增加，电解槽内电解质通过槽帮结壳向外导出热量 Q 与电解质过热度的关系式是：

$$Q = k \cdot \Delta t \tag{11-1}$$

式中　k——电解质熔体对槽帮结壳的热交换系数；

　　　Δt——电解质过热度。

(3) 铝水平对电解质温度的影响　一般说来，铝水平与电解质的温度没有直接关系，但是铝水平变化会对电解槽的热平衡产生影响。任何电解槽都有一个最佳的铝水平，在这个最佳铝水平时，电解槽具有最好的电流效率和最低的能耗。在这个最佳的铝水平上，当把槽内铝水平提高时，必然使电解槽侧部散热量增加。如在电解槽其他各项工艺与技术参数不变的情况下，电解质的温度降低确定无疑，但这一降低可以用提高槽电压的方法来补偿。太高的铝水平也可能使槽底的伸腿过长，铝液内水平电流分量增加，造成电流效率降低。如果电流效率降低较大，铝与 CO_2 气体的二次反应所增加的热量可能会补偿部分由于铝水平上升而

增加的槽侧部散热。

熔融铝有较大的比热容 [1176J/(K·kg)]，因此，铝液水平提高后，意味着电解槽内铝的储热能增加。这样，可使电解槽有很好的热稳定性，能容纳更多的阳极效应产生的热量，而不会使电解槽由于阳极效应的发生，导致电解槽的温度产生很大的波动。

当把电解槽的铝液水平降低到最佳铝水平以下时，电解槽侧部散热降低，在电解槽极距和槽电压不变的情况下，导致电解槽电解质的温度上升，槽帮结壳熔化，阴极铝液面积和平均阴极电流密度降低，也会使电解槽的电流效率降低。

（4）电解质水平对电解温度的影响　一般说来，电解质水平与电解质的温度无关，电解质水平高一些，有利于提高电解槽的热稳定性。在相同的氧化铝浓度情况下，电解质水平较高时，电解质熔体中熔解的氧化铝量大，有利于降低阳极效应系数，但电解质的水平较高时，可能不利于阳极气体从电解质熔体中的逸出，提高了阳极气体在电解质熔体的停留时间，使电流效率降低。

电解质水平不能太高的另一个原因，在于阳极残极的高度与电解质水平成正比，太高的电解质水平会使阳极残极高度过高，阳极消耗增加。一般说来，预焙阳极电解槽的电解质水平不大于 20cm。

11.8.1.2　电解质温度的选择

应该说，电解槽电解质温度的选择对铝电解生产来说是非常重要的。电解槽温度的选择取决于多种因素，但更主要的还是取决于经验和操作。铝电解槽电解温度的最佳选择是为了使电解槽能获得尽可能高的电流效率和尽可能低的电能消耗。

由于人们通常认为温度越低，电流效率越高，因此，有人希望使电解槽的温度尽可能的低，以便使电解槽获得最大的电流效率，但这未必是最佳的电解质温度。最佳的电解质温度需要综合地考虑电解槽在这个温度下所能获得的综合的最佳技术经济指标。按照 Ultigard 最近的研究，铝电解槽选用较高一些的电解质温度有如下好处：

① 可以使电解槽电解质有较高的氧化铝溶解速率和降低电解槽的阳极效应系数；

② 槽底不容易生成沉淀，电解槽运行稳定，便于管理；

③ 可以降低氧化铝的分解电压以及阳极和阴极上的过电压；

④ 可以提高电解质、阳极和阴极的导电性能。

因此在相同的槽电压下，温度较高的电解槽会有较大的极距，这对于减少铝的二次反应，提高铝电解槽的电流效率是有好处的。

但提高电解质的温度会增加铝的溶解损失和溶解铝从阴极表面到电解质熔体中的传质速度，具有使电解槽电流效率降低的一面。

电解质温度过低的缺点是氧化铝溶解速率低，容易产生阳极效应；电解质的导电性能不好，阳极和阴极的电阻大；分解电压、阳极过电压和阴极过电压高；槽底容易产生沉淀；槽膛空，槽帮不容易生成结壳；在相同的槽电压下，极距较小，电解槽容易出现槽电压摆动。

因此，对一个电解槽来说，合理的电解温度即最佳电解质温度的选择应在上述二者之间权衡考虑。一个电解槽的最佳电解质温度，不仅取决于电解槽的设计，更取决于电解槽技术管理人员的技术和操作经验。合理的电解槽温度的选择，更应考虑电解质初晶温度和过热度的选择。

按照 Ultigard 的最近研究，合理的电解质温度不宜低于 955℃；而对于添加 LiF 的电解槽来说，其最佳电解温度应不低于 945℃；大型电解槽的过热度一般在 6～8℃间，如果选用初晶温度较低的电解质，其过热度可适当地高一些。

11.8.2　电解质的组成

铝电解槽的电解质的主要成分是冰晶石、氟化铝和溶解到冰晶石中的氧化铝。其中冰晶石是主要成分，它是 Al_2O_3 的溶剂，没有冰晶石，就没有冰晶石对氧化铝的溶解，也就没有现在的铝电解。冰晶石是由 NaF 和 AlF_3 组成的复盐。为了降低冰晶石的熔点，改进冰晶石-氧化铝熔体的物理化学性质，实现提高电流效率、降低能耗的目的，可以在冰晶石-氧化铝熔液中添加其他一些添加剂。目前能真正用在工业电解槽上，作为冰晶石电解质熔液添加剂的有 AlF_3、CaF_2、LiF 和 MgF_2。

也有人不将 AlF_3 当作添加剂看，因为它可看成是冰晶石复盐化学组成中的一个成分。现在的工业铝电解槽使用酸性电解质，即冰晶石（Na_3AlF_6）＋氟化铝（AlF_3）的电解质溶剂，因此把 AlF_3 看成是相对冰晶石熔体的一种添加剂也是合理的。这样冰晶石电解质熔体的成分，除了用分子比表示外，在文献上也常用 AlF_3 含量的大小来表示。这里所说的 AlF_3 含量指的是熔体中对于冰晶石组分多余的 AlF_3 的含量，也有的称其为游离的或过量的 AlF_3 含量。

在正常的铝电解生产过程中，电解质的分子比是一个非常重要的参数，且在电解过程中有很大的变化，在此将给予重点讨论。

11.8.2.1　铝电解中影响电解质分子比变化的因素

在新槽开动以后，新的电解槽阴极内衬会大量地吸收 Na 和 NaF，而使电解质很快地被酸化。随着电解的进行，阴极内衬逐渐地被 Na、NaF 和冰晶石电解质熔体饱和，电解质的酸化逐渐变得缓慢下来。经过过渡期，进入正常的电解期之后，电解质分子比的变化和改变，主要源自于电解槽某些工艺技术参数的变化，以及电解过程中电解质的蒸发损失和原料中水分和杂质与电解质的反应。对于电解过程中电解质的蒸发损失和原料中水分和杂质与电解质的反应所引起的电解质成分的改变和损失将在以后的章节中讨论，本章在这里将重点介绍工艺操作对电解质分子比的影响。

（1）温度变化对电解质分子比的影响　由 $NaF-AlF_3$ 二元系相图可以看出，在分子比低于 3.0 的一侧当电解质熔体温度下降，低于电解质的初晶温度时，熔体中偏析出来的是冰晶石（Na_3AlF_6）组分，在非常低的电解质分子比时，熔体中偏析出来的是亚冰晶石（$Na_5Al_3F_{14}$），因此电解质的分子比会下降。相反，当电解质温度升高时，槽帮结壳和槽底沉淀被熔化，由于槽帮结壳和槽底沉淀的电解质成分，主要为冰晶石组分，因此电解温度上升后，电解质的分子比会升高。此外，当电解质的温度升高后，挥发损失增大加速了电解质分子比的提高。

（2）系列电流、槽电压变化、阳极效应使电解质成分发生变化　在正常电解生产过程中，如果系列电流和槽电压不变，不发生阳极效应，电解槽基本上处于稳定的热平衡状态，电解质的挥发、原料氧化铝中带入的水分使 AlF_3 少量分解以及原料 Al_2O_3 中的金属氧化铝杂质与 AlF_3 反应会使分子比缓慢地上升。但是当电解槽的系列电流、槽电压发生较大改变，或电解槽发生阳极效应时，电解槽的热平衡在某种程度上被破坏，电解槽中的电解质成分必然会有较大变化。

① 系列电流升高，或系列电流不变槽电压升高，会使电解槽温度升高，槽帮结壳和槽底沉淀熔化，电解质分子比升高；如果系列电流和槽电压同时升高，其对电解质温度和电解质分子比的影响更大。

② 铝电解槽发生阳极效应时，阳极表面的电阻突然升高，产生弧光放电，阴极表面局部电解质温度可达 2000℃以上，使电解质大量挥发。与此同时，也使整个电解质熔体温度

升高，使槽帮结壳和槽底沉淀熔化，电解质分子比升高。

（3）电解质温度和组分、槽电压与系列电流变化对槽膛形状的影响 铝电解槽的槽帮结壳分阴极铝液中的槽帮结壳和电解质熔体中的槽帮结壳。电解过程中电解质熔体的温度和电解质的过热度对这两种槽帮结壳的影响是不一样的。对电解质熔体中的槽帮结壳而言，其薄厚受控于电解质熔体的温度 T 与其初晶温度 T_{liq} 之差，即过热度 ΔT。

$$\Delta T = T - T_{liq} \tag{11-2}$$

式中的电解质温度 T 取决于电解槽的设计、槽内衬材料和保温结构、电解槽的电流和槽电压、阳极质量、电流效率（电流效率降低，铝的二次反应放出热量增加，使电解质温度升高）等因素。而 T_{liq} 为电解质的初晶温度，其大小仅取决于电解质分子比以及添加剂 CaF_2、LiF、MgF_2 量和 Al_2O_3 浓度的大小。

由于电解质熔体对槽帮结壳传热的大小与电解质熔体的过热度大小成正比，故电解质熔体过热度增加，电解质熔体对槽帮结壳的传热增大，使电解质水平部分的槽帮结壳熔化，槽帮结壳变薄。

对于阴极铝液内的槽帮结壳而言，在给定的槽内衬结构下，其变化受控于铝液的温度、铝液的流体动力学状态，与电解质成分、过热度无关。

电解过程中某些工艺操作对槽膛形状的影响如图 11-14～图 11-18 所示。

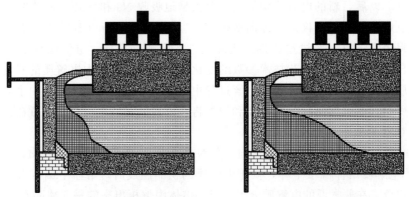

图 11-14 电解槽中添加较高含量的 AlF_3 对槽膛形状的改变

（电解槽中添加 AlF_3，初晶温度降低，上部槽帮结壳熔化，电解质温度降低）

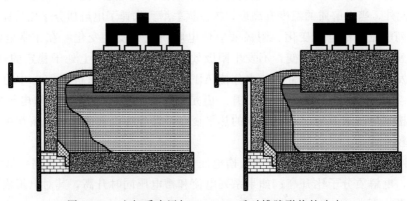

图 11-15 电解质中添加 Na_2CO_3 后对槽膛形状的改变

（电解质中添加 Na_2CO_3 后，初晶温度上升，过热度降低，槽帮上部结壳散热减小，厚度增加，槽温上升，铝水中的结壳熔化变薄）

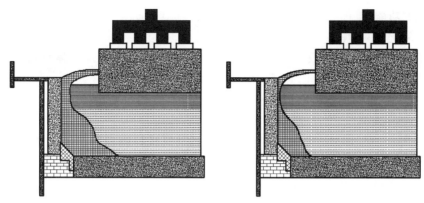

图 11-16　槽电压和（或）电流增加对槽腔形状的改变

（槽电压和电流增加，电解质温度增加，热损失增加，槽帮结壳的厚度减小）

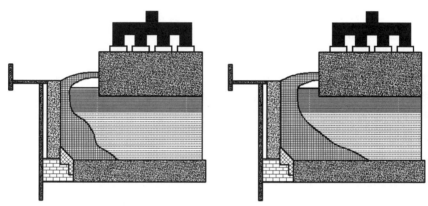

图 11-17　槽电压降低对槽腔形状的影响

（槽电压降低电解温度降低，沉淀增加，电解质中 AlF_3 浓度升高）

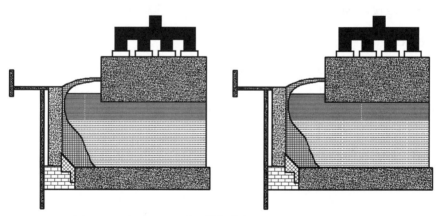

图 11-18　加入 AlF_3 对无槽帮结壳电解槽槽帮形状的影响

（在电解槽内没有槽帮结壳，加入 AlF_3 后，虽然使初晶温度降低，

但电解温度没有降低，故槽帮结壳无变化）

11.8.2.2　电解质成分的选择

电解槽中的电解质有 3 种功能，即：

① 导电的功能；

② 溶解氧化铝的功能；

③ 使阳极与阴极、阳极反应与阴极反应分开，阳极生成的 CO_2 气体与阴极生成的金属铝分开。

在现代化的大型预焙阳极电解槽中，典型的电解质组成：

冰晶石（Na_3AlF_6） 80%左右；

氟化铝（AlF_3） 10%～12%（氧化铝下料和计算机控制较好的电解槽，AlF_3 含量的上限可以提高到 13%～13.5%）；

氧化铝（Al_2O_3） 2%～4%；

氟化钙（CaF_2） 4%～6%。

应该说电解槽中的电解质组分不是电解槽的设计参数，每个电解槽的电解质组分也并非完全一样。铝电解槽的最佳电解质组成取决于电解槽技术管理人员的操作经验以及综合经济衡算。

（1）LiF 电解质熔体中添加 LiF 的优点是提高电解质的导电性能，降低电解质的初晶温度，降低电解质熔体的蒸气压，降低铝在电解质熔体中的溶解度。但是 LiF 应用在分子比较低的电解槽中时，所取得的效果甚小。而当 LiF 应用在稳定性不好、槽龄较长、需要增加极距的电解槽时，可能会取得较好的效果。

LiF 添加剂的缺点是价格贵，成本高，会降低氧化铝的溶解度和溶解速率，会使金属铝中的 Li 含量增加。

（2）MgF_2 MgF_2 添加剂具有与 CaF_2 相类似的性质，但在对降低电解质的初晶温度、分离电解质中的炭渣方面，MgF_2 比 CaF_2 更有效果。电解槽使用 MgF_2 添加剂可以改变和提高电解槽的电流效率，特别是当它与 LiF 添加剂一起使用时，效果更好。

其缺点是降低电解质的电导率和氧化铝的溶解度，增加电解质熔体的密度和蒸气压，使阴极金属铝中镁的含量增加。

电解质中，当使用 MgF_2 添加剂时，MgF_2+CaF_2 的总量不宜大于 7%。

11.8.3 铝水平

11.8.3.1 铝水平在电解槽中的功能和作用

有些人常把铝水平看成是电解槽的设计参数，实际上它既是一个设计参数，也是一个很重要的工艺技术参数，铝水平在电解槽中起到如下的作用。

① 使含铝络离子在阴极上放电生成金属铝的反应能在铝液阴极表面发生。如果阴极表面没有金属铝，那么在阴极表面放电的离子可能不仅仅是金属铝离子，而且很大程度上是钠离子放电。这是因为在正常电解温度和电解质分子比的情况下，铝离子和钠离子的放电电位之差仅为 0.24V 左右。如果阴极没有铝，没有阴极铝液表面的运动和波动，NaF 在阴极表面的浓度极化更大，使 Na^+ 和 Al^{3+} 的放电电位之差降到 0.05V 以下。且当阴极表面没有金属铝时，阴极表面放电生成的金属钠很容易渗入阴极的炭素晶格中，生成 C_xNa 的金属间化合物：

$$Na^+ + e \longrightarrow Na \qquad (11-3)$$

$$xC + Na \longrightarrow C_xNa \qquad (11-4)$$

式中 x 为 8 或 8 的倍数，反应（11-3）和反应（11-4）合起来为：

$$Na^+ + xC + e \longrightarrow C_x Na \tag{11-5}$$

化合反应（11-4）的发生，使反应（11-3）的自由能降低，Na^+ 的析出电位降低，这样便使得铝离子和钠离子的放电电位之差更小，甚至有可能使钠离子的放电电位低于铝离子的放电电位。用石墨坩埚做成的电解槽进行电解实验时，当石墨坩埚阴极内没有放入金属铝时，尽管电解很长时间阴极上也不生成金属铝，这一事实证明了这一点。只有当炭阴极中被 Na 饱和之后，才有可能在阴极上电解析出金属铝。

② 铝电解槽中的金属铝具有储热功能，在电解槽出现某些非正常情况时，如出现电流突然过大，或槽电压突然升高，或电解槽阳极效应时，或阳极效应时间过长时，电解槽内产生的大量多余热量可储入铝水中，而不至于使电解槽温度上升得过高。相反，当电解槽内因某种原因出现电流突然降低或突然停电，由于电解槽阴极铝液中储存有较大的热量，而不会使电解槽中的电解质熔体快速凝固，这样可使我们有足够的时间来应对和处理出现的情况，如限电和维修断电。事实证明，电解槽容量越大，电解槽内液体电解质和液体铝液越多，电解槽的这种热稳定性越好，越能承受电力供应的波动和阳极效应对电解槽温度波动的影响，以及诸如更换阳极作业对电解槽热稳定性的影响。

③ 金属铝具有良好的导热、导电性能，具有使电解槽内温度分布比较均匀和阴极电流分布比较均衡的功能。

11.8.3.2　铝水平的选择

虽然电解槽内的铝水平在某种程度上说，它是电解槽的一个设计参数，因为电解槽的铝水平对电解槽的热平衡有重要影响，但是真正的电解槽铝水平并非是仅由设计人员计算与设计出来的，而是结合生产实践的经验加以确定的。

从电解槽的稳定性方面考虑，当然是电解槽中的铝水平越高越好，但是过高的铝水平，必然是要增加槽膛的高度，而且也必然使电解槽从侧部的散热量增加。另外提高铝水平还会增加电解槽内的在产铝。

一般说来，大型预焙阳极电解槽的铝水平一般都在 20cm 左右。对于中间点式氧化铝下料和计算机控制较好、电解槽母线设计较佳、电解槽内铝液较为稳定的电解槽，其铝液水平可以较低一些。相反，电解槽氧化铝下料和计算机控制较差、电解槽母线磁场设计较差的电解槽，铝水平可以较高一些。新槽铝水平可以较低一些，而槽龄长、炉底压降大、槽底热的电解槽，其铝液水平可以高一些。

11.8.4　法国 AP 电解槽设计参数、工艺技术参数和主要技术经济指标

公认法国彼施涅 AP 电解槽的技术是国际上领先的。在这里我们只对 AP30 到 AP50 系列槽和试验电解槽的发展过程中的主要电解槽的设计参数、工艺技术参数和主要技术经济指标进行介绍，如表 11-1 所示。

从表 11-1 可以看出法国 AP 电解槽在工艺技术与操作上的几个特点。

① 电解槽有较高的电解温度和较高的电解质初晶温度，但都有较低的过热度，电解质的过热度不大于 10℃。

② 电解质的分子比较低，相对冰晶石组分的过量 AlF_3 含量较高，但电解槽取得较高的电流效率，表明电解槽具有较好的计算机控制技术。

③ 电解槽有较高的阳极电流密度，并能获得较好的技术经济指标。

表 11-1　彼施涅 AP30～AP50 电解槽发展过程中的主要设计参数和技术经济指标

	300	322	330	330	330	330	335	350	400	440	480	490	500
电流/kA	300	322	330	330	330	330	335	350	400	440	480	490	500
阳极数	32	32	32	32	32	32	32	32	36	40	40	40	40
阳极尺寸/m	1.6× 0.8	1.6× 0.8	1.7× 0.8	1.7× 0.8	1.7× 0.8	1.7× 0.8	1.7× 0.8	1.7× 0.8	1.7× 0.8	1.7× 0.8	1.95× 0.8	1.95× 0.8	1.95× 0.8
阳极钢爪数	3	3	3	3	3	3	3	3	3	3	3	4	4
阳极钢爪直径/cm	18	18	18	18	18	18	18	19	19	19	19	17.5	17.5
阳极覆盖料料厚度/cm	16	16	16	16	16	16	16	16	16	16	10	10	10
阴极炭块数	18	18	18	18	18	18	18	18	20	22	22	22	24
阴极炭块长度/m	3.47	3.47	3.47	3.47	3.67	3.67	3.67	3.67	3.67	3.67	4.17	4.17	4.17
阴极炭块类型	HC3	HC3	HC3	HC3	HC3	HC10	HC10	HC10	HC10	HC10	HC10	HC10	HC10
边部炭块类型	HC3	HC3	HC3	HC3	SiC	SiC	SiC	SiC	SiC	SiC	SiC	SiC	SiC
边部炭块厚度/cm	15	15	15	15	15	10	10	10	10	10	10	10	10
加工面尺寸/cm	35	35	25	25	25	30	30	30	30	30	30	30	30
槽壳内壁尺寸/m	14.4× 4.35	14.4× 4.35	14.4× 4.35	14.4× 4.35	14.4× 4.35	14.4× 4.35	14.4× 4.35	14.4× 4.35	16.1× 4.35	17.8× 4.35	17.8× 4.85	17.8× 4.85	17.8× 4.85
极距/cm	5	4	4	4	4	4	4	4	4	4	4	4	4
AlF₃ 过量/%	10.9	10.9	10.9	13.5	13.5	13.5	13.5	13.5	13.5	13.5	13.5	13.5	13.5
阳极压降/mV	306	325	328	328	328	328	331	330	335	332	347	314	320
阴极压降/mV	290	311	319	319	277	277	281	293	301	331	324	331	312
阳极同缝热损失/kW	239	244	247	247	247	250	275	284	311	335	367	391	394
阴极底部热损失/kW	166	167	168	168	171	171	172	173	193	202	231	231	238
电解温度/℃	973.3	973.3	973.3	960.8	960.3	960.2	960	961.5	962.7	963.4	962.8	962.8	963.4
过热度/℃	6.8	6.8	6.8	7.2	6.6	6.5	6.3	7.8	9	9.7	9.1	9.1	9.7
电解质中槽帮结厚度/cm	7.61	7.75	7.71	6.85	7.81	9.02	9.34	6.69	5.11	4.43	4.97	4.99	4.44
铝水中槽帮结壳厚度/cm	2.79	2.93	2.88	2.03	2.98	4.75	5.07	2.42	0.83	0.15	0.7	0.71	0.17
电流效率/%	94.0	94.4	94.2	95.9	95.9	95.9	96.0	96.0	96.0	95.9	95.8	95.9	95.9
内热/kW	628	633	637	647	633	633	652	712	825	916	964	988	1019
能耗/(kW·h/kg)	13.75	13.32	13.2	13.14	13.01	13	13.1	13.37	13.49	13.53	13.31	13.33	13.39

参 考 文 献

［1］ Reverdy M. The 5th International Course on Process Metallurgy of Aluminium. Trondheim：［s. n.］，1986.

［2］ Kvande H. The 21st International Course on Process Metallurgy of Aluminium. Trondheim：［s. n.］，2002：27.

［3］ Sorlie M，Фуе H. Cathode in Aluminium Electrolysis. 2nd edition. Düsseldorf：Aluminium Verlag GmbH，1994.

［4］ Dum R，Galadari I. Light Metals. 1997：247-251.

［5］ Lerog M. 3rd Aluminium Electrolysis Workshop. Pittsburgh：1987. 118.

［6］ Utigard T A. Light Metals. 1999：319.

［7］ Kvande H. The 21st International Course on Process Metallurgy of Aluminium. Trondheim：［s. n.］，2002：171.

［8］ 冯乃祥. 一种铝电解槽外部电源电加热焙烧装置. 中国 ZL 012482838. 2002.

［9］ 冯乃祥. 一种铝电解槽固体铝焙烧装置. 中国 ZL 03214185. 8. 2004.

第 **12** 章 | 铝电解槽电流的强化

12.1 电流强化的可能性

在电解槽中，铝的电解生产遵循法拉第定律，因此，在现有电解槽结构不变或只改变阳极尺寸的情况下，用增加电流的方法来增加铝的产量，是降低铝电解生产成本的一种最有效的办法。近年来，西方国家铝厂无论是边部加工，还是中间下料的预焙槽都在强化电流方面不断取得进步。一般的做法是提高阳极电流密度或加大阳极，或两种方法同时采用。西方国家铝厂通过这两种方法提高电流后，其电解槽生产能力大都比原设计和投产时提高了很多。比较典型的例子就是挪威奥达尔铝厂原设计 150kA 和 160kA 两个生产系列，电流强化到159kA 和 169kA 后不仅产量增加了，而且电流效率提高了 3%～4%（见表 12-1）。

表 12-1 挪威奥达尔铝厂两个系列电流强化情况

技术经济指标	Ardal-1				Ardal-2			
	1986～ 1987 年	1988～ 1989 年	1990～ 1991 年	1992～ 1993 年	1986～ 1987 年	1988～ 1989 年	1990～ 1991 年	1992～ 1993 年
电流/kA	149.8	151.0	155.0	158.7	161.7	162.4	164.8	169
电流效率/%	88.9	89.9	92.7	93.2	90.5	91.6	93.2	93.4
直流电耗/(kW·h/kg Al)	16.3	16.1	14.8	14.4	15.4	14.8	14.2	13.9
年生产量/t	79175	84592	90067	92950	35148	36201	37565	38600

另一个例子就是挪威桑达尔（Sunndal）铝厂的三期电解槽，此电解槽系列建于 1968～1969 年，开始的时候（1969 年），电流为 138kA；在 1985 年，电流增加到了 151kA；到1997 年的时候，电流增加到了 160kA。后来他们在该系列 184 台电解槽中的 14 台电解槽做试验，又将其电流增加到了 175kA，试验槽运行情况良好，电流效率达到 92.5%。该厂已计划将全系列电解槽电流都增加到 175kA，即比刚投产时电流增加了 37kA，相当于产量比刚投产时增加了 26.8%。如果考虑到电流效率的增加，产量增加可能超过 30%。Sunndal铝厂这样大幅度地提高电流可能并不是简单地提高阳极电流密度，有可能是伴随着阳极的加大进行的。但不管电流是用什么办法增加的，他们最终的结果不但没使电流效率降低，反而使电流效率提高了。还有一个就是法国彼施涅 180kA 电解槽将电流提高到 210kA 的实例。他们是通过加大阳极尺寸，改用石墨质阴极炭块（炭块骨料为 100% 的石墨）以及加大阳极钢爪尺寸增强电解槽的散热实现的。而这些电解槽设计上的改变都是借助于计算机对电解槽

热电过程的数字模拟实现的。这种电解槽尽管电流增加了 30kA，但电流效率不但没有降低，相反电流效率从 94.8%～94.9% 增加到了 95.3%，电解槽的稳定性也有了很大提高。另外值得我国铝工业界认真注意的一点是，我国电解槽的设计、操作和运行的阳极电流密度都是比较低的，一般不超过 $0.75A/cm^2$；而目前国外电解槽设计和运行都向高电流密度方向发展，比较典型的例子就是新西兰迪拜铝厂（Dubal）新系列 200kA 大型预焙槽 1 年的运行结果是电流效率达到 95.5%，而阳极电流密度高达 $0.88A/cm^2$，1 年的电解槽运行结果证明是非常稳定的，足可以使电流提高到 205kA。如果按阳极电流密度 $0.88A/cm^2$ 计算，它比我国目前的大型预焙槽的阳极电流密度高 $0.15A/cm^2$ 以上，这意味着我国现有的大型预焙阳极铝电解槽有增产（增大电流）至少 20% 的潜力。

对于自焙槽按阴极结构不变改成的预焙槽来说，正确地选择中间下料点的位置、合理的电解质组成、合理的阳极母线配置和阳极配置，可使改成后的预焙槽的电流和电流效率都得到提高。国外利用阴极结构不变，而只改变上部阳极结构，将自焙槽改成预焙槽后增加电流，并取得成功的经验并不少见。其中，俄罗斯 Nadvoisy 铝厂 70kA 自焙槽改成 80kA 的预焙槽就是一例，改进的结果是不仅产量增加了 14%，而且取得了电流效率 94%、直流电耗 13800kW·h/t Al 的非常好的技术经济指标。20 世纪 80 年代末之前，我国有一半的产铝量是利用自焙槽生产的，其电流大都为 60kA。20 世纪 90 年代中期以后，我国铝厂的绝大多数的这种自焙槽利用原有自焙阳极电解槽和阴极母线系统，纵向配置不变，只将自焙槽的上部结构及母线配置改成了现代化预焙槽结构，电流提高了 25% 左右，电解槽的电流效率也从过去的 90% 左右提高到了 92%～93%。

12.2 我国自焙槽强化电流的历史回顾

抚顺铝厂是我国最早的电解铝厂，其二、三期电解槽投产时，二期电解槽由原设计的 51kA 提高到 60kA，到 1959 年强化到 64.8kA。三期投产时，由原设计电流 60kA 提高到 71kA，到 1960 年达到 74.3kA。随着电流增大，产铝量得到了增加，年生产能力提高 20%～25%。但在此时期，电解槽曾出现了阳极和阴极热负荷过大的情况，造成生产不稳定，电耗及其他指标不佳，表明电解槽的强化生产是有一定限度的。为了克服这些缺点，又不得不降低一些电流，在 1961～1964 年间，二期电流保持 60kA，三期保持在 70kA。于 1964 年，工厂将二期电解槽阳极进行加宽，由 160cm 加宽到 180cm，在 1964～1970 年利用大修的机会，又把二、三期的无底槽改成有底槽，借以增加电解槽的散热。这时二期电解槽又恢复到 63～64kA，三期电流较好地稳定在 71kA 左右。

表 12-2 和表 12-3 分别列出了比较典型的两种不同电流自焙槽的部分技术经济指标。

从表 12-2 阳极断面为 3800mm×1800mm 的二期电解槽平均年度技术指标可以看出，对于此种电解槽在相差 6000A 的两种不同电流进行电解生产时，其主要的技术经济指标没有明显的差别。

表 12-2 抚顺铝厂二期电解槽不同电流时的技术经济指标

（阳极断面尺寸 3800mm×1800mm）

系列电流/A	63762(1978 年)	63116(1979 年)	57965(1985 年)	58027(1986 年)
平均槽电压/V	4.332[①]	4.381	4.370	4.363

续表

系列电流/A	63762(1978年)	63116(1979年)	57965(1985年)	58027(1986年)
槽工作电压/V	4.276	4.281	4.231	4.217
槽底压降/mV	492	472	514.5	495.5
槽昼夜数	41193	50700	39655	55414
平均分子比	2.785	2.77	2.82	2.78
极距/cm	3.815	3.84	3.835	3.85
效应系数	0.084	0.105	0.236	0.283
出铝后铝水平/cm	26.4	29.4	24.45	26.9
电解质水平/cm	13.7	14.5	16.65	16.3
电流效率/%	88.22	87.73	88.66	88.5
阳极糊单耗/(kg/t)	519	489.3	521	519
直流电耗/(kW·h/t)	14947	14882	14693	14704

① 槽电压按相同的母线尺寸和母线电阻进行了修正。

表 12-3   抚顺铝厂三期电解槽不同电流时的技术经济指标

(阳极断面尺寸 4000mm×1800mm)

系列电流/A	70047 (1975年)	70072 (1976年)	65500 (1981年)	65476 (1982年)	59222 (1985年)	59124 (1986年)
平均槽电压/V	4.360[①]	4.361[①]	4.391	4.388	4.375	4.332
槽工作电压/V	4.290	4.301	4.270	4.327	4.323	4.294
槽底压降/mV	476	475	470.3	474.1	496	453
槽昼夜数	56910	42043	52973	40195	50986	54283
平均分子比	2.76	2.83	2.76	2.75	2.78	2.79
极距/cm	3.81	3.74	3.83	3.87	3.825	3.83
效应系数	0.102	0.077	0.096	0.118	0.377	0.291
出铝后铝水平/cm	27.02	27.4	36.3	38.6	20.2	24.6
电解质水平/cm	14.3	14.2	15.3	15.4	19.0	17.3
电流效率/%	88.17	87.82	89.53	89.53	89.41	88.7
电耗/(kW·h/t)	14736	14798	14617	14609	14585	14670

① 槽电压按相同的母线尺寸和母线电阻进行了修正。

对于阳极断面为 4000mm×1800mm 的三期电解槽,当电流强化到 64kA 时,与 59kA 时的低电流操作进行比较,电流效率并无明显差别,槽电压也无明显变化,所以电耗指标无明显区别。当电流在 70kA 的条件下强化生产时,电解槽的长期操作仍能取得较好的技术经济指标,与电流为 59kA 时相差无几,电流效率为 88%,如果当时采用不捞炭渣,不扒沉淀和不刮阳极等操作方法,电流效率还有可能再高一些。因此,上述两种电解槽将电流分别强化到 64kA 和 70kA 在当时是合理的。

12.3   铝电解槽电流强化的几个技术问题

铝电解槽电流的强化,有两种方式,即:

① 电解槽阳极和阴极结构不变,在原电解槽结构的基础上强化电流,这时电解槽阳极电流密度、电解质熔体的电流密度、阴极电流密度和它们与金属导体接触的电流密度会由于电流的提高而提高;

② 阴极结构不变,只改变阳极结构,使电解槽阳极加长,加工面缩小,在这种情况下,

阳极电流密度可能提高一些，也可以不提高，这要视阳极加长的大小和电解强化多少而定。

12.3.1　电流强化后的电流效率问题

电解槽电流效率定义的一种表达方式为：

$$CE = 1 - \frac{R}{q \cdot I_C} \tag{12-1}$$

由式(12-1) 可以看出，铝电解槽的电流强化后，即电流增加，阴极的电流密度增加，会使电流效率提高。但在另一方面，电流强化后，铝液内垂直磁场增加。如果电流强化后槽中铝液内的水平电流密度也增加的话，则必然使槽内铝液的流速和铝液面的不稳定性增加，这会使电流效率下降。因此，电解槽电流增加后，使电解槽的电流效率发生上述两种不同的结果。对于第 1 种强化电流的方式而言，如果电流强化后，槽膛形状的改变使槽内的水平电流更小了，那么电流强化后，磁场变化对电流效率的影响不是很大。

对于加工面比较大的老式结构设计的电解槽而言，一般采用第 2 种电流强化方式。电流强化后，即使阳极电流密度没有提高，则在理论上也会使电流效率提高，这是因为在这种情况下，阳极投影区以外的阴极铝的溶解损失面积减少了。电流强化后，电解槽的大面加工面尺寸一般都在 300mm 左右，此时槽内水平电流一般都比以前有所减少，使磁流体动力学的状态得到了改善。根据国内外电解铝厂的电解槽电流强化的经验，采用这种强化电流方式后，只要电流密度在合理的范围内，电解槽的电流效率都比强化前有所提高，取得了较好的经济效益。当然这种强化也应该使电流密度在一个合理的范围内。

12.3.2　阳极和阴极电压降问题

对第 1 种电流强化方式而言，阳极电流密度的增加确定无疑。如果阳极的电阻不变，阳极电压降理应随电流的增加而增加。铝电解槽的阳极以及阳极钢爪上的铁炭间的电压降是阳极电压降的主要部分，但是由于阳极电流密度和阳极钢爪电流密度的提高，会使其温度提高，必然导致其阳极和 Fe/C 之间电阻的下降，因此又有使阳极 Fe/C 电压降降低的一个方面。对于第 2 种方式的强化电流而言，如果阳极钢爪的结构尺寸不变，而只增加阳极尺寸，那么其阳极钢爪处的电流密度也会增加，如果电流密度不是增加很大，其阳极压降也不会提高。

阴极电压降在电流强化后的变化具有与阳极电压降相类似的变化规律，所不同的是对阴极电压降而言，无论采用何种强化方式，都使电解槽的槽膛变大，其中第 2 种强化方式，槽膛变大更为明显。这在某种程度上会改变阴极炭块内部、阴极炭块与阴极钢棒之间的电流分布。正是由于上述这些原因，当铝电解槽电流在适当范围内强化后，可能并不会使阴极电压降升高。抚顺铝厂在 20 世纪 70 年代自焙槽电流强化前后的炉底阴极电压降的实测数据证明了这一点，见表 12-4。

表 12-4　抚顺铝厂三期电解槽不同电流时的槽底阴极电压降

年份	1976	1978	1980	1982	1984	1985	1986
电流/A	70072	68345	65351	65476	61154	59222	59124
阴极电压降/mV	475	496	497	464	473	497	453

12.3.3　电解质电压降问题

我国老式槽结构的电解槽，如 135kA 和 160kA 电解槽，具有比较大的加工面尺寸。在阳极结构尺寸不变的情况下，强化电流时，如果是强化后基本上保持原有的技术参数不变，必然使电解质的电压降增加。但这种增加也不与电流的增加成正比，这是因为电解质的电压降升高后，加之系列电流的增加，电解质内的电阻热增加，在达到新的热平衡后，槽膛会变大，电解质的电阻会有一定程度的降低。

而对于用增加阳极尺寸来强化电流的方法而言，如果电解质的电流密度没有很大提高，那么电解质的电压降不会由于电流的强化而有很大的改变。

关于电解槽电流强化后电解质电压降的变化情况，可按本书槽电压一章所介绍的电解质电压降的计算式去进行分析与计算。

12.3.4 电流强化后的热平衡问题

一般说来，铝电解槽强化电流后，槽电压技术参数的选择对电解槽的热平衡的改变起着最重要的作用。通常在电解槽强化电流后，如果保持原有的技术参数，特别是极距不变，槽电压比强化电流前要高。但是在操作上一般都不这么做，而是将槽电压保持和原来一样，或比强化前稍低一些。如果电解槽的极距不低于 4.0cm，槽电压比强化前稍低一些为好，这是因为槽电压的变化比电流的变化对电解槽热平衡的影响大得多。以一个 300kA 的电解槽为例，如果电解槽的槽电压从 4.10V 提高到 4.20V，或从 4.20V 降低到 4.10V，由于电解槽槽电压的提高和降低都是通过提高或降低极距实现的，因此，提高和降低槽电压而使电解槽电热功率的增加或降低全部发生在电解槽极间电解质熔体中，此时电解槽单位时间（1h）内提高和降低的电热能为：

$$I\Delta Vt = 300kA \times 0.1V \times 1h = 30kW \cdot h \tag{12-2}$$

现在再分析和估算一下，电解槽电流增加或降低 1000A 对电解槽热平衡的影响。仍然以电解槽电流为 300kA，槽电压 4.10V 为例。如果选择阳极上表面氧化铝和槽壳为电解槽的热平衡体系，则电解槽热平衡体系内的电压降约为 3.7V，除去电解槽的反电动势 1.7V，则电解槽平衡体系内的发热电压 $V_t = 3.7 - 1.7 = 2.0V$，因此电解槽的电流增加或降低 1000A 时，其电解槽热平衡体系内的热能在单位时间（1h）内增加或减少为：

$$V_t\Delta It = 2.0V \times 1000A \times 1h = 2.0kW \cdot h \tag{12-3}$$

由式(12-2) 和式(12-3) 的计算结果可以看出，对一个槽电压为 4.10V，电流为 300kA 的电解槽来说，仅从电热平衡的角度去分析，其槽电压升高或降低 0.1V 对电解槽产生的热效应，与电解槽电流强化或降低 15kA 时对电解槽热平衡体系产生的热效应是完全一样的。

铝电解槽强化电流后必须要很好地解决电解的热平衡问题。铝电解槽强化电流的目的是为了提高生产率，降低生产成本，但是强化电流是有一定的限度的，而且有的电解槽就是不适宜强化电流。如果电解槽强化电流后，破坏了原有的技术条件，或者对强化电流后的技术和操作管理跟不上去，或者对强化电流电解槽的工艺与技术特性不能很好地了解，而使电流强化后电解槽的电流效率比强化前降低了，则应对电流强化进行综合技术经济评价，但最终还需要经过实践才能加以确定。

解决电解槽强化电流后的热平衡问题需采取如下措施和方法。

① 如果被强化的电解槽的极距有很大的可降低潜力，仍可以通过降低槽电压，调节和解决电解槽强化电流后的热平衡问题。这里仍以前面所讲到的电解槽电流为 300kA，槽电压 4.20V 为例，当电流从 300kA 强化到 315kA 时，如果电解槽的极距在 4.3cm 以上，那么将槽电压降低 0.1V，就可以解决槽的热平衡问题，而无需在电解槽内衬结构和散热上做文

章。一般情况下，电解质的电压降在 $35\sim40\mathrm{mV/mm}$ 左右，槽电压降低 $0.1\mathrm{V}$，约使极距降低 $3\mathrm{mm}$ 左右。事实上，电解槽强化电流后，槽膛一般都会有所增大，加之我们在电流强化时，采取一些有利于增加电解质熔体电导的措施，如添加 LiF 等，完全可以在适当降低槽电压而保持极距不变的情况下，保持强化电流后与强化电流前的基本的热平衡不变。对于诸如 $200\sim350\mathrm{kA}$ 的大型预焙阳极电解槽在电流强化 $20\sim30\mathrm{kA}$ 时，阳极电压降和阴极电压降不会有很大改变。

② 电流强化的大小目前主要以阳极所能承受的负荷能力而定。这与阳极的质量有关，目前我们国家质量较好的阳极承受 $0.8\mathrm{A/cm^2}$ 的阳极电流密度是没有什么问题的。湖北华胜铝厂 80kA 电解槽的阳极电流密度就为 $0.8\mathrm{A/cm^2}$，电解槽的电流效率在 93％ 左右。如果被强化电解槽的极距和槽电压的降低没有潜力，那么电解槽强化电流后槽电压就不能再降低，但也要使电解槽槽电压保持在原有水平上，而不能使槽电压提高，此时电解槽的热平衡需要通过减少氧化铝保温层的厚度，适当提高铝水平高度，改进电解质成分，提高电解质导电性能等方法和提高电解槽的散热损失的方法，来实现电解槽强化电流后良好的热平衡状态。

③ 对于高电流密度和高电流的电解槽还可以用电解质中添加锂盐的办法降低电解质的电阻和电解质的电压降；采用比较大的阳极钢爪和阴极钢棒的导电面积既可以降低阳极和阴极的铁炭压降，也可以增加阳极钢爪和阴极钢棒的散热面积。采用导电性能较好的阴极炭块可降低阴极炭块的电压降。这些电压降的降低，可为电解槽强化电流后槽电压的降低创造条件，即使电解槽槽电压不降低，也使电解槽的极距得以提高，这对改善和提高电解槽的电流效率是有益的。实际上，铝电解槽的电解温度适当提高一点后，可使 Al_2O_3 的分解电压和两极过电压降低，使电解质电压降降低，这也对提高电解槽的极距有益，但电解质温度提高后，可能会对电流效率有影响，因此应权衡考虑，最好是温度提高后，过热度不要提高。

增加电解槽的阳极钢爪和阴极钢棒的面积，使用导电和导热性能好、石墨化程度较高的阴极炭块，这样可增加电解槽的散热，能够在一定程度上调解电解槽电流强化后的热平衡问题。

12.3.5　进一步提高阳极质量的问题

在现有基础上进一步改进和提高电解槽的阳极质量，主要是提高阳极的导热、导电性能和抗氧化性能，这需要靠提高阳极的密度，提高煅后焦的真密度、电导率，改进沥青的黏结、炭化性能和提高阳极的焙烧温度来实现。除此之外，在阳极的配料和配方方面仍可以做一些有益的工作。这其中，提高煅后焦的性能，主要也是靠提高煅烧温度来实现的，但就目前来说，在现有的石油焦煅烧设备和阳极的焙烧炉设备上，进一步提高其煅烧温度和阳极的焙烧温度是有一定困难的。这可能需要在煅烧炉和焙烧炉的炉衬材料上做重大改进，选择优质的、更耐高温的耐火材料，这在经济上会不合算，所增加的有效投入能否带来更大的回报仍需要做一些深入的研究工作。对于阳极炭块的密度来说，要想用传统技术使炭阳极的密度和电阻有较大的提高是困难的，除非在其制作方法上有所突破。也许热模压炭阳极是未来的发展方向，图 12-1 所示是冯乃祥等人在实验室用压焙合一法制取铝电解槽阳极炭块的装置。所谓压焙合一法是模压和焙烧一步完成的。使用直接电阻加压焙烧，在 2.0kg 阳极炭块大小规模的小型试验中，使用80％煅后石油焦、10％生石油焦和10％粉状煤沥青，制得的阳极炭块的电阻率为 $49.5\Omega\cdot\mathrm{mm^2/m}$，体密度 $1.71\mathrm{g/cm^3}$，抗压强度 $420\mathrm{kg/cm^2}$。这个研究结果表明，改变配料、成型和焙烧的技术条件，是可以制得密度更大、电阻更低的阳极炭块的。用压焙合一法制造高炉小炭砖，已在国外得到了成功的应用。

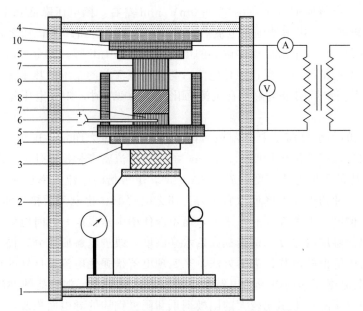

图 12-1 铝电解槽阳极炭块压焙合一法试验装置

1—钢架；2—千斤顶；3—水冷钢板；4—混凝土板；5—铜板；6—热电偶；

7—模芯（阳模）；8—炭块；9—阴模套；10—钢板

参 考 文 献

［1］ 冯乃祥. 中国电解铝工业发展战略及市场分析研讨会《世界有色金属》专辑. 北戴河：出版者不详，2001.

［2］ 冯乃祥，邱竹贤. 世界有色金属. 1989，20：25.

［3］ 冯乃祥. 轻金属. 1999，245：21.

［4］ Haupin E，Frank W. Light Metal Age. 2002（6）：6.

［5］ Kvande H. Proc. 6th Australasian Aluminium Smelting Workshop. Geraldton：［s. n.］，1998：86.

［6］ Reverdy M，Bos J. Proc. 6th Australasian Aluminium Smelting Workshop. Geraldton：［s. n.］，1998：69.

第13章 氧化铝及其在电解槽中的行为

13.1 氧化铝的生产——粉状氧化铝和沙状氧化铝

目前工业上生产氧化铝所用的原料为含有 1 个结晶水或 3 个结晶水的氧化铝和含少量氧化铁、氧化硅、氧化钛的铝土矿，称为一水铝石或三水铝石。在拜尔法生产氧化铝的工艺过程中，磨细的铝土矿在一定的压力和温度条件下，用强碱溶液（Na_2O 含量为 $140\sim250g/L$）浸出铝酸钠溶液。

$$Al_2O_3 \cdot xH_2O + 2NaOH \longrightarrow 2NaAlO_2 + (x+1)H_2O \tag{13-1}$$

然后将含有铁、硅、钛等杂质的称为赤泥的不溶物与富含铝酸钠的溶液（Na_2O/Al_2O_3 摩尔比约为 1.9）分离开来。

将此溶液进行冷却，使之成为过饱和状态，加入晶种 $Al(OH)_3$，从溶液中沉析出 $Al(OH)_3$，然后将得到的 $Al(OH)_3$ 煅烧，制得 Al_2O_3。在氢氧化铝脱水和煅烧过程中，产生中间结晶态的氧化铝，人们常称之为 γ 态氧化铝或 γ 型氧化铝（γ-Al_2O_3）。这些中间结晶态 γ 态氧化铝并非是稳定态的，它可变成 α 态氧化铝（或称 α 型氧化铝 α-Al_2O_3），这需要 1250℃ 左右的温度。在较低温度下煅烧的氧化铝既含有 γ 态氧化铝，又含有 α 态氧化铝，这其中，含有较高量 α 态的氧化铝称为粉状氧化铝，这种氧化铝具有较好的流态特性；而 γ 态氧化铝含量是较高的，相对粉状氧化铝更具有沙状形态的氧化铝称之为沙状氧化铝。这种氧化铝是在较低的温度下煅烧而成的，其中 α 态氧化铝含量仅为 $10\%\sim25\%$。沙状氧化铝有较高的比表面积、较高的烧损，见表 13-1。

表 13-1　粉状和沙状氧化铝性质的比较

氧化铝	α-Al_2O_3 含量/%	比表面积/(m^2/g)	安息角/(°)	烧损/%	约 $44\mu m$ 粉含量/%
粉状	$75\sim90$	<5	>40	0.2	$20\sim30$
沙状	$5\sim25$	$30\sim80$	$30\sim34$	$0.8\sim0.3$	$4\sim20$

13.2 铝电解对氧化铝性质的要求

对于电解铝厂来说，希望供应有如下性质的氧化铝。

① 在电解质熔体中有较大的溶解速率。

② 具有尽可能小的热导率，以提高槽面和阳极上面的氧化铝覆盖料的保温效果。

③ 具有较好的流动性能，以满足管道内输运的需要。

④ 具有较小的杂质含量，以便提高电解铝的质量。特别需要指出的是，氧化铝中 P、V、Ti 等杂质的含量要严格限制，因为这些杂质进入电解质熔体中以相应的离子形式存在，在阴极上不完全放电，这样会导致电解槽的电流效率下降。氧化铝中钠、镁、碱金属和碱土金属氧化物杂质的存在，虽然不会对电流效率产生直接的影响，但其氧化物与氟化铝的反应会增加电解质中氟化铝的消耗。

⑤ 尽可能少的水分含量。因为氧化铝原料中的水分与电解质熔体接触时，会使氟化铝水解，增加电解质的消耗。

$$2AlF_3 + 3H_2O \longrightarrow Al_2O_3 + 6HF \qquad (13-2)$$

但氧化铝中含有少量的水分也是必要的，因为在干法净化中，Al_2O_3 中的水分对 Al_2O_3 吸附 HF 起到很重要的作用，其原理将在第 19 章介绍。

⑥ 具有较好的抗磨损性。这样可使氧化铝在管道内运输或在干法净化过程中不至于或减少被磨细的程度。

⑦ 要求氧化铝有尽可能大的比表面积，以提高其在干法净化中吸收 HF 的能力。

尽管电解铝厂对氧化铝提出了上述诸多的要求，但是除了杂质含量以外，铝电解生产用的氧化铝还没有一个严格的技术标准。表 13-2 所列的数据只是国外铝工业所用 Al_2O_3 有代表性的一些特性指标。

表 13-2　国外铝工业比较有代表性的 Al_2O_3 特性指标

性质		典型值	范围	建议铝厂采用的标准
烧损(300~1000℃)/%		1.0	0.1~3.0	0.8
体积密度	松装密度/(g/cm³)	0.90	0.85~1.085	0.95
	振实密度/(g/cm³)	1.05	0.95~1.16	0.95~1.05
	真密度/(g/cm³)	3.55	3.456~3.60	
比表面积/(m²/g)		75	35~180	60~90
安息角/(°)		34	30~40	34
−44μm 细粉	磨前/%	8	5~30	<10
	磨后/%	15	10~35	<15
+150μm 颗粒比例/%		3	1~5	≤3
热导率(250℃)/[W/(m·℃)]		0.16	0.15~0.20	0.16
α-Al_2O_3 含量/%		5~20	2~25	5~15

13.3　氧化铝的性质

从纯度上看，冶金级氧化铝的化学组分应该是要保证在工业铝电解槽上能生产出 99.5%~99.8% 的工业纯铝，其所涉及的杂质元素主要有硅和铁。除此之外，我们还必须要严格氧化铝原料中 P_2O_5、TiO_2、V_2O_5 等氧化物杂质含量。其典型的冶金级氧化铝的化学纯度见表 13-3。

表 13-3　冶金级氧化铝的化学纯度

杂质成分	典型值	允许范围	建议铝厂采用的标准
水分(水合物)	0.2	0~0.5	0

杂质成分	典型值	允许范围	建议铝厂采用的标准
Na_2O	0.4	0.28~0.55	≤0.4
Fe_2O_3	0.015	0.006~0.03	<0.02
SiO_2	0.015	0.005~0.25	<0.02
TiO_2	0.002	0.001~0.0045	<0.003
ZnO	0.015	0.0002~0.005	<0.013
V_2O_5	0.001	0.0005~0.011	≤0.002
P_2O_5	0.001	<0.001	<0.001
CaO	0.03	0.001~0.055	<0.035

从操作上看，氧化铝的一些重要理化性质如下。

（1）比表面积（BET）　比表面积是单位质量氧化铝晶体内孔隙面积和外表面积的总和，其大小与氧化铝生产中的种分过程、煅烧形式和煅烧温度有关。在电解槽烟气的干法净化中，HF 气体会单层吸附在活性较大的氧化铝的孔隙结构的表面上，因此铝电解槽的干法净化需要氧化铝有尽可能高的比表面积。如果要达到使每吨铝能吸附 0.5kg 氟，即每 2t Al_2O_3 能吸附 1kg 氟，那么氧化铝的比表面积至少需要达到 $50m^2/g$，因此氧化铝的比表面积最好要在 $60~90m^2/g$ 之间。在铝电解槽的干法净化中，氧化铝还需要捕捉烟气中的氟化物颗粒和某些水分。

（2）松装体密度　氧化铝松装体密度大小与氧化铝的颗粒大小、形状、粒度分布，以及氧化铝的煅烧形式有关。载氟 Al_2O_3 的体密度一般要稍高于新鲜 Al_2O_3 的体密度。为了保证铝电解槽中间点式下料，每次输入给料箱中的氧化铝质量一样，即每次打壳下料的氧化铝的质量都一样，那么氧化铝的松装体密度必须是一样的。但生产实践中并不能保证这一点，因为不同厂家，不同氧化铝生产工艺过程的变化，不同氧化铝的输送过程，都可能使氧化铝的密度不完全一样。因此，严格来说，每天都应对输入到电解槽上部加料罐的氧化铝密度进行测定，以便能使电解槽的下料量保持准确。此外氧化铝的密度大小对结壳的硬度大小有影响，密度越大其结壳越硬。铝电解槽一般可接受的松装密度范围为 $0.85~1.05g/cm^3$，最好是在 $0.9~0.95g/cm^3$ 之间。

（3）25~300℃烧损　25~300℃的氧化铝烧损主要是水分，要求此值一般在 0.8%~1.0% 之间，对载氟 Al_2O_3 而言一般在 1.5%~2.0% 之间。

（4）300~1000℃的烧损　在这个温度下的烧损，主要是化学结合和化学吸附的水分，此值应该是零，但是很难达到。

（5）颗粒大小及粒度分布　氧化铝颗粒的大小及粒度分布对其特征有很大影响，如果粒度<44μm 的颗粒的比率较高，不但使密度提高，而且使烟气中的粉尘量加大，因此工业铝电解槽对粒度<44μm 的氧化铝有定量要求，对砂状氧化铝来说，要求其量小于或等于 10%；载氟氧化铝一般不大于 20%，如果大于 20%，那么当其加入到电解槽的电解质中时，就会有团聚现象。比较好的氧化铝其平均粒度应在 75μm 左右，−325 目的颗粒应该少于 10%。

（6）α-Al_2O_3 含量　α-Al_2O_3 含量的大小表征 Al_2O_3 的煅烧度、比表面积和在电解槽上形成结壳能力的大小。氧化铝中的 α 相是氢氧化铝完全煅烧后所形成的最稳定的晶体结构，在通常的氧化铝中 α-Al_2O_3 含量、比表面积与水分之间有一定的关系。如果氧化铝中 α-Al_2O_3 含量过低，即小于 2%~3%，那么这样的 Al_2O_3 产品一定是煅烧不到位的，其中必含有较多的水分。如果 $\alpha\text{-}Al_2O_3$ 含量过高，如大于 25%，这种氧化铝的体积密度一定会很高，并在电解槽中容易形成比较不容易溶解的沉淀。铝电解槽沙状氧化铝要求 $\alpha\text{-}Al_2O_3$ 含量不大于 25%，最好在 5%~15% 范围之内。

（7）磨损系数　为了保证氧化铝在运输、管道输送和干法净化时能承受机械磨损，而不会产生过多 $<44\mu m$ 的细粉颗粒，其磨损系数必须 $\leqslant 10\%$，氧化铝经过干法净化系统后，-325 目的氧化铝细粉量不应该超过 20%。

（8）安息角　安息角是标量氧化铝流动性的一个指标，安息角越小，表征其流动性越好，反之就越差。对于氧化铝的管道输送，需要其有较小的安息角。砂状氧化铝的安息角较小，一般在 $30°\sim36°$ 间。作为铝电解槽的阳极覆盖料，氧化铝的安息角大小似乎不是重要的，如法国彼施涅公司对氧化铝的质量标准（见表 13-4）中就没有对安息角提出要求。

表 13-4　法国彼施涅公司对氧化铝的质量要求

性　　质		推荐值	可接受范围	偏差
体积密度/(g/cm^3)		0.90（最小值）	0.90（最小值）	—
比表面积　回转窑焙烧/(m^2/g)		65~75	60~80	<10
闪蒸焙烧或流态化焙烧/(m^2/g)		65~75	55~80	<10
$\alpha\text{-}Al_2O_3$ 含量/%		5（最小值）	5（最小值）	—
烧损（300~1000℃）/%		0.6~0.9	0.5~1.0	<0.2
氢氧化物含量/%		0	0~0.5	—
颗粒大小分布　>100 目/%		0~5	0~10	—
<325 目　磨损前/%		0~10	0~15	<10
磨损后/%		0~20	0~30	<10

由以上介绍可知，对铝电解生产来说，影响最大的是氧化铝的比表面积和 $\alpha\text{-}Al_2O_3$ 含量。在氧化铝的生产中，氢氧化铝转变成氧化铝的脱水过程对氧化铝的比表面积、$\alpha\text{-}Al_2O_3$ 含量大小有很大影响。$\alpha\text{-}Al_2O_3$、比表面积和物料加热的均匀性程度三者之间有很大的相关关系，如图 13-1 所示。由图 13-1 可以看出，现代的流态化焙烧和闪蒸焙烧会使焙烧物料比较均匀，因此可以获得 $\alpha\text{-}Al_2O_3$ 含量较低的氧化铝，其中的 $\gamma\text{-}Al_2O_3$ 在 1000℃ 之前基本上是稳定的。

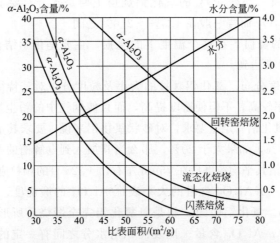

图 13-1　氧化铝中的水分、$\alpha\text{-}Al_2O_3$ 含量、比表面积和焙烧方法之间的关系

13.4　电解槽上部结壳的性质

当将氧化铝加到冰晶石熔体的表面时，氧化铝的溶解情况依赖于加料方式、加料量、氧化铝的形式、温度和电解质的流动状态等因素。冷的氧化铝接触电解质熔体时，除少数能溶解于电解质熔体中，大部分会立即被一层凝固的电解质所覆盖。如果冷的氧化铝被电解质的覆盖量很大，电解质的凝固量就越多，最终就会在电解质的上部形成结壳。此时，氧化铝被包在结壳里面，有些氧化铝则可以待在此结壳上面，如果电解质的凝固不是很多，不足以形成一个凝聚的结壳时，那么氧化铝就会与凝固的电解质结合形成一些小的团块。当团块中的凝固电解质成分含量较低时，团块的密度将小于电解质熔体的密度，这样它们就会浮在电解质熔体的表面。逐渐地，这些浮在电解质液面上的团块会吸收较多的电解质，使密度增加。在这期间，与电解质接触的团块也在发生着氧化铝溶解的过程，较小的团块在其密度增加到大于电解质密度而沉降到槽底之前，就有可能溶解到电解质中，而较大的一些团块，由于不能全部溶解，随着吸收电解质的增加，密度增大，最终将全部沉降到电解槽底部。

当槽面上形成一个稳定的结壳时，氧化铝就与凝固的电解质结合在一起。对于具有低煅烧温度的沙状氧化铝来说，就会立即发生一种从 γ 型向稳定的 α 型氧化铝的相变。Less 的研究得出，这种相变伴随着烧结过程，导致形成一种将氧化铝颗粒连接在一起的网状结构，这种网状结构起到了使结壳增强的作用。沙状氧化铝与电解质形成结壳时，之所以很快地就发生从 γ 型向 α 型的相变，主要是由于电解质中的氟化盐起到了相变催化剂的作用。

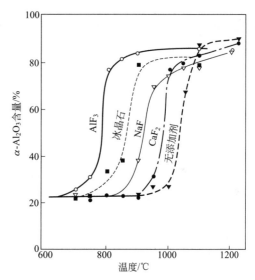

图 13-2　不同温度和不同氟化物添加剂
对沙状氧化铝相变的影响

图 13-2 所示是不同氟化物对沙状氧化铝相变催化作用在实验室的测定结果。在该实验测定中，各种试样在不同温度条件下保持 30min，沙状氧化铝中初始的 α 型氧化铝含量为 22%。从图 13-2 中所示的实验测定结果可以看出，氟化铝的存在使沙状氧化铝的相变温度降低到了 780℃左右，其他氟化物与氟化铝相比，催化效果较差。根据 T. Thonstad 等人的研究结果，在氟化铝存在下，沙状氧化铝的相变反应为一级反应，反应的活化能为 (210 ± 30)kJ/mol。实验研究还发现 NaCl 和 NaOH 添加剂有抑制沙状氧化铝由 γ 型向 α 型相变的效果。

在传统的边部打壳加料过程中，存在于结壳上的氧化铝是以打下的结壳形式进入电解质中。这些团块或是沿着边部沉到槽底，或者沉在电解质和铝液的界面上，或者粘到槽帮结壳上。在电解质熔体上漂浮的尚未形成任何烧结氧化铝网状组织的团料会快速地散开。即使在其中的电解质相熔化后，也仍显示出明显的聚集态。在中间点式下料的电解槽中，所加入的氧化铝的团聚和烧结作用可能不是很重要的，然而当更换阳极时，某些壳块仍会进入到电解质中。

13.5 泥状沉降物的性质

在电解槽中，氧化铝在打壳下料时形成壳块、团聚块，并沉淀在槽中。同时也形成黏稠的氧化铝和电解质的混合物称为泥状沉降物。一旦这些泥状沉降物沉降到铝液上，或沿着槽膛内侧沉入后，它们就会很快地（数小时）溶解到电解质中，而壳块和团聚块中的氧化铝溶解速率相对缓慢一些。沉积到槽底铝液下面的泥状沉降物称为槽底沉淀，除此之外，槽底沉淀还包括槽温降低时，从电解质中析出的冰晶石。

根据 T. Thonstad 和刘业翔在一个 140kA 边部加工下料电解槽上的研究结果，在 2h 的下料周期内，在打壳下料之后的 10min 内，可溶解掉加入 Al_2O_3 的 1/3，其他 2/3 的加入料在刚开始的时候并不溶解，它在电解槽边部形成泥状沉降物或成为凝固的“伸腿”。

Geay 等人对低分子电解槽槽底沉淀的研究得出，槽底沉淀的组成主要是 Al_2O_3 和冰晶石的成分：Al_2O_3 为（42±4.0）%；Na_3AlF_6 为 52% 左右；AlF_3 为（2.4±1.4）%；CaF_2 为（2.8±0.4）%。当电解质熔体的 Na_3AlF_6/AlF_3（质量比，下同）为 8.8 时，沉淀中的 Na_3AlF_6/AlF_3 为 22，这表明沉淀物中的电解质组成非常接近于 Na_3AlF_6。沉淀中还有 1%～2% 的 Al_4C_3 和少量的炭，在 960℃ 时的电导率约为电解质电导率的 50%。槽底沉淀与氧化铝的共晶点温度为 955℃ 左右，因此，当电解槽使用低分子比，电解质温度很低时，槽底沉淀就不容易熔化和消失。

工业沙状氧化铝其密度为 3.6～3.8g/cm³，松装密度为 0.8～1.0g/cm³，振实以后密度可提高 0.2g/cm³。由于在沉淀中的电解质是被氧化铝饱和的，因此沉淀中有近 1/5 的氧化铝处于沉淀状态，而固体氧化铝在其中的体积分数为 0.2。

电解槽中含有 40% 氧化铝的泥状沉降物的密度约为 2.4g/cm³，它比电解质熔体的密度 2.05g/cm³、液体金属铝的密度 2.30g/cm³ 都要大，因此，此沉降物会聚集在槽底。取自工业电解槽中沉降物的分析表明，氧化铝的比例在 30%～60% 之间，氧化铝的颗粒通常都在 2～300μm 之间。研究观测发现，某些槽底沉淀中的氧化铝晶粒有自行长大的趋势。

有时候，比较软的槽底沉淀会转变成坚硬的且牢牢地粘贴在槽底上的槽底结壳。槽底结壳对铝电解生产操作是有害的，因为它使槽底电阻增加，阴极电压降升高。实验室电解槽的研究发现，这层硬壳有致密的刚玉结构。槽底硬结壳的形成往往与电解槽较长时间的槽底温度过低，或有可能的电解槽的焙烧不到位以及启动方法和操作有关。

13.6 氧化铝与部分添加剂在冰晶石熔体中溶解的热力学及离子结构

当氧化铝溶解在冰晶石熔体中时，冰晶石熔体的各种物理化学性质会发生很大的变化，伴随着溶解会产生热效应，这表明氧化铝在冰晶石中的溶解，并非物理溶解，而是化学溶解。

13.6.1 氧化铝的溶解热

Phan-Xuan 等人用一种名为“Tian-Colvet”的高温微热量仪测量了 α 和 γ 两种晶型的氧化铝在冰晶石熔体中的溶解热，以及 γ 型氧化铝转变成 α 型氧化铝的相变热。其所用方法是将几毫克的氧化铝小球加入到 6g 冰晶石或冰晶石与其他添加剂组成的混合物的熔体内，测定在 1290K 温度并有氩气保护条件下进行，其测定结果见表 13-5。

表 13-5 氧化铝在冰晶石熔体中的溶解热焓

Al_2O_3 浓度/%	$\Delta H(\alpha\text{-}Al_2O_3)$ /(kJ/mol)	$\Delta H(\gamma\text{-}Al_2O_3)$ /(kJ/mol)	Al_2O_3 浓度/%	$\Delta H(\alpha\text{-}Al_2O_3)$ /(kJ/mol)	$\Delta H(\gamma\text{-}Al_2O_3)$ /(kJ/mol)
0	257	219	7	146	108
1	209	171	8	146	108
2	180	142	9	146	108
3	163	125	10	146	108
4	155	117	11	146	108
5	146	108	12	146	108
6	146	108	12.7	0	−38

表 13-5 中当氧化铝浓度为 0 时所测得的 α 型和 γ 型氧化铝的溶解热是指氧化铝由 1% 到 5% 所测得的数据外推到 $Al_2O_3\%\rightarrow 0$ 时的氧化铝溶解热焓值，即无限稀释时氧化铝的溶解热焓值。

① 在无限稀释时，$\alpha\text{-}Al_2O_3$ 的溶解热焓值为 $+257$kJ/mol；

② 在无限稀释时，$\gamma\text{-}Al_2O_3$ 的溶解热焓值为 $+219$kJ/mol。

另从表 13-5 中的测定结果也可以看出，在 1%~5% 的 Al_2O_3 浓度范围内氧化铝的溶解热焓随氧化铝浓度的增加而减少；但在 5%~12% 的 Al_2O_3 浓度范围内，其溶解热焓保持恒定；当 Al_2O_3 浓度为 12.7%，溶解热焓为 $0(\alpha\text{-}Al_2O_3)$，而之所以为 0，是因为 12.7% 是氧化铝的饱和浓度，即 $Na_3AlF_6\text{-}Al_2O_3$ 二元系氧化铝一侧的液相线上的氧化铝浓度。

对于 $\gamma\text{-}Al_2O_3$ 来说，其溶解热焓比 $\alpha\text{-}Al_2O_3$ 小 38kJ/mol。

13.6.2 CaF_2 添加剂对 $\alpha\text{-}Al_2O_3$ 溶解热的影响

冰晶石熔体中添加 CaF_2 对 $\alpha\text{-}Al_2O_3$ 溶解热的影响示于图 13-3。

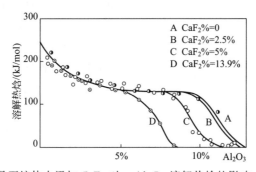

图 13-3 冰晶石熔体中添加 CaF_2 对 $\alpha\text{-}Al_2O_3$ 溶解热焓的影响（$T=1290K$）

由图 13-3 可以看出，冰晶石电解质熔体中添加 2.5%、5.0% 和 13.9% 的 CaF_2 时，并没有对 $\alpha\text{-}Al_2O_3$ 的溶解热焓产生影响，只不过是溶解热焓的平台部分缩短了，这主要是当 CaF_2 的浓度增加后，使 Al_2O_3 的饱和浓度降低所致（见表 13-6）。

表 13-6 $\alpha\text{-}Al_2O_3$ 饱和浓度随 CaF_2 浓度的变化

CaF_2 浓度/%	0	2.5	5.0	13.9
$\alpha\text{-}Al_2O_3$ 饱和浓度/%	12.7	12.5	11.5	8.5

13.6.3　LiF 添加剂对 α-Al₂O₃ 溶解热的影响

图 13-4 所示是冰晶石电解质熔体中添加 6％LiF 后，α-Al₂O₃ 溶解热熔的测定结果，由图 13-4 的测定结果可以看出，冰晶石电解质熔体中添加 LiF 添加剂后 α-Al₂O₃ 的溶解热熔增加了。

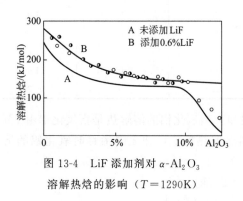 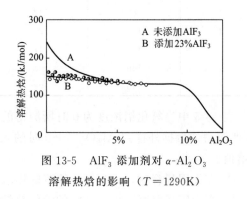

图 13-4　LiF 添加剂对 α-Al₂O₃
溶解热熔的影响（$T=1290K$）

图 13-5　AlF₃ 添加剂对 α-Al₂O₃
溶解热熔的影响（$T=1290K$）

13.6.4　添加 AlF₃ 对 α-Al₂O₃ 溶解热熔的影响

实验研究只测定了冰晶石电解质熔体中添加 23％AlF₃ 时 α-Al₂O₃ 的溶解热熔，如图 13-5 所示。

由图 13-5 测定结果可以看出，冰晶石熔体中添加 AlF₃ 后，氧化铝的溶解热熔降低了。

13.6.5　有铝存在时 α-Al₂O₃ 的溶解热熔

图 13-6 所示是实验所测电解质熔体中添加 0.67％Al、0.3％Al 和不添加 Al 时氧化铝溶解热熔随氧化铝浓度的变化。

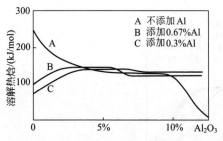

图 13-6　有铝存在和无铝时 α-Al₂O₃ 溶
解热熔随氧化铝浓度的变化（$T=1290K$）

由图 13-6 所示的测定结果可以看出，当冰晶石熔体中存在金属铝时，Al₂O₃ 溶解热熔大大降低，但溶解热熔的平台部分延长了，这意味着，即使在 12.7％饱和氧化铝浓度时，Al₂O₃ 仍然可以溶解。

电解质熔体中有铝存在时，Al₂O₃ 溶解热熔之所以降低，可能是由于金属铝与冰晶石组分或溶解进去的 Al₂O₃ 形成铝氧氟化合物，存在着某种能放热的化学反应。

13.6.6　γ-Al₂O₃ 转变成 α-Al₂O₃ 的相变热

当把 300K 的 γ-Al₂O₃ 加入到 1290K 的冰晶石熔体中时，有 3 种热过程出现：

① 300K γ-Al₂O₃ 加热到 1290K，吸收热量 Q_1；

② 在大量氟化物的催化作用下 γ-Al₂O₃ 转变成 α-Al₂O₃ 产生相变热 Q_2；

③ α-Al₂O₃ 的溶解热 Q_3。

γ-Al_2O_3 转变成 α-Al_2O_3 的相变热与相变温度有关，表 13-7 中的数据是不同研究者得出的不同温度下 γ-Al_2O_3 转变成 α-Al_2O_3 的相变热的测量结果。

表 13-7　不同温度时，γ-Al_2O_3 转变成 α-Al_2O_3 的相变热

温度/K	相变热$(-\Delta H_{trans})$/(kJ/mol)	温度/K	相变热$(-\Delta H_{trans})$/(kJ/mol)
978	22.17	1303	38.5
978	20.92	1473	46.0
1203	37.9		

13.7　氧化铝在冰晶石熔体中的溶解度

从物理意义上看，氧化铝在冰晶石熔体中的溶解度就是氧化铝在冰晶石熔体中的饱和浓度，二者都是用来表征氧化铝在冰晶石熔体中的溶解能力的。只不过溶解度与饱和浓度的表征方式不同，溶解度表征的是 100g 冰晶石溶剂溶解 Al_2O_3 的能力，以 100g 冰晶石溶剂在达到饱和时溶解 Al_2O_3 的克数来表示，而饱和浓度，是指在达到饱和时 Al_2O_3 在冰晶石熔体中的百分比浓度，以百分数来表示。但在大多数铝冶金著作与文献中，以饱和浓度来表征氧化铝在冰晶石熔体中的溶解能力。

氧化铝在冰晶石熔体或含有添加剂的冰晶石熔体中的饱和浓度或溶解度的数据，可以从冰晶石-氧化铝的二元相图或含有添加剂组分的冰晶石-氧化铝多元相图上获得；也可以直接在给定的温度下测定在有过量氧化铝存在情况下达到平衡状态后中的电解质熔体中的氧化铝浓度，以这一方法来获得；还可以用圆盘旋转电极的化学方法去测定。

一般来说，氧化铝在冰晶石熔体中的溶解度与氧化铝的性质无关，其数值大小仅与温度和电解质的组成有关。这一方面的数据和研究多有报道。其中一个比较简单的温度、氟化铝、氟化锂、氟化镁和氟化钙对氧化铝溶解度（饱和浓度）的影响的关系如下：

$$Al_2O_3 \text{ 饱和浓度} = 10.5 + 0.065 \times (t - 960) - (0.18 \text{xsAlF}_3\% + 0.4 CaF_2\% + 0.34 MgF_2\% + 0.3 LiF\%)$$

式中，$\text{xsAlF}_3\%$ 指 AlF_3 相对于冰晶石的 AlF_3 的过量质量分数；t 为电解质熔体的温度，℃。

这里，介绍一个利用圆盘旋转电极法测定的氧化铝在含有 AlF_3、LiF、MgF_2 和 CaF_2 的冰晶石电解质熔体中的溶解度研究结果：

$$Al_2O_3 \text{ 饱和浓度} = \exp\left[A + B\left(\frac{1000}{t} - 1\right) \right]$$

式中，

$$A = 2.464 - 0.007 AlF_3\% - 1.13 \times 10^{-5}(AlF_3\%)^3 - 0.0385(Li_3AlF_6\%)^{0.74} - 0.032 CaF_2\% - 0.040 MgF_2\% + 0.0046(AlF_3\% \times Li_3AlF_6\%)^{0.5}$$

$$B = -5.01 + 0.11 AlF_3\% - 4.0 \times 10^{-5}(AlF_3\%)^3 - 0.732(Li_3AlF_6\%)^{0.4} + 0.085(AlF_3\% \times Li_3AlF_6\%)^{0.5}$$

氧化铝的溶解过程——氧化铝与电解质熔体的界面反应，氧化铝的溶解对于冰晶石-氧化铝熔盐电解而言，除了对氧化铝的理化性质和化学性质又特殊要求外，还要求氧化铝在电解质熔体中有尽可能快的溶解速率。除了氧化铝的物理性质外，决定氧化铝溶解速率的还有氧化铝的加料方式和电解槽的某些工艺技术条件，如电解温度、电解质的过热度，下料点的

位置、阳极气体的逸出形式和电解质的运动形式以及电解质的组成和性质等。

对于点式下料和连续下料的电解槽而言，生产实际和实验室的研究都表明，提高电解温度和电解质的分子比，增强电解质熔体的循环与流动都会使氧化铝的溶解速率增加。

当氧化铝在溶解过程中，其晶形发生变化，由 γ 型转变为 α 型过程是一个放热反应，此时氧化铝的粒子会被加热。氧化铝溶解是一个吸热过程，Al_2O_3 与冰晶石组分反应，变成 Al-O-F 离子，溶解到电解质熔体中。

当氧化铝从下料点加入到电解槽中时，部分浮在电解质熔体表面，氧化铝会立即分散开来。某些氧化铝会像水面上的筏子一样，聚集在一起，但仍浮在电解质表面。这些浮在电解质表面的氧化铝会逐渐地溶解到电解质熔体中。但也有一些浮在电解质表面上并聚集成团的氧化铝会与电解质凝固在一起，沉入到电解质熔体中，其中密度极小，体积较小者在沉入到电解质熔体过程中，凝固的电解质被熔化，氧化铝随后被溶解；而密度较大，体积较大者，不能在电解质熔体中被熔化，氧化铝被溶解而沉入到槽底中。

13.8　氧化铝的溶解及其机理——控速步骤

对铝电解生产来说，人们总是希望加入到电解槽中的氧化铝有尽可能大的溶解速率。氧化铝溶解速率在很大程度上与加料方式有关。如果能以一种方式使加入到电解槽中一定量的氧化铝能有效地分散到电解质中，那么，它就会在电解质中迅速溶解。对于点式下料电解槽来说，下料间隔的时间很短，每次加入的氧化铝量又很少，因此，特别有利于氧化铝的快速溶解。氧化铝的溶解速率也在很大程度上依赖于氧化铝在电解质中的存在状态，当氧化铝以分散的粉末状态存在于电解质中时，它的溶解速率很快；如果氧化铝以槽底沉淀形式存在，即使它暴露在电解质中，要溶解掉一层沉淀也可能需要数个小时。

在实验室中，要完全模仿工业电解槽中氧化铝的存在形式和溶解状态是很困难的。在工业电解槽中，有两种加料方式：一种是中部打壳下料；另一种是边部打壳下料，边部打壳下料的间隔时间为 $1.5\sim3h$。打壳下料时，先把槽上的硬壳（由氧化铝与凝固的电解质形成，壳面上有预热的氧化铝）打入电解质中，然后再在上面覆盖上准备下次打壳下料时需要的氧化铝。因此用这种加料方式加入到电解槽中的氧化铝有 3 种存在形式：①以分散的粉末状态存在于电解质熔体中；②与电解质形成泥状沉淀物，沉到槽底部；③在槽面上形成结壳，依其密度的不同，有的漂浮在电解质熔体表面，有的沉到铝液表面，有的沉到槽底。为了研究工业铝电解槽中氧化铝的溶解过程，T. Thonstad 在实验室做了不同的氧化铝溶解实验：

① 强力搅拌氧化铝溶解实验；

② 适度搅拌氧化铝溶解实验；

③ 将氧化铝烧结成片，旋转此氧化铝片，使其在电解质中溶解。

在上述实验过程中发现：

当强力搅拌时，氧化铝有效地分散到电解质中，氧化铝迅速溶解；

当适度搅拌时，会在实验电解槽槽底形成熔混有电解质的泥状沉淀；

当不搅拌时，往往会在电解质表面形成固体结壳。

对加入到电解槽中的氧化铝，其溶解过程可以分为如下几个步骤。

① 由于新加入到电解槽中的氧化铝温度较低，加入到电解槽中以后，要上升到接近电解质的温度，需要从电解质中吸收一定的热量。除此之外，氧化铝刚开始溶解到电解质中时

的反应是吸热反应，以及由于电解质的温度在其初晶温度以上 6～20℃，上述几个方面的共同作用，必然使加入到电解质中的氧化铝在其表面被电解质包覆，并生成一层薄薄的含 Al_2O_3 的电解质层。氧化铝的溶解反应为：

在低氧化铝浓度时：

$$4AlF_6^{3-} + Al_2O_3 \longrightarrow 3Al_2OF_6^{2-} + 6F^- \tag{13-3}$$

在高氧化铝浓度时：

$$AlF_6^{3-} + Al_2O_3 \longrightarrow 1.5Al_2O_2F_4^{2-} \tag{13-4}$$

② 经过一段时间后，新加入到电解槽中的氧化铝的外表凝固薄层被比其温度高的电解质熔体熔化。氧化铝溶解后的反应，即氧化铝被离解成氧离子后与冰晶石离子的反应是放热反应，因此加速了氧化铝的溶解。

③ 氧化铝外表的凝固层被熔化后，靠其浓度差通过扩散层进行传质，之后靠电解质的循环和流动传质到电解质熔体内部。

从氧化铝的溶解过程看，上述 3 个氧化铝溶解的步骤中，哪一个步骤是决定氧化铝溶解速率大小的，或者说哪一个步骤是氧化铝溶解速率的控制步骤，尚未有公认的结论。

① 假若氧化铝溶解时与冰晶石熔体的化学反应是整个氧化铝溶解反应的控速步骤，则氧化铝溶解反应的速率 R 按一级反应表示就是：

$$R = \frac{dc}{dt} \cdot V = k(c_{饱和} - c) \cdot A \tag{13-5}$$

因此，溶解后的电解质中的氧化铝浓度 c 可以写成：

$$c = c_{饱和} \cdot \left[1 - \exp\left(\frac{kA}{V} \cdot t\right) \right] \tag{13-6}$$

式中　k——氧化铝的溶解速率常数；

$c_{饱和}$——电解质中的饱和氧化铝浓度；

A——氧化铝的溶解面积；

V——溶解氧化铝的体积。

② 如果氧化铝外表面凝固层熔化过程中传热速度的快慢为氧化铝溶解速率的控制步骤，则氧化铝的溶解速率 $Q_{溶解}$ 可以写成：

$$Q_{溶解} = h(t_b - t_0) \cdot A \tag{13-7}$$

式中　h——单位温度梯度和氧化铝溶解面积时的氧化铝溶解速率；

t_b——电解质熔体的温度；

t_0——氧化铝的温度。

③ 假定结壳熔化后，溶解氧化铝的扩散传质过程是整个氧化铝溶解速率的控制步骤，按菲克第一扩散定律，则氧化铝的溶解速率可以用式(13-8) 和式(13-9) 表示：

$$R = -D\frac{dc}{dt} \cdot A = D \cdot \frac{c_{饱和} - c}{\delta} \cdot A \tag{13-8}$$

$$R = \frac{dc}{dt} \cdot V = \alpha(c_{饱和} - c) \cdot A \tag{13-9}$$

式中　D——溶解氧化铝在电解质熔体中的扩散系数；

δ——扩散层厚度；

α——传质系数，$\alpha = D/\delta$；

其他符号意义同上。

现在回过头来看一看实验室氧化铝溶解的实验结果。图 13-7 所示为 α 型和 γ 型两种不同氧化铝在强力搅拌下，完全分散状态时氧化铝的浓度随时间的变化。图 13-8 所示是在适度搅拌情况下，加入电解质熔体总质量 1.5% 的氧化铝时，氧化铝浓度与电解质温度随时间的改变，在此实验中，在电解质表面加入的氧化铝出现某种程度的团聚。图 13-9 所示是加入电解质熔体质量的 2.5%、粒度范围在 $75 \sim 90 \mu m$ 的氧化铝在熔体中的溶解情况。

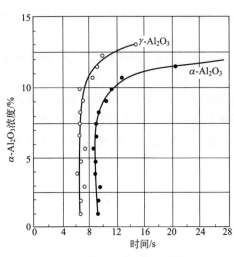

图 13-7　分散加入和强力搅拌时
氧化铝的溶解速率

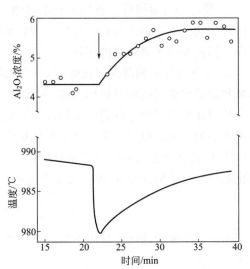

图 13-8　加入 1.5% Al_2O_3 适当搅拌时
Al_2O_3 的溶解速率、温度与时间的关系

由图 13-7 所示的实验研究可以看出，完全分散在电解质中的氧化铝，不论是 α 型的还是 γ 型的，在经过 $8 \sim 10s$ 后，都可达到很高的溶解速率，其中，α 型氧化铝达到快速溶解的时间稍长一些。分散状态的氧化铝在达到溶解状态后，其溶解速率是相当快的。另外，从图 13-8 中还可以看出，当电解质熔体中加入 1.5%（质量）的氧化铝时，电解质熔体的温度急剧降低 9℃ 左右，以后又缓慢地上升到其初始温度。此外，在图 13-7 ～图 13-9 中，无论哪种氧化铝溶解试验，显示出从氧化铝加入到电解质熔体中到显现出氧化铝在电解质熔体中快速溶解都需要一定的时间，不过在图 13-9 中，这段时间大约需要 100s；而在图 13-7 中，这段时间为 10s 左右。这种差别也可能是图 13-9 所示试验是大批量氧化铝一次加入，且电解质熔体没有得到像图 13-7 所示那样的强力搅拌所致。氧化铝开始显著溶解的时间之所以滞后，是冷凝效应使在加入氧化铝后外表面形成凝固的电解质薄层所致，如图 13-9 所示。

根据 T. Thonstad 的计算结果，将 1%（质量分数）的氧化铝从 200℃ 加热到 1000℃，并将其溶解到电解质熔体中所需要的能量与电解质熔体的温度降低 5.6℃ 所放出的热量相当。氧化铝加入到电解质熔体中所需要的这么大的热量来自于电解质熔体自身的潜热。这也就是说，加入到电解质熔体中的氧化铝升温并在电解质熔体中溶解所需要的热量来自于其周围电解质熔体温度的降低和凝固所释放的热量。

某些氧化铝的溶解试验是在电解质的初晶温度线上进行的。图 13-10 所示就是这种在电解质中每次加入 1%（质量分数，下同）氧化铝的试验结果。由图 13-10 所示的试验结果可以看出，液相线温度上的电解质熔体每加入 1%（质量分数）的氧化铝，电解质温度就突然降低，且电解质组成也相应地发生一次变化，这种现象一直可重复地出现到电解质熔体中加入 8%～10% 的氧化铝。很显然，在这种情况下氧化铝溶解所需要的热量主要依靠电解质凝固所放出的热量。

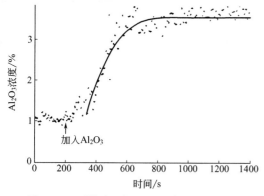

图 13-9　不搅动、加入 2.5% 粒度为 75～
90μm 氧化铝时的溶解速率

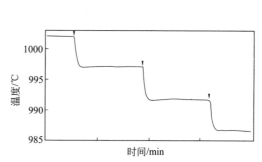

图 13-10　在冰晶石熔体的液相线上重复添加
1% Al_2O_3 所引起的熔体温度的变化

这些研究结果也表明了氧化铝的溶解过程并不受控于电解质熔体表面凝固电解质熔化时的传热过程，因为氧化铝的溶解速率的大小与其温度梯度的大小无关。

当氧化铝在槽底以泥状沉淀形式存在时，其溶解速率大大小于以非常分散状态存在于电解质熔体中的氧化铝溶解速率，因为前者的氧化铝的溶解面积大大地小于后者的氧化铝的溶解面积。当氧化铝以沉淀的形式存在于槽底上时，在电解质搅动与不搅动的情况下，氧化铝的溶解速率是不一样的。图 13-11 所示就是在实验室电解槽上的测定结果。

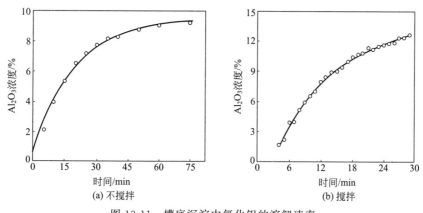

图 13-11　槽底沉淀中氧化铝的溶解速率

这一研究结果表明，氧化铝的溶解速率与氧化铝的溶解反应的一级反应模型和传质模型都很吻合。表 13-8 给出了在 4%～5% 氧化铝浓度范围内，在搅拌情况下存在于泥状沉淀中的氧化铝溶解速率，和在相同条件下，烧结氧化铝刚玉片以及其他形式氧化铝的溶解速率和溶解速率常数。

表 13-8   在搅拌情况下，存在于石墨坩埚底的不同形式氧化铝的溶解速率和溶解速率常数

氧化铝试样	氧化铝形式	溶解速率常数/(cm/min)	溶解速率/[g/(cm² · min)]	研究者
压片	$\alpha\text{-Al}_2\text{O}_3$	—	0.11	Gerlach，et al.
压片	$\gamma\text{-Al}_2\text{O}_3$	—	0.16	Gerlach，et al.
槽底沉淀	—	0.39	0.07	Thonstad，et al.
刚玉片	烧结刚玉	0.23	0.033	Thonstad，et al.

由表 13-8 所列出的试验结果可以看出，γ 型氧化铝试样有最大的溶解速率。对于用氧化铝压片，在旋转情况下所做的氧化铝溶解试验表明，氧化铝的溶解速率 R 与其旋转的角速度的平方根 $\omega^{1/2}$ 成正比，即 $R \propto \omega^{1/2}$，如图 13-12 所示。这表明，氧化铝的溶解速率控制步骤是溶解氧化铝的传质过程。从实验结果可以推算出，溶解氧化铝的扩散系数为 $1.5 \times 10^{-9}\,\text{m}^2/\text{s}$。根据这种反应机理，那么按式（13-9）影响氧化铝溶解速率的因素是电解质温度、电解质分子比、电解质搅拌情况和流动速度。

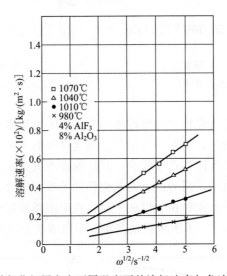

图 13-12   旋转氧化铝圆盘在不同温度下的溶解速率与角速度之间的关系

参 考 文 献

［1］   Homsi D. The 18th International Course on Process Metallurgy of Aluminium. Trondheim：［s. n.］，1999.

［2］   Φye H. Light Metals. 2000：3.

［3］   Less L N. Met. Trans. 1977，8B：219.

［4］   Thonstad J. The 5th International Course on Process Metallurgy of Aluminium. Trondheim：［s. n.］，1986.

［5］   Thonstad J，Liu Y X. Light Metals. 1981：303.

［6］   Geay P V，Welch B J，Homsi P. Light Metals. 2001：541.

［7］   Thonstad J，Johansen P，Kristensen E W. Light Metals. 1980：227.

［8］   Gerlach J，Henning U，Kern K. Met. Trans. 1975，6B：83.

［9］   Thonstad J. The 5th International Course on Process Metallurgy of Aluminium. Trondheim：［s. n.］，1986.

第**14**章 | 铝电解生产过程的控制

14.1 铝电解过程的诊断与控制

正如我们大家所知道的，铝电解生产的一切技术和技术管理工作都是针对各个电解槽的不同情况，使电解槽在各自与其相适应的最佳技术条件下，保持热平衡和物料平衡，这是保证电解槽稳定生产和取得良好的技术经济指标的根本保证，因此，铝电解生产的过程控制主要就体现在这两个平衡上。过程控制的目的，就是为了要保证这两个平衡。

但铝电解过程是一个极其复杂的过程，它不仅受铝电解槽内化学和电化学反应的影响，而且也受外界环境、系列电流波动、阳极质量、阴极电压降的变化、电解质成分、铝液水平以及更换阳极、阳极效应和效应时间的长短、槽底沉淀、阴极电流分布的改变而引起电压摆动等各种因素的影响。这些因素都可以使电解槽的热平衡受到影响和破坏，严重的时候使电解槽变成冷行程或热行程，或者出现病槽，如阳极长包、阳极断裂、阳极偏流和常规槽电压的摆动等，这些都属于非正常的电解生产过程。对于非正常的电解生产过程，目前国内外尚未找到有效的计算机控制和诊断方法。从控制角度来说，对于非正常的电解生产过程来说，首先应诊断出电解槽非正常的原因，即"病因"所在，"病因"诊断出来以后，才有可能借助于计算机的指令去处理。

对铝电解槽进行智能诊断，是实现铝电解槽智能控制的基础。目前铝电解槽的智能诊断是建立在对槽电压噪声即电压摆动，槽电阻变化和经常的铝电解槽在线和离线检测数据，如铝水平、电解质水平、电解质成分、槽底沉淀、极距等的分析，以及人们长期的大量操作经验数据之上的。然后，根据诊断出的结果再对电解槽进行处理，这就是人们所说的专家智能诊断与控制技术，一种典型的电解槽控制系统原理如图 14-1 所示。目前专家智能诊断控制技术已经能够成功地用于电解槽冷、热行程的判断。

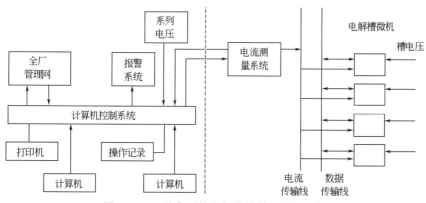

图 14-1　一种典型的电解槽控制系统原理图

14.2　铝电解正常生产过程的控制

14.2.1　槽电压的控制

铝电解生产中，槽电压是一个非常重要的参数，这不仅仅是由于它的高低对铝电解的电能消耗有重要影响，而且槽电压的经常改变对电解槽的热平衡也会产生很大影响。比如对于一个 180kA 的电解槽来说，槽电压如果比正常时高 0.1V，电解槽热平衡体系内的电功率将增加 18kW，且这 18kW 电功率在给定时间所产生的热量完全集中在 4.0cm 左右的极距范围之内。这会导致在较短的时间内，电解质的温度升高、槽帮结壳熔化、电解质分子比升高、槽膛变大、铝水平降低、铝液镜面变大和电流效率降低。

工业铝电解槽槽电压的控制不是从电解槽上取槽电压信号，按与设定的槽电压偏差大小进行控制的，这是由于槽电压受到系列电流变化的影响较大。

工业上槽电压的实际控制是借助于槽电阻（实际上是准电阻或称为伪电阻）的控制实现的。电解槽的槽电阻可以由简单的计算式计算：

$$R = \frac{V_{槽} - E}{I} \tag{14-1}$$

式中　I——系列电流；

　　$V_{槽}$——在系列电流为 I 时的槽电压；

　　E——电解槽的反电动势。

也有的文献将 E 看成是电压-电流曲线上将较高电流-电压之间的直线外延到电流为零时的电压的截距。如果是这样，E 就没有热力学上的意义。实际上，将 E 看成是给定电解槽阳极电流密度和阴极电流密度下的反电动势更为合理。反电动势 E 值，并不是一个常数，它随电流密度、电解温度、氧化铝浓度的不同而变化，且各个电解槽也不完全一样，其值在 1.60～1.70V 范围之内。不过对于给定的电解槽来说，在其稳定运行的情况下，E 值大小比较稳定，变化范围不大，在利用式(14-1)计算电解槽的准电阻时，只有系统误差，因此，不会影响利用准电阻对电解槽进行控制。只有当电解槽成为病槽时，电解槽的反电动势才有较大的变化。在这种情况下，对 E 值进行修正应该是必不可少的。工业电解槽的控制中，一般选取 E 值等于 1.65V。

正像上面所讨论的，由于式(14-1)中，E 值是不确定的，是无法精确测量出的，在电解槽的控制过程中，将其看成是某一个常数（1.65V）。这样，利用式(14-1)计算出的电阻 R 并不是铝电解槽的真实电阻，所以称用式(14-1)计算出来的电阻为准电阻或伪电阻。

槽电压控制的基本原理是由同步测量出的槽电压和系列电流利用式(14-1)计算出来的准电阻与设定的电解槽准电阻相比较，来控制和调节极距，实现控制和调节槽电压的目的的。

应该说明的是，在设定槽电压的准电阻时，应该考虑到各电解槽的运行状态是不一样的，它们的电阻也不一样，特别是它们的电阻会因电解槽槽龄的增加而增加，因此，设定的准电阻宜因槽而异，并应考虑到电阻，特别是阴极电阻随槽龄延长而增加的因素。

铝电解槽槽电压通过控制和调节准电阻进行控制的原理见图 14-2。

在图 14-2 中，RK 为设定的电解槽内准电阻，R_0 为允许的相对于设定准电阻的偏差。

因此 $RK \pm R_0$ 为电解槽非控制区。在电解槽正常运行期间的常规控制中，先计算出给定时间内（几分钟）的电解槽准电阻的平均值 R_m，然后与设定的准电阻值 RK 进行比较，如果 $RK-R_0 \leqslant R_m \leqslant RK+R_0$，则电压不做任何调整；如果 $R_m < RK-R_0$ 则提升阳极，提高槽电压；如果 $R_m > RK+R_0$ 则下降阳极，降低槽电压。

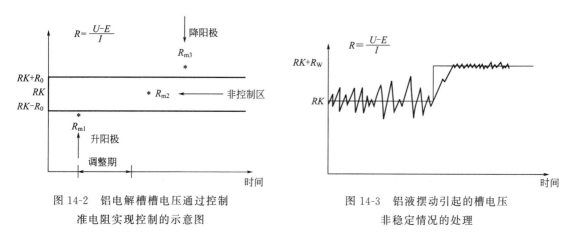

图 14-2　铝电解槽槽电压通过控制　　　图 14-3　铝液摆动引起的槽电压
准电阻实现控制的示意图　　　　　　　非稳定情况的处理

14.2.2　槽电压不稳定（摆动）情况的处理

首先对于电解槽槽电压的不稳定或摆动情况进行判断，如果槽电压的摆动是由于系列电流的变化引起的，则计算机控制不对槽电阻或槽电压作任何调整，如果槽电压的摆动是由于铝液的摆动或极距过短、槽电压过低引起的，则这时反映在槽电阻的监测上会有较大的波动。此时，计算机控制软件应把该电解槽的设定准电阻 RK 提高到适当值 $RK+R_W$ 进行修正，将阳极提高，执行新的控制（如图 14-3 所示）。

当电解槽的槽电压出现较大的摆动时，电解槽槽电压的控制系统除自动地采取上述调整外，还要及时地向操作人员发出报警，操作人员根据报警，对引起槽电压摆动的原因进行检查和分析，并采取相应的技术措施，使电解槽的槽电压及时地恢复到原控制状态。

14.2.3　氧化铝浓度控制

现代预焙槽的点式添加氧化铝技术仍是借助于监测电解槽的准电阻实现的。其基本原理是准电阻随氧化铝浓度的变化而改变。在第 5 章中，我们曾计算过一个 160kA 预焙阳极电解槽准电阻随氧化铝浓度的变化，它具有与如图 14-4 所示的相类似的曲线形式。

图 14-4 所示是一个比较有代表性的电解槽准电阻与氧化铝浓度的关系，在氧化铝浓度为 $3\% \sim 4\%$ 左右时存在一个最低点，而氧化铝浓度对电解槽准电阻的敏感区域在准电阻最低点的左边。氧化铝浓度的最佳控制方案应在 $(2 \pm 0.5)\%$ 之间，但是氧化铝浓度不能控制到低于 1%（尽管许多文献认为在低氧化铝浓度范围内，电解槽可

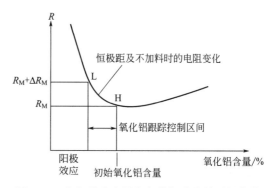

图 14-4　电解槽准电阻与氧化铝浓度关系的曲线

以获得更高的电流效率)。氧化铝浓度低于1%是阳极效应的风险区，因为在工业电解槽阳极电流密度 $0.7\text{A}/\text{cm}^2$ 时，发生阳极效应的临界氧化铝浓度就在1.0%左右，如图6-10所示。

氧化铝的加料方式基本有3种，一种是欠加料，一种是过加料，还有一种是正常加料（等量加料），这是指氧化铝的加料速度，它是以每分钟或每小时添加的氧化铝加料质量来表示的（kg/min 或 kg/h）。铝电解槽上一个成功地控制氧化铝浓度的加料方法是欠加料和过加料二者交替进行，这种加料方法可将氧化铝的浓度控制在1.5%～3.0%的范围内。在实际控制过程中，由于每个料斗的料量相同，所以欠加料和过加料是以控制加料的时间间隔实现的。无论是欠加料、过加料，还是正常加料，氧化铝的加料周期都是指一个设定的时间段（一般都是按小时计算）。在同一个加料周期中，加料的时间间隔是一样的，但对不同的加料周期，加料的间隔时间可以是不一样的。所谓欠加料和过加料是相对周期内按铝电解实际消耗的氧化铝量的正常加料速度（等量加料）而言的。当铝电解槽执行欠加料周期时，欠加料量为正常加料量的15%～80%左右，而过加料是超过正常加料量的20%～100%左右，因此，一旦确定了欠加料量或过加料量，就可以计算出在该加料周期内氧化铝加料的间隔时间。图14-5所示是法国彼施涅公司氧化铝加料方案原理图。

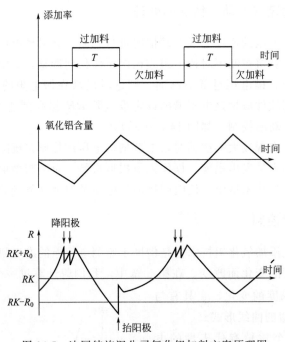

图14-5　法国彼施涅公司氧化铝加料方案原理图

由图14-5可以看出，该氧化铝加料方案只使用欠加料和过加料，这是一个欠加料和过加料轮换交替的加料制度，并由图可以看出：

① 在欠加料周期内，电解质中氧化铝的浓度随着电解时间的增加而降低，而准电阻则随着电解时间的增加而增加；

② 在过加料周期内，氧化铝浓度逐渐增加，而准电阻则随之降低；

③ 在欠加料周期的后期，往往会出现电解槽的准电阻高于所控制的偏差范围。此时

电解槽的控制系统会发出指令，使阳极降低 1 次，让准电阻进入非调节区，阳极下降的距离仅为十分之几毫米。随着时间的增加，当准电阻再次升高到超过控制的偏差范围时，阳极再降低。如果准电阻仍没有进入非调节区，还可再降阳极，但一般最多不超过 5 次。如果在给定的上述几次阳极调整时间之后准电阻再次超过控制的偏差范围时，开始执行过加料过程。

电解槽点式下料的程序实际上是一个全程控制准电阻变化以及当这种变化超过一个给定值时，产生一个过加料时间段的程序，准电阻对时间的微分可用式(14-2) 表示：

$$\frac{\mathrm{d}R}{\mathrm{d}t} = \frac{\mathrm{d}R}{\mathrm{d}(Al_2O_3\%)} \cdot \frac{\mathrm{d}(Al_2O_3\%)}{\mathrm{d}t} \tag{14-2}$$

由式(14-2) 可以看出，在给定的氧化铝欠加料速度 $\frac{\mathrm{d}(Al_2O_3\%)}{\mathrm{d}t}$ 下，测得了 $\frac{\mathrm{d}R}{\mathrm{d}t}$，我们就能确定出 $\frac{\mathrm{d}R}{\mathrm{d}(Al_2O_3\%)}$ 的斜率。当氧化铝浓度达到很低的值时，即达到一个临界的斜率时，计算机就可以形成一个过加料期。如果氧化铝浓度尚未达到这个临界值，就要利用降阳极的方法迫使准电阻进入非调节区，因此预焙槽点式下料的计算机控制过程是建立在极距小量降低的基础之上的。通过对过加料前阳极下降的次数、时间的修正和过加料时间段的修正来实现电解槽氧化铝下料制度的控制。在连续计算 $\frac{\mathrm{d}R}{\mathrm{d}t}$ 斜率的情况下，一般是通过一个临界的斜率值启动过加料。

电解槽的稳定性是与电解槽合理的加料制度分不开的。电解槽控制水平的高低不仅仅在它的硬件设备上，而且还在它的软件技术上。已有的研究指出，过程控制较好的氧化铝加料制度是欠加料周期的 Al_2O_3 加料速度为 Al_2O_3 消耗速度的 75%。在欠加料时，Al_2O_3 的加料速度低于电解消耗速度的 50% 时，电解槽是不稳定的。

14.2.4　氧化铝下料过程控制对极距的影响

正如上面所讲到的点式下料的计算机控制是建立在欠加料周期的后期极距少量降低的基础之上的。它给出的极距降低只是十分之几毫米，这一般发生在确认阳极效应发生之前。但在过加料过程中，电解槽的极距通常是通过电解槽的准电阻控制的，在这期间，电解槽的极距又回到了它原来的极距目标控制值。

应该说，控制氧化铝浓度的氧化铝加料方法并不是唯一的，虽然现在控制氧化铝浓度的原理没有改变，但控制方法各铝业公司各有其特色。

(1) 美国凯撒铝业公司的氧化铝加料控制模型　在该模型中，除了使用欠加料、过加料和等量加料周期外，还设置跟踪检查周期。跟踪检查周期是一个较小的时间段，一般以分钟计算。在跟踪检查周期中，停止氧化铝加料和移动阳极，跟踪准电阻的变化，计算准电阻对时间的斜率，并根据这种变化制订下一步的氧化铝加料周期和加料速度。

① 当准电阻斜率变化较小时，在上一个氧化铝周期采用的时间间隔上加一个 Δt 时间，相对上一个加料周期形成欠加料过程。

② 当准电阻斜率变化适中时，仍维持上一个氧化铝加料周期采用的加料间隔时间，相对上一个氧化铝加料周期形成等量加料过程。

③ 当准电阻斜率变化较大时，在上一个加料周期采用的加料间隔时间减一个 Δt 时间，

相对上一个氧化铝加料周期形成过加料周期。

（2）挪威海德罗氧化铝浓度控制技术　该技术的自适应控制数学模型为：

$$Y(k) = b_1\mu_1(k-1) \tag{14-3}$$

式中　$Y(k)$——准电阻变化值；

b_1——准电阻对氧化铝浓度变化的斜率；

$\mu_1(k-1)$——氧化铝消耗量与实际加料量的差。

首先设定 b_1 变化范围最大值为 b_0，通过欠加料过程和过加料过程的交替进行，即改变氧化铝浓度的变化，始终将 b_1 值控制在小于 b_0 的范围内，从而控制氧化铝浓度在 1.5%～3.5%的区域间。

最后还应该强调的一点是，比较稳定地、有效地和成功地借助准电阻的变化实现氧化铝浓度的控制，如下两个方面的技术条件是必要的。

① 尽可能地使供电电流稳定，使电解槽热平衡稳定，因为电解槽温度变化10℃，由于电解准电阻的改变，将会使电解槽极距的调整在 0.4mm 左右。氧化铝在溶解过程中要吸收电解质熔体中的热量，使电解质温度降低，因此，在过加料和欠加料过程中，氧化铝溶解速率的差别对电解温度的影响在借助准电阻进行控制时加以修正是必要的。

② 在控制过程中，电解质熔体的体积应尽可能地保持恒定，因为氧化铝浓度随时间的变化 $d(\mathrm{Al_2O_3}\%)/dt$ 与电解质熔体的体积有关。

14.3　熄灭阳极效应

正常工作的电解槽发生阳极效应是电解质熔体中缺少氧化铝浓度时在阳极表面发生的一种现象。一般认为，过多的铝电解槽阳极效应是不好的，因为阳极效应的发生会使电解槽的热平衡产生剧烈波动，电解质温度升高，氟化盐大量挥发，电流效率下降，电能消耗增加。对于恒功率供电的电解槽来说，一个电解槽发生阳极效应会使整个电解槽系列的电流降低，造成系列电流波动，整个系列电解槽的槽电压降低，这样会使整个系列电解槽的热平衡产生波动。但是许多人都认为偶尔发生一次阳极效应也是有益的，其理由是阳极效应有分离电解质中的炭渣和清理槽底沉淀的作用。因此，铝电解按给定的阳极效应系数，有计划地每隔3～6d让电解槽发生一次阳极效应也是大多数铝厂惯用的一种技术管理方法，并使用计算机进行控制。该控制原理是在阳极效应发生以后所设定的时间间隔后，电解槽仍未发生阳极效应，这时要让电解槽发生阳极效应，采用的方法是停止向电解槽中添加氧化铝，直到发生阳极效应为止。

熄灭阳极效应的方法有多种，有传统的人工熄灭阳极效应的方法，如向电解槽中插入木棒，木棒在插入高温熔体后进行炭化的过程中，产生大量的碳氢化合物气体、H_2 和水蒸气，搅动电解质和铝液使槽底沉淀溶解，提高氧化铝在电解质熔体中的浓度。木棒炭化的同时，大量气体的逸出有吹散阳极表面气膜的作用。此外，用漏铲等铁制工具插入槽底，搅动铝液和电解质，也能够达到熄灭阳极效应的目的，但铁制工具在电解质和铝液中的溶解，会提高铝液中铁的杂质含量，降低阴极铝的纯度，因此，这种方法不宜推广使用。现代化电解槽阳极效应的熄灭是借助计算机自动熄灭的，熄灭方法是短时间降阳极（几秒钟）。阳极母线大梁上下连续移动一个回程叫做一个位移循环。图 14-6 所示是计算机自动熄灭阳极效应的原理图。图中纵坐标表示阳极的水平位置，横坐标表示时间。阳极效应的熄灭过程如下。①当阳极效应来到时，首先计算机要根据测定的槽电压大小来判断是否电解槽来了效应，如果槽电压 U 大于设定的效应电压 U_{AE}，计算机控制可确认电解槽发生了阳极效应，设定的效应电压一般在 10V 左右。一旦确认了电解槽发生了效应，即可让电解槽加料单元设备进行过加料。②等待一段时间后，开始两次下降阳极，之后再两次提升阳极，使阳极完成一个位移循环。③监测槽电压，看是否槽电压已经恢复到了正常（$U < U_{AE}$）。④如果槽电压仍高于效应电压，表明效应尚未熄灭，此时再进行第 2 个阳极 3 次下降，3 次上升的连续位移循环。⑤再一次监测槽电压，如果槽电压已经小于效应电压，恢复到了正常槽电压值，则可判定阳极效应熄灭。如果槽电压仍在效应电压范围之内，阳极效应仍未熄灭，可继续第 3 次阳极下降和上升的位移循环，直到阳极效应熄灭。⑥阳极效应熄灭后，使电解槽准电阻调整到正常的氧化铝浓度控制范围内，之后，开始进行正常的氧化铝浓度和加料控制程序。

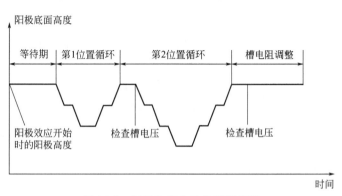

图 14-6　阳极效应自动熄灭原理图

14.4　添加氟化铝

对铝电解生产来说，要取得稳定的高电流效率和低电能消耗，保持稳定的电解槽热平衡和稳定的电解温度除了保持槽电压稳定（靠计算机控制，是铝电解槽最重要的控制参数之一）外，最重要的是电解槽中电解质成分的稳定。因为有了恒电流供电，稳定的槽电压和氧化铝浓度控制，再加上稳定的电解质成分控制，就可以达到稳定的电解温度控制。

影响铝电解过程中电解质成分变化的原因是电解质的挥发、水解和向槽底阴极炭块中的渗透。电解质的挥发成分主要是 $NaAlF_4$（气），以及原料中的水分与电解质熔体组分反应后生成的 HF 气体。向阴极炭块内衬渗透的电解质为 NaF 和冰晶石组分 Na_3AlF_6，此外，还有部分电解质从内衬的缝隙中向槽底渗漏。一般现代化电解槽的冰晶石消耗在 5kg/t Al 左右，氟化铝消耗在 25kg/t Al 左右。对于正常的电解槽而言，冰晶石的消耗是不大的，但新槽对冰晶石消耗高一些，而老槽对冰晶石的消耗低一些，这主要是新槽刚开动起来后，阴极大量吸收氟化钠和冰晶石所致。区分出新槽、老槽和其他不同槽龄氟化盐的消耗速度，然后按其消耗速度，每天向电解槽中补充被其消耗的冰晶石和氟化铝，可基本上实现电解质成分较为稳定的目的。

挪威海德罗铝业公司的电解铝厂使用另外一种氟化铝添加量控制模型（230kA 预焙槽），按照这种模型，氟化铝每天有一个基准添加量（20kg），根据每天测得的电解温度和取样分析电解质中氟化铝偏离目标值的大小 AX，按表 14-1 来确定当天氟化铝的添加量。

表 14-1　不同电解温度与 AlF₃ 浓度时 AlF₃ 的添加系数

电解温度/℃	偏离 AlF₃ 目标值/%				
	AX＜−1.5	−1.5≤AX＜−0.5	−0.5≤AX＜0.5	0.5≤AX＜1.5	AX≥1.5
T＜950	0.00	0.50	0.25	0.00	0
950≤T＜955	1.00	0.75	0.75	0.50	0
955≤T＜965	1.25	1.25	1.00	0.50	0
965≤T＜970	1.50	1.50	1.00	0.75	0
T≥970	1.50	1.50	1.50	0.00	0

【例 14-1】　前一天电解温度测量值为 968℃，分析电解质中氟化铝偏离氟化铝目标值 −1.75%（目标值为 12.5%），从表 14-1 中查出，氟化铝添加系数为 1.5，因此，当天应添加的氟化铝量 G 为：

$$G = 基准添加量 \times 添加系数$$
$$= 20 \times 1.5 = 30 \ (kg)$$

另外，从表 14-1 中可以看出，当氟化铝偏离目标值 ≥1.5% 时，当天不添加 AlF₃。

14.5　槽电压噪声的控制

对铝电解槽而言，其槽电压和准电阻并不是恒定不变的，只是对正常和比较稳定的电解槽来说，其波动幅度非常小而已。一般说来，槽电压噪声是指电解槽比较大的槽电压摆动。对出现槽电压噪声的电解槽，其槽电压或准电阻波动的大小和频率可用来诊断电解槽运行过程中出现的问题，因为这些信号可给我们提供电解槽中的有用信息。识别和利用这些信息并对电解槽中出现的问题进行处理，称为槽电压的噪声控制。

比较稳定的电解槽，其槽电压的随机摆动频率为 0.5～2.0Hz，其摆动幅度小于 30mV，这是由阴极铝液面的小幅波动以及阴极表面生成和释放的气泡导致铝液面的局部搅动所引起的。

不稳定的电解槽展现出另一种槽电压噪声形式，这种噪声的频率比较低。其形态和频率的变化与引起电解槽不稳定的原因和电解槽的特征有关。大多数情况下，电解槽的控制系统会识别和回应低频率的噪声信号，其中最简单的一种是槽电压控制系统能够识别这种噪声大小，如果它在一个合理的时间波动，可以采取提高极距的方法加以消除，如图 14-3 所示。如果槽电压噪声长时间不消除，用图 14-3 所示的方法不能消除，这就提醒人们需要注意：不同的槽电压噪声频率指示不同的电解槽运行情况，要针对不同的情况采取不同的槽电压噪声处理方式。如果槽电压噪声的频率在 0.001～0.05Hz 之间，那么这种噪声通常是由电解槽铝液表面较大的波动或滚铝引起的。如果槽电压的频率在 0.2Hz 以下，则这种噪声通常都源自于阳极问题，如阳极长包或新阳极安装位置过低等，如图 14-7 所示。

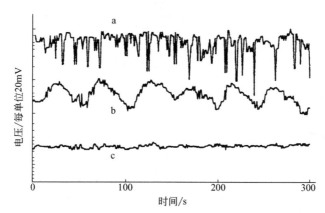

图 14-7　稳定电解槽和非稳定电解槽的槽电压噪声信号

a—阳极长包或某一阳极过低；b—铝水摆动或滚铝；c—槽电压稳定的电解槽

铝电解槽槽电压噪声的形式与控制技术的发展需要对电解槽准电阻的变化踪迹进行深入的研究和监测，并将它们与电解槽运行状态下出现的问题联系起来，一旦这种关系建立起来后，就可以用形式识别软件来鉴别出电解槽故障问题的所在。大多数槽电压不稳定的原因仍需要操作人员去查找，因此槽电压的噪声完全由计算机控制是不可能的。

14.6　电解槽初晶温度和过热度的控制

铝电解槽电解质的过热度定义为电解质的温度与其初晶温度之差。

电解槽中添加 AlF_3 无疑会提高电解质中 AlF_3 的浓度。过热度的增加将导致槽侧部的散热量增加，影响热平衡，使槽帮结壳及伸腿熔化，AlF_3 的浓度降低，其最终结果是所添加的 AlF_3 并不能达到预想的在电解质中的浓度要求。如果是极距增加，输入到电解槽中的能量就会增加，直接的影响就是使电解质的温度增加和过热度增加。另一方面，电解质温度增加时，也会使沉淀和槽帮结壳熔化，电解质的初晶温度上升，这反过来又使过热度降低和电解槽侧部热损失减小，因此由于极距的增加而导致的热损失增加比预计的要小。也就是说，电解槽热平衡和物料平衡不是相互独立的，而是相互关联、相互影响的。电解槽物料平衡的稳定（Al_2O_3 加料和 AlF_3 成分稳定）和热平衡稳定（温度的稳定）的控制是可以通过正确的电解质初晶温度和过热度的控制实现的。除了 Al_2O_3 加料和浓度控制的软件外，另一个可以稳定控制电解槽电解质分子比、电解温度的计算机控制软件也已经开发出来，这就是电解质初晶温度和过热度的控制，其计算机控制软件框图如图 14-8 所示。

该计算机的控制软件所监控的目标有 3 个：初晶温度下限、初晶温度上限和过热度。而实际实现的控制目标为 5 个：初晶温度下限、初晶温度上限、电解温度下限、电解温度上限和过热度。而最终要达到的目标是电解质成分的稳定和电解温度的稳定，即真正的电解质分子比控制和温度控制。

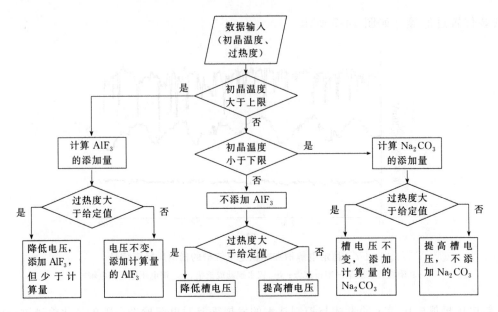

图 14-8　电解质成分和温度控制程序框图

参 考 文 献

［1］　Richards N E. The 20th International Course on Process Metallurgy of Aluminium. Trondheim：［s. n.］，2001.

［2］　Less L N. Light Metals. 1976：315.

［3］　Thonstad J，Ronning S. Light Metals. 1982：488.

［4］　Geag P et al. Light Metals. 2001：541.

［5］　Thonstad J，Liu Y X. Light Metals. 1981：303.

［6］　Thonstad J. The 5th International Course on Process Metallurgy of Aluminium. Trondheim：［s. n.］，1986.

［7］　Gerlach J et al. Met. Trans. 1975，6B：83.

第**15**章 铝电解槽的温度场

15.1 传热问题概述

15.1.1 传热的 3 种形式

传热是指由温度差引起的热量传递过程。凡是有温度差的地方就必然有传热过程发生。当有热量输入或输出时，就会引起温度响应，造成温度的不均匀分布。在密实的固体内部，热量的传递只能靠热传导的方式，但在边界表面上，一般会有对流传热或辐射传热或两者兼而有之。

热量由物体的高温部分传向低温部分，或由高温物体传向它直接接触的低温物体的过程称为热传导，其基本规律由傅里叶定律表示，数学表达式为：

$$q_n = -\lambda \frac{\partial t}{\partial n} \tag{15-1}$$

式中 q_n——等温面法线方向的热流密度，W/m^2；

     λ——热导率，$W/(m \cdot K)$；

$\partial t/\partial n$——等温面法线方向的温度梯度，K/m。

公式中的负号表示热量传递方向与温度梯度方向相反。

流体各部分之间发生相对位移所引起的热量传递过程，称为对流。工程技术上经常遇到的是流动的流体和固体壁面之间的换热过程，称为对流换热。其基本规律由牛顿公式表示：

$$q = \alpha \Delta t \tag{15-2}$$

式中 q——通过固体壁面的热流密度，W/m^2；

     α——对流换热系数，$W/(m^2 \cdot K)$；

     Δt——壁面与流体间的温度差，K。

物体以电磁波的形式向外发射能量的过程称为辐射，因自身的热能引起的向外发射辐射能的过程称为热辐射。一切物体都在不断地发射辐射能，同时又不断地吸收来自其他物体的辐射能，并将其转变为热能。但高温物体发射的辐射能比吸收的多，而低温物体正好相反，从而使热量从高温物体传向低温物体，形成热辐射。黑体在单位时间内发射的辐射能服从斯蒂芬-波尔兹曼定律：

$$E_b = \sigma_b A T^4 \tag{15-3}$$

式中　　E_b——黑体辐射能，W/m^2；

　　　　σ_b——黑体辐射系数，其值为 $5.67 \times 10^{-8} W/(m^2 \cdot K^4)$；

　　　　A——物体的表面积，m^2；

　　　　T——物体的绝对温度，K。

　　计算一个物体与其他物体之间的辐射换热量时，不仅要考虑该物体向外发射的能量，而且还要考虑它对外来辐射能的吸收情况。对于灰体，其辐射能力 E 可用式(15-4) 表示：

$$E = C\left(\frac{T}{100}\right)^4 \tag{15-4}$$

式中　　C——灰体的发射系数；不同物体的 C 值不同，它取决于物体的性质、表面情况和温度。

15.1.2　传热问题的边界条件及求解方法

　　传热问题中有 3 类边界条件。

　　已知边界上的温度值，即 T_w＝常数时，称为第 1 类边界条件；

　　已知边界上的热流密度值，即 q_w＝常数时，称为第 2 类边界条件；

　　已知边界上物体与周围流体介质之间的换热系数 α 以及周围流体的温度 T_f，此时称为第 3 类边界条件，用公式表示为：

$$-\lambda\left(\frac{\partial T}{\partial n}\right)_w = \alpha(T_w - T_f) \tag{15-5}$$

式中　　$(\partial T/\partial n)_w$——边界上边界面法向的温度导数。

　　传热问题的求解方法，过去主要用解析法、实验法和比拟法。现代电子计算机的迅速发展，使数值计算方法的使用日益广泛，成为解决传热问题的一种重要手段。

15.2　铝电解槽传热过程的物理模型

　　冰晶石-氧化铝熔盐电解生产铝的过程是非常复杂的，涉及许多传质传热过程、化学的和电化学的反应以及复杂的相平衡问题。尽管铝电解这一炼铝方法已经在工业上应用了一百多年，但人们对其中的许多物理化学过程仍未搞明白。尽管电解槽的热设计对电解槽的工艺操作和铝电解生产的电能消耗起到非常关键的作用，但实际上在某种程度上某些铝厂电解槽的热设计仍是靠经验的。近些年来，人们通过电解槽热平衡的理论和数学模型对电解槽的传热和电解槽的温度场进行了研究，已经大大减少了电解槽在热设计方面的试试改改过程，并且已经在设计上取得了巨大的进步。事实上，近几年来，铝电解工业在电解槽的大型化设计方面已经取得了非常大的进步，电解槽的最大容量已经达到了 500kA，原有一些较大型的电解槽在原设计电解槽电流的基础上都有了很大提高。不论是新建的 500kA 的大型电解槽，还是电流强化后的较大型电解槽，其电流效率和电耗指标都比以前更先进，这些都归功于最佳的电解槽热电数字模拟技术在电解槽上的应用。

　　早期的铝电解槽传热过程的物理模型是一维的。这种一维的传热过程物理模型对于给定的铝电解槽某个区域的模型结壳的厚度，计算其局部的电解槽的传热损失是有用的，但是，这种传热模型不能对电解槽的槽膛结壳形状求解。二维传热过程的物理模型对计算和预测电解槽的槽膛和槽帮结壳的形状是非常有效的。由于槽膛和槽帮结壳形状对铝电解槽电流分布和电流效率有非常重要的影响，因此正确地预测不同电解槽结构设计和不同电解槽工艺参数对电解槽槽膛和槽帮结壳形状的影响是电解槽热设计的核心问题，也是电解槽热电数字模拟和传热过程研究的主要内容。对于电解槽，特别是对于电解槽阳极和阳极上表面覆盖的氧化铝的传热过程来说，电解槽的传热过程中没有相变化，其传热条件的不可改变性，不是电解槽热设计研究的主要内容，本书对此不加以介绍。在相同的炭阳极质量的情况下，电解槽上部散热大小只与氧化铝保温层厚度大小有关。其表面散热损失和阳极中的温度分布的数据，可从少量相关文献中查找和引用，这些数据容易测得，误差不大。

在铝电解槽的槽膛内，由于铝液和电解质的流动，使高温熔体的大量热以对流方式向槽内衬传递。在槽内衬中，热量以传导形式经由炭素材料、耐火材料、保温材料等传向铝电解槽钢壳表面，再由钢壳表面向周围环境以对流和辐射的方式散发出去。

实际的电解槽结构和操作工艺非常复杂，因此要用数学方法描述铝电解槽的热电参数是比较困难的。在保证求解精度和反映主要规律的前提下，人们对实际电解槽的生产过程进行简化处理，得出相应的物理模型，然后在此基础上建立数学模型并进行计算。

经过简化处理后建立起如下的铝电解槽物理模型。

在铝电解槽操作条件稳定的情况下，槽内衬的温度场为稳态温度场。假设电解槽的热量传递和电场均为平面场。本假设除在电解槽的 4 个角上与实际情况有些差别之外，其余各处均与实际情况基本吻合。在此假设下，铝电解槽两端的热流量成为第三维，可以假定恒定不变，这样，就可以用二维的热温度场来描述三维的电解槽热传递过程。

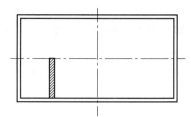

图 15-1　铝电解槽切片模型示意图

由于铝电解槽本身的对称性，使得电解槽两侧和两端的热传递参数和电场参数对于电解槽的横对称轴和纵对称轴对称。图 15-1 所示的切片模型代表此区域内的热传递参数和电场参数的分布特性，即此切片模型与槽内相邻部分无热量传递和电流现象。

在铝电解槽中，由于铝液和电解质熔体的流动很剧烈，使得铝液和电解质熔体部分的温差很小，可以认为此处的温度是均匀的，将其作为等温区，不考虑铝液和电解质的温度场计算。

15.3　铝电解槽传热过程二维稳态数学模型

在铝电解槽简化处理后的物理模型的基础上，可以建立二维稳态数学模型。

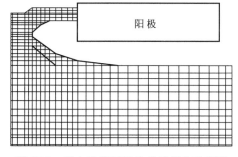

图 15-2　铝电解槽网格的单元划分示意图

15.3.1　电解槽数学模型求解区域的单元划分

按照铝电解槽温度梯度变化的一般情况，在阴极及其以下的保温结构中温度变化比较缓慢，温度梯度较小，应划分为比较大的单元网格，而在槽膛结壳和侧部炭块这一部分，传热层比较薄，温度梯度较大，应划分为比较小的单元网格。图 15-2 所示即为铝电解槽的单元网格划分示意图。

将计算区域划分成单元网格后，可运用变分原理，对每一个单元的热交换过程的控制方程进行变分计算，可得到单元温度刚度矩阵，再经过总体合成，可得到模型的总体温度刚度矩阵，计算求解，即得电解槽温度场分布结果。

15.3.2 热交换过程的控制方程及其离散

15.3.2.1 热交换过程的控制方程

铝电解槽二维热交换过程的控制方程为：

$$\frac{\lambda}{\rho C_p}\left(\frac{\partial^2 T}{\partial x^2}+\frac{\partial^2 T}{\partial y^2}\right)+\frac{q}{\rho C_p}=0 \tag{15-6}$$

式中　λ——物体的热导率，W/(m·K)；

　　　C_p——物体的比热容，J/(kg·K)；

　　　ρ——物体的密度，kg/m³；

　　　T——温度，K；

　　　q——单位体积内所产生的焦耳热，J/m³。

15.3.2.2 单元控制方程的变分计算

（1）变分计算的准备　要对单元控制方程进行变分计算，首先要确定温度插值函数。由于划分的单元网格是三角形的，通常是假设单元的温度 T 是 x、y 的线性函数，即：

$$T=a_1+a_2x+a_3y \tag{15-7}$$

式中的 a_1、a_2、a_3 是待定常数，由节点上的温度值确定。

将节点的坐标及温度代入式(15-7)，得：

$$\begin{cases}T_i=a_1+a_2x_i+a_3y_i\\T_j=a_1+a_2x_j+a_3y_j\\T_m=a_1+a_2x_m+a_3y_m\end{cases} \tag{15-8}$$

利用矩阵求逆的方法解出 a_1、a_2、a_3，得：

$$\begin{cases}a_1=\frac{1}{2\Delta}(a_iT_i+a_jT_j+a_mT_m)\\a_2=\frac{1}{2\Delta}(b_iT_i+b_jT_j+b_mT_m)\\a_3=\frac{1}{2\Delta}(c_iT_i+c_jT_j+c_mT_m)\end{cases} \tag{15-9}$$

式(15-9) 中：

$$a_i=x_jy_m-x_my_j,b_i=y_j-y_m,c_i=x_m-x_j$$
$$a_j=x_my_i-x_iy_m,b_j=y_m-y_i,c_j=x_i-x_m$$
$$a_m=x_iy_j-x_jy_i,b_m=y_i-y_j,c_m=x_j-x_i$$

Δ 为三角形单元的面积，$\Delta=b_ic_j-b_jc_i$；将其代入式(15-7)，得到温度插值的关系式：

$$T=\frac{1}{2\Delta}[(a_i+b_ix+c_iy)T_i+(a_j+b_jx+c_jy)T_jT_m+(a_m+b_mx+c_my)] \tag{15-10}$$

对于边界单元，边界为 jm，两个节点上的温度分别为 T_i 和 T_j，则在直线 jm 上任一点的温度 T 也在 T_j 和 T_m 之间作线性变化，而与 T_i 无关。这就可以在边界 jm 上构造一个更加简单的插值函数，即：

$$T=(1-g)T_j+gT_m \tag{15-11}$$

在式(15-11) 中，g 值介于 0 和 1 之间，等于 0 时对应于节点 j，等于 1 时对应于节点 m。边界 jm 的弧长为：

$$s_i=\sqrt{(x_j-x_m)^2+(y_j-y_m)^2}=\sqrt{b_i{}^2+c_i{}^2} \tag{15-12}$$

s_i 是已知数，在下面的曲线积分中，边界弧长变量 s 和 s_i 之间可用 g 联系起来，即：

$$s=s_i g \qquad 或 \qquad \mathrm{d}s=s_i\,\mathrm{d}g \tag{15-13}$$

至此，单元变分计算的准备工作已全部完成。

（2）变分计算　单元温度场的泛函形式为：

$$J^e=\iint_e\left[\frac{k}{2}\left(\frac{\partial T}{\partial x}\right)^2+\frac{k}{2}\left(\frac{\partial T}{\partial y}\right)^2-q_v T\right]\mathrm{d}x\,\mathrm{d}y+\int_{jm}\alpha\left(\frac{1}{2}T^2-T_f T\right)\mathrm{d}s$$

$$\tag{15-14}$$

若单元内无内热源，则 $q_v T$ 一项等于 0；若为内部单元，则式(15-14) 中第 2 项等于 0。由于单元内的温度场已经离散成只与 3 个节点温度 T_i、T_j、T_m 有关的插值函数，单元变分计算就是计算 $\dfrac{\partial J^e}{\partial T_i}$、$\dfrac{\partial J^e}{\partial T_j}$ 和 $\dfrac{\partial J^e}{\partial T_m}$ 之值。

① 无内热源边界单元变分计算　无内热源边界单元的温度场泛函形式为：

$$J^e=\iint_e\frac{k}{2}\left[\left(\frac{\partial T}{\partial x}\right)^2+\left(\frac{\partial T}{\partial y}\right)^2\right]\mathrm{d}x\,\mathrm{d}y+\int_{jm}\left(\frac{1}{2}\alpha T^2-\alpha T_f T\right)\mathrm{d}s \tag{15-15}$$

以下进行变分计算。

$$\frac{\partial J^e}{\partial T_i}=\iint_e k\left[\frac{\partial T}{\partial x}\times\frac{\partial}{\partial T_i}\left(\frac{\partial T}{\partial x}\right)+\frac{\partial T}{\partial y}\times\frac{\partial}{\partial T_i}\left(\frac{\partial T}{\partial y}\right)\right]\mathrm{d}x\,\mathrm{d}y+$$

$$\int_0^1\alpha(T-T_f)\frac{\partial T}{\partial T_i}s_i\,\mathrm{d}g \tag{15-16}$$

式(15-16) 中：

$$\begin{cases}\dfrac{\partial T}{\partial x}=\dfrac{1}{2\Delta}(b_i T_i+b_j T_j+b_m T_m)\\[2mm]\dfrac{\partial}{\partial T_i}\left(\dfrac{\partial T}{\partial x}\right)=\dfrac{1}{2\Delta}b_i\\[2mm]\dfrac{\partial T}{\partial y}=\dfrac{1}{2\Delta}(c_i T_i+c_j T_j+c_m T_m)\\[2mm]\dfrac{\partial}{\partial T_i}\left(\dfrac{\partial T}{\partial y}\right)=\dfrac{1}{2\Delta}c_i\end{cases} \tag{15-17}$$

由式(15-11) 可得

$$\frac{\partial T}{\partial T_i}=0 \tag{15-18}$$

代入式(15-16)，得

$$\frac{\partial J^e}{\partial T_i}=\iint_e\frac{k}{4\Delta^2}\left[(b_i^2+c_i^2)T_i+(b_i b_j+c_i c_j)T_j+(b_j b_m+c_i c_m)T_m\right]\mathrm{d}x\,\mathrm{d}y$$

$$\tag{15-19}$$

把与 x、y 无关的数提到积分号外，得到：

$$\iint_e \mathrm{d}x\,\mathrm{d}y = \Delta \tag{15-20}$$

所以

$$\frac{\partial J^e}{\partial T_i} = \frac{k}{4\Delta}\left[(b_i^2 + c_i^2)T_i + (b_ib_j + c_ic_j)T_j + (b_ib_m + c_ic_m)T_m\right] \tag{15-21}$$

当计算

$$\frac{\partial J^e}{\partial T_j} = \iint_e k\left[\frac{\partial T}{\partial x}\times\frac{\partial}{\partial T_j}\left(\frac{\partial T}{\partial x}\right) + \frac{\partial T}{\partial y}\times\frac{\partial}{\partial T_j}\left(\frac{\partial T}{\partial y}\right)\right]\mathrm{d}x\,\mathrm{d}y + \int_0^1 \alpha(T-T_f)\frac{\partial T}{\partial T_j}s_i\,\mathrm{d}g \tag{15-22}$$

时，第 1 项与上面的计算相同，第 2 项计算如下：

$$\int_0^1 \alpha(T-T_f)\frac{\partial T}{\partial T_j}s_i\,\mathrm{d}g$$

$$= \int_0^1 \alpha\left[(1-g)T_j + gT_m - T_f\right](1-g)s_i\,\mathrm{d}g$$

$$= -\alpha s_i\int_0^1\left[(1-g)^2T_j - (1-g)T_f\right]\mathrm{d}(1-g) + \alpha s_i T_m\int_0^1(g-g^2)\,\mathrm{d}g$$

$$= -\alpha s_i\left[\frac{(1-g)^3}{3}\bigg|_0^1 T_j - \frac{(1-g)^2}{2}\bigg|_0^1 T_f\right] + \alpha s_i T_m\left(\frac{g^2}{2}-\frac{g^3}{3}\right)\bigg|_0^1$$

$$= \frac{\alpha s_i}{3}T_j - \frac{\alpha s_i}{2}T_f + \frac{\alpha s_i}{6}T_m \tag{15-23}$$

于是得到

$$\frac{\partial J^e}{\partial T_j} = \frac{k}{4\Delta}(b_ib_j + c_ic_j)T_i + \left[\frac{k}{4\Delta}(b_i^2 + c_j^2) + \frac{\alpha s_i}{3}\right]T_j +$$

$$\left[\frac{k}{4\Delta}(b_jb_m + c_jc_m) + \frac{\alpha s_i}{6}\right]T_m - \frac{\alpha s_i}{2}T_f \tag{15-24}$$

同理推得

$$\frac{\partial J^e}{\partial T_m} = \frac{k}{4\Delta}(b_ib_m + c_ic_m)T_i + \left[\frac{k}{4\Delta}(b_ib_m + c_jc_m) + \frac{\alpha s_i}{6}\right]T_j +$$

$$\left[\frac{k}{4\Delta}(b_m^2 + c_m^2) + \frac{\alpha s_i}{3}\right]T_m - \frac{\alpha s_i}{2}T_f \tag{15-25}$$

式(15-21)、式(15-24) 和式(15-25) 通常写成矩阵形式

$$\begin{Bmatrix}\dfrac{\partial J^e}{\partial T_i}\\[2mm]\dfrac{\partial J^e}{\partial T_j}\\[2mm]\dfrac{\partial J^e}{\partial T_m}\end{Bmatrix} = \begin{bmatrix}k_{ii} & k_{ij} & k_{im}\\ k_{ji} & k_{jj} & k_{jm}\\ k_{mi} & k_{mj} & k_{mm}\end{bmatrix}\begin{Bmatrix}T_i\\ T_j\\ T_m\end{Bmatrix} - \begin{Bmatrix}p_i\\ p_j\\ p_m\end{Bmatrix} \tag{15-26}$$

式(15-26) 中

$$
\begin{cases}
k_{ii} = \phi(b_i^2 + c_i^2) \\[2mm]
k_{jj} = \phi(b_j^2 + c_j^2) + \dfrac{\alpha s_i}{3} \\[2mm]
k_{mm} = \phi(b_m^2 + c_m^2) + \dfrac{\alpha s_i}{3} \\[2mm]
k_{ij} = k_{ji} = \phi(b_i b_j + c_i c_j) \\[2mm]
k_{im} = k_{mi} = \phi(b_i b_m + c_i c_m) \\[2mm]
k_{jm} = k_{mj} = \phi(b_j b_m + c_j c_m) + \dfrac{\alpha s_i}{6} \\[2mm]
p_i = 0 \\[2mm]
p_j = p_m = \dfrac{\alpha s_i}{2} T_f \\[2mm]
\phi = \dfrac{k}{4\Delta}
\end{cases}
\tag{15-27}
$$

② 无内热源内部单元变分计算　无内热源内部单元的温度场泛函形式为：

$$
J^e = \iint_e \left[\frac{k}{2}\left(\frac{\partial T}{\partial x}\right)^2 + \frac{k}{2}\left(\frac{\partial T}{\partial y}\right)^2 \right] \mathrm{d}x\,\mathrm{d}y
\tag{15-28}
$$

经过与上面相同的计算，最后得到与式（15-26）相似的方程组，其中

$$
\begin{cases}
k_{ii} = \phi(b_i^2 + c_i^2) \\[2mm]
k_{jj} = \phi(b_j^2 + c_j^2) \\[2mm]
k_{mm} = \phi(b_m^2 + c_m^2) \\[2mm]
k_{ij} = k_{ji} = \phi(b_i b_j + c_i c_j) \\[2mm]
k_{im} = k_{mi} = \phi(b_i b_m + c_i c_m) \\[2mm]
k_{jm} = k_{mj} = \phi(b_j b_m + c_j c_m) \\[2mm]
p_i = p_j = p_m = 0 \\[2mm]
\phi = \dfrac{k}{4\Delta}
\end{cases}
\tag{15-29}
$$

③ 有内热源边界单元变分计算　有内热源边界单元的温度场泛函形式为：

$$
J^e = \iint_e \left[\frac{k}{2}\left(\frac{\partial T}{\partial x}\right)^2 + \frac{k}{2}\left(\frac{\partial T}{\partial y}\right)^2 - q_v T \right] \mathrm{d}x\,\mathrm{d}y + \int_{jm} \alpha\left(\frac{1}{2}T^2 - T_f T\right)\mathrm{d}s
\tag{15-30}
$$

式中多了 $-\iint\limits_e q_v T \mathrm{d}x\,\mathrm{d}y$ 一项，其他项的计算与前面完全相同。下面对 $-\iint\limits_e q_v T \mathrm{d}x\,\mathrm{d}y$ 一项进行计算，计算时把 q_v 作为常数。

$$
\begin{aligned}
-\iint_e q_v \frac{\partial T}{\partial T_i}\mathrm{d}x\,\mathrm{d}y
&= -q_v \iint_e \frac{\partial T}{\partial T_i}\mathrm{d}x\,\mathrm{d}y \\
&= -q_v \iint_e \frac{1}{2\Delta}(a_i + b_i x + c_i y)\mathrm{d}x\,\mathrm{d}y \\
&= -q_v \frac{\Delta}{3}
\end{aligned}
\tag{15-31}
$$

所以，$\dfrac{\partial J^e}{\partial T_i}$ 中应增加式(15-31)一项。同理，$\dfrac{\partial J^e}{\partial T_i}$、$\dfrac{\partial J^e}{\partial T_m}$ 中也增加这一项。最后得到与式(15-26)相似的方程组，其中

$$
\begin{cases}
k_{ii}=\phi(b_i^2+c_i^2)\\[2mm]
k_{jj}=\phi(b_i^2+c_j^2)+\dfrac{\alpha s_i}{3}\\[2mm]
k_{mm}=\phi(b_m^2+c_m^2)+\dfrac{\alpha s_i}{3}\\[2mm]
k_{ij}=k_{ji}=\phi(b_ib_j+c_ic_j)\\[2mm]
k_{im}=k_{mi}=\phi(b_ib_m+c_ic_m)\\[2mm]
k_{jm}=k_{mj}=\phi(b_jb_m+c_jc_m)+\dfrac{\alpha s_i}{6}\\[2mm]
p_i=q_{\mathrm v}\dfrac{\Delta}{3}\\[2mm]
p_j=p_m=\dfrac{\alpha s_i}{2}T_{\mathrm f}+q_{\mathrm v}\dfrac{\Delta}{3}\\[2mm]
\phi=\dfrac{k}{4\Delta}
\end{cases}
\tag{15-32}
$$

④ 有内热源内部单元变分计算　有内热源内部单元的温度场泛函形式为：

$$
J^e=\iint_e\left[\frac{k}{2}\left(\frac{\partial T}{\partial x}\right)^2+\frac{k}{2}\left(\frac{\partial T}{\partial y}\right)^2-q_{\mathrm v}T\right]\mathrm dx\,\mathrm dy
\tag{15-33}
$$

计算后得到与式(15-26)相似的方程组，其中

$$
\begin{cases}
k_{ii}=\phi(b_i^2+c_i^2)\\[2mm]
k_{jj}=\phi(b_j^2+c_j^2)\\[2mm]
k_{mm}=\phi(b_m^2+c_m^2)\\[2mm]
k_{ij}=k_{ji}=\phi(b_ib_j+c_ic_j)\\[2mm]
k_{im}=k_{mi}=\phi(b_ib_m+c_ic_m)\\[2mm]
k_{jm}=k_{mj}=\phi(b_jb_m+c_jc_m)+\dfrac{\alpha s_i}{6}\\[2mm]
p_i=p_j=p_m=q_{\mathrm v}\dfrac{\Delta}{3}\\[2mm]
\phi=\dfrac{k}{4\Delta}
\end{cases}
\tag{15-34}
$$

（3）温度刚度矩阵的总体合成　总体温度刚度矩阵及总方程组右端列向量的合成规律如下：

① 节点方程的主对角元素或方程右端项，由包含该节点的所有单元中相应的主对角元素或常数项之和构成；

② 节点方程的非主对角元素，由包含该节点的有关直线的所有单元中相应的非主对角元素之和构成。

按照以上原则，将单元温度刚度矩阵进行总体合成后，得到整个计算区域的总体温度刚度矩阵，就可以进行温度场求解计算了。

15.3.3　铝电解槽数学模型的边界条件

与冰晶石电解质接触的界面温度一般为电解质熔体的初晶温度，此温度比较稳定，此处采用第 1 类边界条件，即已知节点温度为电解质熔体的初晶温度。

阴极炭块表面的温度一般与槽膛内铝液的温度相等，此处也采用第 1 类边界条件，即认为节点温度为铝液温度。

由于对称关系，铝电解槽中心对称面可认为无热传递现象发生，此处采用绝热边界条件，即穿过对称面的热流为 0。

在阳极炭块与边部结壳和上部氧化铝粉接触的表面，采用绝热边界条件，热流为 0。

槽壳外表面主要以对流和辐射形式向外散热，槽壳表面与空气之间的换热系数可以由计算得到，此处采用第 3 类边界条件。

15.4　计算实例

本计算实例为某铝厂 160kA 大型预焙阳极铝电解槽，其电解槽部分结构及工艺技术参数见表 15-1。

表 15-1　电解槽部分结构及工艺技术参数

槽底结构		侧部结构		工艺技术参数	
硅酸钙板	0.065m	侧部耐火砖厚	0.065m	电流	160kA
氧化铝粉	0.025m	侧部炭块厚度	0.060m	槽工作电压	4.03V
保温砖	0.130m	阳极到侧壁距离	0.525m	阳极电流密度	0.7215A/cm^2
耐火砖	0.130m	槽膛深度	0.460m	进电方式	两端进电
阴极炭块	0.450m			分子比	2.6~2.7

15.4.1　计算所需数据的选取

（1）固体导热材料的热导率　电解槽内衬中各种材料的热导率受到温度、构成材料的影响。由于电解质的渗透，阴极部分的热导率会有所增大。在文献中，对国内电解厂使用的各种内衬材料的热导率进行了测量，并得出了回归方程。本书实例的计算将采用其中的数据。

各种内衬材料的热导率［单位：W/(m·K)］如下。

① 硅酸钙板（假密度 0.334g/cm^3）

$$\lambda = 0.047 + 0.234 \times 10^{-3}(T - 200)$$

② 氧化铝粉（含 α-Al$_2$O$_3$ 41%）

$$\lambda = 0.166 + 0.293 \times 10^{-3}(T - 300)$$

③ 保温砖（在铝电解槽上使用过，假密度 0.72g/cm^3）

$$\lambda = 0.184 + 0.068 \times 10^{-3}(T - 100)$$

④ 耐火砖（在铝电解槽上使用过，假密度 2.14g/cm^3）

$$\lambda = 0.047 + 0.234 \times 10^{-3}(T - 200)$$

⑤ 阴极钢棒

$$\lambda = 56.6 + 0.0545(T - 200)$$

⑥ 阴极炭块（在铝电解槽上使用过）

$$\lambda = 2.3 + 5.78 \times 10^{-3}(T - 300)$$

⑦ 底糊（在铝电解槽上使用过，真密度 2.02g/cm³，假密度 1.43g/cm³，气孔率 29.1%）

$$\lambda = 2.98 + 2.05 \times 10^{-3}(T - 300)$$

⑧ 侧部炭块（在铝电解槽上使用过）

$$\lambda = 0.305 + 4.28 \times 10^{-3}(T - 300)$$

⑨ 侧部结壳（假密度 2.06g/cm³，含氧化铝 46.2%）

$$\lambda = 0.825 + 0.55 \times 10^{-3}(T - 300)$$

⑩ 上部结壳（假密度 2.06g/cm³，含氧化铝 26.0%）

$$\lambda = 0.930 + 0.38 \times 10^{-3}(T - 300)$$

⑪ 外部槽体钢壳

$$\lambda = 43.5$$

（2）边界条件中介质换热系数的确定　在绝热边界条件中，介质放热系数 $\alpha = 0$。铝电解槽槽壳表面和上部氧化铝粉覆盖层的介质放热系数确定方法如下。

铝电解槽外表面的散热总量为：

$$Q_t = Q_c + Q_a \tag{15-35}$$

式中　Q_t——铝电解槽外表面的散热总量，J；

　　　Q_c——对流换热量，J；

　　　Q_a——辐射换热量，J。

对流换热的计算公式为：

$$Q_c = \alpha A(T_w - T_f) \tag{15-36}$$

式中　A——散热面积，m²；

　　　T_w——散热表面温度，K；

　　　T_f——环境温度，K；

　　　α——对流换热系数，W/(m²·K)。

α 的值与槽壁温度、槽壁形状及周围介质的温度、介质性质、流动状况有关。

对垂直壁

$$\alpha_0 = A_1 \Delta T^{1/3} \tag{15-37}$$

式中　ΔT——槽壳表面温度与周围环境温度之差；

　　　A_1——与介质性质和计算温度有关的常数。

计算温度 $T_1 = 0.5\Delta T$，A_1 与 T_1 的关系列于表 15-2。

表 15-2　计算温度 T_1 与 A_1 关系

T_1	0	50	100	200	300	500	1000
A_1	1.45	1.27	1.14	0.97	0.85	0.70	0.48

对垂直向下壁面

$$\alpha = 0.7\alpha_0 \tag{15-38}$$

对垂直向上的壁面

$$\alpha = 1.3\alpha_0 \tag{15-39}$$

辐射换热的计算公式为：

$$Q_a = A\varepsilon f\sigma_b(T_w^4 - T_f^4) \tag{15-40}$$

式中　ε——槽壳散热表面的黑度；

　　　f——角度系数。

由此可得介质辐射给热系数为：

$$\alpha = \frac{Q}{A(T_w - T_f)} = \varepsilon f\sigma(T_w^2 + T_f^2)(T_w + T_f) \tag{15-41}$$

电解槽各部分的黑度和角度系数值见表 15-3。

表 15-3　电解槽散热表面的黑度及角度系数

项目	氧化铝水平覆盖层	氧化铝倾斜覆盖层	槽壳侧部	槽壳底部
黑度	0.8	0.8	0.8	0.7
角度系数	0.9	1.0	1.0	0.8

分别计算出对流和辐射给热系数后，二者相加，即得介质对槽壳和氧化铝粉的放热系数。

$$\alpha = \alpha_1 + \varepsilon f\sigma(T_w^2 + T_f^2)(T_w + T_f) \tag{15-42}$$

电解质结壳和阴极表面采用第 1 类边界条件，$\alpha = 10^5$ 时，可达到计算精度要求。

（3）阴极电场的电压分布数据　文献中对阴极电场电压分布已作了计算，结果与实际很接近，本书的计算实例中将采用其中的数据。

15.4.2　计算结果

计算的某铝厂 160kA 预焙阳极电解槽，槽膛内型非常不规整，侧部结壳厚度不大，阳极下面的结壳伸腿过长，占阳极阴影部分 1/3 左右。计算所得此电解槽的温度场分布等温线如图 15-3 和图 15-4 所示。图 15-3 所示为切片穿过阴极钢棒中心的电解槽横向截面的温度场分布图，图 15-4 所示为切片不穿过阴极钢棒的电解槽截面的温度场分布图。

由电解槽温度场分布图可以看出，铝电解槽在侧部炭块和侧部结壳处的导热层比其他部分都要薄，因此这里的等温线分布密度很大，是电解槽中温度梯度最大的地方。

在铝电解槽底部内衬结构中，阴极炭块的温度梯度不大，温度梯度主要分布在阴极钢棒以下的保温材料中。阴极部分与耐火砖接触面的温度较高，超过了 900℃，这将加强电解质在阴极表面的沉积，导致阴极炭块的早期破损，减少电解槽的寿命。

铝电解槽的结壳伸腿过长，电解质在槽膛底部的沉积量过多，使电解质在阴极炭块中的渗透大大增加，炭块与钢棒之间的电压降大大增大，增大了电耗，造成电能的极大浪费。

综上所述，该铝厂的 160kA 铝电解槽的温度场分布存在很多不合理之处。可以通过计算采用不同电解槽结构、不同内衬材料、不同电解槽生产工艺参数等情况下的铝电解槽的温度场分布和槽膛内型，研究它们对电解槽槽膛内型和电流效率的影响，并对电解槽结构和生产工艺参数等加以改进，得出比较合理的电解槽结构和生产工艺参数。

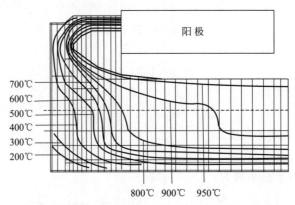

图 15-3　电解槽温度场等温线分布图（切片穿过阴极钢棒中心）

等温线温度自下而上分别为 200℃、300℃、400℃、500℃、600℃、700℃、800℃、900℃和 950℃

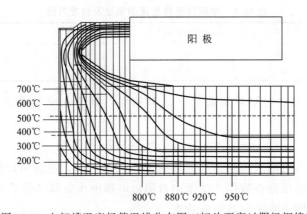

图 15-4　电解槽温度场等温线分布图（切片不穿过阴极钢棒）

等温线温度自下而上分别为 200℃、300℃、400℃、500℃、600℃、700℃、800℃、880℃、920℃和 950℃

15.5　铝电解槽内结壳与介质换热系数的计算

15.5.1　铝电解槽电解质熔体和铝液与槽帮结壳之间传热的基本原理

在铝电解槽的正常生产运行过程中，通常要求在铝电解槽内形成一定厚度的槽帮结壳，这层结壳具有保护内衬材料不受槽内电解质和铝液熔体腐蚀和调节电解温度等作用。而对于是否能形成比较合理、稳定的槽帮结壳，电解槽内熔体与结壳之间的热量交换具有重要的作用，因此分析二者之间的换热系数的大小就显得十分重要。

根据电解槽的能量平衡，输入到电解槽的电能 $W_电$ 等于电解槽分解氧化铝所需要的化学能 $W_化$ 与补偿电解槽热损失所需要的热能 $W_损$ 之和，即：

$$W_电 = W_化 + W_损 \tag{15-43}$$

在稳定的电流效率下，分解氧化铝的化学能是一个常数，即：

$$W_电 = 常数 + W_损 \tag{15-44}$$

然而由于种种原因，$W_电$ 和 $W_损$ 总是随着时间的变化而经常地发生一些变化。电解槽的热损失由几部分组成，但是只有电解槽边部槽壳的热损失受 $W_{电}$ 波动的影响最大。为了简便起见，可将槽内衬炭砖、耐火材料和钢制槽壳当成一个整体，用图 15-5 来阐述电解槽边部传热的基本原理。

图 15-5 中各符号含义：

q_b——单位面积电解质熔体对边部结壳传热的热流量，W/m^2；

q_s——电解槽外壳对空气散热的热流量，W/m^2；

t_a——环境温度，K；

t_b——电解质熔体的温度，K；

t_1——槽膛内边部结壳上的温度，也等于电解质熔体的初晶温度，K；

t_{w1}——边部结壳与内衬耐火材料界面上的温度，K；

t_{w2}——电解槽外壳表面的温度，K；

h_a——电解槽外壳外面对与其相接触的空气进行散热的散热系数，$W/(m^2 \cdot K)$；

h_b——电解质熔体对槽帮结壳的换热系数，$W/(m^2 \cdot K)$；

x_1——槽帮结壳的厚度，m；

x_w——槽内衬厚度，m；

k_1——槽帮结壳的热导率，$W/(m \cdot K)$；

k_w——槽内衬的热导率，$W/(m \cdot K)$。

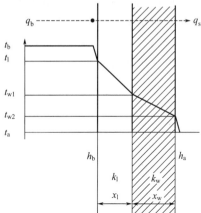

图 15-5　铝电解槽边部结壳和槽衬温度梯度及传热示意图

由图 15-5 可以看出，当电解槽处于热平衡状态时，电解槽的传热可以作为稳态传热过程来处理，此时

$$\begin{cases} q_b = q_s \\ x_1 = 常数 \end{cases} \tag{15-45}$$

$$\begin{cases} q_s = h_b (t_b - t_1) \\ q_s = \dfrac{k_1}{x_1}(t_1 - t_{w1}) \\ q_s = \dfrac{k_w}{x_w}(t_{w1} - t_{w2}) \\ q_s = h_a (t_{w2} - t_a) \end{cases} \tag{15-46}$$

$$q_s = \frac{t_b - t_a}{\dfrac{1}{h_b} + \dfrac{x_1}{k_1} + \dfrac{x_w}{k_w} + \dfrac{1}{h_a}} \tag{15-47}$$

从铝电解生产上的意义来说，作为铝电解槽槽膛内的槽帮结壳，不仅具有保护槽内衬材料免受电解质熔体和铝液腐蚀的作用，还具有电绝缘的性质。此外，在铝电解生产过程中还起到一个温度自动调节器的作用，当电解槽输入的电能增加或减少的时候，电解槽的槽帮结壳的厚度会相应地减少或增加，从而在理论上使电解槽的温度比较稳定。但是在实际生产中，由于电解槽槽帮结壳电解质（对于中部半连续自动打壳下料的电解槽来说，槽帮结壳通

常是冰晶石组分）的分子比总是大于电解质熔体的分子比，因此当电解槽的槽帮结壳熔化时，电解质熔体的分子比会有所提高，导致实际的电解温度有所上升，但其上升的幅度远远小于在假定电解槽槽帮结壳不熔化时，根据电解槽输入电能增加和电解质熔体的热容及正常传热所计算出来的电解质熔体温度上升的数值。

槽帮结壳的稳定性与 q_s 和 t_{w2} 有关，也与电解质的初晶温度 t_1 有关。当 $t_{w1} > t_1$ 时，槽内衬将不会有槽帮结壳的形成；相反当 $t_{w1} < t_1$ 时，在电解槽的内衬上就会生长成一层结壳，直到 $q_b = q_s$ 为止。应该说，槽帮结壳的生成和熔化是一个动态过程，但是只有电解槽达到稳态传热过程时，才有 $q_b = q_s$。

此外，从传热理论也可以知道，电解质熔体和铝液对槽帮结壳的换热系数与电解质熔体沿槽帮结壳的流动速度有关。然而由于电解质熔体和铝液在沿不同的槽帮结壳表面位置上的流速是不一样的，因此，在同一台电解槽上，不同的槽膛结壳处的换热系数 h_b 是不同的。在电解质温度、环境温度、电解质初晶温度和电解槽内衬厚度不变时，不同槽帮结壳处的槽帮结壳的厚度 x_1 基本上是 h_b 的函数。

$$x_1 = k_1 \left(\frac{1}{h_b} \times \frac{t_1 - t_a}{t_b - t_1} - \frac{x_w}{k_w} - \frac{1}{h_a} \right) \tag{15-48}$$

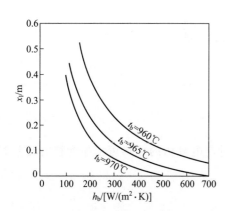

图 15-6　铝电解槽的槽帮结壳厚度与该处的电解质熔体与槽帮结壳之间换热系数的关系

由式（15-48）可以看出，当 h_b 增加时，槽帮结壳的厚度变薄；而当 h_b 减小时，槽帮结壳会变厚。槽帮结壳的厚度 x_1 与 h_b 之间的关系可以用图 15-6 所示的曲线形式表示。该图是在 $t_a = 30℃$，$k_1 = 1.07 W/(m^2 \cdot K)$，$t_1 = 905℃$ 的条件下得出的。

由图 15-6 可以看出，在 965℃ 的电解质熔体温度条件下，当 h_b 值为 350 W/(m^2 \cdot K) 时，槽帮结壳厚度为 100mm。当 h_b 值增加到 650 W/(m^2 \cdot K) 时，槽帮结壳厚度变为零。在铝电解生产中，电解质和铝液的熔体，特别是铝液熔体的流速大小是与电解槽中的水平电流分布和电解槽母线磁场，特别是垂直磁场的影响分不开的。有些电解槽常常在其槽膛中边部的某个部位不结壳，槽膛空，这往往与电解槽母线的设计有关。有些情况也是电解槽内水平电流局部过大，电流分布极度不均造成的。

15.5.2　炉帮与电解质熔体和铝液熔体之间的换热系数

由于铝电解槽炉帮与电解质熔体和铝液熔体之间的换热系数，不仅对研究电解槽的传热过程和温度场分布有重要意义，而且其数值大小直接影响到铝电解槽电解的生产工艺过程，因此无论在实验室还是在工业电解槽上进行实例和计算机模型计算，人们都做了许多研究，按其研究方法，可以把这些研究分成几类。

① 利用低温水溶液或有机溶液或二者混合物的液体模型来模拟电解槽熔体与槽帮结壳之间的传热，进行实验室研究，并给出准数方程，推导并得出工业电解槽槽帮与熔体之间的换热系数，以及这些换热系数与极距和电解质熔体流速之间的关系。图 15-7 所示就是其中一个有代表性的研究结果。

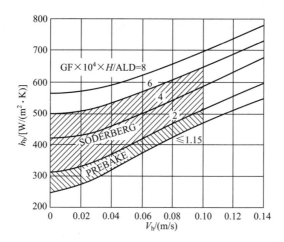

图 15-7　工业铝电解槽模型及电解质熔体之间的换热系数与电解质熔体水平流速之间的关系

GF—单位阳极周边长度上阳极气体的流动速率，m^2/s，在通常的电解槽电流密度情

况下，对预焙槽为 $4 \times 10^{-4} m^2/s$，而对自焙槽为 $20 \times 10^{-4} m^2/s$ 左右；H—阳极浸

入电解质熔体中的深度，m；ALD—阳极到侧部槽帮结壳之间的距离，m

由图 15-7 可以看出，槽帮与熔体之间的换热系数随阳极气体逸出速度和阳极浸入电解质熔体中的深度的增加而增加，随电解质熔体水平流动速度的增加而增加，而与极间距离大小成反比。

② 利用内部冷却的球体或圆柱体插入电解质熔体中，在其表面生成结壳，达到稳定传热后，通过测定进出的气体温度及气体流量，按牛顿冷却公式计算得出电解质熔体与凝固层间的对流换热系数。M. P. Taylor 与 B. T. Welch 合作，用这种方法对电解质熔体与冷却的凝固的电解质之间的换热系数进行计算，其值在 $500 \sim 700 W/(m^2 \cdot K)$（自然对流）和 $700 \sim 1000 W/(m^2 \cdot K)$（强制对流）之间。此种方法也曾被用于工业电解槽电解质熔体与结壳之间的换热系数的测量与计算，其值在 $200 \sim 1100 W/(m^2 \cdot K)$ 之间。

③ 对于利用测定球体或圆柱体插入电解质熔体中，在其表面的生成结壳所发生的非稳态传热过程（熔体与冷却体的温度差随时间的变化），利用解非稳态的传热方程，可以准确地得出熔体与冷却电解质之间的换热系数。高照升、沈时英和干益人曾用这种方法在实验室和 80kA 的预焙阳极工业电解槽上研究了凝固的电解质结壳与电解质熔体之间的换热系数，从几个 80kA 的预焙电解槽上所测得的结果得出，不同电解槽的电解质熔体与槽帮之间的换热系数并不完全一样，最大的在 $1640 W/(m^2 \cdot K)$ 左右，而对于大多数电解槽而言，一般在 $870 \sim 1400 W/(m^2 \cdot K)$ 之间。

15.5.3　热流管法计算槽帮与电解质熔体之间的换热系数

该法是直接在工业电解槽上，利用热平衡的原理和稳态传热条件下，热流管内进出热流管热量相等的原理，根据电解槽槽壳表面温度和电解质熔体温度的数据，计算槽帮与电解质熔体之间的换热系数，以及槽帮与铝液之间的换热系数。

15.5.3.1　铝电解槽中的热流线及其分布

在传热过程中，热流线总是与等温线互为共轭曲线，也就是说这二者总是处于正交位置，因此，垂直于等温线的方向就是热量传递的方向。铝电解槽内的热量就是沿着热流线传向槽外，形成铝电解槽的热量平衡和热损失。

铝电解槽的热流线分布呈放射状（如图 15-8 所示），这是由电解槽的等温线分布情况决定的。

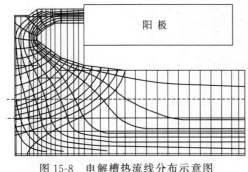

图 15-8　电解槽热流线分布示意图

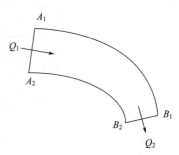

图 15-9　热流管热流通量示意图

15.5.3.2　计算原理

由于热量是沿着热流线向外传递的，因此热流线的两侧之间不存在热量传递，亦即热流线为一条绝热线。相邻的两条热流线之间形成一个热流管，热量从热流管的一端进入，经过电解槽的结壳和内衬导热材料，最后从热流管的另一端放出。

当电解槽处于稳定生产状态时，铝电解槽的内衬导热材料的温度分布处于稳定状态。也就是说，铝电解槽内电解质和铝液向外传递的热量就等于槽体外壳向环境散发的热量。将总的热量分解到每个热流管中，则通过热流管的每个截面的热流通量也总是相等的（如图 15-9 所示），因此有式(15-49) 成立。

$$Q_1 = Q_2 \tag{15-49}$$

其中

$$\begin{cases} Q_1 = \alpha_1 S_1 (T_{w1} - T_{f1}) \\ Q_2 = \alpha_2 S_2 (T_{f2} - T_{w2}) \end{cases} \tag{15-50}$$

式中　Q_1——进入热流管的热流量，W；

Q_2——从热流管导出的热量，W；

α_1——$A_1 A_2$ 外表面的换热系数，W/(m² · K)；

α_2——$B_1 B_2$ 外表面的换热系数，W/(m² · K)；

S_1——$A_1 A_2$ 表面的面积，m²；

S_2——$B_1 B_2$ 表面的面积，m²；

T_{w1}——$A_1 A_2$ 表面外侧介质的温度，K；

T_{f1}——$A_1 A_2$ 表面的温度，K；

T_{w2}——$B_1 B_2$ 表面外侧介质的温度，K；

T_{f2}——$B_1 B_2$ 表面的温度，K。

取垂直于 xy 坐标平面方向的厚度为单位长度，则式(15-50) 中的面积部分可计算如下：

$$\begin{cases} S_1 = 1 \times \overline{A_1 A_2} \\ S_2 = 1 \times \overline{B_1 B_2} \end{cases} \tag{15-51}$$

由式(15-50) 和式(15-51) 可以得到：

$$\alpha_1 = \frac{\alpha_2 \cdot \overline{B_1 B_2} \cdot (T_{f2} - T_{w2})}{\overline{A_1 A_2} \cdot (T_{w1} - T_{f1})} \tag{15-52}$$

式(15-52) 就是计算电解槽内电解质和铝液与结壳之间换热系数时所采用的计算式。

15.5.4　计算实例

本计算实例为某铝厂 160kA 大型预焙阳极铝电解槽，其电解槽部分结构及工艺参数见表 15-1。运用上述方法计算了该电解槽槽帮结壳与电解质和铝液熔体之间的换热系数。

15.5.4.1　计算所需数据

一般地，所取热流线越多，热流管越细，计算结果也越精确，但同时会增加计算量。本书所取的铝电解槽的热流线如图 15-8 所示，这些热流线的起始坐标列于表 15-4。这些热流线基本上是按照温度场计算时所划分的节点位置选取的，分布于侧部结壳的各个部位，具有一定的代表性。

表 15-4　铝电解槽热流线起始点位置

起始点	坐标值	起始点	坐标值
A_1	(0.662,1.257)	A_{12}	(0.382,0.979)
A_2	(0.562,1.257)	A_{13}	(0.442,0.937)
A_3	(0.442,1.257)	A_{14}	(0.502,0.92)
A_4	(0.382,1.257)	A_{15}	(0.562,0.9)
A_5	(0.297,1.217)	A_{16}	(0.612,0.881)
A_6	(0.2545,1.177)	A_{17}	(0.662,0.862)
A_7	(0.212,1.137)	A_{18}	(0.742,0.852)
A_8	(0.212,1.097)	A_{19}	(0.822,0.842)
A_9	(0.2545,1.07)	A_{20}	(0.902,0.832)
A_{10}	(0.297,1.04)	A_{21}	(0.982,0.822)
A_{11}	(0.3395,1.012)	A_{22}	(1.062,0.812)

由式(15-52) 可知，计算中所需数据还有电解质和铝液的温度、槽体外壳的温度、环境温度以及槽外壳与空气介质之间的换热系数。

由于电解需要，槽膛内电解质熔体的温度一般要比电解质的初晶温度高出 10～20℃。在结壳的不同部位，电解质熔体和铝液与结壳之间的温度差值不同，表 15-5 中列出了在结壳的不同部位实测的熔体与结壳之间的温度差值。

表 15-5　铝电解槽内熔体与结壳之间的温度差值

位置	上层电解质	中层电解质	下层电解质
温度差值/℃	16.7	16.0	14.5

有了温度差值数据之后，式(15-52) 中的 $T_{w1} - T_{f1}$ 部分就成为已知。铝电解槽槽壳温度是实测的，各部分的温度值列于表 15-6。

表 15-6　铝电解槽槽壳温度

热流管序号	温度值/℃	热流管序号	温度值/℃
1	172.0	12	308.7
2	176.3	13	320.3
3	168.0	14	355.2
4	155.5	15	381.5
5	190.4	16	384.8
6	286.6	17	383.2
7	301.8	18	376.6
8	339.74	19	326.0
9	336.68	20	246.4
10	320.63	21	157.5
11	309.0		

　　铝电解槽外的空气温度随着季节的变化而不同，在槽壳的不同部位其值也不相同，本书实例中的计算取其平均值，列于表 15-7。

表 15-7　铝电解槽外环境空气温度

位置	上方	侧部	底部
空气温度/℃	40	35	40

　　铝电解槽的槽壳与外部空气之间的换热系数可由式(15-42)计算得到，其中各部分的黑度和角度系数取值列于表 15-3。

15.5.4.2　计算结果

　　经过计算，得到铝电解槽结壳与介质之间的换热系数，结果列于表 15-8。

表 15-8　铝电解槽结壳与介质之间的换热系数

热流管序号	换热系数/[W/(m² · K)]	热流管序号	换热系数/[W/(m² · K)]
1	146.25	12	614.35
2	153.35	13	601.01
3	188.85	14	600.62
4	191.54	15	527.65
5	508.14	16	460.90
6	1047.44	17	445.92
7	1074.44	18	429.27
8	1060.79	19	394.23
9	1007.27	20	365.69
10	765.34	21	358.97
11	622.64		

　　由表 15-8 中的数据可以看出，在铝电解槽内，受电解质和铝液流动情况和结壳形状的影响，结壳与电解质和铝液熔体的换热系数在结壳的不同部位有不同的数值，并且随着部位的不同差别也比较大。

　　在结壳的底部和上部，熔体与结壳之间的换热系数相对较小，而在侧部电解质与结壳之间的换热系数非常大，都在 $1000W/(m^2 \cdot K)$ 左右。这主要是由于在这一区域，阳极气体的产生和流动都非常剧烈，电解质的流动处于湍流状态，再加上电磁场对铝液流动的作用，使侧部位置的铝液流动比其他位置的铝液流动要更加剧烈，所以，对流换热必然大大加强，换热系数也就比其他部分要大得多。

文献中报道的槽帮与熔体之间的换热系数在 $500\sim1000W/(m^2 \cdot K)$ 之间，本书实例计算结果其数值在熔体对槽帮冲刷最剧烈的部位高达 $1000W/(m^2 \cdot K)$ 左右的范围之内是合理的，也是可能的，但此数值与国外大型电解槽的一些计算值最高在 $600W/(m^2 \cdot K)$ 左右相比要高得多。对流换热系数的高低在很大程度上反映了电解质与铝液流动状态的好坏，换热系数越高，说明电解质和铝液的流动越剧烈，并导致电流效率下降。本书实例所计算的电解槽的电流效率只有 87.5%，而国外同类型电解槽电流效率高达 $92\%\sim93\%$，这可能与我们所计算的熔体与槽帮之间换热系数高达 $1000W/(m^2 \cdot K)$ 是有关系的。

由于本书实例所采用的方法不考虑对流和辐射换热的具体计算公式，而是利用热流线为绝热线、热流管各截面热流通量相等这一原理进行计算的，避免了考虑对流和辐射传热中流体流动和辐射情况的不确定性，因此，我们认为，本书实例的计算原理比较简单，所得结果更能符合实际。

在计算中，我们还大致估计了铝电解槽各部分散热的情况。计算结果表明，电解槽上部的氧化铝粉层覆盖部分和侧部散热量很大，特别是侧部，散热量占到总散热量的 1/2 以上。在侧部的散热中，阴极钢棒附近的散热量又比较集中，因此，加强阴极钢棒附近电解槽的保温，对减少电解槽的热量损失，就显得更重要一些。

在以后的铝电解槽温度场计算中，将采用本章计算所得的电解槽结壳与电解质和铝液熔体之间的换热系数作为结壳与电解槽内熔体换热边界条件，以计算铝电解槽的结壳形状。

15.6　铝电解过程中槽膛形状的变化

15.6.1　铝电解过程中铝液水平的变化对槽膛形状的影响

对于铝电解生产来说，如果经设计已确定了电解槽的结构，那么对此电解槽就应该有一个最适宜的铝液高度，生产中，两次出铝之间铝液水平应在此最佳铝液水平上下变化。

在过去的电解槽生产操作的观念中，一般主张采用比较高的铝液水平。这样做可以使电解槽内中央部位的多余热量传递出去，从而起到调节槽温的作用。同时，较高的铝液水平还可以减弱水平电流与垂直磁场的交互作用力，促进铝液保持稳定，有助于弥补磁场不平衡所产生的缺点。

随着铝电解技术的发展，运用计算机对电解槽温度场、流场和电磁场的研究也越来越完善。现代大型铝电解槽生产技术中，就倾向于采用比较薄的铝液层。这样做有利于降低铝液波峰的高度，使铝电解槽在较高的极距下进行生产，避免局部短路现象，从而有助于提高电流效率。另外，采用较薄的铝液高度，还能促使槽底沉淀物熔化。

这里我们仍以 160kA 大型预焙阳极铝电解槽为例，通过模型计算，讲述电解过程中铝水平变化对槽膛形状的影响。

15.6.1.1　模型的建立

在计算之前，首先要建立电解槽的物理模型和数学模型，这部分工作与本章前面提到的模型建立方法大致相同，所不同之处在于边界条件的选取。在本计算中，可利用 15.5 计算获得的电解槽内熔体与槽帮结壳之间的换热系数，熔体与槽帮结壳接触部分采用第 3 类边界条件。

15.6.1.2 计算铝电解槽内槽帮结壳形状的方法

对于一个结构参数一定的铝电解槽来说，槽膛内形规整与否主要是靠电解过程中电解质结壳的形成形状，因此要计算铝电解槽的槽膛内形，主要是计算槽膛电解质结壳的边界位置。判定某一点是否结壳的依据是看此点的温度是否低于电解质的初晶温度。通过比较，可以修正电解槽物理模型的结壳边界，使得最后所得边界的温度与电解质的初晶温度相近。

计算槽膛内形及电解槽温度场可按如下步骤进行。

① 确定电解槽结构参数，给出假设初始温度，作为第 1 次计算各部分热导率的参考温度。

② 运用有限元法计算电解槽各节点的温度分布。

③ 将结壳表面节点温度与电解质初晶温度进行比较。如果节点温度高于电解质初晶温度，则压缩此节点所在的结壳以内的各节点（包括此节点）的横坐标，认为压缩后的边界节点的新坐标为结壳表面。如果节点温度低于电解质的初晶温度，则放大此处横坐标，边界节点的新坐标为结壳表面。这样就形成了新的结壳边界。

④ 利用上次计算所得的温度值为新的初始计算温度，重复步骤②和步骤③，直到计算所得结壳边界节点温度值与电解质初晶温度之差的绝对值小于所给精度要求，此时所得结壳边界就可以认为是槽膛内形的形状。

⑤ 在计算结壳形状的同时，也计算了在某一铝液高度时铝电解槽的温度场分布。

计算程序流程图示于图 15-10。

计算开始前所假设的铝电解槽槽帮结壳的位置及网格划分情况如图 15-2 所示。在计算中，铝电解槽内衬材料热导率及槽壳表面黑度和角度系数等均与表 15-3 相同。

随着铝液高度的增加，铝电解槽内水平电流也逐渐减小，槽内熔体与槽帮结壳之间的换热系数也将随之发生变化，因此，在此处采用第 3 类边界条件后，换热系数的数据将在 15.5 节计算结果的基础上进行适当的修正，使其更符合熔体波动的情况。

15.6.1.3 铝电解槽铝液最佳高度的判断标准

在铝电解槽的正常生产中，要保持一定的铝液水平，以形成合理的槽帮结壳形状和合理的规整的槽膛内形。在过去的侧插自焙电解槽的操作中，要求侧部结壳要高要陡，但这种槽膛形状在很大程度上是靠人工形成的。在现在的电解槽的操作中，特别是在大型中部点式自动下料的电解槽中，槽膛形状及侧部结壳主要是靠电解槽的热平衡及工艺

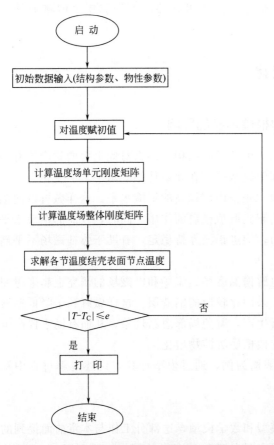

图 15-10 计算槽帮边界程序流程图

技术条件确定的，因此最佳的铝液高度应该具备以下条件：①侧部结壳要具有一定的厚度，但槽膛底部伸腿不超过阳极在阴极炭块上的投影区；②要使阴极铝液镜面有最小面积，以减小铝的溶解损失；③在保证上述槽膛形状的情况下，尽量采用比较低的铝液高度，以降低铝液在中部的隆起高度。

15.6.1.4　计算实例

本书仍以我国某大型铝厂 160kA 双端进电预焙阳极铝电解槽为实例进行计算，计算中，选取铝液高度分别为 10cm、15cm、20cm、25cm、30cm，得到不同铝液水平时的槽膛结壳形状及温度场分布如图 15-11～图 15-15 所示。由图可以看出，铝液水平的不同，使铝电解槽形成了不同厚度的结壳。

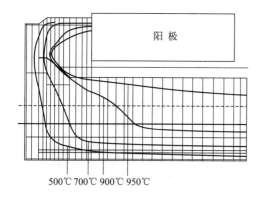

图 15-11　铝液水平为 10cm 时的
槽膛内形及温度分布
自上而下温度值分别为 950℃、900℃、
700℃和 500℃

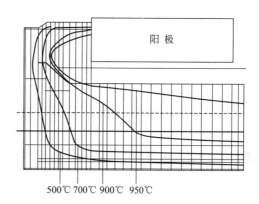

图 15-12　铝液水平为 15cm 时的
槽膛内形及温度分布
自上而下温度值分别为 950℃、900℃、
700℃和 500℃

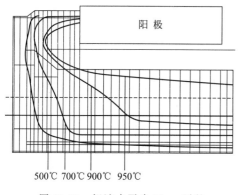

图 15-13　铝液水平为 20cm 时的
槽膛内形及温度分布
自上而下温度值分别为 950℃、900℃、
700℃和 500℃

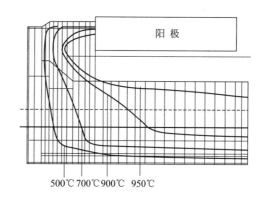

图 15-14　铝液水平为 25cm 时的
槽膛内形及温度分布
自上而下温度值分别为 950℃、900℃、
700℃和 500℃

当铝液水平处于 10cm 和 15cm 时，结壳层变得很薄（如图 15-11 和图 15-12 所示），在槽膛底部的沉积处接近于人造伸腿。结壳变薄，铝液镜面增大，铝的溶解损失就增加，使铝电解槽的电流效率降低，不利于生产。结壳层薄，还说明电解槽内的温度处于比较高的状

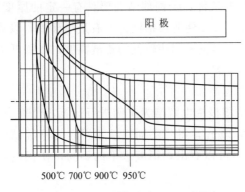

图 15-15　铝液水平为 30cm 时的
槽膛内形及温度分布
自上而下温度值分别为 950℃、900℃、
700℃ 和 500℃

态，使得侧部结壳更易于熔化，电解槽很容易处于过热状态。

铝液高度处于 20cm 左右时，槽膛底部的电解质沉淀基本位于阳极投影下部。由图 15-13 可以看出，此时，铝电解槽槽膛形状比较规整，槽帮结壳较厚，阴极铝液内的电流分布较好。阴极铝液镜面比铝液水平为 15cm 时有所减小，因此可以获得更高的电流效率。

当铝液水平处于 25cm 和 30cm 时（如图 15-14 和图 15-15 所示），槽帮结壳的厚度更为增大，铝液镜面更加缩小。这一点对电流效率的提高无疑是有利的，但由于此时伸腿过长，边部结壳长到了阳极投影下，这无疑增加了阴极铝液中的水平电流分量，对提高电流效率又

起到了相反的作用。此外，由于电解槽的电流很大（160kA），会在铝液中产生很大的使铝液在槽中心隆起的电磁力，这种电磁力不仅与槽内的磁场强度和电流密度有关外，还与铝液水平的高低有关。铝液水平越高，电磁力就越大，铝液隆起就越高。当系列电流波动时，铝液波动就更剧烈，严重时，还会引起局部极间短路，造成生产的不稳定，并使电流效率降低。

由计算结果和分析可以看出，对于该类型 160kA 大型中间下料预焙阳极电解槽来说，按照铝电解槽最佳铝液高度的评价标准，应该说，铝液高度为 20cm 的技术条件是合理的。

15.6.2　选用不同的内衬炭材料对槽膛形状的影响

铝电解槽的阴极内衬是用炭块砌筑而成的。阴极炭块一般是由煅烧后的无烟煤、人造石墨质材料，或由这两种原料的混合配料为骨料加入沥青，混捏成型后再进行焙烧制成的。这种阴极炭块会随着使用时间的延长而逐渐破损，最终导致停槽大修。有些电解槽由于阴极炭块的早期破损，使用寿命不到 1 年，对铝电解的生产成本产生了比较大的不利的影响。人们对电解槽早期破损的原因和机理曾做过大量的研究，电解槽早期破损的原因除了与电解槽的设计、筑炉质量有关外，还与电解槽的内衬材料以及电解槽的生产操作有关。其中很重要、也是对电解槽早期破损起主要作用的原因是在电解过程中，钠会向阴极炭块内部渗透，并与电解槽内衬炭块反应，最终导致炭块破裂。铝电解槽阴极炭块是一种多孔材料，电解过程中金属钠和电解质熔体就是通过这种多孔材料渗透的。这种渗透与炭块的孔隙结构有关，不同的炭块具有不同的孔隙结构，因此具有不同的渗透性能。在现代工业铝电解槽中，阴极炭块是用无烟煤和石墨两种不同的原材料制成的，胶黏剂使用煤焦油沥青。煅烧无烟煤是由燃气煅烧法和电煅烧法生产的。许多工作者通过研究发现，使用石墨化程度高或石墨成分多的炭块可以减少钠在阴极炭块中的渗透，延长阴极炭块的使用寿命。那么，在使用半石墨化、石墨质的阴极炭块后，铝电解槽的温度场分布和槽内将形成怎样的槽帮结壳形状呢？通过铝电解槽的模型计算，可以计算出电解槽使用不同的阴极炭块时的槽膛形状变化。

在电解的侧壁结构中，同样面临防止钠的渗透和电解质侵蚀的问题，因此可以按照与上

述相同的计算方法，在使用不同的侧部炭块后，对电解槽的槽帮结壳形状的影响进行计算研究。

在这里，本书仍以上述的某铝厂横向排列双端进电的 160kA 中间下料预焙阳极电解槽为实例进行计算，并用这些计算结果来讲述不同的内衬炭材料对槽膛形状的影响。

15.6.2.1 铝电解槽内衬炭材料及其导热性能

按国际上通用的标准，铝电解槽上使用的阴极炭块和侧部炭块有 4 种：石墨化炭块、半石墨化炭块、石墨质炭块和无定形炭质炭块。石墨质炭块是以石墨碎为骨料，加沥青混捏成型后，于 1200℃ 左右的温度下焙烧而成的炭块，也有的将其称为石墨型的炭块。无定形炭质炭块是主要以电煅无烟煤为主，不添加或添加部分石墨为骨料的炭块。半石墨化炭块与石墨化炭块制作和生产方法相同，但半石墨化炭块的热处理温度稍低一些（2300℃）。石墨化炭块和半石墨化炭块具有较好的抗钠性和抗电解质腐蚀性，但其价格贵，抗磨损性差，故铝厂很少使用。铝厂用得较多的是电煅无烟煤炭块，但因石墨质炭块的价格不是很高，又比电煅无烟煤炭块具有较低的电阻和较好的抗钠腐蚀性，因此在国外的铝电解槽上越来越多地得到应用。石墨质炭块热导率较大，如在原电解槽的设计使用无烟煤炭块基础上，不改变其他设计或工艺操作参数，只改无烟煤炭块为石墨质炭块，必然会引起原电解槽的热平衡状态的改变，因此，随着电解槽阴极炭块内衬材料的改变，电解槽若干设计参数和工艺操作参数的调整也是必不可少的。如何调整这些参数，这也就是本节研究的内容。

表 15-9 列出了选用的石墨炭块的热导率的数据。

表 15-9　不同类型石墨炭块的热导率　　　　　　　　单位：W/(m·K)

常规（无定形）	石墨质	石墨化
8～15	30～45	80～120

15.6.2.2 计算实例

研究铝电解槽不同内衬炭材料对电解过程中槽帮结壳形态的影响是先进的大型电解槽设计的一个重要组成部分，它也是通过计算机数值模拟计算得出的。计算中，铝电解槽物理模型以及数学模型的建立、边界条件的确定、初始槽帮结壳形状的假设和网格划分以及计算内槽帮结壳形状的方法和步骤均与 15.6.1 节中的相同，不同之处在于当使用石墨质阴极炭块或侧部炭块时，内衬材料的热导率不同。

① 首先假定其他电解条件不变（铝液水平 0.20m），只将阴极炭块的材料换成石墨质阴极炭块，计算得出电解槽温度场分布和槽帮结壳的形状。

在计算过程中根据方案①的计算结果，又设计了几种计算方案。

② 使用石墨质阴极炭块的同时，降低铝液水平至 0.10m，加强底部保温，使用 3 层保温砖和 3 层耐火砖。

③ 使用石墨质阴极炭块，降低铝液水平至 0.15m，使用低分子比电解质以降低电解质初晶温度，降低电解温度至 950℃。

④ 使用普通阴极炭块，但使用石墨质侧部炭块，其他条件不变。

⑤ 同时使用石墨阴极炭块和侧部炭块，降低铝液水平至 0.15m，降低电解温度至 950℃。

15.6.2.3 计算结果

（1）电解槽改用石墨质阴极炭块后，不改变其他设计和工艺技术条件时，电解槽的温度

分布及槽膛形状　计算结果如图 15-16 所示。由图可以看出，电解槽在使用石墨质阴极炭块后，由于其热导率比原电煅无烟煤炭块的热导率大得多，在底部的散热量增加，从而使铝电解槽中电解质在底部的沉淀增加，电解槽的伸腿非常长，显然这是我们所不希望的。同时底部炭块的温度过高，会使钠的渗透增加。虽然使用石墨质阴极炭块比普通的炭块抗钠渗透性要好，但上述结果又会部分抵消这种作用。另外，由于石墨质阴极炭块的使用，使阴极钢棒和底部保温层的温度也有所升高，这会使电解质渗透后对钢棒和保温层的腐蚀加剧，使钢棒的使用寿命减短，不利于电解生产。

（2）使用石墨质炭块后，降低铝液水平，加强底部保温时电解槽的温度分布和槽膛形状　为了改进由于电解槽使用石墨质阴极炭块后槽膛伸腿过长、底部散热增加的不足，我们考虑采用降低铝液水平（由原来的 20cm 降低到 10cm），同时在原底部结构的基础上再增加 1 层耐火砖和 1 层保温砖，即采取加强底部保温的措施。其计算结果如图 15-17 所示。由图 15-17 可以看出，电解槽底部的沉淀虽然有所减少，但伸腿仍然延伸到阳极投影下，侧部结壳非常薄，因此采取这些措施后，仍然不能得到我们所希望的槽膛内形，也没有改变阴极炭块温度过高的状况。

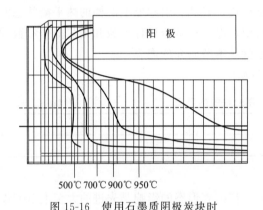 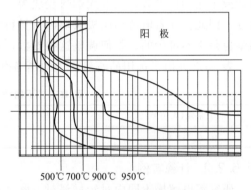

图 15-16　使用石墨质阴极炭块时电解槽的槽帮形状和温度场分布	图 15-17　使用石墨质阴极炭块时降低铝液水平、加强保温后电解槽的槽帮形状和温度场分布
自上而下温度值分别为 950℃、900℃、700℃和 500℃	自上而下温度值分别为 950℃、900℃、700℃和 500℃

（3）使用石墨质阴极炭块，并采用低电解质分子比、低电解温度并降低铝液水平至 15cm 后电解槽的温度分布及槽膛形状　由计算结果（如图 15-18 所示）可以看出，在降低电解温度后，阴极炭块的温度有明显的降低，这种作用同时也表现在阴极钢棒和底部的保温结构上。这样，通过采取低温电解的措施，使得在电解生产中石墨质阴极炭块，既有比普通炭块要好的抗钠渗透性能，又不使阴极炭块的温度过高，达到了两方面的要求。但是，电解槽内侧部的槽帮结壳非常薄，使得铝液镜面增大，这样会使铝的溶解损失增加，电流效率降低。

（4）使用石墨质侧部炭块而其他条件不变时的电解槽温度场分布和槽帮结壳形状　图 15-19 所示为使用石墨质侧部炭块而其他条件不变时的电解槽温度场分布和槽帮结壳形状。由于石墨质炭块的高热导率，使侧壁的温度比不使用石墨质炭块时的温度低，所以在侧壁附近的电解质就会增加，使侧部结壳加厚。计算结果也正是如此。这有利于铝液镜面的收缩，对减少铝的溶解损失，提高电流效率是有利的。

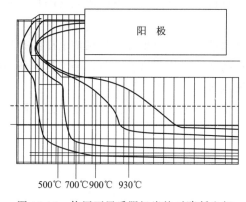

图 15-18　使用石墨质阴极炭块时降低电解
温度后电解槽的槽帮形状和温度场分布
自上而下温度值分别为 930℃、900℃、700℃和 500℃

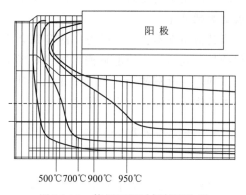

图 15-19　使用石墨质侧部炭块时
电解槽的槽帮形状和温度场分布
自上而下温度值分别为 950℃、900℃、700℃和 500℃

（5）同时使用石墨质阴极炭块和侧部炭块时的电解槽温度分布和槽膛形状　当同时使用石墨质阴极炭块和侧部炭块，而其他条件不变时，可以想见，由于石墨质炭块良好的导热性能，会使底部和侧部的电解质沉淀同时增多；而同时使用石墨质阴极炭块和侧部炭块，可以加强这两部分的抗钠腐蚀性能。为了减少由此引起的大量的电解质沉淀，我们仍然采用降低电解温度的方法。计算结果如图 15-20 所示。由图可以看出，在电解槽温度场分布中，阴极炭块及其以下各保温结构的温度均不是太高，槽帮结壳的形状也比较合理，这样就可以在提高槽寿命的同时，提高电流效率。

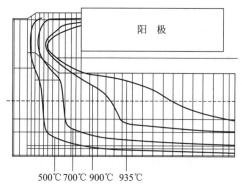

图 15-20　使用石墨质侧部炭块和阴极炭块并
降低电解温度时电解槽的槽帮形状和温度场分布
自上而下温度值分别为 935℃、900℃、700℃和 500℃

通过计算，得到了使用不同内衬材料和采用不同操作条件时电解槽的温度场分布和槽膛内形。

不改变其他条件，使用石墨质阴极炭块或采用低铝液水平、加强底部保温的方法，不能得到较合理的槽膛内形。而采用低电解质分子比、低电解温度的方法后，阴极炭块和阴极钢棒、底部的保温结构的温度都有明显的降低。同时使用石墨质的阴极炭块和侧部炭块，可以加强这两部分的抗钠腐蚀性能。采用降低电解温度的方法，又可使电解槽温度场分布比较合理，槽帮结壳的形状也比较合理。这样就可以在提高槽寿命的同时，提高电流效率，因此我们建议铝厂使用石墨质侧壁和阴极炭块，在低电解温度下进行生产。

15.7　铝电解槽电压、电流变化对电解槽热平衡的影响

在铝电解槽的稳定生产中，槽电压和电流保持不变时，电解槽处于热平衡状态，即供入电解槽体系中的能量等于反应过程所消耗的能量加上从该体系损失的热量。但是，当电解槽

电压或电流发生变化时，由于电解槽体系内产生的总热量发生变化，电解槽原来的热平衡状态就会遭到破坏。

当其他条件不变时，槽电压的升高会使电解槽体系中总热量增加。如果槽电压的升高幅度保持长时间不变，铝电解槽将通过对环境散热量的增加对体系进行调节，最终达到新的热平衡。同理，电解槽系列电流的变化，对铝电解也将产生类似的影响。

本章将通过计算，讲述铝电解槽电压和电流的变化对电解槽热平衡及其他状态的影响。

15.7.1 计算原理和计算方法

15.7.1.1 计算原理

铝电解槽内的热量在侧部是通过槽帮结壳、侧部炭块、侧部耐火砖及槽壳等结构传递到周围环境的。当电解槽的电压或电流增大时，电解槽内的总热量会增加，增加的热量首先使电解槽内的电解质和铝液熔体的温度升高，熔体温度的升高会引起槽帮结壳表面部分的温度升高，当超过电解质的初晶点时，结壳就发生熔化，槽帮结壳厚度减小。这样，热量经过侧部向外界环境传递时所遇到的热阻就减小，传递的热量增加，最终引起电解槽槽壳表面温度升高，向外传递的热量增加。与此同时，槽帮结壳的熔化，又会引起电解槽内电解质熔体的分子比升高，即电解质熔体的初晶温度要升高，这种作用有减小槽帮结壳熔化的趋势。在这两方面的作用下，电解槽最终将达到新的热平衡状态，也就是说，当电解槽内槽帮结壳熔化到一定厚度时，电解质熔体的初晶温度升高到一定值，此时，电解槽表面向外散发的热量的增加值正好与相同时间内由于槽电压的升高而引起的槽内热量的增加相等。

设电解槽系列电流为 I，槽电压增加 ΔV（亦即槽内电解质电压降增加 ΔV），电解槽内单位时间内产生的热量增加 $\Delta V \times I$。在其较长时间的影响下，电解槽达到了新的热平衡状态。设达到平衡后电解槽表面单位时间散热量的增加为 ΔQ，而电解槽在达到新的热平衡时，槽内比原来多产生的热量均通过槽表面散发出去，因此有

$$\Delta V \times I = \Delta Q = \alpha(t_2 - t_0)A - \alpha(t_1 - t_0)A \tag{15-53}$$

式中 α——电解槽外壁与周围环境之间的换热系数，$W/(m^2 \cdot K)$；

  t_0——环境温度，K；

  t_1——槽电压变化前的槽壁表面温度，K；

  t_2——槽电压变化后电解槽达到新的热平衡时的槽壁表面温度，K；

  A——电解槽的槽壁散热面积，m^2。

对 t_1 和 t_2，有

$$t_2 = t_1 + \Delta t \tag{15-54}$$

式中 Δt——槽壁表面温度的变化量，K。

设槽电压变化前、后电解槽内槽帮结壳厚度分别为 δ_1 和 δ_2，厚度的变化量为 $\Delta \delta$，$\Delta \delta = \delta_1 - \delta_2$，则又有

$$I \times \Delta V = \frac{A(T' - t_2)}{\frac{l_1}{\lambda_1} + \cdots + \frac{\delta_2}{\lambda_c}} - \frac{A(T - t_1)}{\frac{l_1}{\lambda_1} + \cdots + \frac{\delta_1}{\lambda_c}} \tag{15-55}$$

式中 T'——槽电压变化以后的电解温度，K；

T——槽电压变化以前的电解温度，K；

$l_1\cdots$——槽内热量传导所经过的各部分的厚度，m；

$\lambda_1\cdots$——各部分的热导率，W/(m·K)；

λ_c——槽帮结壳的热导率，W/(m·K)。

槽内电解质熔体的分子比由于槽帮的熔化而升高，而熔化前电解质总量 w，分子比为 x_1 为已知，设熔化总量为 Δw，由此可计算得到熔化后的电解质熔体的分子比 x_2，并由此计算电解质初晶温度的升高 ΔT。一般说来，电解槽的正常电解温度在电解质初晶点温度以上 10～20℃ 左右，计算中取此数值为 15℃。设槽电压变化之前的电解质初晶温度为 T_0，变化之后的电解质初晶温度为 T_0'，则有：

$$T = T_0 + 15℃ ; T' = T_0' + 15℃ \tag{15-56}$$

$$\Delta T = T_0' - T_0 = T' - T \tag{15-57}$$

即槽电压升高后，电解温度的升高就等于电解质初晶温度的升高，有

$$T' = T + \Delta T \tag{15-58}$$

将式(15-58) 代入式(15-55)，得

$$I \times \Delta V = \frac{A(T + \Delta T - t_2)}{\dfrac{l_1}{\lambda_1} + \cdots + \dfrac{\delta_1 - \Delta\delta}{\lambda_c}} - \frac{A(T - t_1)}{\dfrac{l_1}{\lambda_1} + \cdots + \dfrac{\delta_1}{\lambda_c}} \tag{15-59}$$

因为结壳的熔化量 Δw 是由熔化厚度决定的，有

$$\Delta w = d_c A_c \Delta\delta \tag{15-60}$$

因此，由于槽帮结壳的熔化而引起的电解质熔体的分子比变化就是结壳熔化厚度 $\Delta\delta$ 的函数，由分子比的变化而引起的电解质初晶点的升高也是结壳熔化厚度 $\Delta\delta$ 的函数。

$$\Delta T = f(\Delta\delta) \tag{15-61}$$

将式(15-61) 代入式(15-59) 后，可解得 $\Delta\delta$ 之值。

电解槽的槽电压升高后，槽膛增大，铝液镜面增加，铝的溶解损失增加，使电流效率降低；再加上由于电解温度的升高，铝的溶解速率增大而引起的电流效率降低，就是槽电压的变化对电流效率的影响。电解温度升高对电流效率影响的经验关系为电解温度每升高 10℃，电流效率降低 1%。

同理可以分析电解槽电流变化时电解槽热平衡状态的变化，但是在计算中，因为在电解槽内产生热量的部分只有电解质，而电解质的电压降约为 1.6V，电解槽电流发生变化后，电解槽热量的增加，将是电流的变化值 ΔI 与电解质电压降的乘积。

在实际计算过程中，采用逆推的方法，首先假定在某一槽电压变化下槽帮结壳的熔化厚度 $\Delta\delta$，计算出新的电解温度，利用电解槽温度场计算程序，直接计算出槽壁表面温度值，由此可算出电解槽散热量的增加，由式(15-53)可计算出引起此熔化厚度的槽电压变化值。

计算电流变化的情况也与此类似。

15.7.1.2　计算方法

计算中，采取逆向计算的方法，即由假定的槽帮结壳的熔化厚度逆向推导出形成这一变化的槽电压变化或电流的变化。

① 首先假定一厚度值，认为这一数值是由电解槽电压或电流变化所引起的，且为电解槽达到新的热平衡时的槽帮结壳熔化厚度；

② 根据假定的熔化厚度值计算槽帮结壳总熔化量以及由此引起的电解质熔体分子比和初晶温度的变化；

③ 由电解质熔体新的初晶温度值确定新的电解温度，并计算在新的槽腔内形和新的电解温度下的电解槽的温度场分布；

④ 由计算所得的新的槽壳温度及原来的槽壳温度计算两种情况下电解槽表面散热量的变化。这一变化值就是由于槽电压或电流变化后达到新的热平衡时所引起的电解槽体系散热量的变化；用散热量的变化值分别除以电解槽电流和槽电压，得到槽电压和电流的变化值。

15.7.2 计算实例

15.7.2.1 槽帮结壳变化厚度的选取

这里我们仍以 160kA 大型预焙阳极铝电解槽为例。计算电解槽电压的变化时，选取槽帮结壳的熔化厚度分别为 0.02m、0.05m、0.08m、0.10m、0.13m；计算电流发生变化时，选取槽帮结壳的熔化厚度分别为 0.02m、0.03m、0.06m、0.08m。

15.7.2.2 电解质初晶温度的计算方法

工业铝电解槽中，采用冰晶石作为氧化铝的熔剂。在工业电解质中以冰晶石为主体，一般含有 2%～4% Al_2O_3、2%～7% AlF_3、0～6% CaF_2 和 0～5% MgF_2。冰晶石的熔点为 1010℃左右。在电解过程中，一般使用酸性电解质，再加上添加剂的作用，电解质体系的初晶温度会降低到 950℃左右甚至更低。在文献中均有 NaF-AlF_3 二元体系的相图。根据相图可以得到各种分子比下的 NaF-AlF_3 熔体的初晶点。文献中列出了各种添加剂单独加入后对电解质体系初晶点的影响。文献中采用回归正交设计的数理统计方法研究了添加剂对电解质初晶点的综合影响，得到了 4 因子一次回归方程

$$T_w = 1007.625 - 2.675x_1 - 4.834x_2 - 3.292x_3 -$$
$$2.906x_4 - 0.250x_1x_2 - 0.033x_1x_3 - 0.025x_1x_4 -$$
$$0.528x_2x_3 + 0.229x_2x_4 - 0.166x_3x_4 \tag{15-62}$$

式中　x_1——过剩 AlF_3 相对于冰晶石的质量分数；

　　　x_2——Al_2O_3 相对于冰晶石的质量分数；

　　　x_3——MgF_2 相对于冰晶石的质量分数；

　　　x_4——CaF_2 相对于冰晶石的质量分数。

此回归方程的平均偏差≤0.5%，最大偏差为 0.8%，因此，本论文的计算中，将采用此回归方程来计算由于分子比的变化而引起的电解质熔体的初晶点的变化。计算中，其他添加剂的含量为 Al_2O_3 3%、MgF_2 3%、CaF_2 3%。代入式（15-62），得

$$T_w = 970.974 - 3.599x_1 \tag{15-63}$$

计算中，原电解槽内的电解质分子比取 2.65。

15.7.2.3 计算结果

经过计算，得到铝电解槽的槽电压和电流变化不同数值时的电解槽槽帮结壳熔化厚度，计算结果见表 15-10 和表 15-11。槽电压及电流的变化对铝电解槽电流效率的影响计算结果示于图 15-21 和图 15-22。图 15-23 与图 15-24 所示分别为槽电压变化和电流的变化对槽内电解质初晶温度的影响。

表 15-10　铝电解槽热平衡变化计算结果（电流 $I=160\text{kA}$）

电压变化/V	槽帮熔化厚度/m	平衡后电解质初晶点/℃
0.04	0.02	953.63
0.106	0.05	955.64
0.187	0.08	957.24
0.246	0.10	958.13
0.352	0.13	959.27

表 15-11　铝电解槽热平衡变化计算结果（电解质电压降 $E=1.60\text{V}$）

电流变化/kA	槽帮熔化厚度/m	平衡后电解质初晶点/℃
3.95	0.02	953.63
6.04	0.03	954.36
13.22	0.06	956.21
18.69	0.08	957.24

图 15-21 和图 15-22 的结果表明，随着槽电压或电流的增大，电解槽的电流效率呈现降低的趋势。槽电压每升高 0.1V，电流效率降低大约 0.6%。这是因为，当槽电压或电流增大时，会引起槽膛内电解质结壳的熔化，铝液镜面增大，铝的溶解损失就增加；电解温度的升高，使铝的溶解损失速度加快，单位时间内铝的溶解损失增加，这两方面的作用使得电流效率降低。

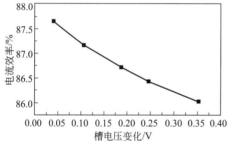

图 15-21　槽电压变化对电解槽
电流效率的影响

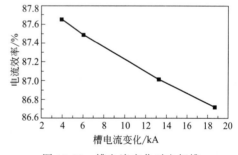

图 15-22　槽电流变化对电解槽
电流效率的影响

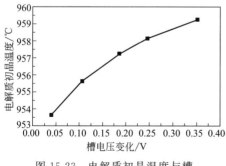

图 15-23　电解质初晶温度与槽
电压变化的关系

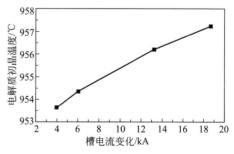

图 15-24　电解质初晶温度与
槽电流变化的关系

　　槽电压增大，槽膛内产生的热量增加，达到新的热平衡时，电解质分子比增大，电解质熔体的初晶温度升高，电解温度也随之升高。槽电压每升高 0.1V，电解槽内单位时间就比电压升高以前多产生 16kW 的热量，电解质初晶温度升高大约 2.6℃，这样电解槽生产中的能耗就增加。同时，电解质结壳的熔化，又增大了阴极铝液的镜面，使铝的溶解损失增加，电流效率降低。结壳的熔化，还减小了热量向外传输的热阻，使电解槽整个结构的温度都有所升高。如果槽电压升高幅度较大，持续时间又比较长，就有可能造成电解槽的侧部烧穿事故，给电解槽的生产带来极为不利的影响。

　　同样，也可分析电流的变化给电解槽的正常生产带来的影响。当电流增大时，电解槽生产的电耗会增加，电流效率会下降。电流每增加 3kA，电解槽电流效率就降低约 0.2%，电解质初晶温度升高 1℃左右。

　　因此，在铝电解槽的生产实践中，如果能够找到使槽电压降低而又能形成较规整的槽膛内形的操作工艺，将能同时达到降低电能消耗、提高电流效率的目的。

参 考 文 献

［1］　邱竹贤. 铝电解. 北京：冶金工业出版社，1982.

［2］　姚宏博，郑万平. 电解铝生产实践. 北京：冶金工业出版社，1984.

［3］　青铝人. 现代大型预熔槽生产技术. 沈阳：东北大学出版社，1994.

［4］　邱竹贤. 预熔槽炼铝. 北京：冶金工业出版社，1980.

［5］　Gan Y R，Thonstad J. Light Metals. 1990：421.

［6］　Solheim，Thonstad J. Light Metals. 1983：425.

［7］　K. 格罗泰姆，B. 威尔奇. 铝电解厂技术. 邱竹贤等译. 沈阳：《轻金属》编辑部，1997.

［8］　Peacey J G. Light Metals. 1979，1：292.

［9］　Arai K，Yamazaki K. Light Metals. 1975，1：193.

［10］　Thonstad J et al. Light Metals. 1980：227.

［11］　Solheim，Thonstad J. Journal of Metals. 1984，（3）：51.

［12］　Fraser K J，Taylor M P et al. Light Metals. 1990：221.

［13］　孙菊芳，荣王五等. 有限元法及其应用. 北京：北京航空航天出版社，1990.

［14］　Varin P. Light Metals. 1981：31.

［15］　Bruggeman J N，Danka D J. Light Metals. 1990：203.

［16］　Torklep K E. Light Metals. 1983：843.

［17］　Sulment，Hudault G. Light Metals. 1980：243.

［18］　Solinas G A. Light Metals. 1980：243.

［19］　Valles，Lenis V，Rao M. Light Metals. 1995：309.

［20］　Wittner H. Light Metals. 1976，1：49.

［21］　Grjotheim K，Kvande H. Understanding the Hall-Héroult Process for Production of Aluminium. Düsseldorf：Aluminium Verlag GmbH，1986.

［22］　冯乃祥. 金属学报. 199，35（6）：611.

［23］　Reverdy M. The 5th International Course on Process Metallurgy of Aluminium. Trondheim：［s. n.］，1986：11.

［24］　姚世焕，陈学森. 近代铝电解技术进展. 铝电解新工艺新技术交流会. 昆明：出版者不详，1997：27.

［25］　冯乃祥等. 炭素技术. 1996，（6）：298.

［26］　冯乃祥. 炭素技术. 1992，（2）：83.

［27］　Entner P et al. Light Metals. 1984：701.

［28］　Russel S. J. of Metals. 1981，33：132.

［29］　Haupin E，Kvande H. Light Metals. 2000：379.

［30］　Dewing E，Thonstad J. Met. and Met. Trans. 1997，28B（12）：1089.

[31]　Solheim，Sterten A. Light Metals. 1999：445.

[32]　俞左平.传热学.北京：高等教育出版社，1987.

[33]　邱竹贤.铝电解原理与应用.徐州：中国矿业大学出版社，1998.

[34]　邱竹贤.铝冶金物理化学.上海：上海科学出版社，1985.

[35]　K.格罗泰姆等.铝电解原理.邱竹贤，沈时英，郑宏译.北京：冶金工业出版社，1982.

[36]　梁芳慧.铝电解槽热场及槽帮结壳的计算仿真技术研究.沈阳：东北大学，1999.

[37]　冯乃祥，孙阳，刘刚.铝电解槽热场、磁场和流场及其数值计算.沈阳：东北大学出版社，2001.

第16章 | 铝电解槽的电场和磁场

16.1 工业铝电解槽中的电场

电场即电位场，在现代的工业铝电解槽中的设计与研究中电场多以电流的分布形式被表征。

16.1.1 阳极电流分布

电流在铝电解槽阳极中的分布可以借助于计算机进行模拟和计算，但在生产中，其电流在阳极中的分布状况可通过对阳极导杆上的等距离电压降的测量来获取。

对工业铝电解槽而言，人们总是希望铝电解槽中的阳极电流分布尽可能地均匀，即各阳极炭块具有尽可能小的电流偏差。理想的情况是让各阳极都有相同的电流通过，但这种情况很难实现，除非对工业铝电解槽上的每个阳极高度能够进行单独调控。造成工业铝电解槽每个阳极上的电流不一样的原因是每个阳极的电阻不一样。在工业铝电解槽中阳极横母线相对于阴极铝液是等电位的。新的阳极由于温度低和阳极炭块高度大而具有较大的电阻，因此通过的电流较低。随着阳极炭块的消耗、温度的逐渐升高，阳极炭块的电阻逐渐降低，因此通过该炭块的电流会逐渐升高。当铝电解槽的一个残极被新阳极更换后，电解槽整体阳极的电阻会发生改变，阳极电流会重新分配，使阳极电流分布发生变化。随着新阳极电阻的降低，以及其他阳极随电化学消耗而不断发生的电阻变化，阳极电流分布也会不断变化。因此，阳极电流分布始终是变化的。

铝电解槽阳极电流分布好坏，可以用式（8-58）电流分布的偏差 ADN 来表征。阳极电流分布偏差 ADN 的大小对铝电解槽的电流效率会产生影响。这在本书第 8 章中关于阳极电流分布对电流效率影响一节有所阐述。然而阳极电流分布的好坏不仅仅对电流效率产生影响，而且也会对阳极的电压降产生影响。一个非常均匀的阳极电流分布，必然会有相对比较低的阳极电压降，这种情况只是在给定的阳极结构设计下才成立。当整体阳极都变高后，由于每个阳极的使用周期延长，会使阳极电流分布的偏差减少，这在一定程度上会补偿由于阳极加高后可能引起的阳极电压降的增加。

阳极电流分布的变差，也可以来自于电解槽的非正常操作和工作。如阳极长包会导致阳极电流分布偏差增大，其对电流效率的影响可能来自于它对阴极铝液内电流分布的影响。

16.1.2　电解质熔体中的电流分布

电解槽电解质熔体内的电流 95％以上是从阳极底掌到阳极铝液方向上的垂直电流，其大小与分布以及与其相对应的阳极电流分布相一致，只有在炭阳极工作面的边缘出现扇形的密度较低的电流分布，这是电解质熔体有较大的电阻所致。

16.1.3　阴极铝液中的电流分布

对现代的预焙阳极电解槽而言，其阴极铝液内的电流分布有如下几个特点。

①　阴极铝液中存在着水平方向的电流密度 i_x、i_y 和垂直方向上的电流密度 i_z，它们分别以如下计算式表示：

$$i_x = I_x/(W_{Al}h_{Al}) \tag{16-1}$$
$$i_y = I_y/(l_{Al}h_{Al}) \tag{16-2}$$
$$i_z = I_z/(W_{Al}l_{Al}) \tag{16-3}$$

式中，W_{Al} 是铝液的宽度；l_{Al} 是铝液的长度；h_{Al} 是铝液的高度。

②　阴极铝液内的垂直电流密度 i_z 大于阴极铝液内的水平电流 i_x、i_y。

③　阴极铝液内的电流强度包括垂直电流密度和水平电流密度，在阴极铝液内的各个部位是不一样的。

④　各阳极炭块底掌下的阴极铝液中的垂直电流密度正比于其上的阳极炭块中的电流密度。由于各阳极炭块的电流密度是可变的，因此阴极铝液内各阳极下面的垂直电流密度不仅不一样，而且是不断地变化着的。

⑤　在每个阴极炭块的纵向方向存在着从里向外的水平电流，如图 16-1 所示。这种水平电流的产生是由阴极铝液的电阻小于阴极钢棒的电阻所引起的，因此降低阴极钢棒的电阻，或用高导电性的金属材料制作导电棒，可以有效地降低电解槽中的水平电流。

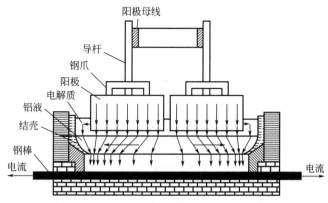

图 16-1　铝电解槽截面水平电流产生示意图

⑥　当各阴极炭块或阴极炭块与钢棒的组合体的电阻存在差别时，在阴极铝液中存在着在电解槽的纵向方向的水平电流，由于这种水平电流的存在，使得具有较小电阻的阴极炭块及其与阴极钢棒的组合体承载着较大的电流，这是造成阴极各炭块电流分布不均产生偏差的主要原因，提高阴极炭块的质量，减少阴极炭块的内部裂纹和断层，提高阴极炭块与阴极钢棒的组装的质量标准，可有效地减少阴极铝液内的这种纵向方向的水平电流。

⑦ 当槽底出现较厚的沉淀层，特别是当边部伸腿较大，或槽膛较大时，会使电解槽阴极铝液内产生水平电流，如图 16-2 所示。

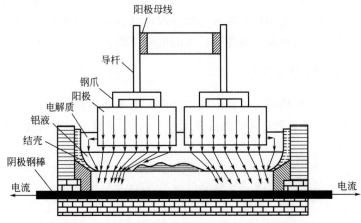

图 16-2　槽底有较多沉淀时铝液水平电流较大

16.2　工业铝电解槽内的磁场

磁场是电流产生的，当一个直流电流通过导体时，就会在导体周围产生与导体垂直的环形磁场，如图 16-3 所示。其磁场 B 的大小与通过该导体的电流强度成正比，与该点到导体的距离成反比。

$$B=2I/R \tag{16-4}$$

式中，B 表示磁场强度，G；I 为电流强度，kA；R 为距离，m。

磁场强度的另一个单位是特斯拉（T）：

$$1T=10^4 G$$
$$1mT=10G$$

【例 16-1】 两电解厂房相距 50m，系列电流 200kA，其中一个厂房中的电解槽来自于另一个电解厂房的系列电流所产生的磁场强度（垂直磁场）是多少？

解： $$B=2×200/50=8(G)=0.8(mT)$$

那么在两个电解厂房之间的 25m 处的磁场强度为

$$B=2×2×200/25=32(G)=3.2(mT)$$

对于工业铝电解槽而言，一个电解系列有两个电解厂房，两个厂房相对于整流电源远端的电解槽由铝母线连接起来，形成一个电的回路。两个电解厂房的电流方向相反，由此，一个厂房的系列电流所产生的磁场会叠加到相邻的另一个电解厂房的电解槽上。而且这个磁场是与电解槽相垂直的磁场，如图 16-4 所示。这个磁场的大小，与系列电流大小成正比，与两电解厂房之间的距离成反比。目前世界上最大的工业铝电解槽电流强度已经达到了 660kA，仍按 50m 的两个电解厂房间距进行计算，则其中一个电解厂房的电解槽中除了自身电解槽母线产生的垂直磁场外，还存在一个来自于相邻的厂房电解槽系列电流所产生的垂直磁场 2×660/50=26.4（G）。如此高的垂直磁场叠加在系列电解槽自身母线所产生的磁场上，其对电解槽的影响可想而知。对大型电解槽而言，通常用额外设置的空载母线的电流对其进行补偿，以削弱其影响（其技术原理阐述在本书的第 21 章铝电解深度节能中）。但这需要另设一套直流供电系统，其空载母线消耗的电能在 $180\sim350\mathrm{kW}\cdot\mathrm{h/t}$ 之间。

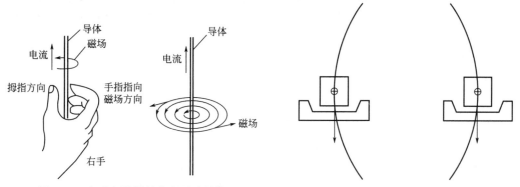

图 16-3　右手定则判断直流通过导体　　　　图 16-4　相邻厂房的系列电流在电解槽中产生的磁场
后产生磁场方向　　　　　　　　　　箭头所指方向代表两个电解厂房的系列电流所产生的磁场方向

　　加大电解系列两个电解厂房之间的距离，是降低临近电解厂房系列电流对电解槽垂直磁场影响有效方法。但这会增加两电解槽之间的距离和连接母线的距离，这会导致电能消耗和母线投资的增加，以及工厂占地加大。为此，需要权衡投资和经济效益。

　　以一个 600kA 电解系列为例，按前文公式计算，如果该系列两电解厂房之间距离为 50m，则每个电解厂房电解槽来自于相邻电解厂房的垂直磁场叠加为 24G，如果要使这个 600kA 的电解系列中每个电解厂房的电解槽所受到的来自于相邻厂房系列电流的垂直磁场影响达到与 200kA 系列相同的垂直磁场影响，即 8G，则必须使 600kA 系列电解厂房间距达到 150m，即增加 100m。对于该电解系列，厂房外的母线长度将增加 200m。由此可以看出，将电解厂房之间的间距加大后，其正面的效果是可以减小电解槽系列每台电解槽所受相邻厂房系列电流对其所产生的垂直磁场影响，但其负面影响是增加了系列电解槽整体的占地面积和电解槽系列母线长度，既增大了投资费用，又增加了母线电能消耗。然而，如果不考虑电解系列的占地成本（比如铝厂所在地区地价便宜），这种电解厂房间母线长度的增加，所产生的技术和经济上的综合效益有可能大于采用空载电流母线进行磁场补偿的经济效益。

　　对大型系列电解槽来说，如图 16-5 的电解槽系列设计也许是合理的。

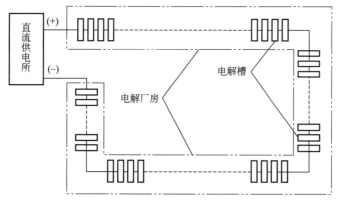

图 16-5　改进的大型电解系列电解厂房及电解槽布置图

在现代的工业铝电解中，人们对铝电解槽阴极铝液中的磁场投入了非常多的研究，特别是电解槽阴极铝液内垂直磁场的研究。电解槽阴极铝液内的垂直磁场强度与电解槽阴极铝液中水平电流作用产生的电磁力，以及由此而引起的阴极铝液循环、流动以及波动，对电解槽生产产生了重要影响。铝液的波动会使槽电压不稳定，尽管这种不稳定只有在极距比较低时才显现出来。当然，这种铝液面的波动和不稳定也有来自于阳极气体逸出所驱动的电解质流动对阴极铝液面的影响。

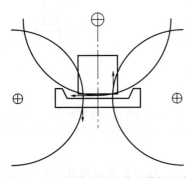

图 16-6　电解槽阳极母线和阴极母线在电解槽中所产生的磁场
⊕表示阳极母线或母线中电流的方向；
箭头所指方向代表母线磁场方向

除了来自于相邻电解厂房系列电流产生的垂直磁场外，电解槽内的其他垂直磁场主要来自于自身电解槽阴极母线电流所产生的磁场，如图 16-6 所示。阳极立柱母线和阳极横母线中的电流在阴极铝液内产生的磁场主要为水平磁场。槽周边阴极母线电流会在阴极铝液内产生垂直磁场，电解槽阴极铝液内的垂直电流在阴极铝液也产生水平磁场。但阴极铝液内的水平电流会在阴极铝液内产生垂直磁场。因此，当电解槽内出现严重的水平电流分量时，会加剧阴极铝液的不稳定性。大部分电解槽阴极铝液内的水平电流，可以利用电解槽阴极材料的电阻数据模拟计算出来，因此，由这部分水平电流产生的垂直磁场可以被估算。然而这种模拟计算所依赖的是冷态状态下电解槽阴极材料的电阻数据，这与高温工作状况时的电阻数据相差很大。处于高温工作状态的电解槽阴极材料，特别是当这些材料在电解条件受到电解质熔体物理的、化学的和电化学的渗透与腐蚀作用后，其电阻特性会与常温冷态下的未被腐蚀时的电阻特性有很大不同，特别是阴极炭素材料和钢棒与炭的接界电阻不可测，且随槽龄增加而变化。因此，电解槽阴极铝液中的水平电流在电解槽内所产生的垂直磁场可能比计算的数据大得多。

电解槽内的磁场情况，特别是垂直磁场与电解槽母线设计有关，就一般情况而言，电解槽阴极铝液内的磁场的最大值出现在电解槽进电侧（A 面）的两个端部，这是由于在 A 面的两个角部常设计有角形阴极母线，如果电解槽的出电阴极母线电流不从槽侧部走，而从槽底走，有可能使垂直磁场降低。由计算机计算出来的我国某铝厂 4 端进电 230kA 铝电解槽垂直磁场和 300kA 电解槽垂直磁场如图 16-7 和图 16-8 所示。

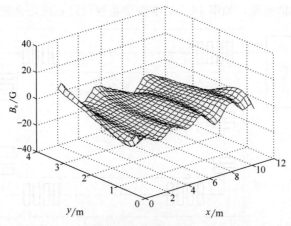

图 16-7　230kA 铝电解槽磁感应强度 B_z 的分布

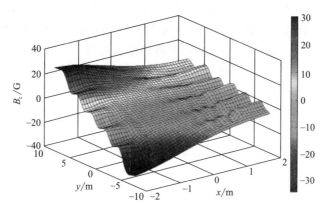

图 16-8　300kA 铝电解槽磁感应强度 B_z 的分布

16.3　铝电解槽母线的设计

　　母线在整个电解铝厂的投资中占有相当大的比重。母线的电流密度是一个非常重要的设计参数，其选择不但要从技术上加以考虑，而且也要从经济上加以考虑。较大的母线电流密度的好处是投资小，但会使母线电压降增加，这势必引起铝电解电能消耗和生产成本的增加，因此母线电流密度的选择要权衡这两个因素。技术经济效益的最佳点，就是所谓的母线最佳的技术经济电流密度。母线的经济电流密度在给定条件下是电价和铝价的函数。现在的电解槽母线电流密度一般在 $2.3A/cm^2$ 左右。关于母线经济电流密度的选择与计算问题，多种教科书中也都有所介绍，在此不再予以阐述。

　　从技术角度，在母线的设计中，除了要考虑母线的经济电流密度外，还要考虑电流的平衡、母线的排列与布置对电解槽内磁场和铝液水平电流的影响，因此，人们对最佳的母线设计归纳出如下三个原则。

　　（1）最小槽内铝液水平电流的原则　根据这一原则，最佳的电解槽母线设计应该使槽内水平电流最小。这需要通过改变阴极母线的布置、走向、大小和长度来实现。电解槽的热设计和阳极炭块的换块制度以及电解槽工艺操作会对槽内的水平电流分布产生影响，它们也会改变电解槽槽边部伸腿的大小，并使槽膛形状发生改变。

　　这一原则也可称为各阴极炭块和阴极钢棒电流分布均等的原则。根据这一原则，电解槽阴极母线的设计应该使每一个从阴极炭块经由其下部的阴极钢棒导出，再经由其阴极钢棒到阴极小母线的软连接，再到阴极大母线和下一个电解槽的阳极立柱母线的电流都相等。理想状态下，阴极电流分布应该使从电解槽阴极出来的各阴极钢棒上的电流分布相等或偏差极小。阴极电流分布或偏差除了与阴极母线的电平衡设计有关，还与阴极炭块的筑炉质量和所筑电解槽各阴极炭块的电阻率均一性有关。

　　（2）垂直磁场分量最小和磁场平衡的原则　根据这一原则最佳的母线设计应该使电解槽内铝液中的垂直磁场强度较为对称、磁场梯度最小、垂直磁场强度最小。

　　（3）最小投资和成本的原则　这就是我们上文所讲的最佳经济电流密度的原则以及在保证上述两原则基础上的最小母线长度的原则。

　　实际上，在进行电解槽的母线设计时，上述 3 原则是相辅相成的。

对目前国内外的 150kA 以上的横向排列的预焙阳极电解槽来说，其阳极立柱母线有如图 16-9 所示的几种配置方式，图 16-10 所示是法国 PechineyAP50 电解槽的立柱母线配置示意图。由图 16-11 可以看出，尽管 AP50 的电解槽电流达到了 500kA，但其阳极立柱母线只有 4 个，而其电解槽中的最大垂直磁场强度不大于 25G，这表明法国 Pechiney 已经很好地解决了 500kA 电解槽阳极母线设计中的技术问题。同时也表明，阳极立柱母线并非随着电流的增加而增加。

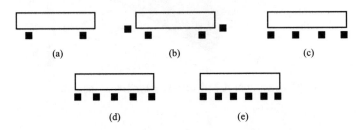

图 16-9   几种横向排列预焙阳极电解槽的立柱母线配置

(a)大面两立柱母线（Alcoa P-155）；(b)大面两端两个（AP18）；(c)大面 4 个立柱母线
（大于 200kA，Alcoa P-225，HAL-230）；(d)大面 5 个立柱母线（大于 300kA，AP30，
VAWCA300）；(e)大面 6 个立柱母线（大于 300kA，广西平果，P-320）

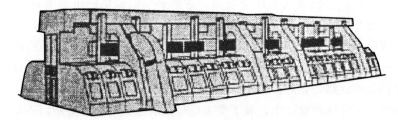

图 16-10   法国 PechineyAP50 电解槽的立柱母线配置示意图

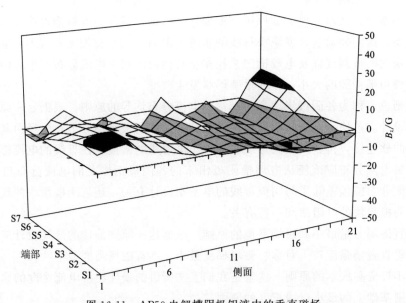

图 16-11   AP50 电解槽阴极铝液内的垂直磁场

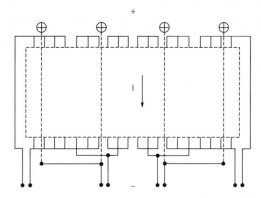

图 16-12　Alcoa A-275 电解槽的母线配置

⊕表示立柱母线；箭头所指方向为系列电流方向；虚线为电解槽槽壳轮廓；实线为阴极母线布置

由图 16-9 还可以看出，在大型预焙阳极电解槽中（大于 200kA），各大铝厂阳极立柱母线数目和位置不完全相同，这也表明，这些电解槽的阴极母线的配置也不完全一样。图 16-12 是美国 Alcoa A-275 电解槽的母线配置图，也是我国大多数 200～300kA 电解槽阴极母线排列和立柱母线配置图。由图可以看出，这是一种对称的阴极母线配置。为了部分抵消来自于相邻电解厂房系列电流磁场的影响，也可将阴极母线设计成非对称的，如本书图 21-9（b）所示。

16. 4　铝电解槽磁场的测量

借助于计算机计算铝电解槽的磁场，首先要编制一个计算程序，为验证这个计算程序的可靠性，需要将计算结果与实测结果进行比较，因此，对电解槽的磁场进行准确的测量是必要的。

16. 4. 1　铝电解槽磁场的热态测量

在中国大都使用美国 F. W. BEL 公司的 Gauss/Tesla Meter 系列测试仪器对铝电解槽磁场进行测量。该仪器包括两部分：一部分是能记录和显示所测磁场数值大小的仪表，通常称为高斯计；另一部分是由霍尔元件组成的传感器，常称为高斯计的探头。高斯计的探头直径 8mm，长 1.5m。高斯计探头内的霍尔元件安装在此探头的最底端。由于所测磁场是按照其分解的 x、y、z 三个方向的磁场测得的，因此在探头内的 3 个霍尔元件对 x、y、z 三个空间方位进行定位。由于霍尔元件允许使用的最高温度为 50℃，而热态测量是在 950℃ 以上温度条件下进行的，因此在测定过程中必须用很大的风力对霍尔元件实施风冷保护，其风冷装置如图 16-13 所示。在测定中，将进电侧至出电侧的方向定为 y 方

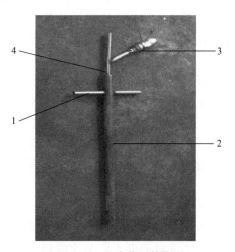

图 16-13　风冷装置结构图
1—手柄；2—保护套管；3—压缩空气
进口；4—压缩空气出口

向，出铝端至烟道端方向定为 x 方向，垂直铝液面的方向为 z 方向。霍尔元件在探头内的实际位置是在距探头风冷保护管底部 10cm 处，测量时根据电解槽电解质水平的不同，调整保护管的插入深度，测量位于铝液中 12cm 高度上的电解槽中阴极铝液中的磁场。

16.4.2 铝电解槽磁场的冷态测量

所谓的铝电解槽磁场的冷态测量就是在电解槽进行铝液焙烧时，在将液态铝灌入电解槽

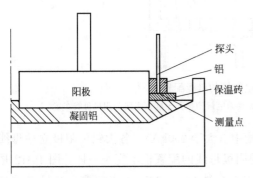

图 16-14 磁场的冷态测量装置示意图

并通入全电流后，在凝固的铝表面放置霍尔元件磁场探头，实施磁场测定的方法。采用冷态测量可以精确地标定出测量点位置的坐标，还可以省去高温测量时所需要的探头保护装置，最重要的是可以更好地保证高斯计探头的位置和方向与测量点的位置和方向一致。与高温测量方法相比，冷态测量方法更加简便、更加精确。

向冷的电解槽中灌入的铝水凝固后，仍有很高的温度，因此在测量前要在凝固的铝表面上放置保温砖，然后将高斯计探头装置放置在保温砖上进行磁场测量，测量装置如图 16-14 所示。

（1）测量仪器　测量使用比较多的是美国 F. W. BELL 公司生产的 SERIES9950 GAUSS/TESLA METER 或其他三维高斯计。

（2）高斯计探头的构造原理和测量装置的制备　高斯计的探头是一个直径为 8mm、长为 240mm 的管状体，在管的头部安置着 3 个互相垂直的霍尔效应元件，其构造如图 16-15 所示。由图可以看出，磁场就是利用其通过霍尔效应元件的磁通量大小来测定的，其角度发生改变会对磁场的测量结果产生影响，因此保证探头的位置和坐标方向与测量点的位置和方向相一致是非常重要的。为此，需要制作一个探头固定装置，如图 16-15 所示。该装置是一个用铝块制成的正方体，铝块正中间有一个直径与探头直径相一致的孔，然后将探头固定在孔中。首先在底面上划出一个通过孔圆心的直角坐标，使坐标轴分别与方形铝块的边平行；然后再在探头铝套管外表面上标出测量磁场 x 和 y 的方向。安装探头时，一定要使探头上的坐标与铝块表面上的坐标一致。在测量时，保持探头的坐标与计算电解槽磁场时所选定的坐标一致，这样，测量的结果就可以直接与计算结果进行比较。

该方法的测量步骤如下。

① 向准备进行铝液焙烧的电解槽内灌入铝水，之后测量出不同部位的铝液高度，并计算出平均值，该平均值确定为槽内铝水高度。

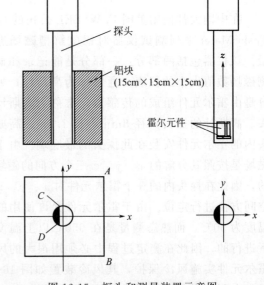

图 16-15 探头和测量装置示意图

② 铝液凝固后，在靠近两排阳极外侧和中缝的若干位置确定测量点，进行标号，并标定坐标。

③ 测量阳极和阴极的电流分布，进行多次测量。

④ 在测量电流分布的同时，按由小到大的顺序测量各点的磁场。在测量每个点的磁场时，要垫上一块新的保温砖，然后将插有探头的铝块迅速地放置在给定的测量点上，并迅速地记录下高斯计上所显示的 x、y 和 z 方向上的磁场与总的合成磁场。这一步骤要尽可能地快，因为高斯计在测量磁场时对温度变化有不超过 5℃ 的要求。为了保证测量结果的准确性，在测量完每个点的磁场后，需要对高斯计重新进行校正。

⑤ 重复上述各点磁场的测定，直到测量完全部测量点的磁场为止。

孙阳利用这种方法对我国某铝厂 160kA 电解槽的磁场进行了测定，结果示于表 16-1。

表 16-1　测量点位置和磁场测量结果

序号	测量点位置坐标/m			磁场测量结果/$\times 10^{-4}$T		
	x 方向	y 方向	z 方向	B_x	B_y	B_z
1	0.679	0.600	0.965	−33.34	126.15	−62.56
2	1.059	0.600	0.965	−37.82	112.91	−59.34
3	2.449	0.600	0.965	−48.52	63.22	−33.80
4	3.849	0.625	0.965	−39.41	31.10	−10.16
5	5.239	0.600	0.965	−33.50	−5.04	2.14
6	6.629	0.630	0.965	−56.74	−51.33	−1.03
7	8.049	0.615	0.965	−46.42	−97.67	39.32
8	8.754	0.630	0.965	−44.05	−135.37	43.01
9	9.134	0.630	0.965	−37.74	−147.87	49.68
10	0.664	3.754	0.965	40.75	95.51	21.12
11	1.044	3.754	0.965	68.31	92.97	21.46
12	2.454	3.734	0.965	64.20	69.91	13.06
13	3.834	3.734	0.965	67.07	31.34	14.09
14	5.264	3.714	0.965	68.41	−11.28	7.19
15	6.659	3.724	0.965	91.82	−61.91	4.03
16	8.059	3.724	0.965	75.38	−108.29	−16.96
17	8.769	3.724	0.965	72.38	−114.69	−15.11
18	9.149	3.724	0.965	59.41	−118.94	−12.32
19	9.104	2.187	0.965	−9.12	−167.36	16.24
20	7.350	2.187	0.965	23.81	−101.87	7.18
21	5.250	2.187	0.965	21.55	−9.79	7.67

表 16-2 是考虑了阳极电流分布后的该电解槽磁场的计算机计算结果。由表 16-1 的测定结果与表 16-2 的计算结果对比可以看出，其计算结果与实际结果虽有误差，但误差不是很大。

表 16-2　计算点位置和磁场计算结果

序号	计算点位置坐标/m			磁场计算结果/$\times 10^{-4}$T		
	x 方向	y 方向	z 方向	B_x	B_y	B_z
1	0.679	0.600	0.965	−29.69	134.12	−68.40
2	1.059	0.600	0.965	−34.05	118.69	−57.13
3	2.449	0.600	0.965	−44.97	69.69	−29.73
4	3.849	0.625	0.965	−41.14	29.21	−8.97

序号	计算点位置坐标/m			磁场计算结果/×10⁻⁴T		
	x 方向	y 方向	z 方向	B_x	B_y	B_z
5	5.239	0.600	0.965	−34.29	−3.42	1.16
6	6.629	0.630	0.965	−53.86	−49.18	−0.20
7	8.049	0.615	0.965	−43.19	−106.44	38.58
8	8.754	0.630	0.965	−38.66	−139.78	46.82
9	9.134	0.630	0.965	−31.78	−156.47	57.23
10	0.664	3.754	0.965	46.75	103.95	27.62
11	1.044	3.754	0.965	61.62	97.82	18.87
12	2.454	3.734	0.965	62.39	66.77	11.60
13	3.834	3.734	0.965	66.19	31.58	14.79
14	5.264	3.714	0.965	68.98	−9.34	8.88
15	6.659	3.724	0.965	100.56	−57.61	1.95
16	8.059	3.724	0.965	77.63	−107.66	−18.79
17	8.769	3.724	0.965	67.16	−120.53	−13.72
18	9.149	3.724	0.965	52.97	−125.02	−11.92
19	9.104	2.187	0.965	−6.037	−175.98	13.99
20	7.350	2.187	0.965	22.27	−108.42	6.76
21	5.250	2.187	0.965	19.42	−10.91	7.77

16.4.3 测量结果的误差分析

上述测量与计算结果表明,常温条件下测量结果与计算结果的一致性是令人满意的。这是由于在常温测量时,可以实现探头中的霍尔元件的 x、y、z 三个面与电解槽的 x、y、z 方向更精确定位所致。我们对测量结果与计算结果的误差进行了分析,认为影响误差的因素主要来自两个方面。

(1) 定位并不是很准确　尽管在常温测量时,可对各测量点的位置在 x、y 和 z 三个方向相对于选定的坐标原点进行直接或间接的测量,但如此大的电解槽,仅靠钢卷尺相对于电解槽上的某些参照物进行测量,存在误差在所难免,误差范围估计在 ±2cm 之间,由此而引起的磁场测量误差也在所难免。这种误差,对电解槽角部磁场影响相对较大,因为在电解槽的角部,磁场随位置变化的梯度较大,测量点位置发生较小的偏移,磁场就会发生较大的变化。

(2) 高斯计探头的三维坐标相对于电解槽的三维坐标存在一定角度的偏差　这是因为,电解槽磁场是依靠高斯计探头内部的 3 个互相垂直的霍尔元件所通过的磁通量大小测量的,一旦探头有所转动和倾斜,就会使通过霍尔元件的磁通量大小发生变化。

在我们的测量中,霍尔元件的坐标与铝块上的坐标是否一致是通过肉眼观察图 16-15 中 CD 线是否与 AB 线相平行来判断的。在实际测量装置中,AB 线为方形铝块的一边,长为 150mm;CD 为探头底平面的一条线,约为 5mm。AB 与 CD 之间的垂直距离约为 75mm,因此用肉眼观察来判断 AB 线是否与 CD 线平行,必然会存在误差,误差应在 5°~10° 之间。另外高斯计中的 3 个霍尔元件本身之间也存在着约 2° 的误差。由此可知,当电解槽角部的磁感应强度达到 100G 以上时,这种角度的偏差会使测量结果出现 2~5G 的偏差。

参 考 文 献

［1］　K. 格罗泰姆，H. 克望德，邱竹贤. 轻金属. 1995，(11)：23.

［2］　何允平. 轻金属. 1984，(10)：14.

［3］　Barry J Welch. 轻金属. 郑宏译. 1989，(11)：34.

［4］　罗朝权. 铝电解槽的磁场及其计算兼浅评引进的 160kA 预焙槽在磁场处理上的效果 (内部资料). 贵阳：贵阳铝镁设计研究院，1982.

［5］　K. 格罗泰姆，B. 威尔奇. 铝电解厂技术. 邱竹贤等译. 轻金属. 1997.

［6］　Grjotheim K，Kvande H. Understanding the Hall-Heroult Process for Production of Aluminium. Düssel-dorf：Aluminium Verlag GmbH，1986.

［7］　邱竹贤. 预焙槽炼铝. 北京：冶金工业出版社，1980.

［8］　梁学民. 轻金属. 1990，(1)：20.

［9］　姚世焕. 轻金属. 1998，(5)：27.

［10］　杨瑞祥，范玉华. 轻金属. 1985，(3)：24.

［11］　冯亚伯. 电磁场理论. 成都：电子科技大学出版社，1995.

［12］　倪光正，钱秀英等. 电磁场数值计算. 北京：高等教育出版社，1996.

［13］　许永兴. 电磁场理论及计算. 上海：同济大学出版社，1994.

［14］　M. V. K. 查利，P. P. 席尔凡斯特. 电磁场问题的有限元解法. 史乃等译. 北京：科学出版社，1985.

［15］　马信山，张济世，王平. 电磁场基础. 北京：清华大学出版社，1995.

［16］　盛剑霓等. 电磁场数值分析. 北京：科学出版社，1984.

［17］　曾余庚，徐国华，宋国乡. 电磁场有限单元法. 北京：科学出版社，1982.

［18］　李开泰，黄艾香. 有限元方法及其应用. 西安：西安交通大学出版社，1988.

［19］　李瑞遐. 有限元法与边界元法. 上海：上海科技教育出版社，1993.

［20］　姚寿广. 边界元数值方法及其工程应用. 北京：国防工业出版社，1995.

［21］　Furman A. Nonferrous Processes. 1979，2：215.

［22］　胡友秋，程福臻，刘之景. 电磁学. 北京：高等教育出版社，1994.

［23］　Urata N，Arita Y，Ikeuchi H. Light Metals. 1975，1：233.

［24］　Solinas G A. Light Metals. 1978，1：15.

［25］　Kaluzhki N A，Gefter S E. Tsvetnye Metally. 1974，(2)：39.

［26］　武丽阳，潘阳生. 轻金属. 1984，(8)：23.

［27］　干益人，宋垣温. 轻金属. 1985，(5)：28.

［28］　Tarapore E D. Light Metals. 1979，1：541.

［29］　Evans J W，Zundelevich Y，Sharma D. Metallurgical Transactions B. 1981，12B：353.

［30］　贺志辉，陈世玉. 轻金属. 1987，(7)：27.

［31］　陈世玉. 华中工学院学报. 1985，13 (2)：53.

［32］　Robl R F. Light Metals. 1978，1：1.

［33］　Sele Th. Light Metals. 1973，1：119.

［34］　Sele Th. Metallurgical Transactions. 1974，5：2145.

［35］　Sief I，Meregalli A. Light Metals. 1977，1：35.

［36］　Guancial E et al. IEEE Transactions of Magnetics. 1977，13：1012.

［37］　Hwang J W et al. IEEE Transactions of Magnetics. 1974，10：1113.

［38］　Kamminga W. Appl. Phys. 1975，8：841.

［39］　Holzinger C J. IEEE Transactions of Magnetics. 1970，6：60.

［40］　Kozakoff D J et al. IEEE Transactions of Magnetics. 1970 ，6：828.

［41］　Richard M C，Duff B，Ma C H. Light Metals. 1976，1：109.

［42］　Segatz M，Vogelsang D. Light Metals. 1991：393.

［43］　С А Занин 等. 轻金属. 崔凌华译. 轻金属. 1985，(5)：35.

[44] 孔祥谦.有限单元法在传热学中的应用.第2版.北京：科学出版社，1986.

[45] J E 艾金.有限元法的应用与实现.张纪刚等译.北京：科学出版社，1992.

[46] 储璇雯，谢志行.电磁场及电离子光学系统数值分析.杭州：浙江大学出版社，1991.

[47] 颜威利.河北工学院学报.1980，（1）：53.

[48] 樊明武，颜威利.电磁场积分方程法.北京：机械工业出版社，1988.

[49] 邱捷，钱秀英.有色金属.1992，44（3）：55.

[50] 杜兴军，樊明武.哈尔滨电工学院学报.1985，8（8）.

[51] Li Guohua，Li Dexiang. Light Metals. 1995：301.

[52] Li Guohua，Li Dexiang. Light Metals. 1996：389.

[53] 李承祖，赵凤章.电动力学教程.北京：国防科技大学出版社，1994.

[54] 曾水平等.中南工业大学学报.1995，26（5）：618.

[55] 李庆扬，莫孜中，祁力群.非线性方程组的数值解法.北京：科学出版社，1987.

[56] 胡家赣.线性代数方程组的迭代解法.北京：科学出版社，1991.

[57] 黄其明，廖鸿志.数值计算方法及其程序设计.昆明：云南大学出版社，1995.

[58] Ziegler D P，Kozarek R L. Light Metals. 1991：381.

[59] Potocnik V. Light Metals. 1987：203.

[60] Potocnik V. The 21st International Courseon Process Metallurgy of Aluminium. Trondheim：[s. n.]，2002.

[61] 孙阳.大型预焙阳极铝电解槽的磁场及其对铝液流动影响的研究.沈阳：东北大学，2000.

[62] 冯乃祥，孙阳，刘刚.铝电解槽热场、磁场和流场及其数值计算.沈阳：东北大学出版社，2001.

[63] Vanvoren C，Homsi P，Basquin J L et al. Light Metals. 2001：221.

第**17**章 | 电解槽阴极铝液的流动

17.1 国内外有关铝电解槽流场研究的现状

铝电解槽中通过的大电流会产生强大的磁场，磁场与熔体（电解质和铝液）中的电流相互作用，产生强大的电磁力。在铝电解槽中，熔体中的每一点都受到重力、压力、黏性力和电磁力的作用，在这些力的共同作用下，熔体产生极其复杂的运动。对熔体运动的研究主要采用两种方法：实际测量和数学模型计算。

由于铝电解槽中熔体的温度很高，且腐蚀性很强，所以测量熔体的流动是非常困难的和复杂的。对铝电解槽流场进行测量的方法主要有两种：示踪元素法和铁棒熔蚀法。

示踪元素法就是在铝电解槽中加入放射性元素，然后用精密的仪器跟踪放射性元素，通过放射性元素的流动情况就可以知道熔体的流动情况，但这种方法所使用的精密仪器和放射性元素是非常昂贵的，而且使用这种方法时还需要对铝液流动的方向做出一些判断和假设，这将使得测量结果不够精确。国外的 K. Grjotheim 等人和 B. Berge 等人用这种方法测量了熔体的流动情况，并取得了较满意的结果。Robl 用同样的方法对熔体的流动情况进行了测量，为了减少测量成本，他使用了廉价的铜元素和锌元素。N. Urata 等人专门制作了一个测量熔体流速的仪器，用一根细钢丝悬挂一个流向标，流向标是用非磁性的钢制成的，把流向标放入熔体中，通过流向标转动的角度，可以粗略地计算出熔体流速的大小和方向。在此基础上，N. Urata 等人进一步使用示踪元素法对流场进行了测量，测量所使用的示踪元素为铜和氟化锂。

由于示踪元素法所使用的元素具有放射性，再加上测量仪器十分昂贵，所以这种方法没有得到广泛的应用，国内至今还未见使用示踪元素法测量铝电解槽流场的报道。

铁棒熔蚀法是在给定时间条件下，选用一种特定材质的铁棒，在熔体中选定的位置上垂直插入铁棒，插入铝液中的铁棒被熔蚀掉的数量与铝液流速有一定的关系。通过实验，可以测定出铝液流速与铁棒熔蚀量变化的对应关系，并给出相应的经验公式。铁棒经过铝液一段时间的腐蚀冲刷后，就可以利用经验公式根据铁棒被熔蚀的程度计算出铝液流速的大小，根据铁棒被熔蚀的位置确定铝液的流动方向。同时，还可以测量出铝液的深度以及槽底的结壳情况。

在工业铝电解槽中实施铝液流速测量时，不同的测量目的可以有不同的测量方案，这主要体现在测量点的布置上。对于自焙槽，测量点只能选择在自焙阳极炭块与侧部之间的环周上，或者通过制成特殊形状的铁棒，插入到阳极投影面以内一定距离的位置上。对于预焙槽，测量点选择具有较多的灵活性，除了电解槽的大加工面和小加工面外，中缝以及两阳极间缝都有可能成为测量点。进行铝液流速测量时，要求铁棒垂直插入到铝液层中，同时应尽可能避开伸腿和沉淀。对于一些槽膛内形规整、阴极表面干净的工业电解槽，利用铁棒熔蚀法还可以测量出铝液面高度差、波动强度和波动幅度等一些铝电解槽稳定性的重要参数。

最早使用这种方法进行流场测量的是 A. R. Johnson 等人，他们首先研究了铁棒被熔蚀的速度与铝液流速的关系，通过实验，得到了铁棒被熔蚀的速度与铝液流速的经验公式。公式中的常数都是通过实验来确定的。他们用直径 10mm 的铁棒进行了实验，得到了经验公式(17-1)。

$$\frac{k\bar{d}}{D} = 2.0 + 0.00853 \left(\frac{\rho U \bar{d}}{\mu}\right)^{0.72} \left(\frac{\mu}{\rho D}\right)^{0.36} \tag{17-1}$$

式中　　k——质量传输系数，cm/s；

　　　　$\bar{d}$——铁棒的平均直径，cm；

　　　　D——铁在铝液中的扩散系数，cm^2/s；

　　　　U——铝液流速，cm/s；

　　　　ρ——铝液的密度，g/cm^3；

　　　　μ——铝液的运动黏度，$g/(cm \cdot s)$。

但当他们使用直径 16mm 的铁棒进行实验时，却没有得到同样的经验公式。

他们用铁棒熔蚀法在试验槽以及工厂中的自焙槽和预焙槽中进行了测量。测量结果显示，铝液的流动与电解槽操作参数之间存在着复杂的关系。在每个铝电解槽中铝液流动速度的大小和方向都有所不同，但平均流速却比较一致。A. R. Johnson 指出，测量时所用的铁棒如果几乎没有被腐蚀，可能是由于在铁棒上形成了结壳，使铁棒得到了保护。另外需要注意的是测量时所使用的是铁棒，而不是钢棒，这是因为钢棒会与熔体发生反应，在表面形成保护层。

国外的 A. T. Tabereaux 等人和 E. D. Tarapore 也使用该方法对铝电解槽的流场进行了测量，以验证他们的计算结果。A. T. Tabereaux 等人通过实验建立了校正关系曲线，该曲线表示了熔体中单位长度铁棒的质量损失与铝液流动速度的关系，并且也研究了铝液温度、铁离子浓度和铁棒的型号等对铁棒熔蚀速率的影响。

国内的沈阳铝镁设计研究院、贵阳铝镁设计研究院、郑州轻金属研究院、中南工业大学和贵州铝厂都曾采用这种方法测量铝电解槽的流场。

铁棒熔蚀法具有操作简单、成本低、无放射性污染等优点，因此得到了广泛的应用。但其本身也存在一些缺点，当铁棒插入熔体后，必然会对熔体的流动产生一些影响，导致测量结果不十分精确；而且计算流速所用的都是经验公式，必然会带来误差。不过，铁棒熔蚀法仍然是当今铝电解工业中测量铝液流动的主要方法。

对铝电解槽的流场进行计算，国内外学者采用了多种数学模型，但大都采用 k-ϵ 二方程湍流模型来求解 Navier-Stokes 方程。美国的 E. D. Tarapore 使用该方法计算了 185kA 电解槽的流场，并用铁棒熔蚀法进行了测量。通过测量结果与计算结果的对比可以看出，除进电端的出铝口外，计算结果与测量结果符合得很好。通过计算，正确地预测了液流的换向点。他指出，表示电流和磁场特征的较小误差是造成流场计算结果产生重大变化的主要原因，因此，铁磁物质对整个磁场影响的计算需要很大的准确性。

M. M. Bilek 等人建立了一个 FLUENT k-ε 二方程湍流模型，用来计算铝电解槽中电解质的流动。除了电磁力以外，还考虑了阳极气体对流场的驱动作用，这些气体被假设成直径均为 1cm 的球形气泡。在 Navier-Stokes 方程中，气体和电磁力一起被作为源项处理。由于考虑了阳极气体对电解质的影响，所以计算结果有所改进，但对气体的假设还存在一些明显的不足，而且计算量增加，计算较为复杂。

A. Pant 等人也用铁棒熔蚀法测量了铝液的流速，并用得到的测量数据来验证他们的计算模型。他们采用了两个不同的模型，一个是 k-ε 二方程湍流模型；另一个是常涡流速度模型。计算结果显示，常涡流速度模型的计算结果准确性偏低；k-ε 二方程湍流模型的计算结果接近测量结果，因此，k-ε 二方程湍流模型是推荐使用的数学模型。

Y. Arita 等人认为铝液的流动可以看成是在两个平行板之间的 Hartmann 流动，因此建立了二维的数学模型。通过求解 Navier-Stokes 方程，得到了二维的流场分布。计算结果与测量结果较为一致。

国外的 Donald P. Ziegler 等人以及 W. E. Wahnsiedler 都采用 PHOENICS 软件包对铝电解槽的流场进行了计算。通过计算，还给出了电解质和铝液交界面的形状。W. E. Wahnsiedler 指出，界面的波动可能是由于电流和磁场变化所引起的。

J. W. Evans 等人应用 k-ε 二方程湍流模型求解了 Navier-Stokes 方程。由运动方程的解可以得到熔体中的压力分布，从而可以计算出电解质与铝液之间交界面的形状。

国内的贵阳铝镁设计研究院也使用 k-ε 二方程湍流模型对铝电解槽的流场进行了计算。沈阳铝镁设计研究院建立了二维的水平流动模型和用于分析界面波动的模型，计算结果令人满意。

在铝电解槽中，磁场和熔体中的电流相互作用，还导致电解质和铝液界面的变形和波动。对于熔体中电解质和铝液界面的波动，国内外学者进行了较为深入的研究。

M. Segatz 和 Ch. Droste 指出，在铝电解槽中，铝液的磁流体动力学不稳定性是一个物理现象，是电流与磁场相互作用的结果。他们给出了一组线性方程组来描述这个物理过程。根据计算结果，他们分析了操作参数对磁流体动力学不稳定性的影响。铝液高度增加将使稳定性增加，这是因为铝液高度增加后，水平电流密度减小了。电解质的密度一般在 $1950\sim2200\text{kg/m}^3$ 之间，铝液的密度为 2250kg/m^3，他们之间保持一定的密度差，这个密度差越大，稳定性越好。分析的结果与实际操作结果是一致的。最后他们指出，阳极和阴极的电流分布对铝液的不稳定性有着重要的影响。

Ch. Droste 等人通过浅水模型研究了铝液波动的磁流体动力学不稳定性，并给出了波动方程。由方程计算结果可知电磁力是波动产生的主要原因。在铝液内部，铝液的不稳定性是由电磁力梯度造成的，而在边界处，电磁力本身是导致铝液不稳定性的主要原因。Ch. Droste 指出，波动的电流与铝液高度、极距以及阳极电阻有关。

M. Segatz 等人还利用 ESTER/PHOENICS 软件包对铝液的磁流体动力学进行了模拟计算，认为该计算方法是可行的，并给出了合理的结果。

N. Urata 也计算了铝液的磁流体动力学不稳定性。他把电解质和铝液看作是两层流体，在它们的交界面处发生电磁扰动。求解表面波动方程，显示垂直磁场是导致不稳定性的主要原因。基于这个结论，他们对一个 200kA 的铝电解槽的母线配置进行了改进，改进后的电解槽磁流体动力学稳定性得到了明显提高。

中南工业大学的岳林等人对现代铝电解槽内的流体运动进行了整体分析，将炭阳极下表面到炭阴极上表面的流体分成几个区域，并对各区域流动建立了相应的数学模型。他们还将电磁力沿 3 个方向分解，导出了适合于冶金电磁流动分析的运动方程。

综合以上所述，可以看出，铁棒熔蚀法已经成为测量流场的一种主要方法，而 k-ε 二方程湍流模型是计算铝电解槽流场所采用的主要模型。

17.2　流体力学的研究方法

流体力学研究的是流体的宏观运动以及它们和周围物体的相互作用，如力的作用、传质和传热等。流体力学可分为理论流体力学、实验流体力学和计算流体力学 3 个分支学科。

理论流体力学的任务在于研究流体运动的物理规律，建立描述规律的严密完备的连续介质数学模型，并在某些假定条件下寻求封闭形式的解析解。理论分析所得的结果具有普遍性，各种影响因素清晰可见，它是实验研究和数值计算的理论基础。但是控制流体运动的偏微分方程大多是非线性的，有时还出现奇异性，因而只有在少数特殊情况下才能得到解析解。如果问题的物理性质或边界形状复杂，就求不出解析解。

实验流体力学是建立在相似理论的基础上的，实验测量所得结果比较真实可靠，是检验理论和计算的重要标准。但是实验条件往往受到许多限制，如模型尺寸、流场扰动、测量精度等。此外，实验还会遇到耗资巨大和周期长的困难，所以许多实际流体力学问题应用实验方法是无法解决的。正是这些原因才促进了计算流体力学的发展。

计算流体力学是以理论流体力学和计算数学为基础的，是这两门学科的交叉学科。随着计算机的飞速发展和各种稳定、精确和快速的数值计算方法的出现，计算流体力学已逐渐形成一门独立的学科，在解决理论和工程实际问题时显示了巨大的优越性和潜力。目前，计算流体力学在航空、造船、气象、水利、冶金及石化等工程领域都有着广泛的应用。

计算流体力学主要是求解在各种初边值条件下的流体力学控制方程。流体力学的控制方程一般是含有空间坐标的一阶、二阶导数和时间的一阶导数的偏微分方程，因此流体力学的数值计算就是求解偏微分方程的初边值问题。借助于理论流体力学给出的描述流体运动的连续介质数学模型，通过时空离散化，把连续的时间离散成间断有限的时间，把连续介质离散成间断有限的空间，从而把数学模型即偏微分方程离散成大型代数方程组。同时，建立求解代数方程组的有效算法，并给定正确的初边值条件，就可以根据算法编制计算程序，求解代数方程组。计算流体力学所采用的主要数值求解方法有有限差分法、有限元素法和边界元素法。

有限差分法是将计算场域划分成网格，在节点处用差商代替微商，用差分方程代替微分方程，从而实现偏微分方程的离散化，即建立离散方程。它特别适用于求解非定常问题，但不善于表现复杂的曲线边界。有限元素法和边界元素法首先是在固体力学中发展起来的，而后才移植于流体力学中，所以它们用于流体力学计算的时间比差分法要晚。这两种方法适合于求解有复杂边界的定常问题。有限元素法是将场域划分成单元，并在每个单元内用合适的插值函数来表示未知量，该函数包括每个单元各个节点处的场位值，并以此作为未知量，通过应用这样的插值函数，采用变分方法或加权余数法，即可生成一组代数方程组，然后用直接法或迭代法求解代数方程组，得到每个节点的场位值，再由场位值计算出该节点的场向量值。边界元素法只需对场域的边界进行离散化处理，将场的区域分布问题转化成边界问题，即先求出场的边值，然后由它们求取场域内的值。

数值计算方法可以容易地改变计算条件，研究复杂初边值条件下的流动现象，具有灵活、经济、限制较少的优点。可以预见，随着计算机技术的进步和数值计算方法的发展，计算流体力学将得到更为广泛的应用，将能解决更多的理论研究和工程问题。

17.3 湍流问题的数值计算方法

湍流是流体力学中至今尚未很好解决的难题，湍流问题的数值计算是目前计算流体力学中困难最多、研究最活跃的领域之一，对它的数值计算方法可分为以下 3 类。

17.3.1 直接模拟法

直接模拟法是对动量方程（Navier-Stokes 方程）不实行任何模型化，直接在小尺度网格内求解三维瞬态的 Navier-Stokes 方程。如果此法能成功地加以运用，则所得结果的误差就仅是一般数值计算所引起的误差，并根据需要予以控制，但对高度复杂的湍流运动进行直接计算，必须采用很小的时间和空间步长。如对湍流中的一个涡旋进行计算，至少要设置 10 个节点，这样对于在一个小尺度范围内进行的湍流运动，在 $1cm^3$ 的流场中可能要布置 10^5 个节点。这将远远超过现阶段的计算机内存容量，因此，该方法的应用受到了限制。

17.3.2 大涡模拟法

大涡模拟法的基本思想是湍流流动是由不同尺度的旋涡组成的，大尺度的旋涡对湍流能量和雷诺应力的产生以及各种量的湍流扩散起主要作用。大涡的行为强烈地依赖于边界条件，随流动类型而异。小涡对上述流动贡献小，最小的涡主要对耗散起作用。而在高雷诺数条件下，小涡近似于均匀，各向同性，受边界条件的影响小。这样就导致了大涡模拟的数值解法，即"大涡计算，小涡模拟"法。其缺点是需要划分大量的网格，计算机的容量要求较大，因此该方法现在还未得到普及，尤其是在冶金领域中的应用。随着计算机技术的不断进步，此方法的应用前景也很广阔。

17.3.3 雷诺时均方程法

雷诺时均方程法是对 Navier-Stokes 方程实行平均运算，即把非稳态控制方程对时间作平均，在所得出的关于时均运动方程中包含了湍流附加项，即雷诺应力，这样方程的个数小于未知数。为了解决时均方程组的封闭问题，一种有效的手段就是采用湍流模型。所谓的湍流模型是指一组数学方程或代数公式，它确定了湍流脉动所产生的未知量的计算途径而又不引入新的未知量，从而使时均方程组封闭有解。湍流模型并没有从原理上根本性地解决湍流问题，而只是一种数值求解湍流时均方程的近似方法。湍流模型主要分为两类。

17.3.3.1 雷诺应力模型

雷诺应力模型是把雷诺应力各分量也作为变量建立专门的方程，通过对时均运动方程分别乘以脉动速度，再进行取时均值等数学处理，运算后得到对流扩散输运方程，然后进行模式性假设使方程组封闭，再求解该方程组，求出未知的雷诺应力。由于采用雷诺应力模型所需的计算工作量较大，因此目前在工程计算中应用最多的还是湍流黏度模型。

17.3.3.2 湍流黏度模型

这种模型是把湍流方程的不封闭性由雷诺应力转移到湍流黏度上来，即用湍流黏性系数的表达式代替雷诺应力，求出湍流黏度即可求出雷诺应力。根据 Boussinesq 的假设，他引出了湍流黏度 μ_t 的表达式：

$$\mu_t = c\rho v_t l_t \tag{17-2}$$

式中　c——常数；

　　　ρ——流体密度；

　　　v_t——特征速度；

　　　l_t——特征长度。

它们是随条件的不同而变化的。根据确定湍流黏度所需微分方程的数目，湍流黏度模型可分为零方程模型、一方程模型和二方程模型。

（1）零方程模型　所谓零方程模型是指无需求解任何微分方程而只需用代数运算将湍流流场中的湍流黏度与流场中某局部时均速度或速度梯度联系起来的模型。在早期没有大型高速计算机帮助的时候，这种模型被大量地应用于湍流计算中。

在早期的湍流计算中，人们认为对于某些类型的流动，可以近似地取得一个适用于湍流全流场的湍流黏度，该模型即常湍流黏度模型，该系数的取值需要根据同样类型和条件下的流动实验数据来确定。这种方法过于粗糙，计算结果误差很大，目前工程计算中已很少应用。

在零方程模型中最具代表性的是德国著名科学家 Prandtl 于 1925 年提出的混合长度理论模型。所谓混合长度，类似于分子的平均自由程，是指湍流的小微团在还没有与其周围的湍流流体相掺混而失去自身特性之前，在垂直于平均流动方向上所经过的距离。混合长度理论认为应该取混合长度 l_m 作为特征长度 l_t，并以它与速度梯度的乘积作为特征速度来计算湍流黏度，即在二维条件下取 $v_t = l_m |\partial u / \partial y|$，代入式（17-2）得

$$\mu_t = \rho l_m^2 \left| \frac{\partial u}{\partial y} \right| \tag{17-3}$$

由于 l_m 本身就是未知量，所以式（17-2）中的待定常数 c 被合并而省去。对于不同的流动类型，湍流运动的特征不同，因此 l_m 的值及其分布有较大的差异。对于某一具体的流动类型，需要根据实验确定 l_m 的分布。

混合长度理论模型具有应用简便的优点，且对于某些简单类型的流动，尤其是在边界层类型的流动，如二维边界层流动、自由射流等，得到了相当满意的计算结果。然而混合长度理论模型仅适用于简单类型的流动，对于复杂的流动类型，例如锅炉炉膛内带有强烈旋流和回流的流动，根本无法找出普遍适用的混合长度分布关系式。更重要的是混合长度在理论上就存在先天的缺陷，混合长度理论隐含地承认在时均速度梯度为零的地方湍流黏度与雷诺应力将为零，这与实际情况不符。

所有的零方程模型都将湍流流动的全部信息包含在湍流黏度 μ_t 或混合长度 l_m 之中，而确定 μ_t 及 l_m 时，最多也只是与时均流场的特征相联系，没有真正考虑湍流脉动特征的影响。例如常湍流黏度模型，μ_t 没有与任何时均的或脉动的流场参数相联系，即使是混合长度理论，也仅仅是将 l_m 与湍流时均的速度场相关联。它们隐含的一个事实就是湍流的脉动特性对时均速度场没有影响，这是目前所有零方程模型最大的局限性之一。

（2）一方程模型　为了克服零方程模型没有考虑到湍流脉动对流场影响的局限性，有必要在确定湍流黏度的过程中充分考虑湍流脉动造成了雷诺应力这个事实。我们知道湍流的脉动动能 k 是湍流的重要特征之一，且 $k^{1/2}$ 具有速度量纲。如果以 $k^{1/2}$ 作为特征速度代入

式(17-2) 来计算湍流黏度，就可以将湍流脉动动能这个湍流重要特性量反映到湍流黏度中，应该比零方程模型采用时均流场参数计算 μ_t 更为合理。正是基于此，Prandtl 给出了如下的湍流黏度计算式：

$$\mu_t = \rho k^{1/2} L \tag{17-4}$$

式(17-4) 中，L 是以涡团尺度表示的特征长度。为了求出 μ_t，必须先求解湍流脉动动能 k。k 是流场的函数，关于 k 的控制微分方程是从流体的 Navier-Stokes 方程推导得到的。k 方程的形式如下：

$$\frac{\partial}{\partial t}(\rho k) + \frac{\partial}{\partial x_i}(\rho u_i k) = D + P_p - \rho \varepsilon \tag{17-5}$$

式(17-5) 中，D 是湍流脉动动能的扩散项，可写成式(17-6) 的形式：

$$D = \frac{\partial}{\partial x_i}\left[\left(\mu + \frac{\mu_t}{\sigma_k}\right)\frac{\partial k}{\partial x_i}\right] \tag{17-6}$$

式中，μ 为动力黏度；σ_k 是湍流脉动动能普朗特数，一般情况下可取 $\sigma_k = 1.0$。
式(17-5) 中，P_p 是湍流脉动动能的产生项，可写成式(17-7) 的形式：

$$P_p = \mu_t\left(\frac{\partial u_i}{\partial x_j} + \frac{\partial u_j}{\partial x_i}\right)\frac{\partial u_i}{\partial x_j} \tag{17-7}$$

式(17-5) 中，$-\rho \varepsilon$ 是湍流脉动动能的减少项，ε 为单位体积内湍流脉动动能的耗散率，它与湍流脉动动能 k 和湍流涡团尺度 L 有关，按量纲分析可写成：

$$\varepsilon = \frac{C_D k^{3/2}}{L} \tag{17-8}$$

式(17-8) 中，C_D 是实验常数。

至此湍流脉动动能 k 的方程已经建立，采用经验值或代数方程确定湍流涡团尺度 L 后，就可以求解 k 的微分方程。由于只求解一个 k 方程，故被称为一方程模型。一方程模型由于考虑了湍流脉动特性的影响，在理论的合理性方面比零方程模型前进了一步。它在计算湍流黏度时，特征速度 v_t 的取值增加了严密性，但涡团尺度 L 的取值仍然停留在经验水平上，并没有根本性的改进。从一种流动类型得出的涡团尺度不能用于另一种类型的流动。对于复杂的流动，由于仍然无法找到涡团尺度 L 的分布，流场的计算也像混合长度理论一样一筹莫展。在实际应用中也发现，尽管采用了一方程模型，但计算结果比零方程模型提高得并不多，计算代价却是多了一个微分方程，因此一方程模型在工程计算上的应用也不多，但它却为被广泛应用的二方程模型提供了重要的基础。

（3）二方程模型　一方程模型虽然能通过求解微分方程获得湍流脉动动能 k，从而比较合理地找到湍流黏度计算式中的特征速度 v_t，但它并没有给出确定特征长度 L 的合适途径。实验表明，不仅流动类型不同，相应的特征长度不同，而且流场中不同位置的特征长度也不相同。这就说明特征长度也是流场的函数，也应该由求解输运微分方程来确定。这样除了求解湍流脉动动能 k 的微分方程外，还需要建立并求解有关特征长度 L 的微分方程，因此称这类湍流模型为二方程模型。

建立有关特征长度 L 的微分方程可以直接用特征长度 L 作变量，但大多采用 $k^{3/2}/L$ 作为变量，因为 $k^{3/2}/L$ 代表着湍流脉动动能的耗散率。ε 方程的形式如下：

$$\frac{\partial}{\partial t}(\rho \varepsilon) + \frac{\partial}{\partial x_i}(\rho u_i \varepsilon) = \frac{\partial}{\partial x_i}\left[\left(\mu + \frac{\mu_t}{\sigma_\varepsilon}\right)\frac{\partial \varepsilon}{\partial x_i}\right] + (C_1 P_P - C_2 \rho \varepsilon)\frac{\varepsilon}{k} \tag{17-9}$$

式(17-9)中，C_1 和 C_2 是经验常数，可由实验得到。σ_ε 是湍流脉动动能耗散普朗特数，也由实验得到。

由式(17-4)和式(17-8)可得湍流黏度 μ_t 的计算式：

$$\mu_t = \frac{C_\mu \rho k^2}{\varepsilon} \tag{17-10}$$

式(17-10)中，$C_\mu = C_D$。求解 k 方程和 ε 方程之后，利用式(17-10)就能计算出流场中湍流黏度 μ_t 的分布，从而计算出雷诺应力。

k-ε 二方程模型已经成功地解决了许多工程湍流问题，结果令人满意。它是目前应用最为广泛的一种求解湍流问题的模型。k-ε 二方程模型及有关常数都是在远离壁面或靠近壁面的激烈湍流流动条件下得出的，它们可以称为高雷诺数模型。也就是说，k 方程和 ε 方程仅适用于湍流雷诺数 Re_t 足够大的区域。这里湍流雷诺数 Re_t 定义为：

$$Re_t = \frac{\rho k^2}{\mu \varepsilon} \tag{17-11}$$

湍流流场计算不可避免地要涉及到固体壁面及覆盖在壁面上的边界层。根据边界层的结构特征，在贴近固体壁面处存在一黏性底层及过渡区，那里雷诺数已经很小，雷诺应力与分子黏性应力有同样的数量级，显然对壁面附近区域的计算必须考虑分子黏性的影响。为了将高雷诺数 k-ε 二方程模型应用到壁面附近区域的计算中，就必须做出修正，或对壁面附近的黏度做出特殊的处理。目前较为流行的方法有低雷诺数模型和壁面函数法两种。

① 低雷诺数模型。按 Jones 和 Launder 的观点，高雷诺数模型要应用到靠近壁面的黏性层区域，必须做出 3 个方面的修正，即：

在 k 和 ε 方程中，必须考虑分子扩散项；

在低雷诺数区域，C_1、C_2 等某些系数不应该是常数，而应该是雷诺数 Re_t 的函数；

需要考虑壁面耗散的非各向同性，在 k 和 ε 方程中加入修正项。

② 壁面函数法。低雷诺数 k-ε 二方程模型固然可以一直应用到贴近壁面的地方，并获得较为满意的结果，但近壁区需要布置相当多的点，这往往难于被工程使用所接受。壁面函数法的思想是在湍流核心区仍采用高雷诺数 k-ε 二方程模型，而将第 1 内节点直接布置在激烈湍流区域内，近壁影响全部集中在第 1 内节点控制体内，尽管那里的速度变化剧烈，但速度梯度仍然按第 1 内节点与壁面的一阶差分计算，关键是根据经验和半经验的方法合理地选择各方程在边界节点处的扩散系数或边界第 1 内节点的值，使之能够近似地反映近壁区的全部影响。

17.4 铝电解槽流场控制方程的建立及离散

本节在合理简化的基础上，建立了铝电解槽流场的二维湍流数学模型，并使用交错网格对控制方程进行了离散，同时给出离散方程的数值解法。

流体流动的控制方程是由连续性方程、运动方程和能量方程构成的方程组，它们反映了流动过程严格遵守质量守恒、动量守恒和能量守恒的物理本质。

17.4.1 连续性方程

连续性方程描述了流动过程中流体质量守恒的性质，用矢量表示的连续性方程为

$$\frac{\partial \rho}{\partial t} + \mathrm{div}(\rho v) = 0 \tag{17-12}$$

在三维直角坐标系中，连续性方程可写成式（17-13）的形式。

$$\frac{\partial \rho}{\partial t} + \frac{\partial(\rho u)}{\partial x} + \frac{\partial(\rho v)}{\partial y} + \frac{\partial(\rho w)}{\partial z} = 0 \tag{17-13}$$

式（17-13）中，ρu、ρv 和 ρw 分别表示沿 x、y 和 z 坐标方向微元体表面单位面积的质量流量。后 3 项之和表示了时间 $\mathrm{d}t$ 内流出微元体的净质量，它一定等于同一时间内该微元体由于密度变化造成的净减质量。

连续性方程中除了速度矢量 v 是变量之外，流体的密度 ρ 也是变化的。通常密度由流体的状态方程来确定。对于不可压缩流动，密度既不随时间变化又不随位置变化，则连续性方程可简化为

$$\mathrm{div}v = 0 \tag{17-14}$$

17.4.2 运动方程

运动方程反映了流动过程中动量守恒的性质，有时也称作动量方程。按照牛顿第二定律，流体微元所受的合外力等于微元体动量的变化率。通常微元体所受的外力有体积力、黏性力和压力。体积力是指分布作用在整个微元体质量上的力，如重力、电磁力等。黏性力是分子微观运动在不同速度的相邻两层流体之间产生的摩擦力。

斯托克斯首先描述了牛顿流体黏性力的完整表达式，由此构成的牛顿流体运动方程就是纳维埃-斯托克斯（Navier-Stokes）方程。直角坐标系下的纳维埃-斯托克斯方程表示为

$$\begin{cases} \rho \dfrac{\mathrm{d}u}{\mathrm{d}t} = \rho X - \dfrac{\partial p}{\partial x} + 2 \times \dfrac{\partial}{\partial x}\left(\mu \dfrac{\partial u}{\partial x}\right) + \dfrac{\partial}{\partial y}\left[\mu\left(\dfrac{\partial u}{\partial y} + \dfrac{\partial v}{\partial x}\right)\right] + \dfrac{\partial}{\partial z}\left[\mu\left(\dfrac{\partial u}{\partial z} + \dfrac{\partial w}{\partial x}\right)\right] - \dfrac{2}{3} \times \dfrac{\partial}{\partial x}(\mu\,\mathrm{div}v) \\[3mm] \rho \dfrac{\mathrm{d}v}{\mathrm{d}t} = \rho Y - \dfrac{\partial p}{\partial y} + \dfrac{\partial}{\partial x}\left[\mu\left(\dfrac{\partial u}{\partial y} + \dfrac{\partial v}{\partial x}\right)\right] + 2\dfrac{\partial}{\partial y}\left(\mu \dfrac{\partial v}{\partial y}\right) + \dfrac{\partial}{\partial z}\left[\mu\left(\dfrac{\partial v}{\partial z} + \dfrac{\partial w}{\partial y}\right)\right] - \dfrac{2}{3} \times \dfrac{\partial}{\partial y}(\mu\,\mathrm{div}v) \\[3mm] \rho \dfrac{\mathrm{d}w}{\mathrm{d}t} = \rho Z - \dfrac{\partial p}{\partial z} + \dfrac{\partial}{\partial z}\left[\mu\left(\dfrac{\partial u}{\partial z} + \dfrac{\partial w}{\partial x}\right)\right] + \dfrac{\partial}{\partial y}\left[\mu\left(\dfrac{\partial v}{\partial z} + \dfrac{\partial w}{\partial y}\right)\right] + 2\dfrac{\partial}{\partial z}\left(\mu \dfrac{\partial w}{\partial z}\right) - \dfrac{2}{3} \times \dfrac{\partial}{\partial z}(\mu\,\mathrm{div}v) \end{cases}$$
$$\tag{17-15}$$

式（17-15）中，等号左端表示微元体惯性力在 3 个坐标方向的分量。等号右端第 1 项 ρX、ρY 和 ρZ 表示沿坐标方向的体积力；第 2 项中的 p 为流体压力；第 3 项以及以后各项表示的是广义牛顿黏性力。式中，μ 为动力黏度。

17.4.3 能量方程

对于常物性流动，流体密度和动力黏度为常数，连续性方程和运动方程中只有速度和压力两个变量，方程完全封闭，求解这两个方程，流场就可以计算出来。对于变物性流动，流体密度和动力黏度需要根据压力和温度计算得到，而流场各点的温度由能量方程控制，因此变物性流动的控制方程由连续性方程、运动方程和能量方程 3 个方程组成，其中包含速度、压力和温度 3 个变量。能量方程表达式如下

$$\rho \frac{\mathrm{d}u}{\mathrm{d}t} = -\mathrm{div}q - p\,\mathrm{div}v + \Phi_\varepsilon + S \tag{17-16}$$

式（17-16）中，左边是微元体内能的变化率；右边第 1 项是外界对微元体的热传导；右边第 2 项是微元体表面压力对流体做功转化成的能量；右边第 3 项是能量耗散函数；右边第

4 项是内部热源。

17.4.4 铝电解槽流场的数学描述

17.4.4.1 模型的简化

在铝电解槽中，引起熔体（电解质和铝液）流动的主要因素有以下 3 个方面：

① 电解质熔体中存在的温度梯度和浓度梯度；

② 阳极产生的二氧化碳和一氧化碳气体对电解质熔体的作用；

③ 电磁力。

这 3 种因素的共同作用，使得电解质和铝液发生循环流动、界面波动和隆起变形。由于实际铝电解槽内熔体的流动十分复杂，因此需要对熔体流动做出如下假设：

① 铝电解槽内的电解质层和铝液层均按均相介质处理；

② 电磁力是熔体流动的主要推动力，因此在计算流场时可将另外两个因素忽略，而只考虑电磁力的作用；

③ 由于铝电解槽内熔体的流动以水平方向为主，因此可以忽略垂直方向上熔体的流动。

在此基础上，可以建立铝电解槽流场的二维湍流数学模型。

17.4.4.2 铝电解槽流场的二维湍流数学模型

在合理简化的基础上，建立了铝电解槽流场的二维湍流数学模型。

（1）连续性方程

$$\frac{\partial u}{\partial x}+\frac{\partial v}{\partial y}=0 \tag{17-17}$$

式（17-17）中，u 和 v 分别为 x 方向和 y 方向的时均速度。

（2）运动方程（Navier-Stokes 方程）

x 方向：

$$\rho u\frac{\partial u}{\partial x}+\rho v\frac{\partial u}{\partial y}=\frac{\partial}{\partial x}\left(\mu_e\frac{\partial u}{\partial x}\right)+\frac{\partial}{\partial y}\left(\mu_e\frac{\partial u}{\partial y}\right)-\frac{\partial p}{\partial x}+\frac{\partial}{\partial x}\left(\mu_e\frac{\partial u}{\partial x}\right)+\frac{\partial}{\partial y}\left(\mu_e\frac{\partial v}{\partial x}\right)+F_x \tag{17-18}$$

式中　ρ——流体密度；

　　　μ_e——有效黏度；

　　　F_x——x 方向的电磁力。

y 方向：

$$\rho u\frac{\partial v}{\partial x}+\rho v\frac{\partial v}{\partial y}=\frac{\partial}{\partial x}\left(\mu_e\frac{\partial v}{\partial x}\right)+\frac{\partial}{\partial y}\left(\mu_e\frac{\partial v}{\partial y}\right)-\frac{\partial p}{\partial y}+\frac{\partial}{\partial x}\left(\mu_e\frac{\partial u}{\partial y}\right)+\frac{\partial}{\partial y}\left(\mu_e\frac{\partial v}{\partial y}\right)+F_y \tag{17-19}$$

式中　F_y——y 方向的电磁力。

（3）电磁力的计算　电磁力的计算由式（17-20）给出

$$F=J\times B \tag{17-20}$$

式中　J——电流密度；

　　　B——磁感应强度。

（4）湍流脉动动能 k 的输运方程　在 k-ε 二方程模型中，湍流脉动动能 k 的输运方程（k 方程）为

$$\rho u \frac{\partial k}{\partial x} + \rho v \frac{\partial k}{\partial y} = \frac{\partial}{\partial x}\left[\left(\mu + \frac{\mu_t}{\sigma_k}\right)\frac{\partial k}{\partial x}\right] + \frac{\partial}{\partial y}\left[\left(\mu + \frac{\mu_t}{\sigma_k}\right)\frac{\partial k}{\partial y}\right] + G_k - \rho \varepsilon \qquad (17\text{-}21)$$

式(17-21)中

$$\sigma_k = 1.0$$

$$G_k = \mu_t \left[2\left(\frac{\partial u}{\partial x}\right)^2 + 2\left(\frac{\partial v}{\partial y}\right)^2 + \left(\frac{\partial u}{\partial y} + \frac{\partial v}{\partial x}\right)^2\right]$$

湍流脉动动能耗散率 ε 的输运方程（ε 方程）为

$$\rho u \frac{\partial \varepsilon}{\partial x} + \rho v \frac{\partial \varepsilon}{\partial y} = \frac{\partial}{\partial x}\left[\left(\mu + \frac{\mu_t}{\sigma_\varepsilon}\right)\frac{\partial \varepsilon}{\partial x}\right] + \frac{\partial}{\partial y}\left[\left(\mu + \frac{\mu_t}{\sigma_\varepsilon}\right)\frac{\partial \varepsilon}{\partial y}\right] + \frac{\varepsilon}{k}(C_1 C_k - C_2 \rho \varepsilon) \qquad (17\text{-}22)$$

式(17-22)中，$\sigma_\varepsilon = 1.3$；$C_1 = 1.44$；$C_2 = 1.92$。

（5）有效黏度 μ_e　有效黏度 μ_e 为

$$\mu_e = \mu + \mu_t \qquad (17\text{-}23)$$

式(17-23)中，μ 为动力黏度；μ_t 为湍流黏度。在 $k\text{-}\varepsilon$ 二方程模型中，μ_t 可用式(17-24)计算。

$$\mu_t = C_\mu \frac{\rho k^2}{\varepsilon} \qquad (17\text{-}24)$$

式(17-24)中，$C_\mu = 0.09$。

以上诸方程即式(17-17)～式(17-24)构成了计算铝电解槽流场的基本方程组，但在近壁处还需要采用壁面函数法进行修正。

17.4.4.3　壁面函数法

$k\text{-}\varepsilon$ 二方程模型及有关常数都是在远离壁面或靠近壁面的激烈湍流流动条件下得出的，它们仅适用于雷诺数足够大的区域。湍流流场计算不可避免地要涉及到固体壁面及覆盖在壁面上的边界层，根据边界层的结构特征，在贴近固体壁面处存在一黏性底层及过渡区，那里雷诺数已经很小，雷诺应力与分子应力有同样的数量级，显然对壁面附近区域的计算必须考虑分子黏性的影响。为了将高雷诺数 $k\text{-}\varepsilon$ 二方程模型应用到壁面附近的计算区域中，必须做出修正。

壁面函数法就是在湍流核心区仍采用高雷诺数 $k\text{-}\varepsilon$ 二方程模型，而将第 1 内节点直接布置在激烈湍流区域内，近壁影响全部集中在第 1 内节点控制体内。尽管那里的速度变化十分剧烈，但速度梯度仍然按第 1 内节点与壁面的一阶差分计算，关键的措施是以经验和半经验的方法合理地选择各方程在边界节点处的扩散系数或边界第 1 内点的值，使之能够近似地反映近壁区的全部影响。

在分析大量不同条件下得到的充分发展管内湍流和平板湍流边界层的实验资料后发现，用壁面摩擦速度 $u^* = \sqrt{\tau_w/\rho}$ 定义的无因次速度分布几乎都重合在一起。这里 τ_w 是壁面切应力，无因次速度 u^+ 和无因次法向距离 y^+ 的定义分别为

$$u^+ = \frac{u}{u^*} \qquad (17\text{-}25)$$

$$y^+ = \frac{y u^* \rho}{\mu} \qquad (17\text{-}26)$$

近壁流动可分为 3 层：黏性底层、过渡层和湍流流层。为了计算方便常略去过渡层，把近壁区简化为黏性底层和对数规律层两层。黏性底层和对数规律层各自的无因次速度分布规

律是

$$u^+ = y^+ \qquad\qquad y < 11.5 \qquad\qquad (17\text{-}27)$$

$$u^+ = 2.5\ln(9y^+) \quad y \geqslant 11.5 \qquad (17\text{-}28)$$

为了合理选择边界节点的扩散系数，现在考察图 17-1 所示的沿 x 方向的近壁离散网格。

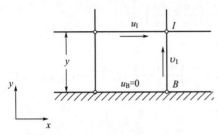

图 17-1　近壁离散网格示意图

在图 17-1 中，B 为壁面的边界节点，I 为第 1 内节点。

对于 u 方程，按壁面切应力的定义 $\tau_{\mathrm{w}} = \mu(\partial u/\partial y)_{\mathrm{B}}$，其中壁面上速度梯度 $(\partial u/\partial y)_{\mathrm{B}}$ 是未知的，如果用第 1 内节点速度 u_{I} 和壁面速度 $u_{\mathrm{B}} = 0$ 的一阶差分来代替这个速度梯度，则壁面切应力应为

$$\tau_{\mathrm{w}} = \frac{\Gamma_{\mathrm{B}} u_{\mathrm{I}}}{y} \qquad (17\text{-}29)$$

这里引入壁面当量扩散系数 Γ_{B}。将式（17-15）、式（17-26）和 u^* 的定义式代入式（17-29）可得

$$\Gamma_{\mathrm{B}} = \frac{\mu y^+}{u^+} \qquad (17\text{-}30)$$

我们要求把第 1 内节点布置在对数规律层内，所以将式（17-28）代入式（17-30）得到

$$\Gamma_{\mathrm{B}} = \frac{\mu y^+}{2.5\ln(9y^+)} \qquad (17\text{-}31)$$

由式（17-31）可知，u 方程的边界扩散系数 Γ_{B} 取决于第 1 内节点的无因次距离 y^+。近似地认为近壁边界层中切应力 τ 与壁面上的切应力 τ_{w} 相等，并认为边界层流动中脉动动能的产生与耗散相平衡，这时可以得到

$$u^* = \sqrt{\tau_{\mathrm{w}}/\rho} = C_\mu^{1/4} k^{1/2} \qquad (17\text{-}32)$$

将式（17-32）代入式（17-26）得到

$$y^+ = \frac{\rho C_\mu^{1/4} k^{1/2} y}{\mu} \qquad (17\text{-}33)$$

这样由式（17-31）和式（17-33）就可以求出第 1 内节点的当量扩散系数 Γ_{B} 之值。

另外，还要对第 1 内节点上的 k_{I} 和 ε_{I} 的确定方法做出选择，k_{I} 值仍可按 k 方程计算，ε_{I} 值采用式（17-34）计算。

$$\varepsilon_{\mathrm{I}} = \frac{C_\mu^{3/4} k_{\mathrm{I}}^{3/2}}{K y_{\mathrm{I}}} \qquad (17\text{-}34)$$

在式（17-34）中，y_{I} 是节点到壁面的距离；K 是冯·卡系数，取 0.4。

17.4.5　求解区域的离散化

为了解决在主控制容积上求解速度和压力时造成的速度分布和压力分布的不真实性，可采用如图 17-2 所示的交错网格形式来离散化求解区域。所谓交错网格就是指把速度 u、v 和压力 p 等其他所有标量及物性参数分别存储于 3 套不同网格上的网格系统，其中，速度 u 存储于主控制容积的东西界面上，速度 v 存储于主控制容积的南北界面上，u、v 各自的控制容积则是以速度所在位置为中心的。u 控制容积与主控制容积之间在 x 方向上有半个网格

步长的错位，而 v 控制容积与主控制容积之间则在 y 方向上有半个网格步长的错位。在交错网格系统中，关于 u、v 的离散方程可以通过 u、v 各自的控制容积做积分而得出，这就从根本上解决了速度场和压力场的不真实性。但是，采用交错网格也要付出一定的代价。首先增加了计算工作量，所有存储于主节点上的物性值在求解 u、v 方程时必须通过插值，才能得出 u、v 位置上的数据，同时由于 u、v 及一般 ϕ 变量不在同一网格上，在求解各自的离散方程时都需要做一些插值运算。其次，程序编制的工作量也有所增加，除了存储关于主节点

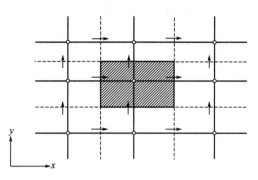

图 17-2　交错网格示意图
→表示 x 方向的速度 u；↑表示 y 方向的
速度 v；○表示其他变量

的位置和几何信息外，还必须存储关于速度分量 u、v 的位置和几何信息。3 套网格中节点的编号必须仔细处理方可协调一致。

对上述连续性方程、动量方程和 k-ε 方程可以写成如下的通用形式

$$\rho u \frac{\partial \phi}{\partial x} + \rho v \frac{\partial \phi}{\partial y} = \frac{\partial}{\partial x}\left(\Gamma_\phi \frac{\partial \phi}{\partial x}\right) + \frac{\partial}{\partial y}\left(\Gamma_\phi \frac{\partial \phi}{\partial y}\right) + S_\phi \tag{17-35}$$

式中　ϕ——通用因变量；

　　Γ_ϕ——扩散系数；

　　S_ϕ——源项。

各项的具体含义可由各个方程得出，具体含义见表 17-1。

表 17-1　通用控制方程中 ϕ、Γ_ϕ 和 S_ϕ 的具体含义

方程	ϕ	Γ_ϕ	S_ϕ
连续性	1	0	0
x-动量	u	μ_e	$-\dfrac{\partial p}{\partial x} + \dfrac{\partial}{\partial x}\left(\mu_e \dfrac{\partial u}{\partial x}\right) + \dfrac{\partial}{\partial y}\left(\mu_e \dfrac{\partial v}{\partial x}\right) + F_x$
y-动量	v	μ_e	$-\dfrac{\partial p}{\partial y} + \dfrac{\partial}{\partial x}\left(\mu_e \dfrac{\partial u}{\partial y}\right) + \dfrac{\partial}{\partial y}\left(\mu_e \dfrac{\partial v}{\partial y}\right) + F_y$
k 方程	k	$\mu + \mu_t/\sigma_k$	$G_k - \rho\varepsilon$
ε 方程	ε	$\mu + \mu_t/\sigma_\varepsilon$	$\dfrac{\varepsilon}{k}(C_1 G_k - C_2 \rho\varepsilon)$

17.4.6　离散方程的建立

17.4.6.1　控制微分方程的离散方法

对控制微分方程的离散采用控制容积积分法。把求解区域划分成许多互不重叠的控制容积，并使围绕着每个节点有一个控制容积，对微分方程在每个控制容积上积分，用表示 ϕ 在节点间变化的分片分布计算所要求的积分，经过整理，就得到一组关于节点上未知值 ϕ 的离散方程。用这种方式得到的离散方程对有限的控制容积表达了 ϕ 的守恒原理，最终的解必将意味着质量和动量在每个控制容积内严格满足积分平衡。而且不只是对节点数目很大的情况，即使是粗网格节点的解也展示了严格的积分平衡。

17.4.6.2　通用控制微分方程的离散

主控制容积如图 17-3 所示。采用控制容积积分法在主控制容积上对通用控制微分方程

（17-35）进行离散，得离散方程

$$a_P \phi_P = a_E \phi_E + a_W \phi_W + a_N \phi_N + a_S \phi_S + b \tag{17-36}$$

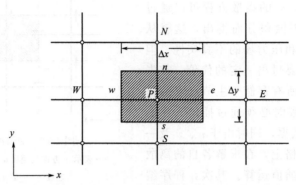

图 17-3　主控制容积示意图

式（17-36）中

$$\begin{cases} a_E = D_e A(|P_e|) + [[-F_e, 0]] \\ a_W = D_w A(|P_w|) + [[F_w, 0]] \\ a_N = D_n A(|P_n|) + [[-F_n, 0]] \\ a_S = D_s A(|P_s|) + [[F_s, 0]] \end{cases} \tag{17-37a}$$

$$a_P = a_E + a_W + a_N + a_S - S_P \Delta x \Delta y \tag{17-37b}$$

$$b = S_C \Delta x \Delta y \tag{17-37c}$$

$$S = S_C + S_P \phi_P \quad S_P \leqslant 0 \tag{17-37d}$$

$[[A, B]]$表示取 A 和 B 中的最大值。F_e、F_w、F_n 和 F_s 为质量流率，定义如下

$$F_e = (\rho u)_e \Delta y$$
$$F_w = (\rho u)_w \Delta y$$
$$F_n = (\rho v)_n \Delta x$$
$$F_s = (\rho v)_s \Delta x$$

D_e、D_w、D_n 和 D_s 为传导性，定义如下

$$D_e = \Gamma_e \Delta y / (\delta x)_e$$
$$D_w = \Gamma_w \Delta y / (\delta x)_w$$
$$D_n = \Gamma_n \Delta x / (\delta y)_n$$
$$D_s = \Gamma_s \Delta x / (\delta y)_s$$

P_e、P_w、P_n 和 P_s 为贝克列数，定义如下

$$P_e = F_e / D_e$$
$$P_w = F_w / D_w$$
$$P_n = F_n / D_n$$
$$P_s = F_s / D_s$$

函数 $A(|P|)$使用乘方定律格式

$$A(|P|) = [[0, (1 - 0.1|P|)^5]]$$

17.4.6.3　动量方程的离散

由于采用了交错网格来离散求解区域，所以速度分量 u 和 v 的控制方程，即 x 和 y 方向的动量方程，应分别在各自的控制容积上进行离散。u 和 v 的控制容积如图 17-4 和图 17-5 所示。

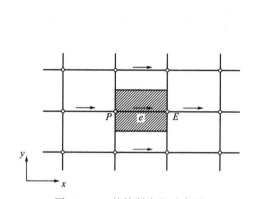

图 17-4　u 的控制容积示意图

→表示 x 方向的速度 u；○表示其他变量

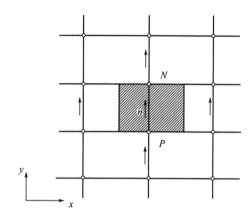

图 17-5　v 的控制容积示意图

↑表示 y 方向的速度 v；○表示其他变量

由式（17-36）可得 x 方向的动量方程为

$$a_e u_e = \sum (a_{nb} u_{nb}) + b + (P_P - P_E) A_e \tag{17-38}$$

式（17-38）中，u_{nb} 为控制容积 u_e 界面上的 4 个邻近速度；b 是以与式（17-37c）相同的方式定义的，只是把压力梯度从源项中提出来，产生了方程中的最后项 $(P_P - P_E) A_e$。$(P_P - P_E) A_e$ 项是作用在 u_e 控制容积上的压力，其中 $A_e = \Delta y \times 1$。同理可得 y 方向的动量离散方程为

$$a_n v_n = \sum (a_{nb} v_{nb}) + b + (P_P - P_N) A_n \tag{17-39}$$

式（17-39）中，$A_n = \Delta x \times 1$。

17.4.7　离散方程的求解方法

17.4.7.1　SIMPLE 算法

由式（17-38）和式（17-39）可知，动量方程只有在压力场给定的情况下才能求解。由试探压力场 P^* 计算所得的速度场 u^* 和 v^* 并不是真实的速度场，它们不能满足连续性方程，因此，通过对压力和速度的校正，使得 u^* 和 v^* 逐渐地接近满足连续性方程。正确的压力 P 可以从式（17-40）得到

$$P = P^* + P' \tag{17-40}$$

式（17-40）中，P' 为压力校正。相应的速度校正 u' 和 v' 可类似地表示为

$$u = u^* + u' \tag{17-41}$$

$$v = v^* + v' \tag{17-42}$$

由式（17-38）和式（17-39）可得

$$a_e u_e^* = \sum (a_{nb} u_{nb}^*) + b + (P_P^* - P_E^*) A_e \tag{17-43}$$

$$a_n v_n^* = \sum (a_{nb} v_{nb}^*) + b + (P_P^* - P_N^*) A_n \tag{17-44}$$

由式（17-38）、式（17-41）和式（17-43）经过处理可得 u 的速度校正公式

$$u_e = u_e^* + d_e(P'_P - P'_E) \tag{17-45}$$

式(17-45) 中，$d_e = A_e/a_e$。同理可得 v 的速度校正公式

$$v_n = v_n^* + d_n(P'_P - P'_N) \tag{17-46}$$

式(17-46) 中，$d_n = A_n/a_n$。

把速度校正公式(17-45) 和式(17-46) 代入连续性离散方程，可得 P' 的离散方程，即压力校正方程

$$a_P P'_P = a_E P'_E + a_W P'_W + a_N P'_N + a_S P'_S + b \tag{17-47}$$

式(17-47) 中

$$\begin{cases} a_E = \rho_e d_e \Delta y \\ a_W = \rho_w d_w \Delta y \\ a_N = \rho_n d_n \Delta x \\ a_S = \rho_s d_s \Delta x \end{cases} \tag{17-48a}$$

$$a_P = a_E + a_W + a_N + a_S \tag{17-48b}$$

$$b = [(\rho u^*)_w - (\rho u^*)_e]\Delta y + [(\rho v^*)_s - (\rho v^*)_n]\Delta x \tag{17-48c}$$

SIMPLE 算法的计算步骤如下：

① 给出试探压力场 P^*；

② 求解动量方程式(17-43) 和式(17-44)，得到 u^* 和 v^*；

③ 求解压力校正方程式(17-47)，得到 P'；

④ 由式(17-40) 计算 P；

⑤ 利用速度校正公式(17-45) 和式(17-46) 求出 u 和 v；

⑥ 求解其他变量 ϕ（如 k 和 ε）的离散方程；

⑦ 把校正过的压力 P 作为新的试探压力 P^*，回到第②步，重复整个过程，直到得到收敛解为止。

17.4.7.2 SIMPLER 算法

SIMPLER 算法是在 SIMPLE 算法基础上建立起来的。首先把动量方程式(17-38) 和式(17-39) 写成式(17-49)。

$$u_e = \frac{\sum(a_{nb}u_{nb}) + b}{a_e} + d_e(P_P - P_E) \tag{17-49}$$

$$v_n = \frac{\sum(a_{nb}v_{nb}) + b}{a_n} + d_n(P_P - P_N) \tag{17-50}$$

现在定义假想速度 $\hat{u}_e$ 和 $\hat{v}_n$ 分别为

$$\hat{u}_e = \frac{\sum(a_{nb}u_{nb}) + b}{a_e} \tag{17-51}$$

$$\hat{v}_n = \frac{\sum(a_{nb}v_{nb}) + b}{a_n} \tag{17-52}$$

可以看到 $\hat{u}_e$ 和 $\hat{v}_n$ 是由邻近速度 u_{nb} 和 v_{nb} 组成的，但不包括压力，这样式(17-51) 和式(17-50) 可以写成

$$u_e = \hat{u}_e + d_e(P_P - P_E) \tag{17-53}$$

$$v_n = \hat{v}_n + d_n(P_P - P_N) \tag{17-54}$$

把式(17-53) 和式(17-54) 代入连续性离散方程可得压力方程

$$a_P P_P = a_E P_E + a_W P_W + a_N P_N + a_S P_S + b \tag{17-55}$$

在式(17-55) 中，a_E、a_W、a_N、a_S 和 a_P 的定义同式(17-48a) 式(17-48b)

$$b = [(\rho\hat{u})_w - (\rho\hat{u})_e]\Delta y + [(\rho\hat{v})_s - (\rho\hat{v})_n]\Delta x \tag{17-56}$$

可以看到，压力方程式(17-55) 和压力校正方程式(17-47) 的唯一差别只是 b 的表达式不同。在压力方程中，b 的表达式中用了假想速度 $\hat{u}$ 和 $\hat{v}$；而在压力校正方程中，b 的表达式中用了 u^* 和 v^*。由于在推导压力方程时没有引入近似，因此，如果用正确的速度场计算假想速度 $\hat{u}$ 和 $\hat{v}$ 的话，压力方程就会立即给出正确的压力场。

SIMPLER 算法的计算步骤如下：

① 给出试探的速度场；

② 计算动量方程式(17-38) 和式(17-39) 的系数，进而由式(17-51) 和式(17-52) 计算出 $\hat{u}$ 和 $\hat{v}$；

③ 计算压力方程式(17-55) 的系数，并求解压力方程以得到压力场；

④ 把这个压力场作为 P^* 处理，求解动量方程式(17-43) 和式(17-44)，得到 u^* 和 v^*；

⑤ 由式(17-48c) 计算质量源项 b，进而求解压力校正方程，得到 P'；

⑥ 利用式(17-45) 和式(17-46) 校正速度场，但不校正压力；

⑦ 求解其他 ϕ（如 k 和 ε）的离散方程；

⑧ 回到第②步，直到得到收敛解为止。

17.4.8　铝电解槽流场的计算

（1）与壁面平行的流速 u　在壁面上，$u_B = 0$，但其扩散系数按式(17-30) 进行计算。在计算过程中，若节点落在黏性底层范围内，则暂取分子黏性之值。

（2）与壁面垂直的流速 v　在壁面上，$v_B = 0$。由于在壁面附近 $\partial u/\partial x \approx 0$，根据连续性方程，有 $\partial v/\partial y \approx 0$，这样可以把固体壁面看成是"绝热型"的，即令壁面上与 v 相应的扩散系数为零。

（3）湍流脉动动能 k　对于 k 方程，如果第 1 内节点设置在黏性底层内贴近壁面的地方，可以取 $k_w = 0$ 作为边界条件。但按壁面函数法的要求，将第 1 内节点布置在对数规律层，那里 k 的产生与耗散都比向壁面的扩散大得多，因此取 $(\partial k/\partial y)_w = 0$ 更合理，即要求 $\Gamma_B = 0$。

（4）脉动动能的耗散率 ε　可以利用式(17-34) 计算第 1 内节点的 ε 值。

（5）压力校正 P'　在壁面处，可以取 $P' = 0$。

铝电解槽四周均为固壁，因此还需要采用壁面函数法进行修正。

17.4.9　铝电解槽阴极铝液的流动形式

关于铝电解槽阴极铝液的流动形式，有较多的研究。但这些研究多为借助于计算机进行模拟。研究结果给出电解槽中的阴极铝液存在着两个较大的循环流动，如图 17-6 所示。其研究结果与实际测量结果比较一致，如图 17-7 所示。然而也有的研究计算结果给出除了两个大的循环外还存在着两个或多个小循环，这可能与电解槽的母线设计有关。

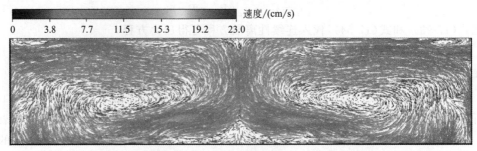

图 17-6　青铜峡铝厂 350kA 电解槽槽内铝液流场计算结果

铝液/电解质界面下 10cm

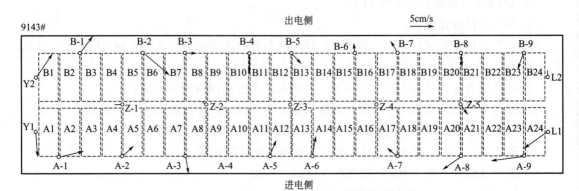

图 17-7　青铜峡铝厂 350kA 电解槽槽内流场测量结果

17.5　铝液流速的测定

17.5.1　铁棒溶解法测定铝液流速

A. R. Johnson 和 B. F. Bradley 等人研究出的铁棒溶解法测定电解槽中铝液流速的基本原理是置入电解槽中的纯铁棒的溶解量与铝液的流速和方向有关，以此来确定铝液的流速，如图 17-8 所示。

铁棒原来的直径为 9.52mm，垂直地插入电解槽的铝液中，停留 7min，然后从电解槽中取出。置入强碱溶液中 24h，之后再洗掉表面黏附的电解质。根据铁棒受铝液浸蚀后的断面形状确定铝液的流动方向和速度大小。其方向按腐蚀断面的形状用图 17-8 所示方法加以确定，图中 D_{min} 是铁棒受浸蚀后的厚度，D_0 是铁棒原始直径，其直径减少量 $\Delta D (mm)$ 为

$$\Delta D = D_0 - D_{min} \tag{17-57}$$

ΔD 大小是温度和铝液流速的函数，测出了 ΔD 后，铝液的流速 v 按式（17-58）计算

$$v(cm/s) = 8.38 \times 10^{-4} \times \Delta D \times \exp(13410/T) - 3.8 \tag{17-58}$$

将上述直径的两根铁棒插入抽铝抬包的铝液中，测试不同旋转速度铁棒在不同温度铝液中的磨蚀数据，校正得出式（17-58）。其所用的铁棒的化学成分见表 17-2。毫无疑问，铁棒的化学组成会对其在铝液中的溶解速率有影响。

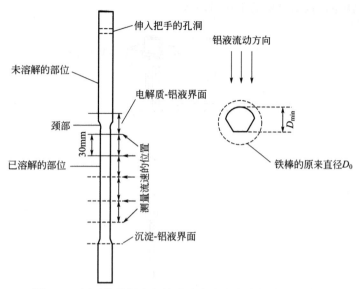

图 17-8　用纯铁棒测定铝液流速大小和方向的原理和方法

表 17-2　测量铝液流速所用铁棒的杂质含量

元素	含量/%(质量)	元素	含量/%(质量)	元素	含量/%(质量)
C	0.03	P	0.01	Ni	0.08
Si	0.05	S	0.02	Cu	0.05
Mn	0.18	Cr	0.05	Sn	0.01

17.5.2　用 Alcoa 便携式叶片流量计测铝液流速

Alcoa 便携式叶片流量计如图 17-9 所示。

在电解质和铝液中，扭摆中的叶片与铝液的流动方向一致，其方向可由扭转指示器读出，而由铝液或电解质熔体流速大小而产生的挠角度 θ 可由角度指示器读出。其速度大小 v 可按式(17-59)计算。

$$v = \sqrt{\frac{\theta}{\rho Q}} \tag{17-59}$$

式中　v——电解质和铝液的流速，cm/s；

　　　ρ——电解质或铝液的密度，g/cm^3；

　　　θ——角度指示器指出的角度；

　　　Q——校正常数。

式(17-59)是在实验室给定的条件下得出的。对铝液而言

$$v = 0.48 \times \sqrt{\theta} \tag{17-60}$$

此式适用于 5～15cm/s 的铝液流速。

Alcoa 便携式叶片流量计的优点是它不仅可以测铝液流速和方向，而且也可以测电解质流速和方向；使用方便，可立即给出测定数据。缺点是它只能测量槽周边的电解质和铝液的流速和方向，这是因为测量过程中需要用手把持仪器，不便于到槽中部测量。

铁棒溶解法优点是可以测量电解槽（预焙槽）中缝以及阳极之间的铝液流速与方向。其

缺点是需要准备铁棒，数据分析的工作量较大。

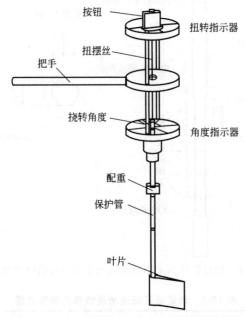

按钮
扭转指示器
扭摆丝
把手
挠转角度
角度指示器
配重
保护管
叶片

图 17-9　Alcoa 便携式叶片流量计装置原理图

参 考 文 献

[1]　张兆顺，崔桂香. 流体力学. 北京：清华大学出版社，1999.

[2]　刘顺隆，郑群. 计算流体力学. 哈尔滨：哈尔滨工程大学出版社，1998.

[3]　陈材侃. 计算流体力学. 重庆：重庆出版社，1992.

[4]　顾而祚. 流体力学有限差分法基础. 上海：上海交通大学出版社，1988.

[5]　刘顺隆等. 哈尔滨船舶工程学院学报. 1986，（3）.

[6]　Chung T J. 流体动力学的有限元分析. 北京：水利电力出版社，1980.

[7]　J J 康纳，C A 勃莱皮埃. 流体流动的有限元法. 北京：科学出版社，1981.

[8]　陈义良. 湍流计算模型. 合肥：中国科学技术大学出版社，1991.

[9]　陈汉平. 计算流体力学. 北京：水利电力出版社，1995.

[10]　张远君. 流体力学大全. 北京：北京航空航天大学出版社，1991.

[11]　陶文铨. 数值传热学. 西安：西安交通大学出版社，1988.

[12]　郭鸿志等. 传输过程数值模拟. 北京：冶金工业出版社，1998.

[13]　Berge B et al. Metallurgical Transactions，1973，4（8）：1945.

[14]　Robl R F. Light Metals. 1976，1：97.

[15]　Urata N，Arita Y，Ikeuchi H. Light Metals. 1975，1：233.

[16]　Johnson R. Light Metals. 1978，1：45.

[17]　Tabereaux T，Hester R B. Light Metals. 1984：519.

[18]　Tarapore E D. Light Metals. 1981：341.

[19]　沈贤春，张爱玲. 轻金属. 1997，（12）：25.

[20]　Tarapore E D. Light Metals. 1979，1：541.

[21]　Bilek M M，Zhang W D，Stevens F J. Light Metals. 1994：323.

[22]　Pant et al. Light Metals. 1986：541.

[23]　Arita Y，Ikeuchi H. Light Metals. 1981：357.

[24]　Ziegler D P，Kozarek R L. Light Metals. 1991：381.

［25］ Wahnsiedler W E. Light Metals. 1987：269.

［26］ Evans J W. Zundelevich Y，Sharma D. Metallurgical Transactions. 1981，12B：353.

［27］ Mori K et al. Light Metals. 1976：77.

［28］ Sele T. Light Metals. 1977：7.

［29］ Moreau R，Ziegler D. Light Metals. 1986：359.

［30］ Potocnik V. Light Metals. 1989：227.

［31］ Cherchi S，Degan G. Light Metals. 1983：457.

［32］ Ai K. Light Metals. 1985：593.

［33］ Davidson P A，Lindsay R I. Light Metals. 1997：437.

［34］ Segatz M，Droste C. Light Metals. 1994：313.

［35］ Droste C，Segatz M，Vogelsang D. Light Metals. 1998：419.

［36］ Segatz M et al. Light Metals. 1993：361.

［37］ Urata N. Light Metals. 1985：581.

［38］ 岳林，梅炽. 中南矿冶学院学报. 1991，22（6）：636.

［39］ Bradley F et al. Light Metals. 1984：541.

［40］ Potoenik V，Lanoche F. Light Metals. 2001：419.

［41］ 孙阳. 大型预焙阳极铝电解槽的磁场及其对铝液流动影响的研究. 沈阳：东北大学，2000.

［42］ 冯乃祥，孙阳，刘刚. 铝电解槽热场、磁场和流场及其数值计算. 沈阳：东北大学出版社，2001.

18.1 电解槽阴极铝液面波动的机理

工业电解槽内的阴极铝液并非静止，而是波动的，这导致电解槽槽电压不稳定。波动大小是电解槽稳定性好坏的重要标志。

导致电解槽内阴极铝液产生波动的原因很多，有操作方面的，也有电解槽结构设计方面的，也有电解槽母线结构设计方面的。在操作方面，如捞炭渣、处理阳极效应、换阳极等，均会引起整个电解槽阴极铝液的波动，但这种波动在短时间内会消失。但槽电压走低，或电解质分子比过低等一些工艺操作条件的变化，会导致电解槽槽底沉淀过多、槽帮结壳厚度变化、伸腿大小变化，这些因素导致的阴极铝液内水平电流和电流分布不均，会引起槽内阴极铝液波动的加剧，这种波动不会随时间而减轻，除非将这些非正常的工艺操作条件恢复到原来状态。

从电解槽的设计上看，对电解槽阴极铝液波动影响的因素也很多。电解槽内阴极炭块材料的选择、阴极钢棒导电体的设计、内衬保温结构的设计、阳极更换制度等因素都可能对电解槽内阴极铝液的波动产生影响。这是因为这些因素会影响槽内铝液的电流分布，一般情况下，这些因素对铝液波动的影响是有限的，但个别情况或某些操作不当，会对电解槽的稳定性，即铝液面的波动产生非常大的影响，如局部的极间短路、阳极长包、槽电压太低、槽帮结壳伸腿特别严重等。

实际上，使电解槽内阴极铝液产生波动主要来自两个方面：一是不对称的电磁场，即电磁场非一致性方向与非均匀性强度所导致的，这将对阴极铝液内部造成挤压，引起阴极铝液面的波动。

电解槽内的水平电流内与垂直磁场所产生的电磁场力，使电解槽内的阴极铝液产生循环和流动，虽然电解槽内阴极铝液的流动形式具有规律性，但每个部位的流速大小并不完全一样，这种流速差是使铝液产生波动的主要原因。

另一个导致阴极铝液面产生波动的原动力来自于电解质流动对阴极铝液面的驱动。这种驱动力是由阴极铝液面铝的流速与其界面之上电解质熔体的流速不连续产生的。

国内外关于电解槽阴极铝液面波动机理的研究很多，归纳起来有以下几个方面。

（1）重力波理论 当熔体中不存在磁场时，重力波的产生和消失都是独立的过程，不会伴随着新的重力波的产生。一个外界扰动引起了一个重力波的产生，这个重力波的能量逐渐变小，最终消失。但是，当有电磁力存在时，电磁力会激发现有的重力波，产生新的重力波，电磁力和重力波耦合起来最终造成铝电解槽的不稳定。

Tomason 和 Melville 曾经描述过电解质与铝液两流体界面的重力波方程：

$$\eta_t + \nabla \cdot U_t = 0 \tag{18-1}$$

$$U_t + \alpha \left(\frac{1}{h_a} - \frac{1}{h_b} \right) [U_t \cdot \nabla U_t - (\eta U)_t] + \nabla \eta - \frac{1}{3} \beta h_b h_a \nabla \nabla \cdot U_t = O(\alpha^2, \alpha\beta) \tag{18-2}$$

$$\alpha = \frac{a}{h_0} \tag{18-3}$$

$$\beta = \frac{h_0}{l^2} \tag{18-4}$$

式中　η_t——电解质与铝液界面位置；

$\quad\quad U_t$——电解质与铝液通过界面的流量；

h_a，h_b——铝液层与电解质层的深度；

$\quad\quad a$——电解质与铝液界面波动幅度；

$\quad\quad h_0$——未波动前界面的位置；

$\quad\quad l$——电解槽的长度。

（2）阳极气体驱动理论　略。

（3）电磁流体力学不稳定理论　MHD（Magnetic-hydro-dynamic）不稳定性是研究流体在电磁场的作用下的不稳定状况，主要是通过流体运动和电磁场方程的耦合求解而得到计算结果。

M. Chiampi 和 M. Repetto 等人用浅水模型描述了铝液与电解质熔体的 MHD 不稳定性。假设铝液的密度和电磁力的压力分别为 ρ 和 P，铝液的流速为 $U(x,y,z,t)$，电流密度为 J，磁场强度为 B，则铝液流动的欧拉方程为：

$$\nabla \cdot U = 0 \tag{18-5}$$

$$\frac{dU}{dt} = \frac{\partial U}{\partial t} + U \cdot \nabla U = g - \frac{1}{\rho} \nabla P + J \times B \tag{18-6}$$

假设铝液沿深度 $h(x,y,t)$ 方向的平均速度为 $u(x,y,t)$，铝液沿 Z 方向的平均电流密度为 j，则浅水模型为：

$$\nabla \cdot (hu) = -\frac{\partial h}{\partial t} \tag{18-7}$$

$$\frac{du}{dt} = \frac{\partial u}{\partial t} + u \cdot \nabla u = -g\nabla h + \frac{1}{3} h^2 \nabla\nabla \cdot \frac{\partial u}{\partial t} + j \times B \tag{18-8}$$

式（18-8）中，$-g\nabla h$ 表现的是重力和压力的耦合效应，$\frac{1}{3} h^2 \nabla\nabla \cdot \frac{\partial u}{\partial t}$ 代表了阻止铝液向波峰方向波动的力，加强了波的传播，这样此波的能量就分散到别的小波上。

铝液中水平电流密度的泊松方程为：

$$\nabla^2 \phi = V_e \frac{\sigma_e}{\sigma_a} \frac{\Delta h_e}{h_{a0} h_{e0}^2} \tag{18-9}$$

式中　ϕ——铝液中水平电流密度；

$\quad\quad V_e$——电解质压降；

$\quad\quad \sigma_e$——电解质电导率；

σ_a——铝液电导率；

h_e——铝液波动时电解质厚度；

h_{e0}——静止时电解质厚度；

h_{a0}——静止时铝液厚度；

Δh_e——铝液波动时电解质厚度与静止时铝液厚度之差。

式(18-7)～式(18-9)组成了铝液波动的 MHD 方程，根据 MHD 方程，利用数值模拟技术可计算出铝液波动的幅度。

18.2 阴极铝液面波动的数值模拟

数值法是求解铝液波动的有力手段，包括线性模型、非线性模型，数值求解方法包括有限元法、有限体积法、有限差分法和工业电解槽上电解质/铝液界面的跟踪技术等。

18.2.1 线性模型

J. Descloux 等建立了铝液波动的线性模型，线性模型是在稳态模型基础上发展起来的，并对模型作了大量的假设，例如，把铝液流动看作是静态运动，在静态流动基础上的波动可用线性处理等。假设铝液流动速度为 u，压力为 P，电流密度为 j，磁场感应强度为 b，电位为 φ，电解质/铝液界面的高度为 h，时间为 t，水平方向的坐标分别为 x 和 y，则有以下方程：

电解质/铝液界面位置 z 的静态描述：

$$z = h(x,y,t) \tag{18-10}$$

各变量波动的线性描述：

$$u(x)+U(x,t), p(x)+P(x,t), j(x)+J(x,t),$$
$$b(x)+B(x,t), \varphi(x)+\phi(x,t) \tag{18-11}$$

电解质/铝液界面位置 z 波动的线性描述：

$$z = h(x,y)+H(x,y,t) \tag{18-12}$$

变量 U、P、J、B、H、ϕ 分别代表 u、p、j、b、h、φ 的波动。

引入变量 $iw\rho U$ 来表示波动项，最后得到铝液波动的线性波动方程：

$$iw\rho U + \rho(U,\nabla)u + \nabla P = j \times B + J \times b \tag{18-13}$$

$$\mathrm{div}U = 0 \tag{18-14}$$

线性模型严格地说不属于非稳态模型，而是对非稳态模型的线性描述。但在满足一些合理的假设条件下，线性模型在一定程度上还是能反映铝液波动特性的。要想更准确、更真实地研究铝液波动机理，还是要用非线性模型。

18.2.2 非线性模型

铝液波动的非线性模型的研究比较复杂，因为铝液波动的影响因素很多，属于多变量的非线性系统。

非线性模型采用真实的物理模型，模型中只有少量合理的假设能真正反映系统物理特性，但波动方程的求解很复杂。国外对非线性模型的研究是基于数值仿真技术，如有限元法、有限体积法等。通过对流体的 Navier-Stokes 方程和麦克斯韦方程组的求解实现对铝液波动的仿真。

国内对铝液波动的研究主要是在商业软件 CFX 和 ANSYS 的平台上进行的，采用有限元法和 k-ε 湍流模型求解黏性不可压缩流体三维雷诺平均的 Navier-Stokes 方程，计算出在电磁力作用下铝电解槽液体流动。对电解质和铝液的流场分别求解，然后利用分层液体界面压强连续条件计算铝液表面变形。这些结果对电解槽稳定性研究和热传导分析有重要意义。但没有对铝液波动的周期和振幅做出计算。

18.3　铝液面波动形式

由于降低铝电解槽阴极铝液的波动，对降低铝电解的电能消耗和提高电流效率具有重要意义，因此，关于铝电解槽阴极铝液波动仿真计算的研究较多，这里介绍一下近期李宝宽、王强和宋杨等人对一个 300kA 电解槽铝液波动的数值仿真计算结果，以帮助理解电解槽阴极铝液面波动的形式。

电解槽内因电场生成磁场，所以电场、磁场的耦合作用决定了熔体流场的运动模式。电磁力驱动了电解槽内熔体的流动，但是由于电磁力分布的不对称性及方向的不一致性，使驱动熔体的界面隆起变形形成了电解质/铝液界面的波动。电解质/铝液界面的波动又会使得熔体电场和磁场重新分配，直至复杂的电、磁、流体耦合系统达到新的动态平衡。

熔体流动和铝液表面变形会改变初始电流密度和磁场分布，进而改变电解质和铝液的受力，改变的电磁力又进一步影响液体流动，使铝液表面变形，电磁场和流场是相互耦合的两个重要变量。

目前研究多相流有两种不同的方法，一种是欧拉-欧拉法（E-E 法），把连续相（气体或液体）当作连续介质，把离散相（固体颗粒、液滴或气泡）也当作拟流体或拟连续介质，两相在空间共存，都在欧拉坐标系内加以描述。另一种是欧拉-拉格朗日法（E-L 法），把连续相当作连续介质，在欧拉坐标系中加以描述，把离散相当作离散介质，在拉格朗日坐标系中加以描述。这两种模型都能够全面考察流体和颗粒之间质量、动量和能量的相互作用，都属于双向耦合的模型。欧拉多相流模型又可以分为两种：一种是多流体模型，另一种是均相模型。后者假定相间曳力足够大，认为计算区域内除温度场和组成外，所有相的速度场、压力场和其他标量场均一致，实际上是对多流体模型的简化。

铝电解槽内熔体流动是不可压缩黏性湍流，在计算流场时采用均相流模型。由于研究不涉及到热量传递，因此不考虑能量方程。

在两相流体中界面上的动量、质量、热量的传递取决于流体 α 和流体 β 之间相互连续的接触面积。两相流体之间微元体的界面面积称为面积密度 $A_{\alpha\beta}$。仅有两相流体时，$A_{\alpha\beta}$ 可以表示为：

$$A_{\alpha\beta}=|\nabla r_{\alpha}|\qquad(18\text{-}15)$$

式中，r_{α} 为体积分数。

均相流模型同时也满足体积连续性方程、质量守恒方程和动量方程，方程表示如下。

体积连续性方程：

$$\sum_{\alpha}\frac{1}{\rho_{\alpha}}\left[\frac{\partial}{\partial t}(r_{\alpha}\rho_{\alpha})+\nabla\cdot(r_{\alpha}\rho_{\alpha}U_{\alpha})\right]=0\qquad(18\text{-}16)$$

式中，ρ_{α} 为流体密度，U_{α} 为流体流速。

质量守恒方程：

$$\frac{\partial}{\partial t}(r_\alpha \rho_\alpha) + \frac{\partial}{\partial x_j}(r_\alpha \rho_\alpha U_{j\alpha}) = 0 \tag{18-17}$$

式中，$U_{j\alpha}$ 为流体流速分量，x_j 坐标分量。

动量方程：

$$\frac{\partial}{\partial t}(r_\alpha \rho_\alpha U_{i\alpha}) + \frac{\partial}{\partial x_j}(r_\alpha \rho_\alpha U_{j\alpha} U_{i\alpha})$$

$$= \frac{\partial}{\partial x_j}\left\{r_\alpha\left[-p_\alpha \delta_{ij} + \mu_{\alpha\mathrm{eff}}\left(\frac{\partial U_{i\alpha}}{\partial x_j} + \frac{\partial U_{j\alpha}}{\partial x_i}\right)\right]\right\} + r_\alpha F_{i\alpha} + f_{i\alpha} + \sum_{\beta=1}^{N_p} C_{\alpha\beta}^d(U_{i\beta} - U_{i\alpha})$$

$$\tag{18-18}$$

式中，$F_{i\alpha}$ 为体积力分量，δ_{ij} 为单位张量，$\delta_{ij} = \begin{cases} 0 & i \neq j \\ 1 & i = j \end{cases}$，$\mu_{\alpha\mathrm{eff}}$ 为有效黏度，$C_{\alpha\beta}^d$ 为

相间曳力系数，$f_{i\alpha}$ 为相间非曳力项，$\sum_{\beta=1}^{N_p} C_{\alpha\beta}^d(U_{i\beta} - U_{i\alpha})$ 为相间曳力项，其相间曳力项对所

有相求和为 0。

体积守恒方程：

$$\sum_{\alpha=1}^{N_p} r_\alpha = 1 \tag{18-19}$$

式中，N_p 为总相数。

压力约束条件：

$$p_\alpha = p \quad 1 \leqslant \alpha \leqslant N_p \tag{18-20}$$

式中，p 为压力。

k 方程：

$$\frac{\partial}{\partial t}(r_\alpha \rho_\alpha k_\alpha) + \frac{\partial}{\partial x_j}(r_\alpha \rho_\alpha U_{j\alpha} k_\alpha)$$

$$= \frac{\partial}{\partial x_j}\left[r_\alpha\left(\mu_\alpha + \frac{\mu_{T\alpha}}{\sigma_k}\right)\frac{\partial k_\alpha}{\partial x_j}\right] + r_\alpha(G_\alpha - \rho_\alpha \varepsilon_\alpha) + \sum_{\beta=1}^{N_p} C_{\alpha\beta}^k(k_\beta - k_\alpha) \tag{18-21}$$

式中，k_α 为湍动能，ε_α 为湍动能耗散率，$\mu_{T\alpha}$ 为湍流黏度，G_α 为湍动能生成项，$-\rho_\alpha \varepsilon_\alpha$ 为湍动能耗散项。

ε 方程：

$$\frac{\partial}{\partial t}(r_\alpha \rho_\alpha \varepsilon_\alpha) + \frac{\partial}{\partial x_j}(r_\alpha \rho_\alpha U_{j\alpha} \varepsilon_\alpha)$$

$$= \frac{\partial}{\partial x_j}\left[r_\alpha\left(\mu_\alpha + \frac{\mu_{T\alpha}}{\sigma_\varepsilon}\right)\frac{\partial \varepsilon_\alpha}{\partial x_j}\right] + r_\alpha\left[\frac{\varepsilon_\alpha}{k_\alpha}(C_{\varepsilon 1}G_\alpha - C_{\varepsilon 2}\rho_\alpha \varepsilon_\alpha) + \sum_{\beta=1}^{N_p} C_{\alpha\beta}^k(\varepsilon_\beta - \varepsilon_\alpha)\right] \tag{18-22}$$

式中，σ_k、σ_ε、$C_{\varepsilon 1}$、$C_{\varepsilon 2}$ 为常数，依次取值为 1.0、1.3、1.44、1.92。

湍流黏度与湍动能和湍动能耗散率之间有如下关系：

$$\mu_T = C_\mu \frac{k^2}{\varepsilon} \tag{18-23}$$

式中，C_μ 为常数，其值为 0.09。

该研究利用上述模型、有限体积法、CFX 软件和自定义的电磁力函数，实现了 300kA

电解槽流场和铝液波动的数值仿真，计算所得出的槽内铝液流场如图 18-1(a) 所示。铝液面波动如图 18-1(b) 所示。由图 18-1 可以看出，在 300kA 电解槽上，阴极铝液面上有两个区域，波的大小近似相同，相对于 x 轴对称，波长为 5～6m，波峰高度在 2.5cm 左右。值得一提的是，铝液面的两个波和波峰，恰与铝液的两个旋转流动相一致。

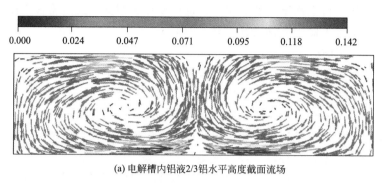

(a) 电解槽内铝液2/3铝水平高度截面流场

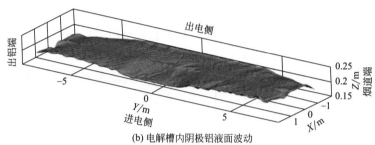

(b) 电解槽内阴极铝液面波动

图 18-1　300kA 电解槽铝液界面流场与阴极铝液面波动

从众多的研究来看，电解槽阴极铝液流动形式与电解槽的母线设计以及电解槽的操作等都有关系，有的研究者给出过电解槽内有多个循环流动，且这些循环流动大小也不相等，这可能与电解槽的母线设计有关。

18.4　阴极铝液面波动的测定

18.4.1　阴极铝液面波动测定技术原理

应该说，目前的关于铝电解槽阴极铝液面的研究大都借助于计算机仿真与模拟的数值计算研究。由于数值仿真与模拟的计算机研究中，设定了诸多前提条件和假设，导致其计算结果与实际情况有较大差别。因此，探索铝电解槽阴极铝液面波动的实际测定，就显得非常重要，这也是人们一直在不断地探索的问题。最早的关于工业铝电解槽阴极铝液面波动的测定方法的研究是由 Mori K. 提出并实施的，之后王紫千利用这种方法，对电解槽阴极铝液面的波动进行了探索性研究。该方法的技术原理是建立在电解槽阴极铝液面波动具有周期较长、波幅又不大、而波长又较长的特点，以及电解槽的电解质电阻较大、电解槽阴极铝液的波峰和波谷出现在每个阳极炭块下面而引起每个阳极炭块上的电流有很大的变化这一特点上的，通过测量每个阳极导杆的等距离电压降的变化所推算出来的电流的变化，实现对铝液面到阳极底掌面距离的定位。

18.4.2 阴极铝液面波动测定技术的软硬件设计

铝液波动监测系统的设计主要包括硬件设计（连同单片机在内的集成电路）与软件设计（包括各硬件模块的驱动以及各种功能模块）。在设计过程中，把硬件和软件分成若干个模块，对各个模块采用"自上而下"的顺序分别进行设计和调试，最后将各个模块连接起来进行整体调试。王紫千等人做了一种设计，具体如下。

18.4.2.1 系统硬件组成

在电解槽阳极母线下的每个阳极导杆上安装等距离的两个探针，同步监测每个阳极导杆上的电压降变化情况。测量系统由数据采集模块、数据处理模块、外部通讯模块以及上位机组成。每根阳极导杆上的探针与可屏蔽导线相连，接到自行研发的电压采集处理集成电路板中，采集到的电压信号经过 AD 转换后由单片机进行数据处理，再传送到上位机中进行实时波形显示并对采集的数据进行存储。该系统每秒钟采集 10 组数据，可以实时监控阳极导杆电压降的变化曲线，并记录数据。图 18-2 为阳极导杆等距压降测量系统组成框图。

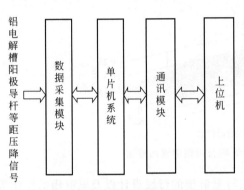

图 18-2　阳极导杆等距压降测量系统组成

在该系统的设计中，单片机是主体。被采集的模拟信号经过 AD 转换之后，通过输入通道进入单片机内部，根据由键盘置入的各种命令进行功能控制，完成数据处理、波形显示、数据存储等功能。

（1）数据采集模块　在智能化测量控制系统中，为了能够实现对外界各种模拟信号的测量，必须采用数据采集系统将信号送入检测系统中。数据采集系统包括前置放大器、采集系统两部分。前置放大器的作用是将输入信号放大到 ADC 可接受的范围之内（0～3.3V），前置放大器采用集成运算放大器（简称运放），使用时应根据实际需要来选择集成运放，选择的依据是其性能参数：差模输入与输出电阻、输入失调电压、电流、温度漂移、开环差模增益、共模抑制比以及最大输出电压幅度等。该系统的数据采集模块是以 32 个 AD623 仪表放大器为核心的集成电路，分别对应 32 路采集信号的通道。AD623 具有低功耗、低价位、宽电源电压范围以及满电源幅度输出的优点，其引脚排列如图 18-3 所示。

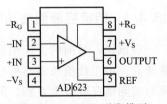

图 18-3　AD623 引脚排列

AD623 允许使用单个增益设置电阻进行增益编程，以得到良好的用户灵活性。在无外接电阻的条件下，AD623 被设置为单位增益。外接电阻后，AD623 可编程设置增益，其增益最高可达 1000 倍。AD623 通过提供极好的随增益增大而增大的交流共模抑制比而保持最小的误差，线路噪声及谐波将由于共模抑制比在高达 200Hz 时仍保持恒定而受到抑制。其在单电源下的工作电压为：3～12V，在双电源下的工作电压为：±2.5～±6V。

仪表放大器能将通道外的高频信号整流，整流后的信号在输出中表现为直流失调误差。因此，在每个通道的 AD623 之前设计了一个低通滤波器来阻止不必要的噪声到达仪表放大器的差分输入端。为了在整个频率范围内得到最好的共模抑制比，所有用来采集阳极导杆等距压降信号的电缆均采用可屏蔽电缆,将屏蔽层接地以减少噪声。

图 18-4 为该系统数据采集通道电路原理图,共有 24 路数据采集通道,图 18-4 所示为其中一路,其余通道电路原理图均与图 18-4 相同。图中的 NUP430IMR6T1 是一种 TVS 保护器件,它可以作为输入信号的微控制器,也可以作为 USB1.1/2.0 接口的数据线保护器。

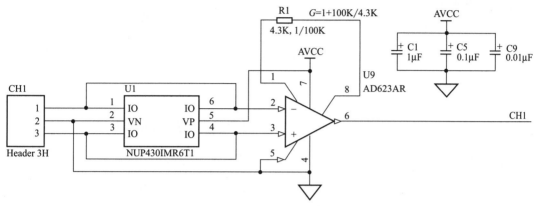

图 18-4 采集通道电路图

(2) 单片机最小应用系统 在控制系统中,单片机是核心,犹如人类的大脑一般。在硬件设计时首先要考虑单片机的选择,然后再确定与之配套的外围电路。在选择单片机时,要考虑的因素有字长、寻址能力、指令功能、执行速度、中断能力以及市场对该种单片机的软硬件支持状况等。该系统选用新华龙公司生产的 C8051F206 型号的单片机。

在选择了系统所用的单片机后,就要构建单片机最小应用系统。单片机最小应用系统是指单片机要完成工业测控功能所必需的硬件结构系统。对于不同的应用系统,系统扩展与配置是根据测控要求而设计的。最小应用系统由两部分组成:单片机最小系统与系统的扩展与配置。单片机最小系统是指能维持单片机运行的最简单硬件配置系统,其最小系统配置有:PLL 时钟模块、复位电路、电源以及单片机。图 18-5 为 C8051F206 最小应用系统电路图。

给 C8051F206 芯片提供时钟电路的方法有两种。一种是振荡器操作方式,将 XTAL1 引脚与 XTAL2 引脚连接到晶振器,另外还需安置电容。振荡器是一个由偏压保持的单级反相器,且偏压是由一个集成的偏压电阻器提供的。该电阻器只在泄漏监测和 HALT 模式时被禁止。另一种是外部振荡方式,外部振荡器的输出连接到 XTAL1 引脚。此时,XTAL2 引脚是悬空的。该系统采用第一种方式为单片机提供时钟电路,为单片机提供时钟信号的晶振频率为 24.576MHz。

在设计复位电路时,从两种复位的需要考虑,一种是上电复位,另一种是系统运行中的复位。在系统刚接通电源时,复位电路应处于低电平以使系统从一个初始状态开始工作。这段低电平时间应该大于系统内部晶体振荡器起振时间,以避开振荡器起振时的非线性特性对整个系统的影响。运行中复位则要求复位的低电平至少保持 6 个时钟周期,以使芯片的初始化能够正确地完成。本系统采用上电复位方式,使用 MAX809 芯片实现。

VREF 引脚接 LM4132 芯片。LM4132 是美国国家半导体公司推出的高精度电压参考电路,可以为 C8051206 内部 ADC 提供 2.5V 的基准电压。

在数据采集模块中,用 C8051F206 的 32 个输入定义为模拟输入,单片机巡回采集 32 个通道并进行数据处理,用此采集板和上位机通信完成信号的传输。

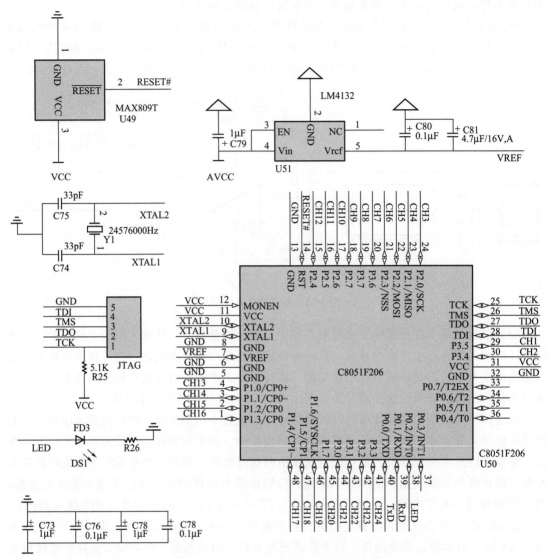

图 18-5　C8051F206 最小应用系统电路图

　　(3) 外部通信模块　串行通信在通信领域被广泛应用，标准的 RS232 接口已成为计算机、外设、交换机和许多通信设备的标准接口。其通信方式有全双工、半双工和单工通信，最高通信速度可以达到 19.2kbps。但是传输速度慢，扩展不方便且占用计算机硬件资源，大大地限制了它的发展。

　　USB 是一种通用 PC 接口协议，该协议具有传输速度快、连接灵活、支持即插即用等特点，可以同时连接多达 127 个设备，能够很好地解决资源冲突、中断请求以及直接数据通道等问题。因此，该系统设计了一个 USB-RS232 转换模块，一方面可以保护原有的软件开发的投入，使已开发好的针对 RS232 外设的应用软件不需修改可以直接使用，另一方面可以充分利用 USB 总线高速率与即插即用的优势，还可以节约一个串口供其他设备使用。

　　USB-RS232 转换模块的设计可以有多种方案。第一种方案是采用通用的 USB 控制器，利用其内置的通用异步收发器在 USB 与 RS232 之间进行信号转换。第二种方案是采用单独的 USB 接口收发器芯片，但这种方法需要另外配置微控制器才能工作，异步收发器部分的工作由微控制器来完成。第三种方案是采用专用的 USB-RS232 转换芯片，这种方法的优点是数据和协议转换工作全部由芯片独立完成，无需干预，也不用编写芯片的固件。该系统采用第三种方式，通过添加 FT232BL 芯片来实现 USB-RS232 的转换。

FT232BL 是 FTDI 公司生产的一款 USB 接口转换芯片，实现了 USB 到串行 UART 接口的转换，也可转换到同步或异步 BIT-BANG 接口模式。FT232BL 内部主要由 USB 收发器、串行接口引擎、USB 协议引擎、先进先出控制器、波特率发生器、时钟乘法器/驱动器、3.3V 稳压模块、内部 12MHz 的振荡器和通用异步收发器控制器等部分组成。

此芯片在硬件上的特性有：整合了 EEPROM 与上电复位电路，可用于 I/O 的配置以及存储 USB、PID、序列号和产品描述信息等，节约成本；整合了电平转换模块，使得其 I/O 口电平支持 5～2.8V 的宽范围；I/O 管脚驱动能力强，可驱动多个设备或者较长的数据线；能自行产生时钟，无需外挂晶振，节约成本；集成了电源去耦 RC 电路；支持 28 PIN SSOP 与 32 PIN QFN 封装；符合 ROHS 标准。

图 18-6 为 FT232BL 外围电路原理图。芯片与 USB 接口的连接方式为固定的形式。与 RS232 接口的连接方式则根据外设的信号而定。此芯片内部整合了电平转换模块，提供 RS232 所需的 9V 电压，与 RS232 接口根据引脚定义连接。

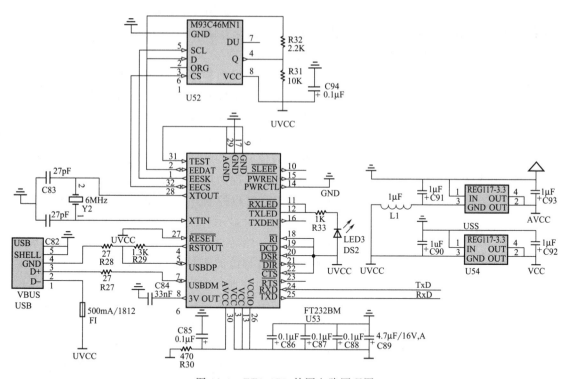

图 18-6　FT232BL 外围电路原理图

（4）硬件抗干扰措施　由于电解铝车间磁场较强，电磁干扰非常强烈，这对该套装置的抗干扰性能提出了比较高的要求。

通常采用以下措施来提高 PCB 板的抗干扰能力：

① 根据印制线路板电流的大小，尽量加粗电源线，减少环路电阻。同时，使电源线、地线的走向和数据传递的方向一致，这样有助于增强抗磁场干扰能力；

② 将逻辑电路与线性电路尽量分开，接地线尽量加粗；

③ 晶振与单片机引脚尽量靠近，用地线把时钟区隔离起来，晶振外壳接地并固定；

④ 单片机闲置的 I/O 口不要悬空，要接地或接电源。使用电源监控及看门狗电路等，以提高整个电路的抗干扰性能。在速度能满足要求的前提下，尽量降低单片机的晶振和选用低速数字电路。

18.4.2.2 系统的软件设计

（1）系统软件设计概述 该系统软件的设计主要包括：下位机软件的设计与上位机软件的设计。下位机软件主要包括系统硬件的初始化程序、数据采集与数据处理程序。上位机软件主要包括人机交互界面程序、波形显示程序与数据存储的程序设计。

采用 Keilc51 软件对整个系统软件进行编制，Keil 是目前最流行的开发 51 系列单片机的软件，它提供了包括 C 编译器、宏汇编、连接器、库管理与一个功能强大的仿真调试器在内的完整开发方案，通过一个集成开发环境（μVision）将这些部分组合在一起。

（2）数据采集与处理程序 该系统的数据采集主要是单片机内的 ADC 对电压的采集，并把采集的数值送入数据缓冲区进行数据处理。其中数据处理过程包括：判断最大值和最小值、计算平均值、把数据转换成可在液晶屏上显示的代码等。

C8051F206 内部 ADC 为 32 通道 12 位的 AD 转换器，最大转换速率为 100kbps，由于采样数据频率较低，因此，采用过采样技术。本次设计采用 10ms 采集一次数据，将 100ms 内采集到的数据求平均值，将这个点作为数据的输出与存储。

数据采集与处理程序流程图如图 18-7 所示。

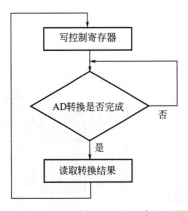

图 18-7 数据采集与处理程序流程图

（3）波形显示界面程序的设计 该系统的人机交互界面与波形显示程序采用 Visual C++ 程序编制实现，该界面由 12 个子界面组成，每个子界面动态显示 2 根阳极导杆等距压降波动曲线，不同曲线以不同颜色区分。在界面右侧为数值显示与手动设置参数区域，可以设置每个子界面显示的量程即可以放大/缩小每个子界面，可以设置不同串口，可以控制开始/停止采集数据。该系统的波形需要动态实时显示，波形在每次更新时需对图形显示区进行清除，然后再进行下一波形的显示，坐标系则不需要变化。将每组波形显示的数据作为一维数组，实时更新数组中的数据，即可实现波形的动态显示，人机交互界面与波形显示程序采用 MFC 编程方式。MFC 编程是基于 Microsoft 公司封装的基本类库进行编程的，这些类库包括了几乎全部 Windows 下的编程对象。基于这些 MFC 类，Visual C++ 6.0 可以帮助程序员自动生成程序框架、提供文档管理和显示、简化对 Windows 通用控件的操作，以及简化对 Active X 控件的支持。

该系统将显示程序与数据存储程序均采用类封装。类是 C++ 语言的数据抽象和封装机制，它描述了一组具有相同属性和行为特征的对象。在系统实现中，类是一种共享机制，它实现了本类对象共享的操作。封装是将方法和数据放在同一对象中，从而使对数据的存取只能通过该对象本身的方法进行，程序的其他部分不能直接作用于此对象的数据，对象之间通过消息进行交互。对象是类的实例，在程序设计语言中，类是一种数据类型，而对象是该类型的变量。显示程序和数据存储程序与数据采集程序之间通过消息来完成请求对象动作与联系。显示程序发消息给 CPU，CPU 通过串口接收采集板发送的数据，由显示系统完成屏幕输出，由数据存储类完成保存数据。这样不仅增加了程序的可靠性，还降低了 CPU 的占用率。

（4）软件抗干扰措施　该系统尽管在硬件设计中采取了抗干扰措施，但由于铝电解车间内电磁场强度较大，温度较高，因此还需采用各种软件抗干扰措施，提高系统工作的可靠性。

① 数字量输入过程中的干扰。其作用时间较短，因此在采集数字信号时，可多次重复采集，直到若干采样结果一致时才认为其有效。在 ADC 采样时很有可能引入外部干扰信号，造成 AD 转换结果偏离真实值。因此，该系统在数据采集程序中采用过采样技术，每采样 10 个数据，进行均值滤波，然后输出滤波后的结果。

② 程序执行过程中的软件抗干扰。如果干扰信号已经通过某种途径作用到 CPU 上，则 CPU 就不能按正常状态执行程序，从而引起混乱，这就是通常所说的程序"跑飞"。程序跑飞后，使其恢复正常的一个最简单的方法是使 CPU 复位，让程序从头开始重新运行。采用"指令冗余"是使"跑飞"的程序恢复正常的一种措施。所谓"指令冗余"，就是在一些关键的地方人为地插入一些单字节指令 NOP。当程序跑飞到某条单字节指令上时，就不会发生将操作数当成指令来执行的错误。

18.4.3　阴极铝液面波动的测定

选取某电解铝厂系列电流为 168kA 的铝电解槽作为铝液波的测定对象。该系列电解槽有 24 个阳极，阳极电流密度为 $0.7315A/cm^2$。将从出铝端至烟道端进电侧 12 根阳极导杆依次标记为 A1、A2、…、A12，出电侧 12 根阳极导杆标记为 B1、B2、…、B12。

在电解槽阳极母线下的每个阳极导杆上安装等距离的两个探针，考虑到该系统对阳极导杆等距压降计算精度要求较高并且为了便于安装，选取探针距离为 20cm。将数据传输线一端连接到探针上，并用热绝缘套管进行保护，另一端引到车间办公室和采集系统相连。测量过程中，为减少对槽的影响和提高测量精度，要

图 18-8　现场接线画面

求测量高度统一，导杆表面不容许有粉尘，若有粉尘，应先擦净。图 18-8 为现场接线画面。

18.4.4　阴极铝液面波动的测定实例

实例 1：利用这套装置测定电解槽阴极铝液面波动的周期、频率与波长

所测电解槽电压 4.1V，电流 168kA，双端母线进电。图 18-9 在该槽两组阳极各自导杆上等距电压降波动曲线（截取 10min）。在无外界扰动的情况下，不同时间段的阳极导杆等距电压降波动曲线基本一致。

由图 18-9 可见，用同步测量各阳极导杆等距离电压降表征阳极导杆电流呈现出周期性波动，这是每个阳极炭块下铝液面的周期性波动的体现。因此，从这些图中可以很容易得出该电解槽阳极铝液面的波动周期为 50～60s。可以对比分析在相同面（A 面或 B 面）所有阳极导杆等距电压降随时间的变化，当其中距离较近的两个阳极导杆曲线同时处于波峰（或

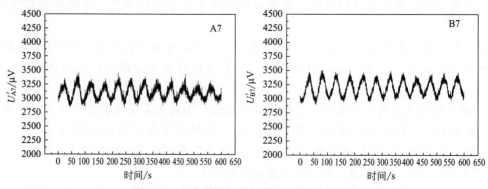

图 18-9　电解槽阳极导杆等距压降波动曲线

波谷），那么该两导杆对应阳极之间的距离为铝液在电解槽长度方向的波长。K. Mori 等曾用这种方法勾画出一种预焙阳极电解槽中阴极铝液面在一个周期内的波动情况，如图 18-10 所示。

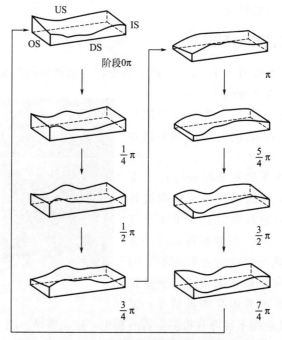

图 18-10　K. Mori 所测预焙槽铝液面周期性波动

根据 K. Mori 等人的文章发表背景，可以推测其所测量的电解槽为一种双端进电的预焙阳极铝电解槽。

实例 2：对比两个不同电解槽的铝液波的大小

本测定是在重庆天泰电解铝厂的 168kA 系列电解槽上进行的，此测定是为了对比异型阴极结构电解槽对减少阴极铝液波动的效果，王紫千选择了一个异型阴极结构电解槽和一个传统阴极结构电解槽进行同步测定。测定于两台电解槽阳极换块作业 1h 后进行，异型阴极电解槽槽电压 3.75V，传统阴极电解槽槽电压 4.10V。同步测量的两台槽阳极导杆等距离电压降随时间变化示于图 18-11。由图 18-11 的测定结果可以看出，传统阴极电解槽即使在

4.10V 槽电压条件下，其等距离电压降波动幅度仍大于异型阴极电解槽 3.75V 槽电压时的波动幅度。这表明异型阴极结构电解槽其减小铝液波动的效果是明显的。

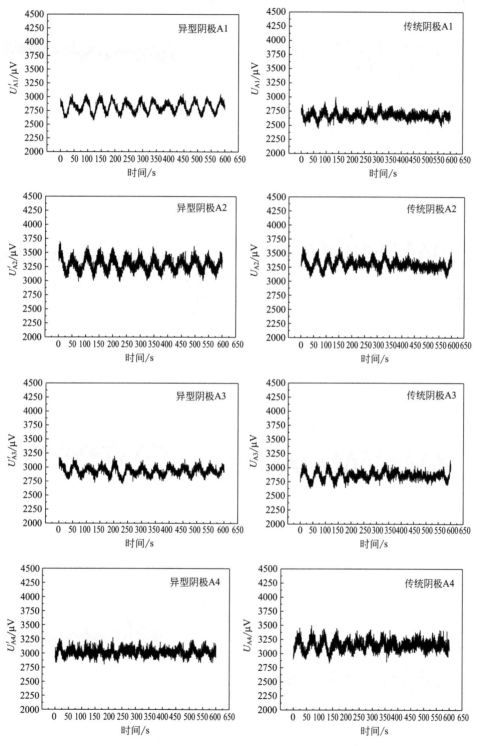

图 18-11

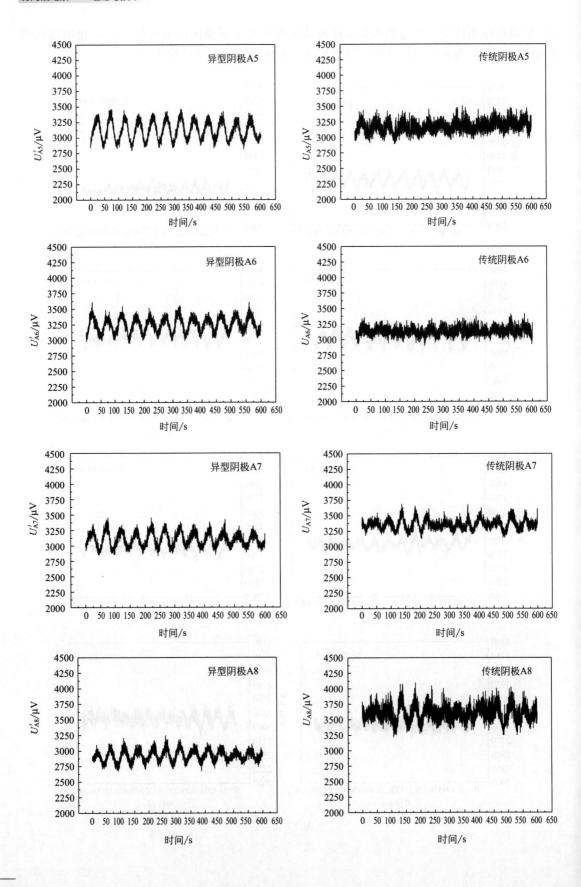

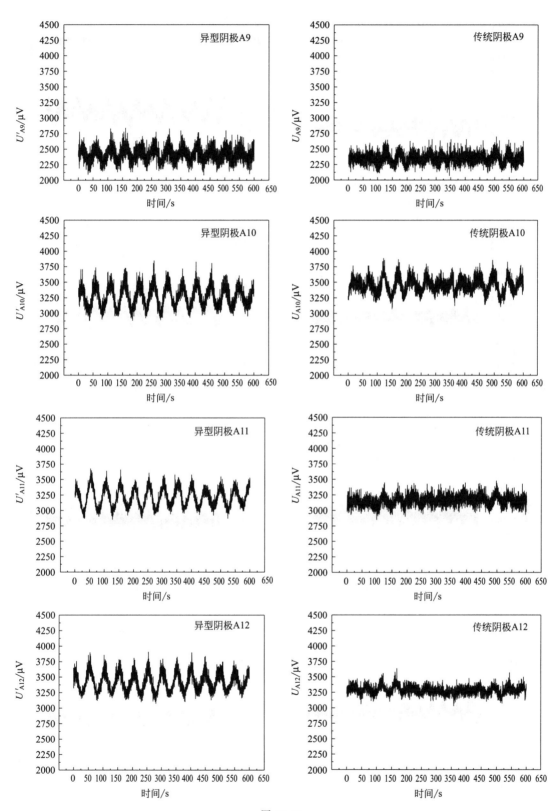

图 18-11

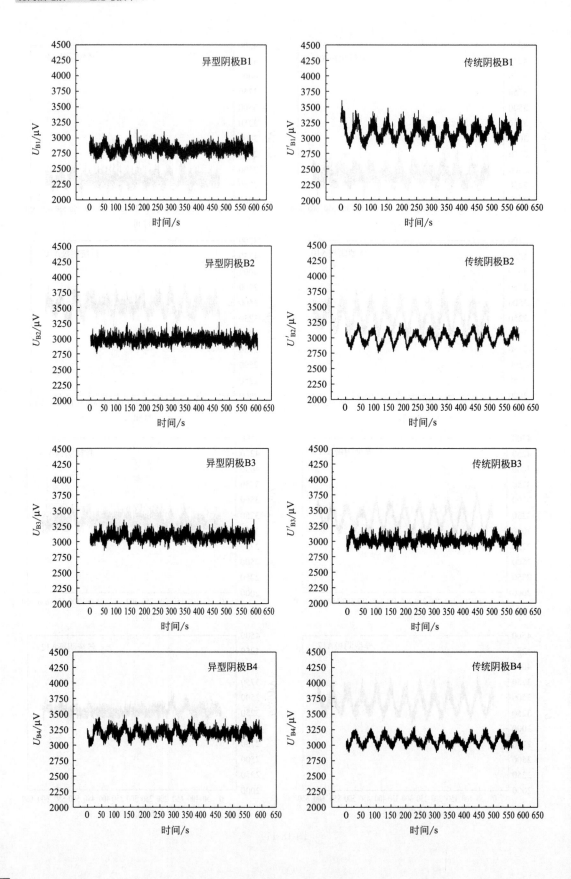

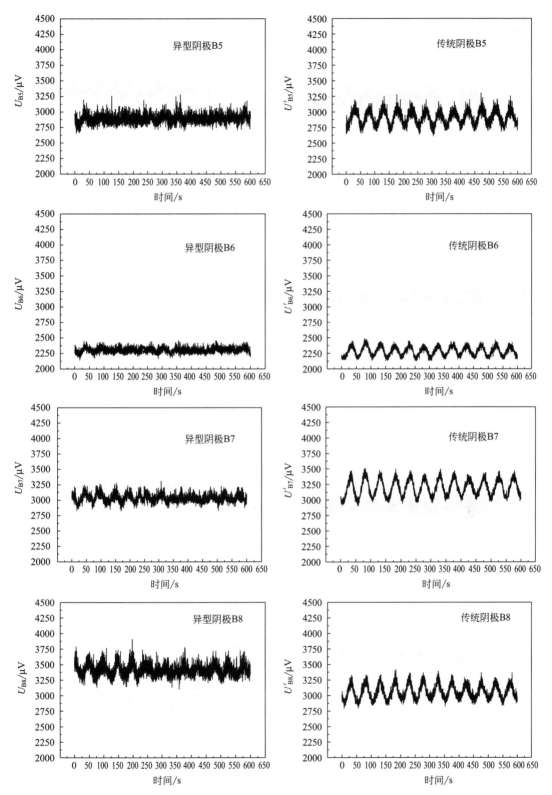

图 18-11

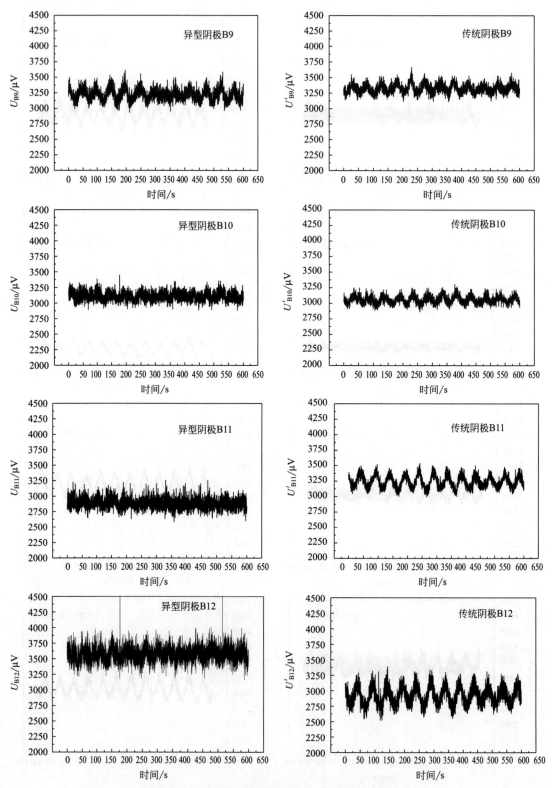

图 18-11　两台电解槽阳极导杆等距离电压降

168kA，左列为异型阴极结构电解槽，右列为传统阴极电解槽

图 18-11 中，每个阳极导杆上等距离电压降的平均值与该阳极炭块的高度和温度有关，新换阳极具有较大的阳极高度、较低的平均温度和最大的阳极电阻，因此，具有最小导电电流、最小的平均等距离电压降和最小的等距离电压降波动幅度。铝电解槽阳极导杆等距离电压的波动所代表的电流的波动是其所对应的阳极下面的铝液波动引起的，因此，可以用下述计算式计算出每块阳极下面阴极铝液波峰与波谷到阳极底掌之间的距离。

$$
\begin{aligned}
I_i &= \frac{V_{槽} - V_{反}}{R_0 + R_{电解质}} \\
&= \frac{V_{槽} - V_{反}}{R_0 + \rho l / S_i}
\end{aligned}
\tag{18-24}
$$

式中　I_i——某一阳极导杆中的电流，A；

　　$V_{槽}$——电解槽的槽电压，V；

　　R_0——阴极与阳极之间除电解质导体之外的电阻，Ω；

　　$V_{反}$——所测阳极到阴极之间反电动势，V；

　　ρ——电解质电阻率，$\Omega \cdot m/mm^2$；

　　S_i——所测阳极底掌导电面积，mm^2；

　　l——所测阳极底掌到波动的阴极铝液面之间距离，m。

上述计算式中，I_i、$V_{槽}$、R_0、$V_{反}$、ρ 都可以测出，而 S_i 按阳极底掌面积计算，因此，通过上述计算式可以计算出阳极底掌表面到阴极铝液波峰之间的距离 l。若要精确计算，可以结合有限元方法。有了阳极到波面的距离，便能确定波面的形状。

参 考 文 献

[1]　Haijun Sun, Oleg Zikanov, Donald Petal. Fluid Dynamics Research. 2004，(35)：255-274.

[2]　J Descloux, M Flueck, M V Romerio. Magnetohydrodyn Process Metal，1922：1195-1198.

[3]　M Segatz, C Droste. Light Metals, 1944：313-322.

[4]　J Descloux, M. Flueck, MV. Romerio. Light Metals, 1994：275-281.

[5]　J F Gerbeau, T Lelievre, C. Le. Bris. Computers&Fluids, 2004, 33 (5)：801-814.

[6]　O Zikanov, A Thess, Davidson. Metallurgical transaction. 2000, 31B：1541-1550.

[7]　吴建康，黄珉，黄俊. 中国有色金属学报. 2003, 13 (1)：241-244.

[8]　黄兆林，杨志峰，吴江航. 计算物理. 1994, 11 (2)：179-183.

[9]　吴建康，黄珉，陈波. 水动力学研究与进展. 2002, 17 (2)：230-236.

[10]　王紫千. 系列新型阴极结构电解槽的工业试验研究. 沈阳：东北大学，2010.

[11]　Mori K et al. Light Metals. 1976：77-95.

[12]　Song Y, Feng N, Peng J, et al. Light Metals. 2015：827-831.

[13]　唐骞，曾凤，李贺松，等. 系统仿真学报. 2008, 20 (6)：1413-1419.

第19章 铝电解生产中的氟化盐消耗与烟气治理

19.1 铝电解生产过程中的氟化盐消耗

19.1.1 铝电解质蒸发

人们对冰晶石-氧化铝电解质熔体蒸气凝聚产物粒子的质谱分析和蒸气压的研究已经确定，其挥发物主要是 $NaAlF_4$，占气相组成的 80% 左右，其他的蒸发物为 Na_2AlF_5 和 HF 等。比较多的研究还认为，$NaAlF_4$ 在气相中不是很稳定，它在冷却时发生分解

$$5NaAlF_4(气) \longrightarrow Na_5Al_3F_{14}(固) + 2AlF_3(固) \tag{19-1}$$

这一反应使电解质熔体蒸发产物中不仅有 $NaAlF_4$，而且还有 $Na_5Al_3F_{14}$ 和 AlF_3。

工业铝电解槽中电解质的蒸发不仅发生在电解质熔体的表面，而且发生在电解槽中阳极气体逸出过程中与阳极气体相接触的电解质熔体/气体（CO_2+CO）的界面上。电解槽中连续不断的阳极气体从槽中出来后携带蒸发的电解质气体产物进入排烟管道，少量逸出槽外，因此电解质的蒸发损失与电解质的蒸气压和电解槽中阳极气体与电解质接触面积的大小成正比。

$$m_b = k_1 S_1 P + k_2 S_2 P \tag{19-2}$$

式中 m_b——单位时间从电解槽中由蒸发而引起的电解质损失；

$\quad S_1$——单位时间从电解槽中排出的阳极气体的气泡表面积；

$\quad P$——电解质的蒸气压；

$\quad S_2$——电解槽中电解质熔体与空气接触的熔体表面积；

k_1，k_2——系数。

由式（19-2）可以看出，阳极电流密度、电解质成分、温度、氧化铝浓度等因素会影响电解质的蒸发损失：①电解质温度升高，电解质分子和 Al_2O_3 浓度降低会使电解质蒸气压升高，因此会增加电解质的蒸发损失；②电解质中氧化铝浓度降低和分子比降低会使阳极气体的气泡直径尺寸增加，在恒定的阳极电流密度下会使阳极气体与电解质的界面积减少，会降低电解质的蒸发损失；③阳极电流密度增加，阳极气体体积增加，会增加电解质的蒸发损失。电解质的蒸发损失是上述各种因素的总和。

实验室测出的电解质蒸气压与电解质的分子比、温度和氧化铝浓度的关系如图 19-1、图 19-2 所示。

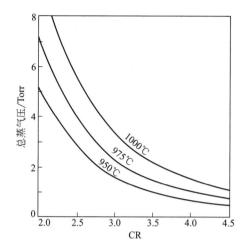

图 19-1　温度和分子比对蒸气压的影响
（1Torr＝133.322Pa）

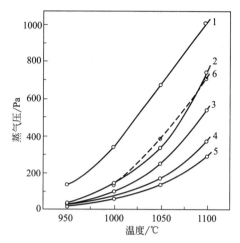

图 19-2　温度、Al_2O_3 浓度和 CaF_2
含量对蒸气压的影响

1—100％ Na_3AlF_6；2—90％Na_3AlF_6、5％Al_2O_3、

5％CaF_2；3—85％ Na_3AlF_6、5％Al_2O_3、10％CaF_2；

4—85％ Na_3AlF_6、10％Al_2O_3、5％CaF_2；

5— 80％ Na_3AlF_6、10％Al_2O_3、10％CaF_2；

6—95％ Na_3AlF_6、50％Al_2O_3

Grjotheim 和 Welch 给出了电解质的蒸气压 P（kPa） 与温度的关系式

$$\lg P = \frac{A}{T} + B \tag{19-3}$$

式中

$$A = 7101.6 + 3069.7BR - 635.77(BR)^2 + 51.22LiF\% -$$
$$24.638LiF\% \times BR + 764.5Al_2O_3\%/(1+1.0817Al_2O_3\%) \tag{19-4}$$

$$B = 7.0184 + 0.6844BR - 0.08464(BR)^2 + 0.01085LiF\% -$$
$$0.005489LiF\% \times BR + 1.1385Al_2O_3\%/(1+3.2029Al_2O_3\%) \tag{19-5}$$

式中，BR 为电解质质量比；LiF％和 Al_2O_3％分别为 LiF 和 Al_2O_3 的质量分数。

铝电解生产过程中，由于电解质的蒸发而消耗电解质，其蒸发损失除了与电解质的成分和温度有关外还与电解质的过热度有关，如图 19-3 和图 19-4 所示。电解槽中电解质由于蒸发，分子比逐渐升高。然而就现代化的中间点式下料电解槽而言，在采取了干法净化技术后，其烟气净化效率可达到 98％以上。烟气中的 HF 被 Al_2O_3 吸收，其他氟化物以固相颗粒的形式被干法系统捕获并得以返回到电解槽中，因此当电解槽的密封性和集气效率很高时，则由蒸发而引起的电解质损失及其所引起的电解质成分变化是很小的。

19.1.2　电解质的水解所引起的电解质消耗

电解槽电解质中的水分来自于两个方面，一个方面是原料氧化铝、冰晶石和氟化铝中带入的水分；电解质中的第二种水源自于炭阳极在焙烧过程中沥青的分解产物 H 在炭阳极孔隙中的吸附，在碳的活性质点上 H 与碳形成 C—H 键，在电解过程中，H 在炭阳极上参与

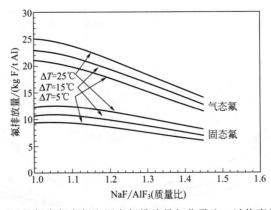

图 19-3 烟气中气态氟和固态氟排放量与分子比、过热度的关系

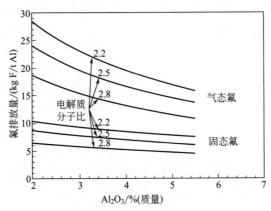

图 19-4 烟气中气态氟和固态氟排放量与 Al_2O_3 浓度、分子比的关系

电化学反应而生成 H_2O。

$$O^{2-} + 2H - 2e \longrightarrow H_2O \tag{19-6}$$

电解质中的 H_2O 可以溶解到电解质熔体中

$$H_2O \longrightarrow 2H^+ + O^{2-} \tag{19-7}$$

$$H^+ + F^- \longrightarrow HF(气) \tag{19-8}$$

电解质熔体中的 H^+ 也可以在阴极上放电生成 H 而进入阴极铝液中，这是电解槽金属铝中含 H 的主要原因。当电解质中的 H^+ 含量比较大时，也可以在阴极上有 H_2 释放，这时生成的 H_2 可以还原电解质熔体中的组分

$$Na_3AlF_6(液) + \frac{3}{2}H_2(气) \longrightarrow Al(液) + 3NaF(液) + 3HF(气) \tag{19-9}$$

电解质中的水还可以直接和电解质组分反应

$$2AlF_3 + 3H_2O \longrightarrow Al_2O_3 + 6HF \tag{19-10}$$

水分与冰晶石-氧化铝熔液的水解反应，也可以写成如下的形式

$$\frac{2}{3}Na_3AlF_6 + H_2O \longrightarrow \frac{1}{3}Al_2O_3 + 2NaF + 2HF \tag{19-11}$$

反应式（19-10）和式（19-11）在 1300K 的平衡常数分别为 20.4 和 5.47×10^{-3}。由这

两式可以看出，电解质熔体的水解，消耗的是 AlF_3，水解的产物有 Al_2O_3 和 HF，HF 会进入电解槽的排烟系统，极少数逸出槽罩系统之外，但进入排烟系统中的 HF 又被干法净化系统中的新鲜氧化铝所吸附，并返回电解槽，因此总的来说，电解槽电解质中的 AlF_3 并不会由于电解质的水解而损失。

19.1.3　原料中的杂质与电解质的反应引起电解质的消耗

铝电解所用原料主要是氧化铝，氧化铝中除了水分之外，还有其他一些碱金属和碱土金属氧化物杂质，它们的存在对电解质成分的稳定有直接影响。这些杂质与电解质中的 AlF_3 反应，会使电解质中的 AlF_3 浓度降低，分子比升高。在铝电解生产中，为了使电解质分子比稳定，因此必须不时地向电解槽中添加 AlF_3，以补充由此而引起的分子比升高，这无疑会增加铝电解生产的 AlF_3 消耗。

在现代化的点式中间下料预焙阳极电解槽中，氟化盐的消耗一般在 30kg/t Al 左右，其中 AlF_3 的消耗是主要的，约为 25kg/t Al。

原料氧化铝中的金属氧化物杂质主要有 Na_2O、CaO、Fe_2O_3、SiO_2、TiO_2 等，其中的碱金属和碱土金属的氧化物与电解质的反应为

$$3Na_2O + 2AlF_3 \longrightarrow 6NaF + Al_2O_3 \tag{19-12}$$

$$3CaO + 2AlF_3 \longrightarrow 3CaF_2 + Al_2O_3 \tag{19-13}$$

以氧化铝中的 Na_2O 杂质含量为 0.5%、CaO 含量为 0.04% 为例，根据化学反应式(19-12) 和式(19-13) 可以计算出这些杂质的存在，造成电解质熔体中 AlF_3 的消耗为 10kg/t Al 左右，而 NaF 含量增加 13kg/t Al 左右。为了维持电解质分子比这一电解槽重要工艺技术参数和电解质熔体总量的稳定，除了要向电解槽中补充上述反应消耗的 AlF_3 外，还要补充由于上述反应生成的 NaF 而导致分子比增加所要添加的 AlF_3 量。上述两项之和所应向电解槽中补充的 AlF_3 量估计为 21～23kg/t Al。

电解质中其他比 Al 惰性的金属的氧化物杂质，可部分或全部地被溶解于电解质熔体中并被 Al 还原而进入铝液中，使金属铝中的杂质含量升高，如

$$Fe_2O_3 + 2Al \longrightarrow Al_2O_3 + 2Fe \tag{19-14}$$

$$3SiO_2 + 4Al \longrightarrow 2Al_2O_3 + 3Si \tag{19-15}$$

原料中的 SiO_2 杂质进入电解质熔体中后，也会分解 AlF_3，其产物 SiF_4 为气态，最后进入烟气中。

$$3SiO_2 + 4AlF_3 \longrightarrow 2Al_2O_3 + 3SiF_4 \tag{19-16}$$

上述反应的存在也会消耗电解质中的 AlF_3，但其量比较小。

19.1.4　电解过程中阴极内衬吸收电解质

在铝电解槽的阴极一章（第 10 章）里关于在电解过程中阴极内衬对电解质的渗透已经作了介绍。在工业电解槽中，不同槽龄的电解槽，其电解质的渗透是不一样的。新槽对电解质的渗透是比较大的。当阴极内衬对电解质的吸收达到饱和后，在化学的和电化学的渗透压的作用下，电解质会通过炭内衬向槽底渗入，并与槽底的耐火材料反应。这些渗入槽底的电解质以及电解质与槽底耐火材料反应生成的产物越积越多，体积越来越大，会使槽底炭块向上的隆起越来越严重。

按照邱竹贤给出的数据，一个年产 10×10^4 t 的电解铝厂，每年废旧阴极炭块的排放量

约为 3000t，阴极炭块中约含有 30% 的电解质，加上渗入到电解槽阴极炭块底部耐火材料中与耐火材料反应的电解质，则渗入电解槽阴极内衬中的电解质总量约为 $1100 \times 10^4 t/a$，由此而分摊到每吨铝的氟化盐消耗为 11kg 左右。

19.1.5　电解槽开动时的氟化盐消耗

新槽和大修后电解槽的开动需要消耗较大量的电解质，这是因为：

① 电解槽开动时，电解槽的密封较差，集气效率不高；

② 电解槽开动时的电解质温度较高，电解质的分子比较高，电解质的挥发损失大；

③ 阳极效应多；

④ 电解槽阴极内衬对电解质的吸收量大。

电解槽开动到转入正常生产时氟化盐的额外消耗量，与电解槽的开动方法、工艺技术管理都有关。一般来说，干法开动的电解槽，其氟化盐的消耗要比湿法开动的消耗大得多。电解槽开动时电解质消耗依槽子容量而定。杨瑞祥对 300kA 电解槽的开动所做的冰晶石消耗计算给出，电解槽开动期的电解质减量为 21.72t，其中包括炭素内衬吸收，以及期间部分电解质被取出存放或用于其他电解槽的开动。

一般来说，电解槽开动时都采用碱性电解质，因而对大多数铝厂来说，都在开动的电解槽中用添加 Na_2CO_3 来调整电解质的碱性。如果电解质中添加 Na_2CO_3，必然引起电解质中 AlF_3 的消耗，而使电解质的 NaF 含量增加。

$$3Na_2CO_3 + 2AlF_3 \longrightarrow 6NaF + Al_2O_3 + CO_2 \tag{19-17}$$

由式（19-17）可以看出，用 Na_2CO_3 调整电解质的分子比是使电解质中 NaF 含量增加、分子比升高的有效方法，但电解质中氟的总含量并没有改变。其物料平衡是电解质中加入 1t Na_2CO_3，消耗 0.8t AlF_3，部分生成 1.2t NaF 和 0.48t Al_2O_3，生成的 NaF 会渗入到阴极炭块内衬中。

应该说，如果电解槽在开动时，也对电解槽进行较好的密封，使电解槽在开动过程中挥发的物料、蒸发的电解质都能进入烟道和净化系统内，那么电解质的消耗应该主要是电解槽内衬对电解质的吸收。如果电解槽在开动期间的集气效率不高，将会使电解质的消耗增加。

19.1.6　阳极效应期间所引起的电解质消耗

实验研究表明，电解槽在发生阳极效应时，阳极气体的主要成分为 CF_4，此外还有少量 C_2F_6。它们是严重的温室效应气体，对大气的温室效应能力 CF_4 相当于 CO_2 的 6500 倍，而 C_2F_6 相当于 CO_2 的 9200 倍。关于阳极效应期间排放的 CF_4 有多种计算公式，但各国政府关于气候变化而成立的委员会（IPCC）建议用式（19-18）计算铝电解槽阳极气体中 PFC 的排放量：

$$CF_4(kg/t\ Al) = S \cdot (AEF) \cdot (AED) \tag{19-18}$$

式中　S——与电解槽工艺技术有关的一种参数；

　　　AEF——阳极效应的系数；

　　　AED——阳极效应的持续时间。

式（19-18）也可以写成

$$CF_4(kg/t\ Al) = S \cdot AE \tag{19-19}$$

式中　AE——平均每天效应的时间。

S 系数大小依槽型而定，预焙槽 $S=0.14\sim0.16$；自焙槽 $S=0.07\sim0.11$。

海德鲁（Hydro）和阿尔阔（Alcoa）皆用此式计算电解槽阳极效应 CF_4 气体的排放量，并现场测定了预焙槽系数（或称斜率）S 值的大小，并得出相同的 $S=0.12$ 的测量结果。

以一个阳极效应系数为 0.5 的预焙阳极电解槽为例，如果效应时间为 5min，则利用式(19-19) 和 $S=0.15$ 进行计算，电解槽阳极效应所引起的 CF_4 消耗应为 0.375kg/t Al。

电解槽阳极效应期间产生的 CF_4 和 C_2F_6 不能被干法净化系统所吸收，它完全被排入大气中，对环境有不利的影响。

从阳极效应对氟化盐的消耗来看，如果将上述计算得出的 0.375kg CF_4/t Al 换算成 F 的消耗，再换算成 AlF_3 的消耗，就等于 0.48kg AlF_3/t Al。此值并不很大，实际的阳极效应所造成电解质损失可能要比这大得多，特别是当用木棒插入电解质中处理阳极效应时，不仅会造成铝的损失，也要造成比较多的电解质挥发损失。

19.1.7　氟的平衡

除了上述一些反应和过程造成电解质的损失外，铝电解生产中的一些其他操作过程，如捞取炭渣、阳极残极上电解质的黏附、出铝和铝液中夹杂等都对铝电解生产中的氟化盐消耗有某种程度的影响。从电解质中捞出的炭渣，其中含有 70% 左右的电解质。以一个 200kA 的电解槽为例，如果每天从电解槽中捞取 5kg 炭渣，则相当于 3.5kg/t Al 的氟化盐消耗。

霍庆发根据国内文献实测数据以及国外文献资料研究给出了现在的中间点式下料预焙阳极电解槽氟的平衡，如图 19-5 所示。

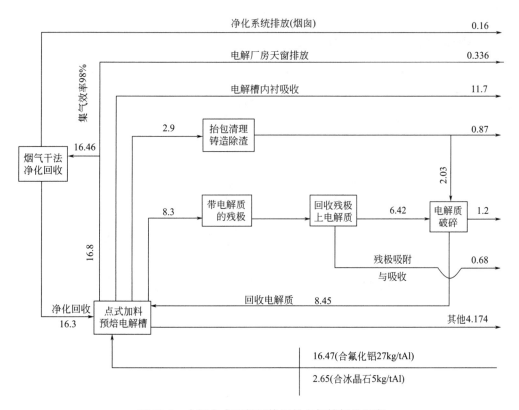

图 19-5　中间点式下料预焙阳极电解槽氟的平衡

19. 2 电解槽烟气的干法净化

19. 2. 1 电解槽烟气的组成

根据文献给出的数据，电解槽烟气中的组分按气态组分和固态颗粒组分划分。

气体组分：HF、CF_4、C_2F_6、SiF_4、SO_2、H_2S、CS_2、COS、CO_2、CO、H_2O 等，其中 HF、CO_2、CO 是主要组分，其他都是微量的组分。在阳极效应时，CF_4 和 C_2F_6 组分含量较大。

固体颗粒组成：C、Al_2O_3、Na_3AlF_6、$Na_5Al_3F_{14}$、$NaAlF_4$、AlF_3、CaF_2 等。

固体颗粒组分中，细颗粒组分主要有 $NaAlF_4$、$Na_5Al_3F_{14}$ 以及 AlF_3 等，它们是电解质蒸发后的冷凝物，以及它们的水解和分解的产物。其中的氟含量约占整个烟气氟含量的 $20\%\sim40\%$。其粒度平均尺寸在 $0.3\mu m$ 左右。固体颗粒中的粗粒组分平均直径尺寸在 $20\mu m$ 左右，它们由成团的氟化物和 C、Al_2O_3 及其吸附或黏附在它们上面的氟化物组成。粗粒颗粒中的氟含量约占整个烟气中氟含量的 $10\%\sim20\%$。烟气中固体颗粒的粒度分布如图 19-6 所示。

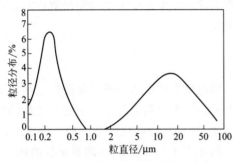

图 19-6 烟气中固体颗粒的粒度分布

19. 2. 2 电解槽氟排放量的环保标准

一个典型的中间点式下料预焙阳极电解槽烟气干法净化氟平衡图如图 19-7 所示。

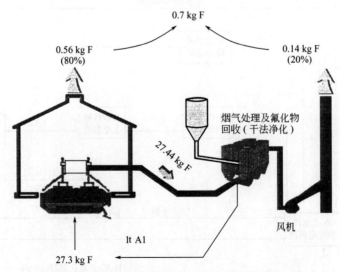

图 19-7 典型的中间点式下料烟气干法净化氟平衡

由图 19-7 可以看出，铝电解槽烟气干法净化后，从烟囱排出的废气、氟的量为 $0.14kg/t\ Al$，而从电解厂房天窗中排出的氟为 $0.7kg/t\ Al$，总的向大气中排出的氟为

0.84kg/t Al，但是从电解厂房的天窗中排入大气的氟是干法净化排出氟的 5 倍。电解槽槽罩的集气效率已基本上达到了 98％，干法净化系统的净化效率达到了 99.5％。如果要进一步减少氟对环境的影响，降低氟的排放量，似乎从干法净化的工艺上很难找到解决的办法。比较好的办法应该从电解槽的操作上（如减少槽罩的开启次数和时间）和提高电解槽的集气效率上去着手解决。现在的点式中间下料预焙阳极电解槽向空气中的排氟标准与之前基本上没有太大的差别。1997 年美国环保局对电解铝厂氟的排放给出如表 19-1 所示的标准。

表 19-1　美国环保局对铝电解槽氟的排放标准　　　　　　　　　　　　单位：kg/t Al

槽　　型	现行电解槽	新　　厂
预焙槽	0.95	0.60
自焙槽	1.1	0.60

由表 19-1 可以看出，对新厂来说，对预焙槽和自焙槽提出了相同的要求，这是更加严格的指标。对预焙槽而言，通过提高集气效率降低阳极效应系数和严格的生产操作，0.6kg/t Al 的氟排放量是可能达到的。然而对于自焙槽而言，这一指标是很难达到的，实际上这也是对自焙槽发展的限制。

19.2.3　干法净化的理论基础

铝电解槽烟气的干法净化过程示于图 19-8。

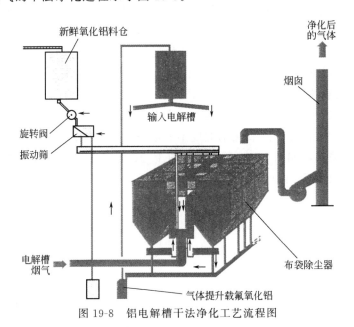

图 19-8　铝电解槽干法净化工艺流程图

由图 19-8 的工艺流程图可以看出，铝电解槽烟气的干法净化用新鲜 Al_2O_3 作吸 F 剂。新鲜氧化铝化学吸附烟气中的 HF，从而达到回收电解生产过程中释放的有害气体 HF。烟气中的固体粉尘和氟化物固体颗粒，连同载氟的 Al_2O_3 被布袋收尘器截留收集，返回到电解槽中。

Al_2O_3 吸收 HF 的反应可以用方程式（19-20）表示：

$$n\,HF(气) + Al_2O_3(固) \longrightarrow Al_2O_3 \cdot n\,HF(吸附) \tag{19-20}$$

关于 Al_2O_3 吸收 HF 的机理和吸附的能力，人们尚有不同的看法。原料中水蒸气的影响似乎对吸附反应有很大的作用。Al_2O_3 吸附 HF 结构形式，如图 19-9 所示。

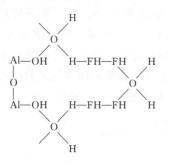

图 19-9 吸附 HF 的 Al_2O_3 结构式

这一过程中，所有水分子联结在氧化铝醇基基团上，并结合两个 HF 分子，这种结构每吸附 16HF 分子，需要 4 个水分子，这表明水能增加吸附能力，因此在干法净化中，使用水分含量较高的砂状氧化铝对提高 HF 的净化效率是有益的。

氧化铝的吸附能力与氧化铝的比表面积成正比，因此比表面积是 Al_2O_3 作为 HF 吸附剂的一个重要参数，Al_2O_3 对 HF 的吸附大都为单层吸附，但也存在着少量的多层吸附。

在干法净化中，Al_2O_3 对 HF 的吸附效率 η 与干法净化设备的设计参数 K、烟气中 HF 的浓度 C 以及 Al_2O_3 吸收剂的性质与量的大小 A 三个因素有关，用公式表示为

$$\eta(HF) = f(K,C,A) \tag{19-21}$$

而干法净化反应器的设计参数 K 由 Al_2O_3 与烟气的混合强度 M、Al_2O_3 吸附剂与烟气的接触时间 t、载氟氧化铝的返回比率 R 加以确定。

$$K = f(M,t,R) \tag{19-22}$$

方程式（19-21）中的 A 包含如下几个方面的影响因子：参与吸附的 Al_2O_3 量的大小（流速）q；Al_2O_3 比表面积 B；钠的含量 Na；水分的含量 H_2O。公式表示为

$$A = f(q,B,Na,H_2O) \tag{19-23}$$

在实际的干法净化过程中，Al_2O_3 对 HF 的吸附是达不到饱和的，因此在干法净化的设计上，可在氧化铝单位比表面积上吸附 0.02%～0.03% F 烟气浓度的范围内进行选择，其大小取决于气/固接触性质、出口浓度和水分大小。

二氧化硫也能在干法净化系统中被 Al_2O_3 部分吸附。当载有 SO_2 的 Al_2O_3 被加到电解槽中时，二氧化硫会重新释放。氧化铝湿度不影响 SO_2 的吸附。HF 的吸附量与 SO_2 吸附量之间存在着某种关系，如图 19-10 所示。由图 19-10 可以看出，烟气中 HF 的存在将会降低 SO_2 的吸附量，也正是这种原因使 SO_2 不能在干法净化系统中被完全去除。

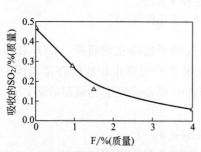

图 19-10 干法净化系统中 SO_2 吸附量与 F 吸附量之间的关系（Al_2O_3 比表面积 $41m^2/g$）

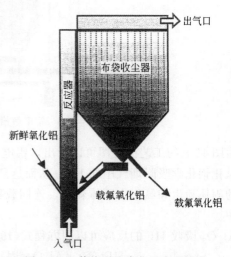

图 19-11 传统干法净化反应器简图

19.2.4　干法净化的工艺过程及设备原理

19.2.4.1　传统干法净化的工艺过程及设备原理

传统干法净化反应器简图如图 19-11 所示。

由图 19-11 可以看出，传统干法净化系统反应器的设计和工艺过程是建立在 Al_2O_3 和烟气成平行流流体运动的基础之上的。这种 Al_2O_3 和烟气的平行流动使 Al_2O_3 和烟气进入布袋收尘器，并在那里使 Al_2O_3 和烟气达到进一步混合。Al_2O_3 对 HF 的吸收是通过 Al_2O_3 与 HF 的充分接触进行的。Al_2O_3 在烟气中的湍流运动和较长的停留时间，可以提高 Al_2O_3 对 HF 的吸收效率。这种载氟氧化铝和烟气中的固体颗粒与空气流的分离是用布袋收尘器完成的。布袋收尘器不一定是布纤维制成，也可以用人工合成纤维制成。部分载氟氧化铝再返回到烟气气流的入口处，可提高 Al_2O_3 的吸氟率。

固气分离的过滤器不仅仅使需净化的烟气、载氟氧化铝和烟气中的固体颗粒达到分离的目的，也起到了进一步使 Al_2O_3 吸附 HF 的作用，因此布袋过滤器也是一个吸滤器。

在传统的干法净化工艺过程及设备原理中，除了图 19-11 所示的垂直反应器结构设计外还有流态化床式反应器的结构设计和水平式反应器的结构设计，它们的结构原理图如图 19-12 和图 19-13 所示。

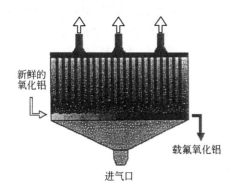

图 19-12　流态化床式反应器
干法净化结构原理图

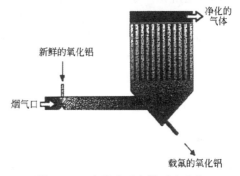

图 19-13　水平式反应器干法净化
结构原理图

19.2.4.2　Abart 干法净化技术

Abart（ALSTOM best available recovery technology）是最新的一种铝电解槽烟气干法净化技术，其反应器的基本结构原理如图 19-14 所示。

由图 19-14 可以看出，这种干法净化技术具有两段 Al_2O_3 与 HF 的汇流过程。

第 1 步是电解槽的烟气首先进入以从反应器中回流的部分载氟氧化铝为吸收剂的反应器中，在这个反应器中，Al_2O_3 吸收剂虽然已部分载氟，但仍有很大的载氟能力。它与初步进入反应器且 HF 浓度很高的烟气接触，使得这种 Al_2O_3 对 HF 具有很高的吸附效率，因此使烟气中的氟在很大程度上被吸收，烟气中氟的浓度被大大降低。

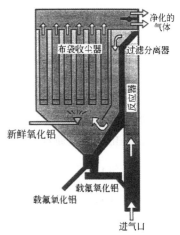

图 19-14　Abart 干法净化过程
及设备原理图

第2步，HF 浓度大大降低了的烟气通过一个过滤分离器，使其与烟气中的固体颗粒和载氟氧化铝分离之后，进入布袋过滤器内，在这里与喷射进的新鲜氧化铝混合。虽然气流中的 HF 浓度已经很低了，但它所遇到的是新鲜氧化铝，所以 HF 被彻底吸收，从而使 Al_2O_3 对 HF 的吸收效率大大提高。

19.3　SO_2 的净化技术

铝电解槽烟气中的 SO_2 源自于制造阳极所用的原料石油焦，其含硫量为 $2\%\sim3\%$ 或更高。石油焦在其煅烧过程中只有 20% 左右的硫被除去，80% 的硫仍然会留在煅烧后的石油焦中。石油焦中的硫进入炭阳极后，在电解过程中被电化学氧化成 SO_2 而进入烟气中。在烟气中并不能完全地被 Al_2O_3 吸收，即使部分地被 Al_2O_3 吸收，但载有 SO_2 的氧化铝返回到电解槽中时，SO_2 会重新释放。以阳极中硫的含量 2%，铝电解生产中每吨铝的阳极净耗 420kg 计算，一个年产 50 万吨的电解铝厂，每年排放 SO_2 量可达 8400t，其对环境的危害极大。

19.3.1　海水脱硫技术

许多西方电解铝厂建在了海湾或离海较近的地方，这些铝厂常用 pH 为 8 的海水作为 SO_2 吸收剂，脱除铝电解生产过程所排放烟气中的 SO_2，如图 19-15 所示。该工艺使用廉价的海水作为 SO_2 吸收剂，工艺简单，成本较低，对 SO_2 的净化效率可超过 90%。

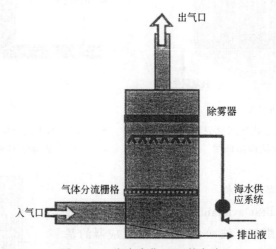

图 19-15　海水净化 SO_2 的方法

海水净化 SO_2 的原理是因为海水中含有一定量的碳酸钙和碳酸钠，因此具有吸收 SO_2 的能力，其化学反应原理如下：

$$SO_2(气)+\frac{1}{2}O_2(气)+H_2O(液)\longrightarrow SO_4^{2-}(溶解的)+2H^+(溶解的) \tag{19-24}$$

$$CO_3^{2-}(溶解的)+2H^+(溶解的)\longrightarrow H_2O(液)+CO_2(气) \tag{19-25}$$

总反应：

$$SO_2(气)+\frac{1}{2}O_2(气)+CO_3^{2-}(溶解的)\longrightarrow SO_4^{2-}(溶解的)+CO_2(气) \tag{19-26}$$

19.3.2　碱液吸收法脱硫技术

碱液吸收法脱硫（SO_2）技术的基本原理是用可溶性的碱液吸收烟气中的 SO_2，以达到烟气净化，也称为湿法脱硫技术，通常以 NaOH 溶液作为碱液吸收剂。然后将吸收了 SO_2 的碱液排出之后，用石灰乳对吸收液再生。其工艺技术原理如图 19-16 所示，其化学反应原理为：

$$SO_2(气) + \frac{1}{2}O_2(气) + H_2O(液) \longrightarrow SO_4^{2-}(溶解的) + 2H^+(溶解的) \tag{19-27}$$

$$NaOH \longrightarrow Na^+(溶解的) + OH^-(溶解的) \tag{19-28}$$

$$SO_4^{2-}(溶解的) + H^+(溶解的) + 2Na^+(溶解的) + OH^-(溶解的) \longrightarrow$$
$$Na_2SO_4(溶解的) + H_2O(液) \tag{19-29}$$

总反应：

$$SO_2 + \frac{1}{2}O_2 + 2NaOH \longrightarrow Na_2SO_4 + H_2O \tag{19-30}$$

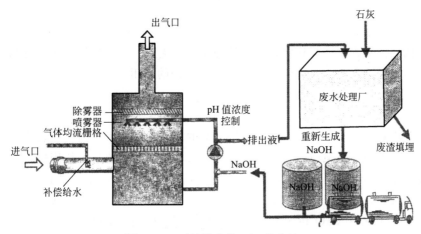

图 19-16　碱溶液净化 SO_2 的方法

湿法脱硫技术为气液反应，反应速率快，脱硫效率高，一般都高于 90%，生产运行安全可靠，技术成熟，在众多脱硫技术中始终占据主导地位。脱硫后的副产物 Na_2SO_3 与石灰乳反应，再生后的 NaOH 可循环再用。

其缺点有，设备腐蚀严重，占地面积大，投资费用高，会产生碱性较高的淤泥，需要深度处理。淤泥中的泥源自于烟气中的尘埃，因此对湿法脱硫技术而言，在烟气进入碱液吸收塔之前需进行有效的除尘。

除了以 NaOH 碱液吸收 SO_2 的技术外，还有利用石灰石或石灰浆液吸收烟气中 SO_2 的脱硫技术。该法将石灰浆液与烟气中的 SO_2 反应生成亚硫酸钙（$CaSO_3$），可以氧化成硫酸钙（$CaSO_4$），以石膏形式加以回收。这是目前世界上技术最成熟、运行状况最稳定的脱硫工艺，脱硫效率超过 90%，但吸收反应过程中生成的亚硫酸钙和硫酸钙，由于溶解度较小，极易在脱硫容器及管道内形成结垢，导致堵塞问题。

19.3.3　烟气的干法除硫技术

烟气干法除硫的典型技术是将石灰石和消石灰，直接喷入烟气内。以石灰石为例，在高温下煅烧时会形成多孔的氧化钙（CaO）颗粒，它与烟气中的 SO_2 反应生成亚硫酸钙，从而达到除硫目的。其工艺技术原理如图 19-17 所示。

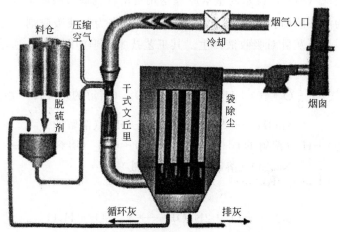

图 19-17　烟气干法脱硫（SO_2）工艺技术原理

相对于湿法技术而言，烟气的干法除硫（SO_2）工艺具有设备简单、占地面积小、投资和运行费用低、操作方便、能耗低、无水处理系统等优点。但是烟气的干法除硫（SO_2）为气固反应，其反应速度慢，脱硫效率低，CaO 吸收剂的利用率也比湿法低。

19.3.4　烟气的半干半湿法除硫（SO_2）技术

半干半湿法除硫技术是介于湿法和干法之间的一种除硫技术。前文已表述，在除硫剂方面，湿法除硫技术用的是碱液、石灰乳和石灰石浆液，干法除硫技术使用的是 CaO 干粉料。而半干半湿法除硫则使用 CaO 加水消化后而生成的 Ca（OH）$_2$，介于"干"与"湿"之间。

半干半湿法除硫技术与湿法除硫技术相比，省去了制浆系统。与干法除硫技术相比，克服了干法喷 CaO 过程中 CaO 和 SO_2 反应效率低、反应时间长的缺点。

19.3.5　铝电解槽烟气脱硫

脱硫效率是表征的脱硫技术的关键指标。通常铝电解槽烟气的脱硫效率，以测定的电解槽烟气中气体形式的 SO_2 和 SO_3 的硫含量在脱硫前后之差进行表征。脱硫效率也可以用脱硫后含 $CaSO_4$ 副产物（固体废料）中 $CaSO_4$ 总量来核算。

以一个 50 万吨/年电解铝厂为例：假定铝电解生产过程中炭阳极净耗 420kg/t Al，炭阳极中的硫含量为 2.5%。那么该铝厂无论采用湿法脱硫、干法脱硫，还是半干法脱硫，如果要将铝电解生产过程中从铝电解槽中排放出的含硫气体全部用这些脱硫技术转变为 $CaSO_4$，则 $CaSO_4$ 总量在 2.23 万吨/年。若产生 1.78 万吨/年 $CaSO_4$，则脱硫效率为 80%。当然，在铝电解生产中，由于更换阳极、出铝以及阳极效应处理等过程，需要打开槽罩盖板，电解槽烟气跑漏不可避免。如果电解槽由于这种操作导致 10% 的烟气进入车间（即集气效率 90%），那么在上述情况下，电解槽烟气净化系统脱硫效率为 89%。其所通用的铝电解槽烟气脱硫效率 EDS 值计算式如下：

$$EDS = \frac{G}{4.25 \times W_a A \eta}$$

式中　W_a——铝电解系列炭阳极年净耗量，t/a；

　　　A——炭阳极中硫的平均含量，%；

　　　η——烟气的集气效率，%；

　　　G——烟气净化副产物（固体废料）中 $CaSO_4$ 量，t/a。

在现行的以 NaOH 或 Na_2CO_3 为吸收剂的湿法脱硫技术中，其脱硫产物为 Na_2SO_4，回收的碱液可以循环使用。在以碱液为吸收剂的湿法脱硫中，则需要使用石灰将碱液吸收生成的 Na_2SO_4 转化为 NaOH 和 Na_2CO_3，最终副产物为 $CaSO_4$。

19.3.6　铝电解槽烟气脱硫的副产物

从上一节关于铝电解烟气脱硫效率计算中可以看出，铝电解烟气脱硫会产生大量的副产物 $CaSO_4$。如一个年产 50 万吨电解铝厂，炭阳极硫含量为 2.5%，电解槽烟气集气效率 90%，脱硫效率 85%，采用干法、湿法或是半干法脱硫，$CaSO_4$ 量可达 1.7 万吨/年。实际上，副产物中还会含有烟气中其他副反应产物。

实际上，烟气中除了 CO_2、CO 和 SO_2 外，还含有氟化物。根据本书 19.2 节给出的数据，经电解槽干法净化排出来的烟气中的氟含量在 0.14kgF/t Al。这些氟化物几乎会全部进入烟气脱硫副产物中，并导致产生含氟固废。若这些固废的氟含量达到一定程度，就被列为危险固废。

参 考 文 献

[1] Grjotheim K，Welch B. Aluminium Smelter Technology. 2nd Edition. Düsseldorf：Aluminium-Veleg Gmbh，1988.

[2] 邱竹贤. 预焙槽炼铝. 第 3 版. 北京：冶金工业出版社，2005.

[3] 杨瑞祥. 铝电解专业委员会 2004 年年会暨学术交流会论文集. 焦作：出版者不详，2004.

[4] 霍庆发. 电解铝-工业技术与装备. 沈阳：辽海出版社，2002.

[5] Wedde G. The 20th International Course on Process Metallurgy of Aluminium. Trondheim：[s. n.]，2001：671.

[6] Grjotheim K et al. Aluminium Electrolysis，Fundamentals of the Hall-Héroult Process. Düsseldorf：Aluminium Verlag GmbH，1982.

[7] 北极星电力网新闻中心. 火电厂烟气脱硫脱销技术汇总！你知道多少？http://news.bjx.com.cn/html/20180108/872492-2.shtml.

第 20 章 | 铝厂固体废料的物相组成、分离与回收

在铝的电解生产和原铝铸造过程中会产生两种固体废渣料：①阳极炭渣；②铝灰渣。

在电解槽大修时产生以下固体废料：①被电解质组分和碱金属钠、钾等侵蚀的废阴极炭块；②被电解质和碱金属钠、钾等侵蚀的槽内衬耐火材料固体废料，其中包括被电解质侵蚀后的氮化硅结合的碳化硅绝缘内衬固体废料。

20.1 阳极炭渣的回收处理和利用

20.1.1 阳极炭渣的组成

对铝电解生产而言，通常所说的阳极炭渣是指从电解槽的电解质熔体表面打捞出来的含有电解质组分的炭质材料。

我们在研究炭渣的真空蒸馏分离时，曾对取自某铝厂的阳极炭渣进行 X 射线衍射分析和化学成分分析，其分析结果如图 20-1 和表 20-1 所示。

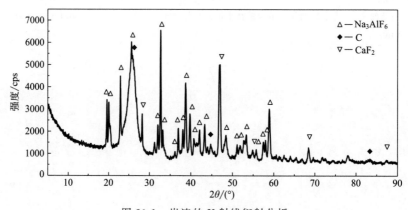

图 20-1　炭渣的 X 射线衍射分析

表 20-1　铝电解槽炭渣的化学成分分析

元素	Na	Ca	Al	C	F	其他
含量/%（质量）	23.92	1.19	12.20	13.60	46.67	2.42

由图 20-1 和表 20-1 的分析结果可以看出，铝电解槽阳极炭渣主要由炭和电解质组成，

而炭渣中电解质的组成成分则取决于其所在电解槽的电解质的组成成分,阳极炭渣中电解质的占比最高的可以达到 85% 以上。炭渣中电解质与炭的比例并非固定不变的,有的阳极炭渣可能含有较多的电解质,有的可能含有较多含量的炭,这与所在电解槽的技术状况有关。实际上,阳极炭渣中电解质的组分也并非固定不变的,由于电解铝厂使用不同产地的氧化铝,比如使用某些国产的含有较高的 Li_2O 和 K_2O 杂质含量的氧化铝,其电解槽电解质和阳极炭渣中含有较高的 LiF 和 KF,也会有 Al_2O_3,不过其量较少,在 XRD 分析中其峰较弱。

20.1.2　阳极炭渣中炭的产生与生成机理

工业电解槽中生成的炭渣既有颗粒状的炭渣,也有细粉状的炭渣,炭渣中炭粒的形貌特征和粒度大小和分布与电解槽的工作状况和阳极的质量有关。其产生的机理不外乎如下几个方面。

① 阳极工作表面由选择性电化学氧化所引起的阳极骨料颗粒脱落产生的炭渣。

② 阳极侧面由阳极气体 CO_2 选择性化学氧化所引起粉化和脱落而产生的炭渣,当然也有空气选择性氧化所引起的阳极表面和侧面的粉化和脱落而产生的炭渣。

上述两种阳极炭渣产生的机理已在本书中关于阳极消耗的机理中有所阐述。按照这两种阳极炭渣产生的机理,无论是在制造炭阳极时向配料中,还是向熔化的沥青中添加诸如 NaF、Na_2CO_3 和 Li_2CO_3 添加剂均会增加炭阳极的消耗和炭渣的生成量。

③ 在电解过程中炭阳极中的硫的存在使氧化铝的分解电压降低:

$$2Al_2O_3 + 3S \longrightarrow 4Al + 3SO_2 \tag{20-1}$$

该电解反应的分解电压在 1000℃的温度条件下为 0.9V,显著的低于炭阳极的氧化铝分解电压,因此,阳极中硫的存在增加了炭阳极的选择性化学氧化,这会导致炭阳极炭渣脱落程度的增加。

④ 高硫高金属杂质炭阳极会使阳极炭渣增加。在铝工业中,石油焦是制作电解槽炭阳极的原料,石油焦对空气和 CO_2 反应性能是评价石油焦一个非常重要的质量指标,这一指标的重要意义在于,它是评价炭阳极抗空气和 CO_2 气体氧化能力大小的一个重要指标,毫无疑问,对铝电解生产来说,应该要求炭阳极与空气和 CO_2 反应性能低,以使铝电解槽的炭阳极具有最小的氧化损耗。但实际上石油焦的杂质元素除硫外还有 Na、Ca 等碱金属和碱土金属,以及 Fe、Ni 和 V 等金属杂质,这些杂质元素都被认为是增加石油焦被 CO_2 和空气燃烧氧化和电化学氧化的活性物质或催化剂。因此,很难单独地测出石油焦中硫含量对其反应性能的影响。

石油焦中杂质含量对 CO_2 和空气氧化性能的影响,也可以以石油焦制成的炭阳极对 CO_2 和空气的氧化性能的影响来表征,在此方面,Houston 和 Φye 做了深度的研究,他们对大量数据进行了线性分析,其结果如下:

$$R_{CO_2}[mg/(cm^2 \cdot h)] = 12.3 + 297Na\% \qquad \text{相关系数} 0.86 \tag{20-2}$$

$$R_{CO_2}[mg/(cm^2 \cdot h)] = 7 + 1062Ca\% \qquad \text{相关系数} 0.78 \tag{20-3}$$

$$R_{CO_2}[mg/(cm^2 \cdot h)] = 8.6 + 387Fe\% \qquad \text{相关系数} 0.64 \tag{20-4}$$

$$R_{空气}[mg/(cm^2 \cdot h)] = 11.1 + 612V\% \qquad \text{相关系数} 0.86 \tag{20-5}$$

$$R_{空气}[mg/(cm^2 \cdot h)] = 10.3 + 389(V\% + Ni\%) \qquad \text{相关系数} 0.81 \tag{20-6}$$

$R_{空气}[mg/(cm^2 \cdot h)] = 9.8 + 6.2S\%$ 　　　相关系数 0.7 　　　(20-7)

由上述测定结果可以看出，石油焦中的 Ca、Fe、V、Ni 和 S 这些杂质元素都是提高空气氧化性能的催化剂，但这些数据给出的线性关系的相关系数最大的只有 0.86，其相关性的误差也可能是材料及其所制成的炭阳极的炭结构或孔隙结构上的差别所造成的。此外，就同一地区的石油焦来说，石油焦中硫含量的大小与石油焦中钒的含量大小存在着相关关系，如图 20-2 所示，这种相关关系用计算式表示为：

V% = 0.012S% − 0.005 　　　相关系数 0.88 　　　(20-8)

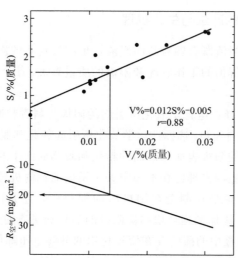

图 20-2　石油焦中硫含量与钒含量之间的相关关系及其对空气氧化性能 $R_{空气}$ 的影响

硫在石油焦中的存在，其直接的影响不仅表现在使铝电解炭阳极的消耗增加，更重要的是石油焦中的硫无论是在煅烧过程中还是在炭阳极被应用在铝电解槽上进行电解生产的过程中，都会发生化学和电化学反应最终以 SO_2 的形式进入大气中，与大气中的水蒸气反应形成酸雨，这对环境的影响是很大的。

也有研究指出，在石油焦中硫含量的增加有利于阳极消耗的降低，认为这是由于硫的存在提高了石油焦的结焦率，减小了阳极的孔隙率。另外，硫还会与杂质金属结合生成硫化物，降低了金属杂质对炭氧化的催化反应。应该说，这一结论有待探讨，因为石油焦中的硫主要以有机硫化合物的形式存在，而以金属硫化物形式存在的硫不到石油焦中硫的 20%。

⑤ 由铝电解槽中的副反应而生成的炭渣。在工业铝电解槽中，由阳极气体 CO_2 和 CO 与电解质熔体中溶解的金属铝或金属钠发生反应，在使电流效率降低的同时，也生成了炭渣：

$$2Al + 3CO_2 \longrightarrow 3CO + Al_2O_3 \tag{20-9}$$
$$2Al + 3CO \longrightarrow 3C + Al_2O_3 \tag{20-10}$$
$$4Al + 3CO_2 \longrightarrow 3C + 2Al_2O_3 \tag{20-11}$$
$$2Na + CO_2 \longrightarrow CO + Na_2O \tag{20-12}$$
$$2Na + CO \longrightarrow C + Na_2O \tag{20-13}$$
$$4Na + 3CO_2 \longrightarrow C + 2Na_2O \tag{20-14}$$

这些副反应的反应速率会随着温度的升高而增加，这些副反应的增加不仅会使炭渣的产生量增加，而且会增加铝的损失，使电流效率降低，另外，这些副反应产生的炭是微细的粉状炭。

在正常的工业铝电解生产过程中，上述的 6 个使电流效率降低的铝的二次氧化反应中，反应（20-9）和反应（20-12）为主要的反应，而铝和钠被阳极气体 CO_2 二次氧化生成炭的反应是很少的。当电解槽中的电解质温度较高或电解质的分子比较高以及金属铝和钠在电解质中的溶解度较高时，铝和钠的二次氧化生成炭的反应会增加。铝和钠被阳极气体二次氧化生成的炭也极易溶解在电解质熔体中，并使电解质的电阻增加。

实际上，电解槽中炭渣的生成机理可能要比上述原因和机理还要复杂一些，电解质成分、电解质温度等工艺技术条件以及阳极的质量都可能对阳极炭渣的脱落产生影响。

20.1.3 阳极炭渣的处理与回收利用

一般来说，从工业铝电解槽中捞出的炭渣含有不同的电解质组成，因此炭渣具有不同的形态，主要有两种形态。

一种是呈渣块状，这种炭渣之所以呈渣块状是由于其中含有较高组分的电解质，其电解质含量一般在 60% 以上，高的可以达到 80%～90%，可用肉眼观察到其断面中的白色电解质，而且这些炭渣中所含的炭多为从炭阳极上脱落的炭粒，对于这样的炭渣，可用简单的机械破碎和筛分后，获得更高电解质组成的炭渣，并将其直接返回到电解槽加以回收利用。

另一种形态的炭渣呈小粒状或粉状。这种炭渣具有较小的电解质组分含量，其炭渣中的电解质组分小于 50%，这种炭渣常常被电解铝厂丢弃，目前尚没有找到一种合适的处理和回收利用的方法。但国内外铝工业一直没有放弃对这种阳极炭渣进行分离和回收利用的研究。现有的国内外分离和回收利用的方法主要有两种：一种是燃烧法，另一种是浮选法。

燃烧法顾名思义就是利用火焰燃烧掉炭渣中的炭而留下炭渣中的电解质的方法，这种方法简单，回收的电解质纯度可以达到 99% 以上。燃烧法需要提供燃烧温度，一般 600℃ 即可，在燃烧时需要控制空气的流量。燃烧法靠炭渣中炭的氧化燃烧提供热量，这种热量可实现炭渣的配入量和空气流速的物料平衡和热平衡。过高的燃烧温度会使电解质挥发。在使用燃烧法烧掉粉状炭渣中的炭时，炭渣制团和保证燃烧气体的透气性可能是必要的，当采用沸腾炉燃烧时，可不必制团。

浮选法也是铝工业正在研究和试验的一种分离和回收阳极炭渣的方法，实际上早在 20 世纪 40 年代，浮选法就已经在电解铝厂得到了使用。因为当时的电解槽采用等效加料的操作制度，阳极炭渣量大，靠浮选回收电解质。

铝电解槽阳极炭渣的浮选主要包括 3 个工艺过程：磨料→浮选→过滤脱水与烘干，一个具有代表性的工艺流程如图 20-3 所示。从图 20-3 可以看出，浮选法可以从阳极炭渣中回收炭和电解质，其所回收的炭和电解质的纯度均可达到 85% 或更高一些。浮选回收的电解质烘干后可返回到电解槽中使用。浮选法回收阳极炭渣的缺点是工艺流程长且回收的炭由于仍含有较高含量的电解质而不能作为制造阳极炭块的原料，有的铝厂将其做成阳极炭环使用，但其用量很小。

20.1.4 真空蒸馏法分离阳极炭渣

真空蒸馏法是由东北大学冯乃祥和王耀武发明的一种有效的分离和回收阳极炭渣中炭和电解质的方法。该专利技术方法的基本原理是：以沥青或纸浆作为黏结剂，将阳极炭渣压成块烘干和烧结后，放入带有结晶器的真空炉中，在 950～1100℃ 的温度条件下，进行真空蒸

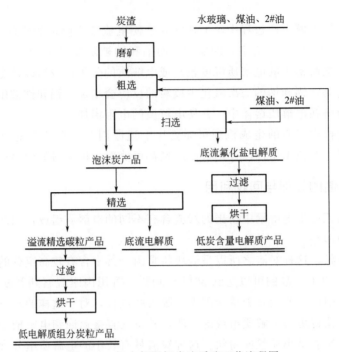

图 20-3 铝电解阳极炭渣浮选工艺流程图

馏，从阳极炭渣中分离出电解质，由于阳极炭渣中的电解质组分在此温度条件下熔化后具有较高蒸气压，因此阳极炭渣中的电解质会从炭渣中蒸发出来凝结在真空炉内一端的结晶器上，从而使阳极炭渣中的炭和电解质组分彻底地分开。图 20-4 为真空蒸馏分离之前的阳极炭渣的 X 射线衍射物相组分，图 20-5 为从阳极炭渣中蒸馏分离出来的电解质的物相组分，图 20-6 为真空蒸馏后残余的炭的 X 射线衍射物相组分。由图 20-4、图 20-5 和图 20-6 的物相分析结果可以看出，利用真空蒸馏分离可以使阳极炭渣中的电解质组分和炭得到较为彻底的分离，分离率可以达到 95％以上，分离后的残炭中留有 CaF_2，这是由于电解质中的 CaF_2 熔点较高，仍有部分留在炭渣中。残炭中 CaF_2 含量的多少，与电解质中 CaF_2 的含量和阳极炭渣中电解质组分有关。以一个含 60％电解质、40％炭，电解质中 CaF_2 含量浓度为 5％的阳极炭渣为例，此阳极炭渣经真空蒸馏后的残炭中的 CaF_2 含量应在 7.5％左右。如果将这种只有较低含量 CaF_2 的阳极炭渣用作炭阳极原料，假如添加 5％，会使生产的阳极炭块

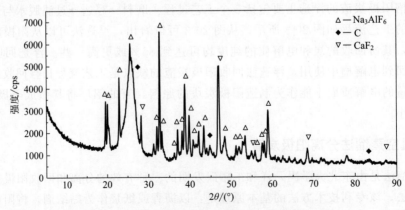

图 20-4 蒸馏之前的阳极炭渣的 X 射线衍射分析

中 CaF_2 的含量达到 0.375%，这可能不会对阳极的性能和铝的质量产生影响。但如果炭渣中含 90% 电解质、10% 炭，电解质中仍含有 5% 的 CaF_2，则真空蒸馏后的残炭中的 CaF_2 含量会高达 35% 以上，蒸馏后的残炭的 X 射线衍射分析如图 20-7 所示。真空蒸馏分离后，生成的高 CaF_2 含量的炭渣，可以作为硫酸法制取 HF 的原料。

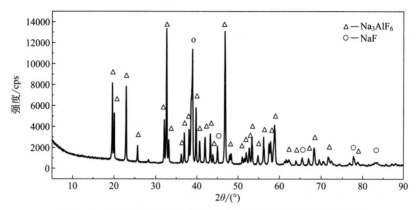

图 20-5　从阳极炭渣真空蒸馏出的电解质的 X 射线衍射分析

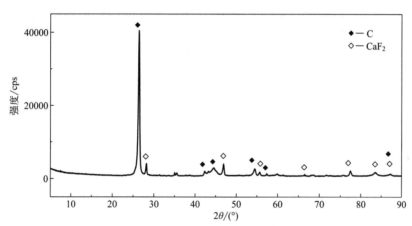

图 20-6　阳极炭渣真空蒸馏分离后残炭的 X 射线衍射分析

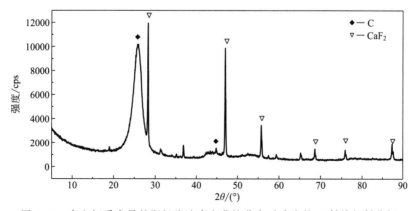

图 20-7　高电解质含量的阳极炭渣真空蒸馏分离后残炭的 X 射线衍射分析

如果将真空蒸馏回收的含有 CaF_2 的炭粉填加到炭阳极中，对于 CaF_2 含量对阳极炭块在电解槽阳极上的行为和影响也需要进行进一步的研究。当然，真空蒸馏也可以将阳极炭渣中的 CaF_2 蒸馏出去，从而使获得的残炭全部为炭，但这需要更高的真空蒸馏温度（高于 CaF_2 的熔点温度）和特定的装置，需要消耗更多的电能。

真空蒸馏法工艺流程简单，除了电能消耗外没有任何其他辅助消耗。

20.2 铝灰渣资源的回收和利用

在原铝工业中，原铝从电解槽中被抽入抬包，再从抬包倒入混合炉和熔炼炉进行原铝与合金的熔炼和铸造每个阶段都有铝灰渣的产生，多次出铝后的抬包内衬的破损和修复也会产生铝灰渣，抬包中的铝在进入混合炉之前需要打渣。在这些过程中，以原铝和合金铸造过程中产生的铝灰渣最多。

从外观上，可以辨别出铝灰渣是由渣和灰组成，故称其为铝灰渣。其中块状渣的主要成分为金属铝，而灰的主要成分为氧化铝和氮化铝，其中还含有 15%～20% 左右的金属铝。如果将铝灰渣稍加球磨可使渣中黏附的大部分灰脱落，将球磨后的灰渣筛分后可使大块渣料和粉状料分离，粉状料的粒度大小取决于筛网的孔径，实际的粉状料是由不同粒径的粉状料组成的，可进一步地加以筛分，其中粒径比较大的筛分物含有较多金属铝。我国某铝厂对球磨的铝灰渣进行筛分后所做的铝含量分析给出：2～6 目粒状料中铝含量为 86%，6～14 目的粒状料中铝含量为 78%，而 30 目以下的灰料中铝含量为 20%。

因此铝厂可将铝灰渣经过球磨和筛分后分成铝含量不同的渣料和灰料，之后将含铝量大的（如含铝量在 90% 以上）渣直接返回到铝合金熔炼炉或铝电解槽中，而将平均含铝量低于 90%、大于 30% 的具有中等粒度的渣料用熔炉熔炼回收其中的铝，熔炉可以是感应炉也可以是火焰炉或其他类型的熔炉或坩埚炉。当使用感应炉熔炼提取其中的金属铝时，可先在炉内的下部加入一些回收的纯铝，靠铝液的电磁力，带动对铝灰渣的搅动，使铝灰渣中的铝熔到炉下部的铝液中。我国某铝厂利用这种方法对 2 目、6 目和 14 目三种不同粒度的渣料进行熔炼，其所获得的铝的回收率可达到 76%～88%，如表 20-2 所示。由表 20-2 的数据可以看出，从铝灰渣中回收铝，其回收率随渣料中铝含量的增加而增加。当使用其他加热形式的熔炉或坩埚炉进行熔化时，可不必事先在炉内加入纯铝。但对低铝含量的铝灰渣而言，要想回收其中的铝最好是采用炒灰机进行回收，使铝灰渣中的铝在熔化时聚集到炒灰坩埚的底部，再从炒灰坩埚的底部流出，从而达到从铝灰渣中分离金属铝的目的，用这种方法可使铝灰渣中铝的回收率达到 90% 左右。

表 20-2　某铝厂用中频炉熔炼铝灰渣时铝的回收率

铝灰渣粒度	投入		产出		金属铝回收率 /%
	球磨料/kg	铝锭/kg	铝灰/kg	铝块/kg	
2 目	347	122	88	404	87.29
6 目	420	90	115	401	86.81
14 目	370	102	165	325	75.81

一般而言，从混合炉和熔炼炉扒出的一次铝灰渣含有很高含量的铝和铝合金，且温度很高。铝及铝合金的熔点很低，可在短时间内对其压榨，将铝灰渣中分散的铝压聚后将其与渣

分离。之后将其渣经破碎后进行分级处理，提出大部分金属铝后，剩下的灰料称为铝灰，也有人将其称为二次铝灰，但这种铝灰仍含有 5%～10% 的铝。

以前，在国家对环保没有严格要求时，灰渣经球磨筛分后，一般将其作为没有经济价值的废料被处理掉，其量也不算小，大部分被填埋处理掉，小部分被某些电解铝厂制作电解槽炭阳极上的钢爪保护环。毫无疑问，就目前来说，将这部分铝灰制成阳极钢爪保护环是对废物的一种回收和利用，但深度地分析，这也未必合理，这是因为铝灰中 10%～20% 的金属铝未得到有效的利用，而是在进入电解槽前被完全氧化掉了。此外，由于铝灰渣中的金属和非金属的杂质绝大部分集中于铝灰中，如果铝电解槽使用这种铝灰作阳极钢爪的保护环，则铝灰中的杂质必然会全部进入电解槽中，其最终结果必然是对电解槽中铝的纯度产生或多或少的影响。除此之外，铝灰中含有 15% 或更高含量的氮化铝 AlN，这是一种高温下也很稳定的化合物，它进入电解槽的电解质中，氮以 N^{3-} 的离子形式存在，会参与阳极反应生成 N_2，以及可能的有毒的氮氧化合物或氮碳化合物，这些化合物对环境是有毒害的。

铝灰中除了有 5%～20% 的金属铝和氮化铝之外，其他的主要成分为 α-氧化铝和 β-氧化铝（$Na_2O \cdot 11Al_2O_3$）。王耀武对取自某电解铝厂的原铝混合炉的铝灰渣经筛分后产生的铝灰进行 X 射线衍射分析证明了这一点，如图 20-8 所示。

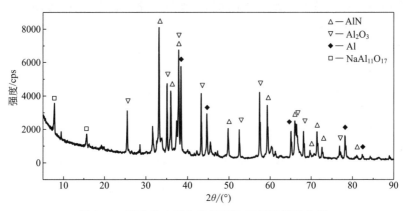

图 20-8 混合炉中产生的铝灰的 X 射线衍射分析

实际上，铝灰的化学成分要比上述的 XRD 结果复杂。这不仅是因为 XRD 无法对铝灰中含量较少的化学组分检测，更重要的是铝灰不仅仅来自于原铝铸锭过程，而更多的来自于合金熔炼和铸造过程。由于合金的成分不同，以及可能的熔炼合金时，所使用的除渣剂和覆盖剂不同，其铝灰的化学成分也不完全相同。如硅系的铸造铝硅合金，其铝灰含 SiO_2 可达 6%～10%，这主要由硅的氧化造成。铸造铝硅合金产生的铝灰中的硅含量与原铝硅合金中硅含量相关。其他合金也有这种现象。铝灰中有相当多的氯化物，主要为 KCl 和 NaCl，其含量可达到 5%～15%。与所用除渣剂的组分有关。实际上，铝灰中最多的是氧化铝，由合金熔炼时铝氧化造成。除 Al_2O_3 外，铝灰中最大组分含量为金属铝和氮化铝。其中金属铝以细微颗粒存在。氮化铝由铝与空气中 N_2 反应生成，其含量在 12%～20%。铝灰中氮化铝含量可分析 N 元素推算。铝灰中金属铝可用其与 NaOH 或 HCl 溶液生成的 H_2 量推算。

$$Al + NaOH + H_2O \longrightarrow NaAlO_2 + 3/2H_2$$

$$Al + 3HCl \longrightarrow AlCl_3 + 3/2H_2$$

除了原铝及合金在熔炼和铸造过程中产生的铝灰渣以外，在废铝熔炼过程中，也会产生大量铝灰渣。从某个角度看，它也是一种宝贵的资源，处理的好与坏直接影响再生铝行业的经济效益和社会效益。再生铝过程中原生的铝灰渣含铝 65%～85%，其量约占废铝熔融量的 15%，从铝灰渣中提高铝的回收率是这个行业的重要课题，与成本密切相关。以一个月熔炼量为 3000t 的工厂为例，其铝灰渣产量约在 450t，如其铝的回收率为 45% 和 70%，则回收的铝量相差 112t，相当于企业的毛利润。要达到 70% 的回收率，技术上还有困难，即便达到，还面临剩下的铝灰难以回收处理的问题。剩余铝灰中的氮化铝与水发生反应后产生大量氨气，处理费高。含铝大于 30% 的铝灰渣作为炼钢的辅材正好可以有效利用。现在好多企业有意识地将含铝 40% 左右的铝灰渣卖给灰渣处理企业，或生产钢铁辅材的企业。

铝灰也可被用于制作聚合氯化铝或聚合硫酸铝，或称碱式氯化铝或碱式硫酸铝的原料。碱式氯化铝的主要用途是絮凝剂，用于净化饮用水和特殊给水的水质处理，如除铁、除镉、除氟、放射性污染、除浮油等，还用于生活污水、工业废水、污泥处理中，除此之外，碱式氯化铝还用作造纸的胶剂、耐火材料黏结剂、水泥速凝剂等，另外在医药制药、化妆品等方面也有应用。碱式硫酸铝具有与碱式氯化铝相似的一些性质，主要用作净水剂、防水剂等。

碱式氯化铝的通式为 $[Al_2(OH)_nCl_{6-n}]_m$，其中 $m \leqslant 10$，n 为 1～5。碱式氯化铝的生产方法很多，酸法是广泛采用的一种方法，其所采用的原料为两类：一类是含铝矿物，如铝土矿、黏土和高岭石等；另外一类是含铝原料，如氢氧化铝、煤矸石、铝灰、粉煤灰等。如果用工业废料，以铝灰和粉煤灰为原料，除了经济上的效益外，其社会效益也很大。从成分上来说，铝灰较比其他原料更具有优势，因为在铝灰中有更高的氧化铝含量。铝灰中，除了氧化铝以外，其他主要成分为金属铝和氮化铝，氮化铝是一种很容易被分解的化合物，能够分解为氧化铝和氨气，因此铝灰中 90% 以上的成分均可以被利用。

以铝灰为原料的酸法制取碱式氯化铝的反应过程大致分为三步。

① 酸溶：铝灰与盐酸按下式进行溶出反应

$$2Al + (6-n)HCl + nH_2O \longrightarrow Al_2(OH)_nCl_{6-n} + 3H_2 \uparrow \tag{20-15}$$

$$nAl + (6-n)AlCl_3 + 3nH_2O \longrightarrow 3Al_2(OH)_nCl_{6-n} + 1.5nH_2 \uparrow \tag{20-16}$$

② 随着铝的溶出，pH 逐步升高，使配位水发生水解。

③ pH 继续升高到 4.0 以后，相邻两个 OH 键发生架桥聚合。

以铝灰为原料酸法制取聚合氯化铝或聚合硫酸铝是目前铝灰回收利用研究最多的一种方法，也是一种可行的技术，但由于采用酸溶解，应用过程中会产生大量的废液，容易导致二次污染。

用铝灰制备氢氧化铝或氧化铝，可详见公开发表的诸多专利中。有的类似于现在的用铝土矿生产氧化铝的方法，是将铝灰水洗除去铝灰中的可溶物（主要是氯化物）后，与碳酸钠，或氢氧化钠，或石灰（CaO）混合，在给定的温度下进行烧结，将铝灰中的氧化铝转变为可溶于水的铝酸盐后，用水将生成的铝酸钠浸出，然后再用铝酸钠的碳分和种分过程制取氢氧化铝和氧化铝。有的则是将用上述方法制取的铝酸钠与硫酸反应，生产氢氧化铝沉淀和硫酸钠溶液，然后将其进行固液分离制取氢氧化铝。而还有的则将铝灰与硫酸反应制取硫酸铝，与用铝灰和碱反应制得的铝酸钠进行中和反应制得氢氧化铝。而上海添瑞环保科技有限公司则是将水洗后的铝灰进行碱溶，制得铝酸钠溶液，然后用铝酸钠溶液制取化学品氢氧化铝和氧化铝，而无害渣料则用于制作 4A 沸石。上述用铝灰制作氢氧化铝和氧化铝的方法在技术上应该都是可行的，但也存在一些缺点。在利用上述方法提出的铝酸钠溶液制取用于铝电解用的冶金级氧化铝时，最常用的是种分法，其种分过程长达 30h 以上，而制取用于化学品氧化铝时，最常用的是碳分法，为此需要较大量的 CO_2 气体，这可能要配套具有生产 CO_2 的方法和装置，比如利用石灰石煅烧来制取 CO_2。此外当铝灰中的 SiO_2 含量较高时，则由于铝灰中的 SiO_2 大都活性较强，因此在常温条件下，用碱溶时也会将铝灰中 SiO_2 转变为硅酸钠而进入铝酸钠溶液中，如要制取较纯的氧化铝，需要对铝酸钠溶液中的硅酸钠进行脱硅处理。

除此之外，铝灰还有以下几个方面的用途。

① 作为炼钢脱硫剂。由于铝灰中含有大量的 Al_2O_3，因此可以与石灰石、萤石混合用作新型脱硫剂，但以铝灰为脱硫剂对铁水进行炉外脱硫时，铁水中锰、硅、碳会有烧损，其烧损程度随铝灰剂量的加大和精炼时间的延长而增加，因此铝灰添加量不宜过多。

② 作为添加剂生产耐火材料或电解槽炉底防渗料。

实际上铝灰的价值不应被低估，不应该将其制作成阳极钢爪的保护环，或作为碱式氯化铝和碱式硫酸铝的原料被使用，或被当作废弃物料填埋掉，因为这样做，铝灰中真正有价值的 $10\%\sim20\%$ 的金属铝被浪费或没有得到有效的利用。铝灰中的金属铝是用纯的氧化铝用熔盐电解的方法生产出来的，电解 1t 铝不仅要消耗约 2t 的氧化铝，而且要消耗 15000kW·h 左右的电能，以 1t 铝灰中含有 15% 金属铝为例，则 1t 铝灰中就有 150kg 金属铝，而电解铝厂生产出 150kg 金属铝至少需要消耗 2250 度电、300kg 氧化铝和 75kg 石油焦，并排放 275kg CO_2 气体。

最近冯乃祥和王耀武研究了一种铝灰利用技术，该技术将铝灰与磨细了的渗透有冰晶石电解质的铝电解槽内衬耐火材料进行配料，制成团块后，置入真空炉中，使电解槽废耐火材料中以化合物形式存在的金属钠在 $1000\sim1100℃$ 的真空条件下被铝灰中的铝还原并蒸馏出来。此方法不仅使铝灰中的铝得到了有效利用，也使电解槽废阴极内衬耐火材料中的有效成分得到了分离和利用。在真空条件下，铝灰中的金属铝还原废耐火材料内衬中的硅铝酸盐生成金属钠或钾的化学反应为：

$$NaAl_9O_{14}（固）+\frac{1}{3}Al（液）\longrightarrow \frac{14}{3}Al_2O_3（固）+Na（气）\tag{20-17}$$

$$NaAlO_2（固）+\frac{1}{3}Al（液）\longrightarrow \frac{2}{3}Al_2O_3（固）+Na（气）\tag{20-18}$$

$$KAl_9O_{14}（固）+\frac{1}{3}Al（液）\longrightarrow \frac{14}{3}Al_2O_3（固）+K（气）\tag{20-19}$$

$$KAlO_2（固）+\frac{1}{3}Al（液）\longrightarrow \frac{2}{3}Al_2O_3（固）+K（气）\tag{20-20}$$

【实验一】　取 200g 来自于某电解铝厂的靠近阴极炭块底表面的含有渗漏电解质的废防渗料，该防渗料中含 Al_2O_3 29.81%、F 5.16%、Ca 1.35%、Na 14.09%、SiO_2 48.42%。将该阴极防渗料磨细至粒度 120 目以下，然后与铝灰按 1:1 比例混合，压制成团，置于如图 20-9 所示的真空还原炉内，在 1200℃ 的温度和真空度小于 10Pa 的真空条件下，进行铝热真空还原实验。实验结束后，在真空炉内冷端的不同温度区域段获得 14g 金属钠和 21g 固体电解质，分别占废防渗料的 7.0% 和 10.5%。

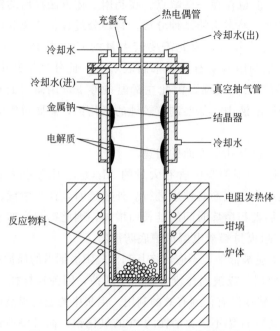

图 20-9　实验室废阴极炭块真空还原炉简图

　　分离出来的电解质成分主要为 Na_3AlF_6 和 NaF 的混合物，残留的物料主要成分为 Al_2O_3 73.99％、F 0.26％、Ca 2.35％、Na 0.23％、SiO_2 20.42％，其中的 F 主要是以 CaF_2 的形式存在于残渣中（余下的钙主要以铝硅酸钙形式存在）。由于 CaF_2 具有较高的熔点，在给定的真空还原温度下，CaF_2 的蒸气压较低，不能完全地被蒸馏出来，存在于残余物料中的 CaF_2 是一种萤石型矿物，化学性质比较稳定，在土地中没有溶解性，填埋在土地中或作为筑路材料不会对环境产生影响。

　　【实验二】　取 200g 来自于另一电解铝厂大修电解槽靠近阴极炭块底表面的含有渗漏电解质的废防渗料耐火材料，由于该电解槽在大修之前的电解生产过程中，其电解质成分中含有较高的 KF 和 LiF，因此该试样中除了上述实验的物相成分外，还含有 Li 和 K 元素，其主要成分为：Al_2O_3 27.6％、SiO_2 41.05％、F 4.21％、K 1.72％、Li 0.32％、Ca 1.31％、Na 13.92％。其与铝灰的配比为 1∶1，在与实验一相同的实验条件下，真空蒸馏分离后所得到的分离产物为：①Na-K 合金 16g，占还原物料量的 8％；②电解质 20g，占还原物料量的 10％；③剩余残渣主要成分为 Al_2O_3 63.01％、SiO_2 27.43％，其他成分占比为 F 0.36％、Ca 0.35％、Na 0.25％。由于残渣中 F 以 CaF_2 形式存在，其含量很少，可作为耐火材料的原料使用，也可作为制作铝电解槽炉底防渗料的原料被加以利用。

　　蒸馏出来的碱金属合金以钠钾成分为主，在常温下以液态形式存在，其 K-Na 合金的二元相图如图 20-10 所示。

　　通过上述两组实验可以看出，如果将铝灰与电解槽废耐火材料内衬磨细料混合制团，在 1000～1200℃ 的温度条件下，进行真空还原，不仅可实现铝电解槽废耐火材料内衬和铝熔铸及加工过程产生的铝灰固体废料零排放，而且还使得这些固体废料中的所有组分得到高效分离和利用，其工艺流程图如图 20-11 所示。铝电解槽废耐火材料、加铝灰真空蒸馏后的物质及蒸馏获得的设想的电解质的 X 射线衍射分析如图 20-12～图 20-14 所示。

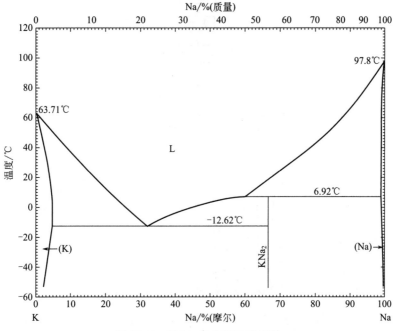

图 20-10　K-Na 合金的二元相图

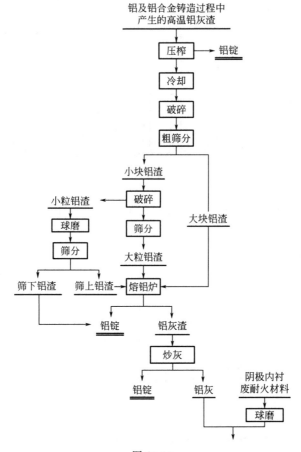

图 20-11

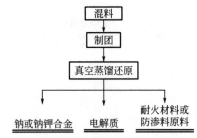

图 20-11　利用铝灰处理废耐火材料槽内衬的工艺流程图

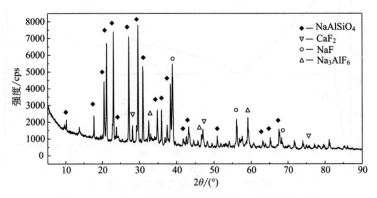

图 20-12　大修电解槽底部防渗料的 X 射线衍射分析

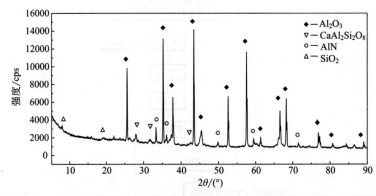

图 20-13　大修电解槽槽底防渗料加铝灰蒸馏后残余物料的 X 射线衍射分析

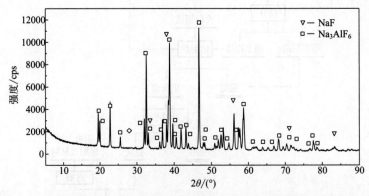

图 20-14　大修电解槽槽底防渗料加铝灰蒸馏后获得的电解质 X 射线衍射分析

20.3　电解槽大修固体废料的处理和回收

工业铝电解槽大修时形成如下几种固体废料。

1. 炭质固体废料

炭质固体废料包括废阴极炭块、阴极炭块间缝捣固糊形成的炭质废料和边糊、边部炭块以及钢棒糊形成的炭质固体废料。

2. 耐火材料质固体废料

由于现代电解槽普遍采用干式防渗料作为阴极炭块底部的耐火材料，防渗料底部为耐火保温砖、硅酸钙板或陶瓷纤维板，而电解槽的侧下部则为耐火混凝土浇注料。电解槽大修时产生的上述固体废料统称为电解槽耐火材料质固体废料。得益于干式防渗料具有较高的 SiO_2 含量，在电解槽的铝电解生产过程中，防渗料会与渗透的电解质反应形成一层能够有效地防电解质渗透的防渗层。防渗料底部的耐火保温砖、硅酸钙板、陶瓷纤维板等受到侵蚀的概率较低，因此一般在谈及电解槽耐火材料质固体废料时，不包括未被电解质侵蚀的干式防渗料耐火材料和耐火保温材料，这部分材料可直接分拣后加以回收，被加工成槽侧部内衬耐火浇注料的骨料或作为新的耐火材料的原料使用，即使将这些物料废弃也不会对环境造成污染。

3. 氮化硅结合的碳化硅固体废料

某些现代的大型预焙阳极电解槽的侧部使用氮化硅结合的碳化硅砖。氮碳化硅砖虽有较强的高温抗氧化能力和抗电解质侵蚀能力，但当其长时间工作在有铝液和电解质熔体的环境条件下，也会被电解质或铝液侵蚀或腐蚀，而形成含电解质的废氮碳化硅固体废料。由于氮碳化硅也属于耐火材料，因此也可将这种废料列入废耐火材料之中。

现代的工业铝电解槽均采用预焙阳极电解槽，而且电解槽的电流强度越来越大，单槽产量越来越高。电解槽的寿命一般为 5～7 年，电解槽大修后产生的固体废料，主要是废阴极炭块和废耐火材料两种固体废料。

电解槽吨铝产生的固体废料的多少主要取决于电解槽寿命，除此之外也与电解槽的大小有关。电解槽的大型化有利于电解槽吨铝产量下固体废料量的减少。表 20-3 是来自于我国某电解铝厂几种不同电流强度槽内衬材料的用料量数据。从该表中的数据可以看出，随着电解槽大型化程度的提高，电解槽内衬材料的消耗量也大幅度地提高，但是，如果我们按单位的电流强度（假如 1kA）所用的内衬材料来计算的话，则电解槽吨铝产量所消耗的电解槽内衬材料和产生的固体废料会随着电解槽电流强度的增大而减小，如表 20-4 所示。

表 20-3　我国某电解铝厂不同电流强度电解槽槽内衬材料的用量

名称	砌入材料及质量/t				
	保温材料	耐火材料	炭素材料	浇注料	合计
186kA 电解槽	3.8	18.6	25.9	5.2	53.5
200kA 电解槽	3.7	17.7	26.6	4.9	52.9
240kA 电解槽	4.4	19	29.8	5.2	58.4
320kA 电解槽	5.7	21.9	37.9	5.4	70.9
420kA 电解槽	7.3	32.1	44.9	5.2	89.5

表 20-4　不同电流强度电解槽单位电流强度消耗的槽内衬材料量

电解槽槽型	单位电流强度(1kA)所用的内衬材料量/(t/kA)				
	保温材料	耐火材料	炭素材料	浇注料	合计
186kA 电解槽	0.020	0.100	0.139	0.028	0.288
200kA 电解槽	0.019	0.088	0.133	0.0245	0.264
240kA 电解槽	0.018	0.079	0.124	0.022	0.243
320kA 电解槽	0.018	0.068	0.118	0.017	0.222
420kA 电解槽	0.017	0.076	0.107	0.012	0.213

以一个 420kA 系列 256 台电解槽为例，根据表 20-3 中的数据，电解槽内衬实际使用量为 89.5t×256＝22912t，而要建设同样产量的 200kA 系列电解槽（假设两种电解槽的平均电流效率相同），则需要建两个系列，每个系列为 269 台电解槽，其电解槽内衬的实际用量要 52.9t×269×2＝28460.2t，这比前者多出 5548.2t。

电解槽吨铝产量所产生的固体废料除了与电解槽大小和电解槽寿命有关外，还与其在寿命期间内所渗透到槽内衬中的电解质的量的多少有关，而这又取决于电解槽某些工艺技术条件，如电解质的分子比、电解温度、阴极电流密度等，高电解温度、高分子比、高阴极电流密度会增加电解质向阴极内衬中的渗透。电解槽运行的早期阶段，电解质和金属钠向电解槽内衬中的渗透速度较快，但一旦渗入到槽底的电解质组分与防渗料层的高硅质耐火材料反应生成非晶态的玻璃体物质之后，会使电解质的渗透速度降低，但这并不意味着在槽底生成非晶态的玻璃体之后，电解质和金属钠向内衬中的渗透会停止，而是渗透速度的降低。随着槽龄的增长，电解槽内衬中渗入的电解质量会增加。一般来说，一个寿命超过 5 年的电解槽，仅耐火材料内衬中由于电解质和金属钠渗入并与耐火材料反应生成硅铝酸钠所引起的耐火材料内衬质量的增加可达 35%～38%，而废阴极炭块内衬中渗有差不多相同比例的金属钠和电解质。

20.3.1　废阴极炭块及其物相组成

铝电解槽使用不同炭质材料的阴极炭块，它们在工业铝电解槽上表现出不同的电阻特性，对电解质和钠的渗透能力也不尽相同。

电解质和碱金属在炭阴极中的渗透过程属于化学渗透和电化学渗透，但以电化学渗透为主。钠和电解质熔体向炭阴极内衬中进行渗透的过程中，钠是表面活性物质，它与炭生成晶间化合物，改变了炭的结构，加速了电解质的渗透。

对于铝电解槽废阴极炭块中所含有的物相组成，有许多学者对其进行过研究和分析，但不同的研究者给出的数据可能由于所取阴极试样来自于不同阴极炭块位置、不同阴极寿命以及不同工艺技术条件的电解槽而有所不同。

翟秀静对一个取自抚顺铝厂含有少量的 LiF 添加剂的、槽寿命为 4 年的一个 65kA 自焙槽大修时废阴极炭块试样所进行的 X 射线衍射分析（如图 20-15）得出，该电解槽废阴极除了渗透的冰晶石电解质外，还存在着一定量的 Al_2O_3、$NaAl_{11}O_7$、LiF 和氰化物 $Na_4Fe(CN)_6$。而王耀武对来自两个铝厂现代大型铝电解槽的废阴极炭块的物相分析（如图 20-16 和图 20-17）表明，铝电解槽废阴极炭块的主要物相为炭、冰晶石、氟化钠和氟化钙，除此之外，当电解质中含有较多的氟化钾和氟化锂时，废阴极炭块中还含有少量的氟化钾和氟化锂。在工业铝电解槽中，氰化物 NaCN 存在于槽底的阴极炭块内衬中，其在阴极炭块和炭阴极内衬中呈不均匀分布（如图 20-29 所示）。因此，并非所有的废阴极炭块的 X 射线衍射分析都显现出 NaCN 和 $Na_4Fe(CN)_6$ 的存在。

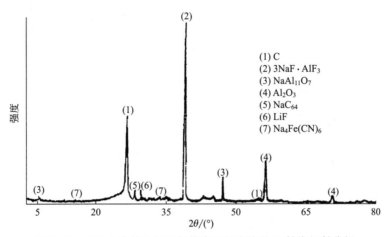

图 20-15　65kA 自焙阳极电解槽废阴极炭块的 X 射线衍射分析

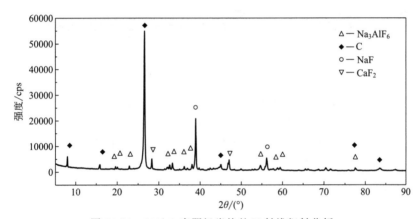

图 20-16　300kA 废阴极炭块的 X 射线衍射分析

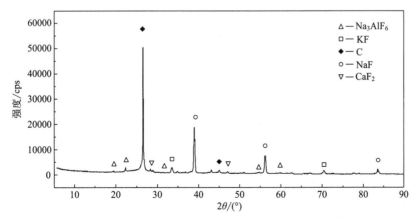

图 20-17　某铝厂含锂含钾阴极炭块的 X 射线衍射分析

实际上，对工业铝电解槽来说，其阴极炭块中渗入的电解质组分与组分含量是随着槽龄的变化而改变的，这也被 Lossius 和 Фye 的研究所证实，如图 20-18 所示。

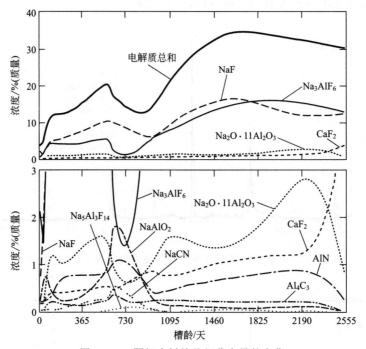

图 20-18　阴极内衬熔盐组分含量的变化

由图 20-18 可以看出，在工业铝电解槽的炭阴极中，不仅有渗透进的氟化物熔盐电解组分，如 NaF、Na_3AlF_6、$Na_5Al_3F_{14}$，而且还有碳和氮元素的化合物，如 AlN、NaCN 和含氧的化合物 $NaAlO_2$、$Na_2O \cdot 11Al_2O_3$。实际上含碳、氮、氧化合物生成与存在，与渗入到槽内衬中的 N_2 和 CO 是分不开的，其中几个主要的化合物的生成反应可以用如下的化学反应方程式来表示：

$$0.75Na_3AlF_6 + 1.5CO + 3Na(C) \longrightarrow 0.75NaAlO_2 + 4.5NaF + 1.5C \qquad (20\text{-}21)$$

$$Na_3AlF_6 + 0.5N_2 + 3Na(C) \longrightarrow AlN + 6NaF \qquad (20\text{-}22)$$

$$3AlN + 6CO + Na(C) \longrightarrow 3NaAlO_2 + 6C + 1.5N_2 \qquad (20\text{-}23)$$

$$4Na_3AlF_6 + 3C + 12Na(C) \longrightarrow Al_4C_3 + 24NaF \qquad (20\text{-}24)$$

这些反应在 950℃ 的温度时，都表现出具有绝对值很大的负的吉布斯自由能值，因此在工业电解槽的技术条件下，这些反应都是可以发生的，然而在电解槽阴极密闭的情况下，渗透到炭阴极中的 N_2 和 O_2 的量必然很少，因此氮氧化合物在阴极炭块中的量很少，这从图 20-18 给出的测定结果可以看出。然而在某些位置的炭材料内衬中，这些含氮和氧的化合物的量可能比较大，特别是氰化物这种毒性较大的化合物大多存在于电解槽侧部的炭内衬中，因为侧部炭质内衬可以更多地接受从阴极钢棒窗口渗入的氮，从而发生如下反应：

$$1.5N_2 + 3Na + 3C \longrightarrow 3NaCN \qquad (20\text{-}25)$$

从图 20-18 中还可以看出，在铝电解槽阴极炭块所渗透的物相组成中还存在有较高含量的 CaF_2，CaF_2 的存在也被王耀武的研究所证实。

关于 CaF_2 在炭阴极中的渗透和形成的机理尚不清楚，目前也没有对此进行研究的报道。现在的工业铝电解槽中也可使用 LiF 添加剂。LiF 的加入也可提高电解质的导电性能，

LiF 通常以 Li_2CO_3 化合物的形式被加入到电解槽中，但由于锂盐太贵，因此很少被电解厂采用。某些中国的电解铝厂，由于使用的氧化铝原料含有较高的 Li_2O 和 K_2O 杂质，致使这些电解槽的电解质中含有较高浓度的 LiF 和 KF 含量。毫无疑问，电解质熔体中的 LiF 和 KF 也会随 NaF 和冰晶石熔体向电解槽底部的阴极炭块和耐火材料中渗透，其渗透量与其在电解质熔体中的浓度呈正比。

如果电解质熔体中存在 LiF 和 KF，那么金属铝液中也必然有金属锂和钾的存在，尽管在铝的电解生产过程中存在着 Na^+、Li^+ 和 K^+ 在阴极表面上的放电，但铝液中的 Na、Li、K 金属主要是如下的铝热还原反应产生的：

$$3LiF(液)+Al(液)\longrightarrow AlF_3(液)+3Li(液) \tag{20-26}$$

$$3KF(液)+Al(液)\longrightarrow AlF_3(液)+3K(液) \tag{20-27}$$

$$3NaF(液)+Al(液)\longrightarrow AlF_3(液)+3Na(液) \tag{20-28}$$

从上述的反应方程式可以看出，阴极铝液中的 Li 和 K 的含量会随着电解质熔体中 LiF、KF 浓度的增加而增加。

研究表明，铝电解槽的炭阴极具有很强的吸收铝液中碱金属、生成炭的晶间化合物的能力。铝电解槽阴极炭块吸收碱金属的能力与阴极炭素材料的结构有关，随阴极炭素材料石墨化程度的增加而减弱，也就是说炭质阴极材料吸收碱金属的能力按从大到小的顺序为：无烟煤炭质材料＞半石墨化或石墨质炭质材料＞石墨化炭质材料。对于相同结构的炭质阴极材料而言，碱金属向炭质材料中的渗透能力随着碱金属碱性的增强而增强。其顺序是 K 最强，Na 次之，Li 最弱。然而这些碱金属被阴极炭块吸收量的大小也与这些碱金属在阴极铝液中浓度的大小有关，就电解槽的铝液中所存在的 Li、K 和 Na 三种碱金属而言，其在铝液中的活度和浓度与它们的氟化物 LiF、KF 和 NaF 在电解质熔体中的活度大小呈正比。因此，在含有 KF 组分的电解质熔体中，即使 KF 的浓度较低，远小于 NaF 的浓度，其在电解槽阴极炭块中所渗入的 K 的浓度也很大，并与渗入的 Na 形成 Na-K 合金。这已被王耀武的实验所证实。王耀武在对取自我国河南某电解铝厂的电解质熔体中含 5%KF 的电解槽废阴极炭块进行真空蒸馏时，得到了 Na-K 合金，这种 Na-K 合金在室温时即为液态，将该钠钾合金氧化并溶于水用盐酸中和后，经蒸发所得结晶产物由 NaCl 和 KCl 组成，如图 20-19 所示。由图 20-19 可以看出，其 NaCl 的含量远大于 KCl 的含量，这表明废阴极炭块真空蒸馏出来的 Na-K 合金中钠的含量远大于钾的含量。

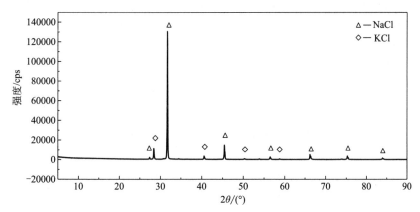

图 20-19 含有 5%KF 添加剂的电解槽废阴极炭块经真空蒸馏后所取得的合金溶入水后加酸中和经蒸发所得结晶产物的 X 射线衍射分析

同样地，在对从某铝厂取回的电解质中没有 LiF 和 KF 添加剂的破损槽的阴极炭块进行真空蒸馏分离时，得到的是固态的纯金属钠，其钠的含量与残余炭量之比与 NaC_{16} 晶间化合物中 Na 与 C 含量之比比较一致，这表明，该实验从某电解铝厂取得的铝电解槽废阴极炭块中的基体是一种 NaC_{16} 晶间化合物，这种晶间化合物具有比阴极炭块更好的导电性能。

20.3.2　耐火材料固体废料及其物相组成

工业铝电解槽也是一种具有特殊结构的电阻炉，其电阻发热的主体是冰晶石-氧化铝电解质熔体。为了防止电解质熔体对炉内衬的腐蚀，电解槽内衬使用炭素材料制作，炭素内衬的底部炭块作电解槽的阴极。炭阳极位于电解质熔体的上方并进入电解质熔体中，直流电流从阳极导入经由电解质熔体从炭阴极导出，溶解在冰晶石熔体中的氧化铝被电解成金属铝的电化学过程在两个电极上进行。因此，通入电解槽的直流电能一部分分解氧化铝，一部分加热电解质熔体保证氧化铝电化学分解所需温度。在稳定的电解槽热平衡条件下，电解槽的热损失等于电解槽中电阻发热体产生的电阻热和槽内铝的二次反应所产生的热以及部分阳极炭的化学氧化所产生的热之和。因此铝电解槽的节能是在保障电解槽具有高效率的情况下通过减少电解槽的热损失和调节电解槽的热平衡来实现的。因此，电解槽中的耐火材料和保温材料有两种作用：一是防止铝和电解质渗透；二是起绝缘和保温的作用。为此，电解槽要使用合理的内衬耐火材料和保温材料，同时还要求这种内衬耐火和保温材料具有很好的热的和化学的稳定性，使电解槽具有较长的使用寿命。对铝电解槽而言，就是要求电解槽内衬的耐火和保温材料，特别是耐火材料具有较好的抗渗透电解质磨蚀的性能。

从铝工业的发展史来看，早期电解槽在阴极炭块之下一般使用普通的高铝硅比的耐火材料和保温材料，之后一段时间使用粉状氧化铝铺垫在槽底阴极炭块和耐火砖之间，耐火砖底部使用黏土质保温材料，在边部炭砖和边部槽壳之间砌筑有耐火砖和耐火板或填充有氧化铝粉，这都是出于电解槽保温的需求。

对现代电解槽而言，传统的自焙阳极电解槽和 200kA 以下的预焙槽已被淘汰或正在被淘汰，取而代之的是 200kA 以上的大型预焙阳极电解槽。现代的大型预焙阳极电解槽使用中部打壳自动下料技术和较小的边部加工面和槽边部散热型结构设计，其边部不再砌筑耐火材料。为了提高电解槽的寿命、减少槽底渗漏电解质对耐火材料的侵蚀，在槽底使用电解质防渗耐火材料，这种防渗料实际上是一种高 SiO_2/Al_2O_3 比的耐火材料，可以与渗透到电解槽底部的电解质反应，生成玻璃体状的非晶态硅铝酸钠，使其具有阻挡或减缓电解质向槽底的进一步渗透和侵蚀的功能。铝电解槽阴极内衬中所用的各种耐火材料和保温材料在 Sørlie 和 Øye 所著的 Cathodes in Aluminium Electrolysis（《铝电解槽阴极》）一书中有更详细介绍。

工业电解槽上常用的耐火材料和轻质保温材料的化学组成和性质见表 20-5 和表 20-6。

表 20-5　铝电解槽上所用耐火砖的化学组成及性质

耐火砖	化学组成/%						体积密度 /(g/cm³)	热导率 /[W/(m·K)]
	Al_2O_3	SiO_2	MgO	CaO	Fe_2O_3	Na_2O		
黏土耐火砖	18~45	50~75	<0.5	<0.5	1~2	1~3	2.0~2.2	1~1.5
高铝砖	46~80	20~49	—	—	—	—	2.3~3.3	1.5~3.0

表 20-6　铝电解槽轻质保温材料的化学组成及性质

化学组成及性质	硅酸钙砖		珍珠岩砖	硅藻土砖
SiO_2/%	47	47	65	77
Al_2O_3/%	—	7	15	9
CaO/%	45	2	4	1
MgO/%	—	21	3	1
Fe_2O_3/%	—	4	4	7
密度/(g/cm³)	0.2～0.3	0.3～0.6	0.4～0.5	0.6～0.8
总孔隙度/%	90	70～80	80～85	70～80
抗压强度/MPa	1～2	1～5	1～3	1～7
最高使用温度/℃	1100	1100	900	900～950
200℃时的热导率/[W/(m·K)]	0.05～0.1	0.1～0.15	0.1	0.1～0.15

高铝砖主要矿物成分为莫来石，其余成分为 Al_2O_3，在莫来石中，Al_2O_3 含量为 45%～50%。黏土耐火砖也是一种含 Al_2O_3、SiO_2 矿物组成的砖，但其中的 Al_2O_3 含量少、SiO_2 含量多。由于耐火黏土砖的热膨胀系数比其他砖的热膨胀系数小，因此在工业电解槽上被广为使用。

镁砖 MgO 含量在 90% 以上，仅在苏联的电解铝厂使用，并没有在其他国家电解铝厂使用，原因是镁砖较贵。镁砖也许可以用在电解槽上，但这需要电解槽内衬中为还原性气氛。槽底内衬中漏入空气，会使镁砖氧化。在价格上，镁碳砖比黏土耐火砖和镁砖贵得多。

所谓的干式防渗料多以粉状料的形式被利用，国际知名的学者、一生从事铝电解槽阴极理论与技术研究的专家 Φye 教授指出，工厂和实验室都没有发现这些材料比标准的耐火砖具有更好的抗电解质渗透和腐蚀的能力，它的优点只是因为其为粉状料，用起来比较方便。

最近的研究指出，含 60%～70%SiO_2 的高硅耐火砖是最有效的抵抗电解质渗透的耐火砖。高硅的耐火砖与渗透的电解质可以形成黏度很大的含有钠长石成分的物质，在阴极炭块底部建立起一个不让渗透电解质继续往下渗透功能的玻璃态层。

SiO_2 与 Al 的反应是放热量很大的化学反应，这可能是高硅耐火砖的缺点，因此耐火砖中的 SiO_2 含量应该要有一个限量。

图 20-20 是一个具有代表性的槽龄为 547 天的 300kA 电解槽停槽后槽底内衬被渗透电解质腐蚀后的照片。

从图 20-20 可以明显地看到，槽底防渗料被电解质腐蚀后形成玻璃态层，在玻璃态层和阴极炭块之间是电解质组分与被腐蚀的防渗料的混合物料层，玻璃态层之下为未被腐蚀的耐火材料和保温材料。然而从大多数槽龄较长的大修电解槽的刨炉情况来看，这种玻璃态层往往并不能明显地被观察到。王耀武对取自我国某电解铝厂的一个大修槽

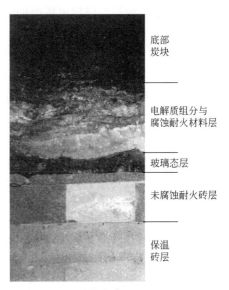

底部
炭块

电解质组分与
腐蚀耐火材料层

玻璃态层

未腐蚀耐火砖层

保温
砖层

图 20-20　某槽寿命 547 天的 300kA
电解槽槽底内衬照片

中的一块靠近阴极炭块的被电解质腐蚀的耐火材料物料进行了物相分析，分析结果如图 20-21 所示。

由图 20-21 可以看出，阴极炭块底部的防渗料被电解质腐蚀后，防渗料的 SiO_2 和 Al_2O_3 组分已不复存在，取而代之的是硅铝酸钠化合物。

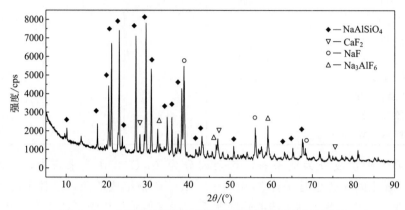

图 20-21　大修电解槽阴极炭块底部的防渗料的物相分析

20.3.3　炉底内衬耐火材料中的反应

在电解过程中，钠和电解质渗透阴极炭块，当它们到达阴极炭块下部的耐火材料上时，会与耐火材料反应。当此时阴极炭块底部的温度为 Na_3AlF_6-NaF 的共晶温度时，渗入到这里的电解质就会凝固，不能再往下渗透和渗漏。

当阴极炭块底部的温度高于渗入电解质熔体的初晶温度时，电解质熔体具有熔解耐火材料中的氧化铝和氧化硅的能力，氧化铝在此电解质中的溶解度约在 10％或者更低一些。

人们从槽龄较长的破损电解槽的解剖分析得出，阴极炭块下部被腐蚀的耐火材料可分为3 部分。

① 最上部与阴极炭块相接触的部分，在由阴极炭块上拱形成的空间里充满固体电解质。

② 中间层含有少量未被侵蚀的和已被电解质熔体侵蚀的耐火材料与电解质熔体形成的混合物，尽管耐火材料的几何形状、孔隙度和颜色已被改变，但其原有的大概形状仍可见，中间层处于耐火砖层下部和保温层上部的位置。

③ 下部处于保温层中，基本上未被电解质渗入和侵蚀，但机械应力可能使保温砖破裂，高温部分的保温砖（硅藻土砖）收缩了，并使颜色发生改变。

一些研究者对寿命在 2000d 和 3000d 的电解槽阴极炭块下部以下 30cm 以内的耐火材料和保温层材料中的混合物的成分进行分析得出，其炭块底部与炭块相接触的层面组成为 Al_4C_3、Al-Fe-Si 和 NaF，再往下的部分依次是

$$NaF + Al\text{-}Fe\text{-}Si + Al_4C_3$$
$$\downarrow$$
$$NaF + \beta\text{-}Al_2O_3$$
$$\downarrow$$
$$Na_3AlF_6 + \beta\text{-}Al_2O_3$$
$$\downarrow$$

$$NaF + NaAlSiO_4 + 化学组成接近 6NaAlSiO_4 \cdot xNaF(2 \leqslant x \leqslant 3) 的物相成分$$

无反应的耐火材料/保温材料层

Schöning 等人从 4 个方面阐述了铝电解生产过程中电解槽耐火材料内衬中的反应和物相组成及其生成机理，这些反应分别于 20.3.3.1～20.3.3.4 进行说明。

20.3.3.1　电解质与耐火材料的反应

在电解生产过程中，渗入到电解槽耐火材料内衬中的电解质为分子比大于 3 的碱性冰晶石熔体，由 NaF 和 Na_3AlF_6 组成，其中 NaF 与耐火材料反应所生成的化合物依耐火材料中 SiO_2/Al_2O_3 质量比的不同而有所不同。

依据阴极炭块下面的耐火材料被电解质腐蚀后的物相分析，Seltreit 给出了如下的耐火材料的腐蚀和破坏机理。

① 渗透到耐火材料的电解质熔体为分子比大于 3 的碱性冰晶石熔体，它与黏土耐火砖的 SiO_2 和 Al_2O_3 反应

$$3SiO_2(固) + 2Al_2O_3(固) + 6NaF(液) \longrightarrow Na_3AlF_6(液) + 3NaAlSiO_4(固) \tag{20-29}$$

$$9SiO_2(固) + 2Al_2O_3(固) + 6NaF(液) \longrightarrow Na_3AlF_6(液) + 3NaAlSi_3O_8(固) \tag{20-30}$$

② 按反应式(20-29)和式(20-30)反应，氟化物电解质熔体可以被酸化，由于 SiO_2 的溶解度是 Al_2O_3 的 3 倍，而电解槽下面的耐火砖一般为黏土耐火砖和黏土保温砖，因此耐火砖中的 SiO_2 就会按上述反应溶解，生成硅铝酸钠的化合物而沉离出来。

③ 对于固体冰晶石层以下的氟化物渗透是通过氟化物的蒸发传质和固相扩散传质进行的，它们与耐火材料和保温材料的化学反应机理是：

$$Na_3AlF_6(固) \longrightarrow 2NaF(液) + NaAlF_4(气) \tag{20-31}$$

$$NaAlF_4(气) + 2SiO_2(固) \longrightarrow NaAlSiO_4(固) + SiF_4(气) \tag{20-32}$$

除此之外，人们还提出了一些其他的渗透电解质组分对耐火材料的腐蚀机理。

根据质谱分析，一些研究者确认了耐火砖中莫来石成分 $3Al_2O_3 \cdot SiO_2$ 和氟化物 Na_3AlF_6 熔体反应的产物中有 SiF_4 的存在，并提出了如下的反应机理。

$$2Na_3AlF_6(液) + 2Al_2O_3(固) + 9SiO_2(固) \longrightarrow 6NaAlSiO_4(固) + 3SiF_4(气)$$
$$\tag{20-33}$$

$$5Na_3AlF_6(液) + 3NaAlSiO_4(固) \longrightarrow 18NaF(液) + 4Al_2O_3(固) + 3SiF_4(气)$$
$$\tag{20-34}$$

按照 Foster 的研究结果，NaF 和 $\alpha\text{-}Al_2O_3$ 不能共存于一个相中，炉底产物中的 $\beta\text{-}Al_2O_3$ 是由反应 (20-35) 形成的：

$$6NaF + 34\alpha\text{-}Al_2O_3 \longrightarrow 3(Na_2O \cdot 11Al_2O_3) + 2AlF_3 \tag{20-35}$$

图 20-22 所示的是 $(Na_3AlF_6\text{-}NaF)_{共晶}\text{-}3Al_2O_3 \cdot SiO_2$ 二元系相图。由图 20-22 可以看出，在低于 880℃的固相中存在着 $\alpha\text{-}Al_2O_3$ 和 NaF，这似乎与 Foster 的研究结果有些不一致。在有 NaF 存在的情况下，上述二元相图里固相中 $\alpha\text{-}Al_2O_3$ 的存在也可能是反应 (20-36) 形成的：

$$2SiO_2 + NaO \cdot 11Al_2O_3 \longrightarrow 2NaAlSiO_4 + 10\alpha\text{-}Al_2O_3 \tag{20-36}$$

而根据 Schöning 的研究结果，NaF 腐蚀耐火材料的化学反应所生成的硅铝酸钠的物相组成与耐火材料的 SiO_2/Al_2O_3 质量比有关。

在低 SiO_2/Al_2O_3 比时，化学反应主要产物为霞石：

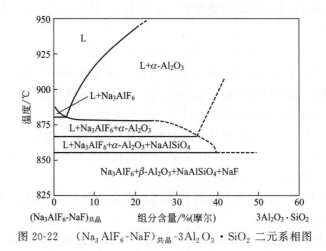

图 20-22 　$(Na_3AlF_6\text{-}NaF)_{\text{共晶}}\text{-}3Al_2O_3 \cdot SiO_2$ 二元系相图

$$6NaF(液)+SiO_2(固)+2Al_2O_3(固)\longrightarrow 3NaAlSiO_4(固)+Na_3AlF_6(固) \qquad (20\text{-}37)$$

在高 SiO_2/Al_2O_3 比时，主要产物为钠长石：

$$6NaF(液)+9SiO_2(固)+2Al_2O_3(固)\longrightarrow 3NaAlSi_3O_8(固)+Na_3AlF_6(固)$$

$$(20\text{-}38)$$

其中霞石为晶态，而钠长石是一种非晶态的黏性玻璃体，因此，具有防电解质渗透的功能。

当耐火材料为纯的氧化铝时，其产物为 β-氧化铝（$Na_2O \cdot 11Al_2O_3$）。

$$12NaF(液)+34Al_2O_3(固)\longrightarrow 3Na_2O \cdot 11Al_2O_3(固)+2Na_3AlF_6(固) \qquad (20\text{-}39)$$

相对于 α-氧化铝来说，反应生成的 β-氧化铝密度相对低，在槽底耐火材料的内衬中会引起明显的体积膨胀，这一反应已被大部分人所接受，也可能正是由于这个原因，现代的铝电解槽已不再使用氧化铝作为槽底内衬的耐火材料。

根据这一反应机理，Schöning 等人给出了不同 NaF 质量分数和不同 SiO_2/Al_2O_3 比的 NaF 与耐火材料反应所生成的相组分，如图 20-23 所示。

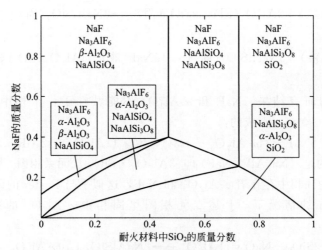

图 20-23　在 NaF 腐蚀硅酸铝耐火材料中的相组成

由图 20-23 可以看出，阴极炭块底部被渗透电解质腐蚀之后的防渗料和耐火材料的组成不仅与耐火材料（包括防渗料）的 SiO_2/Al_2O_3 比有关，而且与渗透入槽底的电解质组分有关，而渗透入槽底的电解质组分与电解槽的工艺条件和电解质组分有关。

评价耐火砖抗氟化物熔盐浸蚀最通用的方法称为杯形坑实验法。该测试方法被认为是 ISO 标准。测试中使用的试样大约为 110mm×100mm×64（或 75）mm。测试方法如下：在试样中心钻出直径 55mm、深 40mm 的杯形坑。坑的底部表面平坦，实验之前试样在 110℃烘干 24h，然后将质量分数 60％的冰晶石和 40％的氟化钠（NaF/AlF$_3$ 分子比 6.33，接近于 Na$_3$AlF$_6$/NaF 共晶点）均匀混合的粉末 150g 填充到坑内。测试杯置于电炉内，在 950℃空气气氛中加热 24h。实验结束后将砖取出然后沿轴线切开，检查横截面获得已反应的或溶解的砖的体积。由于过程不存在铝液或钠蒸气，通过该方法可以得出耐火材料或槽底防渗料抗冰晶石电解质腐蚀的情况。

利用这一方法，solheim 等人测试了各种不同 SiO$_2$ 含量的耐火材料抵抗电解质腐蚀的情况，研究者发现，测试的几乎所有的耐火砖均没有完全被氟化物熔盐渗透。在过程的早期，在砖的表面形成一个黏稠的硅酸盐熔体反应层。在大多数情况下，坑的底部只有轻微浸蚀，而坑的四周浸蚀严重。造成这一现象的原因是富含二氧化硅的熔盐向下流动在杯的底部形成一个保护层。通常，该熔体分为两种液相，一种是底部形成的黏稠的相对不反应的硅酸盐熔体，大多数氟化物保留在顶部。底部的进一步溶解必须通过离子传递通过硅酸盐熔体，这是一个缓慢的过程。

一个玻璃态层会作为一种有效的渗透屏障阻止进一步浸蚀。实验结果给出，随着耐火砖中二氧化硅含量的增加，玻璃相的生成量和保护性熔盐的黏度都会增加。杯底部硅酸盐熔体的厚度随着二氧化硅含量的增加而增加，而浸蚀程度相应减小。图 20-24 为不同二氧化硅含量的三种耐火砖的氟化物熔盐浸蚀的结果。二氧化硅含量和抗冰晶石腐蚀性的关系如图 20-25 所示，抗冰晶石腐蚀性是通过测试试样横截面被溶解或反应的面积来定义的。在耐火材料中二氧化硅质量分数低于 30％时，熔体有渗透穿过砖样的趋势，这是玻璃相形成不充分所致。

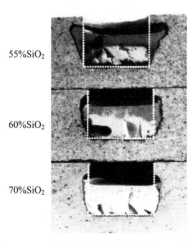

图 20-24　不同二氧化硅含量的黏土耐火砖
的杯形坑实验结果
虚线表示原有杯形坑的大约尺寸

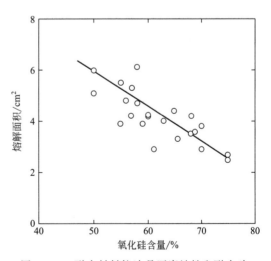

图 20-25　耐火材料抗冰晶石磨蚀性和耐火砖
中二氧化硅含量的关系

在关于电解质与炉衬耐火材料反应机理的讨论中，也存在有其中间产物 SiF$_4$ 的观点，但这一观点尚无法得到证明。

20.3.3.2 钠蒸气与耐火材料的反应

铝电解槽阴极铝液中存在着金属钠，铝阴极表面的 Na^+ 的电化学放电反应是阴极铝液中存在金属钠的原因之一。在电解质熔体中，存在 Na^+ 和与 F^- 络合的 Al^{3+}。在通常的工业铝电解槽的工艺技术条件下，虽然 Na^+ 放电电位比 Al^{3+} 在阴极上的放电电位高 $0.24V$ 左右。但 Na^+ 在阴极上的放电还是少量存在的。Na^+ 在阴极表面上的放电多少，与电解质熔体的分子比、NaF 的活度和电解质温度有关。提高电解槽电解温度和电解质分子比，会增加 Na^+ 在阴极上的放电。

铝电解槽阴极中的 Na 也可能来自于铝与电解质熔体中的 NaF 的化学反应：

$$3NaF + Al \longrightarrow 3Na + AlF_3$$

这种反应不仅存在于阴极铝液与电解质熔体的界面上，而且当有阴极铝液渗漏入阴极炭块和炭块下的耐火材料中时，铝会与渗漏入阴极和耐火材料中电解质发生铝热还原反应，生成金属钠。

电解槽阴极铝液中的金属钠可以渗入到（阴极铝液下的）阴极炭块的碳晶格中，与阴极炭生成钠的晶间化合物。这种晶间化合物很稳定，即便是电解槽破损后，将阴极炭块取出，放置若干年后，这种晶间化合物也不会分解。阴极铝液中的金属钠也可以通过阴极炭块中的孔隙与孔隙之间的电解质熔体以物理扩散的形式渗透入阴极炭块底部的耐火材料中，并与耐火材料中的 SiO_2 和 Al_2O_3 反应，生成硅铝酸钠化合物。因此在电解槽的耐火材料内衬中，不仅有电解质与耐火材料的反应，也必然有碱金属与耐火材料的反应。根据热力学的分析和计算，表 20-7 中的下列反应是可以发生的。

表 20-7　可能存在的电解槽内衬中钠与耐火材料的反应及其在 800℃ 时的反应自由能

反应	吉布斯自由能（800℃）	体积变化/%
$14/3\alpha\text{-}Al_2O_3(固) + Na(气) \longrightarrow NaAl_9O_{14}(固) + 1/3Al(液)$	$-31kJ$	$+27$
$14/3\gamma\text{-}Al_2O_3(固) + Na(气) \longrightarrow NaAl_9O_{14}(固) + 1/3Al(液)$	$-98kJ$	$+17$
$2/3\alpha\text{-}Al_2O_3(固) + Na(气) \longrightarrow NaAlO_2(固) + 1/3Al(液)$	$-13kJ$	$+95$
$2/3\gamma\text{-}Al_2O_3(固) + Na(气) \longrightarrow NaAlO_2(固) + 1/3Al(液)$	$-23kJ$	$+80$
$3/4SiO_2(固) + Na(气) \longrightarrow 1/2Na_2SiO_3(固) + 1/4Si(固)$	$-76kJ$	$+47$
$5/4SiO_2(固) + Na(气) \longrightarrow 1/2Na_2Si_2O_5(固) + 1/4Si(固)$	$-84kJ$	$+20$
$1/2Al_6Si_2O_{13}(固) + Na(气) \longrightarrow 3/4NaAlSiO_4(固) + NaAl_9O_{14}(固) + 1/4Si(固)$	$-72kJ$	$+20$
$3/4NaAlSiO_4(固) + Na(气) \longrightarrow 3/4NaAlO_2(固) + 1/2Na_2SiO_3(固) + Si(固)$	$-46kJ$	$+25$
$3/8NaAlSi_3O_8(固) + Na(气) \longrightarrow 1/2Na_2SiO_3(固) + 3/8NaAlSiO_4(固) + 1/4Si(固)$	$-49kJ$	$+30$
$1/3Na_3AlF_6(固) + Na(气) \longrightarrow 2NaF(固) + 1/3Al(液)$	$-27kJ$	$+41$

应该说，表 20-7 中的钠与耐火材料的反应与钠的活度和耐火材料中 SiO_2 的含量有关。基于对钠与耐火材料反应热力学的进一步计算，Tschope 得出钠与耐火材料反应在理论上应该与 Na 的蒸气压和耐火材料中 SiO_2 的质量分数有关，如图 20-26 所示。

$\beta(\beta')\text{-}Al_2O_3$ 是非化学计量比化合物，$\beta\text{-}Al_2O_3$ 与 $\beta''\text{-}Al_2O_3$ 的理想分子式分别为 $Na_2O \cdot 11Al_2O_3$ 和 $Na_2O \cdot 5Al_2O_3$，但实际上 $\beta\text{-}Al_2O_3$ 与 $\beta''\text{-}Al_2O_3$ 分子式并不固定，原文献中 $\beta\text{-}Al_2O_3$ 分子式为 $NaAl_9O_{14}$，$\beta''\text{-}Al_2O_3$ 分子式为 $Na_2Al_{12}O_{19}$。$\beta\text{-}Al_2O_3$ 具有高温稳定性，

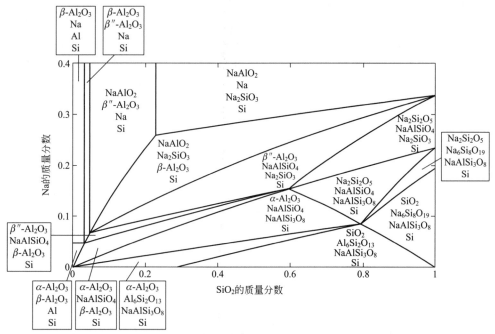

图 20-26　理论上钠与耐火材料反应生成产物的物相组成与
钠的蒸气压大小和耐火材料中 SiO_2 的质量分数的关系

β''-Al_2O_3 具有更高的电导率，但不稳定，加热到 1473k 以上时，会向 β-Al_2O_3 相转变。

由图 20-26 可以看出，如果渗入到或在槽底生成的金属钠的浓度或活度很高，即使槽底使用高 SiO_2/Al_2O_3 的防渗料，也未必就可以在槽底形成非晶态的玻璃层，这取决于电解槽的操作。电解槽使用高电解质分子比和较高电解温度以及槽底渗铝都会使槽底渗透电解质中的金属钠的浓度和活度增加。

Solheim 和 Schöning 认为在铝电解过程中，渗入到电解槽阴极炭块底部的电解质和金属钠会共同与耐火材料中的组分反应，从而腐蚀阴极底部的耐火材料。在还原气氛下下述反应是可以进行的：

$$1/6Na_3AlF_6 + Na(气) + 1/4SiO_2 \longrightarrow 1/12Al_2O_3 + 1/4Na_2O + NaF + 1/4Si(固)$$

$$(20\text{-}40)$$

当在氧化气氛时，即在有渗透空气的条件下，其反应方程式为：

$$1/6Na_3AlF_6 + Na(气) + 1/2O_2 \longrightarrow 1/12Al_2O_3 + 1/4Na_2O + NaF \qquad (20\text{-}41)$$

20.3.3.3　铝与电解槽内衬的反应

对未破损而正常运行的铝电解槽而言，在电解槽槽底阴极炭块以及槽底耐火材料中是不会出现金属铝的。尽管在 Schöning 和 Grade 给出的 Na 腐蚀耐火材料机理的研究中，谈到金属钠与耐火材料中的氧化铝有可能会反应生成金属铝，但人们在破损电解槽的被腐蚀的耐火材料中，并没有发现金属铝的存在，而只在破损电解槽中发现了漏铝。当然漏铝程度与电解槽的破损程度有关。当电解槽破损后出现漏铝，会破坏电解槽操作和阴极结构。

漏铝会熔化阴极钢棒，使阴极钢棒由固体变成液体。阴极钢棒的熔点通常在 1300℃ 以上，在电解槽操作温度范围，是不可能将钢棒熔化的。因此，阴极钢棒熔化只能是被漏铝所溶解的。当电解槽所漏的铝液流到阴极钢棒时，阴极钢棒的铁很容易熔入到铝液中，生成

Al-Fe 合金，Al-Fe 合金富 Al 侧的相图如图 20-27 所示。

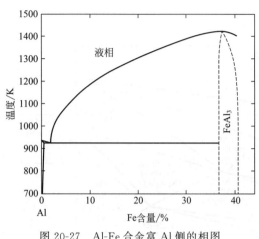

图 20-27　Al-Fe 合金富 Al 侧的相图

由 Al-Fe 合金相图可以看出，当在 900℃（1173K）时，所漏 100kg 铝液可以熔解掉约 11kg 的阴极钢棒。如果电解槽阴极炭块底部一个钢棒质量为 180kg，完全变成含 10%Fe 的 Al-Fe 合金，需要铝液约 1620kg。一般地，电解槽出现漏铝，短时间内不会达到这个量，但阴极钢棒中的铁熔解到阴极铝液中的过程是一个动态的过程。

电解槽阴极钢棒的铁熔解到铝液中之后，所漏铝液中的铁浓度迅速升高，其与阴极铝液中的铁所形成的浓度差促使漏铝中的铁不断地传质到阴极铝液中，从而使阴极铝液中的铁含量升高。这也是目前判断铝电解槽是否漏铝的唯一方法。

电解槽出现漏铝，并熔化阴极钢棒，对电解槽而言是一个危险的信号，一旦漏铝熔解阴极钢棒的过程继续向边部扩展，就会使漏铝从钢棒窗口的缝隙中流出，并继续熔解钢棒，使钢棒窗口漏铝的缝隙越来越大，并最终导致铝液直接从阴极钢棒窗口喷出，并熔断阴极母线，造成严重的漏铝事故。

因此，人们不能对发现的电解槽初始漏铝掉以轻心。因为在很多情况下，人们无法准确判断电解槽槽底出现漏铝的位置，一旦电解槽漏铝位置出现在槽底边部，一个严重的漏铝事故有可能在较短时间内发生。

电解槽出现较大的漏铝时会使阴极铝液内的电流分布产生变化，也可能会导致漏铝区域的温度升高。铝电解槽的漏铝一般出现在槽底捣固糊与阴极炭块之间的接缝处，也可以出现在阴极炭块的横向断裂的裂缝中，这与电解槽使用炭粒焙烧的不正当操作有关。槽底捣固糊分阴极炭块之间的捣固糊和阴极炭块与边部炭块之间的捣固糊。如果阴极炭块与边部炭块之间距离太大，捣固糊太宽，发生槽底边部漏铝的概率就大。当电解槽转入正常，电解槽边部伸腿和边部结壳形成后，边部漏铝的概率就会大大降低。

另外，阴极钢棒结构设计的不合理也容易造成电解槽早期破损和漏铝。

槽龄相对较长的电解槽所出现的破损和漏铝，大多出现在槽的中部。然而大型预焙阳极电解槽采用中部下料，会在电解槽的中缝上形成较厚的氧化铝沉淀层和结壳，因此会大大地降低和减少电解槽阴极破损和漏铝，这是中部下料电解槽的槽寿命大大高于边部下料电解槽寿命的重要原因之一。

由于液体铝的电阻远低于炭阴极的电阻，因此，当电解槽出现漏铝时，漏铝中的电流密度要远大于阴极炭块中的电流密度，裂缝越大，漏铝中的电流也越大。由于漏铝中有较大的电流密度，因此，其所受的磁场力也很大，这种磁场力会冲蚀裂纹，使裂纹不断扩大，漏铝越来越严重，电流又随之增加，这种情况，已在 Φye 的著作中有所阐述，如图 20-28 所示。

电解槽阴极铝液内的电流从漏铝流到阴极钢棒时，就形成了阴极铝液到阴极钢棒之间的电短路。这会造成阴极铝液内的水平电流增加，也改变了阴极铝液内的电流分布。

应该说，在槽底内衬的耐火材料在没有受到电解质和钠的侵蚀时，耐火材料相对于液体

金属铝来说是比较稳定的，电解槽内衬的
耐火材料不会与金属铝发生反应，正因为
耐火材料相对于铝是比较稳定的。目前铝
熔炼炉炉衬大都使用硅铝氧化物耐火材料。
然而，当这些耐火材料中渗透了金属钠和
电解质，生成新的碱金属的硅铝酸盐化合
物后，铝与 NaF 和耐火材料新生物质的反
应应该是不可避免的。在热力学上，在电
解温度下铝可以将电解槽内衬中新生的碱
金属的硅铝酸盐中的碱金属还原出来，这

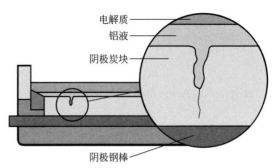

图 20-28　炭块冲蚀坑延伸过程中的细微裂纹

是表 20-7 中钠与耐火材料反应生成金属铝的逆反应，但这一反应只有在真空条件下或负压
条件下才能进行，一般的工业铝电解槽不具备这样的条件，因此在一般的电解槽内，这一反
应不大可能发生，或者说这一反应在一般的工业电解槽上只能达到有限程度。但是当电解槽
槽底内衬中的低温区有空洞，而该空洞又能连通到渗有金属铝和渗透有电解质或者新生的碱
金属硅铝酸盐时，这便形成了负压条件，此时铝还原碱金属氟化物和碱金属的硅铝酸盐生成
碱金属，如钠、钾或钠钾合金的反应便可进行了，这样便在低温区的封闭空间内产生了大量
液态的金属钠或钠钾合金。这一反应已由王耀武等人在实验室实现的真空条件下铝还原槽底
废耐火材料生成金属钠的反应所证实：将废耐火材料内衬的磨细料与铝灰或被漏铝熔化后生
成的 Fe-Al 合金的磨细料配料压制成团后，在 900～1000℃ 的温度下进行真空还原，即使在
真空度不是很高的情况下即可获得金属钠和电解质，残料主要由 SiO_2 和 Al_2O_3 组成。

　　文献中也有关于漏铝与炉底耐火材料反应生成金属硅的热力学讨论，有的研究者从废的
耐火材料中分析到了有固体硅的存在，不过这些反应并不重要，从大量使用石英和硅铝酸耐
火材料的工业熔炼炉的使用寿命来看，这些炉衬材料对铝还是相当稳定的，但是当耐火材料
或炉衬材料中含有较高的铁的氧化物时，或有 Al-Fe 合金存在时，铝还原氧化硅生成 Al-Si-
Fe 合金的反应是可以进行的。

20.3.3.4　废电解槽内衬中的氰化钠

　　氰化钠分子式为 NaCN，为立方晶系，呈白色结晶颗粒或粉末，有剧毒，人吸入或吞食
微量即可中毒死亡，易溶解于水。废电解槽的炭质阴极内衬和耐火材料内衬中，都可以有
NaCN 的生成和存在，一旦这些废电解槽内衬被丢弃并接触到水后，其中的氰化钠会溶解到
水中进入河流或渗入地下水中，对生态环境造成极大的危害，甚至可能威胁到人的生命与
安全。

　　早在 20 世纪 60 年代，抚顺铝厂曾发生过一起废电解槽阴极炭块氰化物中毒致人死亡事
件：一名工人在对废阴极炭块操作时触摸到了有氰化物的阴极炭块，中午吃饭时没有洗手，
手抓馒头吃饭后中毒死亡。此事件实属偶然，也属必然。偶然的是这类事件很少发生，必然
的是废阴极炭块中存在有氰化物，有些废阴极炭块表面的氰化物浓度还很高，手摸后就有可
能黏附氰化物。

　　铝电解槽内衬中的氰化钠多以 NaCN 或以复杂的 $Na_4Fe(CN)_6$ 的形式存在，这已被众
多的研究所证实。氰化物并不是均匀地分布在电解槽的内衬中的，大部分氰化物分布在电解
槽侧部的炭质内衬中，因为电解槽侧部的炭质内衬距离阴极钢棒的窗口较近，空气容易进入
到这些地方，导致这些地方的 N_2 浓度较大，从而导致以下反应的发生：

$$2Na+C+N_2 \longrightarrow 2NaCN \tag{20-42}$$

$$4Na+Fe+6C+3N_2 \longrightarrow Na_4Fe(CN)_6 \tag{20-43}$$

但是当有 Na_3AlF_6 和碱金属存在时，氰化物会变得不稳定：

$$1.5Na_3AlF_6+1.5NaCN+3Na \longrightarrow 1.5AlN+6NaF \tag{20-44}$$

此外，Na_3AlF_6 会抑制 $NaCN$ 的生成：

$$Na_3AlF_6+0.5N_2+3Na(C) \longrightarrow 1.5AlN+6NaF \tag{20-45}$$

R. W. Peterson、L. C. Blayden 和 E. S. Martin 对电解槽内衬中 CN^- 的浓度分布进行过研究，其研究结果如图 20-29 所示。

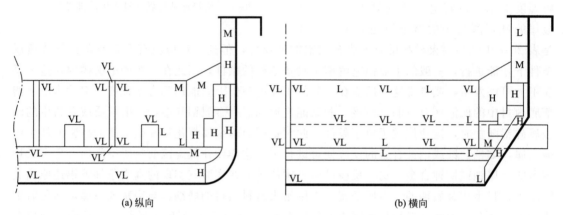

(a) 纵向   (b) 横向

图 20-29　225kA 电解槽相对 CN^- 浓度分布

VL—很低；L—低；M—中；H—高

20.3.3.5　废阴极炭块中的碳化铝

从热力学角度，铝和炭即使在常温下也可进行反应生成碳化铝：

$$4Al+3C \longrightarrow Al_4C_3$$

然而，实际上，即使在 $1000℃$ 的高温，铝也不能跟炭反应生成碳化铝。在工业中，用炭坩埚熔化铝就是一个例子，这可能是在这个温度下炭不润湿铝，铝与炭之间具有非常大的界面张力所致。也有人将其解释为是因为液态铝的表面有氧化铝薄膜阻挡了铝与炭的反应。在矿热炉中，当用炭还原氧化铝制取金属铝时，还原产物中会出现碳化铝，在更高的温度，即液态铝具有较高蒸气压时，气态的铝可以与炭反应生成碳化铝。

在工业铝电解槽中，当有冰晶石熔体存在时，炭与铝可以很容易地反应生成碳化铝，其机理目前尚不清楚，有人解释，这是当有冰晶石熔体存在时，冰晶石熔体将液体金属铝表面的氧化膜熔解的结果。但也有人认为是铝还原了冰晶石熔体中的 NaF，在铝液中产生了金属钠，是钠的存在降低了铝与炭之间的界面张力的结果，这就是所谓的界面张力学说。

在工业铝电解槽的炭阴极表面，炭阴极的裂缝和缝隙中可以观察到黄色的碳化铝，即碳化铝存在于电解槽内衬中有炭有铝有电解质的地方，但碳化铝不存在于电解槽阴极炭块的微孔中，因为在电解槽的阴极微孔中虽然有渗透的电解质但没有金属铝的渗透。

碳化铝为金黄色物质，熔点为 $2800℃$，密度为 $2.49g/cm^3$，具有菱形的晶体结构，是电的不良导体，并与酸反应生成碳氢化合物气体，也可在碱性溶液中与水反应。

20.3.4　电解槽废阴极内衬的回收处理技术

工业铝电解槽依其工艺技术条件的差别，特别是电解质成分和电解温度的差别，以及槽龄即槽寿命的差别和槽内衬所用炭素材料和耐火材料的不同，其电解槽大修产生的固体废料中的各组分的比例大小不完全相同。

据 Richman 及其合作者的研究，铝电解槽大修产生的固体废料中，含有约 30％的炭，30％的耐火材料和 40％的氟盐和 0.2％的氰化物，如图 20-30 所示。

应该说，图 20-30 中给出的铝电解槽大修所产生的固体废料组分的数据还是很粗略的。实际上，在耐火材料固体废料中，所包含的不应该仅仅是耐火材料、炭、氰化物和氟化盐，还包含着被电解质和金属钠、钾侵蚀生成的硅铝酸盐化合物，而这种硅铝酸盐化合物并不属于耐火材料。根据王耀武和冯乃祥等人的最近研究结果，在大修铝电解产生的废阴极炭块中含有金属钠或 Na-K 合金，其含量依槽龄、电解槽电解温度、电解质分子比、电流密度和阴极炭质材料的不同而不同，其量约在 5％～10％之间。

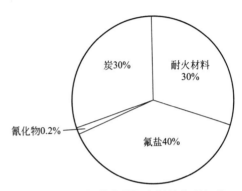

图 20-30　电解槽废阴极内衬的典型组成

由于国外铝工业更注重环保和具有更长的铝工业发展历史，因此在环保，包括气体净化和固体废弃物的处理、回收和利用等方面，进行了更多、投入更大的研究并提出很多的方法和技术路线，但废旧电解槽内衬材料的处理、回收和利用仍是技术上的和经济上的难题。但从另一个角度去分析，如果对电解槽废旧内衬仅进行无毒化处理，而不对废旧内衬中有用矿物组成加以回收，也可能是对资源的巨大浪费，因为铝电解槽废阴极内衬中包含大部分物相组成是很有价值的，它是一种富含炭素、钠、钾、冰晶石和耐火材料的"人造矿物"，是可以分离和回收的。

国外电解铝厂关于处理、回收和利用铝电解槽废旧内衬的方法和技术的研究较多，这些方法和技术已在由彭建平等人所翻译的、由 Morten Sørlie 和 Harald A. Φye 所著的《铝电解阴极》一书中有详细的介绍，而国内对废槽内衬的研究起步较晚，多为实验研究。在这里着重介绍人们所关注的几种方法和技术。

20.3.4.1　填埋技术

在早期，环保对电解铝厂的要求并不严格，大多电解铝厂采用填埋的方法来处理电解铝厂电解槽大修产生的固体废料。由于电解槽大修产生的固体废料中存在着碱金属、氰化物、氮化物和碱金属氟化物，它们被填埋后必然会对环境和地下水产生危害性的影响。

废阴极炭块和废耐火材料中的碱性金属钠或钠钾合金在受潮或水浸后会与水反应，生成氢气和碱性金属氢氧化物：

$$2Na+2H_2O \longrightarrow H_2+2NaOH \tag{20-46}$$

$$2K+2H_2O \longrightarrow H_2+2KOH \tag{20-47}$$

上述反应的存在，使受潮或水浸的废阴极内衬固体废料显碱性，在碱性的介质条件下，废阴极内衬固体废料中的铝、铝的氮化物和碳化物与水反应：

$$2Al + 2NaOH + 2H_2O \longrightarrow 3H_2 + 2NaAlO_2 \qquad (20\text{-}48)$$

$$Al_4C_3 + 6H_2O \longrightarrow 3CH_4 + 2Al_2O_3 \qquad (20\text{-}49)$$

$$2AlN + 3H_2O \longrightarrow 2NH_3 + Al_2O_3 \qquad (20\text{-}50)$$

由这些反应可以看出，铝电解槽大修后产生的固体废料如果在填埋、运输或储存的过程中受潮或被水浸，所产生的气体既有氢气，也有 CH_4 和 NH_3，这些都是易燃易爆的气体。曾有报道称，在加拿大亚瑟港（Port Arthur），有一艘满载废阴极内衬材料的货船发生爆炸致两人死亡，这一事故的原因就在于此。

此外，废阴极内衬材料中，还有以 NaF 和 Na_3AlF_6 两种化合物组成的氟化物，这两种氟化物，特别是 NaF，在水中有一定的溶解度，因此在槽内衬固体废料被雨淋和水浸的情况下，这些氟化物会进入地下水或河流，造成地下水和河流的氟污染。此外，废阴极内衬材料中氰化物更是剧毒的，它更容易溶解于水中，其对地下水、河流和环境的影响更大。

因此，铝电解槽的废阴极内衬的填埋场地必须要有非常好的防渗和防腐蚀措施，这种防腐蚀和防渗透结构一般用混凝土和硬塑料构成，并在废旧槽内衬固体废料填埋料的上面制作成既能覆盖又能排水的上部结构，这无异于构建一个废料库，不仅占用地面积大，而且必须要建造在远离城市和人口居住的偏远地区。如果不密封，固体废料与空气中的水分反应生成含氢、CH_4 和 NH_3 的废气，如果密封得不好，天长日久生成的废气浓度一旦很高，遇到引燃物也可能引起爆炸，因此填埋的方法仍然具有很大的安全隐患。况且构建这种防含氟的和具有碱性的铝电解槽内衬固体废料的材料是有使用寿命和年限的，因此填埋方法在当代不易被政府所接受，也不被铝厂所接受。

20.3.4.2 燃烧发电技术

铝电解槽废阴极炭块是由煅后无烟煤或石墨或石墨质材料制成的，炭质材料在废阴极炭块中的比例约在 $60\% \sim 70\%$ 之间，将其与电煤混合燃烧发电曾被学者研究过。研究得出，在燃烧电厂排出的烟气中并没有检测到任何形式的氰化物，但是在烟气中能够检测到有氟化物的存在，在向电煤中添加 2% 废阴极炭块的燃料时，所检测到的烟气中的平均氟化物含量达到了 $10.5mg/m^3$，应该说，铝电解槽废阴极炭块添加到电煤中作为燃料是不可取的，其产生的后果和对环境的影响可能比填埋危害的面积更大。铝电解槽废阴极炭块添加到电煤中，其燃烧后的产物不仅有气态的，还有固态的，气态的氟化物多以 HF 形式存在，随烟气弥散到大气中，固态的氟化物以金属氟化物（NaF）和氟铝酸盐（Na_3AlF_6）的形式与粉煤灰一起被排出，形成了混有可溶性氟盐和碱金属氧化物的粉煤灰，从而使粉煤灰变成了对环境有危害的固体废料。以一个年产 100 万吨电解铝的电解铝厂为例，每年产生的电解槽大修炭质固体废料约为 1 万吨，按电解槽废阴极炭块中渗透的电解质为 30% 计算，将这些废阴极炭块混在电煤中被燃烧使用，其电厂粉煤灰中氟化物可能有 3000 吨/年，碱金属氧化物约为 1000 吨/年，这可能造成一个不小的危害环境的事故，一旦形成含有可溶氟化物的粉煤灰再进行脱毒则处理更加困难。因此，无论是国外还是国内的电解铝厂都没有将废阴极炭块作为电煤的燃料加以利用。

20.3.4.3 用浮选法分离废阴极炭块中的炭和电解质

浮选法是将废阴极炭块磨细，与水和浮选剂一起加入浮选槽，经多次浮选，得到电解质和炭粉。国内最早在实验室进行浮选法研究的是东北大学的邱竹贤教授和翟秀静教授，并取得基础数据。铝电解槽废阴极炭块的浮选分离工艺与前文所述的阳极炭渣的浮选分离工艺过程相同。

用浮选法分离废阴极炭块中的炭和电解质所遇到的技术障碍是，即使将废阴极炭块磨得很细，也不能将废阴极炭块中的电解质分离得很干净，其分离后的炭中含有不少于 10% 的电解质，分离后所得的电解质产品中也含有不少于 10% 的炭，且阴极炭块中含有的 5%～10% 的金属钠或钠钾合金不能被分离和回收。

20.3.4.4　硫酸酸解法

硫酸酸解法是将废槽衬粉碎后投入预先注入浓硫酸的酸解罐中进行酸解，产生的气体用水反复淋洗，回收氢氟酸，其滤渣可提取石墨粉和工业氢氧化铝、氧化铝。这一方法看起来很简单，但用于工业上，这将是一个复杂的化工过程，其泥浆的处理回收利用又将是一个需要解决的难题。

20.3.4.5　用废阴极炭块生产阳极保护环

这一方法是将废阴极炭块破碎后作为干料，与沥青等黏结剂混匀后通过模具直接捣固安装在阳极钢爪上通过自焙烧形成牢固的保护环。

这种方法，技术可行，但用量有限，如果用于生产阳极保护环，废阴极炭块中的硅、铁等杂质进入电解槽，会对电解铝的质量有影响。

20.3.4.6　废槽衬无害化处理技术——Reynolds 无害化处理技术

该方法无害化处理的基本原理是，利用石灰石在高温煅烧过程中生成的活性氧化钙与废槽内衬中的氟化物反应生成水溶解度很低的氟硅酸钙化合物，并使废料中的氰化物在高温煅烧的情况下进行分解。防烧结剂的加入主要起到防止反应物料在高温煅烧过程中烧结的作用。防烧结剂可以是高熔点的氧化物或它们的混合物，如粉煤灰等。该方法的工艺流程如图 20-31 所示。

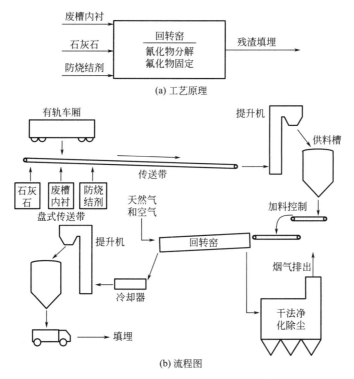

(a) 工艺原理

(b) 流程图

图 20-31　Reynolds 法解毒工艺流程图

比较有代表性的利用该工艺处理铝电解槽废阴极内衬的解毒结果如表 20-8 所示。

表 20-8　Reynolds 工艺解毒结果的元素分析

组成	单位	废阴极炭块原料	
		No. 1	No. 2
元素分析	%（质量分数）		
碳		24.75	16.89
钠		19.50	19.36
铝		20.42	20.42
氟		17.93	21.36
钙		2.26	2.00
锂		1.10	0.88
镁		0.53	0.93
铁		0.69	0.54
硅		0.79	0.03
硫		0.20	0.23
废旧电解槽内衬			
氰化物总量	mg/kg	2800	343
可溶氰化物	mg/L	145	46
可溶氟化物	mg/L	1456	925
半挥发有机物	mg/kg	<410	<533
炉窑排出物			
氰化物总量	mg/kg	12	<6.6
可溶氰化物	mg/L	0.12	<1.1
炉窑排出物			
可溶氟化物	mg/L	16	21
半挥发有机物	mg/kg	<14	<14
解毒率	%		
总氰化物分解率		98.6	>95.2
可溶氰化物分解率		99.7	>94.0
可溶氟化物固化率		96.3	94.3
半挥发有机物分解率		>88.6	>93.4

典型气体排放物如表 20-9 所示。

表 20-9　Reynolds 废旧电解槽内衬解毒工艺的典型气体排放物

项目	排放量/lb·(t 废旧槽内衬)$^{-1}$
气态氟化物排放	0.0019
气态氰化物排放	0.00078

注：1lb=0.4536kg。

Reynolds（今 Rio Tinto）解毒工艺已具备年处理 109000t 废旧槽内衬的能力，并在 1991 年 12 月 30 日，处理后的窑炉废弃物被美国环境保护局从危险废弃物名单中剔除，但是在 1997 年 12 月 1 日，这一剔除又被宣布作废，主要原因是用这一方法处理后的废弃物所具有的高碱性会提高其中遗留的砷、氰化物和氟化物的可浸出性。这样一来，这一技术不但未能解决铝电解槽大修产生的危废固体料的问题，反而使危废固体种类和总量更多了。

20.3.4.7 铝电解槽废内衬的真空分离

应该说真空蒸馏法是一种非常有效的分离和回收铝电解槽大修所产生的固体废料的方法，该方法不仅能彻底地从铝电解槽废阴极炭块中分离出电解质和金属钠，也可将废耐火材料内衬中的电解质分离出来，而且在真空蒸馏的过程中，废内衬中所存在的氰化物会在碱金属和冰晶石的参与下被彻底地分解。该工艺流程简单，过程不使用中间介质，不产生二次污染物。

20 世纪 50 年代，J. P. Mcgeer 等人发明了一种利用真空蒸馏法从铝电解槽废阴极炭块中分离电解质和金属钠的专利，该专利的装置如图 20-32 所示。由图 20-32 可以看出，该装置底部是一个内装有废阴极炭块碎块料的真空电阻炉，上部为内设有多个塔板的塔式集收器，以期在下部的塔板上得到电解质，而在上部的塔板上得到金属钠。这种装置在原理上是可行的，但很难用于工业上。

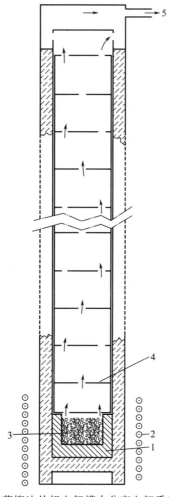

图 20-32　真空蒸馏法从铝电解槽中分离电解质和金属钠的装置

1—盛装碎阴极炭块的容器；2—电阻加热体；3—废阴极炭块碎块料；4—水平挡板；5—真空抽气口

最近，王耀武在如图 20-9 所示的真空电阻炉上对取自两个不同电解铝厂的铝电解槽废阴极炭块进行了真空蒸馏和分离的实验研究：在 1200℃和 10Pa 以下的真空条件下，从一个电解铝厂的废阴极炭块中分离出了 25％电解质和 7％金属钠，而从另一个具有 5％KF 的电解质组成的电解槽的废阴极炭块中，分离出了 28％的电解质和 9％的钾钠合金。通过对分离出了电解质和碱金属的炭残料所做的 X 射线衍射分析（如图 20-33 所示），确认利用高温真空蒸馏法，在大于冰晶石熔点的温度下，能 100％地将废阴极炭块中的金属钠或钠钾合金和 NaF、Na_3AlF_6 分离出来，而废阴极炭块中的微量氰化物 NaCN，在有金属钠和冰晶石氟化物存在的条件下，会按如下的化学方程式分解成无毒的 AlN 和 NaF。

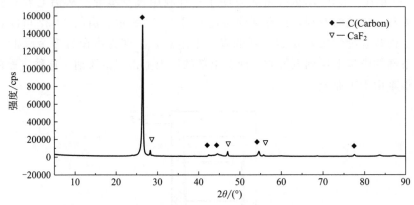

图 20-33　1200℃蒸馏后的废阴极炭块的 X 射线衍射分析（蒸馏时间为 1.5h）

$$1.5Na_3AlF_6 + 1.5NaCN + 3Na \longrightarrow 1.5AlN + 9NaF + 1.5C$$

分离出了碱金属 Na 或 Na-K 合金和 NaF、Na_3AlF_6 后所剩的废阴极炭块的残渣除了 CaF_2 和微量的高熔点杂质外，全部为残炭。CaF_2 之所以存留在炭中，未被蒸馏分离出来，主要是 CaF_2 具有较高的熔点（CaF_2 熔点 1390℃）所致。这表明，如要想用这种方法将废阴极炭块中的 CaF_2 也分离出来，需将蒸馏温度提高到 CaF_2 熔点的温度之上。

利用这种方法，王耀武也对含有电解质的铝电解槽废耐火材料内衬的分离和回收进行了研究：一组是对废耐火材料中的电解质组分进行分离和回收的研究；一组是对废耐火材料中电解质和硅铝酸钠中的钠同步进行分离和回收的研究。

前者是将含有电解质的废耐火材料破碎成小块，放在真空电阻炉中，在 1150℃和小于 3Pa 的真空条件下进行真空蒸馏，其真空蒸馏前后的废耐火材料的 X 射线衍射分析如图 20-34 和图 20-35 所示。

由图 20-34 和图 20-35 的 X 射线衍射分析结果可以看出，经真空蒸馏分离后，除 CaF_2 外，铝电解槽废耐火材料中的全部 NaF 和 Na_3AlF_6 被蒸馏出来，蒸馏后剩余的残料其主要由硅铝酸钠、CaF_2 和 Al_2O_3 等物相所组成。

在王耀武的另一组实验中，含有电解质的废耐火材料被磨细成小于 100 目的细粉，然后与铝灰按质量比 1∶1 的比例进行配料，压制成团后置于真空电阻炉内，在相同的温度和真空条件下进行真空蒸馏。真空蒸馏后在真空炉的冷端，得到电解质和金属钠两种产物，经 X 射线衍射分析后得出，其残余物料的物相组成为 Al_2O_3、硅铝酸钙、AlN 和 SiO_2，如图 20-36 所示。其中 AlN 可能来自于配料中的铝灰。在这组实验中，真空蒸馏残料中的 CaF_2 不见了，取而代之的是硅铝酸钙，这表明在高温和真空条件下，CaF_2 和铝及耐火材料中的其他成分之间存在这某种化学反应。而废耐火材料中以复合氧化物形式存在的 Na_2O 被铝还原成为金属钠，并被蒸馏出来。

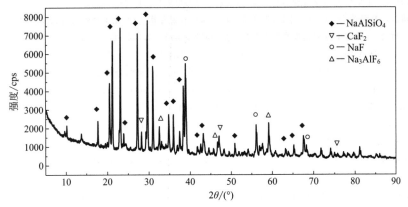

图 20-34　真空蒸馏前的废耐火材料的 X 射线衍射分析

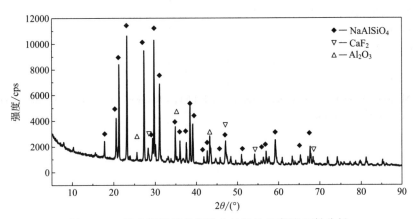

图 20-35　真空蒸馏后的废耐火材料的 X 射线衍射分析

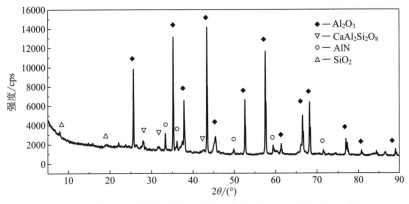

图 20-36　废耐火材料与铝灰配料蒸馏后残渣的 X 射线衍射分析

参 考 文 献

［1］　G J Houston，H A Фуе. Reactivity testing of anode carbon materials ［C］. Lighrmetals. 1985：890-898.

［2］　陈彪. 铝电解槽炭渣浮选分离处理过程的研究. 沈阳：东北大学. 2010：12-13.

［3］　高振朋，王芳，李钢林，周在常. 铝灰处理工艺研究 ［J］. 铸造设备与工艺. 2011，（3）：41-42.

［4］ 南波正敏.日本再生铝产业的发展现状与展望［J］.有色金属再生与利用.2004，(11)：3-4.

［5］ 胡保国，蒋晨，赵海侠，方晓波，李松.铝灰酸溶法制备聚合氯化铝［J］.化工环保.2013，33（4）：325-328.

［6］ 翟秀静，邱竹贤.铝电解槽废旧阴极炭块的处理［J］.环境化学.1993，12（2）：139-142.

［7］ L P Lossius and H A Φye，*Met．Mat．Trans*.2000，31B：1213.

［8］ 冯乃祥，王耀武.一种从铝熔盐电解含炭固体废料中分离回收炭和电解质组分的方法［P］.中国：CN201510269179.5.

［9］ Morten Sørlie，Harald A Φye.*Cathodes in Aluminum Electrolysis*.2010：237.

［10］ C Schöning，T Grande，O J Siljan.*Light Metals*.1999：231.

［11］ Asbjørn Solheim，Christian Schøning，Egil Skybakmoen. Recations in the bottom lining of aluminum reduction cells［C］. Lightmetals. 2010：877-882.

［12］ C Schøning，T Grande. The Stability of Refractory Oxides in Sodium-Rich Environments［J］.JOM.2006，58（2）：58-61.

［13］ C Schøning，T Grande，O J Siljan. CathodeRefractory Materials for Aluminium Reduction Cells. Light Metals. 1999：231-238.

［14］ C Schöning，T Grande. JOM. 2006：58（2）.

［15］ R W Peterson，L C Blayden，E. S. Martin. Light Metals. 1985：1411.

［16］ W S Rickman. *Light Metals*. 1988：735.

［17］ N H Bings，F W Kämpf，H Sauer et al.*Erzmetall*. 1984，37：435.

［18］ D G Brooks，E L Cutshall，D B Banker et al. Light Metals. 1992，283.

［19］ 黄尚展.电解槽废槽衬现状处理及技术分析［J］.轻金属.2009，(4)：29-32.

［20］ James P McGeer，Vladimir V Mirkovich，Norman W F Philips. Recovery of material from aluminum reduction cell lining［P］. USA 2858198，1958.

第**21**章 | 铝电解深度节能——理论与技术

21.1 铝电解深度节能的技术原理

铝电解生产过程中的电能消耗包括两部分。一部分是将电网的交流电转变成直流电所消耗的电能。这部分的电能消耗占整个电能消耗的 2% 左右。其与直流电能消耗之和即为铝电解生产的交流电耗。电解槽系列直流电能消耗与交流电能消耗之比，即为将交流电变为直流电过程的整流效率。整流效率固然与整流变压器的铁损、铜损和整流元件上的电能损失有关，同时也与电解槽系列的负荷情况有关。提高电解槽系列供电机组的整流效率和供电质量对降低铝电解生产的电能消耗也是至关重要的。

然而，对铝电解生产来说，人们更多关注的是直流电耗，因为铝电解生产过程中的直流电耗指标，不仅仅是一个经济指标，更重要的是一个技术指标。这是因为铝电解生产直流电耗涉及铝电解生产过程中极为重要工艺与技术内容。通常用式(21-1) 计算电解槽在铝电解生产过程中的直流电耗：

$$W = 2980 \times \frac{V_平}{CE} \tag{21-1}$$

式中，$V_平$为在给定计量时间内的电解槽的平均电压，CE 为电解槽在给定计量时间内的平均电流效率。这里的平均槽电压 $V_平$ 主要包括该槽在给定时间内所发生的阳极效应的分摊电压、槽间母线电压降和从整流所到电解厂房电解槽之间母线路径长度上的电压降的分摊电压。后二者之和称为电解槽槽外母线分摊电压，母线电压降的降低对降低铝电解生产的电能消耗，也很有意义。母线电压降的降低，可以用增加母线的导电面积、降低母线的电流密度和降低母线电阻率来实现。但降低母线的电流密度会增加投资成本，因此合理地选定母线的电流密度，要从技术和经济两个方面来加以考虑，作为初建电解铝厂，当所在铝厂的电价很高，铝价很便宜时，适当地加宽母线，降低母线的电流密度，未必没有意义。在 20 世纪 70 年代初以前，我国电解铝厂的电解槽为自焙阳极电解槽，其母线的电流密度为 0.7A/cm², 70 年代进行了母线加宽的技术改造，加宽后的母线电流密度为 0.213A/cm² 左右，仅此一项技术改造，就使得我国吨铝直流电耗降低了 300kW·h/t Al 以上。因此，可以说母线的电流密度更多的是一个经济上选定的电流密度。

除了效应分摊电压和槽外母线分摊电压外，电解槽槽平均电压主要由阳极电压降、阴极电压降、电解质电压降和氧化铝的分解电压和两极电解过程的过电压组成。

Hall-Heroult 铝电解槽的初期，铝电解槽的槽电压高达 10V 以上，电流效率在 80% 左右，直流电耗高达 30000～40000kW·h/t Al。Hall-Heroult 电解槽诞生 100 年前后，铝电解槽的槽电压降低到了 4.2～4.5V，直流电耗降低到了 15000kW·h/t Al 左右。近十几年来，铝电解生产的电能消耗有了更大的降低，现代铝电解生产已经可以实现槽电压 3.7～3.8V，电能消耗降低到 12300～12500kW·h/t Al。

在这喜庆之余，人们也在思考，现代的铝电解生产的电能消耗还有没有可能再有一个更大幅度的降低，达到 11300～11500kW·h/t Al，或 11000kW·h/t Al 以下。从理论与技术上去分析，这种可能性是存在的，但需要同时在如下两个技术层面上达到要求。

① 能否通过降低槽电压和/或提高电流效率的技术操作使电能消耗降低到 11000kW·h/t Al 或 11000kW·h/t Al 以下。

② 能否在铝电解槽通过降低槽电压和/或提高电流效率的同时，同步地实现与此相同能量的电解槽散热损失的减少。

上述两条技术内容虽然不同，但必须相辅相成，同步进行。这是实现铝电解电能消耗降低所必须遵守的技术原理和方法，这一技术原理是建立在铝电解槽电热平衡的理论基础之上的。根据这一原则，可以断定，如果通过用提高电流效率和降低槽电压的方法来实现直流电耗的降低而没有第二条做保障，要实现这种电能消耗的降低是不可能的。总而言之，一个电解槽电能消耗的降低，必定是电解槽电能效率的提高，而电解槽电能效率的提高，必须相伴的是热损失的降低，如果一个铝电解槽的吨铝电能消耗降低 1000kW·h/t Al，也必定是电解槽的散热损失降低 1000kW·h/t Al。因此可以说，一个完整的铝电解槽电能消耗降低的节电技术，是上述二者相结合的技术。

举例，若一台电解槽槽电压为 4.0V，当其使用异型阳极结构电解槽后，在不使其电流效率降低的情况下，将槽电压从 4.0V 降低到 3.7V，即降低了 0.3V，如果原电解槽的发热电压为 4.0V−1.7V=2.3V，则槽电压降低到 3.7V 后，电解槽输入的电能减少了 0.3/2.3=13%。相当于每生产 1t 铝输入电能减少了 $2980 \times 0.3/CE$。在这种情况下，为了实现这一电能消耗的降低，就必须使电解槽的热损失相应地减少 $2980 \times 0.3/CE$。

根据上述铝电解节电技术的基础原理，本章将对现代铝电解槽深度节电的理论与技术问题进行分析和讨论。

21.2 槽电压的选择

铝冶金工作者总是希望铝电解槽有尽可能低的槽电压，以达到铝电解有较低的电能消耗。但在现行的工业电解槽槽况下，选择了降低槽电压，也就意味着选择了降低极距，而极距的降低必然会影响到铝电解槽的电流效率。因此，电解铝厂总是要权衡槽电压和电流效率。这是因为电流效率的降低，不仅会增加铝电解的电能消耗，更重要的是电流效率的降低，会直接导致电解槽的产铝量降低，电解铝厂的劳动生产率降低。几种不同电解槽电流效率提高 1% 的直接经济效益如表 21-1 所示。

表 21-1 几种不同电解槽电流效率提高 1% 的直接经济效益

电解槽 /kA	单槽提高 1% 电流 效率日增产铝量/kg	单槽提高 1% 电流 效率年增产铝量/t	250 台槽系列年 增产铝量/t	产值增加 （按 15000 元/t）/万元
300	24.2	8.82	2204	3306
400	32.2	11.76	2939	4408
500	40.3	14.69	3674	5511
600	48.3	17.63	4408	6613

对于铝电解深度节能的技术分析，按照式(21-1)，可以给出槽电压、电流效率和直流电耗的几组数据，如表 21-2 所示。

表 21-2 槽电压、电流效率和电能消耗

槽电压/V	电流效率	直流电耗/(kW·h/t Al)
3.83	95%	12014
3.78	94%	11983
3.75	93%	12016
3.70	92%	11985
3.70	93%	11855
3.70	94%	11729
3.70	95%	11606
3.75	94%	11888
3.65	95%	11449
3.60	94%	11412

从表 21-2 可以看出，铝电解槽的直流电耗降低到 11000kW·h/t，对现行的工业铝电解槽来说是很难实现的。其根本原因在于，在如此低的槽电压情况下，电解槽极距很低，很难实现对应的电流效率。以现行大型工业电解槽为例，如果在槽电压 4.0V 情况下，电解槽极距 4.5cm，按电解质电阻电压降 400mV/cm 推算，则不同槽电压的电解槽极距应在如表 21-3 所示的大概范围。

表 21-3 槽电压与极距关系

槽电压/V	4.0	3.9	3.8	3.7	3.6	3.5	3.4
极距/cm	4.5	4.1	3.7	3.3	2.9	2.5	2.1

可以看出当槽电压 3.5V 时，极距降低到了 2.5cm 左右，在这种情况下，电解槽的电流效率达到 95% 才能实现 11000kW·h/t 的指标，显然在这样的极距条件下，95% 的电流效率是不可能实现的。

提高电解槽的电流效率，具有既能降低电耗，又能提高劳动生产率的双重意义，因此是铝电解节能增效的首选。目前，系列铝电解电流效率达到 95% 是可以实现的，这已不是技术上的难题。并且还可以有进一步提高的可能性，这需要在电解槽的操作和工艺技术方面进一步提高和改进。但这一电流效率只能在极距不小于 4.0cm 的情况下才能实现。

在电解槽电流效率为 95% 时，要实现电解槽的直流电耗 11000kW·h/t，则槽电压必须达到 3.5V，而电解槽的极距不能低于 4.0cm，这就意味着如果要想将电解槽的直流电耗降

低到 11000kW·h/t，就必须将包括阳极、阴极和电解质的电阻电压降与浓度极化过电压降低不少于 0.4V。

21.3 电解质组成与成分的选择

电解质组成与成分的优化，是铝电解工艺的核心技术之一，因为，铝电解槽的一些很重要的工艺与技术内容，如电解质温度、电导率、铝损失、氧化铝溶解度等，以及在给定电解槽极距的情况下，电解槽的电流效率都是由电解质的组分所决定的。

理论上，不同组分的电解质的物理化学性质以及各种添加剂对其物理化学性质的影响已被系统研究。这些研究结果在诸多的有关铝电解的著作中被详细阐述。尽管最优化的电解质组成与成分对电解铝厂来说是非常重要的。然而就工业电解槽而言，到目前为止，仍没有统一的最优化的电解质组成与成分标准。对于不同的电解铝厂，电解质组分可能存在很大的差别。或许这种差别并非人为。某些电解铝厂使用氧化锂、氧化钾杂质含量很高的氧化铝而造成的高锂盐、高钾盐组分的电解质就是一个实际案例。由于这种高锂盐、高钾盐的电解质有很低的初晶温度，使得电解槽有了很低的电解温度，在我国通常被称为现代铝电解工业中的"低温铝电解技术"，其电解温度在 920℃ 左右或更低。应该说，这是一种不得已而为之的"低温铝电解技术"，仅在我国某些电解铝厂存在。至于这种低温电解质铝电解技术是否优于没有锂盐和钾盐的"常温铝电解技术"，有待于理论上的深入研究和工业实践验证，但是从目前来看，这种低温铝电解技术并没有显现出其应有的优势。

如果没有锂盐和钾盐添加剂，不同电解铝厂所使用的电解质组分的差别可用电解质中 NaF 和 AlF_3 的摩尔比，即分子比来表示，或者以电解质中的 AlF_3 相对于 Na_3AlF_6 组分的过剩量的质量分数来表示。从公开的文献资料看，现行的我国电解铝厂其所采用的电解质分子比在 2.4~2.6 之间，而国外大多数电解铝厂其电解质分子比一般在 2.2~2.3 之间。在这样的电解质分子比条件下，其 AlF_3 相对于 Na_3AlF_6 的过剩量为 10%~12%，其电解温度在 955~965℃ 之间，电解槽的电流效率一般在 95% 左右。

到目前为止，对工业电解质组分的选择与优化的标准还没有一个统一的认识，有人将低温铝电解质作为一个选择的标准。理由是，低温铝电解可以减小铝在电解质中的溶解损失，提高铝电解的电流效率。电解温度每降低 10℃ 可以使电流效率提高 1%~2%，但这一标准和结论现在看来并不是那么容易被人所接受。因为电解温度降低，会使电解质的导电性、氧化铝溶解特性等性能大大降低，事实也证明，920℃ 甚至更低的电解温度会给电解带来低的氧化铝溶解度，导致槽底容易产生较多的沉淀，以及过热度的提高所导致的槽膛问题，阳极过电压的升高所导致的对阳极电极过程和电极材料界面性质的改变，电解质导电性能的降低及其这些性质的改变所引起的电解槽整体热平衡的改变，可能并不利于电解槽电流效率的提高。

与低温铝电解观点不同，Utigard 分析了不同电解质组成的某些物理化学性质的变化规律，如图 21-1 所示。他指出在无锂无钾铝电解槽中电解温度不宜低于 955℃，在这个电解温度下，电解质组分 NaF 与 AlF_3 摩尔比为 2.1~2.2 较为适宜，相当于 AlF_3 相对于 Na_3AlF_6 过量 12% 左右，Al_2O_3 浓度 2%~3%，CaF_2 浓度 5%。

由图 21-1 可以看出，这种电解质组分可实现铝在电解质中的溶解度、铝中碱金属的活度以及铝与电解质熔体之间的界面张力之间最佳的平衡点。

一般说来，在给定的电解工艺技术条件和在有槽帮结壳存在的情况下，电解质的温度只

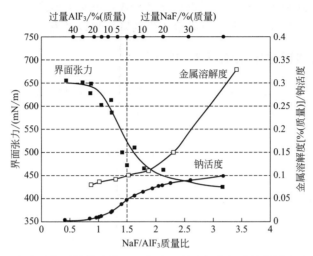

图 21-1　铝在电解质熔体中的界面张力、铝溶解度以及钠的活度（1000℃）

是受控于电解质组成与成分的变化，换句话说，电解温度的改变是电解质组成与成分变化的结果，其中也包含着氧化铝浓度的改变，而这种变化是与电解槽的外部条件，如槽电压和系列电流强度的变化以及电解槽散热情况的变化以及电解槽的某些操作，如打壳下料制度，阳极更换等密切相关的。提高槽电压可以提高电解质的温度，降低槽电压可以降低温度，但这个温度的升高或降低是由于槽电压提高或降低后导致的槽底沉淀和槽帮结壳的熔化或生成而导致的电解质组成和成分的变化所引起的。在这个过程中，提高槽电压所产生的热量大部分用于使槽底沉淀和槽帮结壳熔化。只有当电解槽的槽帮结壳和槽底沉淀完全被熔化后，才可以用提高槽电压的方法实现电解质温度的大幅度提升。

对于工业铝电解生产来说，节电和提高电流效率始终是铝电解生产追求的目标。而电解质组成与成分的选择与优化，特别是电解质组成与成分的稳定性控制，是实现铝电解生产获得高电流效率与节能的技术基础与重要内容，铝电解生产不必刻意地去追求温度的控制，而应该追求电解质成分稳定性的控制。纵观铝电解基础理论与技术研究的历史，应该说人们对铝电解质的研究远远超出对其他基础理论的研究，说明电解质对铝电解生产的重要性。然而人们不难发现，多少年来，工业铝电解槽电解质成分并没有明显地改变，电解质分子比 2.2～2.3，过剩 AlF_3 含量 11％～12％，氟化钙 5％左右的电解质组成与成分在国外电解铝厂被长期应用。电解质中添加 2％～3％的 LiF 对改善电解质的物理化学性质，特别是提高电解质的导电性能，是有利的，但应考虑其综合经济效果。MgF_2 是一种能提高电解质酸度的添加剂，对习惯于采用较高电解质分子比的电解槽来说，添加 5％左右的 MgF_2，对提高电解槽电流效率可能是有益的，MgF_2 添加剂曾在我国抚顺铝厂被长期使用。多少年来，人们也一直尝试使用一些其他添加剂，但都没有取得明显的技术经济效果。但人们仍在不间断地对此进行探索和研究。

21.4　铝电解槽阴极节电的技术原理与方法

铝电解槽阴极节电的技术原理是建立在降低铝电解槽阴极电压降的基础上的。通常铝电解槽的阴极电压降在 350mV 左右，其性质是电阻电压降。它由阴极炭块本身的电阻电压降、钢棒的电阻电压降和阴极炭块与阴极钢棒之间接触电阻电压降三部分构成。因此，铝电解槽阴极的节电技术要从这三部分的电阻电压降的降低加以考虑。

21.4.1　铝电解槽炭阴极电阻电压降的降低

铝电解槽炭阴极的电压降的降低，可从提高炭阴极的导电性能，即降低炭阴极的电阻来实现，炭阴极的电阻电压降可以用如下通用的简单公式来计算。

$$V_{cc} = \rho I_{dc} l \tag{21-2}$$

式中，V_{cc} 为炭阴极的电压降，V；ρ 为炭阴极电阻率，$\Omega \cdot mm^2/m$；I_{dc} 为阴极炭块电流密度，A/mm^2；l 为阴极炭块高度，m。

以阴极炭块的常温电阻率为 $40\Omega \cdot mm^2/m$、高度为 30cm 为例，阴极电流密度 $0.6A/cm^2 = 0.006A/mm^2$，则此电解槽炭阴极的电阻电压降为：

$$V_{cc} = \rho I_{dc} l = 40 \times 0.006 \times 0.3 = 0.072(V) = 72(mV) \tag{21-3}$$

在上述计算中，炭阴极的高度是指从炭阴极上表面到阴极钢棒上表面的高度，且电流在炭阴极中均匀分布。应该说这种计算只是一种粗略的计算，因为电流从炭阴极表面到阴极钢棒的电流并非是均匀分布的，但这并不影响我们对降低炭阴极电压降的认知和讨论。

在铝电解生产过程中，铝电解槽炭阴极的电压降随温度的提高和槽龄的增加而降低。

由式(21-2)可以看出，铝电解槽炭阴极的电阻电压降，只取决于阴极炭块的电阻率、电流密度和高度。铝电解槽使用完全石墨化的阴极炭块，可使炭阴极的电压降具有最低值，通常在 20～30mV，比使用无烟煤基阴极炭块的炭阴极的电压低 30mV 左右。应该说明的是，这一数值是用常温的炭块的电阻率估计的，实际上炭的电阻率与金属导电体的电阻率不同，炭质材料的电阻率是随着温度的升高而降低的。在电解温度下，其炭阴极的温度在 900℃以上，因此，电解时，阴极炭块上的电阻电压降比上述计算值低得多。

在电解生产过程中，渗入到阴极炭块孔隙和炭晶格中的电解质和金属钠会对炭阴极的电阻率产生影响，但这种影响是正面的，这是因为渗入到阴极炭块中的电解质通常是富含 NaF 的电解质熔体，故此，电解过程中电解质熔体和碱金属在阴极炭块中的渗入和嵌入会使阴极炭块的电阻率降低，当然这也与电解槽焙烧启动操作方法有关。电解槽的焙烧启动温度过低，电解槽的炭阴极没有焙烧到位就启动，致使电解槽启动后渗入到炭阴极中的电解质不能以液态形式存在，而是凝固在炭阴极的孔隙中，并对阴极炭块的微观结构产生破坏，这会导致阴极炭块的电阻增加，阴极电压降升高。此外，随着电解槽槽龄增加，嵌入到炭阴极晶格内的金属钠的量也会增加，其阴极炭块的电阻率和电压降也会随之降低，这种效应与规律不仅存在于石墨化的阴极炭块中，也存在于无烟煤基的炭质炭块内。不过在无烟煤基的炭质炭块内，这种影响更显著，以至于无烟煤基炭质炭块在经过 2～3 年后，其电阻率接近甚至达到石墨化或半石墨化阴极炭块电阻率。有人将这一过程称为金属钠对阴极炭块石墨化的催化作用。其明显特征不仅表现在电阻率接近石墨化，而且在钠的作用下其晶格结构也在向着石墨的晶格结构方向转化。

由此可以得出，要想使铝电解槽阴极炭块电压降有较低的数值，不外乎采用如下几种方法。

采用具有尽可能低电阻率的石墨化阴极炭块，采用电阻率小于 $12\Omega \cdot mm^2/m$ 的石墨化阴极炭块较比含有 30%～50% 的人造石墨的无烟煤基炭质炭块，电阻电压降可以降低 30～50mV。当选用电阻率低的石墨化阴极炭块时，可能要增加筑炉费用和原材料成本，并使电解槽底部的热损失增加，因此需要从经济和技术的两个方面综合考虑。现代的工业铝电解槽槽寿命都大大延长了，一般说来都可以达到 2500 天以上，使用石墨化阴极炭块可能更有利于电解槽寿命的提高。

使用阴极表面为坡型的阴极炭块，可以使铝电解槽阴极炭块内的垂直电流分布更均匀，因此，有利于阴极炭块电阻电压降的降低。

降低阴极炭块的高度，实际上是指降低阴极炭块上表面到阴极钢棒上表面的高度，根据上文的分析与粗略计算，阴极炭块的高度每降低 1cm，炭块的平均电压降降低只在 2～3mV 之间，并不是很大。但如果降低 5cm，则阴极炭块的电压降可能降低 10mV 左右，实际情况可能要低于此值。这一效果应该说也不算少，但关键是目前工业铝电解槽的阴极炭块高度没有降低的空间。我国 300kA 以下的工业铝电解槽的阴极炭块上表面到阴极钢棒上表面的高度大多数在 26cm 左右，最低高度为 22cm，可以说这一高度很低了。在 26cm 的高度下，我国电解铝厂已实现了其槽寿命在 2500 天以上，如果将高度从 22cm 降低到 18cm，是否对铝电解槽的寿命有影响，无法保证。主要的问题是如此薄的炭块能否抵挡住 2500 天以上的阴极铝液的磨损。然而，对于高度在 30cm 以上的阴极炭块而言，将这一高度适当降低应该是可行的。

降低阴极炭块的高度，不仅具有节电意义，而且可减少筑炉材料的费用，以一个 400kA 的电解槽为例，如能将阴极炭块高度减少 5cm，则一台电解槽可减少近 6t 的阴极炭块。电解过程中，渗透到阴极炭块中的电解质减少近 1.8t，金属钠减少近 600kg 左右，而这些金属钠是靠电能直接或间接地电解出来的。

为了减少阴极炭块的高度，而又不至于由于上表面的磨损导致阴极炭块寿命降低，可采用异型阴极炭块的技术。在阴极炭块的上表面形成的条形的或柱形凸起，可减缓阴极铝液的流速，及其对阴极表面的磨损。根据美国铝业公司在挪威的电解铝厂使用异型阴极炭块电解槽的数据，铝电解槽使用异型阴极炭块不仅使电流效率得到提高，而且使电解槽阴极炭块的寿命提高了 2 年。

21.4.2　阴极钢棒电阻电压降的降低

阴极钢棒是金属导体，其电阻率不同于阴极炭块电阻率随温度的升高而降低，金属导电体的电阻率随温度的升高而升高。阴极钢棒电压降的大小与钢棒的导电截面积和钢棒的电流密度有关。就给定的阴极钢棒而言，增加阴极钢棒的导电面积，既可降低阴极钢棒的电阻，又可降低阴极钢棒的电流密度，因此，可通过加大阴极钢棒截面面积的方法，降低阴极钢棒的电压降，但增加阴极钢棒的断面尺寸，将会增加电解槽阴极钢棒的费用。阴极钢棒不如铝母线昂贵，因此，更应该从技术角度上在高温热膨胀时不对钢棒槽产生应力破坏的条件下，尽可能地设计成大截面的阴极钢棒，以便于铝电解槽阴极钢棒有较小的电阻和较低的电流密度，实现较低的电压降。

然而传统铝电解槽阴极结构的设计，加大阴极钢棒的导电面积也必将使阴极钢棒的热传导和散热损失增加，这会导致铝电解电能消耗的增加。电解槽阴极钢棒传导传热到槽外的热损失 W_{Fe} 可由如下公式计算：

$$W_{Fe} = n \times \lambda \frac{A}{l} (T_内 - T_空) \times \frac{l \sqrt{\frac{4\alpha}{\lambda d}}}{1 + l \sqrt{\frac{4\alpha}{\lambda d}}} \tag{21-4}$$

式中　n——阴极钢棒数；

　　　λ——阴极钢棒热导率，$W/(m \cdot K)$；

　　　A——阴极钢棒截面积，m^2；

　　　l——阴极钢棒伸出槽外长度，m；

　　$T_内$——阴极钢棒在槽壳处的温度，K；

　　$T_空$——空气温度，K；

　　　d——阴极钢棒单边长度，m；

　　　α——阴极钢棒辐射和对流传热系数之和，$W/(m^2 \cdot K)$。

若想增加阴极钢棒的导电面积，实现钢棒中的电流密度和电压降的降低，又不增加钢棒的传导传热损失，建议使用变断面阴极钢棒的结构设计。这种变断面阴极钢棒的结构特点是让伸出阴极炭块之外长度方向的阴极钢棒采用小断面尺寸的设计，如图 21-2 所示。

图 21-2　变断面的阴极钢棒设计

应该说，就现行的工业铝电解槽而言，在不增加电解槽热损失的情况下，通过适当低的电流密度的阴极钢棒的结构设计，使阴极钢棒的电压降降低 $30 \sim 50 mV$ 或更多一些，是完全有可能的。

某种变断面的阴极钢棒结构设计，也可以通过利用在阴极钢棒和钢棒槽之间浇铸生铁方法来实现。但需要指出的是，在对阴极钢棒的断面尺寸（高度、宽度）和形状设计时，需要对其在高温条件下膨胀是否可能对阴极炭块造成应力破坏进行评估和计算。

21.4.3　阴极钢/炭电压降的降低

铝电解槽阴极钢/炭电压降是指阴极钢棒与钢棒槽（炭）之间的接触电阻电压降，其性质是两种不同导电体之间的接触电阻而产生的电压降。就一般工业铝电解槽而言，此值在 $0.2 \sim 0.3V$，是铝电解槽阴极电压降的主要部分，其电压降的大小，不仅与两种导体的性质有关，而且也与它们之间接触压力和通过它们之间的电流密度有关，此电阻电压降的降低可以通过如下方法来实现。

① 用加大阴极钢棒与阴极炭块之间的接触面积（Fe/C 接触面积）的方法实现钢棒与炭块之间接触电压降的降低。阴极钢棒与炭块之间的接触面积可以用增大阴极钢棒的断面尺寸来实现，也可以在不增加阴极钢棒截面积的情况下，通过改变阴极钢棒的结构设计来实现。以一个电解槽阴极炭块使用一根上部宽 15cm、侧面高 20cm、长 L（cm）的钢棒为例，此阴极钢棒与阴极炭块的界面面积为 $55L$（cm^2），而如果将此钢棒用两根相同断面的钢棒（上部宽度变为 7.5cm）替换，则阴极钢棒与阴极炭块接界面积变为 $95L$（cm^2），如图 21-3 所示。

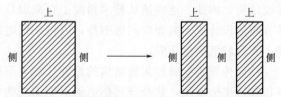

图 21-3　单根阴极钢棒变为等高的两根相同断面积的钢棒后 Fe/C 接触面积增加示意图

而对于给定断面面积的阴极钢棒而言，垂直立放的长方形阴极钢棒较比正方形断面的阴极钢棒具有更大的 Fe/C 接触面积。就长方形断面的阴极钢棒而言，在阴极炭块上表面与钢棒的上表的高度相同时，扁平放置阴极钢棒较比竖直放置的阴极钢棒具有更小的阴极电压降。但扁平放置时其在水平方向的膨胀力较大，如果这种较大的膨胀力不对炭块产生影响，则这种效果是正面的。阴极钢棒的设计，也应参考电解质渗透和在阴极钢棒表面上的沉积，对 Fe/C 压降的影响，阴极炭块上表面与阴极炭块之间的结合力较弱，Fe/C 之间容易形成间隙，并有沉积的电解质形成，因而在 Fe/C 之间产生较大的电阻。阴极钢棒导电截面的改变，既改变了 Fe/C 接触面积，也改变了阴极钢棒对炭块的应力分布，同时也改变了炭阴极到阴极钢棒的电流分布以及阴极钢棒与阴极炭块之间的接触电压降，由于阴极钢棒断面形状的改变而引起的 Fe/C 接触电压降的改变，可以通过计算机对应力场和电场的数学模拟进行优化和计算。

② 降低阴极钢棒的电流密度。阴极钢棒中电流密度的降低，只能通过加大阴极钢棒导电面积来实现。减少阴极铝液内的水平电流分量有利于改进阴极钢棒内的电流分布和钢棒与炭块之间的电流分布，从而有利于阴极 Fe/C 接触电压降的降低。

③ 优化钢棒槽与钢棒之间的宽度设计。铝电解槽的阴极炭块与阴极钢棒在进行组装时，钢棒槽与钢棒之间有一定宽度（缝隙），在组装时需要用炭素糊进行捣固，或用磷生铁浇铸捣固糊在高温烧结后会收缩，在糊与钢棒之间产生缝隙，或在糊与钢棒槽之间产生缝隙。浇铸的磷生铁在冷却后也会在磷生铁与钢棒槽之间产生缝隙，其缝隙大小对降低铝电解槽阴极 Fe/C 接触电压降是至关重要的。合理地设计阴极钢棒与阴极炭块导电体之间缝隙的大小和阴极钢棒的厚度，使阴极钢棒在电解槽的高温条件下对阴极炭块的膨胀力尽可能大，而又不至于使这种膨胀力对炭块基体产生应力破损，可以实现在给定的界面电流密度下，电解槽阴极 Fe/C 接触电压降有最低值。这种阴极钢棒与阴极炭块钢棒槽的设计，可以通过计算机的模拟计算，并结合工业试验加以确定。

21.5　阳极电压降的降低

这里将铝电解槽阳极定义为从阳极铝导杆到阳极炭块的一个组装体，它包括铝导杆、阳极钢爪、钢角和阳极炭块。现代铝电解的电解槽由 20 个以上的成偶数的独立阳极组成，在电解过程中，电解电流从阳极母线经由每个阳极导杆、钢爪、钢角、铸铁导入炭阳极，这一导电过程，其导电电流所产生的电压降由铝导杆导电体、钢爪、钢角、铸铁组成的铁质导电体和阳极炭块，以及它们之间的接触电阻所产生的电压降组成，如图 21-4 所示。

由图 21-4 可以看出，阳极电压可以用下式表达：

$$V_{阳} = V_{Al} + V_{Fe} + V_{C} + V_{Al\text{-}Fe} + V_{Fe\text{-}C}$$

式中　　$V_{阳}$——阳极电压降；

V_{Al}——阳极铝导杆电压降；

V_{Fe}——阳极钢爪、钢角以及炭碗铸铁组成的铁质金属导电体的电阻电压降；

V_{C}——阳极炭块电压降；

$V_{Al\text{-}Fe}$——铝导杆与阳极钢爪之间的接触电压降；

$V_{Fe\text{-}C}$——阳极炭碗中的铸铁与阳极炭块之间的接触电压降。

可以看出，上述五部分的电压降，虽都属于电阻电压降，但电阻电压降的性质有两种，一种是单一的导电体（Al、Fe、C）的导电电阻产生的电压降，另一种是两种不同性质的导电体接触电阻所产生的电压降。单一电阻导体，即铝导杆、阳极钢爪组合钢结构和阳极炭块，其电压降的降低可以用加大其导电体的导电面积或提高其电导率、降低电流密度来实

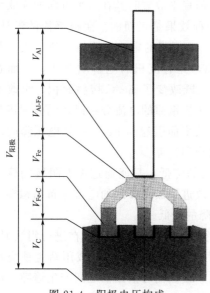

图 21-4 阳极电压构成

现。增加导电体的导电面积既可以降低导电体的电阻，又可降低导电体的电流密度，有双重的降低导电体电压降的作用。

铝电解槽阳极炭块的电压降是阳极电压降的重要组成部分，它可以用提高阳极的导电性能，即降低炭阳极的电阻率来实现，铝电解槽炭阳极的电阻率是炭阳极的理化指标，其值与炭阳极的制作过程中的诸多工艺，如煅后焦原料的真密度（取决于煅烧温度）、黏结剂性质、原料与黏结剂配比、混捏过程、成型过程、焙烧条件有关。铝电解槽炭阳极的电阻率往往与其他理化性能，如密度、强度、抗氧化性能有相关性，一个导电性能好的炭阳极，也往往具有较高的强度和抗氧化性能。

铝电解槽的阳极铝导杆与阳极钢爪之间的结合是两种不同导电材料的结合，由于铝和钢之间焊接困难，因此，在二者之间的连接选用爆炸焊的方法将铝板块与钢板块制成钢-铝复合板，然后借助于这个钢铝复合板将铝导杆和钢爪焊接起来。用爆炸焊制成钢铝复合板并非最佳的一种钢铝接合方法，其在阳极更换作业时的经常断裂，是造成阳极导杆断裂的主要原因。为此，某些电解铝厂也使用了将铝导杆熔铸在钢爪上的一种铝-钢结合技术，这种铝-钢的连接结构，不仅使钢/铝电压降更低，而且也延长了阳极导杆-钢爪结构的寿命，值得推广。

就铝电解槽的阳极而言，对其电压降影响最大的当属钢/炭（Fe/C）之间的电压降，即阳极炭碗铸铁与其相接触的阳极炭之间的电压降。现行电解槽的 Fe/C 电压降高达 100mV 以上，占整体阳极电压降的 40% 以上。此阳极的 Fe/C 电压降的大小与炭阳极的质量有关，低电阻率、高强度、高密度的炭阳极必定有较小的阳极 Fe/C 电压降。但 Fe/C 电压降的大小，更取决于炭碗的深度和直径。图 21-5 是某电解铝厂的一台 150kA 电解槽炭阳极钢炭电压降与炭碗深度的关系的试验结果。

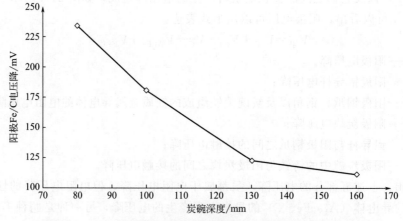

图 21-5 一台 150kA 电解槽阳极炭碗深度与阳极钢炭压降的关系
（钢角与炭碗之间的缝隙为 12mm）

由图 21-5 的测定结果可以看出：增加炭碗的深度可增加 Fe/C 之间的接触面积和降低电流密度，因此可以达到降低 Fe/C 电压降的效果。但增加炭碗的深度，会增加阳极残极高度，使阳极毛耗增加，因此需要权衡。如果钢角直径不变，减小钢角与炭碗之间的间隙可以降低铸铁冷却后形成的缝隙，也可使钢/炭之间的电压降降低，如图 21-6 所示。

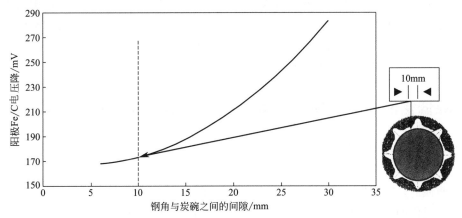

图 21-6　一台 150kA 电解槽阳极钢炭电压降与钢角与炭碗间隙大小之间的关系
（钢角直径 110mm）

而最好的降低阳极 Fe/C 电压降的方法是，在不使钢爪、钢角综合作用下的膨胀力对炭碗造成应力破坏的情况下增大钢角直径，并使阳极炭碗与钢角之间铸铁的间隙尽可能地小。

当铝电解槽的阳极安放在电解槽上以后，阳极钢爪被加热，产生向外的热膨胀。由于钢的热膨胀系数约为阳极热膨胀系数的 3 倍，因此，阳极钢爪的这种热膨胀便产生了对阳极炭块两端的阳极炭碗内壁炭阳极体的压力，这种压力越大，阳极的 Fe/C 接触电阻也就越小，Fe/C 接触电压降也就越低。然而，当阳极和阳极钢爪较长时，这种压力会很大，特别是当阳极随着电解消耗变薄变短而钢爪的温度升高时，这种膨胀力也可能导致阳极的横向断裂，当电解槽很大、炭阳极较长时，这种情况容易出现，采用双阳极内八字形的钢爪结构也许可以释放这种应力，如图 21-7 和图 21-8 所示。

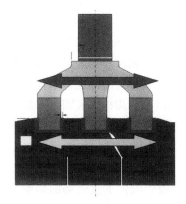

图 21-7　单阳极钢爪受热后的
应力示意图

图 21-8　双阳极内八字形的钢爪结构

除了上述的这种降低铝电解槽炭阳极 Fe/C 电压降的方法之外，下述方法也值得考虑。

① 对炭碗内表面进行改性处理。在炭碗的内表面喷涂高导电性的、对熔融磷铁湿润性好的铁或铁基合金材料，可使浇铸磷铁在冷凝过程，不在炭碗和铸铁之间形成缝隙，使 Fe/C 电压降大幅度降低。

② 现行的炭阳极上表面的炭碗是在振动成型过程中形成的，这种成型方法并不能完全保证炭碗周边炭块体的强度、密度和与炭块本体相一致的导电性能，如果采用阳极炭块整体成型和焙烧后再机械加工出炭碗的方法，可保障炭碗炭体的机械强度、密度和导电性能，这不仅有利于降低炭阳极的氧化，而且会降低阳极的 Fe/C 电压降，也可将炭碗的内表面机械加工成内螺纹，通过增加炭碗内表面积的方法实现阳极 Fe/C 电压降的降低。

21.6 降低铝液波动实现铝电解槽有效极距的降低和电流效率的提高

在工业铝电解槽中，存在阴极铝液的波动，其周期为 45～60s。K. Mori 借助于阳极导杆等距离电压降动态电流变化的测定，绘制了一台 200kA 电解槽内铝液波动的模型。这种波动是周期性的，其周期为 36～45s，见第 18 章图 18-10。

但是对现代的大型预焙阳极电解槽而言，由于母线设计，槽膛尺寸都与早期的双端进电的小型电解槽大有不同，因此，电解槽内的铝液波型可能有所不同。但这些铝液波的周期没有非常大的改变。根据王紫千等人对 160kA 四端母线进电电解槽的阳极电流动态变化分析，给出其阴极铝液的波动周期为 50s。

对工业电解槽而言，铝电解槽阴极铝液内波动大小也可用槽电压噪声情况的变化显现出来。在相同的槽电压情况下，铝液的波动越大，槽电压噪声振幅越大。在给定的铝液波动大小情况下，铝电解槽槽电压的噪声振幅的大小随其极距的减少而增大。

在正常情况下，电解槽阴极铝液表面的波动是阴极铝液内的电磁力所引起的波动与阳极气体逸出所引起的电解质的流动所驱动的铝液波动的叠加。因此，抬升阳极，即提高槽电压，增加极距，可减小阳极气体逸出对电解质流体/铝液界面波动的驱动力，从而降低对铝液表面波动的影响。提高阴极铝液的稳定性，减少槽电压噪声，也有利于电流效率的提高。

出铝、换阳极作业，以及其他人为的对铝水搅动的作业、系列电流的波动和改变都会引起电解槽阴极铝液面的波动。不过这些因素对铝液波动的影响是有限的，在短时间内，这种波动会很快被衰减掉。

减少铝液波动，是铝电解槽提高阴极铝液面稳定性、减少槽电压噪声的最根本的方法，也是有效地提高电流效率的重要方法之一。这不仅仅是因为阴极铝液面波动的降低，减少了阴极铝液的表面积，使铝的溶解损失减少，更重要的是，降低阴极铝液面的波动在槽电压不变的情况下增大了阳极与阴极之间的有效距离，即电解槽阴极铝液面波峰到阳极底表面的距离。

铝电解槽阴极铝液面波动的降低，可以通过优化阴极母线的结构、降低阴极铝液内的水平电流密度和提高阳极电流的均匀分布来实现，也可以采用具有阻流功能的异型阴极结构电解槽技术来实现。

优化阴极母线的结构设计，就是为了减少阴极母线对阴极铝液内垂直磁场的影响。对现代的大型阴极电解槽而言，减少同一系列相邻电解厂房的系列电流对其产生的垂直磁场的影响，可从如下几个方面的技术措施加以改善。

① 采用非对称的阴极母线结构设计。

② 采用外加磁场补偿母线的方法来抵消相邻电解厂房系列电流所产生的垂直磁场的影响。

21.6.1 采用非对称的母线结构设计，减少相邻厂房系列电流磁场的影响

采用非对称阴极母线设计来抵消临近厂房的系列电流所产生的磁场的影响，可以 Alcoa A-275 的电解槽为例。对于这样的具有电流强度 275kA 的电解槽系列，虽然其电流强度要比现在的 400～500kA 的电解槽系列要小得多，但也属较大型的电解槽，对于在这样的电解槽系列中的电解槽，同一个系列的另一个电解厂房的电解槽系列电流所产生的磁场对它的影响是不可不加以考虑的，为了减小彼此两个厂房的系列电流对电解槽内垂直磁场的影响。Alcoa A-275 电解槽采用了非对称的母线结构设计，如图 21-9(b) 所示。

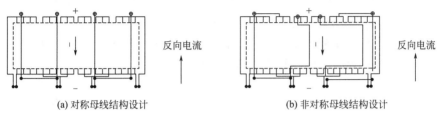

<table>
<tr><td>(a) 对称母线结构设计</td><td>(b) 非对称母线结构设计</td></tr>
</table>

图 21-9　Alcoa A-275 母线结构设计

21.6.2 用空载母线的磁场抵消相邻厂房系列电流的磁场

该技术为在系列电解槽的两边采用辅加内外空载母线电流的方法补偿电解槽系列中彼此两个电解厂房中的系列电流所产生的磁场的干扰，其技术设计方案及原理如图 21-10 所示。

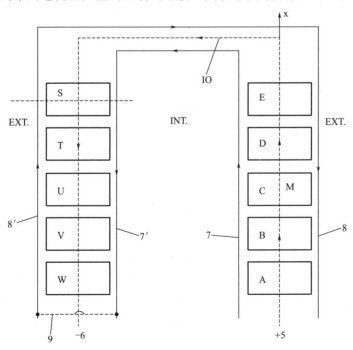

图 21-10　采用辅加空载母线电流的磁补偿及原理

图中 A、B、C、D、E 和 S、T、U、V、W 分别代表同一个电解系列中的两个不同电解厂房的电解槽；点画线代表系列电流方向；7-7′为电解槽系列的内侧磁场补偿母线；8-8′为电解槽外侧磁场母线及其电流的方向。

　　由图 21-10 可以看出，一个系列的两个电解厂房电解槽对另一个电解厂房系列电流电磁场干扰是可以用与电解槽系列电流方向相平行的位于电解槽两侧的补偿母线所通过的空载电流产生的磁场来抵消的。其中内补偿母线中的电流方向与系列电流的方向相同，而外补偿母线所通过的电流与系列电流的方向相反。补偿母线的电流可以分别来自于两个直流电源，也可以用一个直流电源进行供电，当用一个直流电源进行供电时，可在一个电解系列的终端将内外补偿母线连接，如图中的点画线 9 所示。

　　系列电解槽内外补偿母线的作用，就是用内外补偿母线中的电流所产生的磁场抵消或削弱来自于对面电解厂房的系列电流在这一电解槽产生的电磁场，其磁场的抵消原理如图 21-11(a)、(b) 和 (c) 所示。其中，图 (a) 是系列电解槽单独内侧补偿母线电流对来自于对面电解槽系列电流磁场影响的磁场抵消原理图。图 (b) 是系列电解槽外侧补偿母线电流对来自于对面电解厂房系列电流磁场进行抵消和补偿的原理图。图 (c) 是内外两侧补偿母线同时通以补偿相等电流后的电解槽磁场补偿原理图。

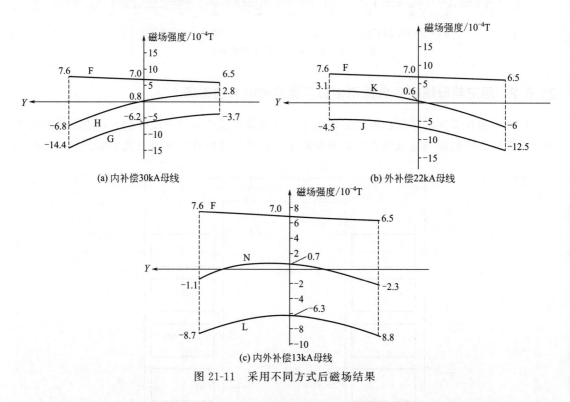

图 21-11　采用不同方式后磁场结果

　　图 21-11(a)、(b) 和 (c) 中，曲线 F 是电解槽系列在既没有内母线补偿，也没有外母线补偿时，对应电解厂房系列电流对这一厂房系列电解槽中的电解槽 M 所产生的垂直磁场（系列电流为 200kA，系列电解槽厂房之间的距离为 50m）。如果这一垂直磁场的方向是向上的，即 Z 轴指向的方向定为正，则这一磁场是正的，其大小由电解槽的内侧向外稍有降低。图 (a) 中的曲线 G 是电解槽系列只有内环形补偿母线时，内补偿母线 7-7' 补偿电流（30kA）在电解槽 M 上所产生的磁场。该磁场为负值，内大外小，且呈双曲线型上升。曲线 H 是曲线 F 和 G 的代数和，也就是内补偿母线对来自于对面厂房系列电流所产生的垂直磁场进行抵消的效果。

　　图 21-11(b) 中的曲线 J 为外补偿母线 8-8'（外补偿母线电流为 22kA），在电解槽 M 上

所产生的垂直磁场。由此图可以看出，外补偿母线电流的方向与系列电流的方向相反。8-8'外补偿电流在电解槽 M 上产生的垂直磁场为负，其对对面的一个厂房的电解槽系列的电流在电解槽 M 上产生的正向磁场具有抵消的功能。曲线 K 即为其抵消后的磁场强度。

仍以电解槽 M 为例，对于同时使用内补偿和外补偿母线对电解槽 M 磁场抵消效果示于图（c）。图（c）中外补偿母线和内补偿母线在图 21-10 中的 9 处连接，使用同一个整流系列的直流电源，补偿电流为 13kA。内外补偿母线电流 7-7' 和 8-8' 在电解槽 M 上产生的磁场为负。其值如图（c）中的曲线 L 所示。其抵消对面电解厂房系列电流的正向磁场后的合成磁场为图（c）中的曲线 N。由曲线 N 可以看出，只要同时用一个合适的内外补偿母线的补偿电流，基本上可以消除对面电解厂房的电磁场干扰。此时，系列电解槽的阴极母线可设计成对称的母线设计。而且从上述的计算实例也可以看出，与单独的内补偿母线和单独的外补偿母线相比。同时使用电流相同的内外补偿母线，其所使用的补偿母线电流并不一定比单独使用的内补偿母线或外补偿母线大，但所取得的补偿效果要比单独使用内补偿母线或外补偿母线的补偿效果好得多。

21.6.3　改电解系列的平行厂房设计为矩形电解厂房设计

在现代的铝电解生产中采用预焙阳极电解槽铝冶炼技术，且电解槽的电流强度超过了400kA，最大的电解槽的电流已达到 660kA；且电解系列的电解槽的槽数由过去的 160 多台，增加到 360～400 台。在这样的铝电解系列中，电解槽串联连接，整个系列的电解槽安放在两个平行排列的电解厂房中，构成一个回路，如图 21-12 所示。

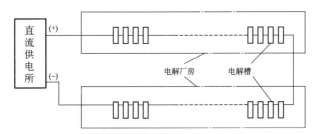

图 21-12　传统铝电解系列的两平行电解厂房及电解槽布置图

在铝电解生产过程中，槽外导电母线在电解槽的阴极铝液中产生很大的磁场，特别是垂直磁场与电解槽铝液中的水平电流作用产生的磁场力是造成电解槽阴极铝液不稳定和槽电压不稳定的主要原因，并对电流效率产生影响；当电解槽系列的电流增大时，来自于同一系列中相邻电解厂房的系列电流产生的垂直磁场使电解槽的垂直磁场更大，而且极为不对称。

正如前节所介绍的，为了降低来自于相邻电解厂房系列电流所产生的磁场影响，现代大型电解槽多在电解槽系列上设置了独立直流电源的空载母线，通过空载母线中的电流所产生的磁场来抵消这种影响；但这种方法不仅消耗额外的电能（高达 150～300kW·h/t Al），而且需要额外的投资，特别是金属母线的投资。

增加两个平行电解厂房之间的距离，可以降低厂房内电解槽受另一个厂房系列电流产生的磁场影响。以 500kA 的电解槽系列为例，如将系列电解槽中的来自于同一系列的另一电解厂房系列电流产生的垂直磁场强度降低到 2Gs，则两厂房之间的距离需要增加到 500m。这意味着，整流所正负两极到电解槽系列的首尾端之间母线与两厂房之间连接母线总长至少要 900m。这不仅会增加母线投资，也使电流母线的电能消耗大大增加。按目前电解槽母线设计的电流密度，每 1m 长母线电压降 0.1V 计算，900m 母线电压达 90V。若该系列共有 360 台电解槽，则每台电解槽平均分摊电压为 0.25V，折合成铝的电耗增加约 800kW·h/t-Al。显然，采用相互平行的两个电解厂房的传统设计，要想使一个电解厂房系列电流所产生的磁场对另一个电解厂房电解槽内磁场的影响大幅度降低，其技术、经济上是不可行的。

针对这个问题，东北大学冯乃祥教授提出一种铝电解槽系列的电解厂房及电解槽布局结构设计，将电解槽的厂房按矩形布置，使电解槽系列彼此平行部分的电解厂房拉开间距，以此来降低来自于与之平行的相邻电解厂房系列电流对电解槽产生的垂直磁场的影响，提高电解稳定性，并降低投资和能耗，同时使电解厂房与电解厂房之间、电解厂房与整流电源之间连接母线最短。

这种新的铝电解槽系列的电解厂房及电解槽布局结构包括缺口型的矩形电解厂房。电解槽成电串联地排列其中。在矩形电解厂房的缺口之间或一侧设置直流整流所，整流所输出的正极电源与缺口电解厂房内一端的电解槽连接，由整流所输出负极电源与缺口电解厂房内的另一端电解槽连接，使电解厂房内的电解槽形成一个电的回路。如图 21-13 所示。

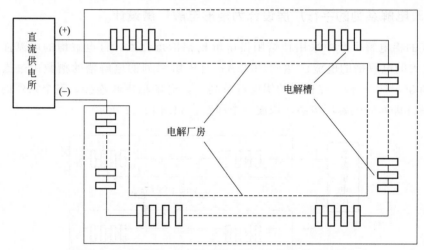

图 21-13 改进的大型电解系列电解厂房及电解槽布置图

在如图所示的矩形电解厂房结构设计中，设有缺口的矩形电解厂房及厂房内的电解槽分成 A、B、C、D 4 个部分。

在这种电解厂房布局的结构设计中，A 部分和 B 部分之间的距离，或 C 部分和 D 部分之间的距离，以及电解槽工作时的电流强度，决定了一个厂房内电解槽来自于与之平行的另一个电解厂房的垂直磁场强度，其计算式为：

$$Bz = 2I/R$$

式中，Bz 为当系列电流强度为 $I(A)$ 时，A 厂房（或 B 厂房）内电解槽受到来自于 B 厂房（或 A 厂房）系列电流所产生的垂直磁场强度，或者 C 厂房（或 D 厂房）内电解槽受到来自于 D 厂房（或 C 厂房）系列电流所产生的垂直磁场强度，单位为 Gs；R 为相互平行的同一系列的两个电解厂房 A 与 B 或 C 与 D 之间的距离，单位为 m。

这种新型的电解厂房布局的结构设计，不仅具有在不增加或增加很少的母线长度情况下，使铝电解系列内的电解槽来自于与之相对和与之相平行的电解厂房内系列电流对其所产生的垂直磁场趋于零（至多 2Gs），并由此解决电解系列内电解槽垂直磁场的不对称问题。

同时，电解厂房围成的巨大空间和场地，可建设成系列电解槽的阳极准备，以及可能的原铝和合金铸造厂房或车间，因此，可大大地缩短阳极及原铝的运输距离和成本。

21.6.4　采用异型阴极结构电解槽减少阴极铝液面波动

所谓异型的阴极结构就是其阴极炭块上表面具有凸起的结构，按凸起的结构不同，可以有不同形式的异型阴极结构电解槽，最典型的两种如图 21-14 和图 21-15 所示。

图 21-14　长方体型凸起阴极结构电解槽

图 21-15　圆柱型凸起的异型阴极结构电解槽

由图 21-14 和图 21-15 可以直观地看出，铝电解槽阴极表面的异型结构能够减少阴极铝液波动的道理，它形如为缓冲水浪和水流而在海岸边和河岸边的水下设立的坝体或柱体。

异型的阴极结构使电解槽内阴极铝液波动衰减的技术原理得到李宝宽、王强和宋杨等人借助于计算机的电磁流体力学分析和模拟的验证，如图 21-16 所示。

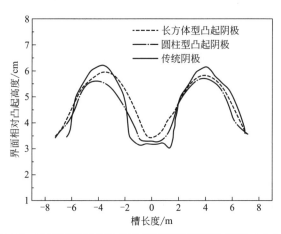

图 21-16　不同阴极结构的铝电解槽铝液面波动高度（中心线）

从图 21-16 可以看出，与普通传统阴极电解槽相比，使用异型阴极结构电解槽可将阴极铝液面的波动减少 1.0cm 左右，这样便可在槽电压不变的情况下，将电解槽的有效极距增加约 0.5cm。这意味着如果电解质电压降在 0.4V/cm，则使用异型阴极结构电解槽后，可使电解槽在保持原极距不变的情况下，将槽电压降低 0.2V，这相当于使铝电解吨铝直流电耗降低 600kW·h/t Al 左右。这无疑是一个可大幅度降低铝电解电能消耗的技术。但是这种技术必须同步地减少 2.16×10^9 J/t Al 的热能损失才能实现。

21.6.5 采用坡面阴极减小阴极铝液内的水平电流

导致电解槽阴极铝液产生波动的最大源动力是电解槽内垂直磁场与电解槽内水平电流的相互作用而产生的电磁力。很显然，如果电解槽阴极铝液内没有水平电流，这种磁场力便不会产生。因此，减小电解槽阴极铝液内的水平电流是可以降低阴极铝液波动的。

电解槽阴极铝液中的水平电流有两种，一种是沿电解槽纵向方向，即与系列电流方向相垂直方向的水平电流，这种水平电流是由可能存在的各组阴极炭块的电阻率的不同，或阴极炭块与阴极钢棒之间接触电阻的不同而引起的。因此，这种水平电流可通过选择电阻率均匀的阴极炭块和提高阴极炭块与阴极钢棒的组装质量，使其具有均匀捣固糊密度和 Fe/C 接触电阻，以及通过改进阴极母线设计，使电解槽中的每一个阴极炭块到阴极母线之间具有等值的电阻来实现。当电解槽内不存在这种水平电流时，电解槽内各阴极炭块内所通过电流与其对应的阳极面积上导出的电流应该是一样的。然而由于电解槽内各阳极电流不同，阳极电流分布不均匀，故各组阴极中的电流并非是均匀的，这种阳极电流的不均匀分布，并不会导致这种水平电流的产生。因此，较好的阴极母线设计和合理的阴极炭块选择与精心的阴极钢棒安装可以消除这种水平电流。

铝电解槽中由于每个阳极的电阻都随着电解过程的进行而改变，新老阳极电阻的差别较大，因此，电流分布不仅不均，且不断变化，每个阳极底掌下释放出的阳极气体量也不同，这种差别可导致各阳极底掌下电解质的流体动力学状态不一样，并改变整体的电解质流体动力学状态。电流分布的差别越大，对电解质流体动力学状态的改变越大，对铝液面波动的影响也就越大，因此铝冶金工作者一直致力于使工业铝电解槽中阳极电流分布更均匀。采取如下方法可减少阳极电流分布的偏差。

① 适当地增加阳极的高度，不仅可以提高阳极使用寿命、缩短阳极炭块的更换周期，而且可以提高阳极电流分布的均匀性。

② 增加炭阳极上氧化铝覆盖料层的厚度，加强炭阳极上表面的保温，尽可能快地提升新阳极温度，有利于尽快地降低新阳极的电阻，缩短其升至全电流的时间，从而有利于阳极电流分布更均匀，也可使阳极电压降降低。

③ 利用某种热源，如合理地调整阳极换块的时间，将一个系列的电解槽多组、分段分期更换，利用前一段换下的残极和高温覆盖物料，加热后一段的新阳极，使新阳极具有较高的温度，可以加快新阳极升温速度，有利于阳极电流分布更均匀，同时有利于阳极电压降的降低，减少电解槽的热损失。

④ 在阳极换块作业时，使新阳极底掌面适当地低于原残极底掌面，如低 0.5cm，可使新阳极比较快地升到全电流，有利于电流分布的改善，这已在第 8 章关于阳极换块高度对阳极电流分布的影响中进行了阐述。

铝电解槽阴极铝液中另一种水平电流是沿电解槽中阴极炭块的纵向方向的水平电流，这种水平电流的产生是阴极炭块和阴极钢棒较铝液具有较高的电阻所致。这可以用图 21-17 来阐述。

图 21-17 中，A 点是位于槽中心部位铝液中的一点。此 A 点的电流可有多个路径流到阴极炭块上表面，经阴极炭块和钢棒到达阴极钢棒较外端的 D 点，为了便于分析，选择有代表性的两条路径，一条是从 A 点垂直向下，通过铝液和阴极炭块到达阴极钢棒的 B 点，然后沿钢棒向外到达 D 点，该电流 I_1 路径的电阻 R_1 可由下式表示：

$$R_1 = R_{Al1} + R_C + R_{Fe} \tag{21-5}$$

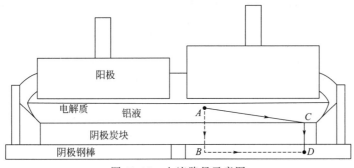

图 21-17　电流路径示意图

式中，R_{Al1} 为 I_1 路径上铝液的电阻；R_C 为阴极炭块电阻；R_{Fe} 为阴极钢棒上 B 点到 D 点的电阻。

另一条路径是水平电流 I_2，即从 A 点向外到达 C 点，然后垂直向下经由阴极炭块到达阴极钢棒 D 点，该路径的电阻 R_2 可由下式表示：

$$R_2 = R_{Al2} + R_C \tag{21-6}$$

式中，R_{Al2} 为 I_2 路径上铝液的电阻。相对于阴极炭块，铝液的电阻率非常低，因此，可以忽略铝液的电阻，则 R_1 和 R_2 分别为：

$$R_1 = R_C + R_{Fe} \tag{21-7}$$

$$R_2 = R_C \tag{21-8}$$

由于两条路径的初始点（A 点）与终点（D 点）相同，则：

$$I_1 R_1 = I_2 R_2 \tag{21-9}$$

即：

$$I_1 \times (R_C + R_{Fe}) = I_2 R_C \tag{21-10}$$

$$\frac{I_2}{I_1} = \frac{R_C + R_{Fe}}{R_C} = 1 + \frac{R_{Fe}}{R_C} \tag{21-11}$$

由此可以看出：①水平方向上的电流永远大于垂直方向上的电流；②减少阴极钢棒的电阻有利于电解槽内阴极铝液中水平电流的降低；③减少阴极炭块电阻，不利于电解槽内水平电流的降低。

为了降低阴极铝液内的水平电流，冯乃祥提出一个坡面阴极的概念，如图 21-18 所示，这是一个外高、内低的 V 型坡面阴极电解槽。

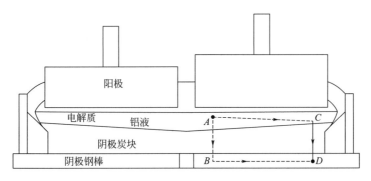

图 21-18　V 型坡面阴极电解槽及降低水平电流的示意图

按照图 21-18 所示的坡面阴极的技术原理，则此时，水平电流 I_2 和垂直电流 I_1 之比为：

$$\frac{I_2}{I_1} = \frac{R_{C1} + R_{Fe}}{R_{C2}} \tag{21-12}$$

式中，R_{C1} 为坡底部位炭块的垂直电阻，R_{C2} 为坡高处炭块的垂直电阻。

由上式可以看出，如果调整 R_{C1} 和 R_{C2} 大小，使 $R_{C1} + R_{Fe} = R_{C2}$，则在理论上可实现铝电解槽水平电流最小。

借助于计算机，Subrat Das、Guy 和宋杨等人对一个 300kA 电解槽阴极坡面的坡度大小对水平电流大小进行研究。当电解槽阴极的坡度为 4.5° 时，可使电解槽中的水平电流降低 44.7%，从而使铝液波动的电磁力降低 32.5%，如图 21-19 和图 21-20 所示。这种具有坡面的阴极炭块已在某电解铝厂使用，如图 21-21 所示。

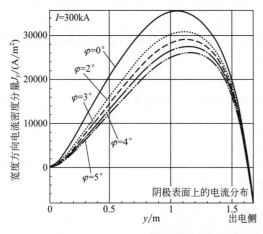

图 21-19　坡面阴极的坡度对水平电流密度的影响　　图 21-20　坡面阴极的坡度对铝液中电磁力的影响

图 21-21　某电解铝厂所用的坡面阴极炭块

除了上述坡面阴极外，使用内大外小，或内高外低的非等断面阴极钢棒，也可获得上述坡面阴极的技术效果。

21.7　槽电压和极距的选择

工业铝电解槽的极距是一个非常重要的工艺技术参数和设计参数，其大小对铝电解生产有重要影响，对现代工业铝电解槽而言，极距在 $4.0 \sim 5.0$cm。然而极距并非仅仅是电解槽的设计参数，其大小也取决于电解槽的操作、电解质组成、电解温度，以及诸如母线设计和电解槽内衬与上部覆盖料的厚度、电流密度等工艺参数的选择，更重要地取决于电解槽槽电压的选择。

① 槽电压。在正常的生产过程中，槽电压是对极距有更重要影响的参数，较高的槽电压可以使电解槽具有较高的极距，而且也有利于电流效率的提高。通常情况下，电解质电压降在 0.4V/cm 左右，槽电压每提高 0.1V，可使极距增加 0.25cm 左右。然而，当槽电压提高和极距增加后，有可能导致电解槽的温度升高、槽膛熔化和电解质电阻的降低，因而有可能使极距的增加大于此值。

② 在给定槽电压的情况下，阳极和阴极电压降的降低，可使极距增加，从操作角度上去分析，增加阳极上表面的保温料厚度，可使阳极电压降降低，因而可使极距增加。

③ 强化电解槽的电流，即提高电解槽的阳极电流密度，理论上会使电解槽的阳极电压降和阴极电压降增加。但实际上，由于电流密度适当提高后，会使炭阴极和炭阳极以及与它相连接的阴极钢棒和阳极钢爪之间的 Fe/C 接界温度升高、电阻下降，其综合效果未必使电解槽在强化电流，即提高阳极电流密度和阴极电流密度后，阳极电压降与阴极电压降上升很多。这也就是说，在相同的槽电压情况下，适当高的电流密度的电解槽，其极距未必小于低电流密度的电解槽。

④ 减少电解槽内阴极铝液面的波动，可以有效提高极距，这已在前文进行了阐述。

⑤ 使用锂盐，可以提高电解质的电导率，理论上有利于电解槽极距的提高。但电解槽使用锂盐往往会使电解质的温度降低，这就使得电解质添加锂盐后达不到非常好的提高电解质导电性的效果，因此，也就可能达不到使极距提高的目的。

从节电角度，尽可能地降低电解槽的极距，则可以大幅度降低铝电解槽的电能消耗。目前，我国工业电解槽的极距已经达到很低的数值，约在 4.0cm，或更低一些，比国外所报道的电解槽极距 4.5～5.0cm 低得多。能否将工业电解槽的极距进一步降低，如降到 3.0cm 呢？如果能将电解槽的极距降低到 3.0cm，则可以使铝电解槽槽电压降低 0.4V 左右，理论上则可以使电能消耗降低 1200kW·h/t Al 左右，从而有可能使铝电解生产的直流电耗接近或达到 11000kW·h/t Al。这涉及铝电解槽有没有一个理论上最低的极限极距。如果存在这个理论上的最低的极限极距，而且这个理论上最低的极限极距小于 3.0cm，那么就有可能实现这个目标。需要说明的是，所定义的这个所谓的最低的极限极距在理论上应该是在这个最低的极距下，不会明显地增加铝的溶解损失，即不对电流效率产生明显影响的极距。Haupin 在一个 10kA 的电解槽上利用铝参比电极相对于炭阳极所测的极化电压随极距的变化，确定铝电解槽的极限极距为 1.4in，即 3.6cm。其测定方法是，先将铝参比电极浸入阴极铝液中，使铝参比电极的表面形成一层铝-钨合金，而成为铝参比电极。然后借助于一个升降装置，将铝参比电极从阴极铝液中提出，并缓慢地向阳极底表面移动，记录下阳极相对铝参比电极的电压变化，结果如图 5-13 所示。由图 5-13 的测定结果可以看出，当铝参比电极移动到距阳极底表面 1.4in（3.6cm）时，其极化电压开始有了振动。显然这种振动是来自阳极的气体 CO_2 与铝参比电极所进行的反应所致。参比电极越靠近阳极，这种振动越大，由此测定结果可以看出，当铝电解槽的极距降到 3.6cm 时，就开始对电流效率有影响了。如果再继续降低，至 0.88in，即 2.3cm 左右，铝和 CO_2 的二次反应就非常剧烈了。因此，工业电解槽的最低极限极距可以断定为 3.6cm。铝电解槽不应低于这个极距，否则会给电流效率带来损失。然而铝电解槽的极限极距并不是唯一的，其大小与阳极形状和电流密度有关。"开槽"阳极，有利于阳极气体的排放，减少阴极铝液面的波动，因此也有利于极限极距的降低。

铝电解生产过程中，电解槽的极距由槽电压加以控制，而极距的大小严重地影响电流效率，因此，槽电压与电流效率存在相关性。由于电流效率和槽电压是决定铝电解直流电能消耗的两个技术经济指标，所以在决策铝电解的节能技术上，总是要将槽电压与电流效率两个指标综合起来加以考虑。

我国电解铝厂的槽电压一般在 4.0～4.2V，平均极距在 4.5cm 左右，在这样的技术条件下，其电流效率可以达到 93％～95％，如果将电解槽槽电压从 4.0V 降低到 3.95V，电流效率会降低 1％，这种情况下槽电压的降低并没有带来电解槽的实际节电。但当使用异型阴极结构时，在槽电压 3.75～3.8V 下，电流效率达到 92％是可以实现的。青铜峡铝厂曾经的一台 350kA 电解槽使用柱状凸起的异型结构在 3.9V 的槽电压情况下连续 12 个月的出铝电流效率达到了 95.6％。

21.8 提高阳极的密度和电导率

铝电解槽预焙阳极的质量指标有密度、电阻率、抗压强度、孔隙率和抗氧化性能等多项指标。阳极是铝电解槽的心脏，阳极质量的好坏不仅影响铝电解槽电流效率、炭阳极消耗和阳极电压降，也会影响钢爪与炭阳极之间的接触电压降，即阳极的 Fe/C 电压降。这是因为，阳极的 Fe/C 电压降不仅取决于炭碗与钢爪之间的接触面积，也取决于炭阳极的密度、强度和电导率。一个高密度、高导电性能、高强度的炭阳极，不仅有低的阳极炭块的电压降，而且也会有低的钢爪与炭阳极之间的接触电压降。

铝电解槽炭阳极质量的改善，需要通过提高原料的煅烧温度和煅后焦的真密度，采用合理的煅后焦骨料粒度配比，提高沥青的黏结性能与结焦性等理化性能，以及提高阳极的焙烧温度来实现。对预焙阳极炭块而言，各项理化指标具有相关性，其中最重要的是炭阳极的密度，在相同的原料配比、成型和焙烧工艺技术条件下，高密度炭阳极必定有较高的导电性、较高的机械强度和较低的孔隙率，也必定有较高的抗氧化性能，使用在电解槽上，必定有较低的阳极消耗、较低的阳极电压降，并可使电解槽取得较高的电流效率和较低的电能消耗。

铝电解槽预焙阳极密度（体密度）的增加，是通过减少预焙阳极的孔隙度实现的，其孔隙度可用下述公式表征：

$$孔隙度＝(真密度－体密度)/真密度 \tag{21-13}$$

体密度 d_A 的物理意义也可由下式表述：

$$d_A=(md_a+nd_b)(1-p) \tag{21-14}$$

式中，d_a 为骨粒料密度，g/cm^3；d_b 为黏结剂沥青焦化后的密度，g/cm^3；m 为骨粒料所占质量分数；n 为黏结剂沥青所占质量分数。其中 $m+n=1$，p 为孔隙率。

在现行的工业铝电解槽预焙阳极生产中，所用原料石油焦在 1250℃ 左右的条件下煅烧，阳极炭块在稍低的 1150℃ 左右的温度条件下焙烧，其炭阳极的真密度在 2.04～2.08g/cm³，平均值约 2.05g/cm³。而目前工业铝电解槽上预焙阳极炭块的密度（体密度）一般在 1.55～1.60g/cm³，如果按真密度为 2.05g/cm³ 计算，则孔隙度在 22％～24％。

从上述公式也可以计算得出，如果能将阳极炭块的孔隙度降低 5％，例如，将阳极炭块的孔隙度从 24％～22％降低到 19％～17％，则铝电解槽阳极炭块的密度可以增加到 1.66～

$1.70g/cm^3$。如果将阳极的孔隙度降低 10%，则阳极炭块的密度可以增加到 $1.76\sim1.80g/cm^3$。如果这一情况能够实现，不仅会使铝电解炭阳极的电阻率和电压降大幅度降低，也会使铝电解的电流效率有大幅度提高，阳极的使用寿命和换块周期也会有较大的延长。

然而，现行铝电解槽炭阳极的成型工艺将焙烧阳极的密度提高到 $1.7g/cm^3$ 是极为困难的，甚至可以说是不可能的。要想使炭阳极的密度突破 $1.65g/cm^3$，甚至达到 $1.70g/cm^3$ 以上，必须在炭阳极的制造理念和技术上有重大突破。

21.9　选用较为先进的真空闪蒸沥青黏结剂

沥青是制造铝电解炭阳极不可缺少的原料，它在铝电解阳极制作过程中，起到黏结剂的作用。现在铝工业炭阳极生产所用沥青是由焦煤焦化生产冶金焦过程的副产物煤焦油经蒸馏后制得的，故称煤沥青。

在北美和欧洲，用于制造铝电解炭阳极所用的煤沥青大都是以煤焦油为原料，用真空闪蒸的方法制得的。这个方法第一步在正常的大气压条件下进行蒸发制得中温沥青，即软化点为 $80\sim90℃$ 的沥青，然后在真空条件下，将中温沥青蒸馏成软化点为 110℃ 的沥青。生产这种沥青必要条件为 325℃ 蒸馏 5min，用这种方法生产出来的沥青称为真空闪蒸沥青。

在我国用于制造铝电解槽预焙阳极所用煤沥青为改质沥青，改质沥青是在 $85\sim90℃$ 软化点沥青的基础上进行热处理所制得的软化点为 $105\sim120℃$ 的沥青，其热处理温度在 405℃ 左右，驻留时间长达数小时。这种改质沥青在物理性质上常常显现出有很大的变化。

可以看出真空闪蒸技术的优点在于比改质沥青的热处理温度低。较高的改质沥青的热处理温度，常常导致中间相的产生，而这种中间相容易导致阳极物理性质变差。研究发现：①这些中间相成球形状，直到 300℃ 都会以固体状态存在，有学者认为，中间相实为中温沥青在热处理过程中产生的次生喹啉不溶物，但也有学者认为，沥青中的中间相并不都是喹啉不溶物；②这些中间相的存在，对沥青与骨粒料的混捏产生不利影响，而使密度降低；③这些中间相球形体在混捏过程中会破裂，并覆盖在骨料上，从而对制品的强度和反应性产生不利影响。

真空闪蒸沥青与改质沥青常常显现出不同的物理性质，人们对以相同的煤焦油为原料，采用上述两种方法制得的沥青的物理化学性质进行了研究，结果示于表 21-4。

表 21-4　以相同焦油为原料，采用真空闪蒸生产的沥青与改质沥青物理化学性质比较

性质	改质沥青	真空闪蒸制得沥青
软化点/℃	111.7	109.9
苯不溶物/%	29.5	22.0
喹啉不溶物/%	8.6	5.2
结焦炭/%	55.6	52.7
中间相/%	6.2	0.0
β树脂/%	20.9	16.8
密度/(g/cm^3)	1.28	1.30
黏度(150℃)/cP	5760	2860
黏度(160℃)/cP	2330	1170

注：$1cP=0.001Pa\cdot s$。

由表 21-4 中的数据可以看出，改质沥青中有 6.2% 的中间相，而采用真空闪蒸法制得的沥青没有中间相，这使得闪蒸法的沥青中喹啉不溶物和苯不溶物含量大为降低，虽然焦化值

稍有降低，但由于喹啉不溶物、苯不溶物含量的降低，特别是中间相的减少，使得沥青的黏度比改质沥青的黏度降低了50%。很显然，如铝工业采用真空闪蒸技术生产出的沥青作为黏结剂，可大大降低骨粒料与黏结剂沥青的混捏温度，缩短混捏时间，也降低能耗，同时可提高阳极的理化性质。

21.10 提高电流效率

前文很多章节都提到了铝电解槽的电流效率，包括电流效率损失的机理以及减少铝溶解损失和提高电流效率的措施，也包括工业铝电解槽上一些提高电流效率的方法。

在前文中阐述了通过降低槽电压的方法，实现铝电解电能消耗降低的一些理论与技术问题，对给定的电解槽而言，电流效率的提高是受槽电压严格制约的。对于电解铝厂的管理者而言，追求最大的经济效益是其宗旨和目标。

① 对电价较低的地区，或者铝价相对较高时，可以采用较高槽电压，即较高极距的操作制度，以提高电解槽的电流效率，生产较多的铝。

② 当电价较高或铝价较低时，可采用较低槽电压，即较低极距的操作制度。

这就是说，不同地区和不同电价的电解铝厂可以有不同的操作制度。电解铝厂切不可不经技术经济分析而盲目追求低槽电压的操作方法。就一般情况而言，应该在给定槽电压的情况下，通过减少铝液面波动、提高铝电解槽液面的稳定性、采用合理的电解质成分，来实现铝电解槽电流效率的提高。但这些节电措施，离不开减少电解槽热损失作保障。对从事铝电解生产的技术管理者来说，从操作角度，最重要的是在电解温度、电解质组成、电解质的过热度三个方面作一个最佳的选择，并在此基础上让电解槽有一个规整的、厚度适当的槽帮结壳，才能保证在给定电解槽设计参数的条件下使电流效率最大限度地提高。电解温度、电解质组成、过热度和槽帮结壳的厚度，这四个参数之间关系密切，其中任何一个条件的改变，都会影响其他三个技术参数。在这四个参数之间，最主要的是要确立电解质的过热度 ΔT。电解质的过热度 ΔT 一般应该在 $5\sim8$℃，只要能保证电解槽的过热度在这个区间，不论是高温、中温还是低温，都能保证电解槽的槽帮结壳厚度，实时地调整电解质成分也是必不可少的。

在谈到电流效率时，还有一点不能不提及，那就是磷（P）在电解质中的存在会严重地影响电流效率。当电解质中的 P_2O_5 含量为 0.011% 时，会使电流效率降低 0.7%～1.7%。当电解质中 P_2O_5 在 0.022% 时，会使电流效率降低 1.3%～3.3%，如表 21-5 所示。这是由于电解质中的磷离子很容易在阴极放电，生成的磷蒸气压很高，又很难溶解到铝中，因此，磷在阴极表面上生成后，又马上进入阳极区，被氧化成+5价和+3价离子，这样往复循环过程，就极大地降低了电解槽的电流效率。因此，严格地控制 P_2O_5 在氧化铝和电解质中的含量是非常重要的。

表 21-5　磷杂质对电流效率影响

氧化铝中 P_2O_5 质量分数/%	电解质中 P_2O_5 质量分数/%	电流效率损失量/%
0.005	0.011	0.7～1.7
0.01	0.022	1.3～3.3
0.02	0.043	2.6～6.4

21.11　减少热损失

对电解铝厂而言，要想大幅度地降低铝电解生产的电能消耗，往往从如何实现槽电压降低和电流效率的提高两方面加以考虑。槽电压的降低和电流效率的提高，涉及铝电解诸多方面的理论与技术问题，也是铝电解节能的理论与技术核心问题。但铝电解槽是一个电热平衡体和物料的平衡体，不仅有电热、原料的输入，也有散热和电解产物的输出。如果忽略氟化盐添加剂的质量平衡和电解槽的热量平衡，就不能实现设定目标下的电解槽节电时的电平衡。如果只考虑实施电解槽节电的电平衡而忽略工艺与操作过程电解槽新的电平衡体系下的热平衡，就实现不了电解槽节电目标。对于铝电解槽电热平衡，在实际操作中往往只注意其一，无法取得理想效果。铝电解槽的电热平衡可用下面的公式表示：

$$VI = 电解氧化铝所需能量 + 散出的热量 \tag{21-15}$$

或

$$VI = E_{Al}I + 热损失(Q_损) \tag{21-16}$$

式中　V——电解槽热平衡体系内的槽电压，V；

　　　I——系列电流，A。

$$E_{Al} = (-\Delta H/nF) \times CE \tag{21-17}$$

式中　CE——铝电解槽的电流效率，%。

上述公式中，I 是电解槽的系列电流，为恒定。因此，铝电解电能消耗的降低必定是要通过降低槽电压 V 来实现。电解槽槽电压的降低，意味着输入电解槽的能量的减少，其电能输入的减少量如果为 ΔVI，那么电解槽在热损失上也必须减少相对应的 ΔVI，才能实现电解槽节电的目的，用下述公式表示：

$$-\Delta VI = -\Delta E_{Al}I - \Delta Q_损 \tag{21-18}$$

式中，"—"号没有数学意义，只是用来表示能量的减少，此公式代表的就是电解槽节电技术后的热电平衡方程。

但是在工业铝电解生产中，由于存在着已电解出来的铝被阳极气体 CO_2 氧化的二次反应，此反应为放热反应，同时还存在着炭阳极被空气和 CO_2 气体氧化的放热反应，因此，更为确切的电解槽节电技术原理的热电平衡方程为：

$$-\Delta VI - \Delta Q_生 = -\Delta E_{Al}I - \Delta Q_损 \tag{21-19}$$

该式虽然简单，但它是实施和实现工业铝电解槽进行铝电解技术电能消耗降低的基本公式和技术原理。

从式(21-19)的节电技术原理、热电平衡方程式可以看出，通过降低槽电压实现电能的降低，下面的配套技术是必不可少的。

① 提高铝电解的电流效率。提高电流效率意味着可减少铝的二次反应所产生的热量。除此之外，也意味着产铝量的增加，节电的效率提高。

② 采取预热阳极，提高新阳极温度，可减少电解槽的热损失。在上述有关章节和本章中，ΔH 是指按电解反应方程式(7-14)反应所需的热能，这种热能既包括了氧化铝电解过程中所需要的电化学能，也包括将原料氧化铝和炭阳极加热到电解温度所需的电能。因此，在将氧化铝和炭阳极加入到电解槽之前，进行预热，可减少电解槽的热能损失。

对于铝电解槽使用预热氧化铝和预热阳极对电解槽热能的损失的减少，可以用两种材料的热容和预热温度计算。以炭阳极为例，如电解槽在换块时，将新换的冷阳极改为 400℃ 的热阳极，且炭阳极的毛耗为 500kg/t Al，则电解槽热损失的减少量 h 为：

$$h = mC_p \Delta T = 500 \times 0.889 \times (400 - 20)/3600 = 46.92 (\text{kW} \cdot \text{h/t Al}) \quad (21\text{-}20)$$

铝电解槽更换阳极后，使用热的覆盖料，可取得同样性质的节电效果。

21.12 减少电解槽侧部热损失

电解槽侧部的热损失大小取决于电解槽槽帮侧部的温度，以及槽侧部环境的温度，如槽侧部采用强制风冷，或较低的环境温度时，槽侧部热损失将增加。

对于正常的工业电解槽而言，这种热损失的增加，会使槽帮结壳加厚，从而达到一个新的热平衡，然而对于一个给定设计的电解槽而言，要想减少铝电解槽的侧部散热，合理地选择电解质成分和恰当的工艺操作，使电解质熔体与槽帮结壳之间具有较低的过热度温差，是降低侧部散热损失重要举措。温度和过热度对结壳热损失 $h_{侧B}$ 可用下式表示：

$$h_{侧B} = \lambda_B (t_B - t_0) = \lambda_B \Delta t \quad (21\text{-}21)$$

式中，t_B 是电解质温度，℃；t_0 是电解质初晶温度，℃；Δt 是电解质过热度，℃；λ_B 是换热系数，$\text{cal}/(\text{cm}^2 \cdot ℃)$，$1\text{cal} = 4.186\text{J}$。

由上式可以看出：

① 在给定电解质组分的情况下，较高的电解温度和过热度 Δt 的增加，会使热损失增加，并导致槽帮结壳变薄和热损失增加。

② 具有较低电解质初晶温度的电解质组分，往往会有较高的电解质过热度，使热损失增加，并导致槽帮结壳变薄。这种初晶温度较低的电解质，往往是分子比较低，或含 KF 和 LiF 较多的电解质，这些组分的电解质具有较低的氧化铝溶解能力，容易造成槽底氧化铝沉淀。同时，当使用这些电解质时，电解温度往往也较低，这更不利于氧化铝溶解。而沉淀物通常由较高初晶温度的电解质与氧化铝组成，因此，沉淀更不容易溶解回电解质熔体中，这虽然有利于减少槽底的散热，也有利于电解槽寿命的增加，但也导致槽帮结壳散热损失的增加。

③ 电解质熔体对槽帮结壳的换热系数 λ_B 是一个动力学参数，其值与铝液和电解质熔体的流体动力学状况有关。若槽内电解质熔体和铝液流速较大，则其换热系数较大。从而使电解质熔体和铝液对槽帮结壳热损失增加。阴极铝液对槽帮结壳的换热损失 $h_{侧A}$ 仍可用类似上述的电解质熔体对槽帮结壳的换热损失公式计算：

$$h_{侧A} = \lambda_A (T_A - T_{0A}) = \lambda_A \Delta T_{A-B} \quad (21\text{-}22)$$

式中，λ_A 为铝液对槽帮结壳的换热系数，$\text{cal}/(\text{cm}^2 \cdot \text{K})$，$1\text{cal} = 4.186\text{J}$；$T_A$ 是铝液温度，K；T_{0A} 是与铝液相接触的槽帮结壳电解质的初晶温度（熔点），K。

在阴极铝液中，铝液面流速大于底部的流速，同时伴随着铝液面波动，因此，阴极铝液上表面对槽结壳的换热系数大于底部铝液对槽帮的换热系数，于是槽帮结壳总是上薄底厚。

高铝水平的电解槽，上下铝液流速差别增大，同时上下铝液也存在温差，因此，这种电解槽具有较大的槽底槽帮结壳厚度。在正常情况下，只要铝液水平不是太高，就可使槽膛形成"碗"形结构，太高的铝液高度容易形成槽底厚的槽帮结壳，从而使阴极导电面积减少，不利于槽底压降的降低，也容易使槽底水平电流增加，同时也使槽侧部散热面积增大，导致侧部热损失增加，因此，合理的阴极铝液高度是重要的铝电解工艺技术参数。铝电解操作者应正确选择铝电解质成分和铝液水平。由于槽帮结壳的换热系数 λ_B 和 λ_A 对槽侧部的热损失密切相关，而其大小取决于电解质和铝液流体动力学状况，因此减少铝电解熔体和铝液的流速，是形成较厚的槽帮结壳厚度、减少槽侧部热损失的重要措施之一。

增加电解槽的侧部保温，有利于电解槽侧部的散热，但增加侧部保温也会增加槽"加工面"的宽度，从而会使槽上表面的散热损失增加，对于铝电解槽而言，适当大的槽侧面散热是必要的，以便于形成一个具有绝缘性，同时能调节电解槽内可能存在的电解质组成的波动、温度的波动和某些其他操作的不稳定对电解过程的影响的槽帮结壳厚度。而这一厚度取决于铝电解槽设计对电解槽"加工面"大小的选择和电解工艺条件的选择。

21. 13　减少槽底散热

电解槽槽底散热的大小，只与槽壳底表面的温度和槽底部环境及其温度有关。降低槽底温度，可减少槽底的热损失，槽底部环境温度的升高，有利于槽底散热的减少，良好的通风环境可增加槽底散热。槽底环境温度的升高，同样会引起槽底母线温度的升高，这会引起槽底母线电阻和母线压降升高。这种母线压降和电阻的变化虽然不大，但可能会对阴极的电流分布产生某种程度的影响，因此，槽底温度需按电解槽的设计者所给定的槽底环境温度进行控制。

降低槽底对环境的散热损失，最根本的措施还是要增加槽底保温，可从槽底内层保温，也可从槽底壳外保温。从槽底内层保温可用增加保温层的厚度来实现，这需要增加槽体深度，因此开发新型的具有热导率低、化学性质稳定的保温材料是降低散热的治本方法。

21. 14　减少槽面散热

在现行的工业铝电解槽中，槽面散热包括阳极覆盖料上表面散热、非阳极覆盖料上表面散热即槽沿板的散热和阳极导杆的散热，槽面散热占整个电解槽热平衡体系热损失的 50% 左右。随着电解槽容量的增大，阳极覆盖料上表面的散热损失占比会更高一些。可以从如下几个方面减少电解槽上部热损失。

（1）使用具有较低热导率的覆盖料　一般来说，铝电解槽阳极上表面使用两种覆盖料，一种是氧化铝覆盖料，另一种是更换阳极时产生的含有电解质和氧化铝两种组分混合物的覆盖料，这种覆盖料通常为结块状，粉碎和磨细后加以使用。这是因为粒度细的覆盖料要比大粒的覆盖料的热导率低，其保温效果更好，如图 21-22 所示。随着覆盖料中氧化铝的含量的降低，其热导率增加，保温效果变差。纯的氧化铝具有较低的热导率，因此保温效果较好。就所有覆盖料而言，其热导率随着温度升高而升高，如图 21-23 所示。

（2）尽可能地减小电解槽边部加工面的宽度，并增加其上面覆盖氧化铝保温料层的厚度　铝电解槽加工面宽度的减小有利于电解槽上部散热损失的降低，但也不能太窄。合理的槽加工面，应根据电解槽所用电解质组成和工艺参数，能够在相对热平衡的技术条件下，使电解槽的槽帮结壳厚度在 50mm 左右，槽膛铝液面稍大于阳极投影面。当阳极加工面变窄和阳极较高时，容易造成阳极上表面周边上覆盖料的滑坡，并且很难保障加工面上部保温层的厚度，为此在槽沿板上加装挡料，或采用其他方法防止边部粉体覆盖料下滑是必要的。

（3）适当增加阳极高度　铝电解槽的炭阳极，虽然热导率比粉体氧化铝高一些，但其平均高度要比氧化铝覆盖料的厚度大，因此，炭阳极在电解槽上起到了更大的隔热作用。炭阳极的热阻大小取决于阳极的厚度，故适当地加高阳极高度，有利于减少电解槽上部的热损失，也延长了阳极的换块周期。阳极换块周期的延长也使得阳极电流分布更均匀，更有利于电流效率的提高。但加高阳极后，也给铝电解带来负面影响，阳极电阻和电压降会相应增大一些，导致电耗增加。然而，可以利用炭的电阻率随温度升高而降低的特性，通过加厚阳极上表面的保温层厚度，提高炭阳极的温度，对上述负面影响加以补偿，不过这也是有一定限度的。对于目前的工业铝电解槽而言，炭阳极的最佳高度应根据试验结果并结合综合技术、经济效益加以确定。

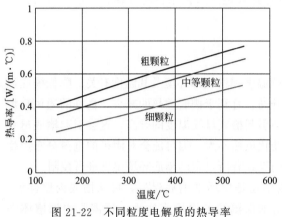

图 21-22 不同粒度电解质的热导率

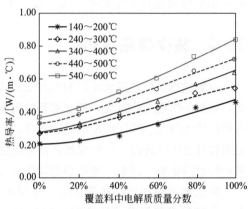

图 21-23 不同电解质含量覆盖料的热导率

（4）尽可能地减少两排阳极之间的宽度（阳极中缝） 阳极中缝越窄，电解槽上表面的散热面积就越小，槽面散热就越少。目前，我国电解槽阳极中缝宽度在 $180\sim200mm$，有缩减的空间。早在 20 世纪 90 年代，我国自焙改预焙阳极电解槽的技术改造中，普遍采用 50mm 的阳极中缝，不仅降低了阳极的电流密度，也减少了非阳极投影的铝液面面积，有利于电流效率的提高。如将现行电解槽阳极中缝由 200mm 改造为 50mm，槽面散热损失可减少 $3\%\sim4\%$，与此同时，电解槽电流效率提高 1% 以上是有可能的。

在采用窄阳极中缝技术时，需对氧化铝下料点周围的阳极炭块结构进行改进，使其不影响氧化铝的下料，如图 21-24 所示。

（5）减少边部加工面 目前铝电解槽的大面加工面一般约 300mm，俄罗斯某铝厂的一个纵向排列的 170kA 预焙槽系列，其加工面只有 250mm，如果使用边部带强散热的边部槽壳结构，铝电解槽大面加工面减少到 200mm 或更低一些是有可能的，即现行大型电解槽的大面加工面减少 $50\sim100mm$ 是可行的。如果这样，再与上文所提及的窄中缝技术结合起来，不仅使电解槽上部热损失大大减少，而且可使整个电解槽的阳极、阴极、电解质、

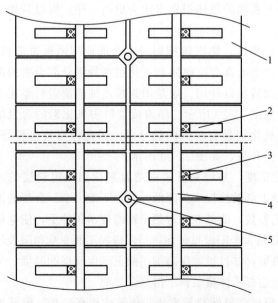

图 21-24 窄阳极中缝下料点处阳极炭块结构改进

1—炭阳极；2—阳极钢爪；3—阳极导杆；

4—阳极母线；5—下料点

电极过电压都得到降低，尤其可使电解质电压降降低较多。以某铝厂 400kA 电解槽为例，该电解槽大面加工面为 310mm，中缝 180mm，阳极长度 1550mm，如果将大面加工面从 310mm 减少到 250mm，中缝从 180mm 减小到 60mm，则电解质的电流密度可降低 7.7%，电解质电压降降低 120mV。

（6）在槽罩上设置隔热板　在铝电解槽的槽罩上设置隔热板，结合其对电解槽上部空间的严格密封是电解槽减少热损失的最有效方法之一。对于铝电解槽热平衡的研究而言，可供选择的热平衡体系有两种，一种是以钢制电解槽槽壳和槽罩所围成的空间作为电解槽的热平衡体系，另一种是以钢壳和槽上面覆盖料上表面所围成的电解槽热平衡体系。

很显然，当选用电解槽上部槽罩的热平衡体系进行测量与研究时，在槽罩上设置保温隔热板结构，对降低槽罩温度和减少电解槽通过槽罩的散热损失的技术原理和技术效果是一目了然的。

因此，只要在操作上尽可能保证槽罩对电解槽的密封效果，并尽可能地减少槽罩的打开频率，在槽罩上加隔热板，其对减少电解槽上部的热损失是非常有效的。槽罩上的隔热板可加装在槽罩的下面，也可加装在槽罩板的上面，还可加装在两个铝板的中间，后者可以有更长的使用寿命。此外，在电解槽的槽罩制造上尽可能地使用热导率更小的保温材料和隔热材料，对降低其槽面散热损失也是非常重要的。

（7）减少排烟带走的热量　理论上，铝电解槽烟气净化的排烟量应是铝电解生产过程中产生的 CO_2＋CO 气体量和含氟气体量。CO 在电解质中的铝被阳极气体 CO_2 氧化的过程中生成，CO 气体也可在低电流密度的阳极弧形侧表面上电解生成，还可以通过炭阳极和电解质中炭与 CO_2 发生布达反应生成。然而电解槽上部的槽罩不可能完全密封，且在更换阳极时，又必须开启槽罩，因此槽外空气进入槽罩内是不可避免的，这将带走槽面的散发的热量。这种冷空气进入槽罩内带走槽面上的热量，进入排风烟道，即造成热损失。因此，严格地维护电解槽槽罩的密闭性，减少槽罩的开启频率和时间，在此基础上，减少排风量，使电解槽烟气带走的热量尽可能地减小，也是铝电解节能的重要措施之一。同时，还要特别指出的是当在电解槽的槽罩上设置隔热板，以及采用槽面其他保温措施时，必须配合烟道口的排风量的减少才更有效。这是由于烟气排放带走的热量是烟气量与烟气热容量的乘积，当电解槽使用了具有隔热和保温效果更好的槽罩后，槽面上槽罩内的温度升高了。即使烟道口的风量不减，烟气带走的热量也会增加，这会使电解槽槽罩使用隔热板的效果大打折扣。

在铝电解的实际生产过程中，由于要周期性地更换阳极以及可能的对阳极效应处理等操作过程，采用较大的烟气排放量是必需的操作，为此，对每台电解槽的烟气排气口的排放量进行调控，应该提到日程上。降低电解槽系列烟气排放量，不仅可以减少电解槽的热损失，也有利于降低烟气净化设备的负荷。

21.15　惰性阳极铝电解槽

早在 1887 年，冰晶石-氧化铝熔盐电解技术的发明人之一霍尔就陈述过：当阳极使用铜、铂或其他的非炭质材料时，在阳极上放出氧气。这就是我们所说的惰性阳极铝电解槽。因此，惰性阳极电解槽是一个非常古老的概念，相对于惰性阳极而言，也将炭阳极称为活性阳极。

20 世纪末 21 世纪初，国内外出现了铝电解槽惰性阳极研究热潮。美铝公司（Alcoa）

董事会主席 Alain Belda 于 2000 年声称到 2002 年美铝将会实现惰性阳极电解槽炼铝。2018 年美铝公司又发布重大消息，美铝将与力拓集团联合，并获得苹果公司支持，以研发惰性阳极。

铝电解槽的惰性阳极研究之所以受到了一些铝冶金工作者的"热捧"，无非是看到如下两个优点：①使用惰性阳极可以在铝电解生产过程中不必更换阳极，因而可以降低生产成本；②铝电解使用惰性阳极，阳极产物为 O_2，而不再像目前炭阳极那样在铝电解过程中排放的是 CO_2，这样可以改善铝电解的生产环境。

关于第一个优点，找到一种惰性的材料作阳极不难实现，然而从事熔盐化学，特别是从事铝冶金工作的人员已经认识到，可能永远无法找到在冰晶石-氧化铝熔盐电解中永不消耗，不会被冰晶石熔体腐蚀，也不会与溶解在冰晶石中的铝和/或钠反应而不受到腐蚀的所谓惰性阳极材料。因此，现在关于惰性阳极材料的研究只不过是在寻找相对惰性的阳极材料而已。就目前的铝电解槽惰性阳极研究来看，其可能的惰性阳极材料有四类：第一类是氧化物类惰性阳极材料，如 $NiFe_2O_4$ 和 $CoFe_2O_4$；第二类是陶瓷材料，如 $FeAl_2O_4$、$NiFe_2O_4$ ＋ NiO ＋ Cu ＋ Ag；第三类是金属合金类惰性阳极材料，如 Ni-Fe 合金、Ni ＋ Al ＋ Fe ＋ Cu ＋ X 合金；第四类为纯惰性金属阳极材料，如铂（Pt）阳极。尚不说这第四类惰性阳极材料之昂贵，很难被选作电解槽的惰性阳极，其在电解槽上也并不稳定。

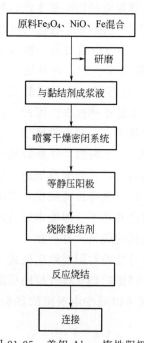

图 21-25　美铝 Alcoa 惰性阳极制作流程

应该说，除了第四类纯惰性金属材料外，上述其他三类惰性阳极一般都是利用粉末冶金的方法制作的。可想而知，用粉末冶金的方法，作出适宜用在铝电解槽上的大尺寸阳极是多么的困难。以一个 400kA 电流效率为 95％、日产量为 3060kg 的铝电解槽而言，如果电解槽的阳极电流密度为 $1.0A/cm^2$，其阳极面积至少要 $40m^2$，如用粉末冶金的方法制作这样多的惰性阳极，其成本是多么的高，而且这只是一台 400kA、日产量 3t、年产量仅为 1100t 的电解槽惰性阳极而已。比较典型的和比较有代表性的，由美铝研究所研制的 2500A 惰性阳极电解槽的惰性阳极的制作工艺如图 21-25 所示。

该 2500A 惰性阳极电解槽是当今世界上试验过的最大的惰性阳极电解槽，在 960℃ 和分子比 2.30、氧化铝含量达到饱和浓度状态的技术条件下，运行达到了 21 天。在这期间，阳极铝液中的 Fe 和 Ni 含量有所下降，但仍高于 1％，这表明，所用的惰性阳极无法应用在铝电解槽上。21 世纪初之后，惰性阳极热逐渐冷了下来。不过最近，关于惰性阳极又有了一个来自于互联网的爆炸性新闻：一个变革性的技术工艺，可使铝电解生产过程产生氧气。这显然是指惰性阳极生产技术。该技术是美铝和力拓合作开发的铝冶炼技术。这大概是美铝第三次在铝冶炼技术上发布的爆炸性新闻了。

关于惰性阳极的第二个优点，即关于惰性阳极电解槽在阳极上放出的是 O_2，而非 CO_2。因此，人们可能会自然地认为，惰性阳极电解槽可以彻底地改变铝电解的生产环境。实际上如果从整个社会的角度去分析，这是一个错误的认识与判断。不错，铝电解槽使用惰性阳极后，阳极上放出的不再是 CO_2 而是 O_2 了，电解铝厂环境变好了，但是换来的是在电解槽中 Al_2O_3 的分解电压由炭阳极的约 1.2V 升高到了 2.2V，即高了约 1.0V。这表明铝电解槽使用惰性阳极后，在理论上要比使用炭阳极要多耗电 3000kW·h/t Al 左右。换句话说，铝电解槽使用炭阳极的电能消耗要比使用惰性阳极少 3000kW·h/t Al。而这 3000kW·h/t Al 的电能节省，是靠每吨铝消耗 334kg 的炭阳极实现的（炭阳极的电化学消耗）。这也就是说，相对于惰性阳极而言，在现在的工业铝电解槽中在用 334kg 的炭阳极发着 3000kW·h 的电能。而这样的电能如果在热电厂将需要用 1000kg 的标准煤才能发出来。这意味着在电解铝厂的电解系列中，每个电解槽内都存在一个小发电厂。在这个小发电厂里，每电化学消耗 334kg 的炭阳极就发出 3000kW·h 的电。不难想象对于一个 $50×10^5$ t/a 的铝电解系列，如果按电流效率 95% 计算，它隐含有一个用 17.6 万吨/年 的炭阳极发出 $15.8×10^8$ kW·h/a 电量的"发电厂"。而这个发电厂没有任何像热电厂那样的发电设备与投资。而如果在热电厂，按每吨标煤发电 3000kW·h 电计算（实际上目前我国热电厂发电的煤耗指标约为 2800kW·h/t），这 $15.8×10^8$ kW·h 的电则需要 3 倍于炭阳极的 $52.6×10^4$ t 标准煤。而这 $52.6×10^4$ t 标准煤在热电厂燃烧所放出的 CO_2 气体，是 $50×10^5$ t/a 电解铝厂炭阳极上电化学反应所生成的 CO_2 量的 3 倍。由此可以看出如果电解铝使用惰性阳极电解槽，它既不节电，也不环保。而炭阳极电解槽相对于惰性阳极电解槽而言，它既是一个节电，又是一个非常环保的铝冶金炉。

此外，惰性阳极电解槽，还有一个特点，就是阳极过电压虽然比炭阳极的过电压低 0.2~0.3V，但其缺点是阳极的气泡较小，其与溶解有金属铝的电解质的接界面积大，又容易被电解质的循环与流动带到电解质熔体的深部区域，这不仅会增加电解槽铝溶解损失，损失电流效率，也会使电解槽的极限极距增加。所谓的极限极距，即用如图 5-13 所示的，以钨参比电极测量出的从阴极铝液到阳极的极化曲线上，开始出现有显著振动的那一点到阴极铝液的距离。可以判断如果惰性阳极电解槽使用惰性阳极和惰性阴极相匹配的垂直板面电极的电解槽，其极限极距可能更大，因此，惰性阳极在理论上不可能比现行的活性炭阳极有更小的极限极距，所谓的惰性阳极电解槽比现行的活性炭阳极极限极距能降低 1~2cm 的设想是没有理论依据的。

特别需要指出的是，当惰性阳极的材料为氧化物型，比如 $NiFe_2O_4$ 材料时，其阳极电压降高于炭阳极的阳极电压降，如图 21-26 和图 21-27 所示的实验室数据。

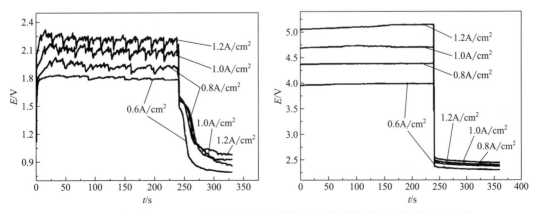

图 21-26　实验室 $NiFe_2O_4$ 惰性阳极电解槽的槽电压及瞬时断电后的槽电压变化

左图为炭阳极，980℃；右图为 $NiFe_2O_4$ 惰性阳极，980℃

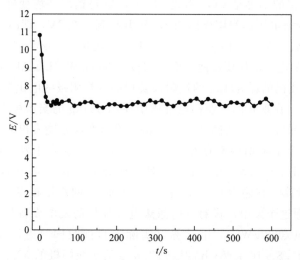

图 21-27　实验室 100A 的 $NiFe_2O_4$ 惰性阳极电解槽槽电压随时间变化

在现代的工业铝电解槽中，炭阳极的实际消耗可以在 $400\sim420kg/t$ Al，比上述讨论所说的理论值，即电化学消耗的 $334kg/t$ Al 高，但这并不影响上述分析，因为在电解槽中，炭阳极实际的净消耗高于理论上的消耗是非电化学消耗，这种消耗是由电流效率的损失和阳极与空气或 CO_2 的氧化所造成的。可以坚信，随着铝电解技术的进步，这种非电化学消耗会逐渐降低。

21.16　多室铝电解槽工业化的技术障碍

顾名思义，所谓的多室槽，就是在一个电解质熔池中，具有由多个阳极和阴极构成的由多个电解室组成的电解槽。目前，用于铝电解的多室槽还是一种概念上的电解槽形式，其中比较有代表性的是 20 世纪 70 年代末，由美铝公司所提出的一种用于氯化铝电解的多室槽，其专利示意图如图 21-28 所示。

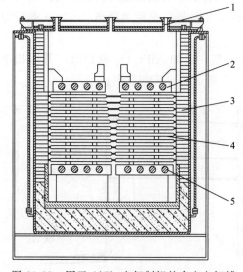

图 21-28　用于 $AlCl_3$ 电解制铝的多室电解槽
专利示意图

1—阳极气体出口；2—阳极；3—侧部内衬；
4—双电极；5—阴极

由图 21-28 可以看出，这是一个双极多室槽。所谓的双极，就是电解槽中除了上下两个电极外，中间的上表面为阴极，下表面为阳极。电流从上导入，从下导出。槽中每两个电极之间形成一个电解槽室。显然图 21-28 中给出的是一个具有 11 个室的多室电解槽，相当于由 11 个电解室串联组成的电解槽。这种电解槽中的每个电解室的极距可能达到最小值 3.0cm，如果按每个石墨电极厚度为 20cm 推算，则这个 11 个室的电解槽高度应在 253cm 左右。电解槽的电解质由 53% NaCl、42% LiCl 和 5% $AlCl_3$ 组成，电解温度为 $(700\pm30)℃$。美铝在提出这个概念电解槽后，就声称要建一个这种工业规模的电解铝厂，这在当时引起世界铝工业的轰动。应该说，这种概念的电解槽，之所以受到人们的关注在于它看似节能：极距能达到3cm，所有电极都可以用石墨材质制造，故阳极电压降和阴极电压降很低，槽电压可在3.5V左右，因此就可以实现大幅度地降低电能消耗。此外另一个吸引眼球之处是这种结构电解槽高度集中，相当于多台电解槽在空间上的串联，一台这种电解槽就相当于现在的十几台电解槽，而一个电解系列也只需要十几台这样的电解槽就可以了。对这种电解槽，如果我们仅从经济上去分析，这显然是合理的。但当我们从热电平衡理论上去分析时却发现，这种结构与概念上的电解槽，在技术上是不太可能实现的。

这可从铝的熔盐电解及电解槽的特性去分析。就冰晶石-氧化铝熔盐电解和 $AlCl_3$ 的熔盐电解来说，它既不同于重金属的水溶液电解，也不同于氯碱工业的 NaCl 电解，其主要差别在于电解质体系不同：水溶液电解的电解质是离子；铝、镁、钠、锂等金属的电解是熔盐电解，其电解质是离子熔体。前者具有非常低的电阻率，而后者电阻率非常高。前者是名副其实的电解槽，后者虽也称为电解槽，但它更是一个具有完成电化学反应功能的熔盐电阻炉。在这个电阻炉中，其电阻发热体是电解质熔体（阳极和阴极也是电阻发热体，但不是主要的电阻发热体）。既然熔盐电解槽是一个电炉，那么功率的大小是由炉子的大小、外表散热情况和炉内工作温度即电阻炉的热平衡所决定的。也就是说，在给定的工作温度和炉体散热条件下，炉子功率取决于炉子的大小，或者也可以说在给定的工作温度条件下，如炉子的大小是给定的，炉子功率必须是给定的，如果超过这个功率，必然会使电解质的温度升高。

以现代的冰晶石-氧化铝工业电解槽为例，不论是400kA电解槽，还是500kA或600kA电解槽，其电解槽反电动势都在1.65V左右，槽电压在4.0～4.3V，发热电阻电压降在2.35～2.65V，电解质的电阻电压降在1.65～2.0V，极距在4～5cm之间。在这样的槽电压和极距条件下，电解槽能保持良好的热平衡和良好的铝电解工艺技术条件。假如在这样的电解槽的电解质熔体中嵌入一层上表面对铝湿润，下表面具有惰性阳极性能的双电极（假如这种双电极存在的话），则这个电解槽就变成了一个双室电解槽，上面的电解槽为一个由炭阳极和惰性阴极组成的电解槽，下面为一个分解电压为2.2V、反电动势为2.5V的惰性阳极电解槽。上下两个电解槽的极距之和为8～10cm，电解质的电阻电压降增加了1.65～2.0V。这相当于电解槽的发热电压在原2.35～2.65V的基础上增加了1.65～2.0V，即电解槽内的发热量在原来的电解槽基础上增加了70%～75%，可想而知，这样的电解槽还能保持住960℃的工作温度吗？在这里，我们只简单地推断了一个由一层变双层电解槽的例子，可想而知，如果这个电解槽不仅仅是增加一层，而是变成如美铝公司所设想的变成11层电解槽，那么这个电解槽无法在正常的电解温度下工作。

唯一的可以让这种多室电解槽工作起来的办法，就是通过大大地降低电解槽的电流密度来实现了。在这种情况下，如果工业规模的铝电解槽真的要按如图21-28所示的11层多室槽进行设计，电流密度只有降低到 $0.2A/cm^2$ 以下了，铝电解的理论和技术经验告诉我们，在这样低的电流密度下，电解槽还有多少电流效率？

在冰晶石-氧化铝惰性阳极电解槽的专利中，也有人提出，将惰性阳极与惰性阴极结合起来，设计成如图21-29所示概念的电解槽，从结构上来看，这也可以算作是一种多室槽，其技术原理与图21-28没有什么本质的差别。

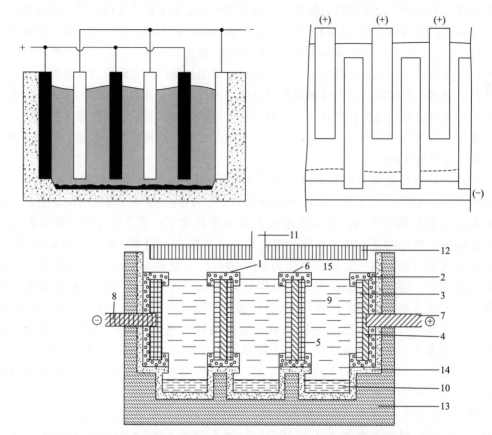

图 21-29　三种采用惰性阳极与惰性阴极的多室电解槽概念设计

1,6—竖直电极；2—框架；3—阳极层；4—中间层；5—阴极层；7—阳极母线；8—阴极母线；
9—电解质熔体；10—铝液；11—气体释放口；12—槽上部；13—内衬；14—绝缘层

参 考 文 献

[1]　Utigard T A. Light metals，1999：319.

[2]　Welch B. TMS 2016 Industrial Aluminum Electrolysis Course. 烟台：[s. n.]，2016.

[3]　Bakeer F，Rolf R. Light metals，1986：275.

[4]　Potocnik V. Light Metals，1987：203

[5]　Morel P，Dugois J. US Patent 4169034，1979.

[6]　Das S，Littlefair G. Light metals，2012：847.

[7]　Haupin E. JOM. 1971，10：46.

[8]　邱竹贤.预焙槽炼铝.北京：冶金工业出版社，2005.

[9]　Jinjing Du，Bin Wang，YihanLiu，et al. Light Metals，2015：1193.

[10]　Zhigang Zhang，Jianrong Xu，Hongjie Luo，et al. Metallurgical Engineering，2015，2：1.

[11]　Rogers Jr. US Patent 4133727，1979.

[12]　Alder H. US Patent 3930967，1976.